Jetzt helfe ich mir selbst

Motorbuch Verlag

Umschlagentwurf und Buchgestaltung: Anita Ament.
Umschlagfoto: Detlef Jung.

ISBN 3-613-01612-5

Auflage Nr. 1015904
Copyright © by Motorbuch Verlag, Postfach 103743, 70032 Stuttgart; ein Unternehmen der
Paul Pietsch-Verlage GmbH & Co.
Sämtliche Rechte der Speicherung, Vervielfältigung und Verbreitung sind vorbehalten.
Die in diesem Buch enthaltenen Ratschläge werden nach bestem Wissen und Gewissen erteilt,
jedoch unter Ausschluß jeglicher Haftung.
Dieser Band entspricht dem Kenntnisstand zum Zeitpunkt der Drucklegung. Abweichungen durch
Weiterentwicklung der beschriebenen Fahrzeuge, geänderte Anweisungen des Fahrzeug-Herstellers
bzw. neuere gesetzliche Bestimmungen sind möglich. Bei einer Neuauflage wird das Buch wieder auf
den aktuellen Stand gebracht.
Manuskriptbearbeitung: Redaktion »Jetzt helfe ich mir selbst«.
Fotos: Axmann 203, BMW 1, Bosch 1, Haeberle 2, Lautenschlager 3, Mercedes-Benz 45.
Zeichnungen: Archiv Verfasser 7, Axmann 5, BMW 1, Bosch 2, Lautenschlager 2, Mercedes-Benz 79,
Pirelli 1, Uniroyal 1.
Stromlaufpläne: Daimler-Benz.
Bildgrafik: Sybille Nauck.
Repros: Die Repro, 71732 Tamm.
Satz: Vaihinger Satz + Druck, 71665 Vaihingen.
Druck: Dr. Cantz'sche Druckerei, 73760 Ostfildern.
Bindung: Wilhelm Nething, 73235 Weilheim.
Printed in Germany.

Gerhard Axmann

Mercedes-Benz C 180, C 200 C 220, C 280

**Benziner
ab Juni '93**

Motorbuch Verlag
Stuttgart

Inhaltsverzeichnis

Seite

7 **Vorwort**

8 **Die C-Klasse stellt sich vor**
Design, Ausstattung, Fahrwerk, Motoren, Karosserie, Elektrik, Sicherheit, Recycling

22 **Motorraum-Bildseiten**
Die Einzelteile im Motorraum mit Vier- und Sechszylinder

24 **Das Wartungssystem**
Wartungsintervalle für den Selbstpfleger, Wartungsplan, Elektronik-Diagnose

25 **Der sichere Arbeitsplatz**
Wagen abstützen, Aufbockmöglichkeiten, Wagenheber, Mietwerkstatt

27 **Schmieren aller Teile**
Motoröl, Ölstand, Ölverbrauch, Ölsorten, Ölwechsel, Ölfilter, ATF für Schalt- und Automatikgetriebe

35 **Die Motoren und ihr Innenleben**
Technische Beschreibung, Vierventil-Technik, Lebensdauer, Drehzahlen, Kompressionsdruck, Steuerkette, Zylinderkopfausbau, Lagerschaden, Motorausbau, Riementrieb

53 **Die Auspuffanlage**
Einzelteile, Zustandsbeurteilung, Aus- und Einbau

55 **Die Abgas-Entgiftung**
Zusammensetzung der Abgase, Funktion des Katalysators, Funktion der Lambda-Sonde, Fahren mit Katalysator-Fahrzeugen

58 **Das Kühlsystem**
Funktion, Kühlflüssigkeit, Frostschutz, Kühler, Thermostat, Wasserpumpe, Kühlerventilator, Störungsbeistand

66 **Tank und Kraftstoffpumpe**
Kraftstoffsorten, Tank, Tankentlüftung, Geber der Tankanzeige, Kraftstoffleitungen, Kraftstoffpumpe, Kraftstoffilter

71 **Die Einspritzanlagen**
Einzelteile, Funktion, Lambda-Regelung, Leerlaufregelung, Gaszug, Abgas-Untersuchung, Lufteinblasung, Schaltsaugrohr, Luftfilter, Störungsbeistand

85 **Die Zündanlage**
Funktion, Zündspulen, Zündzeitpunkt, Automatische Zündverstellung, Vorsichtsmaßnahmen bei Hochspannung, Störungssuche, Zündkerzen

95 **Die Kupplung**
Funktion, Kupplungsbetätigung, Kupplung prüfen, Kupplungshydraulik, Kupplungsbetätigung, Aus- und Einbau, Ausrücklager, Störungsbeistand

Seite

Getriebe und Achsantrieb 100
Schaltgetriebe, Getriebegeräusche, Getriebe aus- und einbauen, Automatisches Getriebe, Parksperren-verriegelung, ATF-Stand, Drehmomentwandler, Gelenkwelle, Hinterachsgetriebe, Antriebswellen, ASD

Radaufhängung und Lenkung 111
Vorder- und Hinterradaufhängung, Achsgelenke, Radeinstellung, Radlagerspiel, Stoßdämpfer, Servolenkung, Niveauregulierung, Lenkrad, Airbag

Die Bremsen 127
Funktion, Bremsflüssigkeit, Scheibenbremsen, Trommelbremsen, Feststellbremse, Hauptbremszylinder, Bremskraftverstärker, Bremsschläuche und -leitungen, Störungsbeistände, ABS, ASR, ETS

Räder und Reifen 149
Die richtigen Reifen, Reifenbezeichnungen, Felgenbezeichnungen, Radschrauben, Sonderfelgen, Reifendruck, Reifenzustand, Rad-Unwuchten, Radwechsel

Elektrik und Elektronik 156
Elektrik, Elektronik, Halbleiter, Weitere Bauelemente

Elektrische Messungen 158
Meßmethoden, Spannung, Strom und Widerstand messen

Die Batterie 161
Funktion, Batterie-Daten, Batterie-Reserven, Wartungsfreie Batterie, Batterie-Säurestand, Ladezustand, Batterie laden, Start mit leerer Batterie

Die Lichtmaschine 165
Leistung, Ladekontrolle, Spannungsregler, Ladespannung, Schleifkohlen, Fahren mit defekter Lichtmaschine, Störungsbeistand

Der Anlasser 169
Funktion, Ausbau, Schleifkohlen, Störungsbeistand

Die Karosserie-Elektrik 171
Masse, Normung, Leitungen, Karosserie-Elektrik, Einbauorte, Schaltrelais, Sicherungen, Sicherungstabelle

Fehlerdiagnose 178
Diagnosedose, Fehlertabellen

Die Schaltpläne 180
Lesen und Anwenden der Schaltpläne, Teil-Schaltpläne

Die Signaleinrichtungen 199
Blink- und Warnblinkanlage, Bremsleuchten, Hupe, Lichthupe

Seite

202 **Die Beleuchtung**
Ersatzlampen, Scheinwerfer, Scheinwerfer-Einstellung, Leuchtweitenregulierung, Lampenwechsel, Heckleuchte, Leuchten im Wageninnern, Leuchten am Armaturenbrett

211 **Instrumente und Geräte**
Kontrollinstrumente und -leuchten, Kombi-Instrument, Schalter, Zündschloß, Heizbare Heckscheibe, Scheibenwischer und -wascher, Scheinwerfer-Waschanlage, Airbag und Gurtstraffer, Elektrische Spiegelverstellung, Elektrische Fensterheber, Zentralverriegelung, Radio, Antenne, Lautsprecher

229 **Heizung und Lüftung**
Funktion, Elektronische Heizungsregelung, Luftgebläse, Heizungs-/Lüftungsbetätigung, Staubfilter, Klimaanlage

235 **Der Innenraum**
Sitze, Armaturenbrett, Verkleidungen, Sicherheitsgurte

242 **Die Karosserieteile**
Stoßfänger, Motorhaube, Kotflügel, Türen, Schlösser, Fenster, Spiegel, Stoßleisten, Kofferraumdeckel, Schiebedach

253 **Die Werterhaltung**
Wagenunterseite waschen, Wasserablauflöcher, Lackierung, Unterbodenschutz, Rostschutz

255 **Defektsuche mit System**
Fehlerquelle Elektrik, Fehlerquelle Zündung, Fehlerquelle Kraftstoffversorgung

257 **Werkzeug und andere Hilfen**
Grundausstattung, Flüssige Hilfen, Spezial-Schmierstoffe

259 **Schleppen und Abschleppen**
Abschleppseil, Abschleppstange, Anhängekupplung

261 **Wissenswertes rund um den Mercedes**

265 **Abkürzungsverzeichnis**

266 **Technische Daten**
Motor, Kraftübertragung, Maße und Gewichte, Fahrwerte, Fahrwerk, Elektrische Anlage, Füllmengen

268 **Betriebsstoff-Vorschriften (Auszug)**

269 **Stichwortverzeichnis**

Wartungsplan
innen auf der hinteren Umschlagseite

Vorwort

Wertanlage

Mercedes-Benz-Automobile besitzen eine hohe Wertbeständigkeit. Das zeigt sich sofort am guten Wiederverkaufswert, den selbst recht betagte Exemplare noch erzielen. Daß ein Mercedes ein Wagen ist, der seinem Besitzer lange Zeit Freude bereiten kann, das weiß auch die TÜV-Mängelstatistik zu berichten: In Sachen Rostunempfindlichkeit gehört der Mercedes schon seit vielen Fahrzeuggenerationen zu den Musterknaben, auch ohne werksseitige Durchrostungsgarantie von lächerlichen drei, sechs oder zehn Jahren.
Gute Anlagen also, um den Mercedes zum privaten Langzeit-Auto zu machen. Ein Vorhaben, das auch dieses Buch im Schilde führt, denn nicht immer geht's ohne fachkundige Anleitung.
Ein weiterer Grund, in dieses Buch zu schauen: Information über Ihren Mercedes, der voller fortschrittlicher Technik steckt, über die man sonst kaum etwas im Detail erfährt. Wir denken z. B. an die Vierventil-Technik des C-Modells, an die Motronic, das serienmäßige ABS-Bremssystem oder die Traktionshilfen, wie ASD, ASR und ETS.
Solche Kenntnisse dienen nicht nur der privaten Weiterbildung in Sachen Mercedes-Technik, sondern helfen ganz sicher beim Gespräch mit der Werkstatt.

Damit Sie sich im Innern dieses Bandes leichter zurechtfinden, ist bereits im Inhaltsverzeichnis auf den vorhergehenden Seiten eine kleine Auswahl der Stichworte herausgegriffen, die in den einzelnen Kapiteln zur Sprache kommen. Weitere Orientierungshilfen bietet der Wartungsplan innen auf der hinteren Umschlagseite, das Verzeichnis der Störungsbeistände im Kapitel »Defektsuche« sowie das Stichwortverzeichnis ganz hinten im Buch.
Ebenfalls der besseren Orientierung dient die Buchgestaltung auf den einzelnen Seiten. So sind Passagen, die der Information dienen, stets einspaltig abgedruckt, während reine Arbeitsschritte generell zweispaltig erscheinen. Je nach Interessenlage können Sie sich also mehr dem einen oder dem anderen Wissensgebiet zuwenden.

Natürlich konnten wir uns alle die im Buch genannten Tips und Tricks nicht einfach aus dem Ärmel schütteln. Viele hilfsbereite Menschen aus allen Bereichen der Automobilbranche haben uns deshalb mit Rat und Tat unterstützt. Ihnen wollen wir an dieser Stelle herzlich danken.

Die Verfasser

Die C-Klasse stellt sich vor

Vitamin C

Noch mehr Komfort, nutzbarer Raum und Sicherheit sowie hohe Umweltverträglichkeit sind die wesentlichen technologischen Pfeiler der C-Klasse von Mercedes-Benz, die zur Jahresmitte 1993 auf die Straßen Europas rollte. Sie löste dabei mit den Typen Mercedes C 180 bis C 280 sowie C 200 Diesel bis C 250 Diesel die seit 1982 erfolgreich gebaute Baureihe Mercedes 190 (rund 1,9 Millionen Einheiten) ab.

Design- und Ausstattungsidee

Die einen entscheiden beim Auto-Kauf ganz nüchtern und nutzenorientiert, andere lassen sich mehr von Emotionen leiten, bleiben aber doch stets pragmatisch, wieder anderen geht Individualität beim eigenen Auto über alles. In diesem Spannungsfeld der Geschmäcker und Meinungen das richtige Maß zu finden, ist für einen Automobil-Hersteller nicht einfach.
Die Modelle der Mercedes-C-Klasse verknüpfen die verschiedenartigsten Ansprüche. So ist der kleine Mercedes der persönlichste Kompakt-Mercedes, den es je gab. Ab Werk, wohlgemerkt. Neben der klassischen Version werden drei zusätzliche »Lines« angeboten. Für sie wurden die Bezeichnungen »Esprit« sowie »Elegance« und »Sport« gewählt.

Esprit   Jugendlich, frech und mit Mut zu Farben, so zeigt sich die Esprit-Linie. Vor allem innen macht die Esprit-Linie auf sich aufmerksam. Im Mittelteil der Sitze sowie an den Türtafeln sorgen besondere Stoff-Dessins in den

Hier können Sie mischen: Motor und Designlinie bestimmt der Kunde.

Farben Ultramarin, Rot und Schwarz für eine extravagante Atmosphäre. Der Instrumententräger ist immer schwarz, die Oberflächen der restlichen Zierteile in Türen, Mittelkonsole sowie die Oberkante der Instrumententafel sind diamantgrau softlackiert. Das einzige technische Unterscheidungsmerkmal zur klassischen Version sowie zum Elegance betrifft das Fahrwerk. Es ist beim Esprit um 25 Millimeter tiefergelegt.

Elegance

Wertvoll, vornehm, elegant, so wirkt die Elegance-Linie. Außen wie innen unterscheidet sie sich deutlich von allen anderen Varianten. Auffälligstes Merkmal außen: Die rundum verlaufende Leiste ist in Wagenkontrastfarbe lackiert, eine Chromleiste veredelt die Gesamterscheinung. Auch die Türgriffe haben eine Chromeinlage. Die Zierstäbe an Dach sowie allen Scheiben sind hämatitfarben eloxiert und runden die noble Elegance-Erscheinung ab. Anders als bei Esprit und der klassischen Version fallen die Leuchten-Einheiten aus. Augenfällig sind die bichromatischen Rückleuchten mit ihren weißgrauen Rückfahrleuchten und die weißen Blinker-Deckgläser.

Edel geht es beim Elegance-Mercedes auch innen zu. Denn Holz ist es, das das wertvolle Ambiente wesentlich bestimmt. Es wird für die Zierstäbe auf den Türverkleidungen und für die Brüstung unter dem Windschutzscheiben-Rahmen verwendet, ebenso im Bereich der Mittelkonsole. Ein zusätzlicher Reiz entsteht durch das wohldosierte Spiel mit unterschiedlichen Sitzpolstern und Farben. So sind, je nach gewählten Sitzbezügen, auch die gesamte Instrumenten-Tafel und sonstigen Verkleidungen, einschließlich des Lenkrads, farblich aufeinander abgestimmt.

Der Stärkste: C 36 AMG

Sport   Weitere Elegance-spezifische Details: Ein geschlossenes Ablagefach zwischen den Vordersitzen dient als Armlehne, elektrische Fensterheber vorne und hinten, Smog-/Umluftschalter mit Staubfilter, zusätzliche Taschen in den Rückenlehnen der Vordersitze.

Man sieht es, und beim Fahren spürt man es: Ein um 25 Millimeter tiefergelegter Aufbau und eine straffere Fahrwerksabstimmung prägen die sportliche Linie der Mercedes-C-Klasse. Bei ihr kommen Leichtmetall-Räder im Fünfloch-Design der Dimension 7 J x 15 und Reifen der Größe 205/60 R 15 zum Einsatz. Beim Sport sind Stoßfänger und Seitenschutzleisten in Wagenfarbe lackiert. Die Leuchteneinheiten entsprechen der Elegance-Version. Die Zierstäbe an Dach und Scheiben sind grau pulverbeschichtet. Exklusiv beim Sport fällt die Oberfläche der B-Säule aus. Sie nimmt in ihrer Struktur das technisch wirkende Muster der Innenraum-Zierstäbe auf.

Schwarz ist innen die Grundfarbe der Sport-Version. Sportsitze passen sich dem Gesamthabitus an. Sie sind entweder mit Leder (Sonderausstattung) oder Stoff mit modernen Karo-Dessins bezogen. Natürlich gehört auch ein exklusives Sportlenkrad zu dieser Ausführung. Und überall, wo beim Elegance Edelholz den Innenraum veredelt, kommt beim Sport eloxiertes Aluminium mit einer besonderen Oberflächenstruktur zum Einsatz.

Individual total und Zubehör

Mit Einführung der neuen Modellreihe besteht die Möglichkeit, dem kleinen Mercedes ab Werk ein dynamisches AMG-Outfit, sozusagen als fünfte Designlinie, zu verpassen. Und aus einem eigenen, exklusiven Zubehör-Programm sind sofort zahlreiche Artikel auf Wunsch erhältlich.

Sportlichkeit und Exklusivität sind seit jeher die Attribute, die die Mercedes-Fahrzeuge mit der Zusatzbezeichnung »AMG« auszeichnen. Kenner wissen, was sich hinter den magischen drei Buchstaben verbirgt: Eine weltweit renommierte Automobil-Manufaktur, die sich neben Rennsport-Einsätzen auch um die Erfüllung besonderer automobiler Wünsche kümmert.

AMG hat in enger Abstimmung mit den Mercedes-Designern ein Optik-Paket für die Modelle der C-Klasse entwickelt, das ganz besonderen Ansprüchen gerecht wird. Es umfaßt einen Frontspoiler mit Zusatzscheinwerfern, Seitenschweller, Heckschürze sowie neue, seitliche Schutzleisten. Alle AMG-Karosserie-Teile sind aus PU-RIM gefertigt und in Wagenfarbe lackiert.

Grundsätzlich können alle C-Klasse-Typen mit dem AMG-Optik-Paket ausgerüstet werden. Des weiteren stehen zwei exklusive AMG-Leichtmetall-Räder in den Dimensionen 7 J x 15 (mit Reifen der Größe 205/60 R 15 V) sowie 7,5 J x 17 (mit 225/45 ZR 17) zur Verfügung. Bedingung dafür: Es muß das werksseitige Sportfahrwerk bereits montiert sein.

Oder man wählt gleich den C 36 AMG. Hier kommt zu der Optik eine leistungsgesteigerte Sechszylinder-Variante mit 3,6 Liter Hubraum und 206 kW.

Neben der Möglichkeit, durch den AMG-Look ein Höchstmaß an Individualität und Exklusivität zu erzielen, bietet Mercedes-Benz auch mit einem umfangreichen Zubehör-Katalog die Chance, individuellen Bedürfnissen gerecht zu werden. Innerhalb dieses Sortiments gibt es auch Artikel, wie sie beim Neuwagen-Kauf als Sonderausstattung angeboten werden, zum Beispiel C- und D-Netz-Telefone, Leichtmetall-Räder (in 5-Loch, 8-Loch und 15-Loch-Design), Lederschalthebel, Cassetten-Halter oder Holz-Teile zur Interieur-Veredelung. Weitere Beispiele aus dem sehr reichhaltigen Zubehör-Sortiment sind CD-Halter, Zusatzheizung, Antirutschmatten, Kofferraumwanne, Sonnenrollos, Kühlbox für den Kofferraum und Dachträger-System. Sehr sinnvoll, weil sicher und platzsparend erscheint uns der 7-Liter-Reservekanister in der Felge des Ersatzrades. Auch die Kindersitze sind optimal auf die C-Klasse abgestimmt. Wer sich deutlicher als C-Klasse-Freak bekennen möchte, findet noch Uhren, Krawattennadeln und Manschettenknöpfe im C-Klasse-Look.

Sag' mir, wo das Neue ist ...

Selten ist bei einem Modellwechsel die Liste der Neuerungen so groß wie im Fall des kleinen Mercedes. Serienmäßig neu sind: Fullsize-Fahrer-Airbag, zusätzliches Frontaloffset-Schutzpaket, integrierter Seitenaufprallschutz, beide unteren Gurtbefestigungen am Sitz, automatische Gurthöhenverstellung auch im Fond, Fahrersitzkissen in der Neigung verstellbar, Sitzhöhenverstellung mit Schrittmechanik, Innenbeleuchtung auch im Fond, beide Außenspiegel elektrisch einstellbar und beheizt, größerer Kunststofftank unter der Fondsitzbank, Fußfeststellbremse mit Warnsummer, Instrumentierung in Durchlicht-Technik und elektronischer Tachometer, links/rechts getrennte Temperaturregelung der Heizung, größerer Kofferraum mit tiefer Ladekante, Fünfgang-Schaltgetriebe, längere Ölwechsel-Intervalle, alle Otto-Motoren mit Vierventil-Technik, elektronisches Motor-Mangagement, variable Nockenwellenverstellung und Resonanz-Schaltsaugrohr, Doppelquerlenker-Voderachse mit »Komfort-Lagerung«, Hinterachsgetriebe und Hydrolager, größere Räder/Reifen (185/65 R 15 bzw. 195/65 R 15).

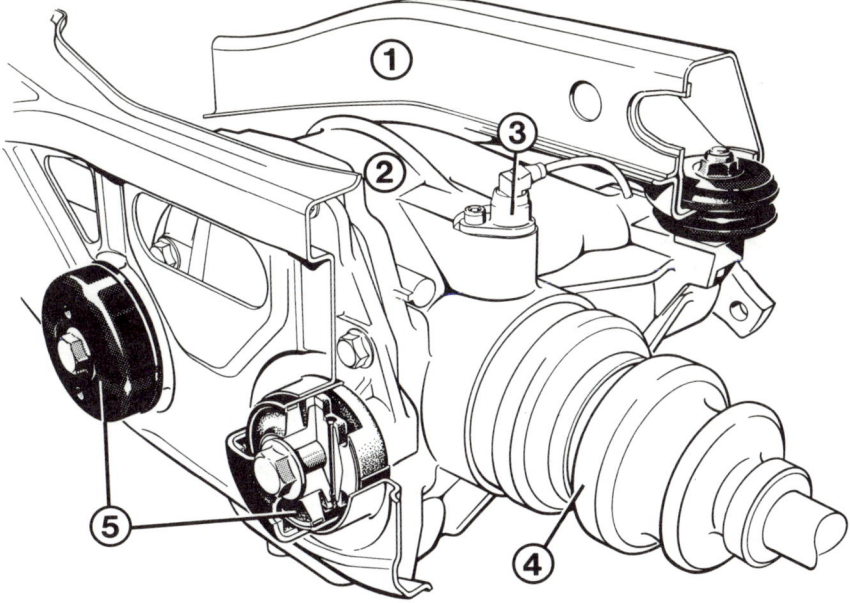

Das Hinterachsgetriebe (2) ist über neuentwickelte Hydrolager (5) am Hinterachsträger (1) montiert. Weiterhin gezeigt: 3 – Drehzahlfühler an einer Hinterachswelle (4) bei ASR und ETS.

Zur Grundausstattung gehören u. a. weiterhin: Antiblockiersystem, Gurtstraffer, Servolenkung und Zentralverriegelung sowie ab 1/95 Fahrberechtigungssystem mit Fernbedienung.

Neue Sonderausstattungen sind: Rücksitzlehne ⅓ zu ⅔ umklappbar, Skisack, Klimatisierungsautomatik und Klimaanlage FCKW-frei mit stufenlosem Kältekompressor, automatisch stufenlos abblendbarer Innenspiegel (Zubehör), Multikonturlehne für Vordersitze, pneumatisch abklappbare Kopfstützen im Fond, Staubfilter – auch bei Umluftbetrieb wirksam, Restwärmeschaltung, Umluftschaltung, ASR mit Motor-Schleppmoment-Regelung (MSR) für C 280, mechanisch in Längsrichtung verstellbare Lenksäule, elektrische Fensterheber mit Tieflaufsteuerung und Komfortschließung, Schließanlage mit Infrarot-Bedienung, Diebstahlwarnanlage mit Abschlepp- und Innenraumschutz (bis 12/94), Fullsize-Beifahrer-Airbag und Handschuhfach, Soundsystem, Autotelefon in Armlehne integriert, elektrisches Rollo für die Heckscheibe, Ladegutbefestigung mit Netz, CD-Wechsler, elektrisches Schiebe/Hebedach, auch als Glasdach mit Komfortschließung.

Die technischen Details

Karosserie

Rund zehn Jahre nach Einführung der Mercedes-Kompaktklasse setzt die C-Klasse das technische Rezept einer kompakten, komfortablen, sicheren und umweltverträglichen Limousine fort. Die C-Klasse wurde mit folgenden Zielen entwickelt: Höherer Nutzwert, Verbesserung des Innenraumangebots, Erhöhung des Fahrkomforts, Verbesserung von aktiver und passiver Sicherheit, weitere Emissionsverminderung in allen Bereichen, Reduzierung des Kraftstoffverbrauches, Drehmomentoptimierung der Motoren, größtmögliche Recycling-Quote.

Mit die kniffligste Aufgabe lösten die Ingenieure bei der Umsetzung der Maßkonzeption. Einerseits sollte die Karosserie kompakt gehalten werden, andererseits sollten mehr Beinfreiheit im Fond sowie ein größeres Kofferraumvolumen mit Durchlademöglichkeit und niedriger Ladekante verwirklicht werden. Die Sicherheitsingenieure forderten ein Plus an Verformungsweg. Alle Forderungen wurden erfüllt, und das, obwohl die neue Mercedes-Kompakt-Limousine gegenüber dem Typ 190 lediglich um 39 mm in der Länge gewachsen ist.

Neu: Geteilt umklappbare Rücksitzlehne.

Um Sicherheit und Komfort auf Dauer zu garantieren, muß die Karosserie entsprechend steif ausgelegt sein. Auch hier finden sich viele Verbesserungen im Detail. So weist beispielsweise die Stirnwand der C-Klasse weniger Durchbrüche auf, obwohl mehr Elektrik und Elektronik an Bord ist und damit mehr Kabelverbindungen notwendig wurden. Im Heck mußten die Karosseriekonstrukteure dagegen einen Durchbruch mehr kompensieren. Und der war von besonderem Kaliber, denn mit der Realisierung einer auf Wunsch lieferbaren Durchlademöglichkeit vom Kofferraum in den Innenraum gehen wichtige Elemente verloren, die die Karosserie-Steifigkeit beeinflussen. Im Mercedes kompensieren spezielle Verstärkungsprofile rings um die Durchladeöffnung die fehlende Querverbindung der Wand hinter den Fondsitzen. Zusätzlich weist der Querträger vor den Fondsitzen ein geschlossenes Profil auf, was zu erhöhter Quersteifigkeit führt. Last but not least werden so auch neue Maßstäbe in punkto »Durchladesicherheit« gesetzt.

Am elegantesten sind stets Maßnahmen, die das Fahrzeug-Gewicht nicht in die Höhe treiben. Wie beispielsweise die Gestaltung des Heckbodens unter dem Kofferraum, der sich leicht nach außen wölbt. Das bringt Stabilität ohne den Effekt von Zusatzlast. Auch die Verklebung der Front- und Heckscheibe mit der Karosserie trägt zur Stabilisierung des Aufbaus bei.

Kofferraum

Erheblich größer und variabel nutzbar wurde auch der Kofferraum. Durch die V-förmig gestaltete Klappe konnte die Ladekante gegenüber dem Vorgänger um über 14 Zentimeter abgesenkt werden. Der Gepäckraum selbst blieb in der Höhe unverändert, wurde jedoch um 23 Zentimeter länger. Dadurch ergibt sich ein gegenüber dem Vorgänger deutlich vergrößertes Volumen von 430 Litern. Mit der auf Wunsch lieferbaren Durchlademöglichkeit kann der nutzbare Gepäckraum nunmehr bis zu den Vordersitzen erweitert werden. Je nach Transportaufgabe und Passagierzahl können dabei die zwei Teile der Fondlehne im Verhältnis $1/3$ zu $2/3$ umgeklappt werden. Die Entriegelung der Lehnenteile erfolgt zugunsten erhöhten Diebstahl-Schutzes ausschließlich vom Kofferraum aus. Der Bedienhebel sitzt griffgünstig an der Oberkante der Kofferraum-Öffnung und kann damit auch bei vollem Gepäckabteil erreicht werden. Sowohl bei einteiliger Rückwand als auch mit Durchlade-Einrichtung kann ein Skisack kombiniert werden. Er ist im Bereich der Fondarmlehne fixiert und reicht bis zur Ablage zwischen den Vordersitzen. Anstelle der normalen, durch Sicken biegesteifen Rückwand ist ein doppelschaliger Rahmen aus Stahlblech mit ausreißfesten Schlössern und Scharnieren eingeschweißt. Der Rücken der klappbaren Fondlehne besteht gleichfalls aus biegesteifem, stark versicktem Stahlblech.

Tank

Mit der Durchlade-Einrichtung mußte allerdings ein neuer Platz für den Tank gefunden werden. Es galt also, für die C-Klasse eine neue Lösung zu entwickeln, die den hohen Mercedes-Ansprüchen nach Sicherheit genügen kann. Ergebnis: Im C-Modell sitzt der 62-Liter-Kunststofftank ebenfalls aufprallgeschützt vor der Hinterachse unter den Fondsitzen. Durch einen doppelschaligen Rahmen aus Stahlblech wurde auch die Sicherheit bei einem Heckaufprall gewährleistet.

Instrumententafel

Aus guten Gründen verzichteten die Mercedes-Designer wieder auf eine betont fahrerorientierte Cockpit-Gestaltung, wie sie einige Hersteller durch Abdrehen der Schaltertafel im Bereich der Mittelkonsole bevorzugen. Bei Mercedes kann sich stattdessen auch der Beifahrer als gleichwertiges Mitglied der Fahrgemeinschaft fühlen. Mit dem Vorteil, daß ein sowohl für Fahrer und Beifahrer gleichermaßen positives Raumerlebnis erzielt wird und die gute Zugänglichkeit so wichtiger Funktionsbereiche wie Heizung/Lüftung oder Warnblinkanlage und Radio für beide Frontpassagiere gewährleistet ist. Beste ergonomische Ergebnisse sind auch ohne ein einengendes Halbkreis-Cockpit erzielbar sind. Hinzu kommen Forschungserkenntnisse der Mercedes-Sicherheitsingenieure. Im Falle eines Offset-Frontalcrashs bestünde die Gefahr, daß der Beifahrer bei schweren Frontalkollisionen auf das im Mittelkonsolen-Bereich herausstehende Verkleidungsteil mit dem Kopf aufschlägt.

Fahrzeugelektrik

Hier sind folgende Besonderheiten erwähnenswert: Startsperre bei Fahrzeugen mit Diebstahlschutz (Unterbrechung der Klemme 50), seit 1/95 umfangreiches elektronisches Fahrberechtigungssystem, elektronischer Tachometer (Tachowelle entfällt), Öldruckanzeige ist entfallen, Digitalanzeige für Kilometer- und Zeitangaben, Flachstecksicherungen im Sicherungskasten, Glühlampenkontrolle für Standlicht, Abblendlicht und Bremslicht, Radio mit integriertem Überblendregler und auf Sonderwunsch mit Soundanlage oder CD-Spieler kombiniert. Weiterhin ist ein Autotelefon mit Freisprechanlage erhältlich. Die Batterie ist im Kofferraum angeordnet – dies hat den Vorteil, daß die Batterie kälter bleibt und so eine längere Lebensdauer möglich ist. Die Scheinwerfer sind mit sogenannten Freiformreflektoren ausgestattet. Hierbei wird für Abblend-, Fern- und Nebellicht ein gemeinsamer Reflektor mit jeweils eigenen Reflektorflächen verwendet. Bei Fernlicht bleibt zur besseren Ausleuchtung das Abblendlicht zugeschaltet.

Instrumente

Die Anzeige-Elemente der C-Klasse unterliegen der Haus-Philosophie, die lautet: So wenig wie möglich, so viel wie nötig. Die in einen schlanken Instrumenten-Träger integrierten Anzeigenfelder wirken bewußt schlicht. Kontrolleuchten sind auf den ersten Blick nicht erkennbar, weil sie im Normalbetrieb vollständig ausgeblendet

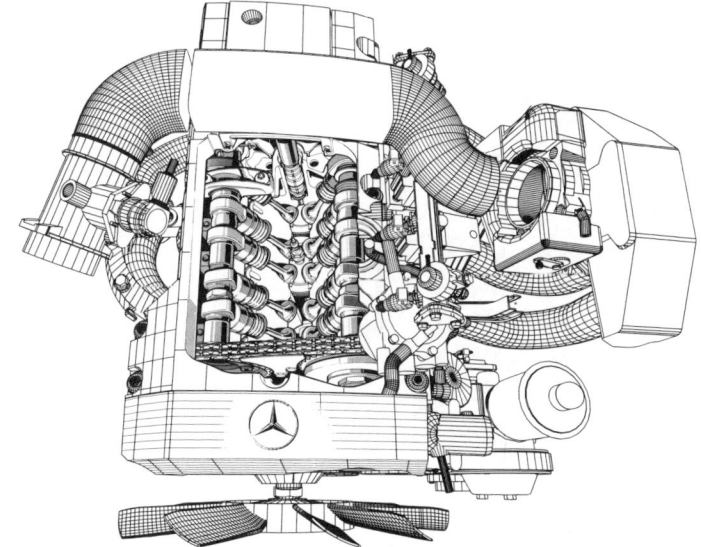

Ventilanordnung am Zylinderkopf mit Vierventil-Technik und HFM-Motronic.

sind. Grund dafür ist die neue Durchlicht-Technik, die die einzelnen Felder unter normalen Bedingungen unsichtbar macht. Neu ist im übrigen auch, daß eine Kontrolleuchte vor zu geringem Ölstand warnt und ein akustisches Signal ertönt, wenn beim Start die Feststellbremse noch eingerastet ist.

Fahrwerk

Mit der Raumlenker-Hinterachse hat die C-Klasse von der Baureihe 190 eine nach wie vor unübertroffene Konstruktion geerbt. Sie blieb, bis auf kleine Details, unverändert. Ausnahmen betreffen die Anpassungen an die vergrößerte Spurweite sowie das jetzt mit hydraulisch gedämpften Gummilagern abgestützte Hinterachs-Mittelstück. Dadurch konnten Geräusch- und Schwingungskomfort nochmals deutlich verbessert werden.
Eine Neukonstruktion ist dagegen die Doppelquerlenker-Vorderachse. Prinzipiell ist eine solche Konstruktion einer Dämpferbeinachse im Abrollkomfort überlegen, weil der Stoßdämpfer keine Führungsaufgaben übernehmen muß und damit auch keine Biegemomente übertragen werden. Die Kinematik ähnelt jener der Vorderachse der Mercedes-S-Klasse und schafft ideale Voraussetzungen für komfortables Abrollen, präzise Radführung und Lenkung. Der neue kleine Mercedes hat mit diesem aufwendigen Fahrwerk die Meßlatte sowohl in punkto Fahrsicherheit als auch beim Fahrkomfort zweifellos in seiner Klasse ein beachtliches Stück höher gelegt.

Motoren

Alle in der C-Klasse eingesetzten Otto-Motoren verfügen über modernste Vierventil-Technik. Entwickelt nach dem Motto: Durchzugskraft vor Spitzenleistung. Nicht die maximal mögliche Leistungsausbeute stand bei der Entwicklung im Vordergrund, sondern eine deutliche Hinwendung zu einem optimalen Drehmoment- und Leistungsverlauf in dem für den fahrerischen Alltag wichtigen Drehzahlbereich unterhalb von 4000 Umdrehungen pro Minute. So zieht der C 220 dem 190 E 2.3 im 5. Gang in der Zwischenbeschleunigung von 60 auf 120 km/h um fast zwei Sekunden davon.
Alle Vierventiler verfügen über eine ruhende Hochspannungszündverteilung. In dieser Zündanlage gibt es keine bewegten Teile und demzufolge auch keinen Verschleiß. Das erhöht die Betriebssicherheit und schützt den Katalysator, da Fehlzündungen ausgeschlossen sind. Je zwei Zylinder erhalten ihre Zündfunken von der eigenen Zündspule, die sich als Doppelfunkenspulen am Saugrohr befinden. Eine Anti-Klopfregelung beim 2,2- und 2,8-Liter gleicht Oktanzahl-Unterschiede des Kraftstoffes kurzfristig aus.

Die Leistung in kW und das Drehmoment in Nm sind hier für die verschiedenen Motoren über der Drehzahl in Diagrammen aufgezeichnet.

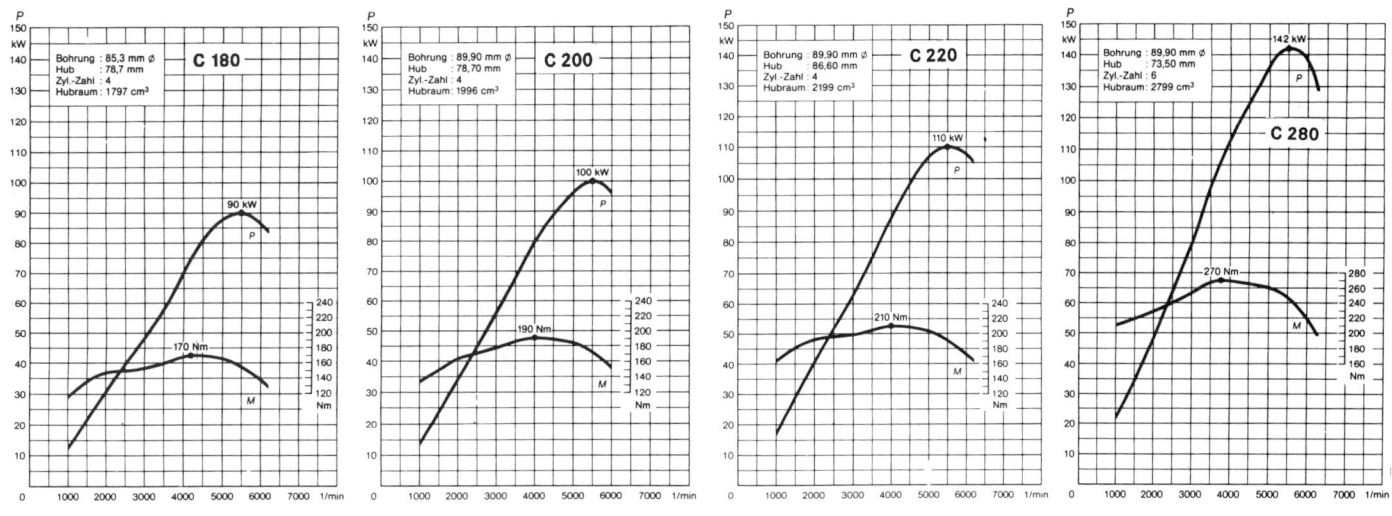

Bei den Vierzylinder-Triebwerken beginnt das Spektrum mit dem neukonstruierten 1,8-Liter-Motor. Er verfügt über eine Nennleistung von 90 kW bei 5500/min sowie über 170 Nm maximales Drehmoment bei 4200/min. Das Zweiliter-Aggregat kommt auf 100 kW bei 5500/min und erreicht ein maximales Drehmoment von 190 Nm bei 4000/min. Der 2,2-Liter erreicht 110 kW bei 5500/min sowie 210 Nm bei 4000/min. Und der neue Sechszylinder-Motor mit 2,8 Liter Hubraum leistet 142 kW bei 5500/min und 270 Nm bei 3750/min.

Auch der Kraftstoff-Verbrauch hat sich verringert. So benötigt beispielsweise der C 220 trotz zehn Prozent höherer Leistung mit 8,7 l/100 km im Drittelmix weniger Kraftstoff als der 190 E 2.3. Bei Tempo 90 verbraucht der C 180 nur 6,4 Liter und der C 200 sowie der C 220 nur 6,5 Liter. Selbst der C 280 ist mit 7,8 Liter genügsam. Sowohl der 1,8- wie auch der 2,0-Liter-Vierzylinder nutzen ein durch den Saugrohrdruck gesteuertes, vollelektronisches Einspritz- und Zündsystem, die sogenannte P-Motorsteuerung. Außer der Motorlast über den Saugrohrdruck verarbeitet die P-Steuerung noch weitere Parameter, wie Drehzahl, Ansaugluft- und Kühlmitteltemperatur. Die Einspritzventile werden dabei in Zweiergruppen »gruppensequentiell« angesteuert. Den 2,2-Liter-Vierzylinder steuert ein luftmassengeregeltes, vollelektronisches Einspritz- und Zündsystem, die sogenannte HFM-Motorsteuerung. Die Einspritzventile werden dabei einzeln (»sequentiell«) angesteuert. Auch hier wird der Hochspannungskreis überwacht und bei einer Zündstörung die Kraftstoff-Zufuhr zum betreffenden Zylinder abgeschaltet. Eine programmierte Verstellung der Einlaß-Nockenwelle steigert vor allem bei niedrigen Drehzahlen die Drehmomentabgabe des Motors bei gleichzeitiger Verringerung der Schadstoff-Rohemissionen.

Motor im C 280   Vierventil-Technik, HFM-Motorsteuerung, Nockenwellen-Verstellung und Resonanz-Schaltsaugrohr sind die konstruktiven Besonderheiten des 2,8-Liter-Motors. Der weiteren Anhebung und Optimierung des Drehmomentverlaufs dient das Resonanz-Schaltsaugrohr. Dabei strömt die angesaugte Luft durch das Resonanzvolumen nach der Drosselklappe in das Luftsammelgehäuse. Die darin angeordnete, pneumatisch gesteuerte Klappe halbiert bei niedrigen Drehzahlen das Saugsammelvolumen je Zylinder und teilt die Ansaugluft in zwei Gruppen je drei Zylinder.

Mit Hilfe der Resonanzklappe wird das Ansaugsystem – vereinfacht ausgedrückt – von einem Sechszylinder in zwei Dreizylinder gewandelt. Der »doppelte Dreizylinder« nutzt die hohen Aufladewerte bei niedrigen und mittleren Drehzahlen mit dem Ergebnis einer kraftvollen Drehmomententfaltung bereits ab Leerlaufdrehzahl. Im Bereich über ca. 3300/min schaltet das Schaltsaugrohr wieder auf »Sechszylinder« um.

Unterstützt wird die Wirkung des Schaltsaugrohrs durch die variable Steuerung der Einlaß-Nockenwelle. Das Ergebnis ist im Fahrbetrieb deutlich spürbar: Die gleichmäßig hohen Aufladeeffekte bei niedrigen und mittleren Drehzahlen ergeben einen jederzeit kraftvollen Antritt. Die Kombination aus Nockenwellen-Verstellung und Schaltsaugrohr ist in dieser Form gut gelungen.

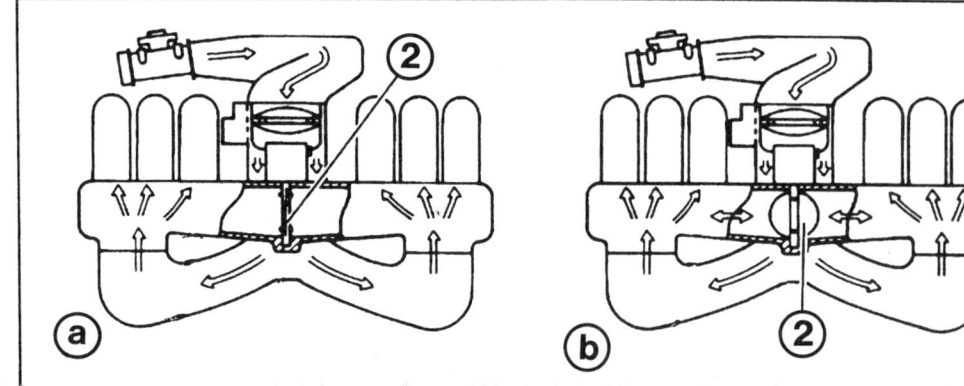

Oben links: Motor des C 180/200 mit 1 – Saugrohr; 2 – Kühlmittelanschluß; 3 – Servolenkung.
Oben rechts: Motor des C 280 mit 1 – Querrohr; 2 – Schaltsaugrohr; 3 – Servolenkung, 4 – Regulierung; 5 – Ölwanne.
Links: Schaltsaugrohr beim C 280: a – bis 3300/min ist die Klappe (2) geschlossen, darüber geöffnet (b).

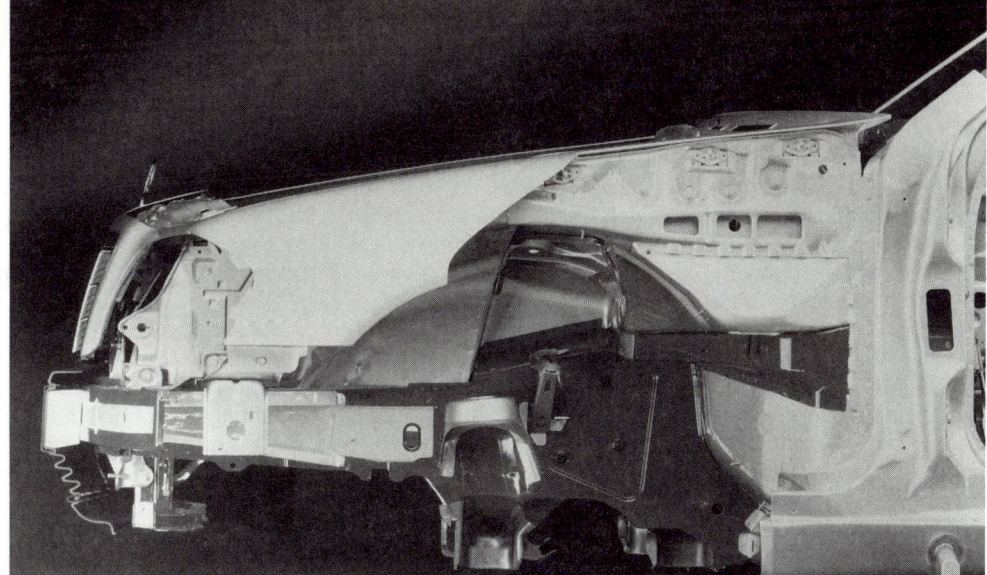

Verbindung zwischen Vorbau und Innenraum durch den Gabelträger.

Getriebe

Alle Modelle der neuen C-Baureihe verfügen serienmäßig über ein Fünfgang-Schaltgetriebe. Durch ein neues Lagerkonzept konnte die Schaltbarkeit, insbesondere des synchronisierten Rückwärtsgangs, verbessert werden. Die Gesamtübersetzung von Getriebe und Hinterachse sorgt dafür, daß die Höchstgeschwindigkeit stets im obersten Gang erreicht wird.
Auf Wunsch ist für alle Modelle auch die bewährte Viergang-Wandler-Automatik lieferbar. Der C 280 kann mit der Antriebs-Schlupfregelung ASR kombiniert werden, die die Motor-Schleppmoment-Regelung MSR enthält. Für die anderen C-Klasse-Modelle steht (bis Juni '94) das automatische Sperrdifferential ASD zur Verfügung. Das elektronische Traktions-System (ETS) ersetzt ab Juni '94 das automatische Sperrdifferential ASD.

Rundherum sicher

Die Sicherheitsexperten von Mercedes-Benz handeln nach der Maxime: Passive Sicherheit entsteht aus der Summe aller Details. Sie ist vergleichbar mit einem Puzzle und ist ein Werk einzelner, aufeinander abgestimmter Elemente. Bestmögliche Sicherheit muß bei einem Fahrzeug rundum gewährleistet sein. Wie bei einem Puzzle darf auch bei der Sicherheit kein Teil fehlen, wobei einzelne Teile für sich genommen weitgehend wertlos sind – nur das Gesamtbild zählt. Bei Mercedes-Benz nennt man diesen integrierten Rundumschutz ICASIS (**I**ntegrated **CA**r **S**afety **I**mpact **S**ystem).
Sicherheit beginnt vorn. Beginnen wir daher zunächst mit der Betrachtung der Frontal-Crash-Sicherheit des kleinen Mercedes. Klar ist: Die Sicherheit für den Frontal-Crash beginnt im Falle der C-Klasse schon dort, wo hinter dem aufwendigen Stoßfängersystem der sogenannte Rohbau-Querträger zusammen mit den vorderen Längsträgern einen stabilen Zugverband bildet. Der großvolumige, kastenförmige Querträger aus hochfestem Stahlblech verbindet dabei die beiden Längsträger und reicht bis zu den äußersten Fahrzeugecken.
Doch damit nicht genug. Dreiecksförmige Stege an seinen Enden stützen sich an den Radlaufblechen ab. Und genau dieser Kunstgriff erlaubt die Verformung von nicht direkt beaufschlagten Vorbauzonen und erhöht so die wichtige Energieaufnahme bei Kollisionen mit sogenannter geringer Überdeckung, einer sehr häufigen

Häufigste Unfallart ist der versetzte Frontalunfall. Durch umfangreiche Versuchsreihen bleibt nichts dem Zufall überlassen.

Unfallart. Zum verstärkten Schutz der unteren Extremitäten der Insassen dient in diesem Fall übrigens auch der zusätzliche Pedalboden-Querträger. Der sitzt vor der äußerst stabilen Stirnwand zwischen vorderem und seitlichem Längsträger und hilft mit, gefährliche Intrusionen, zum Beispiel das Eindringen der Vorderräder, zu unterbinden. Der Vorbau der neuen Mercedes-Kompaktklasse ist gegenüber der Vorgängerbaureihe um rund 22 Millimeter gewachsen. Diese größere Vorbaulänge verbessert dann auch das Crashverhalten bei Frontalkollisionen noch einmal deutlich.

Wirft man einen Blick unter die Motorhaube, so werden Kenner auf Anhieb feststellen, wie aufgeräumt jede einzelne Version wirkt. Ein schöner Motorraum sollte auch ein sicherer Motorraum sein. Bei der C-Klasse wurde viel konstruktive Raffinesse darauf verwendet, die im Motorraum untergebrachten Aggregate so anzuordnen, daß sie im Falle eines Unfalls die umgebende Blech-Ziehharmonika bei ihrer energie-absorbierenden Faltarbeit nicht behindern. Dies geschieht dadurch, daß starre Bauteile aneinander vorbeigleiten oder nach oben herausklappen. Damit wird, so sagen die Mercedes-Sicherheitsexperten, eine Blockbildung verhindert.

Auch die wichtige Schnittstelle Vorbau zu Fahrgastzelle wurde weiter optimiert. Um die Crash-Kräfte noch besser in nicht direkt betroffene Fahrzeugteile weiterleiten zu können, erhielten die Mercedes-typischen Gabelträger sowie die konisch ausgeformten vorderen Längsträger eine Fortsetzung durch direkt auf dem Fahrzeugboden aufgesetzte Trägerprofile. Diese werden wiederum durch den formstabilen Tunnel verstärkt. Mit zusätzlicher Profilierung und aufgesetzten Querbrücken wird er als eigenständiges Konstruktionselement separat der Rohbaustruktur hinzugefügt. Er bildet sozusagen das Rückgrat des Autos und steht auch für andere Crash-Konfigurationen gerade.

Auch beim Seitenaufprall bietet nur ein Gesamtpaket wirksamen Schutz. Es beginnt bereits mit der Fahrzeugstruktur, und zwar dort, wo sie nicht so fotogen ist: ganz innen. Das ist beim C-Modell zunächst das Rückgrat – der eingesetzte Tunnel mit seinen vier Querbrücken. Ebenso vielfältig wie wirksam führen die Wege dabei nach außen, zum Beispiel über vordere und hintere Sitz-Querträger, die sich im Schweller als Schottwände fortsetzen und über Tunnelbrücken auf der anderen Seite abstützen, oder über den mit versteifenden Sicken gespickten Wagenboden.

Die jetzt einseitig hergestellte Außenschale der Seitenwand hat keine Fügestellen, was die Festigkeit verbessert. A-, B- und C-Säulen sind dreischalig aufgebaut und somit sehr biegesteif. Speziell der B-Säulenfuß ist großflächig und massiv mit dem seitlichen Längsträger verbunden. Der gesamte Querverband wird ergänzt durch eine Reihe weiterer hochfester Querversteifungen, z.B. unter der Frontscheibe und unter der Instrumententafel. Auch die Sitzrahmen sind in Querrichtung versteift. Zum integrierten Seitenaufprallschutz gehören auch die äußerst stabilen Türschlösser und Scharniere. Denn selbst die bestgepanzerte Tür nutzt recht wenig, wenn sie schon bei einem kräftigen Tritt ins Haus fällt. Die Türen der Mercedes-C-Klasse tragen innen Verkleidungen mit wirksamen Deformationselementen, was in Verbindung mit einer speziellen Formgebung mögliche Insassenbelastungen reduziert. Kritische Bereiche, wie die Bordkante, sind zusätzlich mit stoßabsorbierendem Schaum abgepolstert. Im unteren Türbereich sind zusätzlich Flankenschutz-Verstärkungen angeordnet.

Airbag

Serienmäßig hat er seinen Platz in der C-Klasse: ein Fullsize-Fahrer-Airbag. Seit März '94 ist auch auf der Beifahrerseite ein Airbag serienmäßig. Der Erkenntnis folgend, daß der Airbag nur das letzte Glied in einer aufeinander abgestimmten Sicherheitskette sein kann, gehören dazu genauso Gurtstraffer (bei Mercedes-Benz mit pyrotechnischer Auslösung seit 1984 Standard) an den vorderen Sitzen wie ein weiter verbessertes

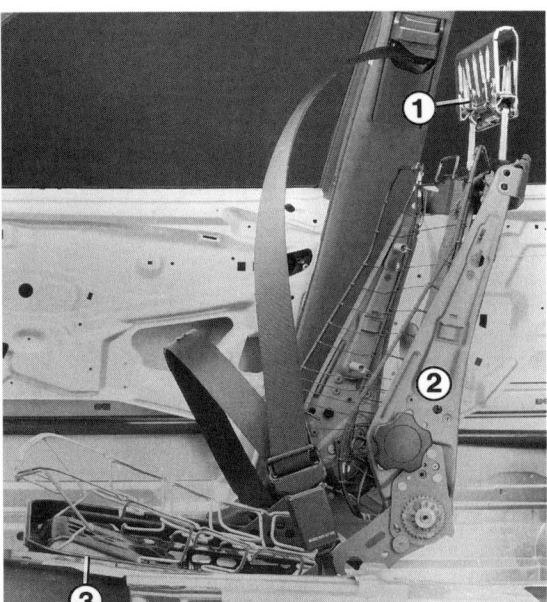

Links: Leichtbau und Sicherheit im Sitz: 1 – Kopfstütze, 2 – Lehnenrahmen, 3 – Bodenblech.
Unten: Versuchsreihe für den Seitenaufprall. Hierbei steht das Fahrzeug, und auf einem Schlitten rast der »Unfallgegner« herbei.

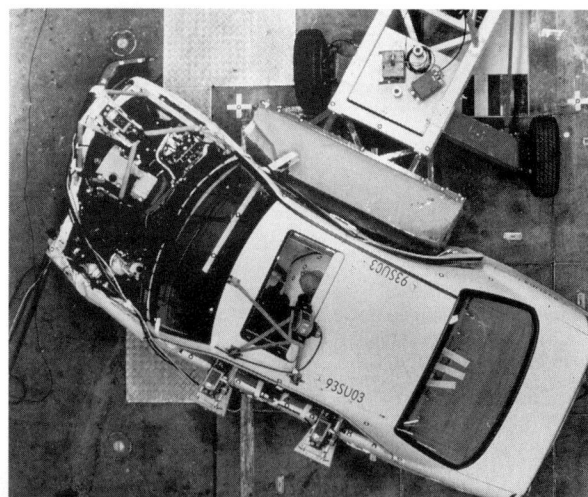

Hier müssen die Dachsäulen beweisen, ob sie einem Überschlag standhalten.

Gurtsystem mit Befestigung der unteren Verankerungspunkte am Sitzrahmen. Die oberen Gurtanlenkpunkte an der B-Säule besitzen die bewährte Höhenverstellung in drei Stufen. Wer hinten sitzt, bekommt seine optimale Gurtführung sogar automatisch. Neu in der Kompakt-Klasse ist ein Beifahrer-Airbag. Dabei gelang es, sogar Platz für ein Handschuhfach zu schaffen. Und das, obwohl in den Airbag-Gehäusen sogenannte Fullsize-Luftsäcke auf ihren lebensrettenden Einsatz warten. Denn Mercedes-Benz ist sich sicher: Manche wichtigen Dinge erfordern einfach die Fullsize-Lösung.

Komfort-Dimensionen

Neben der weiter erhöhten passiven Sicherheit ist es vor allem die Innenraum-Größe, die gegenüber der Vorgänger-Baureihe 190 zugenommen hat. Besonders die Beinfreiheit im Fond nahm deutlich zu. Aber auch im Schulter- und Kopfbereich steht jetzt mehr Raum zur Verfügung. Ebenso wurde die Sitzposition von Fahrer und Beifahrer orthopädisch verbessert. Bei der C-Klasse stehen vorne und hinten knapp drei Zentimeter mehr Schulterbreite und rund zwei Zentimeter mehr Kopffreiheit zur Verfügung. Auf Größe achtete man auch noch an anderer Stelle. Selbst sehr ausladende Schuhgrößen wurden bei der Entwicklung berücksichtigt, und der Fußraum hat sowohl an Höhe wie an Breite gewonnen.

Sitze

Die Absenkung des Fahrerbodens um zwei Zentimeter ermöglicht allen Passagieren einschließlich dem Fahrer, aufrechter und damit orthopädisch günstiger zu sitzen. Die beim Vorgänger ohnehin schon überdurchschnittliche Längsverstellung der Sitze wurde nochmals um 52 mm erweitert.
Über eine Schrittmechanik kann der Fahrersitz auch in der Höhe verstellt werden. Die trickreiche Einrichtung sieht dabei eine Rasten-Einstellung vor, die den Sitz stufenweise nach oben oder unten rücken läßt, je nachdem, ob am Hebel gezogen oder gedrückt wird. Die Kinematik folgt zudem ergonomischen Gesichtspunkten: Im oberen Verstellbereich bleibt die Sitzebene flacher, im unteren Bereich wird sie steiler. Außerdem kann die Neigung der Sitzfläche noch getrennt eingestellt werden.

Beim Heckunfall werden Stoßfänger und Kofferraum »zusammengefaltet«, damit dort möglichst viel Energie vernichtet wird.

Auf Wunsch läßt sich dieser hohe Sitzkomfort sogar noch weiter verfeinern. Zum einen mit der elektrischen Sitzverstellung mit Speichermöglichkeit, zum anderen mit der Multikontur-Lehne, die in dieser Fahrzeugklasse einzigartig ist. Vier Luftkammern im Lendenbereich sowie jeweils eine an den Randwülsten ermöglichen es, Lordosenabstützung und Seitenführung individuell einzustellen.

In der mittleren Mercedes-Klasse bewähren sich seit langem die auf Wunsch lieferbaren und pneumatisch abklappbaren Kopfstützen im Fond. Mit einem kleinen, aber höchst angenehmen Unterschied finden sie sich nun auch in der C-Klasse wieder. Dabei liegt die Schwenkachse der Kopfstützen – völlig ungewöhnlich – oben. Der Vorteil: Kopf und Nacken liegen optimal auf, was gleichermaßen Komfort und Sicherheit erhöht.

Heizung, Lüftung, Klimaanlage

Wirklicher Komfort im Innenraum kann nur entstehen, wenn ein angenehmes Raumklima herrscht. Die C-Klasse von Mercedes-Benz verfügt über eine äußerst wirkungsvolle Heizungsanlage mit individueller elektronischer Regelung für Fahrer- und Beifahrerseite. Die jeweils gewählte Temperatureinstellung im Innenraum wird durch Sensoren und einen Mikroprozessor überwacht. Staubfilter und Umluftschaltung, die als Sonderausstattung geordert werden können, sind auch Bestandteile der Klimaanlage. Neben ihrer grundsätzlichen Funktion, bei hohen Außentemperaturen zu kühlen, kann sie bei niedrigeren Außentemperaturen auch zur Luftentfeuchtung genutzt werden. Die Klimaanlage umfaßt eine Restwärmeschaltung, die auf Knopfdruck auch bei abgeschaltetem Motor noch warmes Wasser durch die Heizung zirkulieren läßt.

Noch komfortabler läßt sich C-Klasse-Atmosphäre natürlich mit Hilfe der Klimatisierungsautomatik gestalten. Auch sie beinhaltet Staubfilter, Umluft- und Restwärmeschaltung. Ihr Vorteil liegt darin, daß man die einmal vorgewählte Einstellung im Prinzip das ganze Jahr über nicht mehr korrigieren muß.

Die Klimatisierungsautomatik regelt darüber hinaus nicht nur das Temperaturniveau, sondern auch die Luftmenge selbsttätig. Die Regelung läßt sich weder von Veränderungen der Fahrgeschwindigkeit noch von der Außentemperatur irritieren. Die Anlage arbeitet dabei im sogenannten Re-Heat-Betrieb. Der luftentfeuchtende Effekt ist damit stets vorhanden.

Auto und Umweltschutz

Heute schon muß der Konstrukteur bei der Konzeption eines neuen Autos an dessen Ende denken: Recycling heißt dabei das Stichwort. Bereits die Kunststoff-Stoßfänger eines Mercedes 190 eignen sich vorzüglich zur Wiederaufbereitung und -verwendung als Verkleidungsteile. Bei einem deutlich unter dem Durchschnitt liegenden Kunststoffanteil von acht Prozent ist ein Anteil von zwölf Prozent als Recyclat-Bauteile freigegeben. Dazu gehören zum Beispiel die Auskleidungen von Radlauf und Gepäckraum, die Reserverad-Halterung und der Halter für den Wagenheber, der Handschuhkasten und die Motorraumverkleidung. Beim Einsatz von Kunststoffen erhalten recyclingfreundliche Materialien den Vorzug. So wird beispielsweise für die Stoßfänger-Aufprallelemente alternativ zum Polyurethan (PUR) das recyclingfreundlichere Polypropylen (PP) verwendet. Um möglichst viele Kunststoffe später einer sinnvollen Wiederverwertung zuführen zu können, wurde bereits bei der Konstruktion des neuen kleinen Mercedes auf eine möglichst einfache Demontage geachtet, z.B. die Schallisolationsmatten aus anschmiegsamem Schaumstoff (bisher waren Schmelzfolien unlösbar mit dem Bodenblech verbunden) oder die ausknöpfbare Motorhaubenverkleidung (bisher verklebt). Außerdem sind alle Kunststoff-Teile mit mehr als 100 g Gewicht so gekennzeichnet, daß ein sortenreines Recycling möglich ist. Doch nicht nur bei den Kunststoffen dachten die Mercedes-Ingenieure an eine fachgerechte Entsorgung. Auch das Kupfer in den immer zahlreicheren Stromkabeln zählt zum Recycling-Programm, dabei ist Kupfer ein wertvolles Metall, das bei der Wiedergewinnung von hochwertigem Stahl stören kann. Daher wurde der Kabelbaum in einer H-Struktur verlegt und kann bei der Entsorgung nach Kappen der Verbindungen mit einem Handgriff entfernt werden. Sowohl der Eisenschrott als auch das Kupfer können optimal weiterverarbeitet werden.

Was in der Konstruktion beginnt, setzt sich in der Produktion fort. Beispiel FCKW-Ausstieg. Er wurde mit Einführung der C-Klasse bei Mercedes-Benz zu 100 Prozent vollzogen. Nicht nur die Klimaanlagen aller Mercedes-Modelle sind FCKW-frei, auch PUR-Schäume und andere ehemals »schwarzen Schafe« werden ohne das umweltschädliche Gas hergestellt. Neben den FCKW wurden auch die CKW und andere Problemstoffe, wie Asbest oder Cadmium, völlig ersetzt.

Lackierung

Umweltfreundliche Wasserlacke sind im Vormarsch, und durch vielfältige Maßnahmen werden Lösemittel reduziert, Abluft und Abwasser gereinigt, Abfälle vermieden und der Energieverbrauch verringert. Zum Beispiel gibt die C-Klasse den Startschuß für eine im großtechnischen Maßstab bisher einmalige Biofilter-Anlage bei der Leichtmetallgießerei. Die Biofilter-Anlage besteht aus drei insgesamt 500 m² großen Wannen auf dem Dach der Gießerei. Darin liegen natürliche Materialien, wie vorkompostiertes Holz, Rinde, Torf und Heidekraut. Bei einer Luftfeuchtigkeit von null bis zehn Prozent bilden sie einen idealen Nährboden für Mikroorganismen. Diese Bakterien reinigen rund 80000 m³ Abluft pro Stunde bei einem Wirkungsgrad von über 80%. Effekt: Mit lästigen Gerüchen ist es vorbei.

Die in der Mercedes-C-Klasse verwendeten recycelbaren Kunststoffe mit einem Gewicht von mehr als 100 g sind bezeichnet.

Weitere Umweltentlastungen: Emissionsfreie Pulverlackierung von Kurbelgehäusen, nahezu FCKW-freie Reinigung und Konservierung, Verzicht auf Chrom VI bei der Vorbehandlung von Teilen, Wiederverwendung von Lackabfällen bei der Achslackierung.

Motoren

Bei den Benzinern der Mercedes-C-Klasse kommt ein Abgas-Reinigungssystem der dritten Generation zum Einsatz. Insbesondere die Dauer der Warmlaufphase konnte dabei durch Isolation der Abgasrohre und Erzeugung besonders heißer Abgase wesentlich verkürzt werden. Der C 280 ist zusätzlich mit einer erstmals elektrisch betriebenen Sekundärluftpumpe ausgestattet. Sie bläst in den ersten 90 bis 120 Sekunden nach dem Kaltstart zusätzlich Frischluft in den Auslaßkanal. Dadurch werden Kohlenwasserstoffe und Kohlenmonoxid nachverbrannt, die Gase werden noch heißer, die Folge ist eine weitere Verkürzung des Warmlaufs. Die Katalysatoren selbst nahmen an Volumen zu, was sich auf Reinigungswirkung, Langzeitstabilität und Verbrauch günstig auswirkt.
Trotz bis zu 130 kg mehr Gewicht und deutlich besseren Fahrleistungen ist der Kraftstoffverbrauch etwas gesunken.

Service

Eine andere Maßnahme, die mit der C-Klasse eingeführt wird, ist gleichermaßen Umweltschutz pur wie für Mercedes-Kunden kostensenkend. Das Stichwort dazu heißt Erhöhung der Service-Intervalle von 10 000 auf 15 000 Kilometer. In Kombination mit reduzierten Wartungsumfängen ergeben sich auf diese Weise um bis zu 40 % niedrigere Wartungskosten. Nicht zu unterschätzen ist aber auch der geringere Öl-Verbrauch, denn durch diese Maßnahme fällt in den Werkstätten rund ein Drittel weniger Altöl an. Angesichts einer im Jahr 1991 errechneten Ölmenge von fünf Millionen Liter bei den 103 Niederlassungsbetrieben von Mercedes-Benz ergibt sich dadurch ein gewaltiges Spar-Potential.

Geräuschminderung

Die Verbesserungen zur Geräuschminderung begannen an den Motoren. Sie wurden einer umfangreichen Analyse unterzogen, um den Lärmquellen auf die Schliche zu kommen. Alle Lagerspiele wurden untersucht und möglichst eingeengt, vor allem an Kurbelwellen- und Pleuellagern. Das Kolbengewicht wurde gesenkt und der Kettenantrieb für die Nockenwelle optimiert. Die Form der Nockenwelle ist für einen weichen Motorlauf ausgelegt. Kleineres Ventilspiel und schwächere Ventilfedern senken die Geräusche ebenfalls. Der Luftfilter ist jetzt in einem steiferen Gehäuse untergebracht, und dieses ist akustisch über ein Gummielement im Luftkanal vom Motor abgekoppelt.
Die Lagerung von Motor und Getriebe geschieht vorn in Hydrolagern und hinten am Getriebe über ein genau abgestimmtes Gummilager. Erheblicher Aufwand wurde an der Kupplung und am restlichen Antriebsstrang geleistet. Einige Motoren erhalten ein Zweimassen-Schwungrad, welches die Übertragung von Motorschwingungen auf den restlichen Antrieb verhindert. Die Mitnehmerscheibe der Kupplung wurde mit größerer Verdrehelastizität versehen. Auf der Gelenkwelle ist vorn ein Biege-Drehschwingungstilger eingebaut. Die Verbindung der zweiteiligen Kardanwelle erfolgt an Getriebe und Hinterachsantrieb über drehelastische Elastomer-Gelenkscheiben. Eine höhere Bedeutung für die Geräuschminderung hat eine recht versteckte Neuerung: Erstmals verwendet Mercedes zwei hydraulisch gedämpfte Gummilager zur Lagerung des Differentials am Hinterachsträger. Der Hinterachsträger ist über sehr große Gummilager mit der Karosserie verbunden. Weiterhin erhielt die C-Klasse Einrohr-Gasdruckstoßdämpfer mit Trennkolben, die selbst bei höchster Belastung nicht poltern sollen.

Schon vor der Produktion wurde an die letzte Stunde gedacht: Sämtliche Wertstoffe sind ausgebaut und werden größtenteils wiederverwertet.

Altwagenrecycling

Verpackungsverordnung, Kreislauf-Wirtschaftsgesetz, Duales System: In Deutschland wird scheinbar Ernst gemacht, Rohstoffquellen zu schonen und Müllberge nicht im bisherigen Stil weiter wachsen zu lassen. Das gilt auch für Autos. Konzepte sind in Vorbereitung, Materialien aus Altwagen weit mehr als bisher der Wiederverwertung zuzuführen, zu »recyclen«.

Seit 1992 nehmen bei Mercedes-Benz alle Niederlassungen, Händler und Vertragspartner alte, noch komplette Personenwagen zur umweltschonenden Entsorgung entgegen.

Neuerdings beschränken sich die Überlegungen nicht mehr nur auf das gesamte Auto, sondern zunehmend auch auf Teile, die bei Wartung und Reparatur anfallen. Öle, Kühl- und Bremsflüssigkeiten beispielsweise, Kältemittel aus Klimaanlagen, aber auch Batterien oder Katalysatoren werden schon lange aufbereitet. Mercedes läßt bereits seit 1978 sogenannte Zweitraffinate als Motorenöl zu – also wieder aufbereitetes Öl. Seit 1985 wird Kältemittel, seit 1987 Bremsflüssigkeit von Spezialbetrieben regeneriert.

Bei Unfallreparaturen bleiben große Mengen weiterer Teile zurück. Allein bei den 1276 Mercedes-Benz-Betrieben in Deutschland fallen jedes Jahr etwa 200 000 Stoßfänger an, 30 000 Radkappen, 170 000 Glasscheiben oder 110 000 Batterien. Bisher wurden solche Teile mehr oder (meist) weniger ungeordnet über den örtlichen Schrotthandel entsorgt. Alte Akkus beispielsweise werden zu über 95% recycelt – das in ihnen enthaltene Blei ist wertvoll, es läßt sich vollständig wiedergewinnen. Bei den übrigen Teilen soll die Rate ähnlich hoch werden.

Der traurige Rest eines C-Klässlers – aber immerhin nach Wertstoffen getrennt.

Das Lager ausgedienter Stoßfänger bei einem Partner des Mercedes-Recycling-Systems.

Seit November '93 läuft unter dem Kürzel »MeRSy« das **Me**rcedes **R**ecycling-**Sy**stem. Mercedes-Benz vergab das Einsammeln und Verwerten der ausgemusterten Teile an einen Dienstleister. Partner ist die Firma Renz System Transport (RST). In Herrenberg unweit von Stuttgart unterhält RST eine Leitstelle für den bundesweiten Entsorgungs-Verbund sowie eine Pilotanlage für Demontage und wertstoffgerechte Sortierung der Altmaterialien.

Die Werkstätten sammeln Altmaterialien in Containern. Demontage-Arbeiten sind nicht nötig. Entsorgungsbedarf wird lediglich bei Renz angemeldet. Entsorgt wird prompt, selbstverständlich nicht nur aus Herrenberg, sondern von weiteren elf Systempartnern. Diese operieren von sogenannten Vorverarbeitungszentren, die bereits bundesweit eingerichtet sind. Ihre Zahl soll noch steigen, sobald das System voll angelaufen ist: Kurze Fahrstrecken und bedarfsgerechte Fahrpläne steigern die Effizienz und schonen die Umwelt.

Die Vorverarbeitungszentren trennen die Materielien sortenrein, shreddern sie, soweit erforderlich, und transportieren die dann angefallenen Mengen zu den Aufarbeitungs-Betrieben. Alle Arbeitsschritte werden kontrolliert und dokumentiert, so daß die Werkstatt lückenlos die ordnungsgemäße Entsorgung nachweisen kann.

Übersicht

Modell	Werksbezeichnung	Motor	Schaltgetriebe	Automatikgetriebe	Servo-Lenkgetriebe
C 180	202.018	111.920	717.416	722.421	765.950/765.922 (Sport)
C 200	202.020	111.941	717.416	722.422	765.950/765.922 (Sport)
C 220	202.022	111.961	717.417	722.423	765.950/765.922 (Sport)
C 280	202.028	104.941	717.441	722.424	765.950/765.922 (Sport)

Motorraum-Bildseite

Sechszylinder im C 280

Der Motorraum des Sechszylinders zeigt: 1 – Luftfilter; 2 – Kühlmittel-Ausgleichsbehälter; 3 – Verschlußdeckel; 4 – Abdeckung über Aggregateraum rechts, darunter sind die meisten elektronischen Steuergeräte untergebracht; 5 – Kabelkanal; 6 – Bremsflüssigkeitsbehälter; 7 – Querrohr für Ansaugluft vom Luftfilter zum Saugrohr; 8 – Schaltsaugrohr 9 – Sicherungs- und Relaiskasten; 10 – Waschwasserbehälter; 11 – Abdeckung über Resonanzklappe; 12 – Hydraulikeinheit für ABS/ASR/ETS; 13 – Kühler; 14 – geschraubte Querbrücke; 15 – HFM-Luftmassenmesser; 16 – Kühlmittel-Ausgleichsleitung; 17 – Lüfterhaube; 18 – Stützpunkt für Klemme 30 und 15 ungesichert; 19 – Abdeckung über Zündkerzen.

Motorraum-Bildseite

Vierzylinder im C 180/C 200

Im Motorraum des Vierzylinders wurden bezeichnet: 1 – Abdeckung über Aggregateraum rechts, darunter sind die meisten elektronischen Steuergeräte untergebracht; 2 – Kraftstoff-Vor- und -Rücklaufleitung; 3 – Bremsflüssigkeitsbehälter; 4 – Sicherungs- und Relaiskasten; 5 – Stützpunkt für Klemme 30 und 15 ungesichert; 6 – Stellglied für Leerlaufregelung; 7 – Saugrohr; 8 – Gaszug; 9 – Waschwasserbehälter; 10 – Pumpe mit Ölvorratsbehälter der Servolenkung; 11 – Hydraulikeinheit für ABS/ETS, 12 – Kühler mit integriertem Ausgleichsbehälter und Kühlmittelstandsgeber; 13 – Abdeckung Zylinderkopf; 14 – Zylinderkopfhaube; 15 – Abdeckung über Zündkerzen; 16 – Öleinfülldeckel; 17 – Querrohr für Ansaugluft vom Luftfilter zum Saugrohr; 18 – Lambdasonde im Auspuffkrümmer; 19 – Luftfilter; 20 – geschraubte Querbrücke; 21 – geschraubter Scheinwerferrahmen.

Das Wartungssystem

Bald wartungsfrei?

Mit Einführung der C-Klasse wurden die Wartungsintervalle geändert: Ölservice oder Pflegedienst alle 15000 km bzw. einmal jährlich und Wartungsdienst alle 30000 km bzw. alle zwei Jahre. Dabei standen besonders der Gedanke Umweltverträglichkeit und Kostenreduzierung im Vordergrund. Schonung der Umwelt und Verminderung der Entsorgungsmengen waren Entwicklungsziele, die ohne Nachteile für die Fahrzeugsicherheit und die Zuverlässigkeit verwirklicht werden sollten.
So braucht z.B. die Leerlaufdrehzahl nicht mehr geprüft zu werden, ein Ölwechsel beim Schaltgetriebe entfällt ebenso wie die Abnützungskontrolle der Kupplung. Die Ölstände im Schaltgetriebe, automatischen Getriebe und im Hinterachsdifferential werden nicht mehr kontrolliert, weil diese Aggregate ja keine Ölverbraucher sind. Eine Sichtprüfung auf Undichtigkeit genügt. Der Luftfiltereinsatz wird nur noch alle 90000 km bzw. alle vier Jahre erneuert. Das Einstellen der Feststellbremse entfällt durch den Einbau eines automatischen Seilzug-längen-Ausgleiches.

Wartungsplan für den Selbsthelfer

In der hinteren Umschlagseite finden Sie den Wartungsplan. Kommt Ihnen dieser Plan auf den ersten Blick lang und arbeitsintensiv vor? Lassen Sie sich nicht beeindrucken, denn wenn Sie Ihren Wagen erst ein- oder zweimal stur nach Liste gewartet haben, werden Sie feststellen, daß die meisten Punkte mit wenigen Handgriffen erledigt werden können. Kopieren Sie sich den Wartungsplan, damit Sie jeden Punkt gleich streichen können. Ganz oben im Wartungsplan finden Sie einige Arbeiten unter der Überschrift »**Ständige Kontrollen**« aufgeführt. Diese Punkte immer wieder durchführen. Dies muß eigentlich **jeder** bewerkstelligen können, der sich hinter ein Lenkrad setzt. In wenigen Minuten ist die Arbeit getan.

Wer soll was machen?

Fast alle Wartungsarbeiten am Mercedes können Sie selbst ausführen. Die Selbsthelfer-Ampel weist Ihnen dabei den richtigen Weg:
Grün: Freie Fahrt für den Selbsthelfer. Diese Arbeit können Sie mit den Kenntnissen aus diesem Buch fachgerecht ausführen und Geld sparen.
Gelb: Die Arbeit ist zwar nicht schwierig, doch es fehlen meist die nötigen Einrichtungen. An der Tankstelle sind Sie in diesem Fall am besten aufgehoben.
Rot: Halt, hier lassen Sie am besten die Werkstatt ran. Spezielle Werkzeuge oder Meßgeräte sind erforderlich, der Aufwand an Eigenarbeit lohnt sich nicht, weil die Werkstatt wesentlich schneller arbeitet oder weitergehende Kenntnisse erforderlich sind.

Einschränkungen in der Garantiezeit

Solange Ihr Wagen noch jünger als ein Jahr ist oder wenn ein Austauschmotor eingebaut wurde, verlangt das Werk, daß die entsprechenden Wartungsarbeiten termingerecht in einer Mercedes-Werkstatt erledigt werden. Andernfalls können auch berechtigte Garantieansprüche abgelehnt werden. Außerdem ist die Mercedes-Touring-Garantie nur dann vier Jahre lang gültig, wenn das Wartungsheft pünktlich ausgefüllt wurde.

HHT für die umfangreiche Elektronik

Der **H**and-**H**eld-**T**ester (HHT) erlaubt die schnelle und zielsichere Lokalisierung und Bewertung defekter elektronischer Bauteile. Eine Vielzahl diagnosefähiger Elektronik-Systeme – vom ABS bis zur elektronisch gesteuerten Klimaanlage – ist in unseren Fahrzeugen eingebaut. Die jeweiligen Steuergeräte sind an die Diagnosedose im Motorraum angeschlossen (Seite 179). Mit dem Hand-Held-Tester steht den Werkstätten ein Fehlerdiagnose-Gerät mit Einsatzmöglichkeiten in der Annahme, der Reparatur, der Endabnahme und bei Probefahrten zur Verfügung. Per Tastendruck aktiviert der Anwender das Prüfprogramm, welches im auswechselbaren Prüfmodul enthalten ist. Die beim Kurztest als fehlerhaft erkannten elektronischen Systeme können in weiteren Diagnoseschritten analysiert werden. Die Fehlerursache wird auf dem Display angezeigt. Es lassen sich über die Steuergeräte der elektronischen Fahrzeugsysteme auch Fehler abrufen, die beim Fahrbetrieb sporadisch aufgetreten, zum Zeitpunkt des Werkstatt-Aufenthalts aber nicht mehr feststellbar sind. So erhält man Informationen, die bislang verborgen blieben. Dazu werden die Betriebszustände von Motor bzw. Fahrzeug beim Auftreten des Fehlers gespeichert. Tritt ein Fehler wiederholt auf, werden die Umgebungsdaten beim ersten und letzten Auftreten gespeichert sowie dessen Häufigkeit mitgezählt.

Der sichere Arbeitsplatz

Veranstaltungsort

Wenn die Autopflege Hobby bleiben soll, müssen die äußeren Voraussetzungen stimmen. Das gilt auch für die Wahl des Pflegeplatzes: Beim Suchen nach heruntergefallenen Kleinteilen auf Rasenplätzen verliert man schnell die Lust am Basteln.

Wagen immer abstützen!

Wagenheber sind – wie ihr Name schon sagt – nur dazu da, das Fahrzeug anzuheben. Das gilt generell für alle Wagenhebertypen. Sie sind keine ausreichende Abstützung für Arbeiten an der Wagenunterseite! **Lassen Sie es auch in der größten Eile nie an der fachgerechten Abstützung des aufgebockten Fahrzeugs fehlen!** Sonst kann die eigenhändige Reparatur das Leben kosten. Zum richtigen Abstützen gehört natürlich auch das Unterlegen der Räder mit Steinen oder Holzkeilen, damit der Wagen beim Anheben nicht wegrollen kann.

Womit abstützen?

Hohlbocksteine haben sich als eine preisgünstige Abstützmöglichkeit erwiesen. Doch sie dürfen weder feucht noch rissig sein, sonst könnten sie unter Belastung in sich zusammenbrechen. Zwischen Stein und Karosserie muß ein Brett gelegt werden, damit sich die Last gleichmäßg über den ganzen Stein verteilen kann. Der Hohlblockstein selbst muß mit den Öffnungen senkrecht auf ebenem und tragfähigem Grund (Beton oder Asphalt) stehen.
Unterstellböcke stellen eine ideale Ergänzung zum Rangierwagenheber dar. Bei allen anderen Hebern – aber auch bei seitlich angesetztem Rangierheber – besteht die Gefahr, daß der auf der gegenüberliegenden Seite angesetzte Dreibeinbock einfach zur Seite weggedrückt wird.
Auffahrrampen sind die schnellste Aufbockmöglichkeit, da kein Wagenheber gebraucht wird. Auch steht der Wagen dann absolut sicher.

Wagenheber

Bordwagenheber: Er schafft nur eine geringe Hubhöhe, und das auch nur nach langem Kurbeln, wodurch er letztlich ein Notbehelf für unterwegs bleibt. Kleines Brettchen zum Unterlegen mitnehmen, damit sich der Wagenheberfuß nicht in den Untergrund drücken kann.
Scherenwagenheber: Hiervon ist nur eine stabile Ausführung ratsam. Er schafft eine größere Hubhühe bei geringerer Kurbelarbeit.

Vor dem Einsetzen des Bordwagenhebers (2) in eines der Einsteckrohre (1) in den Längsschwellern mit einem Schraubendreher die Abdeckung (3) heraushebeln.

Wagenheber (1) nur an die Gummipuffer vorn und hinten in den Längsschwellern ansetzen. Nur dann unter dem Fahrzeug arbeiten, wenn es mit Unterstellböcken (2) gesichert ist.

Hydraulischer Stempelwagenheber: Er kann den Wagen sehr schnell und bequem anheben. Doch vor dem Kauf die Hubhöhe kontrollieren! Eine zu kurze Ausführung kann die Räder nicht weit genug vom Boden abheben. Ein zu hoher Heber läßt sich erst gar nicht am Wagenboden ansetzen.

Rangierwagenheber: Günstig ist ein Heber mit zusätzlichem Fußpedal zum Hochpumpen. Für den Heimwerker gut geeignet ist ein kurzer, kleiner Rangierheber, der sich leicht verstauen läßt. Beachten Sie aber, daß sich ein Heber mit zu kleinen Rädern unter Last nicht mehr bewegen läßt.

Die Mietwerkstatt

Steht Ihnen zu Hause oder im Bekanntenkreis kein geeigneter Platz zum Autobasteln zur Verfügung oder muß im Winter bei Eiseskälte im Freien geschraubt werden? Dann sollten Sie sich in einer Mietwerkstatt einquartieren. Dort gibt es Hebebühnen, Gruben sowie teilweise auch Spezialwerkzeug, und die Arbeitsräume sind winters beheizt. Mit freien Plätzen in der Mietwerkstatt ist unter der Woche eher zu rechnen als am Wochenende, wenn alle Autobastler zum Werkzeug greifen.

Die Rechnung muß aber auch in der Mietwerkstatt stimmen; Sie müssen Ihre Zeit scharf kalkulieren. Nur wenn die Arbeit flott von der Hand geht und evtl. ein Helfer mitarbeitet, lohnt sich die Eigenarbeit. Wenn Sie eine umfangreiche Reparatur erstmals selbst ausführen, kann das Experiment durch die Summe der angesammelten Stunden teurer werden als der Arbeitspreis in der Fachwerkstatt.

Mietwerkstätten existieren oft ziemlich im Verborgenen, vor allem in kleineren Städten. Bisweilen haben solche Hobby-Werkstätten auch nur ein kurzes Leben. Achten Sie bei der Suche auf entsprechende Anzeigen im Autoteil der Tageszeitung bzw. in Anzeigenblättern oder fragen Sie andere Autobastler bzw. bei Ihrer Stamm-Tankstelle.

Vorn in der Mitte den Wagenheber nur am Vorderachsträger (1) ansetzen. 2 – Wärmetauscher Motoröl/Kühlmittel (je nach Motor); 3 – Ölwanne.

Hinten in der Mitte den Wagenheber (1) am Hinterachsgetriebe (2) ansetzen.

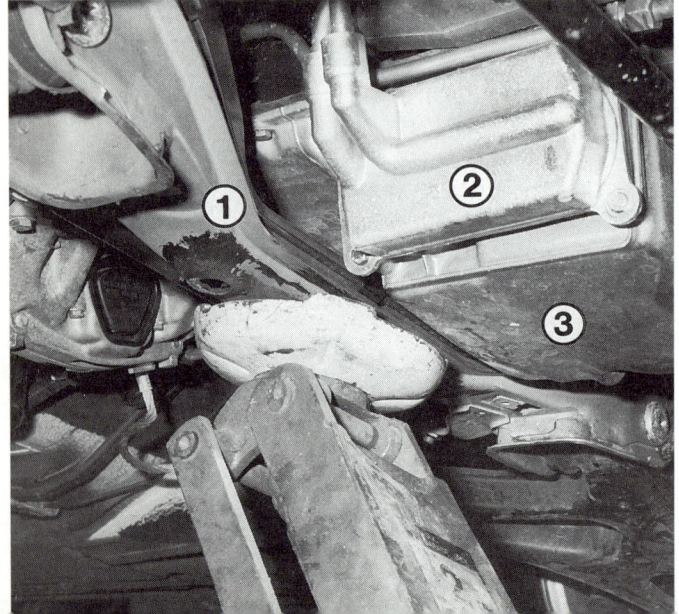

Schmieren aller Teile

Schmiermaxe

Motoröl hat es schwer! Es muß viele verschiedene Eigenschaften besitzen und soll selbst noch bei extremen und extremsten Bedingungen seine Schmierfähigkeit behalten. Auch soll es möglichst langsam altern, damit lange Ölwechselintervalle realisiert werden können.

Motorölstand prüfen

● Den Peilstab sollten Sie nach jedem zweiten Volltanken ziehen. Dazu:
● Wagen auf waagrechtem Untergrund abstellen.
● Nach dem Abstellen des vorher warmgefahrenen Motors mindestens fünf Minuten warten, damit alles Öl in die Ölwanne abtropfen kann. Besser ist die Kontrolle vor dem ersten Start bei kaltem Motor.
● Peilstab an der Grifföse herausziehen, mit sauberem, fusselfreien Lappen oder Papiertuch abwischen, bis zum Anschlag wieder hineinschieben, kurz warten und erneut herausziehen.
● An der Peilstabspitze können Sie nun den Ölstand ablesen: Der Pegel muß sich **zwischen den Markierungen** befinden; dann ist alles in Ordnung.
● Reicht die Schmiermittelmenge nur noch bis zur unteren Markierung, muß Motoröl bis zur oberen Peilstabmarke nachgefüllt werden.
● Die Ölmenge zwischen unterer und oberer Peilstabmarke beträgt **ca. 2 Liter**.

Ständige Kontrolle

Die Motorölsorten aller Hersteller lassen sich ohne Gefahr mischen, auch Einbereichs- mit Mehrbereichsölen. Diese Mischbarkeit ohne schädliche Folgen ist eine Grundforderung der internationalen Öl-Normen. Entscheidend ist lediglich, ob die **Spezifikation** für den Mercedes ausreicht – doch davon später.

Fingerzeig: Wegen ihrer doch sehr unterschiedlichen Eigenschaften raten wir vom Mischen von Mineralöl mit synthetischem Öl ab, obwohl das theoretisch ohne nachteilige Folgen möglich sein muß.

Darf man Öle mischen?

Ölverbrauch

Ein Teil des Motoröls verbrennt bei seiner Schmiertätigkeit. Ölverbrauch ist also völlig natürlich. Gut eingefahrene Motoren kommen mit **0,2 Liter Öl auf 1000 km** aus, bei Mercedes gilt als **höchstzulässiger Wert** ein Verbrauch von **1,5 Liter je 1000 km**, was aber tatsächlich als die Obergrenze des Vertretbaren anzusehen ist.

Wenn Sie den Ölverbrauch exakt messen wollen, muß der Wagen jeweils auf einer absolut waagrechten Stelle stehen und der Motor mindestens fünf Minuten stillstehen.
Am einfachsten geht das vor dem ersten Start. Dann wird der Ölstand ganz genau angezeigt, da über Nacht alles Öl in die Ölwanne zurückgesickert ist.

Ölverbrauch messen

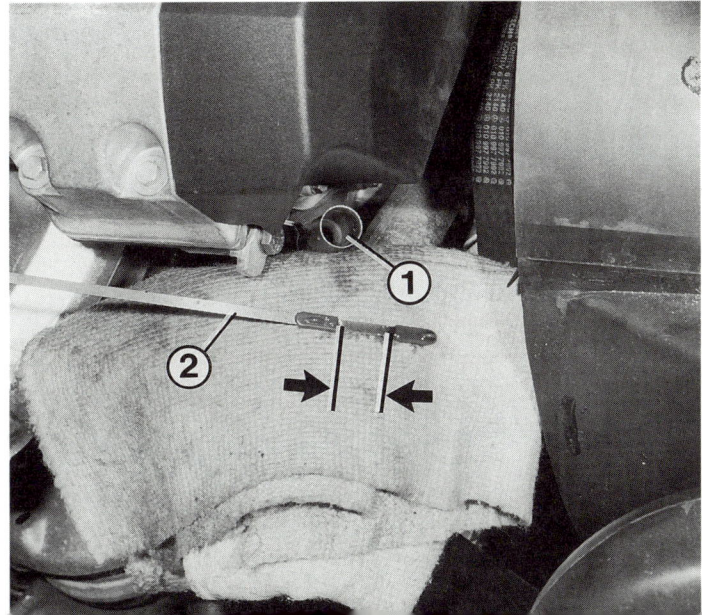

Die Differenz am Ölmeßstab (2) zwischen »MIN« und »MAX« (Pfeile) beträgt 2 Liter. Das Motoröl kann über das Meßstabführungsrohr (1) abgesaugt werden. Dieses hat dafür einen großen Durchmesser und reicht bis kurz vor den Ölwannenboden.

Zu hoher Ölverbrauch

Wieviel Öl Ihr Mercedes verbraucht, hängt von folgenden Umständen ab:
○ Ölverlust wird häufig mit Ölverbrauch verwechselt. Bevor also der Ölverbrauch kritisiert wird, müssen erst die illegalen Ölquellen beseitigt werden (Sichtprüfung des Motors, auch von unten).
○ Wer Öl bis weit über die obere Peilstabmarke einfüllt, hat automatisch höheren Ölverbrauch, denn der übrige Schmierstoff wird zur Kurbelgehäuse-Entlüftung hinausgeblasen.
○ Mehrbereichsöl, das zu lange im Motor bleibt, hat einen höheren Nachfüllbedarf.
○ Scharfe Fahrweise treibt nicht nur den Kraftstoffkonsum in die Höhe. Nach unseren Erfahrungen hängt auch der Ölverbrauch davon ab, ob bevorzugt in den höchsten Drehzahlen gefahren wird.
○ Einlaufvorgang noch nicht abgeschlossen (mindestens 5000 km).
○ Defekt im Motor; z.B. Ventilschaftabdichtungen defekt, Spiel zwischen Ventilführung und Ventilschaft zu groß, Kolbenringe falsch eingebaut oder schadhaft, beschädigte Zylinderwand durch Kolbenfresser.

Ihr Motor verbraucht kein Öl?

Im winterlichen Kurzstreckenbetrieb kann es vorkommen, daß der Ölstand steigt, statt wie normal leicht abzufallen. Sie haben dann nicht etwa eine Ölquelle entdeckt, sondern der Ölwanneninhalt wurde durch Kraftstoffkondensat verdünnt, das sich an den Kolbenringen vorbeigemogelt hat. Sie riechen den Benzingehalt im Öl sogar am herausgezogenen Ölpeilstab.

Die Schmiereigenschaften des Öls sind dadurch beträchtlich herabgesetzt. Ein zusätzlicher Ölwechsel zwischen den Intervallen (oft schon nach 3000 km) ist da kein Luxus, denn er kann Ihnen schwere Motorschäden ersparen. Der Ölfilter braucht dabei natürlich nicht gewechselt zu werden.

Bei geringerer Ölverdünnung kann auch eine längere Fahrt Ölstand und Schmierfähigkeit des Öls wieder ins Lot bringen. Bei Öltemperaturen über 100°C verdunsten die Kondensatanteile nach etwa einer halben Stunde. Wichtig ist jetzt die sofortige Ölstandskontrolle! Durch die Verdunstung kann der Ölpegel erheblich absinken.

Die Ölqualität

Ölspezifikationen

Zahlreiche Institutionen, aber auch einzelne Automobilhersteller haben es sich zur Aufgabe gemacht, Schmierstoffe nach unterschiedlichen, aber letztlich doch ähnlichen Prüfbedingungen zu erproben. Mit Erfolg geprüfte Öle dürfen als Qualitätsnachweis die erreichte Spezifikation auf der Verpackung tragen.

Mercedes akzeptiert lediglich die Qualitätsprüfungen der Vereinigung der Automobilhersteller der Europäischen Gemeinschaft (CCMC). Keine Sonderzusätze verwenden. Sie können zu erhöhtem Verschleiß oder zu Motorschäden führen.

Die richtige Ölspezifikation

Mercedes gibt für seine Benzinmotoren ausdrücklich nur die folgenden Ölspezifikationen frei:
○ CCMC-G4   ○ CCMC-G5
○ API SG (Öle nach API jedoch nur, wenn Öle nach CCMC nicht zur Verfügung stehen)
Egal, ob Sie das Motoröl teuer an der Tankstelle oder billig im Supermarkt kaufen, auf der Verpackung muß mindestens **eine** der geforderten Ölspezifikationen aufgedruckt sein.

Fingerzeig: Öle mit der Bezeichnung CCMC-PD2 oder API CD bzw. API CC sind reine Dieselöle und somit für den Mercedes ungeeignet. Anders ist das bei Ölen mit Doppelbezeichnung, z.B. CCMC-G4/PD2. Diese Öle sind für beide Motorentypen geeignet.

Zähflüssigkeit des Öls

Damit der Anlasser den kalten Motor durchdrehen kann, darf das Öl keinen großen Widerstand dagegensetzen. Außerdem soll es schnellstmöglich an die Schmierstellen gelangen; dazu muß es dünnflüssig sein. Bei hohen Temperaturen und Drehzahlen muß der Schmiersaft dagegen ausreichend zäh sein, damit der Schmierfilm nicht abreißt. Mineralöl ist leider umgekehrt veranlagt. Bei Kälte ist es zäh, mit zunehmender Erwärmung dagegen leichtflüssig. Das Öl und die vorherrschenden Betriebstemperaturen des Motors müssen daher genau aufeinander abgestimmt werden.

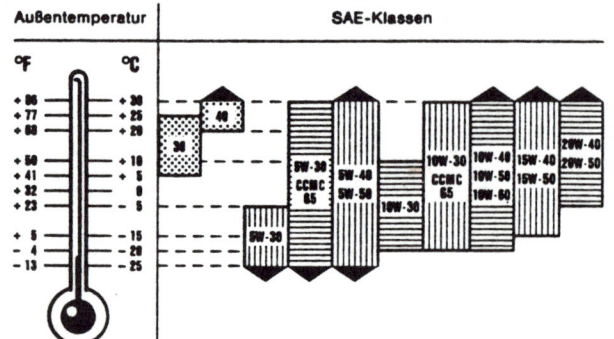

Die Tabelle zeigt die Ölviskositäts-Empfehlungen von Mercedes-Benz. Die genannten Temperaturen verstehen sich als Dauertemperaturen. Kurzzeitige Temperaturschwankungen spielen also keine Rolle.
Als Ganzjahresöl kann 10 W-40 (bzw. 50) oder 15 W-40 (50) verwendet werden.

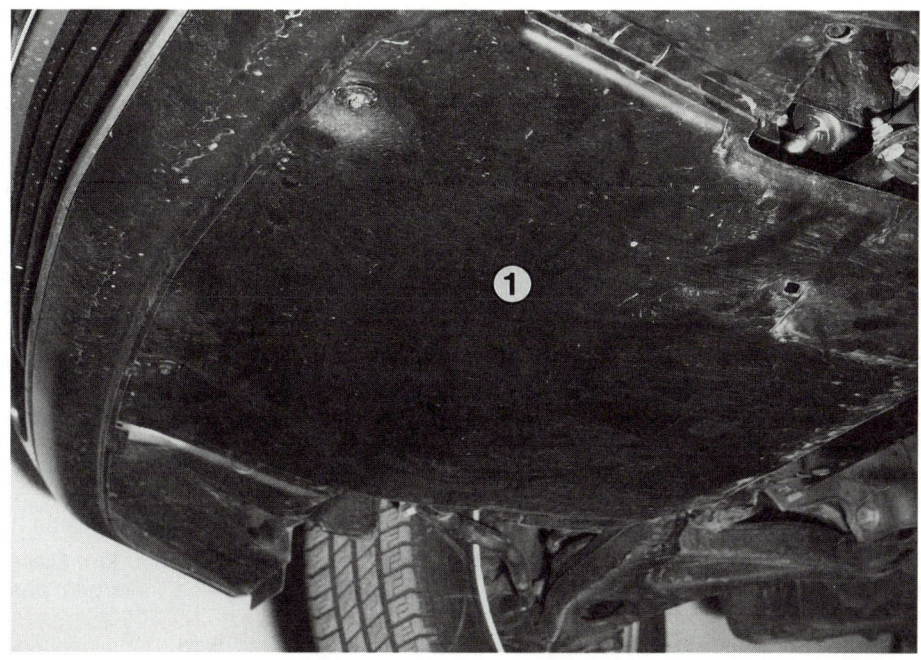

Zum Erreichen der Ölablaßschraube muß bei den meisten Modellen zuerst die untere Motorraumabdeckung (1) abgeschraubt werden. Dazu vorn und hinten je zwei Blechschrauben SW 8 herausdrehen.

Das Fließverhalten, also die Dick- oder Dünnflüssigkeit des Motoröls, wird durch die Viskositätsklasse angegeben. Die entsprechenden Klassen wurden von der amerikanischen **S**ociety of **A**utomotive **E**ngineers (SAE) festgelegt.
Die Viskositätsklassen reichen von den mit **W** gekennzeichneten Winterölen SAE 5 W, 10 W, 15 W über die Übergangsstufe SAE 20W/20 zu den Sommerölen SAE 30, 40 und 50.

Mehrbereichsöle sind Motoröle, die mehrere der genannten Viskositätsklassen überspannen. Öle mit nur einer Viskositätsklasse nennt man Einbereichsöle, doch die gibt Mercedes mittlerweile schon gar nicht mehr frei, da sie nicht ins Mercedes-Wartungssystem passen und auch mittlerweile an der Tankstelle kaum noch erhältlich sind.
Das Standard-Motoröl ist heute Mehrbereichsöl. Es besitzt Viskositätsindex-(VI-)Verbesserer – lange Molekülketten, die beim Erhitzen quellen und beim Abkühlen wieder schrumpfen. Das Öl kann sich damit den Temperaturen elastisch anpassen und mehrere Viskositätsklassen überspannen. Ein Öl SAE 15 W–50 entspricht bei einer Temperatur von –15°C der Zähflüssigkeitsklasse 15 W und bei 100°C der Klasse 50. Problematisch ist bei mineralischen Mehrbereichsölen, daß die Molekülketten ihrer Viskositäts-Verbesserer bei hoher Alterung regelrecht kleingehackt (abgeschert) werden können. Dann ist die obere Zähflüssigkeitsklasse nicht mehr gesichert, das Öl also nicht mehr in vollem Umfang temperaturbeständig.

Mehrbereichsöl ist Standard

Bei welchen Temperaturen der Mercedes-Motor welche Öl-Zähflüssigkeit verlangt, zeigt die **Grafik links**. Für mitteleuropäische Verhältnisse ist nach dieser Tabelle das Öl **15 W–40** am besten geeignet.

Die richtige Ölviskosität

Das richtige Motoröl für Ihren Mercedes

Hier die Zusammenfassung der Kriterien für den Kauf des richtigen Motoröls. Das Öl muß haben:
○ Die richtige **Ölspezifikation**. Etikettenschwindel auf der Packung ist da äußerst selten, denn die Ölfirmen überwachen sich gegenseitig.
○ Die richtige **Ölviskosität** (Zähflüssigkeit). Sie hängt von der überwiegenden Außentemperatur ab und kann aus der Grafik links entnommen werden.

<u>Fingerzeig:</u> Faktoren, wie Ölpreis oder Herkunft, sagen nichts über die Verwendbarkeit aus!

Leichtlauf- oder Benzinsparöle sind teurer als herkömmliche Mehrbereichsöle. Die in kaltem Zustand sehr dünnflüssigen Leichtlauf-Schmierstoffe verringern vor allem in der Warmlaufphase und im Kurzstreckenverkehr die innere Reibung im Motor, setzen ihm also weniger Widerstand entgegen. Man kann realistisch mit einer Benzinverbrauchs-Einsparung von rund 3% rechnen. Diese Ersparnis macht sich nur bei einem Motor bezahlt, der einen geringen Ölverbrauch hat.

Leichtlauföle

Mercedes gibt Leichtlauföle für Außentemperaturen von −30° bis +30°C frei, was für die hiesigen Klimaverhältnisse völlig ausreichend ist. Kurzfristige Überschreitungen der Temperaturgrenzen werden toleriert. Genauer nimmt man die Auswahl der Leichtlauf-Schmierstoffe: Sie müssen der Qualitätsstufe CCMC−G5 entsprechen und **vom Werks-Kundendienst freigegeben** sein. Die Freigabeliste liegt der Mercedes-Vertragswerkstatt vor; einen Auszug aus der Tabelle finden Sie am Ende des Buches.

Alles über den Ölwechsel

Wo Öl wechseln?

○ In den Werkstätten kostet der Ölwechsel nach unseren Erfahrungen das meiste Geld, weil nur sehr teure Ölsorten vorrätig sind. Außerdem ist der Motor oft schon wieder kalt, bis das alte Öl abgelassen wird, so daß nicht aller Schmutz herausgeschwemmt wird. Manche Werkstätten berechnen die Arbeit für den Ölfilterwechsel zusätzlich zum Ölpreis.

○ An Tankstellen kommt der Wagen dagegen meist sofort dran. Sie können auch ein billigeres Öl aus dem Tankstellen-Verkaufsprogramm auswählen, und im Ölpreis ist die Arbeit des Tankwarts inbegriffen.

○ Gegen den SB-Ölwechsel mit Absauggerät an der Tankstelle bestehen keine Bedenken, vorausgesetzt der Ölfilter wird ebenfalls ausgetauscht.

○ Ölwechsel zu Hause lohnt sich nur, wenn Sie das Öl preisgünstig einkaufen (Zubehörhandel, Großmarkt, Warenhaus oder Mitnahme-Öl an der Tankstelle).

Wie oft Öl wechseln?

○ Daimler-Benz verlangt laut Wartungsplan einen Ölwechsel alle 15 000 km. Diese Empfehlung wollen wir weitergeben, denn durchschnittlich einen Ölwechsel im Jahr wird wohl jeder gern vornehmen, der von seinem Motor eine hohe Lebensdauer erwartet.

○ Wenn der Wagen hauptsächlich auf Langstrecken gefahren wird, dürfen schon auch einmal 16 000 km zusammenkommen, doch mehr würden wir nicht wagen.

○ Bei überwiegendem Stadt- oder Kurzstreckenverkehr mit vielen Kaltstarts wird das Öl stärker beansprucht, und der Öl- und Filterwechsel sollte nach 10 000−12 000 km erfolgen.

Wohin mit dem Altöl?

In Zeiten zunehmenden Umweltbewußtseins dürften die Folgen von Altöl im Grundwasser mit der entsprechenden Gefährdung des Trinkwassers mittlerweile jedem bekannt sein. Die ordnungsgemäße Beseitigung des beim Ölwechsel abgelassenen Altöls ist dank der Abfall-Gesetzgebung ganz einfach: Man kann es kostenlos dort abgeben, wo man Motoröl gekauft hat. Der Handel ist zur Rücknahme verpflichtet, als Kaufbeweis müssen Sie nur die entsprechende Quittung vorlegen.

Noch einfacher haben Sie es, wenn Sie die Ölabsaugstation an der Tankstelle benutzen, dann brauchen Sie mit dem Altöl gar nicht herumzuhantieren, es gelangt sicher in den Altöltank.

Fingerzeige: Das beim Ölwechsel anfallende Altöl wird von spezialisierten Firmen bei Tankstellen, Werkstätten usw. eingesammelt und der Wiederverarbeitung zugeführt. Voraussetzung für die Verarbeitung des Altöls ist, daß keine Fremdstoffe beigemischt sind, andernfalls ist das Altöl lediglich noch Abfall, dessen Beseitigung Geld kostet.

Der alte Ölfiltereinsatz darf nicht in die Mülltonne wandern, sondern muß − wie übrigens auch ölgetränkte Lappen − zum Sondermüll gegeben werden. Die Adresse der Sammelstelle erfahren Sie von der Gemeindeverwaltung.

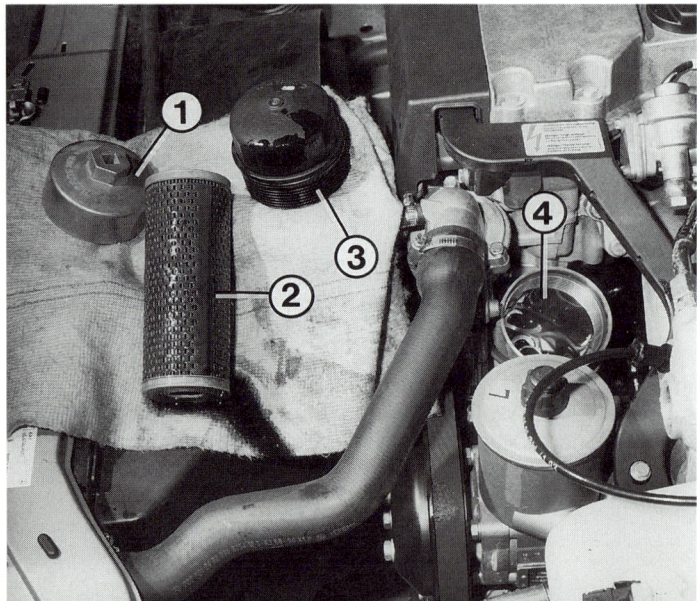

Beim Vierzylinder ist der Ölfiltereinsatz (2) im Ölfiltergehäuse (4) vorn links am Zylinderkopf leicht zu erneuern. Den Schraubdeckel (3) am besten mit dem Spezialsteckeinsatz (1) ab- und anschrauben.

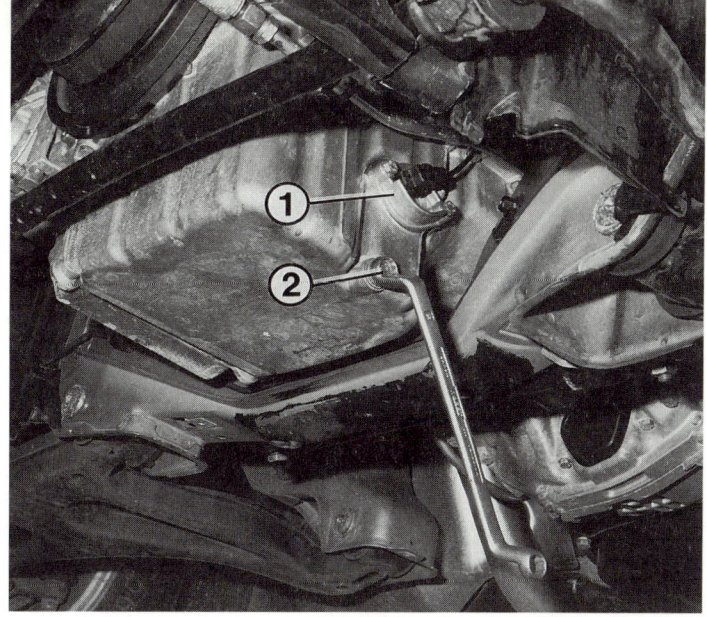

Am tiefsten Punkt der Ölwanne sitzt die Ölablaßschraube (2). Diese nur mit einem Ringschlüssel drehen. Darüber ist der Geber für die Ölstandskontrolle (1) in die Ölwanne eingeschraubt.

Motoröl und Ölfilter wechseln

Für diese Arbeit brauchen Sie:
○ **Vierzylinder: 5,8 Liter** Motoröl. Sollte der Ölfilter aus irgendwelchen Gründen einmal nicht gewechselt werden, genügen ca. 0,5 Liter weniger.
○ **Sechszylinder: 7,5 Liter** Motoröl mit Filterwechsel (ohne Filterwechsel ca. 7,0 Liter).
○ Zum Losschrauben des Ölfilterdeckels von oben her besorgen Sie sich am besten den preiswürdigen Spezialsteckschlüssel SW 74/14kantig (Hazet-Nr. 2169).
○ Neuen Dichtring für die Ölablaßschraube (meist dem Ölfilter beigepackt).
○ Neuen Ölfiltereinsatz.
○ Auffanggefäß für das Altöl, z.B. ein alter Ölkanister mit herausgeschnittener Seitenwand.
○ Ein Altölkanister dient zum Wegschaffen des Altöls.
○ Mit einer Ölkanne erleichtert man sich das Einfüllen des frischen Motoröls.
● Vor dem Beginn der Arbeit Motor warmfahren (ca. 10 Minuten Fahrt).
● Fahrzeug vorn etwas anheben.
● Öleinfülldeckel von der Zylinderkopfhaube abnehmen.
● Ölablaßschraube unten in der Ölwanne etwas lösen. Dazu ggf. Abdeckung unten ausbauen.
● Kleine Wanne unterschieben und Schraube vollends herausdrehen. Vorsicht, das heiße Öl kommt im Bogen schwungvoll herausgeflossen!
● Wenn das Öl ausgelaufen ist, Ablaßschraube zusammen mit einem neuen Dichtring in die Ölwanne hineinschrauben. Behutsam festdrehen (25 Nm).
● Nun den Ölfilter erneuern. Schraubdeckel auf dem Ölfilter von oben mit dem Spezialsteckschlüssel abschrauben und etwas anheben, damit Öl abläuft.
● Neuen Dichtring am Schraubdeckel montieren.
● Neuen Filtereinsatz in den Schraubdeckel stecken.
● Schraubdeckel und Filtereinsatz einbauen (20 Nm).
● Motoröl einfüllen. Anschließend Motor starten.
● Ölstand und Dichtheit an Ölablaßschraube und am Ölfilter kontrollieren.

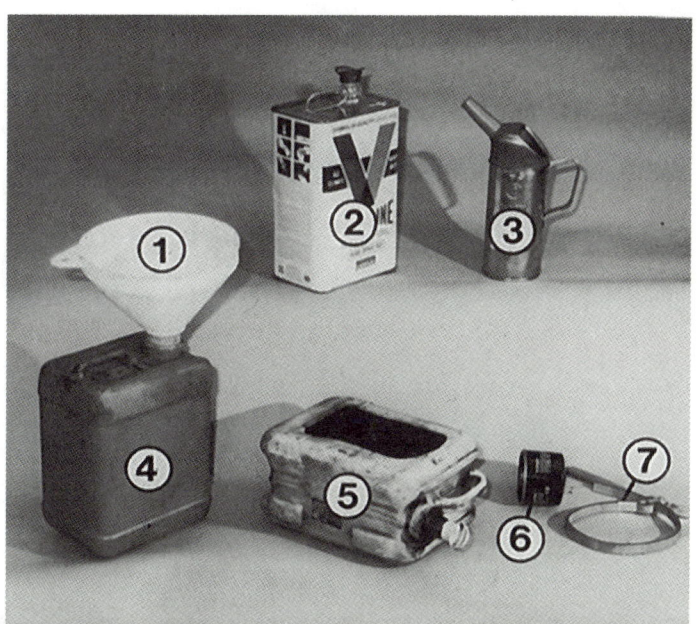

Hilfsmittel, die den Selbst-Ölwechsel erleichtern:
1 – Trichter zum Umfüllen des Altöls;
2 – neues Motoröl in ausreichender Menge;
3 – Öleinfüllkanne;
4 – Altölkanister;
5 – Ölkanister mit herausgeschnittener Seitenwand zum Auffangen des Ablaßöls;
6 – Ölfilterpatrone oder Ölfiltereinsatz (je nach Motor);
7 – Spannbandschlüssel zum Lösen des Ölfilters oder Hazet SW 74/14.

Beim Sechszylinder ist das Ölfiltergehäuse hinten links am Zylinderkopf zu finden. Mit der gezeigten Werkzeugkombination (1) den Schraubdeckel abschrauben.

Motoröl absaugen

Für dieses saubere und schnelle Verfahren sind unsere Motoren bereits gut vorbereitet. Das Führungsrohr für den Ölpeilstab hat einen recht großen Durchmesser, und es ragt bis an den tiefsten Punkt in der Ölwanne. Das Absaugen kann deshalb direkt über das Führungsrohr erfolgen. Eine besondere Absaugsonde ist nicht erforderlich – der Absaugschlauch wird einfach oben auf das Führungsrohr gesteckt. Vor dem Absaugen den Öleinfülldeckel von der Zylinderkopfhaube abnehmen. Ölfilterwechsel nicht vergessen!

ATF-Stand im Schaltgetriebe kontrollieren

Im Getriebe wird das Schmiermittel names ATF nicht wie im Motor verbraucht, sondern kann allenfalls durch undichte Stellen ins Freie gelangen. Werksseitig ist das Getriebe mit einer Dauerfüllung versehen. Zeigt das Getriebegehäuse von außen keine feuchtigkeitsdurchtränkte Schmutzkruste, ist nicht mit ATF-Verlust zu rechnen. Wer's genau wissen will, macht beim Schaltgetriebe die Probe an der Kontroll- und Einfüllschraube, siehe Bild rechts oben.

- Fahrzeug waagrecht aufbocken.
- Schraube herausdrehen.
- Läuft nun bereits etwas ATF heraus, stimmt der Flüssigkeitsstand.
- Ansonsten Finger in das Schraubengewinde stecken und fühlen, ob die Schmierflüssigkeit bis an die Öffnung heranreicht: Ausreichender Flüssigkeitsstand.
- Bei größerem Flüssigkeitsmangel an der Tankstelle oder in der Werkstatt die vorgeschriebene ATF-Sorte einfüllen lassen (Gesamt-Füllmenge ca. 1,5 Liter).

ATF für Schalt- und Automatikgetriebe

Das Getriebe unserer C-Modelle wird – gleichgültig ob Schalt- oder Automatikgetriebe – nur mit **ATF** (= Automatic Transmission Fluid) befüllt, einer Flüssigkeit, die ursprünglich nur für automatische Getriebe gedacht war.

Ein beliebiges Fabrikat darf es aber nicht sein. Deshalb hat Mercedes eine Freigabeliste erstellt (Blatt 236.2–236.7). Einen Auszug daraus finden Sie am Ende des Buches.

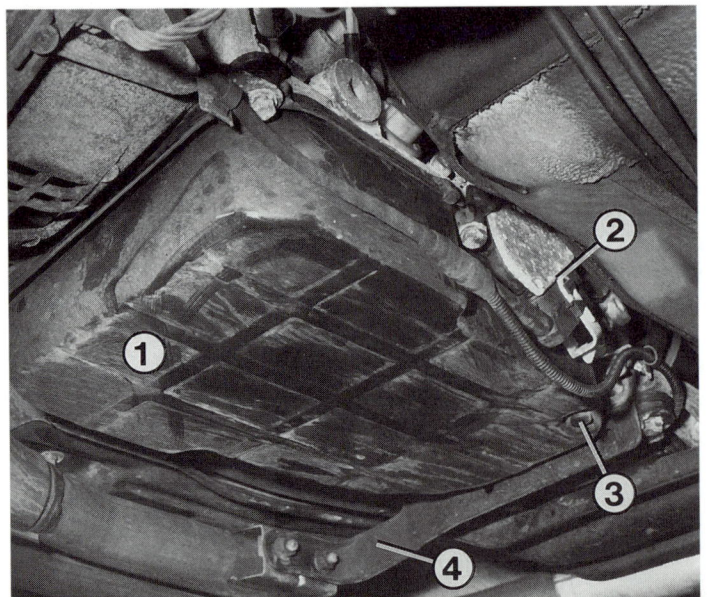

Hier ist das Automatikgetriebe von unten gezeigt. Zum Öl- und Filterwechsel die Ablaßschraube (3) in der Getriebeölwanne (1) herausdrehen. Anschließend Ölwanne (1) abschrauben, um an den Filter darunter zu gelangen: Weiterhin gezeigt:
2 – Startsperrschalter;
4 – Seitenabstützung der Auspuffanlage.

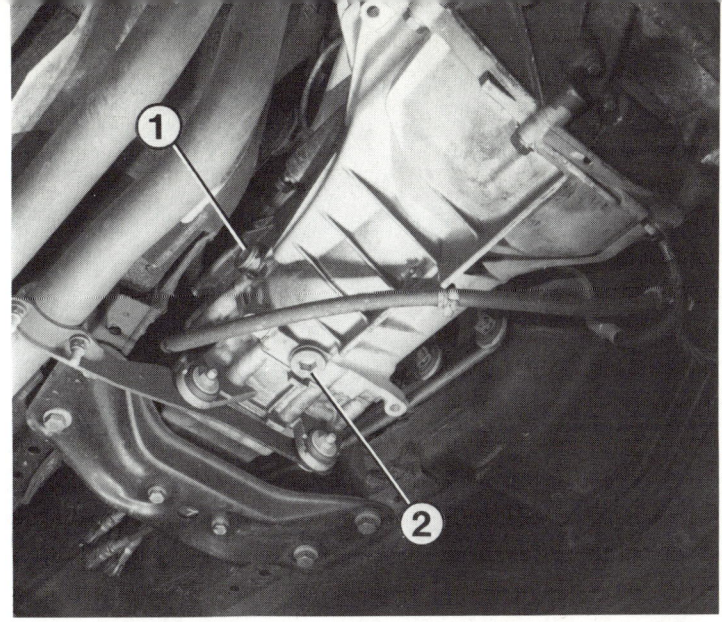

Ölablaß- (2) und Ölstandskontrollschraube (1) am Schaltgetriebe.

Ölstand im Differential

Auch das Differential kann Öl (Hypoid-Getriebeöl SAE 90) nur durch Undichtigkeit verlieren. Finden Sie ständig Ölspuren auf Ihrem Fahrzeugabstellplatz, könnte es erforderlich sein, den Ölstand einmal zu überprüfen. Dazu die Kontroll- und Einfüllschraube (Abb. unten) herausdrehen. Der Ölstand muß bis an die Unterkante der Öffnung reichen.

Flüssigkeits- und Filterwechsel am Automatik-Getriebe

Alle 60 000 km muß die ATF und ihr Filter ersetzt werden. Fährt man fast nur im Kurzstreckenverkehr, viel mit Hänger oder viel Bergstrecken, wird ein Austausch schon nach 30 000 km nötig. Welche ATF verwendet werden darf, steht in den Betriebsstoff-Vorschriften (Blatt 236.4, 236.6 und 236.7). Für den Flüssigkeits- und Filterwechsel werden 5,5 Liter ATF benötigt.

Wartung Nr. 27

- Motor aus. Wählhebel in Stellung »P« bringen.
- Fahrzeug möglichst waagrecht anheben oder über Grube fahren.
- Auffanggefäß bereithalten und Ablaßschraube (Abb. Seite 31) aus der Ölwanne drehen.
- Motor weiterdrehen, bis die Ablaßschraube am Drehmomentwandler erreicht werden kann. Herausdrehen und ATF ablassen.
- Ölwanne abschrauben und Ölfilter austauschen.
- Ölwanne reinigen und wieder montieren (8 Nm).
- Ablaßschrauben in Ölwanne und Wandler mit 14 Nm festdrehen.
- Mit Trichter bei stehendem Motor 4–5 Liter ATF einfüllen.
- Feststellbremse betätigen. Motor in Wählhebelstellung »P« im Stand drehen lassen und den Rest langsam vollends einfüllen.
- Getriebe zweimal durchschalten und wieder in Stellung »P« bringen. Kontrolle des Flüssigkeitsstands durchführen.

Ölablaß- (2) und Ölstandskontrollschraube (1) am Hinterachsdifferential. Weiterhin gezeigt:
3 – Drehzahlfühler;
4 – Verschraubung der Hinterachswelle.

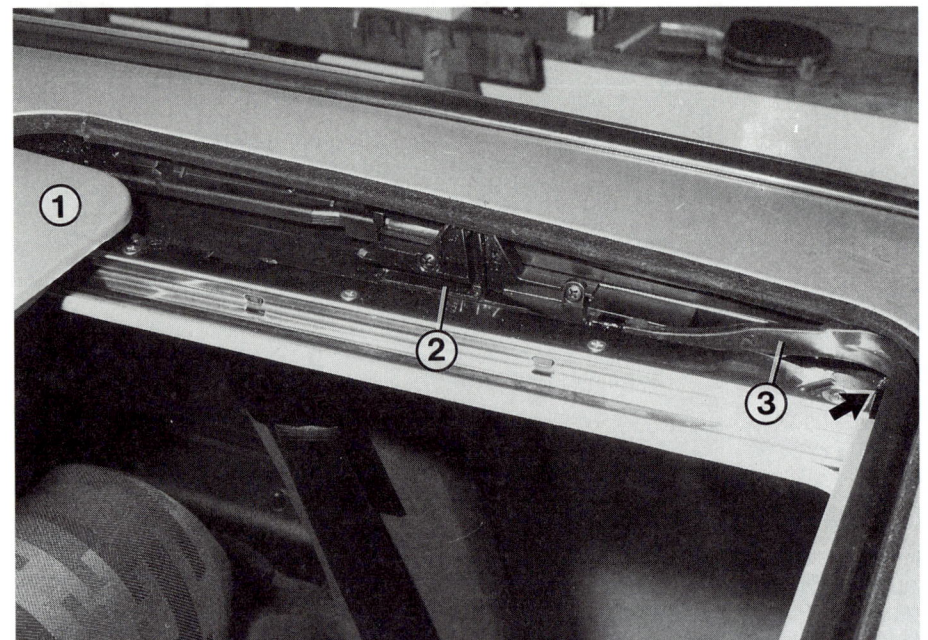

Gelegentlich muß auch das Schiebedach (1) gepflegt werden. Dazu alte Schmiermittelreste abwischen und mit Gleitpaste neu schmieren. Der Pfeil zeigt auf einen der Wasserabläufe, die nicht verstopft sein dürfen. Weiterhin gezeigt:
2 – Führungsstück;
3 – Windkante zur Geräuschverringerung.

Schmierarbeiten

Wartung Nr. 21 und 35

Neben dem Motor gibt es noch eine ganze Reihe anderer Schmierstellen am Fahrzeug, die regelmäßig gewartet werden wollen. Wer sich einmal im Jahr einige Minuten Zeit dafür nimmt, verhindert vorzeitigen Teileverschleiß. Es wird jedoch nicht nur Geld gespart, wenn z.B. die Schließzylinder länger halten, vielmehr wird auch gefährlichen Situationen vorgebeugt, die beispielsweise durch ein klemmendes Gasgestänge entstehen könnten.

○ **Gasgestänge und -wellen schmieren:** Drücken Sie – natürlich bei stehendem Motor – auf das Gaspedal bzw. lassen Sie das einen Helfer tun. Beobachten Sie, was sich da so alles bewegt. Schmieren Sie die Gelenkstellen, die Lagerstellen und die blanken Seilzugenden mit dem Fett »Molykote Longterm 2« (Werksempfehlung). Die Kugelgelenke werden leicht eingefettet. Wellenlagerungen in Leichtmetall dürfen nicht geschmiert werden. Schmutzteile, die an den Schmiermitteln kleben bleiben, könnten die Lagerstellen schnell ausschleifen.

○ **Automatischer Bremsseil-Längenausgleich:** Hinteres Sitzkissen ausbauen. Abdeckblech abschrauben. Von einem Helfer die Feststellbremse treten lassen. Bewegliche Teile und die Enden des Seilzuges schmieren.

○ **Motorhaube:** Die Scharniere und die beweglichen Teile der Haubenentriegelung werden mit Öl oder Fett geschmiert.

○ **Schließzylinder** an Türen und Heckklappe werden nach unseren Erfahrungen am besten mit Rostlöser-Isolierspray geschmiert. Dadurch werden die Teile vor Rost geschützt und Feuchtigkeit verdrängt, so daß das Schloß im Winter auch nicht einfrieren kann. Geeignet ist z.B. auch Silikonspray.

○ **Schiebedach:** Gleitschienen reinigen und wieder neu einfetten. Hierzu ist Silikonpaste ganz gut geeignet oder die Mercedes-Gleitpaste 001 989 14 51.

<u>Fingerzeig:</u> **Türscharniere, -schlösser und die Gelenke der Außenspiegel sind an Ihrem Mercedes wartungsfrei.**

Sichtkontrolle Fahrzeugunterseite

Wartung Nr. 15

Bei dieser Arbeit sollen Motor, Getriebe, Bremsleitungen, Leitungen von Servolenkung und Niveauregulierung, Einspritz- und Kraftstoffleitungen, Stoßdämpfer, Dämpferbeine usw. bewußt auf undichte Stellen abgesucht werden. Flüssigkeitsverluste deuten oft auf einen baldigen Ausfall des jeweiligen Aggregates hin. In den entsprechenden Kapiteln hier im Buch finden Sie weitere Hinweise.

Grundsätzlich gilt: Immer wenn Sie Flecken und Tropfen auf dem Standplatz Ihres Mercedes finden, müssen Sie den Ursachen nachgehen.

Die Motoren und ihr Innenleben

Vier oder sechs

Mit einem Zylinder wird der Mann zur noblen Erscheinung. Weit davon entfernt ist er dagegen, wenn er mit einem Einzylinder-Gefährt auftaucht. Drum gibt's im Mercedes Zylinder nach Wahl – den Vierzylinder (Werksbezeichnung M 111) und den Sechszylinder (M 104).

Welcher Motor ist eingebaut?

Hier ist in erster Linie die Motornummer zu prüfen. Sie ist in den Zylinderblock eingeschlagen. Außerdem ist im Motorraum ein Motordatenschild eingeklebt. Alle Motoren sind mit hydraulischem Ventilspielausgleich, Vierventil-Technik und geregeltem Katalysator ausgestattet.

Modell	Motor	Zylinder	Verdichtungs-verhältnis ε	Hubraum cm³	Bohrung/Hub mm	Ausführung Einspritz-anlage	Leistung kW bei 1/min	Drehmoment Nm bei 1/min
C 180	111.920	4	9,8	1799	85,3/78,7	PMS	90/5500	170/4200
C 200	111.941	4	9,6	1998	89,9/78,7	PMS	100/5500	190/4000
C 220	111.961	4	10,0	2199	89,9/86,6	HFM	110/5500	210/4000
C 280	104.941	6	10,0	2799	89,9/73,5	HFM	142/5000	270/3750
C 36 AMG	104.99	6	10,5	3606	91,0/92,4	HFM	206/5750	385/4000

Neuen Motor einfahren

Die ersten 1500 km sollte ein neuer Motor schonend eingefahren werden. Zwar sind die Oberflächen an den Lagern, Nocken usw. so hochwertig, daß eine nachträgliche Glättung kaum mehr möglich ist, doch die Oberflächen der Zylinderwände oder Kolben können noch eine gewisse Rauhigkeit aufweisen. Durch eine kurze Einlaufzeit sollen diese letzten Unebenheiten beseitigt werden. Zum Einfahren bewegt man den Mercedes am besten mit wechselnden Geschwindigkeiten und Drehzahlen. Die Höchstgeschwindigkeit eines jeden Ganges nur zu zwei Dritteln ausfahren. Bei Fahrzeugen mit Automatik-Getriebe möglichst in Wählhebel-stellung »D« fahren. Kein Übergas (Kickdown) geben. Nach der Einfahrzeit die Drehzahlen allmählich steigern.

Warum Vierventil-Technik?

Eines der Grundprobleme des Viertaktmotors ist es, die Zylinder während des Ansaugtakts mit der ausreichenden Menge Kraftstoff/Luft-Gemisch zu füllen. Das Problem vergrößert sich mit steigender Drehzahl, weil ja die Ventil-Öffnungszeiten dadurch immer kürzer werden. Der Techniker spricht von Füllungsverlusten.
Dem zu begegnen, wählt man den Ventildurchmesser so groß als möglich. Denn nur so kann mehr Gemisch einströmen. Diesem Bestreben setzt jedoch der Brennraumdurchmesser Grenzen.

Am ausgebauten Vierzylindermotor sind bezeichnet:
1 – Lüfter mit Visko-Lüfterkupplung;
2 – Pumpe und Ölvorratsbehälter der Servolenkung;
3 – Saugrohr;
4 – Starterzahnkranz hinter Anlasserflansch.

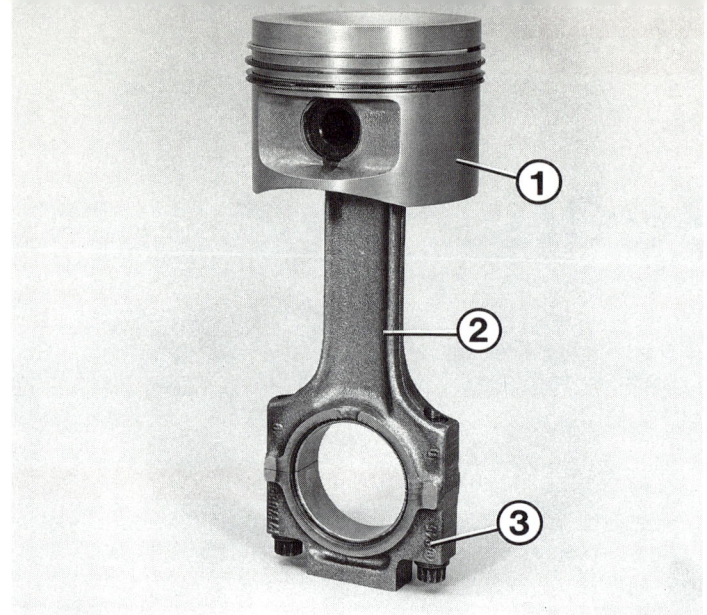

Das Bild zeigt den Kolben (1) mit den drei Kolbenringen im oberen Drittel des sogenannten Kolbenhemds, also der Seitenfläche des Kolbens. Ferner zu sehen das Pleuel (2) mit aufgeschraubten Pleuellagerdeckel (3).

Hier fußt nun der Grundgedanke der Vierventil-Technik: Vier Ventilteller addieren sich zu einer insgesamt größeren Öffnungsfläche als zwei noch so große – jeweils auf dieselbe Brennraumgröße bezogen.

Vorteile der Vierventil-Technik

Kaum ein Automobilhersteller entschließt sich zu teuren Mehraufwendungen an seinen Fahrzeugmodellen, wenn sich nicht gleichzeitig mehrere Vorteile daraus ergeben. Und die gibt es tatsächlich:

○ Vier Ventile ermöglichen größere Durchlaßquerschnitte für Frisch- und Abgas. Das freiere Atmen kommt der Motorleistung und damit auch dem Kraftstoffverbrauch zugute. So hat ein Vierventiler einen um ca. 8% geringeren spezifischen Kraftstoffverbrauch im Vergleich zum Zweiventiler.

○ Vierventiler besitzen kleinere Ventile, dadurch geringere bewegte Massen, was schnelleres Reagieren des Ventiltriebs zur Folge hat. Angenehmer Nebeneffekt: Man benötigt weniger straffe Ventilfedern zum Schließen der Ventile.

○ Die kleineren Ventile kühlen sich während der Schließzeiten über die Ventilsitze besser ab als große Ventile. Daher geringere thermische Probleme.

○ Vierventiler-Motoren sind auf Grund der Brennraumverhältnisse unempfindlicher gegenüber klopfender Verbrennung. Sie vertragen ein etwas höheres Verdichtungsverhältnis.

○ Die Zündkerze kann beim Vierventiler optimal in Brennraummitte plaziert werden.

Die Einzelteile des Motors

Wer sich für die Funktion des Motors interessiert, findet im folgenden die wichtigsten Teile herausgegriffen und beschrieben, bevor wir zu den Wartungs- und Reparaturarbeiten kommen.

Kolben und Zylinder

Die aus Leichtmetall gegossenen Kolben besitzen eine Stahleinlage, welche die Wärmedehnung verringert. Im oberen Drittel jedes Kolbens sind drei Kolbenringe elastisch in entsprechende Nuten im Kolben eingebettet. Sie drücken federnd gegen die Zylinderwand. Die beiden oberen Kolbenringe verwehren dem Gasgemisch den Weg aus dem Verbrennungsraum nach unten ins Kurbelgehäuse, während der untere Ölabstreifring verhindert, daß allzuviel Schmiersaft vom Kurbelgehäuse in den Brennraum gelangt.

Die Zylinder, in denen die Kolben auf und ab laufen, sind in das Graugußmaterial des Motorblocks eingearbeitet. Die Zylinderbohrungen sind im sogenannten Kreuzschliff gehont (geschliffen). Die Wandungen dürfen nicht völlig glatt sein, weil sonst das zur Schmierung notwendige Öl nicht daran haften kann. Die Bohrungen der Zylinder sind um 0,02 mm weiter als die zugehörigen Kolben. Bis zu drei Mal können die Zylinderlaufbahnen bei Motorüberholungen ausgeschliffen werden – auf ein Zwischenmaß sowie auf ein erstes und ein zweites Übermaß.

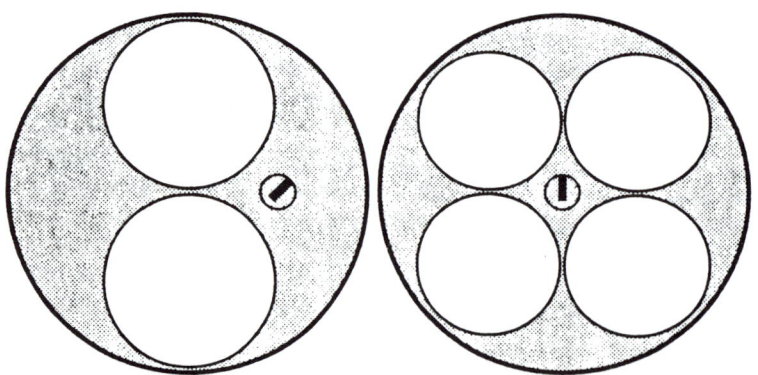

Die Vorteile des Vierventiler-Prinzips liegt auf der Hand: Im kreisrunden Zylinder lassen sich zwei Ventilkreise nicht beliebig vergrößern. Bald stoßen sie aneinander, während rechts und links ungenutzter Raum bleibt. Vier kleine Kreise kann man dagegen vergleichsweise elegant unterbringen und erreicht dadurch einen insgesamt größeren Öffnungsquerschnitt.

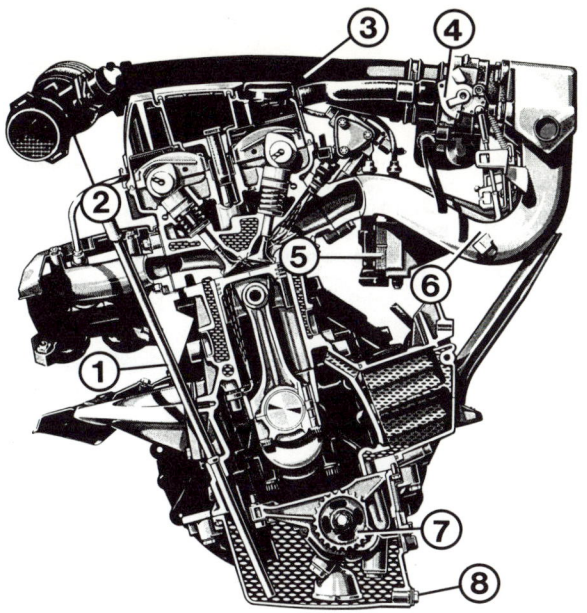
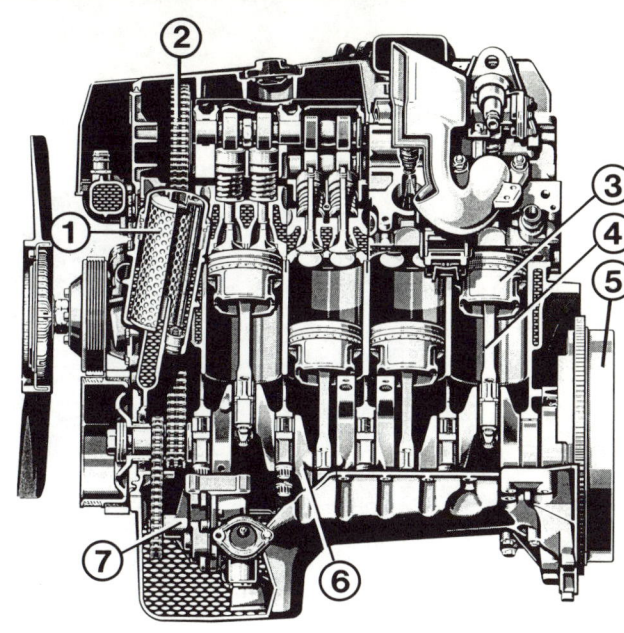

1 – Ölmeßstab; 2 – HFM-Luftmassenmesser, 3 – Querrohr; 4 – Stellglied; 5 – Zündspule; 6 – Saugrohr; 7 – Ölpumpe; 8 – Ölwanne.

1 – Ölfilter; 2 – Steuerkette; 3 – Kolben; 4 – Pleuel; 5 – Schwungrad; 6 – Kurbelwelle; 7 – Ölpumpe.

Die Kurbelwelle

Die Kurbelwelle muß die geradlinige Bewegung der in den Zylindern auf und ab laufenden Kolben in eine Drehbewegung umzusetzen. Die zu den Kolben führenden Verbindungsstangen – die Pleuel – wirken deshalb versetzt zur Mittelachse der Welle. Die einzelnen Kurbeln sind auch zueinander versetzt angeordnet, und zwar jeweils im Winkel von 90° beim Vierzylinder und 60° beim Sechszylinder. Für vibrationsarmen Lauf sitzen gegenüber den Kurbelzapfen Gegengewichte. Um ein Durchbiegen der Kurbelwelle im Betrieb zu vermeiden, ist sie an mehreren Stellen im Motorblock gelagert. Jede Kurbel wird beidseitig durch ein Motorlager gestützt. In Fahrtrichtung hinten sitzt auf der Kurbelwelle eine Scheibe mit dem Zahnkranz für das Ritzel des Anlassers. Das ist entweder das Schwungrad, auf welchem die Kupplung und damit die Verbindung zum Getriebe montiert wird, oder die Mitnehmerscheibe, an die der Drehmomentwandler der Automatik geschraubt ist.
Am anderen Ende der Kurbelwelle sind die Kettenräder für Nockenwellen- und Ölpumpenantrieb sowie die Riemenscheibe für den Keilrippenriemen angeschraubt. Ebenfalls am vorderen Ende der Kurbelwelle ist der Schwingungsdämpfer befestigt – eine große, auf einer harten Gummieinlage gelagerte Metallscheibe, die einen Teil der Kurbelwellen-Schwingungen aufnehmen kann.

Zweimassen-Schwungrad

Fahrzeuge in Schaltgetriebeversion sind mit einem Zweimassen-Schwungrad ausgestattet (Ausnahme: C 180/200 ohne Klimaanlage). Sinn dieser Einrichtung ist es, die bei Motorlauf an der Kurbelwelle bestehenden Drehschwingungen – sie entstehen durch die nacheinander zündenden Zylinder – nicht an den Antrieb weiterzugeben. So werden die durch die Schwingungen entstehenden Geräusche vermieden.
Der Aufbau des Zweimassen-Schwungrades sieht folgendermaßen aus: Fest mit der Kurbelwelle ist der vordere Teil des Schwungrades verschraubt. Darauf ist ein Drehschwingungsdämpfer montiert, der aus einem ausgeklügelten Feder-/Dämpfersystem besteht. Der hintere Teil des Schwungrades ist an diesem Schwingungsdämpfer befestigt, hat also keinerlei starre Verbindung zum Vorderteil und damit zur Kurbelwelle. Schon die hier montierte Kupplung ist also schwingungsmäßig vom Motor getrennt.

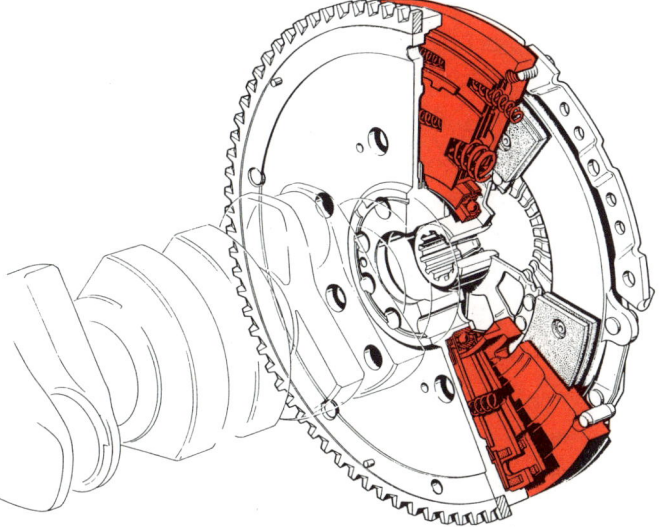

Das Zweimassen-Schwungrad ist hier als Schnittbild zu sehen. Es ist rot dargestellt und besteht aus dem vorderen Teil (links im Bild) und dem Drehschwingungsdämpfer (rot dargestellt). Dahinter ist die Kupplungs-Mitnehmerscheibe und die am Zweimassen-Schwungrad festgeschraubte Kupplungs-Druckplatte zu sehen.

Die Abbildung zeigt den Zylinderkopf (1) mit Vierventil-Technik:
2 – Auslaßventile;
3 – Einlaßventile;
4 – Zündkerze in der Brennraummitte.

Die Pleuel Die Pleuel sind mit auswechselbaren Lagerschalen auf den Kurbelwellenzapfen montiert. In ihrem anderen Ende tragen sie Bronzebuchsen für die Kolbenbolzen, die schwimmend gelagert sind. Darunter ist zu verstehen, daß sich Kolben und Kolbenbolzen auf dem Pleuel etwas vor und zurück bewegen können.

Der Zylinderkopf Der schon erwähnte Vierventil-Zylinderkopf ist aus Gewichtsgründen und wegen der besseren Wärmeleitfähigkeit aus Leichtmetall gegossen. Die Ventilsitze, die aus gehärtetem Stahl gefertigt sein müssen, werden bei erhitztem Zylinderkopf eingesetzt. Dadurch sind sie nach dem Abkühlen fest »eingeschrumpft«.
Die Ventile selbst gleiten in Messing-Ventilführungen und ragen von oben in den Brennraum oberhalb der Kolben.

Die Ventilsteuerung Bekanntlich haben wir im Mercedes einen Viertaktmotor, der das Gemisch aus Kraftstoff und Luft ansaugt, verdichtet, zündet und die verbrannten Gase wieder ausstößt. Fürs Ansaugen der Frischgase und das Ausschieben der Altgase bleibt dem ventilgesteuerten Verbrennungsmotor nur wenig Zeit. Weder kann die Nockenwelle die Ventile schlagartig öffnen noch vermögen sie die Ventilfedern derartig schnell zu schließen. Deshalb sind die Nocken so geformt, daß die Einlaßventile bereits gegen Ende des Auslaßtakts öffnen und erst dann schließen, wenn der Kolben nach Beendigung des Ansaughubs wieder verdichtend aufwärtsstrebt. Die Auslaßventile öffnen schon vor Abschluß des Arbeitstakts und schließen erst, wenn der Kolben bereits wieder Frischgas ansaugt. Beide Ventilpaare sind deshalb einen Sekundenbruchteil gleichzeitig geöffnet, wenn der Kolben im Oberen Totpunkt (OT) vom Ausstoßen zum Ansaugen umkehrt. Diese Zeitspanne wird mit Ventilüberschneidung bezeichnet.

Die Nockenwellen Zwei Nockenwellen sind für das rechtzeitige Öffnen und Schließen der Ventile verantwortlich. Die in Fahrtrichtung rechts angeordnete Nockenwelle betätigt die Auslaßventile, die links eingebaute die Einlaßventile. Die Lagerstellen der Nockenwellen befinden sich nicht direkt im Zylinderkopf.
Die Stößel sind zwischen Nockenwelle und Ventilschaft-Ende angeordnet. Auf sie drücken die einzelnen

Schnitt an der Motorfrontseite:
1 – Nockenwellenrad Auslaß;
2 – Halter;
3, 6 – Gleitschiene;
4 – Einlaß-Nockenwelle;
5 – Lagerbolzen;
7 – Zweifachrollenkette;
8, 17 – Zylinderstift M 10 × 40;
9 – Zylinderstift M 8 × 60;
10 – Drehfeder;
11 – Spannbügel;
12 – Antriebsrad Ölpumpe;
14 – Ölpumpe;
15 – Einfachrollenkette;
16 – Kurbelwellenrad;
18 – Zylinderkurbelgehäuse;
19 – Spannschiene;
20 – Kettenspanner;
21 – Zylinderkopf;
22 – Bundschrauben M 7 × 13 TORX T 40, Voranzug 20 Nm und Drehwinkelanzug 90°.

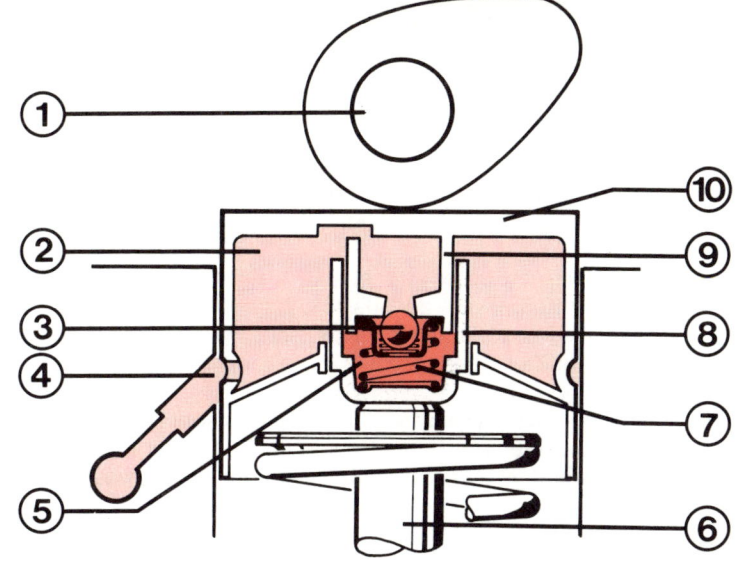

Der Hydrostößel im Schnitt: Das unter Hochdruck gesetzte Öl ist rot dargestellt. Hellrot abgesetzt ist die zur Ventilbetätigung nicht benötigte Ölmenge.
Die Zahlen bezeichnen folgende Teile:
1 – Nocken der Nockenwelle;
2 – Ölvorratsraum;
3 – Rückschlagventil;
4 – Ölzulauf;
5 – Hochdruckraum;
6 – Ventilschaft;
7 – Druckfeder;
8 – Zylinder;
9 – Kolben;
10 – Stößel.

Nocken der Nockenwelle, um die Ventile zu öffnen. Durch ihre Form bedingt werden die Stößel im Mercedes Tassenstößel genannt – sie erinnern an eine über den Ventilschaft gestülpte Kaffeetasse.

Hydraulischer Ventilspielausgleich

Einstellen des Ventilspiels ist beim Vierventiler-Motor nicht mehr notwendig. Der hydraulische Ventilspielausgleich schafft bei jeder Ventilbetätigung das richtige Spiel. Der Ventiltrieb arbeitet dadurch spielfrei, aber dennoch ist dafür gesorgt, daß die geschlossenen Ventile fest auf dem Ventilsitz aufliegen und damit einwandfrei abdichten.
Akustisch wahrnehmbarer Vorzug der Hydrostößel: Der spielfreie Ventiltrieb arbeitet geräuschärmer als der herkömmliche.

Fingerzeig: Nach längeren Standzeiten kurz nach dem ersten Motorstart können die Hydrostößel laute Klappergeräusche verursachen. Dieser Effekt tritt auf, wenn alles Öl aus den Hydrostößeln ausgelaufen und dadurch wieder Spiel im Ventiltrieb entstanden ist (siehe folgenden Abschnitt). Kein Grund zur Besorgnis: Das Geräusch verschwindet nach kurzer Zeit, und der Ventiltrieb arbeitet wieder geräuschfrei. Klappert ein einzelner Hydrostößel längere Zeit oder sogar noch bei warmem Motor, muß er ausgewechselt werden.

Funktion der Hydrostößel

Bei geschlossenem Ventil gelangt Öl aus dem Schmierkreislauf des Motors über eine Ringnut in den Hydrostößel. Nach Passieren des Rückschlagventils im Stößel fließt der Schmierstoff in den momentan noch völlig drucklosen Hochdruckraum und füllt diesen ganz aus. Parallel zu diesem Vorgang drückt die Druckfeder den Stößel spielfrei an die Nockenwelle bzw. den Zylinder gegen das Ende des Ventilschafts.
Dreht sich nun die Nockenwelle und drückt ihr exzentrischer Nocken gegen den Stößel, so steigt der Druck im Hochdruckraum. Das Rückschlagventil verschließt die Zulaufbohrung und sorgt dafür, daß kein Öl mehr entweichen kann. Da sich das Öl nicht komprimieren (in sich zusammendrücken) läßt, ist damit eine starre Verbindung zwischen Hydrostößel und Zylinder hergestellt. Das Ventil kann also durch die Kraft der Nocke niedergedrückt werden.
Nach dem Schließen des Ventils entsteht durch Leckölverlust ein geringfügiges Ventilspiel, das aber durch die

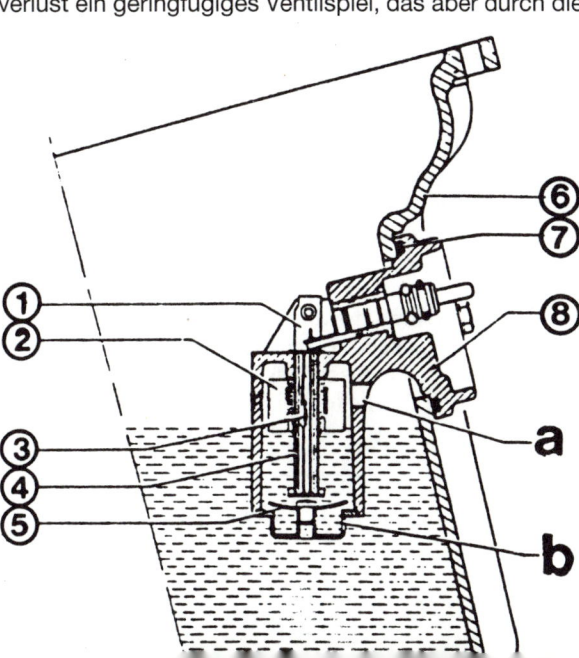

In die Ölwanne ist ein Ölstandsgeber eingebaut. Es bedeuten:
1 – Ölstandsgeber;
2 – Schwimmer mit Magnet;
3 – Reed-Kontakt;
4 – Schwimmerführung;
5 – Bimetall-Schnappscheibe;
6 – Ölwanne;
7 – Dichtring;
8 – Ölstandsgeber;
a – Belüftungsbohrung;
b – Ablaufbohrung.

Antrieb der Nockenwellen

Druckfeder – sie drückt den Hydrostößel nach oben – sofort wieder ausgeglichen wird. In das vergrößerte Volumen des Druckraums strömt nun bei geöffnetem Rückschlagventil wieder Öl nach. Damit ist der Stößel bereit zur nächsten Ventilbetätigung.

Langlebiges Antriebselement der Nockenwellen ist im Vierventiler-Motor die Steuerkette (Duplex). Die Kette verläuft von der Kurbelwelle zur auslaßseitigen Nockenwelle und weiter zur Einlaß-Nockenwelle. Damit sie auf dem langen Weg nicht flattert oder peitscht, wird sie von einer hydraulisch gedämpften Spannschiene und Gleitschienen im Zaum gehalten.

Die Zylinderkopfdichtung

Die Dichtung zwischen Motorblock und Zylinderkopf hat einen schweren Stand: Sie hat dafür zu sorgen, daß die Verbrennungsräume und die Kanäle für Kühlmittel und Öl voneinander getrennt bleiben. Dabei muß sie enormen Temperatur- und Druckschwankungen widerstehen.

Das Schmiersystem

Im Motor verlangt eine ganze Reihe von Lagerstellen und Reibpartnern nach Schmierung. Das Motoröl muß dorthin unter Druck gepumpt werden – von der Ölpumpe. Sie saugt den Schmiersaft durch einen siebbewehrten Schnorchel an und drückt ihn in den Hauptstromfilter. Ist das Filterpapier von Schmutz zugesetzt, weil der Filtereinsatz nicht rechtzeitig gewechselt wurde, tritt ein Sicherheitsventil in Aktion. Es öffnet, der Filter wird umgangen, die Ölversorgung ist sichergestellt. Allerdings bewirkt ungefiltertes Motoröl höheren Verschleiß an den Lagerstellen. Vom Filter aus gelangt das schmierfähige Naß über Bohrungen im Zylinderblock zu den Kurbelwellen- bzw. Pleuellagern, den Lagern der Nebenwelle und den Lagerstellen des Ventiltriebs im Zylinderkopf. Dort austretendes Öl kann wegen der Schräglage des Motors an der tiefsten Stelle des Zylinderkopfes durch eine Bohrung schnell und ohne sich weiter zu erwärmen in die Ölwanne zurücklaufen. Die Zylinderwandungen und Kolbenbolzen werden übrigens von Spritzöl geschmiert, das an den Pleueln austritt. Die Kolbenböden werden von unten mit Öl besprüht, das aber hier nicht zur Schmierung, sondern zur Kühlung herangezogen wird.

Die Ölpumpe

Ganz unten in der Ölwanne sitzt wohl das wichtigste Zusatzaggregat des Motors: die Ölpumpe. Sie sorgt dafür, daß alle schmierbedürftigen Stellen – und das sind nicht wenige – mit dem nötigen Druck die richtige Menge des lebenswichtigen Schmiersaftes erhalten. Angetrieben wird sie über einen Kettentrieb von der Kurbelwelle.

Die Ölpumpe arbeitet nach dem Eaton-Prinzip. Hinter diesem Begriff, der sich recht exotisch anhört, verbirgt sich einfache Technik: Ein Außenzahnrad ist in einem innen verzahnten Rad untergebracht (das sind die beiden Rotoren). Durch eine spezielle Formgebung der Zähne und die außermittige Anordnung des Innenrotors wird erreicht, daß sich bei der gemeinsamen Drehung beider Zahnräder immer wieder neue Freiräume bilden. In diesen Freiräumen entsteht ein Unterdruck, der den Schmiersaft ansaugt. Von den sich drehenden Zahnrädern wird er nun zur Ausgangsseite der Pumpe und von dort aus in die Ölkanäle gedrückt.

Mehr als 30 Liter liefert so eine Ölpumpe in der Minute bei Vollgas – und das ohne Wartungsanspruch, denn sie schmiert sich selbst.

Öltemperatur

In modernen Motoren geht man davon aus, daß die Öltemperatur stets im zulässigen Bereich bleibt. Zu Vergleichszwecken interessant ist die Motoröltemperatur am Ölfilterflansch oder in der Ölwanne; dort ist der Schmiersaft am kühlsten. Dagegen können an den Kolbenringen Temperaturen von bis zu 300°C auftreten. Falls Sie nachträglich einen Ölthermometer eingebaut haben: 150°C in der Ölwanne gelten als höchstzulässige Temperatur. Voraussetzung ist dabei allerdings ein hochwertiges Motoröl.

Schädlich für den Motor ist auch eine zu niedrige Öltemperatur. Das Öl hat dann seine volle Schmierfähigkeit noch nicht erreicht. Deshalb sollten Sie nach Möglichkeit den Motor nach dem Kaltstart nicht hoch drehen lassen, bis das Öl etwa 60°C erreicht hat. Für den Mercedes gilt als Anhaltspunkt, daß das Motoröl gegenüber dem Kühlmittel etwa doppelt so lange braucht, bevor es seine Betriebstemperatur erreicht hat.

Öldruck

Nur im Falle einer Störung wird üblicherweise der Öldruck kontrolliert: Im **Leerlauf** soll er **0,5–2,0 bar** betragen, bei **Höchstdrehzahl 4,0–6,0 bar**. Natürlich beziehen sich diese Werte auf den **betriebswarmen Motor**, denn bei kaltem, zähflüssigem Öl ist der Druck schon im Leerlauf relativ hoch.

Wer den Öldruck messen will, muß unten am Ölfiltergehäuse die Verschlußschraube ausbauen und dort den früher üblichen Öldruckgeber einbauen. Mit einem Ohmmeter kann folgendes gemessen werden:

Öldruck	bar	0	1,0	2,0	3,0
Widerstand	Ω	10	69	129	184

Vierzylindermotor mit ausgebautem Zylinderkopfdeckel:
1 – Stecker auf Einspritzventil;
2 – Lagerdeckel an Einlaß-Nockenwelle (3);
4 – Zündkerzenschacht;
5 – Auslaß-Nockenwelle.

Da bei richtigem Ölstand der Öldruck praktisch über viele Fahrzeug-Generationen immer gestimmt hat, wird in der C-Klasse jetzt auf eine Öldruckanzeige verzichtet. Die Ölstands-Kontrollanzeige muß dafür genauer im Auge behalten werden. Wer elektrisch beschlagen ist, kann mit den vorangegangenen Angaben auch eine Öldruckanzeige nachrüsten.

Die Ölstandskontrolle

Ein Ölstandsgeber seitlich in der Ölwanne überwacht den Ölinhalt Ihres Motors. Diese Einrichtung befreit Sie aber nicht von der Ölstandskontrolle mit dem Peilstab – nur diese ist völlig zuverlässig.
Die Ölstandskontrolle im Kombi-Instrument leuchtet dann auf, wenn sich der Ölstand im unteren Peilstabdrittel befindet. Damit es aber nicht zu Fehlanzeigen kommt, sorgt einmal eine Verzögerungsschaltung dafür, daß die Lampe nur dann aufleuchtet, wenn 60 Sekunden lang Ölmangel gemeldet wird. Weiterhin muß für eine zuverlässige Anzeige das Öl dünnflüssig genug sein. Eine Bimetall-Schnappscheibe unten am Ölstandsgeber öffnet erst bei 60°C. Erst dann kann sich der Ölspiegel im becherförmigen Geber ändern.
Beim Einschalten der Zündung leuchtet die Kontrollampe schwach auf (Lampenkontrolle) und verlöscht bei laufendem Motor. Wenn bei Ölmangel die Lampe aufleuchtet, genügt es, beim nächsten Tanken einen Liter Öl nachzufüllen.

Ölstandskontrolle prüfen

- **Kontrolleuchte leuchtet bei richtigem Ölstand und laufendem Motor ständig auf:** Stecker vom Ölstandsgeber in der Ölwanne ausstecken.
- Mit einem Ohmmeter zwischen Steckanschluß am Geber und Masse prüfen.
- Bei Unterbrechung (∞ Ω) den Geber ausbauen und erneuern.
- Wird am Geber Durchgang (0 Ω) festgestellt, den Leitungsverlauf zum Kombi-Instrument auf Unterbrechung prüfen.
- Sind Geber und Leitungsverlauf in Ordnung, kann noch eine Unterbrechung im Kombi-Instrument den Fehler verursachen.
- **Kontrolleuchte leuchtet bei eingeschalteter Zündung nicht auf:** Vermutlich ist die Glühlampe durchgebrannt.
- Kombi-Instrument ausbauen und Lampe erneuern.
- **Kontrolle leuchtet bei laufendem Motor, einer Öltemperatur von mehr als 60°C und einem Ölstand unter der MIN-Marke nicht auf:** Kabel am Ölstandsgeber abziehen.
- Widerstand zwischen Geberanschluß und Masse messen.
- Bei den oben genannten Bedingungen müßte der Geber seinen Kontakt geöffnet haben. Es muß Unterbrechung (∞ Ω) gemessen werden.
- Brennt die Lampe nicht, obwohl der Kontakt im Geber unterbrochen ist, muß die Lampe durchgebrannt sein.
- Hat der Kontakt im Geber nicht geöffnet, den Geber ausbauen, prüfen und ggf. ersetzen.

Die Kurbelgehäuse-Entlüftung

Selbst völlig intakte Motoren blasen in der Minute 50 bis 70 Liter Verbrennungsgase an den Kolbenringen vorbei ins Kurbelgehäuse. Dieser Druck muß aus dem Motor entweichen können, damit die Dichtungen nicht zu stark beansprucht werden.
Das geschieht über die Kurbelgehäuse-Entlüftung. Die giftigen Gase aus dem Motorinnern werden zum Schutz der Umwelt in den Ansaugtrakt des Motors zurückgeleitet und von dort aus zur vollständigen Verbrennung nochmals vom Motor angesaugt.

Motor auf Öldichtheit kontrollieren

- Betrachten Sie den Motor von oben und unten.
- Geringfügig ölfeuchte Stellen sind nicht bedenklich, alle Motoren »schwitzen« gelegentlich etwas Schmiermittel aus.
- Ölflecken unter dem geparkten Wagen und deutlichen Ölnässen sollten Sie aber auf den Grund gehen.
- Motor mit einem Dampfstrahlgerät und Motorreiniger an der Tankstelle oder in einem Reinigungspark säubern.
- Nach einer Probefahrt von wenigen Kilometern wird kontrolliert, wo Öl austritt.

Mögliche Leckstellen

An welchen Stellen beim Mercedes-Motor Öl austreten kann, finden Sie hier aufgezählt:
○ Abdichtungen der Kurbelwelle vorn und hinten
○ Steuergehäusedeckel ganz vorn am Motor
○ Verschlußschraube für den Kettenspanner
○ Zylinderkopfdeckeldichtung
○ Zylinderkopfdichtung
○ Ölfiltergehäuse
○ Ölwannendichtung

Fingerzeig: Manche Tankstellen haben Dampfstrahlgeräte mit Münzeinwurf zur Selbstbedienung. Wer den Motorreiniger selbst mitbringt, kommt so zu einer preiswerten Motorwäsche. Gleiches gilt für die sogenannten Reinigungsparks. Unbedingt Arbeitskleidung mitnehmen.

Die Motorlebensdauer

Mercedes-Motoren sind als langlebig bekannt – sie können ohne weiteres 180 000 km und mehr erreichen. Allerdings entscheidet der Fahrer durch seinen Umgang mit der Maschine, ob sie ein biblisches Alter erreicht oder ob der Exitus schon früh erfolgt. Von Bedeutung ist hierbei die Motoröltemperatur. Während die Kühlmittel-Temperaturanzeige schon relativ früh Betriebstemperatur signalisiert, ist das Motoröl frühestens nach etwa 10 Minuten Fahrt völlig einwandfrei schmierfähig.
Nach wochenlangem Kurzstreckenverkehr ist es ebenfalls nicht ratsam, gleich voll aufs Gaspedal zu treten. Bei den langen Leerlaufminuten in der Stadt bilden sich in den Brennräumen und an den Ventilen Ablagerungen, die bei voller Betriebstemperatur und zügiger, aber nicht scharfer Fahrt langsam abgebrannt werden sollen.

Drehzahlen

Ein Verbrennungsmotor gibt seine höchste Leistung bei einer bestimmten Drehzahl ab – der sogenannten **Nenndrehzahl**. Höher als diese hinauszudrehen bringt keine Mehrleistung, sondern allenfalls besseres Anschließen an den nächsten Getriebe-Gang, was aber nur für die maximale Beschleunigung entscheidend ist. Für eher geruhsames Fahren hält man den Motor möglichst im **Drehzahlbereich des größten Drehmoments**. Dort ist die beste Durchzugskraft vorhanden.
Die **Höchstdrehzahl** zeigt, daß man dem Motor in Sachen Drehfreudigkeit einiges abverlangen kann. Denn die Ventile werden über Tassenstößel direkt von den obenliegenden Nockenwellen betätigt. Dabei sind nur geringe Massen zu bewegen, was hohe Drehzahlen ohne Gefahr für den Ventiltrieb gestattet. Unbelastet wird die Drehzahl früher begrenzt. Bei Bergabfahrt im 5. Gang wird zum Schutz der Gelenkwelle die Drehzahl auf ca. 5700/min begrenzt. Das übernimmt das Steuergerät der Zünd/Einspritz-Steuerung.

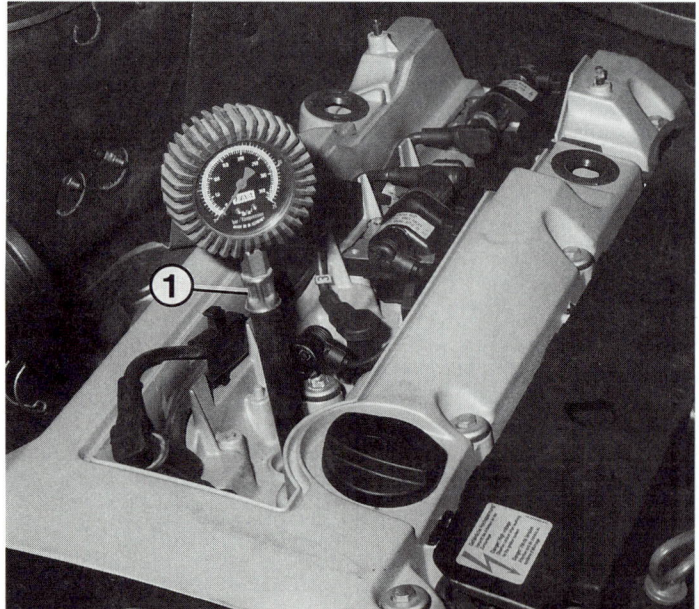

Zur Kompressionsmessung mit dem Drucktester (1) muß der Motor warm sein. Alle Zündkerzen herausschrauben. Wichtig: Damit kein Kraftstoff eingespritzt wird, der später den Katalysator gefährdet, muß die Einspritzung stillgelegt werden. Dazu den Überspannungsschutz im Aggregateraum rechts abziehen und das Kraftstoffpumpenrelais im Kofferraum abziehen.

Zum Ausbau der Zylinderkopfhaube (4) den Kabelkanal (3) lösen. Dazu das Gummiprofil (1) von der Trennwand abziehen und den Spreizclip (2) lösen.

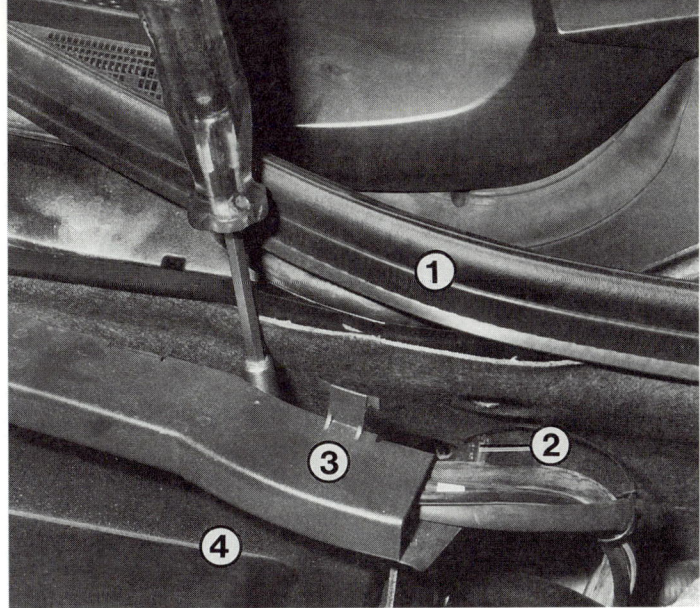

Die Tabelle gibt eine Übersicht über die verschiedenen Drehzahlen der Motoren:

Modell		C 180	C 200	C 220	C 280
Nenndrehzahl	1/min	5500	5500	5500	5000
Höchstes Drehmoment bei	1/min	4200	4000	4000	3750
Höchstdrehzahl unbelastet	1/min	4000	4000	4000	4000
Höchstdrehzahl belastet	1/min	6200	6200	6200	6400

Oberhalb der Höchstdrehzahl geraten die Ventilfedern so stark ins Schwingen, daß ein einwandfreies Öffnen und Schließen der Ventile nicht mehr gewährleistet ist. Die Ventilfedern können brechen, was zur Folge hat, daß das betreffende Ventil auf dem Kolben aufschlägt und gewaltige Zerstörungen anrichtet. Damit es erst gar nicht so weit kommen kann, sperrt die Einspritzung bei Überdrehzahlen die Kraftstoffzufuhr – die Drehzahl fällt wieder ab.

Drehzahl-Begrenzung

Kompressionsdruck messen

Die Messung des Kompressionsdrucks in den Motorzylindern gibt Aufschluß darüber, ob Ventile und Kolbenringe noch gut abdichten. Leistung, Kaltstartverhalten sowie Öl- und Kraftstoffverbrauch des Motors hängen davon ab. Eine Prüfung also, die zur Fehlersuche und beim Gebrauchtwagenkauf interessant ist. Bei der Prüfung werden allerdings Fehler im Steuergerät der Zünd/Einspritz-Steuerung gespeichert. Werkstatt beim nächsten Wartungsdienst informieren, daß eine Kompressionsdruckprüfung durchgeführt wurde.

- Motor warmfahren. Die Kolbenringe dichten bei warmem Öl besser ab.
- Überspannungsschutz im Aggregateraum rechts sowie das Kraftstoffpumpenrelais im Kofferraum abziehen, damit kein Kraftstoff mehr eingespritzt wird.
- Abdeckung über den Zündkerzen ausbauen.
- Zündkerzennischen mit Druckluft ausblasen. Alle Zündkerzen ausbauen.
- Gummikonus des Druckprüfers auf das Kerzenloch des 1. Zylinders (in Fahrtrichtung der vordere) pressen bzw. Anschlußleitung ins Zündkerzengewinde schrauben.
- Feststellbremse treten, Schalthebel in Leerlauf bzw. Getriebeautomatik-Wählhebel in Stellung »P« drücken.
- Von Helfer den Motor mit dem Anlasser durchdrehen lassen. Das Gaspedal muß er dabei voll durchtreten (zwecks besserer Zylinderfüllung).
- Steigt der Druckwert nicht mehr wesentlich an, Anzeigewert notieren und am nächsten Zylinder weitermessen.
- Der minimale Kompressionsdruck soll bei allen Zylindern **ca. 12 bar** betragen.
- Wichtiger als der absolute Kompressionsdruck (Meßgerätetoleranz ist möglich) ist jedoch die Differenz zwischen den Zylindern. Maximal **1,5 bar** Unterschied sind zulässig.
- Nach der Messung Zündkerzen wieder einbauen.

Der Druckverlusttest

Zur genaueren Schadenseingrenzung dient der Druckverlusttest in der Werkstatt. Das Testgerät besteht aus zwei Kammern, wobei in einer ein gleichbleibender Druck herrscht. Die zweite Kammer ist über einen Schlauch zur Zündkerzenbohrung mit dem Verbrennungsraum, durch eine Düse mit der ersten Kammer und außerdem mit einer Anzeigeskala verbunden.

Will man den oberen Zünd-OT finden, kann man den Öleinfülldeckel (2) abnehmen und nachsehen, wie die Nockenspitzen (1) am ersten Zylinder stehen: Im Zünd-OT des ersten Zylinders stehen sie nach oben.

Verliert der geprüfte Brennraum Druck, wird dies auf der Skala angezeigt. Eine größere Leckstelle läßt sich durch Abhorchen erkennen:
○ Blasgeräusche am Auspuff lassen auf ein undichtes Auslaßventil schließen.
○ Strömt Druckluft aus dem Luftfiltergehäuse, ist ein Einlaßventil defekt.
○ Bei einer defekten Zylinderkopfdichtung oder einem Riß im Zylinderkopf gelangt Druckluft durch das benachbarte Zündkerzenloch oder aus dem geöffneten Kühlmittel-Ausgleichsbehälter ins Freie.
○ Verschlissene Zylinderwände, Kolbenlaufbahnen oder Kolbenringe lassen Druck ins Kurbelgehäuse strömen und am geöffneten Öleinfüllstutzen oder am Rohr für den Ölpeilstab austreten.

Störungsbeistand

Zu niedriger Kompressionsdruck

Gleichmäßig niedriger Kompressionsdruck ist nicht unbedingt ein Alarmzeichen; Ursache können Meßtoleranzen zwischen verschiedenen Prüfgeräten sein. Bedenklich ist es dagegen, wenn zwischen den Meßwerten für die Zylinder Unterschiede von mehr als ca. 1,5 bar bestehen. Das kann folgende Ursachen haben:
○ Kolben- und Kolbenringverschleiß.
○ Festsitzende Kolbenringe durch Rückstandsbildung.
○ Unrunde Zylinder als Folgeerscheinung von Kolbenklemmern.
○ Ablagerungen an den Ventilschäften oder -sitzen durch Verbrennungs- bzw. Schmierölrückstände.
○ Verbrannte Ventile. In den meisten Fällen sind undichte Ventile die Ursache für mangelhaften Kompressionsdruck und damit geringere Motorleistung. Abhilfe bringt entweder Einschleifen der Ventile oder die Überholung des Zylinderkopfes.

Fehlersuche

Um bei zu niedrigem Kompressionsdruck den Fehler lokalisieren zu können, wendet man folgenden Trick an: Ins Zündkerzenloch mit einer Spritzkanne etwas zähflüssiges Öl träufeln und Kompressionsdruck nochmals messen.

Zum Ausbau des Querrohrs (2) von der Zylinderkopfhaube (1) beim Vierzylinder die Schlauchbänder beidseitig lösen und Leitung am Temperaturgeber Ansaugluft (3) ausstecken. Das Querrohr nach rechts drücken, damit es an den Nasen (Pfeile) ausrastet.

Beim Sechszylinder ist das Querrohr (1) an der Zylinderkopfhaube festgeschraubt (Pfeil). Die Rückblasegase strömen über Öffnungen (3) direkt ins Querrohr. Weiterhin bezeichnet:
2 – HFM-Luftmassenmesser;
4 – Prüfanschluß für Werkstatt zum Messen des Kraftstoffdrucks;
5 – Stecker für Temperaturgeber Ansaugluft;
6 – Ölmeßstab.

○ Sind die Werte weiterhin schlecht, liegt es an den Ventilen.
○ Erhalten Sie höhere Druckwerte, liegt es an den Kolbenringen und vielleicht auch an den Zylindern. Das eingefüllte Öl hat kurzfristig zwischen Kolben und Zylinderwänden besser abgedichtet, so daß das komprimierte Gas kaum noch entweichen konnte.

Motor durchdrehen

Zu manchen Arbeiten muß man die Kurbelwelle des Motors entweder in eine bestimmte Stellung bringen oder durchdrehen.
● Dazu auf ebener Fläche den 5. Gang (Schaltgetriebe ist Voraussetzung) einlegen und den Wagen vor- oder zurückschieben. Oder:
● Eine Rätsche mit Steckeinsatz SW 27 auf der Zentralmutter der Kurbelwellen-Riemenscheibe ansetzen und den Motor direkt durchdrehen. Zündung ausschalten!

Oberen Totpunkt suchen

Beim Viertaktmotor kommt der Kolben während der vier Arbeitstakte zwei Mal in den Oberen Totpunkt (OT): Einmal beim Zünden des angesaugten Gemisches und zum zweiten Mal nach dem Ausstoßen der Altgase mit anschließend beginnendem Wiederansaugen von Kraftstoff/Luft-Gemisch.
Bei verschiedenen Arbeiten am Motor (beispielsweise Abbauen des Zylinderkopfes) wird üblicherweise der OT von Zylinder 1 (der vordere) während des Zündzeitpunkts gebraucht.
● Zylinderkopfhaube abnehmen und Kurbelwelle so lange durchdrehen, bis die beiden Nocken von Ein- und Auslaß-Nockenwelle an Zylinder 1 (ganz vorn) nach oben zeigen, d.h. die Tassenstößel bewegen sich jetzt nicht.
● Damit die Sache ganz genau wird, Kurbelwelle ein Stückchen hin- oder herdrehen, bis die OT-Marke an der Riemenscheibe vorn gegenüber dem Zeiger steht (schwieriger Blickwinkel).

Zylinderkopfhaube Aus- und Einbau

● Querrohr für Verbrennungsluft hinten am Motor ausbauen. Dazu zwei Schlauchschellen lösen. Querrohr zur rechten Fahrzeugseite hin drücken und so ausrasten.
● Abdeckung über den Zündkerzen abschrauben.
● Abdeckung vorn am Zylinderkopf ausrasten.
● Zündkerzenstecker abziehen und mit den Kabeln zur Seite legen.
● Schlauch der Kurbelgehäuse-Entlüftung abziehen.
● Schrauben um die Zylinderkopfhaube losdrehen. Zum Erreichen der hinteren Schrauben besser den Kabelkanal hinten etwas lösen.
● Haube mit Schachtabdichtungen an den Zündkerzen abnehmen.
● Beim Einbau auf richtigen Sitz der Schachtabdichtungen achten.
● Achtung – besonders gründlich auf den Sitz der Dichtung an der Zylinderkopfhaube hinten am Motor achten.
● Schrauben über Kreuz in der Mitte beginnend mit 10 Nm anziehen.

Der Steuergehäusedeckel

Dieses Teil aus Leichtmetall-Druckguß sitzt an der Vorderseite des Motors. Es ist unten an der Ölwanne und mit unterschiedlich langen Schrauben mit dem Zylinderblock verschraubt. Oben ist das Steuergehäuse mit dem Abschlußdeckel des Zylinderkopfes verschraubt. Die Abdichtung erfolgt mit Dichtmittel. Hinter dem Steuergehäusedeckel ist die Steuerkette mit Spann- und Gleitschienen untergebracht. Außen sind Kettenspanner und Halter für die Servopumpe der Lenkung montiert. Seitlich links ist das Ölfiltergehäuse integriert.

Die Steuerkette

Die Nockenwellen werden von der Kurbelwelle über eine endlose Duplex-Steuerkette angetrieben. Die Nockenwellen-Kettenräder haben doppelt so viele Zähne wie das Kettenrad auf der Kurbelwelle. Dadurch drehen sich die Nockenwellen entsprechend der Arbeitsweise von Viertaktmotoren mit halber Kurbelwellen-Drehzahl. Auf der Zugseite wird die wartungsfreie Steuerkette von Schienen geführt. Auf der anderen Seite läuft sie über eine lange Spannschiene, die vom Kettenspanner gegen die Kette gedrückt wird. Bei Laufgeräuschen der Steuerkette oder wenn die Zylinderkopfhaube ohnehin ausgebaut ist, sollte der Verschleißzustand der Kette beurteilt werden.

Die Steuerkette wird bei Verschleiß immer länger. Diese Längung führt zu deutlichen Verschleißspuren an den Zähnen am Nockenwellen-Kettenrad. In extremen Fällen brechen die Zähne ab, und die Steuerkette springt über. Wird ein Schaden rechtzeitig erkannt, genügt es, die Steuerkette und das Nockenwellen-Kettenrad zu ersetzen. Bei fortgeschrittenem Verschleiß den Steuergehäusedeckel ausbauen und alle Kettenräder, Schienen sowie den Kettenspanner erneuern.

Steuerzeiten einstellen

Unter dem Begriff Steuerzeiten versteht man das zeitgerechte Öffnen und Schließen der Ventile in Abhängigkeit zur Stellung der Kolben und damit der Kurbelwelle. Einzustellen im Sinn von Justieren gibt es da nichts. Aber nach Demontagearbeiten in diesem Bereich wird geprüft, ob Nockenwellen und Kurbelwelle in der richtigen Stellung zueinander stehen, was nach Abnehmen der Steuerkette nicht mehr unbedingt der Fall ist. Wie die Steuerzeiten eingestellt werden, ist im Abschnitt »Zylinderkopf aus- und einbauen« beschrieben.

Nockenwellen-Versteller

Die Motoren des C 220 und C 280 sind mit einem Nockenwellen-Versteller für die Einlaß-Nockenwelle ausgestattet. Bei laufendem Motor verdreht sich die Nockenwelle gegenüber dem Kettenrad um ca. 20° über eine Schrägverzahnung und einen Stellkolben, der wahlweise vorn oder hinten mit Öldruck beaufschlagt wird. Die Ansteuerung erfolgt last- und drehzahlabhängig über das Steuergerät der Zünd/Einspritz-Steuerung. Über einen Stellmagnet werden die Ölströme im Versteller beeinflußt.

Im Leerlauf- und Teillastbereich (bis ca. 2000/min) sowie oberhalb ca. 4500/min erhält der Stellmagnet keinen Strom, und die Nockenwelle steht in Stellung »spät«. Dies sorgt für einen stabilen Leerlauf, geringen Verbrauch und geringe Emissionen. Bei mittleren Drehzahlen (1500–4500/min) fließt Strom durch den Magnet, und die Nockenwelle steht »früh« – Drehmomentsteigerung ist die Folge.

Der Kettenspanner

Der seitlich rechts in den Steuergehäusedeckel eingeschraubte Kettenspanner drückt über die Spannschiene auf die Steuerkette. Seine Kraft setzt sich aus der Federkraft der eingebauten Feder und dem Druck des Motoröls zusammen, das ständig durch den Kettenspanner gepumpt wird. Das Öl im Spanner dämpft auch

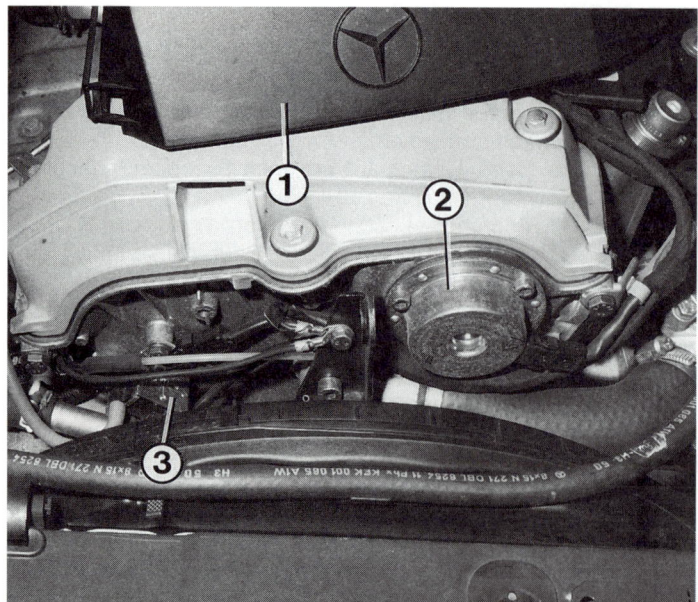

Frontseite des Zylinderkopfes beim Sechszylinder:
1 – Abdeckung;
2 – Stellmagnet für Nockenwellen-Verstellung;
3 – Ventil für Lufteinblasung (ab ca. 5/94).

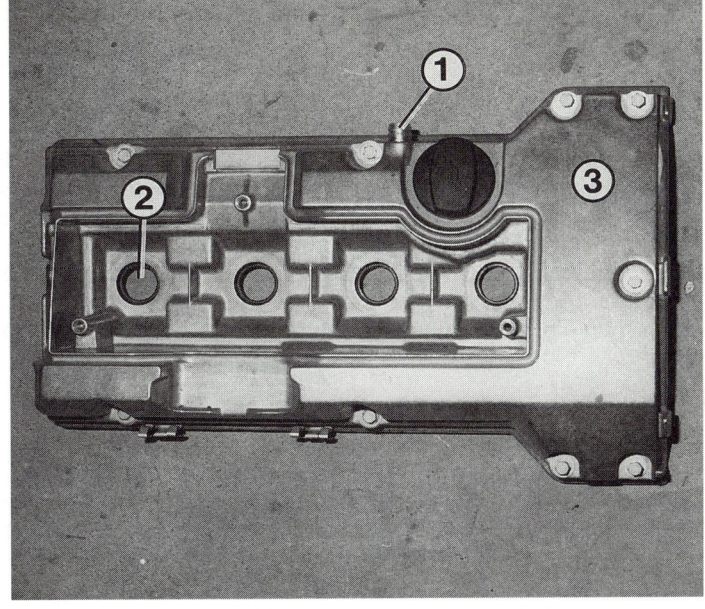

Ausgebaute Zylinderkopfhaube (3) eines Vierzylinders:
1 – Anschluß für Rückblasegase der Kurbelgehäuse-Entlüftung;
2 – Öffnung mit Dichtring zum Zündkerzenschacht.

stoßartige Belastungen beim Schlagen der Kette. Ein defekter Kettenspanner kann nicht repariert werden. Rasselgeräusche, die von der Steuerkette ausgehen, lassen auf eine stark gelängte Kette (Verschleiß bei mehr als 150 000 km) oder einen defekten Spannmechanismus schließen.

Kettenspanner aus- und einbauen

- Beim Sechszylinder mit Luftpumpe den Keilrippenriemen entspannen. Luftpumpe lösen und zur Seite schwenken.
- Verschlußschraube in der Mitte des Kettenspanners (Innensechskant 10 mm) eine Umdrehung lösen.
- Kettenspanner am Sechskant herausschrauben.
- Verschlußschraube herausdrehen und mit Dichtring, Druckfeder und Bolzen abnehmen.
- Druckbolzen innen mit Ringfeder in Druckrichtung aus dem Kettenspanner drücken. Teile reinigen.
- Zum Einbau Kettenspannergehäuse mit neuem Dichtring am Sechskant mit 50 Nm einschrauben.
- Inneren Druckbolzen mit Ringfeder und Druckfeder mit Bolzen von außen einschieben.
- Verschlußschraube mit neuem Dichtring aufschrauben (40 Nm).

Arbeiten am Zylinderkopf

Arbeiten am Zylinderkopf setzen gute Kenntnis der Materie und Spezialwerkzeug voraus. Als Beispiel sei der Ausbau der Nockenwellen genannt. Aus diesen Erkenntnissen heraus würden wir dem versierten Selbsthelfer bestenfalls noch den Aus- und Einbau des kompletten Zylinderkopfes zum Auswechseln der Zylinderkopfdichtung zumuten wollen. Von weitergehenden Arbeiten ist jedoch abzuraten.

Störungsbeistand

Zylinderkopfdichtung

Häufigster Schaden im Bereich Zylinderkopf ist eine defekte Zylinderkopfdichtung. Dieser Defekt tritt meistens als Folge von Überhitzung auf.

Erkennungsmerkmal	Ursache/Besonderheiten
A Kühlflüssigkeitsstand nimmt stetig langsam ab	Kühlmittel gelangt in sehr geringer Menge in die Brennräume. Diese Erscheinung kann sich ohne weitere Merkmale über längere Zeit hinziehen. Andere Möglichkeit: Kühlanlage undicht
B Beträchtlicher Kühlmittelverlust. Der Wagen zieht bei Betriebstemperatur einen weißen Abgasschleier hinter sich her	Kühlmittel dringt in großer Menge in einen Verbrennungsraum, verdampft dort und entweicht als weiße Fahne durch den Auspuff
C Aus dem geöffneten Ausgleichsbehälter bzw. Kühler steigen bei laufendem Motor Luftblasen auf oder beim Öffnen des Verschlußdeckels sprudelt eine größere Menge Kühlmittel heraus	Verbrennungsgase werden ins Kühlsystem gedrückt. Aus der Öffnung des Kühlers riecht es nach Abgasen
D In Regenbogenfarben schillernde Verfärbung oder schwarze Verfärbung an der Oberfläche des Kühlmittels	Öl aus dem Schmierkreislauf gelangt ins Kühlsystem
E Grau oder braun aussehende Emulsion am herausgezogenen Ölpeilstab oder Öl von Wasserbläschen durchsetzt	Kühlflüssigkeit ist in den Schmierkreislauf geraten. Achtung: Wasser im Motoröl kann zum Lagerschaden verursachen. Zylinderkopfdichtung sofort wechseln (lassen). Motor nicht mehr starten; Wagen zur Reparatur abschleppen

Fingerzeige: Ist nach einem Schaden an der Zylinderkopfdichtung Öl ins Kühlsystem gelangt, muß der Kühler gespült werden. Dazu 2 Liter Kühlerreinigungsmittel (z. B. Solvethane) in die ausgebauten Teile einfüllen und kräftig schütteln. Gebrauchtes Kühlerreinigungsmittel zum Sondermüll geben. Kühlsystem anschließend durch mehrmaliges Neubefüllen mit heißem Wasser komplett durchspülen. Ähnliche Symptome wie bei einer defekten Zylinderkopfdichtung entstehen auch durch kleine Risse im Zylinderkopf. Wenn also trotz offensichtlichen Defekts die Dichtung nach Demontage keine Schäden zeigt, muß ein Motorinstandsetzungsbetrieb den Zylinderkopf unter Druck prüfen.

Zylinderkopf aus- und einbauen

Unsere Beschreibung nennt nur die wichtigsten Arbeitsschritte. Je nach Ausstattung ergeben sich in unwesentlichen Dingen weitere Arbeiten. Grundsätzlich gilt es, alle Schraub- und Schlauchverbindungen sowie alle elektrischen Leitungen zum Zylinderkopf zu lösen, damit der Zylinderkopf samt Auspuffkrümmer und Saugrohr abgenommen werden kann. Um Unsicherheiten beim Einbau vorzubeugen, sollten Sie ggf. lieber einige Teile bezeichnen. Das Losschrauben des Zylinderkopfes darf nur bei abgekühltem Motor erfolgen.

Ausbau

Für diese Arbeit brauchen Sie einen Drehmomentschlüssel, einen Steckeinsatz ½″ für Innenzwölfkant-Zylinderkopfschrauben, einen Steckeinsatz ½″ für Innen-TORX T40, zwei Fixierstifte 6 mm, neue Dichtungen für Kettenspanner, Auszieher für Lagerbolzen von Gleit- und Spannschienen der Steuerkette, Dichtungsmittel (z. B. »Omnifit FD 10«) und ggf. neue Zylinderkopfschrauben, wenn diese sich bereits zu sehr gelängt haben. Legen Sie die Arbeit zeitlich so, daß jederzeit Ersatzteile besorgt werden können. Meist kommt es bei so einer umfangreichen Arbeit zu Überraschungen.

- Batterie abklemmen.
- Untere Motorraumabdeckung ausbauen.
- Kühlmittel am Zylinderblock und Kühler ablassen.
- Wasserschläuche am Zylinderkopf abschrauben.
- Querrohr für Ansaugluft ausbauen.
- Abdeckung über Zündkerzen und Zylinderkopfhaube ausbauen.
- Vorderen Deckel am Zylinderkopf ausbauen.
- Ölmeßstab-Führungsrohre für Motoröl und Automatikgetriebeöl oben losschrauben.
- Bei Motoren mit Lufteinblasung Leitung rechts am Zylinderkopf lösen.
- Unterdruckleitungen am Saugrohr abziehen und kennzeichnen.
- Elektrische Verbindungen lösen.
- Gaszug und Steuerdruckzug bei Automatik lösen.
- Tempomatgestänge lösen.
- Tankdeckel zum Druckabbau kurz öffnen. Benzinleitungen im Motorraum abnehmen und verschließen.
- Saugrohrabstützung abschrauben.
- Auspuffanlage am Krümmer abschrauben.
- **C 220/280:** An der Einlaß-Nockenwelle Magnetanker für Nockenwellen-Versteller abschrauben (Anzugsmoment der Schraube 7 Nm).
- **Alle:** Motor in Grundstellung drehen, d. h. 20° nach Zünd-OT des ersten Zylinders. In dieser Position ist ein längerer Strich an der Kurbelwellen-Riemenscheibe angebracht. Die Nockenspitzen am ersten Zylinder stehen oben.
- Kettenspanner ausbauen.
- Lagerbolzen der Gleitschiene oben ausziehen.
- Kettenräder an den Nockenwellen abschrauben. Steuerkette abnehmen.
- Kette mit Draht hochbinden. So kann die Kette nicht in den Kettenkasten fallen und bleibt außerdem auf dem unteren Kettenrad gespannt.
- Kurbelwelle nicht mehr drehen!
- Zylinderkopfschrauben entgegen der Reihenfolge im Anzugsschema unten lösen.
- Nochmals kontrollieren, ob alle Verbindungen vom Zylinderkopf zum Motorblock und zur Karosserie gelöst sind.
- Zylinderkopf abnehmen.
- Ist der Zylinderkopf mit der Dichtung am Motorblock festgebacken, helfen leichte Schläge mit dem Kunststoff-Hammer auf die Seitenfläche des Kopfes.

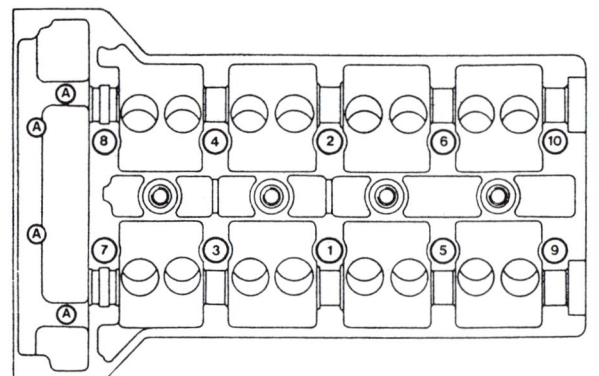

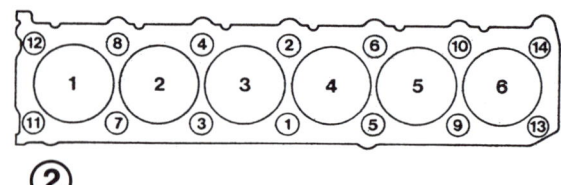

Die Zylinderkopfschrauben müssen in der numerierten Reihenfolge, beginnend mit 1, angezogen werden. Die Schrauben (A) zuletzt mit 25 Nm festdrehen.
1 – Vierzylindermotor;
2 – Sechszylindermotor.

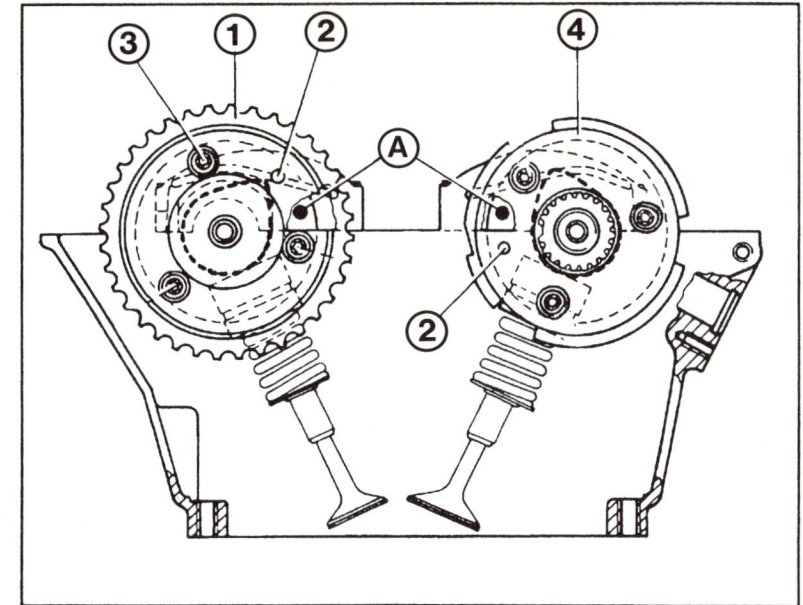

Grundstellung der Nockenwellen beim Vierzylinder. Dazu die Kurbelwelle auf 20° nach Zünd-OT des ersten Zylinders drehen und Nockenwellen an beiden Bohrungen (A) fixieren.
1 – Auslaß-Nockenwelle;
2 – Stift M 5 × 9,5 mm;
3 – Schrauben M 7 × 13, TORX T 40 (immer erneuern);
4 – Einlaß-Nockenwelle;
A – Bohrungen im Nockenwellenlagerdeckel 6,5 mm, in Nockenwellen 6,0 mm.

- Neue Zylinderkopfdichtung mit alter Dichtung vergleichen.
- Neue Zylinderkopfdichtung auflegen.
- Zylinderkopf aufsetzen, dabei auf richtigen Sitz der Paßstifte achten.
- Die unterschiedlich langen Zylinderkopfschrauben (M 12) messen. Da es sich um Dehnschrauben handelt, darf sich der Schraubenschaft um höchstens 2,7 mm in die Länge gezogen haben. Ist dieses Maß überschritten, neue Schrauben verwenden. Neue Schrauben sind beim Vierzylinder 102 mm und beim Sechszylinder 160 mm lang.
- Schraubengewinde und Anlageflächen einölen.
- **1. Anzugsstufe:** Alle Schrauben mit 55 Nm anziehen.
- **2. Anzugsstufe:** Alle Schrauben um 90° weiter festdrehen. Dazu das Werkzeug z. B. in Längsrichtung ansetzen und so lange drehen, bis es quer zur Fahrtrichtung steht.
- **3. Anzugsstufe:** Die Schrauben nochmals mit 90° weiterdrehen. Der Zylinderkopf wird später nicht mehr nachgezogen.

- Die Schrauben (M 8) vorn am Zylinderkopf einsetzen und mit 21 Nm festdrehen.
- Den weiteren Einbau in umgekehrter Ausbaufolge durchführen. Dabei nachfolgende Punkte besonders beachten:
- Die Nockenwellen-Kettenräder mit neuen Schrauben montieren. Schrauben zunächst mit 20 Nm anziehen und anschließend nochmals um 90° weiter festdrehen.
- Stellung der Kurbelwelle nochmals prüfen, 20° nach Zünd-OT des ersten Zylinders.
- Kettenspanner einbauen, siehe Abschnitt »Kettenspanner«.
- Wenn Kettenspanner und Gleitschiene wieder eingebaut sind, Grundstellung von Nockenwellen und Kurbelwelle nochmals prüfen. Fixierstifte anschließend entfernen.
- **C 220/280:** Magnetanker nur mit 7 Nm festdrehen.
- **Alle:** Obere Abdeckung vor dem Zylinderkopf mit Dichtmittel montieren. Innen O-Ring für Kühlmittelrücklauf prüfen und ggf. erneuern.

Einbau

Lagerschaden

Klopfgeräusche aus dem Motorraum, die mit wärmer werdendem Öl lauter werden, sind Anzeichen für einen Lagerschaden.

○ Mangelnde Schmierung durch zu niedrigen Ölstand.
○ Wasser im Motoröl als Folge einer defekten Zylinderkopfdichtung.
○ Zu hohe Drehzahlen bei kaltem Motor und daher zähflüssigem Öl.
○ Abgerissener Schmierfilm bei hohen Öltemperaturen, evtl. durch falsche Ölviskosität.

Ursachen

Um es vorweg zu nehmen – fast immer sind die Gleitlager der Pleuel defekt. Wenn Sie ein defektes Pleuellager bereits im Frühstadium erkennen, kann der Austausch der Lagerschalen genügen. Deshalb:
○ Bei harten Klopfgeräuschen aus dem Motorraum den Motor **sofort abstellen**.
○ Motor nicht mehr starten, Wagen jetzt in die Werkstatt schleppen lassen.
○ Ist der Motor noch jünger als 100 000 km, kann sich eine Teilreparatur lohnen:
○ Ölwanne ausbauen und Lagerdeckel aller Pleuellager abschrauben lassen.
○ Sind nur einzelne Lagerschalen beschädigt, die Zapfen der Kurbelwelle aber noch glatt, reicht Austauschen der Lagerschalen.
○ Eventuell muß anhaftendes Lagermetall vom Kurbelwellenzapfen entfernt werden.
○ In jedem Fall die Pleuelbohrung am defekten Lager vermessen lassen.

Maßnahmen bei einem Lagerschaden

Motor aus- und einbauen

Der Motor wird mit dem Getriebe nach oben aus dem Motorraum gehoben. Dazu brauchen Sie einen Flaschenzug und einen Raum, in dem er stabil und in ausreichender Höhe aufgehängt werden kann. Günstig ist auch ein »vorbelasteter« Helfer.

Ausbau

- Batterie-Massekabel im Kofferraum abklemmen.
- Auspuffrohre von Auspuffkrümmer und Getriebestütze abbauen.
- Motorhaube in Montagestellung bringen. Dazu Verriegelungen an den Haubenscharnieren betätigen.
- Untere Motorraumabdeckung ausbauen.
- Kühlmittel ablassen. Wasserschläuche abnehmen. Kühler ausbauen. Blechbrücke über Kühler ausbauen.
- Bei Klimaanlage Schutzplatte z.B. aus Holz (ca. 40 x 70 cm) vor dem Kondensator anbringen.
- Motoröl ablassen.
- Leitungen am Ölkühler abschrauben und verschließen.
- Lüfter ausbauen.
- Querrohr für Ansaugluft ausbauen.
- Bei Klimaanlage den Keilrippenriemen ausbauen. Kompressor vom Motor losschrauben und mit Leitungen seitlich unten im Motorraum befestigen.
- Öl aus dem Vorratsbehälter der Servolenkung absaugen. Ölleitungen an der Servopumpe abschrauben.
- Tankdeckel zum Druckabbau kurz öffnen. Kraftstoffleitungen abschrauben und verschließen.
- Gaszug lösen.
- Unterdruckleitungen und Heizungsschläuche abschrauben.
- Alle elektrischen Kabel am Motorleitungssatz lösen.
- Hinten am Motor eine Blechtafel vor die Zwischenwand einschieben.
- Leitungen an der Lichtmaschine lösen.
- Leitungen am Anlasser lösen.
- Masseleitung zum Getriebe lösen.
- Schaltgetriebe: Leitung zur Kupplungsbetätigung losschrauben.
- Automatik: Am Getriebe elektrische Leitungen abnehmen. Am Startsperrschalter weißen Kunststoff-Sicherungsring nach oben verdrehen. Stecker vorsichtig mit zwei Schraubendrehern abhebeln.
- Auspuffanlage an Krümmer und Getriebe abschrauben.
- Schaltstangen an den Getriebeschalthebeln lösen.
- Gelenkwelle am Getriebe abschrauben. Die Gelenkscheibe verbleibt auf der Welle.
- Schrauben am Gelenkwellen-Zwischenlager etwas lösen.
- Klemmutter an Gelenkwelle (SW 41 und 46) lösen und Gelenkwelle so weit wie möglich zusammenschieben.
- Motor an hinterer und vorderer Aufhängeöse so einhängen, daß er waagrecht angehoben wird.
- Getriebe mit Wagenheber abstützen.
- Querträger hinten am Getriebe ausbauen. Dazu die Schrauben zum Getriebe und zum Fahrzeugboden herausdrehen.
- Vordere Motorlager von unten losschrauben.
- Beim Anheben muß der Motor zunehmend schräg nach hinten gekippt werden, um schließlich mit verschiedenen Schräglagen aus dem Motorraum gehoben werden zu können. Die Werkstatt benutzt hierfür einen sogenannten Motordirigenten, mit welchem die Kettenlängen vorn und hinten selbsthemmend ständig verstellt werden. Man kann Motor und Getriebe beim Anheben zwischendurch auf einen sicheren (!) Unterbau absetzen und die hintere Kette länger hängen.

Einbau

Sinngemäß wird in umgekehrter Reihenfolge des Ausbaus vorgegangen. Dabei besonders beachten:

Hier ist die Zylinderkopfhaube ausgebaut. Zündkabel mit Zündkerzensteckern sind seitlich abgelegt. Zum Erreichen der hintersten Schraube ist der Kabelkanal (1) gelöst. Weiterhin gezeigt:
2 – Einlaß-Nockenwelle;
3 – Nockenwellen-Kettenrad;
4 – Auslaß-Nockenwelle;
5 – Zündkerzenschacht.

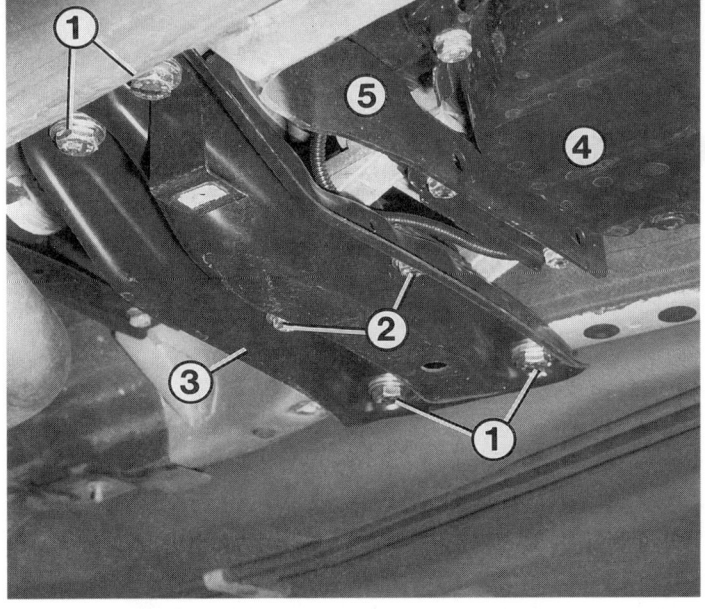

Bei Ausbau von Motor und Getriebe muß der Querträger (3) hinter dem Getriebe (4) ausgebaut werden.
1 – Schrauben Querträger an Karosserie;
2 – Schrauben hinteres Motorlager an Querträger;
5 – Seitenabstützung der Auspuffanlage.

- Generell alle selbstsichernden Muttern durch neue ersetzen.
- Beachten Sie beim Einbau des Motors, daß keine Kabel, Leitungen oder Schläuche eingeklemmt werden.
- Anzugsdrehmomente der Schrauben beachten.
- Ausrücklager auf Verschleiß prüfen; wenn es rauh läuft, ersetzen, wie im Kapitel »Die Kupplung« beschrieben.
- Ausrücklager und Verzahnung der Antriebswelle mit MoS_2-Fett schmieren.
- Verschleiß der Kupplungs-Mitnehmerscheibe prüfen.
- Motoraufhängung zwecks spannungsfreiem Einbau noch nicht endgültig festziehen.
- Motor erst mit noch losen Schrauben kräftig hin- und herrütteln. Erst dann die Schrauben festziehen.
- Auspuff spannungsfrei einbauen.
- Kühlsystem befüllen und entlüften.
- Motoröl einfüllen.
- Zuletzt noch folgende Punkte vor, während bzw. nach der Probefahrt kontrollieren: Funktionieren Instrumente und Anzeigen? Arbeitet die Lenkanlage richtig? Tritt auch nirgends Öl, Kraftstoff oder Kühlmittel aus?

Anzugsdrehmomente

Bauteil	Nm
Gelenkwellenzwischenlager	25
Klimakompressor an Motor	25
Motorlager vorn	25
Motorlager hinten an Getriebe	25
Ölleitung an Ölkühler	30
Hochdruckschlauch an Servopumpe	30
Klemmutter an Gelenkwelle	35
Querträger hinten an Karosserie	40
Rücklaufleitung an Servopumpe	40
Gelenkscheibe an Getriebeflansch	45

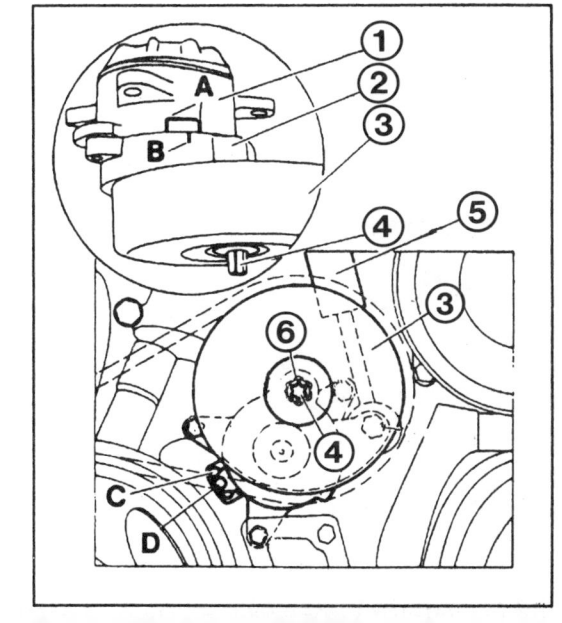

Riemenspannvorrichtung beim Vierzylinder: Zum Spannen wird die TORX-Schraube so weit gedreht, bis sich die Marke (B) innerhalb dem Arbeitsbereich (A) befindet. Zum Ausbau der Spannvorrichtung einen Stift (6 mm) durch die Bohrungen C und D stecken. Es bedeuten:
1 – Gehäuse;
2 – Spannarm;
3 – Spannrolle;
4 – Schraube Außen-TORX E10, Linksgewinde;
5 – Stoßdämpfer;
6 – Mutter M 11 × 1 (20 Nm).

Der Riementrieb

Die Zeichnungen auf diesen Seiten zeigen, wie sämtliche Aggregate an der Frontseite des Motors mit nur einem Riemen angetrieben werden. Dieser sogenannte Keilrippenriemen wird durch eine automatische Spannvorrichtung gespannt. Weiterhin ist ein kleiner Stoßdämpfer am Spannhebel eingebaut. Je nach Ausstattung mit oder ohne Klimaanlage hat der Riemen unterschiedliche Längen und Laufschemata. Beim Sechszylinder ist im Spannrollenhalter ein Torsionsgummilager eingepreßt. Das Drehmoment des Gummilagers hält den Riemen unter Spannung. Über eine Spannmutter wird das Lager vorgespannt bzw. entspannt, wenn der Riemen erneuert werden soll. Beim Vierzylinder kommt die Spannkraft für den Riemen von einer Schraubendrehfeder im Spannarm.

Der langlebige Keilrippenriemen sollte nach ca. 20000 km auf seinen Zustand untersucht werden. Einen Ersatzriemen immer im Fahrzeug mitführen.

Keilrippenriemen prüfen

Wartung Nr. 19

- Riemen mit Kreide kennzeichnen.
- Zündung ausschalten.

Bei folgenden Schäden muß der Riemen erneuert werden:
- Gummiknollen, starke Verschmutzung zwischen den Rippen,
- Rippen oben spitz (neu sind sie trapezförmig),
- zwischen den Rippen hellere Stellen (Gewebe teilweise sichtbar),
- Querrisse über mehrere Rippen, Rippen teilweise ausgerissen,
- ausgefranste Seiten, Querrisse auf dem glatten Rücken.

- Motor von Hand weiterdrehen, bis der Riemen eine Runde gelaufen ist.

Riemen erneuern

- Je nach Motor Lüfterhaube lösen und so etwas Platz schaffen.
- **Vierzylinder:** Schlüssel für Außen-TORX E 10 besorgen.
- Mit diesem Schlüssel Stiftschraube in der Spannrolle gegen den Uhrzeigersinn drehen.
- Riemen tauschen und Rolle wieder zurückdrücken.
- Die Markierung am Spannarm muß sich innerhalb des Arbeitsbereiches befinden.
- **Sechszylinder:** Schraube in Spannrollenmitte ca. ½ Umdrehung lösen.

- Riemen entspannen, dazu Spannmutter nach links drehen.
- Riemen tauschen und Zeiger zur Markierung ausrichten.
- Spannmutter rechts herum drehen, bis der Zeiger die zweite Markierung erreicht.
- Schraube in Spannrollenmitte mit ca. 75 Nm anziehen.
- Beim Tausch den Keilrippenriemen in der Ziffernfolge der Laufschemata auflegen, d.h. mit »1« beginnen.

Gerissener Riemen

Leuchtet plötzlich während der Fahrt die rote Ladekontrolleuchte auf und haben Sie vielleicht gehört, daß im Motorraum kurz etwas gegen das Blech schlug, ist sicher der Keilrippenriemen gerissen – anhalten und nachsehen. Falls ja, **dürfen Sie auf keinen Fall weiterfahren!** Durch die Wasserpumpe ist der Kühlmittelumlauf unterbrochen, und im Motorblock gerät das stillstehende Kühlmittel sofort ins Kochen, was einen schweren Motorschaden zur Folge haben kann. Auch Langsamfahrversuche sind sträflicher Leichtsinn. Deshalb sofort einen neuen Riemen montieren oder den Mercedes abschleppen lassen.

Beim Auflegen des Keilrippenriemens in Ziffernfolge vorgehen. Der Riemen ist unterschiedlich lang (mit/ohne Kältekompressor).
Links: Sechszylinder. 1 – Spannrolle; 2 – Kurbelwelle; 4 – Kühlerlüfter; 5 – Lichtmaschine; 6 – Umlenkrolle; 7 – Servolenkung; 8 – Wasserpumpe; 9 – Torsionsgummilager zum Spannen; 10 – Spannmutter.
Unten: Vierzylinder. 1 – Spannrolle; 2 – Kurbelwelle; 3 – Kältekompressor; 4 – Lichtmaschine; 5 – Servolenkung; 6 – Wasserpumpe.

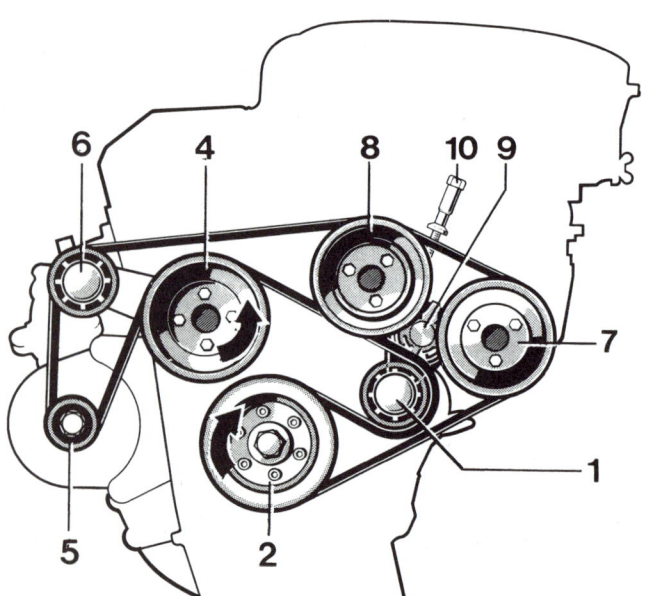
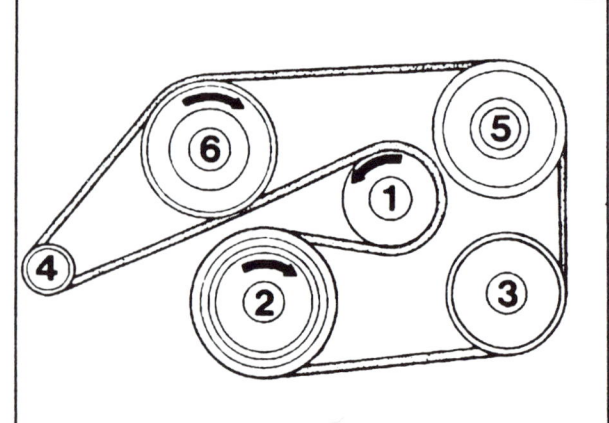

Die Auspuffanlage

Hauptausgang

Unangenehmes muß schnell verschwinden. Doch auf saubere Weise. Und ohne allzuviel Aufhebens zu verursachen. Die Auspuffanlage leitet die Abgase nach hinten, reinigt sie mit dem Katalysator und dämpft das Verbrennungsgeräusch.
Bei der Ausführung der Anlage wurde auf eine strömungsgünstige äußere Form und auf einen möglichst flächenglatten Einbau im Unterboden geachtet. So konnte der Luftwiderstand am Fahrzeugboden recht klein gehalten werden. Die Rohrabmessungen sowie die Ausführung der Schalldämpfer sind auf die jeweilige Motorleistung abgestimmt.

Die Teile der Auspuffanlage

Bei allen Motorversionen besteht die Auspuffanlage aus folgenden Teilen (von vorn nach hinten):
○ **Vordere Auspuffanlage mit Katalysator:** Beim Sechszylinder ist vor dem Katalysator die Lambdasonde montiert. Vorn ist die Anlage an den Krümmer geflanscht. Seitlich ist sie elastisch gegen das Getriebe abgestützt. Eine Flanschverbindung mit Dichtring stellt die Verbindung zur weiteren Auspuffanlage her.
○ **Hintere Auspuffanlage mit Mittel- und Nachschalldämpfer:** Die Aufhängung erfolgt über zwei Gummilager zum Wagenboden.
○ Die Langlebigkeit der Auspuffanlage soll durch die Verwendung von feueraluminisiertem Stahlblech für die Schalldämpfer und das Endrohr gewährleistet sein. Der vordere Teil besteht aus rostfreien Blechen.

Auspuffanlage prüfen

Die Lebensdauer der Auspuffanlage ist begrenzt. Von außen nagen Spritzwasser und Streusalz am Blech, während Kondenswasser, das bei Kurzstreckenbetrieb entsteht, die innere Korrosion fördert. Steinschlag und Aufsetzer im Gelände sowie starke Motorschwingungen (etwa durch eine schadhafte Motorlagerung) wirken ebenso lebensverkürzend. Einen durchgerosteten Auspuff hört man am »sportlichen« Klang (der Schall wird nur noch teilweise gedämpft).

● Nur das vordere Auspuffrohr ist fest mit dem Antriebsblock verbunden.
● Ansonsten ist die Anlage beweglich. Sie hängt in schwingungsdämpfenden Gummilagern. Diese müssen auf Brüchigkeit, Einrisse oder sonstige Beschädigungen überprüft und ggf. ersetzt werden.
● Ob die Auspuffanlage dicht ist, läßt sich leicht prüfen: Mit einem Lappen bei laufendem Motor das Auspuffende zuhalten.
● Die undichten Stellen lassen sich durch das zischende Geräusch leicht entdecken.
● Achten Sie auf den Verbindungsflansch und auf die Verschraubungen der Rohre am Auspuffkrümmer.

Auspuffanlage erneuern

Der Nachschalldämpfer kann einzeln ersetzt werden. Dazu hintere Auspuffanlage ausbauen und so auseinandersägen, daß sich an der Rohrsteckverbindung eine Einstecktiefe von ca. 80 mm ergibt.

Auspuffanlage der C-Klasse:
1, 2, 4 – Wärmeabschirmbleche zwischen Auspuffanlage und Fahrzeugboden;
3 – Gummiaufhängung;
5 – Nachschalldämpfer C 180/200;
6 – Klemmschelle zum Austausch-Nachschalldämpfer, am Neufahrzeug geschweißt;
7 – Mittelschalldämpfer C 180/200;
8 – Flanschverbindung mit Dichtring;
9 – vordere Auspuffanlage für C 180/200;
10 – Seitenabstützung mit Gummiplatte;
11 – vordere Auspuffanlage für C 220;
12 – Mittelschalldämpfer C 220/280;
13 – Nachschalldämpfer C 220/280;
14 – vordere Auspuffanlage für C 280;
15 – Lambdasonde C 280 vor Kat (sonst im Auspuffkrümmer).

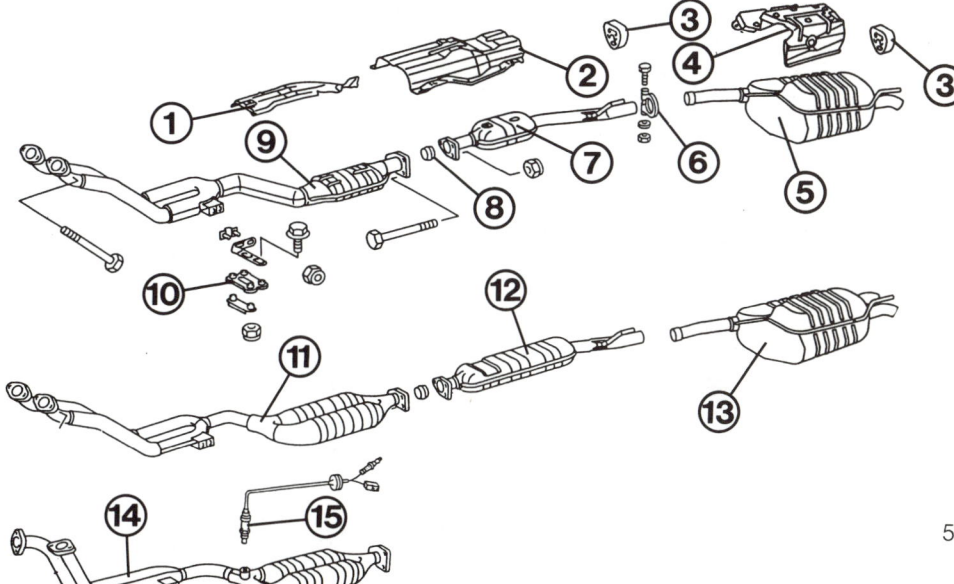

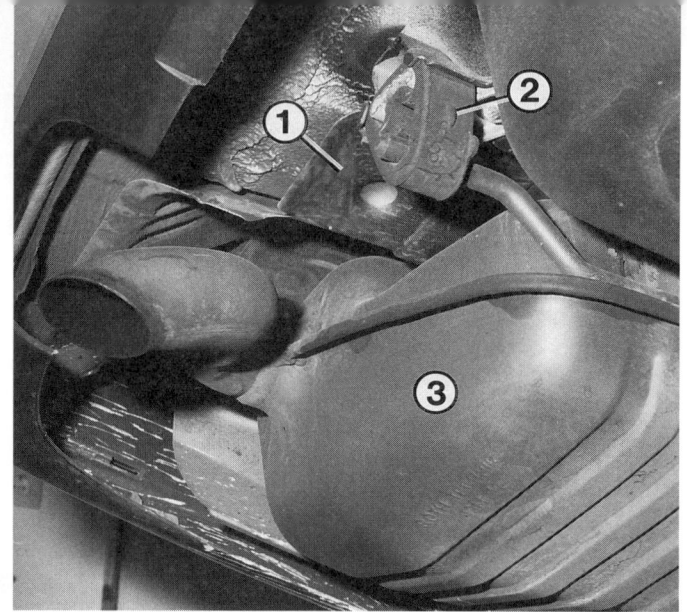 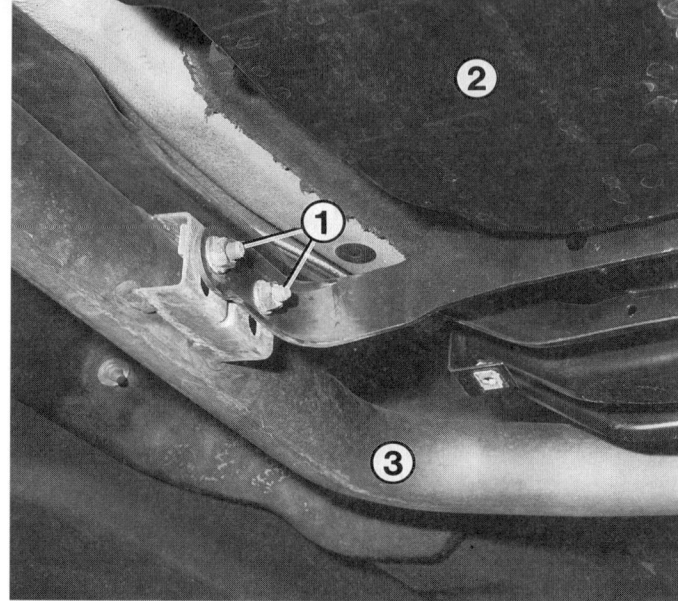

1 – Anschlaggummi; 2 – Gummiaufhängung; 3 – Nachschalldämpfer.

1 – Muttern (20 Nm) der Seitenabstützung zum Getriebe (2); 3 – Auspuffrohr.

Auspuffanlage erneuern

- Fahrzeug so weit anheben, daß genügend Arbeitsraum entsteht. Fahrzeug sichern!
- Untere Motorraumabdeckung ausbauen.
- Steckverbindung zur Lambdasonde ausstecken (nur Sechszylinder).
- Vorderes Auspuffrohr am Auspuffkrümmer abschrauben.
- Flansch am Ende des Auspuffrohrs aufschrauben.
- Gummiaufhängungen an den Schalldämpfern lösen.
- Soll nur der hintere Teil der Anlage ausgebaut werden, kann das vordere Rohr montiert bleiben.

- Bei der Montage beachten: Anlageflächen des Dichtrings an der Flanschverbindung ggf. von Verbrennungsrückständen sauber schmirgeln. Aufhängungsteile prüfen und ggf. erneuern.
- Den Flansch am Auspuffkrümmer gleichmäßig anziehen.
- Selbstsichernde Muttern immer erneuern. Alle Muttern und Schrauben werden mit 20 Nm festgedreht.

Fingerzeige: Wir raten zum Kauf der teuren Original-Auspuffanlage. Paßform, Blechstärken und Stopfgrad der Schalldämpfer sind optimal. Die vordere Auspuffanlage mit Katalysator ist als Tauschteil erhältlich. Die Edelmetalle im Kat werden wiedergewonnen.
Die Teile der Auspuffanlage immer zunächst lose vormontieren und dann ausrichten. Danach Schraubverbindungen festdrehen, um so Brummgeräusche und Spannungsrisse zu vermeiden.
Beim Einbau die Schraubverbindungen mit Kupferfett bestreichen, damit sich die Verschraubungen später wieder gut lösen lassen.
Ist die Auspuffanlage vor der Lambdasonde undicht (Sechszylinder), steigt der Kraftstoffverbrauch stark an.

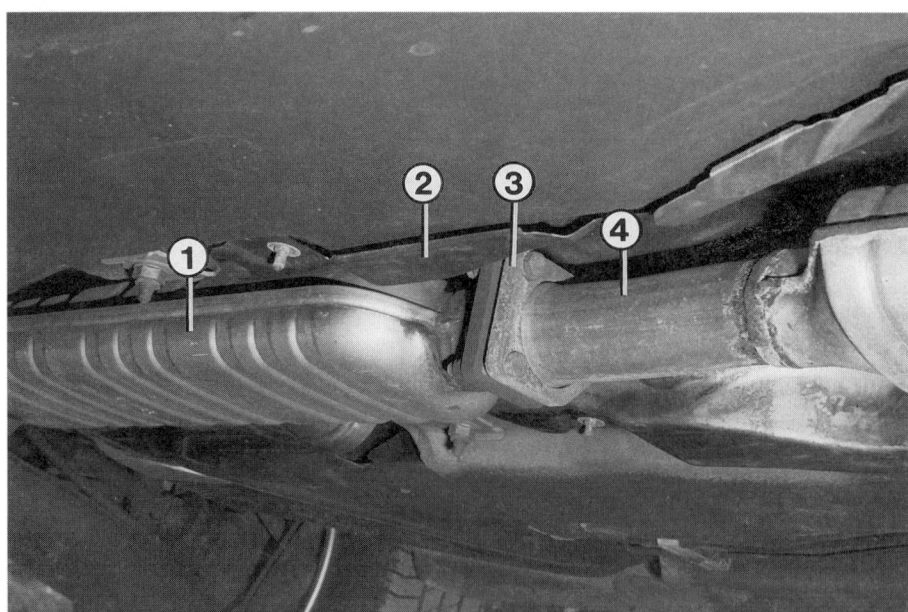

1 – Mittelschalldämpfer;
2 – Wärmeabschirmblech;
3 – Flanschverbindung;
4 – vordere Auspuffanlage.

Die Abgas-Entgiftung

Putzkolonne

Benzin besteht im Wesentlichen aus den Elementen Kohlenstoff und Wasserstoff. Wenn der Kraftstoff im Motor verbrannt wird, verbindet sich der Kohlenstoff mit dem Luftsauerstoff zu **Kohlendioxid** (chemische Kurzformel CO_2), und der Wasserstoff vereinigt sich mit Sauerstoff zu **Wasserdampf** (H_2O).
Diese Verbrennungsprodukte bilden sich, wenn Luft und Kraftstoff im optimalen Verhältnis (14,6:1) gemischt sind. Das ist leider fast nie der Fall. Deshalb entstehen auch Schadstoffe:
○ **Kohlenmonoxid** (CO) ist wohl die bekannteste Verbindung, denn der CO-Gehalt im Abgas wird bei der Abgaas-Untersuchung gemessen. Es entsteht um so mehr, je fetter, also kraftstoffreicher das Benzin/Luft-Gemisch ist.
○ Unverbrannte **Kohlenwasserstoffe** (HC) entstehen, wenn die von der Zündkerze entzündete Flammenfront an kalten Wandungen und engen Winkeln im Brennraum erlöscht. Zu fettes oder zu mageres Gemisch erhöht den Ausstoß der Kohlenwasserstoffe.
○ **Stickoxide** (NO_x) bilden sich vor allem durch den zu über ¾ in der Verbrennungsluft enthaltenen Stickstoff. Ihr Anteil ist besonders hoch bei einer Auslegung des Motors für geringen Kraftstoffverbrauch und niedrigen CO- sowie HC-Ausstoß: Hohe Verbrennungstemperaturen und mageres Kraftstoff/Luft-Gemisch.

Was ist wie gefährlich?

○ Kohlenmonoxid ist giftig und kann beim Einatmen in geschlossenen Räumen zum Tod führen. In der Luft verbindet sich das Kohlenmonoxid relativ schnell mit Sauerstoff zu Kohlendioxid (CO_2). Es ist zwar ungiftig, aber an der Entstehung des »Treibhaus-Effekts« wesentlich beteiligt.
○ Die Kohlenwasserstoff-Verbindungen sind der Übersichtlichkeit wegen zusammengefaßt, wobei die Bandbreite von harmlos bis – bei bestimmten Verbindungen (Diesel) – möglicherweise krebserregend reicht. In der Luft sind die Kohlenwasserstoffe mit den Stickoxiden für Bildung von Smog (schwer auflösbare Abgasnebelwolken) verantwortlich.
○ Stickoxide können entsprechend konzentriert zu Reizungen der Atmungsorgane führen.

Abgas-Entgiftung

Funktion des Katalysators

Ein Katalysator ist in der Chemie ein Stoff, der eine chemische Reaktion einleitet oder beschleunigt. Dabei bleibt der Katalysator in seiner Zusammensetzung unverändert.
Im Auto verstehen wir unter dem Katalysator ein mit den Edelmetallen Platin und Rhodium beschichtetes Keramik-Bauteil samt der Umhüllung, die einem Auspufftopf ähnelt. Das auf Drahtgeflecht gelagerte Keramik-Bauteil ist von mehreren tausend parallel verlaufenden Kanälen durchzogen. Auf die Wandungen der Kanäle ist eine Zwischenschicht zur Oberflächenvergrößerung (der sogenannte wash-coat) aufgetragen. Er vergrößert die aktive Katalysatorfläche etwa auf die Größe eines Fußballfeldes.
Die katalytisch wirkenden Substanzen sind Platin (5 Teile) und Rhodium (1 Teil). Von diesen Edelmetallen enthält der Katalysator 2–3 Gramm, wobei das Platin die Oxidation und das Rhodium die Stickoxidreduktion unterstützt.
Mit dem Dreiwege-Katalysator rückt man den Schadstoffen Kohlenmonoxid, Kohlenwasserstoff und den Stickoxiden zu Leibe:
○ Es werden **Kohlenmonoxid und Kohlenwasserstoffe** durch Oxidation mit Sauerstoff zu Kohlendioxid (CO_2) umgewandelt.

Hier wird die Wirkungsweise des Dreiwege-Katalysators gezeigt: Das Abgas mit seinen Schadstoffen (Pfeil) strömt durch die vielen Kanäle im Keramikteil und kommt dort mit den katalytisch wirksamen Edelmetallen Platin und Rhodium in Berührung.
Die Reaktionsgleichung beschreibt, wie durch Oxidation CO_2 und HC unschädlich gemacht werden. Das Stickoxid (NO_x) wird durch Abspaltung von Sauerstoff (Reduktion) in harmlose Verbindungen umgewandelt.

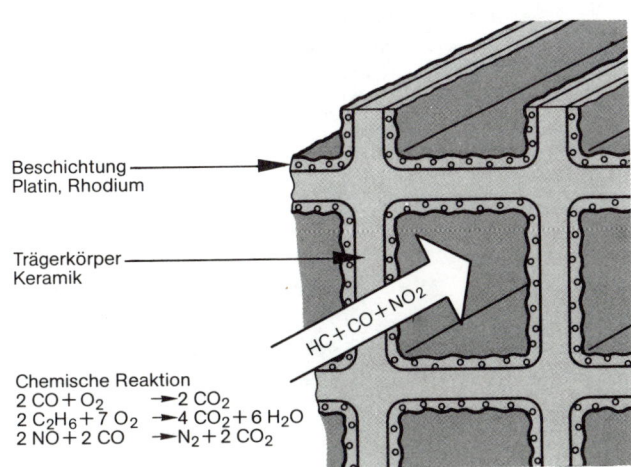

Beschichtung Platin, Rhodium
Trägerkörper Keramik
HC + CO + NO_2

Chemische Reaktion
$2\,CO + O_2 \rightarrow 2\,CO_2$
$2\,C_2H_6 + 7\,O_2 \rightarrow 4\,CO_2 + 6\,H_2O$
$2\,NO + 2\,CO \rightarrow N_2 + 2\,CO_2$

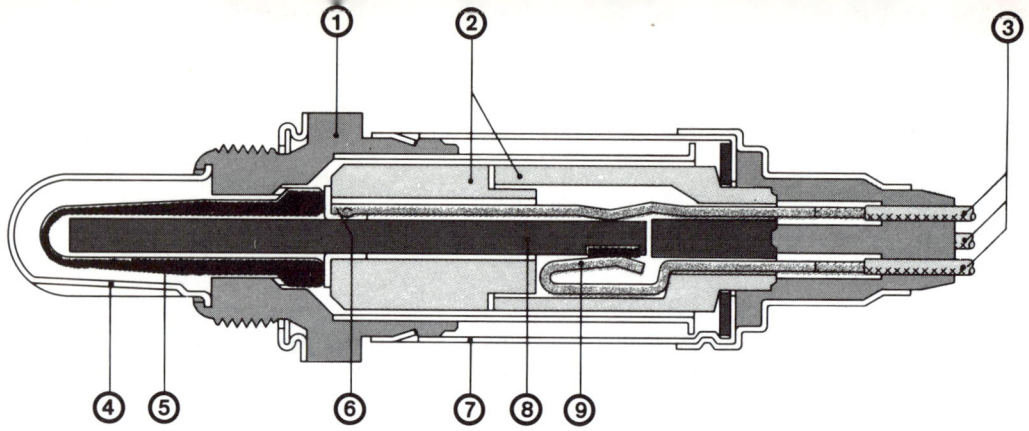

Schnitt durch die Lambdasonde:
1 – Gehäuse;
2 – keramisches Stützrohr;
3 – Anschlüsse;
4 – Schutzrohr mit Schlitzen;
5 – aktive Sondenkeramik (im Abgasstrom);
6 – Kontaktteil;
7 – Schutzhülse (mit Außenluft in Verbindung);
8 – Heizelement;
9 – Klemmkontakt zum Heizelement.

○ Zum Abbau der **Stickoxide** wird ein Mittel gebraucht, welches den Sauerstoff entzieht. Wie aus der Reaktionsgleichung in der Zeichnung auf der gegenüberliegenden Seite zu sehen ist, kann der Schadstoff Kohlenmonoxid dieses Mittel sein. Dabei entsteht Stickstoff (N_2) und wieder CO_2. Beides ungiftig.

Arbeitsbereich

Der Katalysator arbeitet nur in einem schmalen Bereich mit hohem Wirkungsgrad. Das Kraftstoff/Luft-Verhältnis muß dazu in einem genauen Verhältnis zueinander stehen. Ideal ist die Zusammensetzung bei $\lambda = 1$. Die größte Schwierigkeit bei der Katalysatortechnik ist es, dieses Verhältnis bei jedem Betriebszustand einzuhalten. Das ist Sache der Lambda-Regelung (siehe folgenden Abschnitt).
Ehe der Kat arbeiten kann, muß er eine Anspringtemperatur von etwa 300°C erreichen. Die sind normalerweise nach 25–80 Sekunden erreicht, im Stadtverkehr können aber auch drei Minuten vergehen, ehe die notwendige Temperatur erreicht ist. Der Katalysator ist aber andererseits überhitzungsempfindlich. Steigen die Temperaturen im Kat über 900°C, setzt eine verstärkte Alterung ein. Ab 1200°C wird er auf Dauer zerstört.
Für den Katalysator ist unverbleiter Kraftstoff unbedingt erforderlich. Blei würde die Oberfläche im Katalysator schnell verstopfen, und die Abgase könnten die katalytisch wirkenden Substanzen nicht mehr erreichen. Versuche haben gezeigt, daß bereits nach einer Tankfüllung Kohlenmonoxid kaum noch abgebaut wird. Nach 2–3 Tankfüllungen werden auch die restlichen Schadstoffe nicht mehr abgebaut. Der Katalysator ist vergiftet.

Funktion der Lambdasonde

Die Lambdasonde (auch Sauerstoffsonde bzw. O_2-Sonde genannt) ist vor dem Katalysator in den Auspuff eingeschraubt. Die Sonderkeramik der Sonde ist außen dem Abgas ausgesetzt und steht an ihrer Innenseite mit der Umgebungsluft in Verbindung. Durch den unterschiedlichen Sauerstoffgehalt in Abgas und Außenluft erzeugt die Sonde eine Spannung, die bei einem bestimmten Rest-Sauerstoffgehalt im Abgas steil ansteigt. Dieser Spannungssprung findet genau bei einem Kraftstoff/Luft-Verhältnis von $\lambda = 1$ statt. Bei Sauerstoffmangel (λ kleiner 1), also bei fettem Gemisch, beträgt die Spannung 0,8–1 Volt. Bei magerem Gemisch (λ größer 1) werden um 0,1 Volt erreicht.
Die Lambdasignale werden zum Steuergerät der Zünd/Einspritz-Steuerung geleitet. Von dort aus wird die Gemischaufbereitung beeinflußt, um das Kraftstoff/Luft-Verhältnis möglichst nahe an $\lambda = 1$ zu halten.
Die Lambdasonde reagiert auf Sauerstoffschwankungen in Abhängigkeit ihrer Betriebstemperatur unterschiedlich schnell: Bei 300°C hat sie eine Rekationszeit von ca. 1 Sekunde, bei 600°C von weniger als 50 Millisekunden. Durch eine eingebaute Heizung wird die günstigste Betriebstemperatur von ca. 600°C schneller erreicht.

Bei den Vierzylindermotoren ist die Lambdasonde (1) in den Auspuffkrümmer geschraubt. Beim Sechszylinder sitzt sie unter dem Fahrzeug direkt vor dem Kat. Die Lambdasonde ist ein Verschleißteil, das um die 100 000 km halten dürfte. In den USA muß die Sonde teilweise nach 40 000 Meilen vorsorglich ersetzt werden. Bei uns gerät sie in Verdacht, wenn die Abgas-Untersuchung nicht bestanden wird.

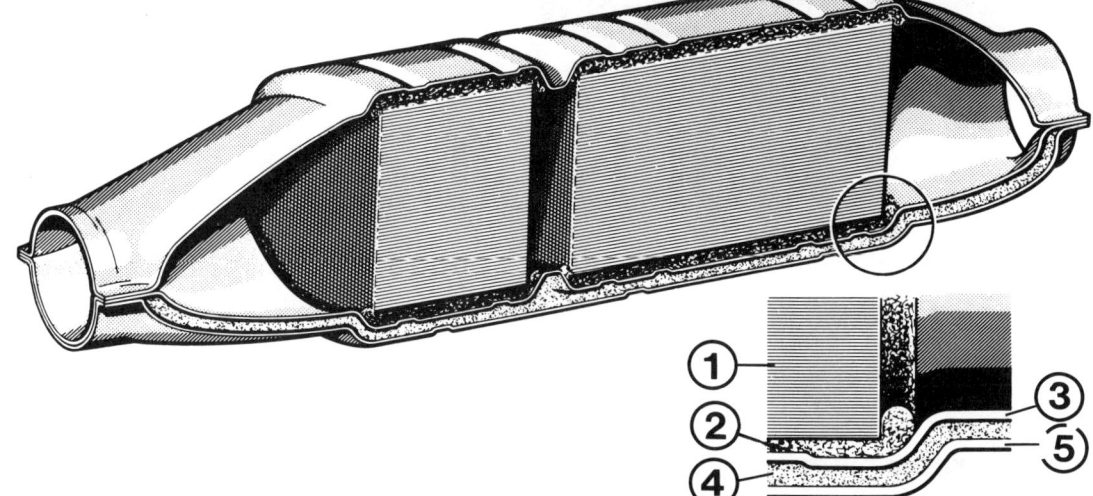

Schnitt durch den Katalysator. Der Ausschnitt zeigt:
1 – Keramikkörper;
2 – Stahlwolle (aus Edelstahl) zur Vibrationsdämpfung;
3 – Katalysatorgehäuse aus Edelstahlblech;
4 – Hitzeisolierung;
5 – rostgeschütztes Außenblech.

Fahren mit Katalysator-Fahrzeugen

In der Betriebsanleitung sind zahlreiche Hinweise für Katalysator-Fahrzeuge aufgeführt. Besonders **gefährlich ist unverbranntes Gemisch**, das sich im heißen Katalysator entzündet und so die Temperaturen in gefährliche Höhen ansteigen läßt. Folge: Der Katalysator kann teilweise schmelzen und wird dadurch funktionsunfähig.
Deshalb:
○ Das Anrollenlassen, Anschieben oder Anschleppen des Wagens ist problemlos, wenn der Anlasser wegen einer leeren Batterie den Motor nicht zum Laufen brachte.
○ Anschleppen über lange Distanzen – was z. B. bei defekter Zündung der Fall sein könnte – ist nicht zulässig. Denn so gerät eine große Menge unverbrannten Kraftstoffs in die Abgasanlage, was besonders bei noch betriebswarmem Kat schädliche Folgen hat.
○ Lassen Zündaussetzer oder Fehlzündungen auf einen Defekt an der Zündanlage schließen, diese sofort überprüfen (lassen). Auf der Weiterfahrt hohe Drehzahlen vermeiden.
○ Ungefährlich sind kleine Mengen unverbrannten Gemisches, besonders, wenn sie in den kalten Kat gelangen. Das passiert oft bei Werkstattarbeiten, wie z. B. Messen des Kompressionsdrucks.
○ Zu einem Überhitzen des Kat kann es auch bei Dauervollgas nicht kommen, denn der höhere Gasdurchsatz wirkt gewissermaßen kühlend auf den Katalysator. Dieser ist nämlich durch die »Nachverbrennung« in seinem Innern stets viel heißer als die vom Motor kommenden Abgase.
Außerdem:
○ Im Hochsommer nach wochenlanger Trockenheit beim Parken den Wagen nicht über trockenem Laub, Heu o. ä. abstellen. Unter besonders ungünstigen Umständen könnte es zu einer Entzündung unter dem Wagen kommen.
○ Kontrollieren Sie gelegentlich bei aufgebocktem Fahrzeug, ob die Hitzeschutzbleche nicht beschädigt oder verloren gegangen sind.
Was sonst noch wissenswert ist:
○ Hoher Ölverbrauch ist für den Kat weitgehend unschädlich. Da Motoröl wie Kraftstoff aus Kohlenwasserstoffen besteht, behandelt der Kat verbranntes Öl genauso wie verbrannten Kraftstoff.
○ Defekte an Kat oder Lambdasonde lassen sich bei der Abgas-Untersuchung nachweisen. Ein thermisch beschädigter Katalysator ist an Klappergeräuschen zu erkennen. Der Keramik-Träger des Kat schrumpft durch das teilweise Schmelzen, was zur Folge hat, daß er sich lose im Blechmantel bewegt.

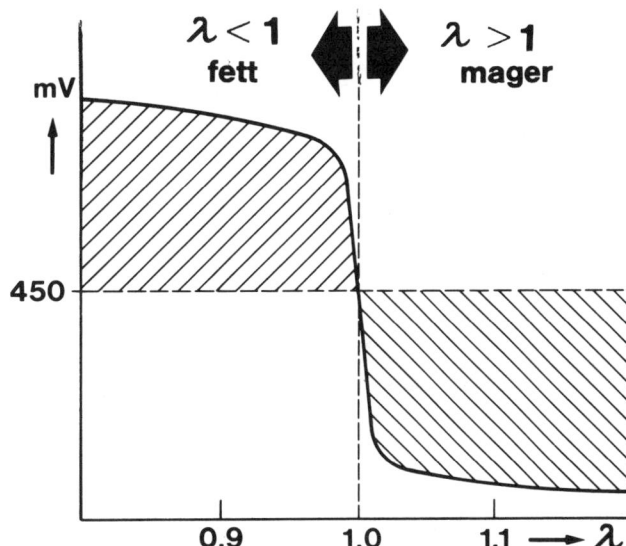

Hier ist der Spannungssprung gezeigt, den die Lambdasonde genau im stöchiometrischen Luft/Kraftstoff-Verhältnis bei $\lambda = 1$ erzeugt. Dieser Spannungssprung beeinflußt die Lambda-Regelung. Ist das Gemisch im Augenblick zu fett (Sauerstoffmangel), meldet die Lambdasonde dies dem Steuergerät der Gemischaufbereitung, und es wird sofort weniger Kraftstoff zugemessen.

Das Kühlsystem

Cool bleiben

Bei der Verbrennung des Kraftstoff/Luft-Gemisches wird es dem Motor ausgesprochen warm ums Herz. Denn außer der Kraft für die Fortbewegung entsteht Wärme, und das nicht wenig: ¼ Kraft, ¾ Wärme. Diese Wärme gilt es über das Kühlmittel abzuführen. Um Gewicht zu sparen und damit der Motor schnell auf Betriebstemperatur kommt, ist die Kühlmittelmenge recht klein.

So wird gekühlt

Die Zeichnung unten zeigt das Kühlsystem in Ihrem Mercedes. Das Kühlmittel wird ständig von der Wasserpumpe vorn am Motor durch die Kanäle und Schläuche gepumpt. Angetrieben wird die Wasserpumpe wie auch die anderen Nebenaggregate über den Keilrippenriemen von der Kurbelwelle aus.

Geregelt wird das Kühlsystem vom Thermostat. Dieser ist vorn links am Motor zu finden und hat im sogenannten Thermostatgehäuse seinen Platz. Je nach erforderlicher Kühlleistung wird der Kühlmitteldurchfluß durch den Kühler vom Thermostat gesteuert. Man unterscheidet Warmlaufphase (Kühlmittelweg durch den Kühler gesperrt), Normalbetrieb (unterschiedlicher Durchfluß des Kühlers) und Maximalkühlung (das gesamte Kühlmittel muß durch den Kühler).

Um die Abkühlung des Kühlmittels beim Durchfluß durch den Kühler noch zu verbessern, sitzt hinter dem Kühler ein großer Lüfterflügel. Dieser unterstützt den Fahrtwind, indem er zusätzlich kräftig Luft durch den Kühler saugt, sobald er durch seine Lüfterkupplung mit der Antriebswelle verbunden ist. Das Zuschalten des Lüfters besorgt eine Visko-Kupplung. Um nicht unnötig Motorleistung zu verbrauchen, wird der Lüfter nur dann zugeschaltet, wenn er wirklich erforderlich ist.

Ihr Mercedes besitzt meist ein Kühlsystem mit separatem Ausgleichsbehälter rechts im Motorraum. Unten ist in den Behälter ein Kühlmittelstandsgeber eingebaut. Sein Kontakt schließt, und eine Kontrollampe im Kombi-Instrument leuchtet auf, sobald das Kühlmittel unter die »MIN«-Marke abgesunken ist. Durch die Ausgleichsleitung unten am Behälter wird entweder Kühlmittel abgesaugt oder zurückgedrückt; je nach dem Kühlmittelvolumen im restlichen System. Ein Silikatvorrat im Behälter verhindert Aluminiumkorrosion. Die obere Leitung ist die Entlüftungsleitung. Das Kühlsystem entlüftet sich beim Befüllen über ein Kugelventil am Thermostat selbständig. Der Verschlußdeckel auf dem Ausgleichsbehälter regelt den Druck im Kühlsystem. Der Überlaufschlauch vom Einfüllstutzen des Ausgleichsbehälters leitet das giftige Kühlmittel nicht einfach ins Freie, sondern in einen Überlaufbehälter im rechten Radlauf.

Beim Vierzylindermotor ohne Klimaanlage ist der Ausgleichsbehälter in den Kühler integriert.

Das Überdruck-Kühlsystem

Um die Wirkung des Kühlmittels noch zu steigern, baut sich im Kühlsystem mit zunehmender Erwärmung ein Druck bis 1,4 bar auf. Dafür sorgt die federbelastete Platte im Verschlußdeckel auf dem Ausgleichsbehälter. Durch diesen Druck, aber auch durch die Beigabe des Gefrierschutzes steigt der Siedepunkt des Kühlmittels

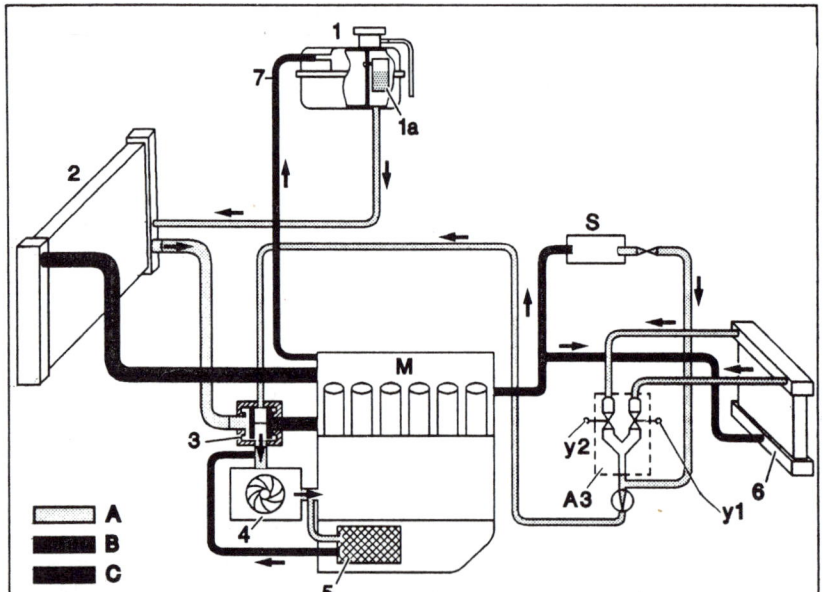

Kühlsystem der C-Klasse:
1 – Kühlmittel-Ausgleichsbehälter (teilweise im Kühler eingebaut);
1a – Silikatvorrat;
2 – Kühler;
3 – Kühlmittel-Temperaturregler (betriebswarmer Motor);
4 – Wasserpumpe;
5 – Öl-Kühlmittel-Wärmetauscher;
6 – Heizungswärmetauscher;
7 – Entlüftungsleitung zum Kühlmittel-Ausgleichsbehälter;
A3 – Duoventil;
y1 – Ventil links;
y2 – Ventil rechts;
A – Kühlmittel-Rücklauf;
B – Kühlmittel-Vorlauf;
C – Entlüftungsleitung;
M – Motor;
S – Behälter der Scheibenwaschwasser, kühlmittelbeheizt.

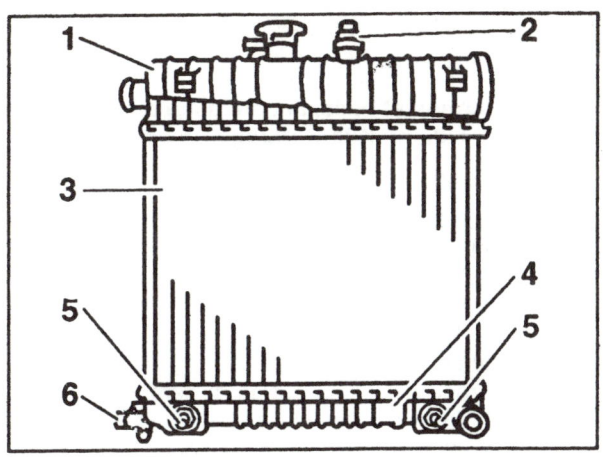

Oben: 1 – oberer Kühlmittelkasten dient als Ausgleichsbehälter; 2 – Kühlmittelstandsgeber; 3 – Fallstromkühler; 4 – unterer Kühlmittelkasten; 5 – Anschluß Getriebeölleitungen bei Automatik; 6 – Ablaßschraube.
Rechts: 1 – Ausgleichsleitung; 2 – Ausgleichsbehälter; 3 – Kühlmittelstandsgeber; 4 – Kühlmittelschlauch; 5 – Lagerung oberer Querlenker.

auf etwa 126°C. Bei Überschreitung des Maximaldrucks öffnet die Verschlußplatte und läßt unter eindrucksvollem Gezisch meist schon dampfförmiges Kühlmittel entweichen.

Fingerzeig: Am Verschlußdeckel finden Sie die Kennzahl »140«. Diese besagt, wieviel Überdruck im System aufgebaut werden kann (1,4 bar). Im Ersatzfall Deckel mit der Kennzahl »140« einbauen.

Der Thermostat

Dieser temperaturabhängige Regler steuert den Strom des Kühlmittels. Eine mit Wachs gefüllte Büchse und eine Feder sorgen dafür, daß sich die beiden Ventilplatten am Thermostat wunschgemäß bewegen.
○ **Warmlaufphase bis ca. 87°C:** Das Hauptventil am Thermostat versperrt den Weg zum Kühler. Das Kurzschlußventil auf der anderen Seite läßt Kühlmittel gleich wieder zur Wasserpumpe strömen. Von dort gelangt es wieder in den Motor. Dieser sogenannte »Kleine Kreislauf« dient dem möglichst schnellen Erwärmen von Motor und Heizung.
○ **Normalbetrieb bei 87–102°C:** Der Durchfluß durch den Kühler wird teilweise freigegeben, und der direkte Weg zur Wasserpumpe bleibt mehr oder weniger weit geöffnet. So wird bewirkt, daß sich kalte Flüssigkeit vom Kühler mit etwas warmem Kühlmittel vermischt, bevor es in den Motor gepumpt wird. Ein »Kälteschock« für den Motor wird verhindert.

Vor der kalten Zeit den Gefrierschutz des Kühlmittels prüfen. Dazu bei abgekühltem Motor (!) den Verschlußdeckel (3) am Ausgleichsbehälter (2) abschrauben. Mit dem Prüfgerät (1) etwas Kühlmittel ansaugen.

○ **Maximale Kühlung ab ca. 102°C:** Das Hauptventil ist ganz geöffnet, das Kurzschlußventil voll geschlossen. Das gesamte Kühlmittel durchströmt den Kühler.

Fingerzeig: Es hat keinen Sinn, zur besseren Kühlung den Thermostat auszubauen, denn dadurch wird ja auch die Kurzschlußstrecke freigegeben. Es stellt sich die gleiche Kühlwirkung wie bei Normalbetrieb ein.

Störungen am Thermostat

○ **Der Thermostat öffnet nicht**, weil er klemmt oder eine Ventilplatte festklebt. Obwohl die Temperaturanzeige schon die rote Marke überschritten hat, fühlt sich der Kühler immer noch kalt an. Warten Sie, bis sich der Motor abgekühlt hat, schrauben Sie das Thermostatgehäuse auf und bauen Sie den Thermostat aus. Wenn Sie einige Zeit ohne Thermostat fahren, schadet dies Ihrem Motor nicht. Wer hingegen mit geschlossenem Thermostat weiterfährt, riskiert einen gewaltigen Motorschaden. So kann die Zylinderkopfdichtung durchbrennen, der Zylinderkopf kann sich verziehen oder gar Risse bekommen.

○ **Thermostat schließt nicht** mehr richtig, weil ihn ein Fremdkörper verklemmt hat. In diesem Fall wird der Kühler nach dem Kaltstart gleich warm wie beispielsweise das Thermostatgehäuse. Die Fahrzeugheizung kommt nur langsam in Schwung. Ersetzen Sie baldmöglichst den Thermostat, denn auf Dauer ist es unwirtschaftlich und für den Motor schädlich, wenn er seine Arbeitstemperatur nicht mehr erreicht.

Thermostat ausbauen

● Warten, bis sich das Kühlmittel genügend abgekühlt hat, dann den Verschlußdeckel abnehmen.
● Wenn kein Kühlmittel verloren gehen soll, etwas Kühlmittel unten am Kühler ablassen.
● Deckel vom Thermostatgehäuse losschrauben (drei Schrauben) und zur Seite schwenken.
● Thermostat mit Deckel abnehmen. Dessen Einbaulage merken.
● Beweglichkeit des Entlüfterventils kontrollieren.
● Deckel und Thermostat nicht auseinander nehmen! Nur zusammen ersetzen.
● Gehäusedeckel mit neuem O-Ring montieren (20 Nm).
● Wurde unterwegs nur Wasser nachgefüllt, bald den Gefrier- und Korrosionsschutz prüfen.

Thermostat prüfen

Mit einem Einmachthermometer können Sie selbst prüfen, ob der Thermostat bei der richtigen Temperatur öffnet. Hängen Sie ihn dazu in einen Wassertopf und erhitzen Sie das Wasser. Bei ca. 87°C soll der Thermostat zu öffnen beginnen. Bei kochendem Wasser soll er voll offen sein (8 mm Mindesthub).

Das Kühlmittel

Etwa 8,3 Liter beim Vierzylinder und 10 Liter beim Sechszylinder faßt das Kühlsystem. Das werksseitig eingefüllte Kühlmittel besteht aus 56% Wasser und 44% Gefrier- und Korrosionsschutzmittel. Das Kühlmittel kann so bis −30°C nicht einfrieren, und es ist genügend Korrosionsschutz darin enthalten. Durch die Gefrierschutzanteile erhöht sich der Siedepunkt des Kühlmittels um etwa 10°C (auf insgesamt 126°C bei Betriebsdruck).

Beim Erneuern des Kühlmittels alle drei Jahre müssen mindestens 30% Gefrier- und Korrosionsschutz beigegeben werden, weil ansonsten kein ausreichender Korrosionsschutz besteht. Es kommt bevorzugt an den Leichtmetallteilen zu Schäden.

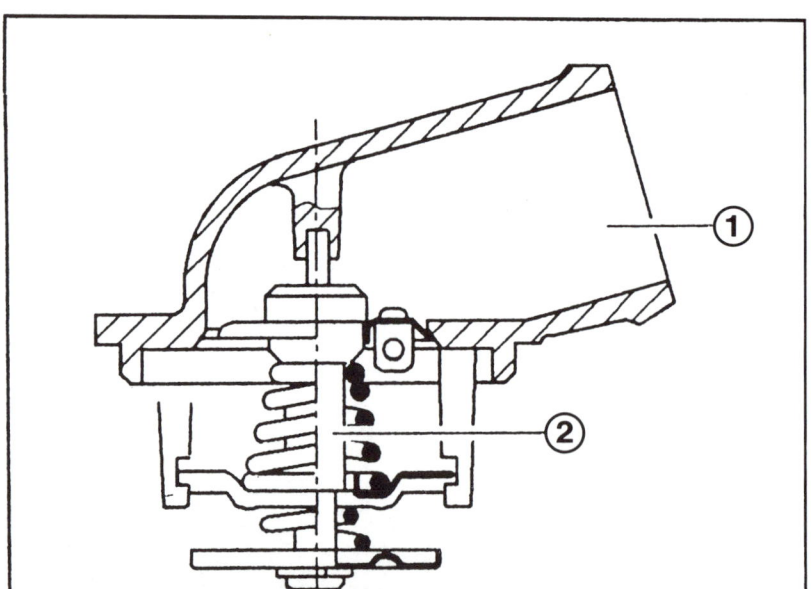

1 – Deckel für Thermostat-Gehäuse,
2 – Kühlmittel-Thermostat.
Der Thermostat darf nicht aus dem Deckel ausgebaut werden – er wird dadurch funktionsunfähig.

Anordnung der Temperaturgeber vorn am Zylinderkopf des C 220:
1 – Leitung zum Stellmagnet der Nockenwellen-Verstellung;
2 – Nockenwellergeber;
3 – Deckel auf Thermostatgehäuse;
4 – Temperaturgeber für Temperaturanzeige im Kombi-Instrument;
5 – Temperaturgeber der Motronic.

Fingerzeig: Mercedes-Benz erlaubt nur die Verwendung des hauseigenen Frostschutzmittels. Im Zweifelsfall die Betriebsstoff-Vorschriften in der Vertragswerkstatt einsehen. Vielleicht wurden im Lauf der Zeit noch andere Fabrikate freigegeben. Bei Schäden an den Leichtmetallteilen des Motors oder in den dünnen Röhrchen des Kühlers erlischt die Garantie.

Stand der Kühlflüssigkeit und Frostschutz prüfen

○ Das kalte Kühlmittel muß bis zur Markierung am Ausgleichsbehälter reichen (ca. 20 mm unter Deckel). Zusätzlich wird der Kühlmittelstand zuverlässig durch eine Kontrollampe im Kombi-Instrument überwacht.
○ Vor den ersten Frostnächten den Verschlußdeckel am Ausgleichsbehälter abnehmen und mit einem Tester prüfen. Bis –30°C muß der Gefrierschutz reichen.

Ständige Kontrolle und Wartung Nr. 6

Fingerzeige: Den Verschlußdeckel auf dem Ausgleichsbehälter nur bei einer Temperatur unter 90°C öffnen. Deckel erst bis zur ersten Raste lösen, Druckabbau abwarten und abnehmen.
Zum Ergänzen kleiner Kühlmittelverluste normales Wasser verwenden. Mit völlig kalkfreiem Wasser, Regenwasser, destilliertem oder entsalztem Wasser tun Sie der Kühlanlage keinen Gefallen, weil diese Wasserarten korrosiver wirken.
Falls Sie unterwegs erhebliche Wassermengen verloren haben, soll bei heißer Maschine kein kaltes Wasser nachgegossen werden, denn der Zylinderkopf kann sich verziehen oder gar Spannungsrisse bekommen. Kleinere Wassermengen dürfen auch bei warmem Motor nachgegossen werden.

Kühlflüssigkeit wechseln

Mit der Zeit werden die Korrosionsschutzzugaben im Kühlmittel unwirksam, deshalb das Kühlmittel alle drei Jahre unbedingt austauschen. Hierfür besorgen Sie sich das Frostschutzmittel in einer Mercedes-Werkstatt.

Wartung Nr. 36

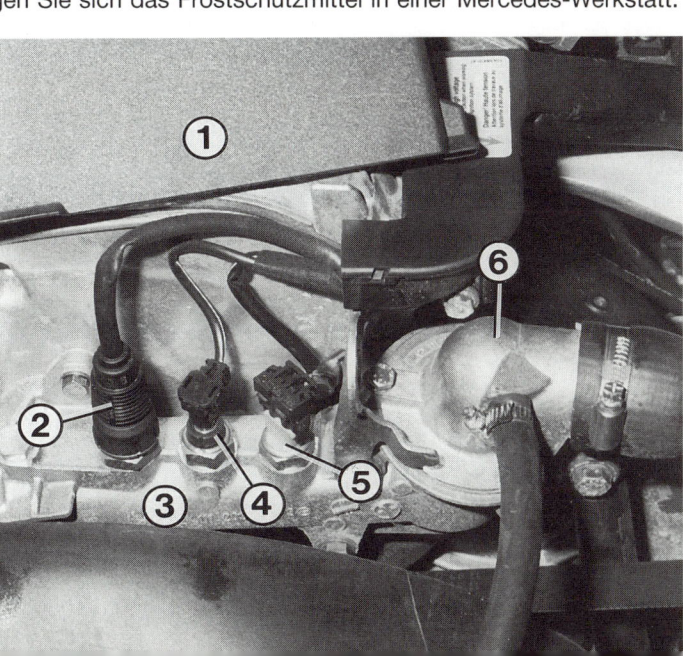

Anordnung der Temperaturgeber vorn am Zylinderkopf des C 180/200:
1 – Abdeckung;
2 – Temperaturgeber der Motronic;
3 – Thermostatgehäuse;
4 – Temperaturgeber für Temperaturanzeige im Kombi-Instrument;
5 – Temperaturgeber für Klimaanlage;
6 – Deckel auf Thermostatgehäuse.
Statt der Verschlußschraube links neben Position »2« ist bei manchen C 180 ein Thermoventil für die Kraftstoff-Verdunstungsanlage eingebaut.

- Nach der Tabelle sauberes Wasser und Frostschutzmittel in einer Kanne vermischen.
- Kühlmittel in eine Auffangwanne ablassen.
- Kühlmittel in den Ausgleichsbehälter einfüllen.
- Abgelassenes Kühlmittel in ein gesondertes Gefäß füllen und zum Sondermüll geben (Annahmestelle bei der Gemeindeverwaltung erfragen).

Motor	Kühlmittelmenge	Frostfestigkeit bis −37°C		Frostfestigkeit bis −45°C	
		Frostschutzmittel	Wasser	Frostschutzmittel	Wasser
Vierzylinder	8,3 l	4,2 l	4,1 l	4,6 l	3,7 l
Sechszylinder	10,0 l	5,0 l	5,0 l	5,5 l	4,5 l

Kühlmittel ablassen und einfüllen

- Verschlußdeckel am Ausgleichsbehälter stufenweise öffnen.
- Untere Motorraumabdeckung ausbauen.
- Ablaßschraube am Kühler unten öffnen. Auf den Auslaufstutzen zum Auffangen ein Schlauchstück aufstecken (ca. 12 mm Innendurchmesser).
- Auf die Ablaßschraube rechts am Zylinderblock einen Schlauch aufstecken (Innendurchmesser ca. 14 mm) und Schraube lösen.
- Kühlmittel in Auffangwanne ablaufen lassen.

- Ablaßschrauben wieder zudrehen (am Motor 30 Nm).
- Kühlmittel langsam in den Ausgleichsbehälter einfüllen, bis es an die Markierung reicht.
- Motor laufen lassen und stoßweise Gas geben, bis der Thermostat öffnet (ca. 87°C). Während der Erwärmung des Motors bei ca. 60°C den Verschlußdeckel am Ausgleichsbehälter schließen.
- Kühlmittelstand bis zur Markierung am Ausgleichsbehälter ergänzen.

Kühlsystem prüfen

Wartung Nr. 7

- An Kühler, Wasserpumpe, Thermostatgehäuse, Ausgleichsbehälter und Heizung nachsehen, ob alle Kühlmittelschläuche weit genug auf den Stutzen sitzen und die Schlauchbinder festgezogen sind.
- Die Gummischläuche dürfen nicht hart, spröde oder gar schon eingerissen sein. Gealterte Schläuche werden meist dann undicht oder platzen, wenn im Kühlsystem der volle Druck herrscht.
- Ist der Kühler undicht? Vielleicht ist eines der dünnen Röhrchen zwischen den Lamellen beschädigt. Irgendwo ein Riß in den Wasserkästen?
- Der Thermostat muß richtig arbeiten.
- Visko-Lüfterkupplung in Ordnung?

- Die Wasserpumpe kann undicht werden, wenn ihr Wellendichtring verschlissen ist. Dann tropft aus einer Bohrung unterhalb der Pumpe Kühlmittel aus (durch Riemenscheibe verdeckt). Die Wasserpumpe muß ausgetauscht werden.
- Wie Sie schon gelesen haben, regelt der Verschlußdeckel am Ausgleichsbehälter den Druck im Kühlsystem. Die Gummidichtungen am Verschlußdeckel dürfen nicht eingerissen oder spröde sein.
- Sind die Kühlmittelschläuche nach dem Abkühlen zusammengeschrumpft, ist das Unterdruckventil im Verschlußdeckel schadhaft.

Fingerzeig: Wird unterwegs ein Wasserschlauch undicht, hilft festes Klebeband weiter, das man mehrfach um das gesäuberte und trockene Schlauchstück wickelt. Noch besser ist das »Pannenband«

1 − Kühlmittel-Ablaßschraube rechts im Motorblock.

Ablaßschraube (1) und Schlauchstutzen (2) am Kühler.

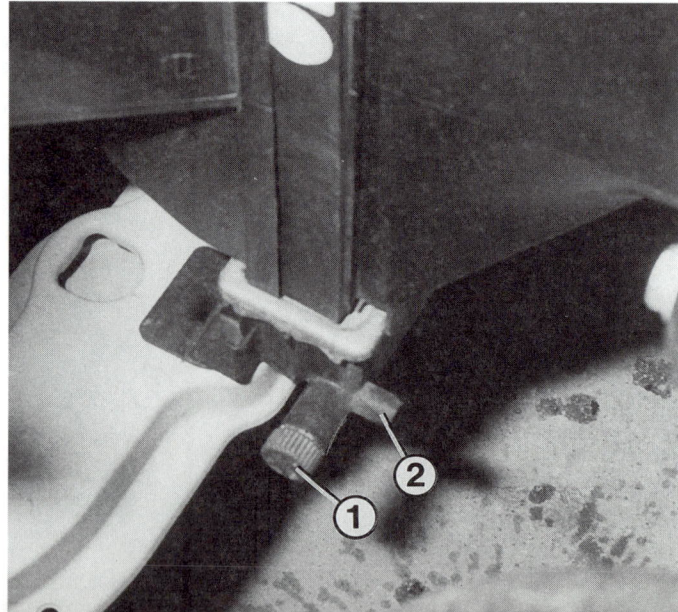

Will man die Lüfterhaube oder den Kühler ausbauen, müssen die Federklemmen (1) aus der Querbrücke mit einem Schraubendreher herausgehebelt werden.

von Weyer, Düsseldorf oder Holt's »Hoseweld Bandage«. Beide kleben auf den Gummischläuchen besser. Da aber eine solche Bandage den Betriebsüberdruck des Kühlsystems nicht aushält, dreht man den Verschlußdeckel am Ausgleichsbehälter nicht ganz fest – der Überdruck kann so entweichen. Temperaturanzeige beobachten.

Der Kühler

Alle Modelle sind mit einem Leichtmetall-Kühler ausgestattet. Die beiden Kunststoff-Wasserkästen sind durch ein Mittelteil aus Leichtmetall miteinander verbunden. Darin ist eine Vielzahl von dünnwandigen Röhrchen untergebracht. Kühllamellen um diese Röhrchen verbessern den Wärmeaustausch. Die Kühler wie auch die Lüfterhauben sind unterschiedlich groß. Bei Fahrzeugen mit Automatikgetriebe ist in einem Wasserkasten noch der Getriebeölkühler eingebaut. Unten am Kühler finden Sie die Ablaßschraube für das Kühlmittel. Beim Vierzylinder ohne Klimaanlage ist im oberen Wasserkasten des Kühlers der Ausgleichsbehälter eingebaut.
Gelegentlich sollten Sie die Kühlerlamellen von Insektenresten reinigen. Hierzu die Insektenteile mit einem eiweißlösenden Mittel einsprühen und anschließend abwaschen. Einen minimal undichten Kühler kann man in der Mercedes- oder in einer Kühlerwerkstatt abdichten lassen.

Kühler ausbauen

- Kühlmittel ablassen.
- Bei Automatikgetriebe Ölleitungen mit Schraubzwingen o. ä. abklemmen und die Leitungen am Kühler abschrauben.
- Kühlmittelschläuche lösen.
- Federklemmen oben am Kühler herausziehen.
- Blechteil über dem Kühler ausbauen.
- Lüfterhaube vom Kühler lösen. Einteilige Lüfterhaube über dem Lüfterflügel ablegen. Teilbare Lüfterhaube vollends ausbauen.
- Kühler abnehmen.
- Beim Einbau in umgekehrter Reihenfolge die Ölleitungen bei einem Fahrzeug mit Automatikgetriebe mit 20 Nm anziehen.
- Auf richtigen Sitz der Gummitüllen am Kühler und auf die Haltelaschen der Lüfterhaube achten.

Lüfterhaube ausbauen

Abhängig von der Motorlänge (Zylinderzahl) und vom Baujahr sind unterschiedliche Lüfterhauben eingebaut.
- Ggf. Schlauchleitung zum Kühlmittel-Ausgleichsbehälter von der Lüfterhaube ausstecken und seitlich losschrauben.
- Federklemmen zwischen Lüfterhaube und Kühler lösen.
- Lüfterhaube vom Kühler aushängen.
- Einteilige Lüfterhaube bzw. ausgerasteten Ring der zweiteiligen Lüfterhaube über dem Lüfterflügel ablegen. Zum weiteren Ausbau entweder den Lüfterflügel (drei Schrauben; 10 Nm) oder den Kühler ausbauen.

Die Wasserpumpe

Beim Vierzylinder sitzt die Wasserpumpe auf der gleichen Achse wie der Lüfterflügel im Steuergehäusedeckel. Beim Sechszylinder ist sie seitlich links am Motor mit vier Schrauben befestigt. Hier sitzt noch der Thermostat oben im Wasserpumpengehäuse.
Der Pumpenteil besteht aus einer Welle mit Lagerkörper und Kassettendichtring, einem Flügelrad und einem Flansch für die Riemenscheibe am anderen Wellenende. Tropft Kühlmittel unten aus der Wasserpumpe, ist der Kassettendichtring verschlissen, und der Pumpenteil muß erneuert werden. Nach Abziehen des Flügelrades kann der Dichtring auch einzeln ersetzt werden.

Bei ausgehängter Lüfterhaube zu erkennen:
1 – Lüfterflügel;
2 – Befestigungsschrauben;
3 – Bimetallstreifen der Visko-Kupplung.

Wasserpumpe ausbauen

- Kühlmittel ablassen.
- Lüfterhaube uund Kühler ausbauen.
- Lüfterflügel abschrauben (drei Schrauben; Anzugsdrehmoment 10 Nm).
- Keilrippenriemen entspannen und abnehmen.
- Kühlmittelleitungen zum Wasserpumpengehäuse lösen.
- Beim Vierzylinder die Visko-Lüfterkupplung ausbauen. Dazu SW-36-Mutter abschrauben (**Linksgewinde!**) und gegenhalten (Anziehen mit 45 Nm).
- Beim Sechszylinder Servopumpe der Lenkung abschrauben und mit Leitungen zur Seite legen.
- Spannvorrichtung für den Keilrippenriemen ausbauen.
- Wasserpumpe abschrauben.

Visko-Lüfterkupplung

Diese Kupplung sitzt in der Mitte des Lüfterflügels. Die Kupplung wird temperaturabhängig von einem Bimetallstreifen gesteuert. Je nach Umgebungstemperatur sorgt eine Silikonölfüllung dafür, daß sich der Lüfterflügel bedarfsgerecht mitdreht. Bei kaltem Motor ist praktisch ausgekuppelt, und es wird keine Motorleistung durch den Lüfter verbraucht. Die Lüfterdrehzahl bleibt unter 1000/min – das Silikonöl befindet sich im Vorratsraum. Ab einer Umgebungstemperatur von ca. 85°C am Bimetallstreifen gibt ein Schaltstift den Weg des Öls in den Arbeitsraum frei, es wird eingekuppelt. Die Lüfterdrehzahl ändert sich im unteren Drehzahlbereich mit der Motordrehzahl. Bei höheren Motordrehzahlen überschreitet der Lüfter 3300/min nicht.

Visko-Lüfterkupplung prüfen

- Betriebswarmen Motor bei geschlossener Motorhaube mit ca. 3000/min drehen lassen.
- Bei einer Kühlmitteltemperatur von 88–95°C schaltet die Lüfterkupplung zu.
- Man kann das Losbrausen des Lüfters deutlich am Kühlergrill hören.

Die Temperaturanzeige

Das Anzeigeinstrument im Kombi-Instrument erhält über Sicherung Nr. 6 bei eingeschalteter Zündung Plusstrom. Der andere Anschluß des Anzeigeinstruments führt über eine grüne Leitung zum Temperaturgeber am Motor. Je nach Temperatur ändert der Temperaturgeber seinen Widerstand. So wird der unterschiedliche Zeigerausschlag gesteuert. Ursachen bei Störungen wie folgt suchen:

- Sicherung prüfen, wenn nichts angezeigt wird.
- Bei intakter Sicherung das Kabel am Geber ausstecken und kurz gegen Masse halten (Zündung eingeschaltet). Die Anzeige müßte jetzt voll ausschlagen. Tut sie dies bei vorher regungslosem Zeiger, ist der Temperaturgeber defekt.
- Erfolgt immer noch keine Anzeige, könnte das Anzeigeinstrument defekt sein. Kombi-Instrument ausbauen. Direkt an die Anschlüsse der Temperaturanzeige kurz Masse anlegen (Stecker 1, Anschluß 16). Schlägt der Zeiger nicht aus, das Instrument austauschen.
- Hat die Temperaturanzeige voll ausgeschlagen, obwohl das Kabel am Temperaturgeber ausgesteckt ist, hat das grüne Kabel irgendwo Masseschluß.

Die Kühlmittelstands-Kontrolle

Diese Einrichtung befreit Sie nicht von der Kontrolle laut Wartungsplan, ist aber eine wertvolle Hilfe bei plötzlichem Kühlmittelverlust. Bei eingeschalteter Zündung und Motorstillstand leuchtet die Kontrollampe im

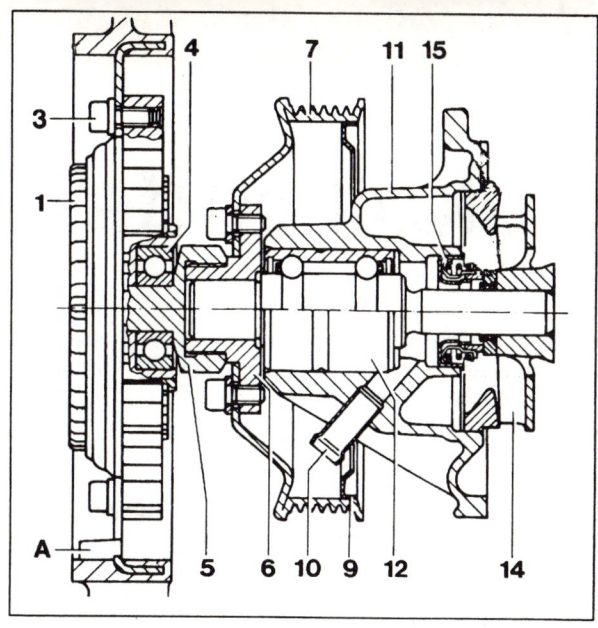

1 – Visko-Lüfterkupplung;
3 – Schraube (drei Stück) 10 Nm;
4 – Kugellager;
5 – Überwurfmutter SW 36, (M 30 × 1,5) 45 Nm (Linksgewinde!);
6 – Flansch;
7 – Riemenscheibe;
9 – Kühlmittel-Auffangring;
10 – Kühlmittel-Ablaufrohr;
11 – Gehäuse Kühlmittelpumpe;
12 – Kühlmittelpumpenlager mit Kühlmittelpumpenwelle;
13 – Einsatzstück;
14 – Flügelrad;
15 – Kassettendichtung;
A – Lüfter mit Rippe (Montagehilfe).

Kombi-Instrument schwach auf (zur Selbstkontrolle). Stimmt der Kühlmittelstand, verlöscht die Lampe bei laufendem Motor. Leuchtet sie dagegen auf, fehlt Kühlmittel. Die Kontrolleinrichtung wird vom Geber im Ausgleichsbehälter gesteuert. Sein Kontakt wird von einem Schwimmer betätigt. Fehlt Kühlmittel, wird der Kontakt geschlossen. Störungen können eine durchgebrannte Glühlampe, ein defekter Geber oder eine Leitungsunterbrechung verursachen.
○ Leuchtet bei eingeschalteter Zündung die Kontrolleuchte nicht schwach auf, ist sie wahrscheinlich durchgebrannt.
○ Verlöscht die Lampe bei laufendem Motor und richtigem Kühlmittelstand nicht, so ist eher der Geber defekt. Dieser Verdacht wird bestätigt, wenn durch Abziehen des Leitungssteckers am Geber die Lampe verlöscht. Dann Geber ausbauen, Schwimmer auf Leichtgängigkeit prüfen und das Schalten des Kontakts prüfen. Ggf. Geber ersetzen.

Störungsbeistand

Motor ist zu heiß

Steigt die Anzeigenadel über die rote Marke (122°C), anhalten, Motor abstellen und folgendes prüfen:
○ Steigt die Anzeige nur kurzfristig bis zur roten Marke, gilt dies für die folgenden Betriebszustände als normal: Vollgas, schlechter Kraftstoff, Berg- oder Kolonnenfahrt bei großer Hitze, nach Abstellen eines recht heißen Motors; im Stau mit Automatikgetriebe (wegen Ölkühler, Abhilfe: öfters nach »N« schalten).
○ Stillstand der Wasserpumpe, weil der Keilrippenriemen zu locker oder gerissen ist?
○ Kühlmittelstand in Ordnung?
○ Klemmt der Thermostat? Dann fühlt sich der Kühler kalt an, während z.B. das Thermostatgehäuse schon sehr heiß ist.
○ Schaltet die Visko-Kupplung?
○ Sind alle vorherigen Punkte in Ordnung, ist der Kühler verstopft und muß erneuert werden.

Tank und Kraftstoffpumpe

Lokalrunde

Die Urangst jedes gestandenen Schwaben dürfte wohl sein, daß eines Tages der Wein-Nachschub ausbleibt. Fast ebenso ärgerlich ist – nicht nur für Fahrer eines schwäbischen Automobils – das Ausbleiben des Kraftstoff-Nachschubs. Dieses Kapitel hilft weiter, falls es wirklich so weit kommen sollte.

Der richtige Kraftstoff

Unsere C-Klasse-Motoren verlangen alle **bleifreies Euro-Super**. Freilich können alle Modelle auch mit Super Plus bleifrei betankt werden, doch Vorteile bringt das nicht.

Bleifrei muß sein

Hohe Klopffestigkeit erreichte man in früheren Jahren durch die Zumischung des hochgiftigen Blei-Tetraäthyls. Solcher bleihaltiger Kraftstoff darf in unseren serienmäßig mit Katalysator ausgerüsteten Modellen nicht verwendet werden. Kommt der Katalysator mit Blei oder Bleiverbindungen – wie sie im verbleiten Kraftstoff vorhanden sind – in Berührung, wird er binnen kurzem wirkungslos. Das ist der Grund, weshalb in Katalysator-Autos bleifreies Benzin gefahren werden **muß**.

Auch in europäischen Ländern mit geringerem Anteil an Katalysatorfahrzeugen ist bleifreier Kraftstoff meist überall erhältlich. Schwierigkeiten kann es allenfalls in Teilen Osteuropas und in touristisch weniger erschlossenen Gegenden geben. Im Zweifelsfall bei einem Autoclub oder Fremdenverkehrsbüro eine aktuelle Bleifrei-Landkarte besorgen und einen Reservekanister mitnehmen.

Fingerzeig: Eine kleine Klappe im Tankeinfüllstutzen kann nur von der schlanken Bleifrei-Zapfpistole aufgestoßen werden, damit nicht versehentlich verbleites Benzin eingefüllt wird. Zum Nachfüllen aus einem Reservekanister benötigen Sie einen geeigneten Einfüllstutzen für den Kanister. Oder Sie müssen während des Einfüllens die Ventilklappe mit einem Schraubendreher niederdrücken.

Der Tank

Unter dem Wagenboden etwa in Höhe des Rücksitzes ist im C-Klasse-Mercedes der **62 Liter** fassende Kunststoff-Tank untergebracht, ca. 7 Liter davon sind Reserve. Dort ist er besonders gut geschützt – auch ein schwerer Heckaufprall kann ihm nichts anhaben.

Interessant ist die zerklüftete Form des Kraftstoffbehälters, die es ermöglicht, alle in diesem Bereich vorhandenen freien Ecken für ein möglichst großes Tankvolumen auszunutzen. Nachteil dieser Form: Es bedarf einiger Tricks, um ihn leer zu bekommen, so sind im Tank beide Kammern über Saugleitungen miteinander verbunden. Außerdem gestaltet sich der Ausbau des Tanks recht aufwendig. Der komplette Tankinhalt muß abgesaugt werden. Hierzu sind nur bestimmte Pumpen zugelassen und es muß elektrostatische Aufladung mit gefährlicher Funkenbildung verhindert werden. Weiterhin ist die Hinterachse auszubauen. Wir empfehlen, diese Arbeit – sollte sie wirklich einmal notwendig werden – der Werkstatt zu überlassen.

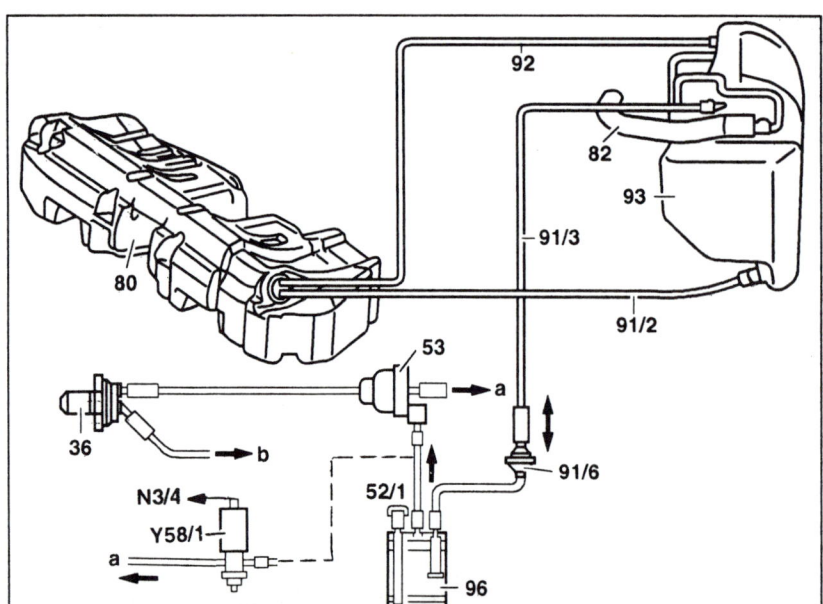

Schema Tank-Entlüftung und Kraftstoff-Verdunstungsanlage:
36 – Thermoventil C 180/200 (70° C auf; 30° C zu);
52/1 – Belüftungskappe;
53 – Regenerierventil C 180/200;
80 – Tank;
82 – Entlüftung zum Einfüllstutzen;
91/2 – Entlüftung beim Tanken;
91/3 – Leitung zum Lüftungsventil;
91/6 – Lüftungsventil;
92 – Be- und Entlüftung vom Tank;
93 – Ausgleichsbehälter;
96 – Aktivkohlebehälter;
a – Absaugen zum Motor;
b – Saugrohrunterdruck;
N3/4 – Steuergerät HFM beim C 220/280;
Y58/1 – Regenerierventil C 220/280.

1 – Einfüllrohr;
2 – Be- und Entlüftung vom Tank;
3 – Entlüftung zum Einfüllstutzen (4);
5 – Ausgleichsbehälter;
6 – Be- und Entlüftungsleitung zum Lüftungsventil (7);
8 – Entlüftung beim Tanken;
9 – Aktivkohlebehälter;
a – Absaugen der gespeicherten Dämpfe vom Motor.

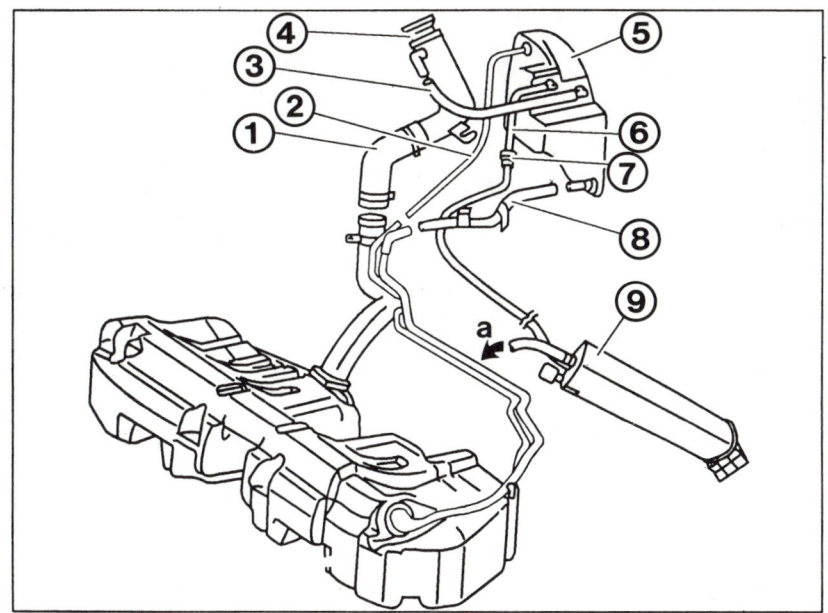

Fingerzeig: Bevor Sie irgendwelche Arbeiten an der Kraftstoffanlage in Angriff nehmen, sollten Sie unbedingt das Batterie-Massekabel abnehmen. Unbeabsichtigte elektrische Verbindungen können zu gefährlicher Funkenbildung führen.

Wozu Tank-Entlüftung?

Wichtig für den einwandfreien Kraftstoffnachschub ist die Belüftung des Tanks: In dem Maß, wie Kraftstoff verbraucht wird, muß Luft nachströmen können, sonst würde sich im Tank ein Unterdruck bilden, und der Kraftstofffluß würde stocken. Ferner muß der Tank belüftet werden, um dem Inhalt Gelegenheit zum Ausdehnen bei Erwärmung zu geben. Auch muß beim Betanken genug Luft aus dem Tank austreten können, damit der hineingeschüttete Kraftstoff nicht wieder zum Einfüllstutzen herausprudelt.

○ Drei Entlüftungsleitungen führen zum Ausgleichsbehälter, der – versteckt unter einer Kunststoffabdeckung – im Radkasten des rechten Hinterrades sitzt. Der Ausgleichsbehälter kann bei Ausdehnung (durch Wärme) ein gewisses Kraftstoffvolumen aufnehmen. Zusätzlich kondensiert in ihm auch schon ein Teil der Kraftstoffdämpfe, die aus dem Tank austreten.
○ Zwei Entlüftungsleitungen kommen direkt vom Tank, wo ihre Enden im Tank-Innern an die höchsten Stellen herangeführt sind – also an die Stellen, an denen sich Luft sammelt.
○ Die dritte Leitung kommt direkt vom Tankeinfüllstutzen, also auch von einem hochgelegenen Punkt der Tankanlage.

Die Tank-Entlüftung

Blick in den hinteren rechten Radkasten bei ausgebauter Radkastenverkleidung:
1 – Ausgleichsbehälter;
2 – Leitungen;
3 – Einfüllrohr;
4 – Entlüftung beim Tanken;
5 – Ablaufschlauch aus Tankklappe.

Zum Erneuern des Aktivkohlebehälters die Radkastenverkleidung (1) ausbauen.

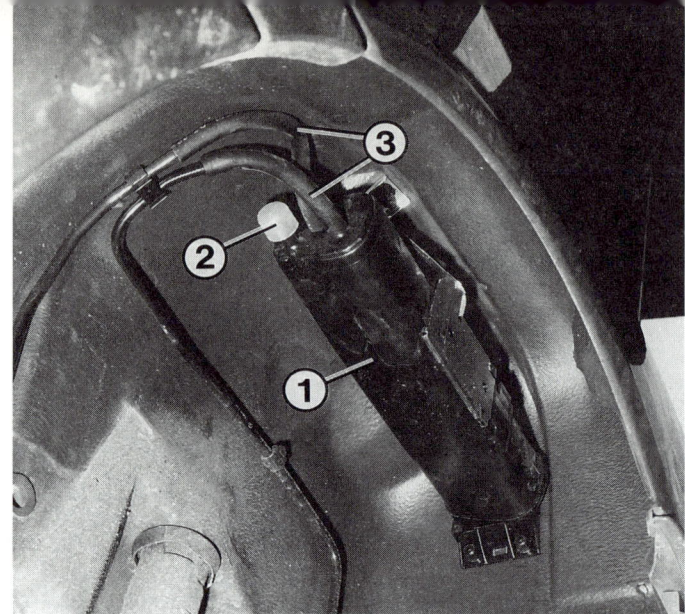
1 – Aktivkohlebehälter; 2 – Belüftungskappe; 3 – Schlauchanschlüsse (nicht vertauschen).

○ Der Ausgleichsbehälter selbst muß natürlich auch entlüftet werden. Doch diese Entlüftungsleitung führt nicht einfach ins Freie, sondern mündet in einen Aktivkohlebehälter über dem linken Hinterrad. Zweck der Sache ist es, die durch diese Leitung austretenden umweltschädlichen Kraftstoffdämpfe aufzufangen. Bei laufendem Motor werden die Gase beim C 220/280 über das elektrische Tankentlüftungsventil im Motorraum (gesteuert vom Steuergerät der Einspritzung) bei bestimmter Motorlast wieder aus dem Aktivkohlebehälter herausgesaugt. Beim C 180/200 erfolgt das Absaugen temperaturabhängig über ein Thermoventil.

○ Unabhängig von den vorgenannten Leitungen läßt die dicke Schnell-Entlüftungsleitung ausschließlich beim Betanken Luft aus dem Tank-Innern zum Einfüllstutzen strömen.

Aktivkohlebehälter erneuern

Wartung Nr. 31
- Fahrzeug anheben, sichern und linkes Hinterrad abschrauben.
- Radhausverkleidung ausbauen.
- Schläuche am Aktivkohlebehälter abziehen. Lage beachten!
- Aktivkohlebehälter losschrauben und erneuern.

Geber für die Tankanzeige

Der Mercedes besitzt in jeder Kammer des Tanks einen Hebeltankgeber, die rechts und links auf der Rückseite einer Verschlußplatte von unten in den Kraftstoffbehälter eingesetzt sind. Beide Tankgeber zusammen melden die Flüssigkeitsmenge auf elektrischem Weg an die auswertende Elektronik des Kombi-Instruments.

Tankgeber prüfen
Die Prüfung des Tankgebers fällt mit der Prüfung des Tankanzeige zusammen, den entsprechenden Schaltplan finden Sie auf Seite 188.

Hinter dem linken Scheinwerfer angeordnet:
1 – Schauglas für Kältemittel der Klimaanlage;
2 – elektrisch angesteuertes Regenerierventil beim C 220/280.

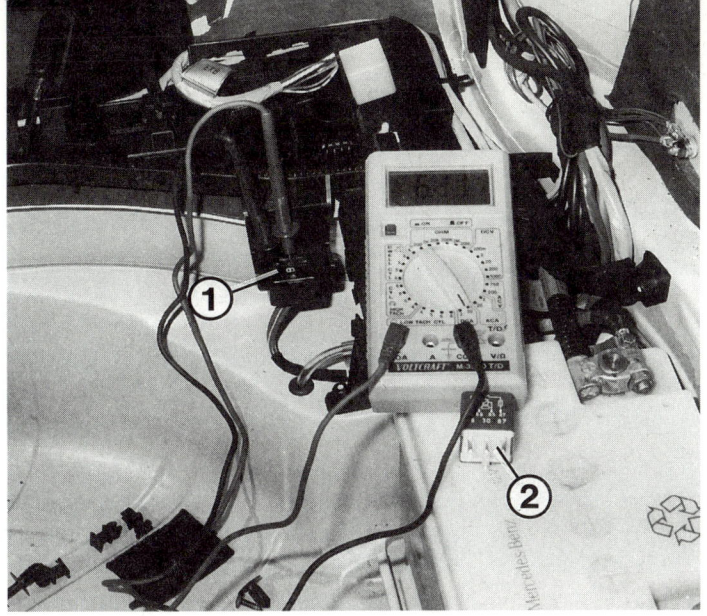

Am Stecksockel (1) für das Kraftstoffpumpenrelais (2) kann man gut die Stromaufnahme der Kraftstoffpumpe messen.

Die Kraftstoffleitungen

Die Kraftstoffanlage unserer Einspritzmotoren muß einem Betriebsdruck von bis zu 3 bar widerstehen können. Die Schläuche sind deshalb aus besonders druckfestem Material gefertigt. Zudem sind sie an allen Verbindungsstellen mit Klemmschellen, Schraubschellen oder mit stabilen Verschraubungen gesichert.

Kraftstoffleitungen und -schläuche ausbauen

- Sauberkeit ist oberstes Gebot bei Arbeiten an der Kraftstoffanlage. Zumindest den Bereich, in dem gearbeitet wird, vorher reinigen, damit kein Schmutz in die offenen Leitungen gelangen kann.
- Zum Lösen von **Klemmschellen** mit einer Zange die Blechschlaufe an ihrem Umfang plattdrücken. Dadurch weitet sich die Klemmschelle, und der Kraftstoffschlauch kann unter Drehbewegungen abgezogen werden.
- Andere Möglichkeit: Blechschlaufe mit einem schmalen Schraubendreher weiten.
- Danach kleinen Gabelschlüssel am Schlauchende ansetzen und damit abdrücken.
- Beim Einbau sollten Sie statt der Klemmschellen solche zum Schrauben verwenden.
- **Schraubschellen** (Schlauchbänder) können natürlich wiederverwendet werden. Beim Anziehen nicht zuviel Kraft anwenden, sonst rutscht die Verzahnung durch, und die Schraubschelle ist unbrauchbar.
- Das Kraftstoffsystem steht auch nach Abschalten des Motors noch unter einem geringen Restdruck. Deshalb vor dem Lösen einer Benzinleitung zum Druckabbau kurz den Tankdeckel öffnen und einen Lappen bereithalten, damit kein Kraftstoff in die Augen spritzen kann.

Sichtkontrolle Fahrzeugunterseite

Wartung Nr. 15

Riecht es am Abstellplatz des Wagens nach Benzin, tritt dies irgendwo aus einer Leitung oder an einem Bauteil der Kraftstoffanlage aus. Zur Suche einer Undichtigkeit sollte der Wagen über Nacht an einem trockenen, sauberen Platz gestanden haben.
- Flecken unter dem Wagenboden?
- Wenn nicht, Motor starten und einige Minuten laufen lassen.
- Nach dem Abstellen erneut kontrollieren.
- Falls nichts sichtbar ist, sämtliche Leitungen verfolgen und auf Benzingeruch bzw. auf Verfleckungen achten.

Die elektrische Kraftstoffpumpe

Die Kraftstoffpumpe hat ihren Platz hinter dem Tank unter einer Abdeckung. Da sie ständig von kühlendem Benzin umgeben ist, können sich auch bei hohen Betriebstemperaturen keine Dampfblasen bilden, die zu Aussetzern führen.
Die Stromversorgung der Kraftstoffpumpe läuft von Klemme 30 der Batterie (von der Sicherungsdose im Kofferraum) über das Kraftstoffpumpenrelais mit 30-A-Sicherung zur Pumpe. Gesteuert wird das Kraftstoffpumpenrelais vom Steuergerät der Einspritzanlage, das eine Sicherheitsschaltung beinhaltet. Diese sorgt dafür, daß die Pumpe nur dann läuft, wenn der Motor dreht. Ob das der Fall ist, erfährt das Steuergerät von der Zündung. Die Sicherheitsschaltung soll Brände durch auslaufendes Benzin nach Unfällen verhindern.

Die elektrische Kraftstoffpumpe erhält aus Sicherheitsgründen nur dann Strom, wenn der Anlasser betätigt wird oder der Motor läuft. Außerdem läuft sie beim Einschalten der Zündung kurz an.

Störungen an der Kraftstoffpumpe

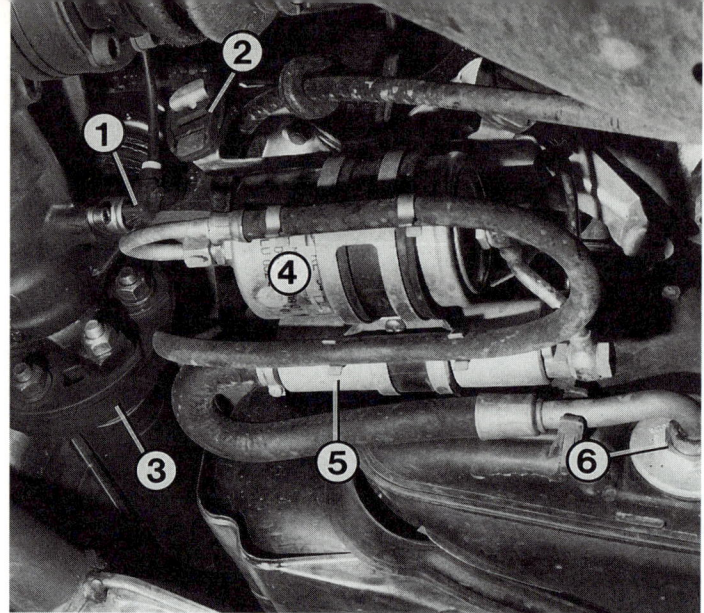

Rechts vor der Hinterachse ist unter einer Kunststoffabdeckung folgendes zu finden:
1 – Drehzahlgeber Hinterachse für ABS;
2 – Gummiaufhängung für Kraftstoffpumpenpaket;
3 – Gelenkwelle;
4 – Kraftstoffilter;
5 – Kraftstoffpumpe;
6 – rechte Tankhälfte.

- 30-A-Sicherung für Kraftstoffpumpe oben am Kraftstoffpumpenrelais prüfen. Ist sie intakt:
- Schwarze Abdeckung rechts der Hinterachse abschrauben. Dazu Fahrzeug hinten anheben und sichern!
- Von Helfer den Anlasser kurz betätigen lassen. Dabei muß die Pumpe hörbar anlaufen.
- Ist das nicht der Fall, Kofferraum öffnen und Abdeckung herausnehmen, Kraftstoffpumpenrelais abziehen.
- Klemme 30 und 87 (im Relaissockel sind das die Steckkontakte 1 und 3) mit einem selbstgefertigten Überbrückungskabel verbinden.
- Läuft die Pumpe jetzt (Zündung an), ist das Relais defekt. Ersetzen.
- Läuft sie immer noch nicht, wird die Stromversorgung der Pumpe mit der Prüflampe kontrolliert. Dazu das Relais wieder aufstecken.
- Prüflampe an die Anschlüsse direkt an der Kraftstoffpumpe anschließen.
- Anlasser von Helfer kurz betätigen lassen. Die Prüflampe muß jetzt aufleuchten.
- Fehlt es an der Spannung, muß der Leitungsverlauf überprüft werden.
- War Spannung vorhanden, ist die Kraftstoffpumpe zu ersetzen.
- Stromaufnahme der Kraftstoffpumpe prüfen: Dazu am Relais Klemme 30 und 87 mit einem Amperemeter überbrücken. Stromaufnahme bis 9/93: 8–12 Ampere, ab 9/93: 5–9 A.

Fördermenge der Kraftstoffpumpe prüfen

Wenn mangelhafte Motorleistung bei Vollast Zweifel an der ausreichenden Kraftstoffversorgung aufkommen lassen, Fördermenge der Benzinpumpe messen:
- Rücklaufschlauch von der Rücklaufleitung links im Motorraum lösen und in Meßbecher halten.
- Kofferraum öffnen und Abdeckung herausnehmen, Kraftstoffpumpenrelais abziehen.
- Klemme 30 und 87 (im Relaissockel sind das die Steckkontakte 1 und 3) verbinden.
- Nach 35 Sekunden muß die Pumpe 1 Liter Kraftstoff gefördert haben.

Kraftstoffilter ersetzen

Wartung Nr. 29

Verunreinigungen stammen meist aus dem Tank einer Zapfstation. Etwa dann, wenn Sie getankt haben, als die Erdtanks eben frisch befüllt wurden. Dadurch können Schmutzpartikel und auch Kondenswasser aufgewirbelt werden und über den Zapfhahn in Ihren Tank gelangen. Deshalb an frisch belieferten Tankstellen möglichst nicht auftanken. Sicherheitshalber ist bei allen Modellen ein Kraftstoffilter eingesetzt, der alle 90 000 km ausgewechselt werden soll.

- Der Filter sitzt neben der Kraftstoffpumpe am Wagenboden. Fahrzeug deshalb hinten anheben und sichern!
- Zum Druckabbau kurz Tankdeckel abnehmen.
- Masseleitung an der Batterie abschrauben (Radiocode bekannt?).
- Abdeckung abschrauben.
- Zuerst den Arbeitsbereich säubern.
- Schraube der Halteschelle am Filter lösen.
- Vergessen Sie nicht das Abklemmen der Kraftstoffschläuche, sonst läuft während der Arbeit Benzin aus.
- Zum Abklemmen beider Schläuche verwendet man schraubbare Schlauch-»Würger« (Zubehörhandel).
- Schläuche vorn und hinten am Filter abschrauben.
- Restlichen Kraftstoff mit Lappen auffangen.
- Filter vom Halter abschrauben. Zwischen Filter und Halter Kunststoffhülse sorgfältig montieren, sonst kommt es zu extremer Korrosion.
- Dichtring erneuern. Hohlschraube mit ca. 25 Nm anziehen.
- Motor starten und nachsehen, ob alles dicht ist.

Die Einspritzanlagen

Futterausgabe

Das Motor-Management, wie Zündung und Einspritzung auf Neudeutsch heißen, übernimmt bei allen Motoren im Prinzip eine Motronic, bei welcher Einspritzung, Zündsystem und Leerlaufregelung in einem Steuergerät zusammengefaßt sind. Allerdings kommen unterschiedliche Versionen zum Einsatz. Mercedes-Benz vergibt hier folgende Namen: Beim C 180/200 eine PMS (Druck-Motor-Steuerung) und beim C 220/280 eine HFM (Heiß-Film-Motorsteuerung). Die Systeme unterscheiden sich hauptsächlich durch die Erkennung der Motorbelastung, einmal kommt ein Heißfilm-Luftmassenmesser (bei HFM) zum Einsatz, zum anderen ist der Saugrohrunterdruck (bei PMS) die wesentliche Steuergröße für die Einspritzmenge.

Das Grundprinzip

Vom Grundprinzip her ist die Einspritzungsseite der Motronic bei allen Versionen gleich: Das Steuergerät bestimmt die Öffnungszeiten der elektromagnetisch betätigten Einspritzventile. Bei der Zündungsseite hat dagegen das Steuergerät weitere Aufgaben dazubekommen: Die sogenannte ruhende Zündverteilung. Auf einen Verteiler kann hierbei völlig verzichtet werden, denn jede Zündkerze hat hier ihre eigene Zündspule, die in einem gesonderten Zündspulenblock untergebracht ist, doch davon später im nachfolgenden Kapitel »Die Zündanlage«.

○ Das Steuergerät der Motronic ist voll **diagnosefähig**. D.h. die im Fahrbetrieb auftretenden Störungen werden in einem Fehlerspeicher abgelegt, der erst nach Abklemmen der Batterie gelöscht wird. Bei HFM ist sogar noch ein Dauerfehlerspeicher eingebaut. Genial daran ist, daß auch diejenigen Fehler gespeichert werden, die nur kurzzeitig auftreten. Erfahrungsgemäß sind es eben jene Defekte, die extrem schwer auffindbar sind. Manche Fehler werden aber auch wieder gelöscht, wenn sie z.B. bei zehn Fahrten hintereinander nicht mehr aufgetreten sind. Ausgelesen werden Fehler in der Mercedes-Werkstatt mit dem sogenannten Hand-Held-Tester (kurz HHT). Hierbei werden noch sehr viele Umgebungsdaten beim Auftreten des Fehlers mit ausgegeben.

○ Und noch eins: Das Steuergerät ist **codierbar**. Das heißt, die verschiedenen Programme der Fahrzeugversionen (z.B. Schalt- oder Automatikgetriebe) und der Länderversionen (z.B. Europa, USA, Golf-Staaten) sind im Steuergerät bereits angelegt und brauchen bei Einbau eines neuen Steuergeräts nur noch aufgerufen zu werden, was mittels des HHT-Gerätes geschieht. Teilweise erkennen auch die Steuergeräte selbst, wo sie eingebaut sind. Überhaupt sind die Steuergeräte praktisch kleine Computer mit einer Unzahl möglicher Funktionen. Hier liegt aber auch eine gewisse Gefahr, die jeder kennt, der schon einmal selbst programmiert hat – jeden Tag fällt einem etwas ein, was man noch verbessern könnte. Wir können deshalb nicht mehr jede Funktion im Detail beschreiben.

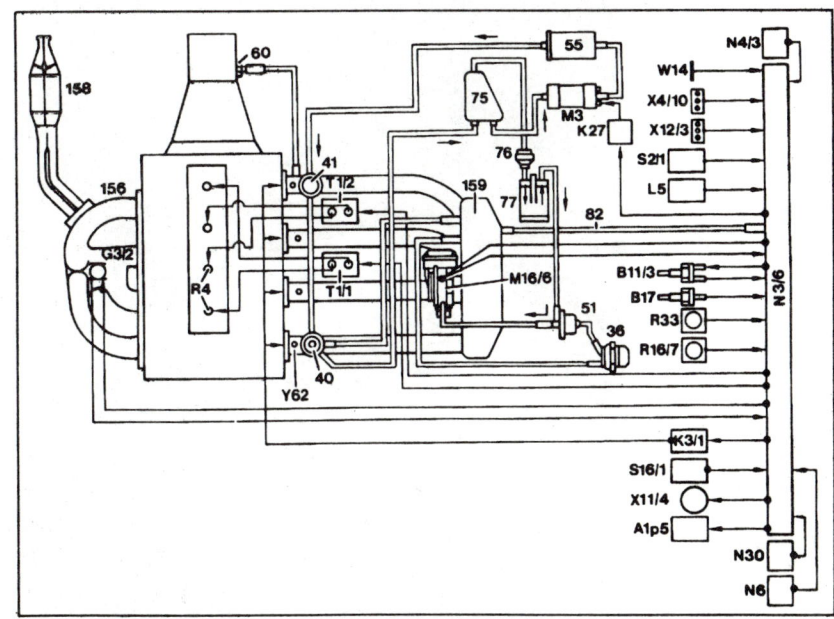

Einspritzanlage C 180/200: 36 – Thermoventil, Kraftstoff-Verdunstungsanlage; 40 – Membrandruckregler; 41 – Membrandruckdämpfer; 51 – Regenerierventil; 55 – Kraftstoffilter; 60 – Unterdruckdose Modulierdruck (AG); 75 – Tank; 76 – Lüftungsventil; 77 – Aktivkohlebehälter; 82 – Unterdruckleitung zum Drucksensor (Saugrohrdruck); 156 – Auspuffkrümmer; 158 – Katalysator; 159 – Saugrohr; A1p5 – Drehzahlmesser; B11/3 – Temperaturfühler Kühlmittel; B17 – Temperaturfühler Ansaugluft; G3/2 – O_2-Sonde (beheizt); K3/1 – Relais partielle Saugrohrvorwärmung (PSV); K27 – Kraftstoffpumpenrelais; L5 – Positionsgeber Kurbelwelle; M3 – Kraftstoffpumpe; M16/6 – Stellglied Leerlaufregelung; N4/3 – Steuergerät Tempomat (Leerlaufregelung); N6 – Steuergerät Kompressorabschaltung; N30 – Steuergerät ABS; R16/7 – Einzelabgleichstecker; R33 – CO-Potentiometer (ohne Kat); S2/1 – Zündstartschalter; S16/1 – Startsperr- und Rückfahrlichtschalter; T1/1 – Zündspule 1 (Zylinder 1 und 4); T1/2 – Zündspule 2 (Zylinder 2 und 3); W14 – Masse Hydraulikeinheit; X4/10 – Leitungsverbinder Klemme 30/61; X11/4 – Prüfkupplung für Diagnose; Y62 – Kraftstoffeinspritzventil.

Teile der Einspritzanlage:
1 – Zündspule für Zylinder 2 und 3;
2 – Zündspule für Zylinder 1 und 4;
3 – Kraftstoff-Einspritzventile;
4 – Kraftstoff-Verteilerrohr;
5 – Kraftstoff-Zulauf;
6 – Kraftstoff-Rücklauf.

Die Teile der Einspritzung

Steuergerät Zwischen den Eingangsinformationen (durch die verschiedenen Geber) und den Einspritzventilen steht das Steuergerät. Es billigt dem Motor – abhängig von den herrschenden Last- und Temperaturbedingungen – eine ganz bestimmte Kraftstoffmenge zu. Dazu verändert das Steuergerät die Öffnungsdauer der elektromagnetisch gesteuerten Einspritzventile. Da der Druck im Kraftstoffsystem stets annähernd konstant ist, kann die Einspritzmenge nur über die Einspritzzeit variiert werden. Woher bezieht das Steuergerät die Informationen, nach denen es die Einspritzzeit festlegt? Dafür sind verschiedene Geber zuständig:
○ **Luftmassenmesser**; er gibt Auskunft über die angesaugte Luftmasse und darüber wird der Belastungszustand des Motors erkannt. Bei HFM sitzt der Geber im Ansaugkanal.
○ **Drucksensor**; er ist bei PMS oben am Steuergerät angeordnet und über eine Schlauchleitung mit dem Saugrohr verbunden.

1 – Querrohr für Ansaugluft;
2 – Deckel in Zylinderkopfhaube (3);
4 – Kurbelgehäuse-Entlüftung;
5 – Stellglied Drosselklappe/Leerlaufregelung;
6 – Saugrohr.

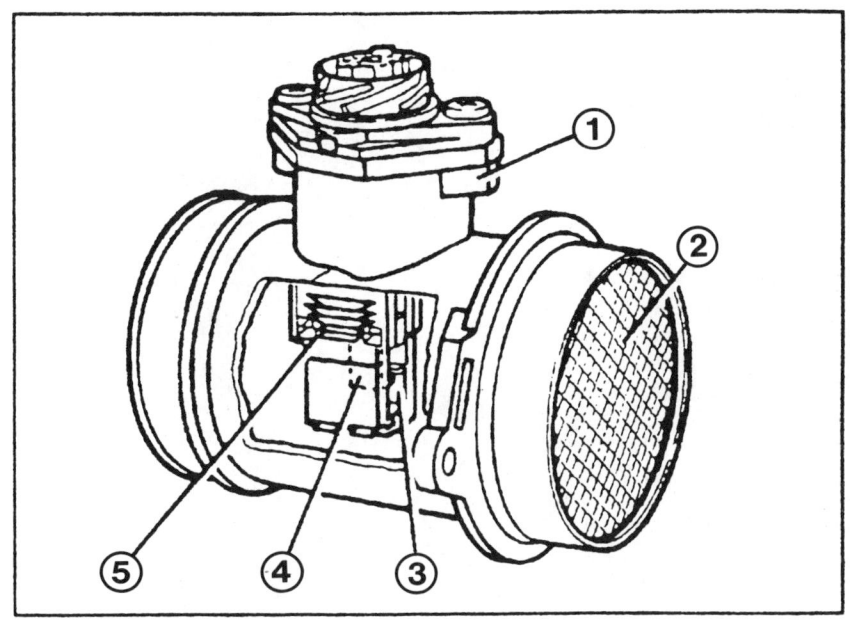

Aufbau des HFM-Luftmassenmessers (1): Im Innern eines Meßkanals ist ein Heißfilmsensor (4) eingespannt. Dieser besteht aus einem Keramiksubstrat, auf dem verschiedene Dickschichtwiderstände aufgebracht sind. Hinter dem Meßkanal (3) im Elektronikgehäuse befindet sich eine Hybridschaltung und ein Leistungsbaustein. Außen am Elektronikgehäuse (5) ist ein Kühlkörper angebracht. Das Gitter (2) beruhigt den Luftstrom.

○ **Temperaturgeber** im Ansaugrohr; er signalisiert die Temperatur der Ansaugluft.
○ **Kühlmittel-Temperaturgeber**; er liefert eine Vergleichsgröße für die Motortemperatur.
○ **Drehzahlgeber**; er übermittelt das Drehzahlsignal für Zündungs- und Einspritzungsteil der Motronic. Außerdem meldet er die Stellung der Kurbelwelle. Beim Vierzylinder wird über einen zusätzlichen Magnet auch die Zylinderzahl erkannt (vgl. nächster Punkt).
○ **Geber für Zylindererkennung bzw. Nockenwellengeber** (nur Sechszylinder); er meldet dem Steuergerät, welcher Zylinder mit dem Zünden bzw. Einspritzen dran ist.
○ Das Startsignal kommt von der Zündschloß-(Anlasser-)Klemme 50.
○ Weitere Einflußgrößen stammen vom automatischen Getriebe, vom ABS-Steuergerät, vom Tempomat, von einer besonderen Abgleichkupplung, von der Lambdasonde, vom Stellglied der Leerlaufregelung und selbst von der Klimaanlage.

Im Ansaugkanal eines jeden Motorzylinders sitzt ein Einspritzventil. Es mißt dem jeweiligen Motorzylinder die

Einspritzventile

Der Heißfilm-Luftmassenmesser (2) ist beim C 220/280 zwischen dem Luftfilter (1) und dem Querrohr (3) eingebaut.

Teile vorn links am Zylinderkopf beim Sechszylinder:
1 – Nockenwellgeber;
2 – Temperaturgeber für Kombi-Instrument;
3 – Temperaturschalter Klimaanlage;
4 – Temperaturgeber für Motronic;
5 – Spannmutter für Keilrippenriemenspannung.

momentan benötigte Kraftstoffmenge zu und sorgt gleichzeitig für die Feinzerstäubung des Benzins. Die Ventile werden mittels Elektromagnet betätigt. Dabei wird die Ventilnadel ungefähr 0,1 mm von ihrem Sitz abgehoben – der Kraftstoff kann durchfließen. Die Einspritzventile spritzen aus zwei Bohrungen ab. Dadurch bilden sich zwei Kraftstoffstrahlen, die fein zerstäubt auf beide Einlaßventile spritzen. Elektrisch sind alle Einspritzventile mit Plusspannung verbunden. Das Steuergerät schaltet zum Einspritzen Masse zu.

Kraftstoff-Verteilerrohr

Es dient dazu, alle Einspritzventile gleichmäßig mit Kraftstoff zu versorgen. Außerdem wirkt das Verteilerrohr als Kraftstoffspeicher und verhindert damit Druckschwankungen.

Kraftstoff-Druckregler

Er sitzt hinten am Kraftstoff-Verteilerrohr und muß – wie der Name schon sagt – den Druck im Verteilerrohr konstant halten. Das macht er, indem er mehr oder weniger Kraftstoff durch die Rücklaufleitung zum Tank zurückfließen läßt. Läuft mehr zurück, sinkt der Druck; bei geringerer Rücklaufmenge steigt er.

Unter dem Waschwasserbehälter ist beim C 180/200 das PMS-Steuergerät (2) für Einspritzung und Zündung eingebaut. Es bedeuten:
1 – Stecker für Leitungen zum Motor;
3 – Leitung vom Drehzahlgeber an der Kurbelwelle;
4 – Unterdruckleitung vom Saugrohr;
5 – Leitungen zur Karosserie;
6 – Kodierstecker mit/ohne Kat.

Genau hinsehen muß man, um die Einspritzventile zu entdecken:
1 – Kraftstoff-Verteilerrohr;
2 – Kraftstoff-Einspritzventil Zylinder 3;
3 – Kraftstoff-Einspritzventil Zylinder 2.

Durch einen Unterdruck-Anschluß weiß der Druckregler gleichzeitig über den Lastzustand des Motors Bescheid. Bei Vollast hebt er den Druck noch um etwa 0,5 bar an. Dadurch wird mehr Kraftstoff eingespritzt, was der Motor zum Erreichen der vollen Leistung dringend braucht.

Kraftstoffpumpe und Relais

Mehr über die elektrische Kraftstoffpumpe und das Kraftstoffpumpenrelais erfahren Sie im Kapitel »Tank und Kraftstoffpumpe«.

Heißfilm-Luftmassenmesser
nur HFM

Er befindet sich im Ansaugkanal zwischen Luftfilter und Drosselklappe. Im Innern eines Meßkanals ist eine Keramikscheibe mit verschiedenen Widerständen und eine Auswert-Elektronik untergebracht. Ein Widerstand sitzt im Luftstrom und wird auf konstant 160°C erwärmt. Der dafür erforderliche Strom gibt ein Maß für die durch den Kanal strömende Luftmasse.

Drucksensor
nur PMS

Er sitzt im Steuergerät und ist über einen Schlauch mit dem Saugrohr verbunden. Auf einen Kristallchip im Drucksensor wirkt der aktuelle Saugrohrdruck ein. Je nach Saugrohrdruck verändert sich der Widerstandswert des Kristallchips. Über die Widerstandsänderung und die augenblickliche Drehzahl erkennt das Steuergerät die aktuelle Belastung des Motors.

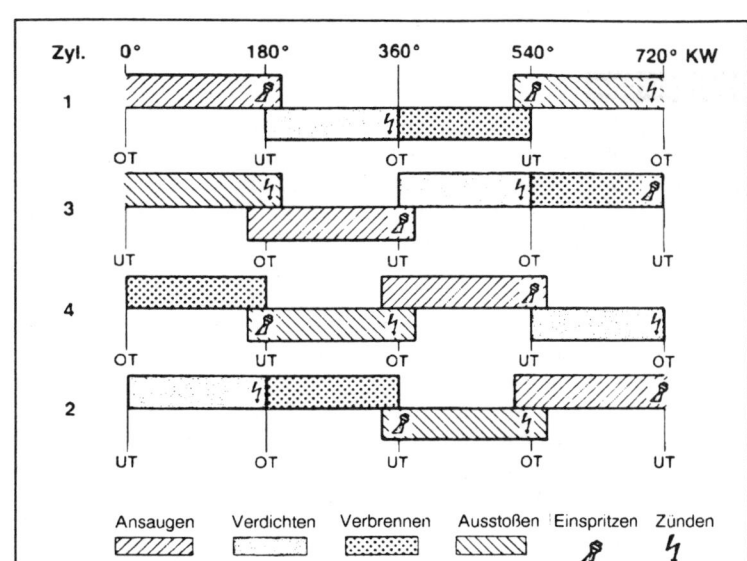

So wird beim Vierzylinder eingespritzt: Zum Starten spritzen alle vier Ventile bis 600/min gleichzeitig ein. Anschließend spritzen immer zwei Ventile gleichzeitig ein, z.B. Zylinder 1 und 4. Die Einspritzung erfolgt immer im UT (Kolben unten). Last-, drehzahl- und temperaturabhängig wird die Einspritzmenge vom Steuergerät bestimmt, wodurch die Einspritzventile zwischen 1,5 und 130 Millisekunden öffnen.

1 – Unterdruckanschlüsse am Saugrohr, z. B. für Leuchtweitenregulierung und PMS-Steuergerät;
2 – Stellglied für Drosselklappe/LLR;
3 – Absaugschlauch vom Aktivkohlebehälter;
4 – Saugrohr;
5 – Unterdruckanschluß für Bremskraftverstärker;
6 – Drosselklappe;
7 – Membrandruckregler.

Drosselklappe

Weiter hinten im Ansaugluftstrom sitzt die Drosselklappe im Drosselklappenstutzen. Betätigt wird sie vom Gaspedal über den Gaszug. Sie öffnet oder verschließt den Luftweg zum Ansaugrohr und damit zu den Brennräumen des Motors. Seitlich neben der Drosselklappe ist das Stellglied der Leerlaufregelung angebracht. Dieses bewegt über einen Stellmotor die Drosselklappe und meldet die jeweilige Position.

Drosselklappen-Potentiometer

Der Drosselklappen-Potentiometer im Stellglied der Leerlaufregelung wird von der Drosselklappenwelle betätigt. Der Potentiometer erfaßt die momentane Stellung der Drosselklappe und meldet sie in Form elektrischer Spannung dem Steuergerät. Das Steuergerät benötigt diese Lastinformationen unter anderem zur Leerlaufregelung, Zündkennfeldauswahl und zur Einspritzzeitberechnung.

Leerlaufregelung

Wie der Name schon sagt, sorgt die Leerlaufregelung für eine stets konstante Leerlaufdrehzahl – egal ob der Motor kalt oder warm ist oder ob kraftzehrende Verbraucher (Klimaanlage) eingeschaltet sind.
Das Stellglied an der Drosselklappe ist dabei nur ausführendes Organ. Kopf der Regelung ist das Motronic-Steuergerät. Es vergleicht die Momentan- mit der Solldrehzahl und sorgt so für das fein abgestimmte Öffnen und Schließen der Drosselklappe zur Drehzahlanpassung. Wird der Drosselklappenspalt weiter geöffnet, wird mehr Luft angesaugt und vom Luftmassenmesser erfaßt, was wiederum die Einspritzung dazu veranlaßt, die nötige Mehrmenge an Kraftstoff beizusteuern. Resultat: die Motordrehzahl erhöht sich.

Die Funktion

Zusammenspiel der Einzelteile

Bei laufendem Motor saugen die in den Zylindern auf und ab sausenden Kolben Luft an. Treten Sie das Gaspedal voll durch, saugt der Motor die größtmögliche Menge an, denn die Drosselklappe ist dann voll geöffnet. Entsprechend geringer ist die Luftmenge bei geschlossener bzw. teilweise offener Stellung der Drosselklappe. Für sauberen Motorlauf muß der Ansaugluft im genau richtigen Verhältnis Kraftstoff beigemischt werden. Zur Bestimmung des Kraftstoff/Luft-Verhältnisses wird die Menge der Ansaugluft herangezogen. Das Steuergerät ist es, das die Impulse zum Öffnen und Schließen der Einspritzventile gibt. Längeres Öffnen ist angesagt, wenn viel Kraftstoff gebraucht wird – kurze Offenzeiten reichen aus, wenn die benötigte Kraftstoffmenge gering ist. Die »Sprühstärke« der Einspritzventile bleibt also konstant. Die Mengenreduzierung erfolgt über die Reduzierung der »Sprühzeit«.

Start

Zum Starten des kalten Motors wird ein fetteres – also kraftstoffreicheres – Gemisch benötigt, weil sich viele der Kraftstofftröpfchen schon auf dem Weg in die Brennräume an den Wänden im Ansaugbereich absetzen und so für die Verbrennung nicht mehr zur Verfügung stehen. Das Gemisch muß also angefettet werden.
Hierfür sorgt ein Kaltstartprogramm, das im Steuergerät gespeichert ist. Während der Kaltstartsteuerung – dies sind eine bestimmte Anzahl an Zündungen – wird die Abspritzdauer der Einspritzventile erhöht. Faktoren, wie Kühlmitteltemperatur und Motordrehzahl, beeinflussen die Abspritzdauer.

Mit einem Leuchtdioden-Spannungsprüfer (Pfeil) kann im Notfall geprüft werden, ob Spannung zu den Einspritzventilen gelangt. Bei abgezogenen Steckern (1) werden dabei jedoch Fehler gespeichert. Will man dies verhindern, könnte man z. B. mit einer Stecknadel die Leitungen anstechen und den Spannungsprüfer so parallel zum Ventil anschließen.

Nach einer bestimmten Anzahl Motorumdrehungen wird dann die Kaltstart-Kraftstoffmenge langsam an die Normalmenge angepaßt.

Warmlauf

Auch nach dem Start braucht der Motor noch eine gewisse Zeit fetteres Gemisch, denn immer noch kondensiert eine gewisse Kraftstoffmenge im Ansaugbereich. Dafür gibt es die »Nachstartanhebung«. Es wird – temperaturabhängig – noch für eine gewisse Zeit mehr Kraftstoff zugeführt. Die nötige Information über die Motortemperatur erhält das Steuergerät vom Temperaturgeber.
Das bei kaltem Motor noch recht zähflüssige Motoröl verursacht eine höhere innere Reibung in der Maschine. Es wird mehr Kraft – sprich Gemisch – gebraucht, um den Motor auf Drehzahl zu halten. Für diese sorgt die schon erwähnte Leerlaufregelung.

Leerlauf

Bei geschlossener Drosselklappe (losgelassenes Gaspedal) strömt noch eine geringe Menge Luft durch einen kleinen Drosselklappenspalt. Diese Luftmenge wird erfaßt und deshalb mit der hierzu nötigen Menge Kraftstoff zum Leerlaufgemisch ergänzt. Übrigens ist das Leerlaufgemisch etwas fetter als das Normalgemisch, damit

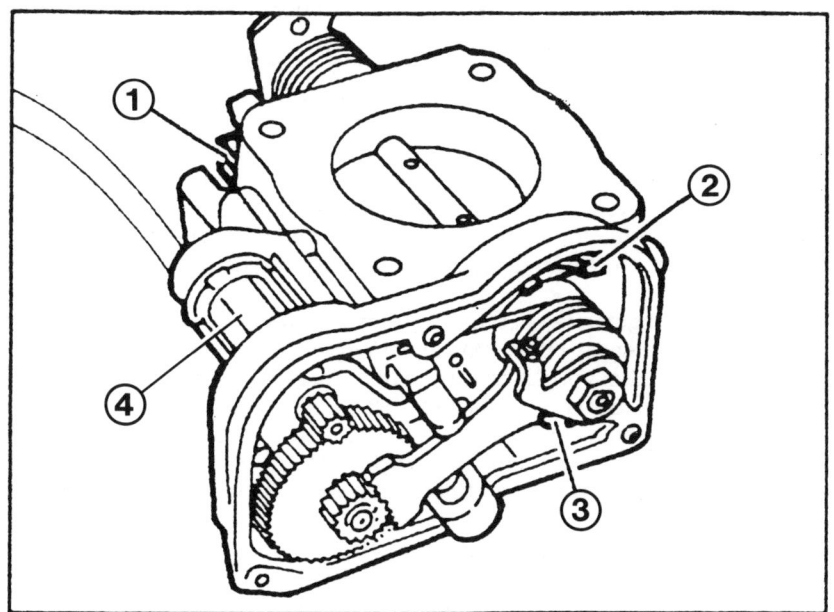

Hier ist das Stellglied für die Drosselklappe bzw. Leerlaufregelung gezeigt. Mit Einschalten der Zündung tritt das Stellglied in Aktion, man hört es. Mit dem Stellmotor (4) wird die Drosselklappe bewegt, z. B. um die Leerlaufdrehzahl einzuhalten. Die genaue Stellung der Drosselklappe wird über zwei Potentiometer (2, 3) erfaßt. Der Leerlaufkontakt (1) schließt, wenn das Gaspedal ganz entlastet ist.

der Motor schön rund läuft und keine Zündaussetzer bekommt. Wann die Leerlauf-Anreicherung zu erfolgen hat, erfährt das Steuergerät vom Drosselklappen-Potentiometer.

Wie weit der Drosselklappenspalt durch das Stellglied geöffnet wird, bestimmt das Steuergerät durch Drehzahlvergleich.

Teillast

Bei Teillast erhält der Motor die Normalmengen an Kraftstoff zugeteilt. Dabei wird auf möglichst geringen Verbrauch Wert gelegt.

Beschleunigen

Wird das Gaspedal plötzlich niedergetreten, wird die Beschleunigungsanreicherung ausgelöst, wenn der Zuwachs der angesaugten Luftmenge pro Sekunde einen bestimmten Wert überschreitet. Bei kaltem Motor wird zum Beschleunigen noch mehr Kraftstoff gebraucht. Das Steuergerät wertet deshalb den jeweiligen Impuls des Luftmassenmessers als Beschleunigungs-Signal aus und steuert zusätzlichen Kraftstoff bei.

Vollast

Der Drosselklappen-Potentiometer zeigt dem Steuergerät an, daß der Fahrer das Gaspedal voll durchgetreten hat. Zum Erreichen der Höchstleistung bekommt der Motor jetzt ein fetteres Gemisch vorgesetzt (Vollastanreicherung). Das geschieht wohlgemerkt unter Mißachtung des Lambdasonden-Signals, d.h. der Katalysator kann das Abgas nicht in gewohnter Manier verbessern.

Schubbetrieb

Bergab mit losgelassenem Gaspedal braucht dem Motor kein Kraftstoff zugeführt zu werden. Der Wagen rollt durch Gewicht oder Schwung von selbst. An der hohen Drehzahl und der Stellung der Drosselklappe (über den Drosselklappen-Potentiometer) erkennt das Steuergerät, wann Schubbetrieb vorliegt und kann auf »Kraftstoff sparen« schalten.

Drehzahl-begrenzung

In unserem Mercedes erledigt das die Einspritzanlage. Sie vergleicht die Momentan- mit der Höchstdrehzahl und dreht bei Überschreiten einfach den Kraftstoffhahn zu. Diese Methode ist bei Wagen mit Katalysator ein Muß, denn bei Unterbrechen der Zündung käme unverbrannter Kraftstoff in den Kat, was zum Schmelzen des Keramikkörpers führen könnte (Kapitel »Die Abgas-Entgiftung«). Aber noch weitere Effekte sind hierbei berücksichtigt. Zum Schutz des Motors und des Antriebsstranges wird bei nachfolgenden Motordrehzahlen und Betriebszuständen das Gemisch abgemagert bzw. die Kraftstoffeinspritzung unterbrochen, und der Zündzeitpunkt in Richtung »spät« verstellt: Zum Wandlerschutz bei automatischem Getriebe ist unter 5 km/h die Drehzahl auf ca. 4000/min begrenzt. Dadurch wird der Druck im Drehmomentwandler begrenzt. Bei niedrigen Geschwindigkeiten wird die Drehzahl gleichfalls begrenzt, um so die Belastungen durch Extremstarts zu verhindern.

Lambda-Regelung

Der Katalysator kann nur dann richtig arbeiten, wenn die Luftzahl λ (Lambda) dem Wert 1 möglichst nahekommt; davon war schon im Kapitel »Die Abgas-Entgiftung« die Rede. Damit dies der Fall sein kann, ist die Motronic mit einer sogenannten Lambda-Regelung versehen. Dabei mißt die Lambdasonde den Sauerstoffgehalt im Abgas – eine Vergleichsgröße für die Zusammensetzung des Kraftstoff/Luft-Gemisches. Weicht die Messung vom Idealwert ab, regelt das Steuergerät nach. Die Regelung arbeitet im Bereich von $\lambda = 0,8$ bis $\lambda = 1,2$.

Die Lambdasonde gibt erst bei Temperaturen über 350°C ein verwertbares Signal ab. Damit diese Temperatur schnell erreicht wird, ist die Sonde elektrisch beheizt. Bis es soweit ist, bleibt die Anlage ungeregelt und richtet sich nach einem vorgegebenen mittleren λ-Wert.

Das Steuergerät kann sich selbst an verschiedene Veränderungen am Motor anpassen (Falschluft, verkokte Einspritzventile, Motorverschleiß, schadhafter Membrandruckregler). Bei Leerlauf und Teillast kann so die eingespritzte Kraftstoffmenge um 25% in jede Richtung angepaßt werden. Diese Korrekturwerte sind gespeichert. Nach Reparaturen benötigt das Steuergerät ca. zehn Fahrten, um sich an neue Verhältnisse anzupassen. Auch bei probeweisem Einbau eines anderen Steuergerätes muß dies bedacht werden.

Lufteinblasung beim Sechszylinder

Eine elektrisch angetriebene Luftpumpe unter dem Generator bläst bei bestimmten Bedingungen zusätzlich Luft in die Auslaßkanäle. Lufteinblasung erfolgt nach dem Motorstart bei einer Kühlmitteltemperatur zwischen +10°C bis +40°C. Bei Vollgas bzw. bei einer Drehzahl über 3600/min wird abgeschaltet. Nach dem Motorstart läuft die Pumpe maximal zwei Minuten. Das Ein- und Ausschalten übernimmt das Steuergerät. Wegen der hohen Stromaufnahme der Pumpe von ca. 35 A ist ein Relais zwischengeschaltet. Ein pneumatisch gesteuertes Abschaltventil ist im Luftstrom angeordnet. Durch die zusätzliche Luft wird das Abgas nachverbrannt. Die zusätzlich freigesetzte Wärme läßt den Katalysator früher anspringen.

Schaltsaugrohr im Sechszylinder

Über die Saugrohrlänge kann das Motordrehmoment beeinflußt werden. Bei unserem Schaltsaugrohr werden durch eine pneumatisch betätigte Resonanzklappe in Saugrohrmitte zwei unterschiedliche Saugrohrlängen nutzbar gemacht. Das Steuergerät der HFM steuert dazu ein Umschaltventil an. Bei geschlossener Klappe ist

Rechts hinten im Motorraum sind unter einer Abdeckung die meisten Steuergeräte zu finden. An den Steckern können Messungen durchgeführt werden:
1 – Stecker für Leitungen zum Fahrzeug;
2 – Stecker für Leitungen zum Motor;
3 – HFM-Steuergerät;
4 – ABS-Steuergeät;
5 – Überspannungsschutz mit Sicherung.

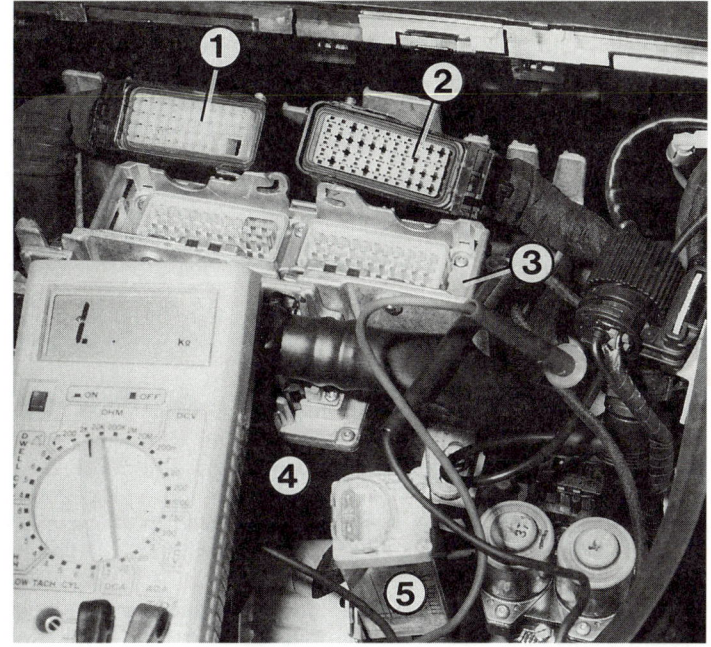

das Saugrohr zweigeteilt und die Ansaugkanäle sind lang – besseres Drehmoment bei niederen Drehzahlen. Bei offener Klappe ist das Saugrohr innen quer verbunden. Kürzere Ansaugwege verschieben das maximale Motormoment in höhere Drehzahlen (Schema siehe Seite 14).

Die Einspritzanlage verfügt über Notlaufeigenschaften. Bei Ausfall des Temperaturgebers werden Ersatzwerte gebildet. Bei Ausfall der Luftmassenerfassung wird der Drosselklappenwinkel mit der Motordrehzahl verglichen. Die errechnete Einspritzmenge läßt ganz brauchbares Fahren bis zur Werkstatt oder nach Hause zu. **Notlauf**

Selbsthilfe

Viele Prüfungen an der Einspritzung sind dem Selbsthelfer in Ermangelung der nötigen Prüfgeräte leider unmöglich gemacht. Dennoch bleibt ein gewisses Betätigungsfeld.

Am Querrohr für die Ansaugluft ist ein Temperaturgeber (1) eingebaut. Von der Lufttemperatur ist z. B. die eingespritzte Kraftstoffmenge in der kalten Jahreszeit abhängig. Weiterhin:
2 – Rückschlagventil in der Unterdruckleitung zum Bremskraftverstärker.

Vorgehensweise   Das Steuergerät selbst kann mit Heimwerkermitteln nicht kontrolliert werden. In der Praxis ist hier auch nur sehr selten mit Fehlern zu rechnen. Geber, Schalter und Kabelverbindungen geben ungleich häufiger Anlaß zu Beanstandungen.
Damit bietet sich bei einem Defekt folgende Vorgehensweise an:
○ Sicherstellen, daß die Zündung in Ordnung ist.
○ Kraftstoffversorgung prüfen.
○ Sichtprüfung an den Teilen der Einspritzanlage durchführen.
○ Wurde durch genannte Prüfungen kein Fehler gefunden, den »Störungsbeistand« am Ende dieses Kapitels studieren, mögliche Fehlerquelle ermitteln, verdächtiges Bauteil nach Prüfanleitung kontrollieren.
○ Brachte das keinen Erfolg, Fehlerspeicher des Steuergeräts im Rahmen eines Wartungsdienstes auslesen lassen.

Sichtprüfung

● Luftschläuche auf Dichtheit prüfen. Alle Schläuche – vom dicken Ansaugluftschlauch bis zum kleinen Unterdruckschlauch zum Druckregler – müssen geprüft werden.

● Sind die Dichtungen an den Einspritzventilen in Ordnung; ebenso die Flanschdichtungen der Ansaugkanäle?

● Undichtigkeiten lassen »Falschluft« ins Ansaugsystem eindringen – Luft also, die das Steuergerät nicht erfassen kann und die deshalb die Gemischaufbereitung empfindlich stört. Das Gemisch magert unkontrolliert ab, Motorlaufstörungen – hauptsächlich im Leerlauf – sind die Folge.

● Sind an den Kraftstoffleitungen Undichtigkeiten zu erkennen?

● Wurden die Kabelstecker mehrfach auseinandergezogen und wieder verbunden? Korrosion oder ungeschicktes Reißen kann mangelnden Kontakt zur Folge haben.

● Sehen Sie sich die Stecker an den einzelnen Bauteilen der Einspritzung genau an. Sie dürfen nur mit Kontaktspray behandelt werden, Nachbiegen kann Störungen verursachen.

Prüfen der Bauteile

Die folgenden Abschnitte beschreiben Prüfungen an den Komponenten der Einspritzanlage, soweit sie mit Heimwerkermitteln möglich sind.

Einspritzventile   Besteht der Verdacht, daß eines der Einspritzventile nicht funktioniert, können Sie zunächst versuchen, das brachliegende Ventil durch Fühlen mit der Hand ausfindig zu machen. Das nicht funktionierende Ventil vibriert nicht – im Gegensatz zu den anderen.
Weitergehende Kontrollen erfordern einen Spannungsprüfer mit Leuchtdioden und einen genauen digitalen Ohmmeter.

● Zuerst die **Spannungsprüfung:** LED-Spannungsprüfer (keine Prüflampe) an den Steckkontakten anschließen. Motor starten: Die Leuchtdioden im Spannungsprüfer müssen flackern, sonst ist keine Versorgungsspannung da, oder das Masse schaltende Steuergerät ist defekt. Mit einem Meßgerät klappt diese Kontrolle nicht.

● **Widerstandsprüfung:** Stecker der Einspritzventile abziehen, Ohmmeter an den beiden Kontakten des Ventils anschließen: bei kaltem Motor müssen 14 bis 17 Ω abzulesen sein.

● Liegt der Wert außerhalb der Toleranz, Ventil ersetzen (sofern genau gemessen wurde).

● **Dichtheit prüfen:** Kraftstoff-Verteilerrohr samt Einspritzventilen ausbauen.

● Die Anschlußstecker an den Einspritzventilen werden abgezogen, die Kraftstoffleitungen bleiben angeschlossen.

● Von Helfer den Motor einige Male mit dem Anlasser durchdrehen lassen, damit die Kraftstoffpumpe anläuft und Kraftstoffdruck aufbaut.

● Einspritzventile beobachten: Jedes einzelne darf höchstens einen Kraftstofftropfen in der Minute verlieren. Sonst Ventil auswechseln.

● Unabhängig hiervon kann der Spritzstrahl und die Dichtheit des Ventils geprüft werden, falls es Motorlaufstörungen erforderlich machen.

Kühlmittel-Temperaturgeber der Einspritzung
● Abdeckung vorn am Motor abnehmen.
● Druck abbauen. Dazu ggf. Verschlußdeckel des Kühlsystems abnehmen.
● Ohmmeter kreuzweise an die vier Anschlüsse anschließen. Bei +20°C müssen 2400–2700 Ω gemessen werden. Bei +80°C sind es 300–340 Ω.

● Zum Einbau Dichtring erneuern.
● Kühlmittel auffüllen.
● Ggf. beim nächsten Wartungsdienst Fehlerspeicher löschen lassen.

Neben den Steuergeräten im Aggregateraum zu finden:
1 – Steckverbindung zur Lambdasonde;
2 – Überspannungsschutz mit Sicherung.

Lambdasonde prüfen

Für diese Prüfung wird die Steckverbindung im Kabel zur Lambdasonde getrennt. Die Steckverbindung sitzt im Aggregateraum rechts. Gemessen wird mit Amperemeter und Voltmeter in der Leitung zur Lambdasonde:

- **Sondenheizung prüfen:** Amperemeter in eine Leitung (z. B. rot/grün) der Heizungskabel anschließen.
- Bei intakter Heizung muß ein Wert von 0,6–3,4 A angezeigt werden.
- **Sondenspannung prüfen:** Dieser Wert wird erst nach einigen Minuten Motorlauf gemessen, wenn die Lambdasonde aufgeheizt, also wirksam ist.
- Die Steckverbindung muß wieder zusammengesteckt sein, also entweder hinten im Stecker messen oder Kabelbrücken legen.

- An den Sondenspannungskabeln gemessen muß die Spannung auf dem Voltmeter (es muß ein Zeigerinstrument sein) **zwischen 0,02 und 0,95 V pendeln**. Die Spannungsänderungen müssen mindestens 0,3 V betragen.
- Werden konstant 0,45 V gemessen, ist die Lambdasonde außer Betrieb, was an der Sonde oder deren Zuleitung liegen kann.
- Muß die Lambdasonde ersetzt werden, Gewinde vor dem Einbau mit Heißschmierpaste aus der Werkstatt bestreichen. Anzugsdrehmoment: 55 Nm.

Einspritzventile ausbauen

- Querrohr über Zylinderkopf ausbauen.
- Kraftstoffleitungen lösen.
- Alle Einspritzventile zusammen mit Kraftstoffverteilerrohr ausbauen.
- Gaszug am Drosselklappenstutzen aushängen.
- Verdrehsicherung am jeweiligen Ventil ausrasten.

- Beim Einbau muß sie wieder in die Vierkantnase am Ventil einrasten.
- Ventile vom Kraftstoffverteiler abziehen. Immer neue O-Ringe einbauen. Zum leichteren Einbau O-Ringe etwas einölen.

Der Gaszug

Der Gaszug verbindet Gaspedal und Drosselklappe. Sein größter Fehler: Er ist sehr knickempfindlich, worauf wir beim Einbau besonders achten müssen.

Gaszug ausbauen

- Im Motorraum endet der Gaszug am Kulissenhebel.
- Führungsstück am Zugende ausrasten. Beim Einbau wieder auf richten Sitz achten.
- Zug durch den Schlitz vom Kulissenhebel lösen.
- Kunststoffklammern am Gaszuglager zusammendrücken und Gaszuglager aus dem Halter herausdrücken.

- Verkleidung links unten am Armaturenbrett ausbauen (Kapitel »Innenraum«).
- Gaszug oben am Pedal aushängen. Dazu Halter mit Spreizbolzen herausziehen.
- Zug vollends vom Motorraum her ausbauen. Durchführungsgummi prüfen.
- Nach dem Einbau freies Stück des Gaszuges mit Korrosionsschutzfett einschmieren.

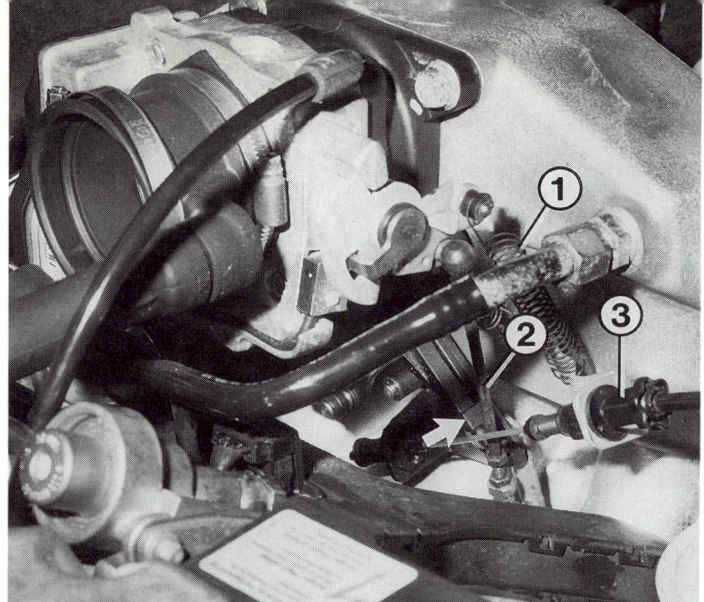

Teile der Regulierung beim Vierzylinder:
1 – Rückzugfeder;
2 – Verbindungsstange zur Drosselklappe;
3 – Gaszug mit Einstellschraube.
Pfeil – Spitzen müssen sich gegenüber stehen, wenn der Steuerdruckzug für das automatische Getriebe richtig eingestellt ist.

Gaszug einstellen

- Zündung ausschalten.
- Einstellmutter am Widerlager so weit zurückdrehen, bis der Zug am Kulissenhebel ein Leerspiel von 0,5–1 mm hat.
- Verbindungsstange zum Winkelhebel am Stellglied der Leerlaufregelung einseitig aushängen.
- Der Winkelhebel muß am Leerlaufanschlag anliegen.
- Verbindungsstange spannungsfrei aufdrücken. Hierbei sehr sorgfältig arbeiten und Länge ggf. verstellen.
- Jetzt muß auch die Rolle spannungsfrei an dem Endanschlag im Regulierhebel anliegen. Sonst Verbindungsstange zwischen Kulissen- und Regulierhebel verstellen.
- Bei Automatikgetriebe die Einstellschraube am Steuerdruckzug so einstellen, daß sich die Spitzen an Kulissenhebel und Schlepphebel gegenüberstehen.
- Bei Vollgas muß der Winkelhebel am Stellglied der Leerlaufregelung gerade am Vollgasanschlag zur Anlage kommen.
- Bei Schaltgetriebe den Anschlag unter dem Gaspedal nach links drehen und ausrasten. Wird der Vollgasanschlag erreicht, wieder einrasten. Bei Automatik Vollgas geben (nicht Kickdown) und ggf. an der Gaszug-Einstellschraube im Motorraum einstellen.

Leerlauf, Abgas und Lambda-Regelung prüfen (AU)

Wartung Nr. 23

Für Fahrzeuge mit geregeltem Katalysator ist in der Bundesrepublik erstmals drei Jahre nach Erstzulassungsdatum und darauf alle zwei Jahre eine Abgas-Untersuchung vorgeschrieben, bei der auch die Zündeinstellung und die Wirksamkeit des Katalysators geprüft wird. Wenn für den Mercedes eine »Fahrzeug-Hauptuntersuchung« beim DEKRA oder TÜV ansteht, muß zuerst die Abgas-Untersuchung erfolgen. Das geht nach unseren Erfahrungen am schnellsten in der Marken-Werkstatt. Zur Zeitersparnis kommt noch hinzu, daß in der Merce-

1 – Wellrohr der Lenksäule; 2 – Hebel von Gaspedal zum Gaszug; 3 – Gaszug; 4 – Befestigung.

Sechszylinder: 1 – Saugrohr; 2 – Gaszug mit Einstellschraube; 3 – Regulierung; 4 – Luftrohr.

1 – Luftfiltereinsatz;
2 – Verbindung zum Querrohr;
3 – Luftfiltergehäuse, Oberteil;
4 – Spannbügel.

des-Benz-Werkstatt immer die allerneuesten Einstelldaten vorliegen, die andere Werkstätten bzw. DEKRA oder TÜV erst mit einer gewissen Verzögerung erhalten.
Bei der AU muß die Auspuffanlage intakt sein, und am Ansaugrohr darf keine »Falschluft« eintreten können. Stellen Sie außerdem sicher, daß der Luftfilter sauber ist und der Zündkerzen-Elektrodenabstand stimmt. Nach monatelangem Kurzstreckenbetrieb ist außerdem ein Ölwechsel ratsam. Das ins Motoröl gelangte Kraftstoffkondensat verschlechtert nämlich die Abgaswerte.
Für die Prüfung wird der Wagen an einen aufwendigen Werkstattester angeschlossen, dessen Drucker die erzielten Meßwerte zu einer Prüfbestätigung zusammenfaßt. Werden einzelne Vorgaben nicht erreicht, gibt's auch keine Prüfbestätigung. Bevor Sie bei nicht bestandener Abgas-Untersuchung ein teures Bauteil auswechseln (lassen), sollten Sie die Prüfung bei einer anderen Werkstatt wiederholen. Trotz aufwendiger Meßtechnik kommt es bei den Ergebnissen zu Streuungen. Manchmal genügt auch eine ausgedehnte Probefahrt, wobei Motor, Lambdasonde und Katalysator auf volle Betriebstemperatur kommen.

Fingerzeig: Wenn Sie die Wartung Ihres Mercedes immer in der Werkstatt durchführen lassen, gehört die Abgas-Untersuchung zum Umfang des fälligen Wartungsdienstes. Wer die Instandhaltung seines Wagens selbst überwacht, muß selber drandenken – deshalb die Erwähnung dieses Wartungspunkts.

Leerlaufdrehzahl einstellen?

Die **Leerlaufdrehzahl** kann bei unseren Mercedes-Modellen nicht mehr korrigiert werden – sie besitzen keine Leerlauf-Einstellschraube. Eine automatische Leerlaufregelung sorgt dafür, daß die vom Steuergerät vorgegebenen **750/min** (C 180/200/220) bzw. **650/min** (C 280) bei betriebswarmem Motor stets beibehalten werden. Bei kaltem Motor, eingeschalteter Klimaanlage, direkt nach dem Start usw. gelten andere Werte.
Überdies paßt sich die Leerlauf-Korrektur eventuellen Veränderungen an Motor, Ansaug- und Abgassystem an. Der Korrekturwert wird gespeichert, so daß die Drehzahl sofort nach dem Start richtig einreguliert wird. Kommt es dennoch zu Drehzahlveränderungen, sind diese als Störungen zu betrachten. Mögliche Ursachen:
○ Nebenluft durch Undichtigkeiten im Ansaugsystem
○ Verschmutzter Luftfilter
○ Nachlassende Kompression der Zylinder

Der Luftfilter

Seine Verbrennungsluft saugt der Mercedes durch einen Luftfilter an. Dort werden die Staub- und Schmutzteilchen herausgefiltert, sonst könnten sie in die Teile der Gemischaufbereitung oder die Verbrennungsräume gelangen und dort Schaden stiften. Eine weitere Aufgabe des Filters ist die Dämpfung der Ansauggeräusche.

Luftfilter ausbauen

● Bei HFM den Spannbügel zum Luftkanal lösen. Bei PMS das Schlauchband lösen.
● Ansaugschlauch am unteren Teil des Luftfilters abziehen.
● Luftfilter kraftvoll hochheben.

Luftfiltereinsatz wechseln

Nach ca. 45 000 km empfehlen wir die Reinigung des Papierfiltereinsatzes von gröberer Verschmutzung. Mercedes ordnet den Wechsel des Filtereinsatzes alle 90 000 km an. Andererseits muß bei häufigen Fahrten über staubige Straßen der Filter öfters gereinigt und früher ersetzt werden.

Wartung Nr. 30

- Papierfiltereinsatz ausbauen. Dazu Spannbügel am Luftfilter lösen und Deckel anheben.
- Zum Reinigen zwischendurch den Filter auf harter Unterlage ausklopfen, damit sich die groben Schmutzteilchen lösen.
- Soll auch der feine Staub entfernt werden, muß mit Druckluft seitlich an den Filterlamellen vorbeigeblasen werden. Niemals den Preßluftstrahl direkt auf das Filterpapier richten! Sonst drückt sich ein Teil der Staubkörnchen fest in die Filterporen.
- Filtergehäuse mit sauberem Lappen auswischen.
- Filter wieder einbauen bzw. Filter erneuern.

Störungsbeistand

Motronic-Einspritzung

Die Störung	– ihre Ursache	– ihre Abhilfe
A Kalter Motor springt nicht oder schlecht an	1 Sicherung der Einspritzung auf Überspannungsschutz defekt	Auswechseln
	2 Kraftstoffpumpenrelais bzw. Überspannungsschutz defekt	Überprüfen, ggf. austauschen
	3 Kraftstoffpumpe fördert nicht oder nicht genügend	Benzin im Tank? Pumpe kontrollieren, Fördermenge messen (Kapitel »Tank und Kraftstoffpumpe«)
	4 Druckregler defekt	Druck messen lassen
	5 Leerlaufregelung defekt	Prüfen lassen
	6 Steuergerät defekt	Prüfen lassen
	7 Kein Drehzahlsignal vom Drehzahlgeber	Kabelverlauf kontrollieren
	8 Motor erhält »Falschluft«	Sämtliche Schlauchleitungen überprüfen
B Warmer Motor springt nicht oder schlecht an	1 Unterdruckleitung zum Druckregler defekt	Leitung überprüfen
	2 Siehe A 1–4, 6 und 7	
	3 Einspritzventile undicht	Ventile überprüfen
	4 Kühlmittel-Temperaturgeber defekt	Geber überprüfen
C Motor springt an, stirbt aber wieder ab	1 Siehe A 1 und 5	
	2 Siehe B 1	
	3 CO-Wert stimmt nicht	Einspritzung prüfen lassen
	4 Heißfilm-Luftmassenmesser bzw. Drucksensor am PMS-Steuergerät defekt oder Zuleitungskabel unterbrochen	Prüfen bzw. Kabelverlauf kontrollieren
D Kalter Motor schüttelt im Leerlauf	Siehe A 5	
E Warmer Motor schüttelt im Leerlauf	1 Siehe A 4 und 5	
	2 Siehe C 3	
F Warmer Motor dreht im Leerlauf zu hoch	Siehe A 5	
G Motor hat Aussetzer	1 Kraftstoffilter verstopft	Filter austauschen
	2 Siehe A 3 und 5	
	3 Siehe B 3	
	4 Siehe C 3 und 4	
H Motor stottert, setzt aus	Kraftstoffpumpe fördert ungleichmäßig	Fördermenge messen
I Motorleistung ungenügend	1 Siehe A 3, 4 und 8	
	2 Siehe C 3	
	3 Drosselklappe geht nicht in Vollgasstellung	Gaszug einstellen
J Motor patscht ins Saugrohr	1 Siehe A 4	
	2 Siehe C 3	
K Kraftstoffverbrauch zu hoch	1 Siehe B 4	
	2 Siehe C 3	

Die Zündanlage

Hat's gefunkt?

Ein kräftiger elektrischer Funke ist schon vonnöten, um das von den Kolben angesaugte und verdichtete Kraftstoff/Luft-Gemisch zu entzünden. Dafür ist der Zündungsteil der HFM- bzw. PMS-Motronic verantwortlich. Die Motronic ist es auch, die sehr präzise festlegt, unter welchen Last- und Temperaturbedingungen der Funke zu welchem Zeitpunkt überspringen soll.

Das Zündsystem

In der Einleitung ist es schon erwähnt: Unser C-Klasse-Mercedes besitzt ein umfassendes Motor-Management – die **Motronic**. Die ist sowohl für die Einspritzung (siehe vorangegangenes Kapitel) wie auch für die Zündung zuständig. Dabei nutzt sie für beide Teile dieselben Geber, wie z.B. den Drehzahl- (Impuls-)geber, den Geber für die Nockenwellen-Position links vorn im Zylinderkopf, die Temperaturgeber für Kühlmittel und Ansaugluft und andere.
Von der Funktion her ist die Motronic eine normale Transistorzündung geblieben – doch mit kleinen, aber feinen Unterschieden:
○ Sie berechnet die Zündverstellung elektronisch und führt sie auch elektronisch aus.
○ Sie besitzt eine ruhende Zündverteilung, d.h. es ist kein Zündverteiler mehr nötig.

Was die Zündung leistet

Damit an der Zündkerze im Verbrennungsraum überhaupt ein Funke überspringen kann, muß zwischen den Zündkerzen-Elektroden eine Spannung von mindestens 30 000 Volt vorhanden sein. Die Batterie liefert aber nur 12 Volt. Also muß die Batteriespannung gewaltig hochtransformiert werden.
Ferner geht es beim Funkenüberschlag nicht um Zehntel- oder Hunderstel-, sondern um Tausendstelsekunden. Nur ein Minimales zu spät oder zu früh, und die Zündung und damit die Leistung des Motors ist mangelhaft. Nicht zu vergessen die Menge der Funken, die hier benötigt wird: Dreht ein Sechszylindermotor mit 3000 Touren pro Minute, dann verlangt jeder Zylinder 25 Funken pro Sekunde. Jeder einzelne wird vom Motronic-Steuergerät ausgelöst.

Wann wird gezündet?

Der Funke muß im richtigen Augenblick überspringen – davon hängt die volle Leistung des Motors ab. Diesen Augenblick herauszufinden, ist allerdings nicht ganz einfach.
Am wirkungsvollsten ist die Verbrennung, wenn das Kraftstoff/Luft-Gemisch in dem Moment entzündet wird, da dieses auf engstem Raum zusammengepreßt ist. Diese höchste Verdichtung herrscht beim Viertaktmotor in jenem Augenblick, in dem der Kolben bei Beendigung des Kompressionshubs von der Aufwärtsbewegung in eine Abwärtsbewegung übergehen will.

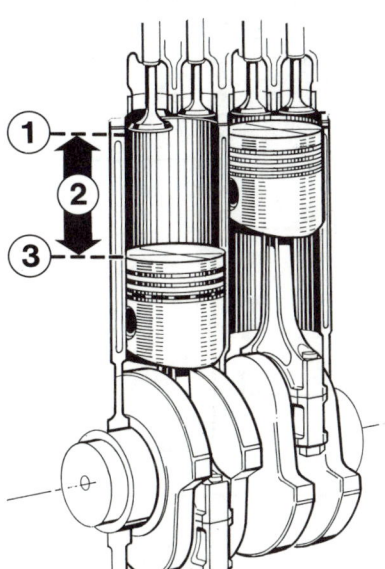

Oberer (1) und unterer (3) Umkehrpunkt des Kolbens auf der Kolbenlaufbahn (OT und UT) werden in dieser Zeichnung verdeutlicht. Der Kolbenhub (2) bezeichnet die Strecke dazwischen.

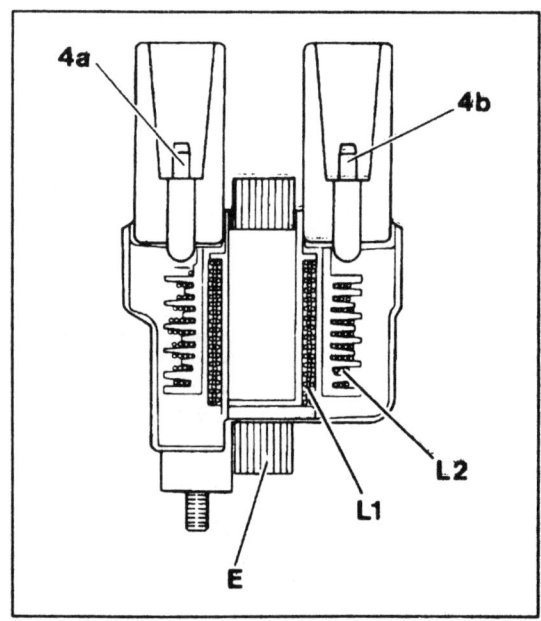

Schnitt durch die Zweifunken-Zündspule: Sie ist ähnlich einem Transformator aufgebaut. An jedem Ende der Hochspannungswicklung ist ein Hochspannungsanschluß vorhanden. Bezeichnet sind:
4a, 4b – Hochspannungsanschlüsse;
E – Eisenkern;
L1 – Primärwicklung;
L2 – Sekundärwicklung.

Bevor sich die Bewegungsrichtung des Kolbens umkehrt, steht er einen winzigen Sekundenbruchteil lang am höchsten Punkt in seiner Bewegungsbahn still. Diesen Punkt nennt man den Oberen Totpunkt (OT).
Der ideale Zündzeitpunkt zum Entzünden des Gemisches liegt geringfügig später – nämlich in dem Moment, in dem der Kolben gerade seine Abwärtsbewegung beginnt. Die Verdichtung ist am höchsten, und der Kolben kann mit Kraft und Schwung zum Motorblock hinuntergedrückt werden. Nun wäre es aber falsch, den Zündzeitpunkt genau auf OT zu legen. Denn das Kraftstoff/Luft-Gemisch braucht eine gewisse Zeit (rund 1/3000 Sekunde), bis es sich entzündet hat und den vollen Verbrennungsdruck entwickelt. Also wird der Zündzeitpunkt vorverlegt. Wir haben Frühzündung. Der Startschuß für den Funken erfolgt deshalb noch während der Aufwärtsbewegung des Kolbens, der Verbrennungsdruck setzt jedoch erst knapp nach dem OT ein.

Oberer Totpunkt und Frühzündung

Mit steigender Motordrehzahl muß der Zündfunke immer früher überspringen, denn – wir haben das im letzten Abschnitt schon angesprochen – das Kraftstoff/Luft-Gemisch braucht ja immer die gleiche Zeit zur Entzündung. Nur so erfolgt die Verbrennung wieder genau zur richtigen Zeit, nämlich dann, wenn der Kolben gerade wieder beginnt abwärts zu laufen.
Das Verbrennen des Kraftstoff/Luft-Gemisches hängt aber auch von dessen Zusammensetzung ab. Bei nur gering durchgetretenem Gaspedal (bei Teillast) ist das Gemisch in den Brennräumen weniger zündfähig; es verbrennt daher langsamer und muß auch aus diesem Grund früher gezündet werden.

Zündverstellung in Richtung spät

Andere Situationen erfordern es, den Zündzeitpunkt in Richtung spät zu verschieben. Die Zündung erfolgt dann erst, wenn der Kolben den OT längst passiert hat. Es wird also fast in den Auspufftakt hinein gezündet, was die Abgaszusammensetzung verbessert, die Motorleistung aber verschlechtert. Demzufolge ist Spätzündung genau richtig, wenn der Motor ohne Last im Schiebebetrieb (z.B. bergab ohne Gas) läuft.

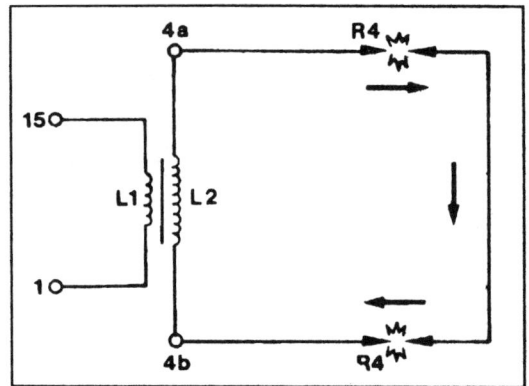

Verschaltung der Zündspulen: Der Hochspannungskreis (L2 – Sekundärwicklung) wird über zwei Zündkerzen (R4) und den Motorblock geschlossen. Eine Unterbrechung zu einer Zündkerze wirkt sich so immer auf zwei Zündkerzen aus. Am Anschluß 15 wird die Zündspule (L1 – Primärwicklung) mit Spannung versorgt. Angesteuert wird sie am Anschluß 1 vom Steuergerät der Zünd/Einspritz-Steuerung.

Beim Sechszylinder sind Zweifunken-Zündspulen (3) eingebaut. Mit einem Hochspannungsanschluß stecken sie direkt auf der Zündkerze (4), vom zweiten Hochspannungsanschluß (2) führt ein kurzes Zündkabel (6) zur jeweiligen »Partner«-Zündkerze. Die Ansteuerung der Zündspule erfolgt über den Stecker (5) am Anschluß (1).

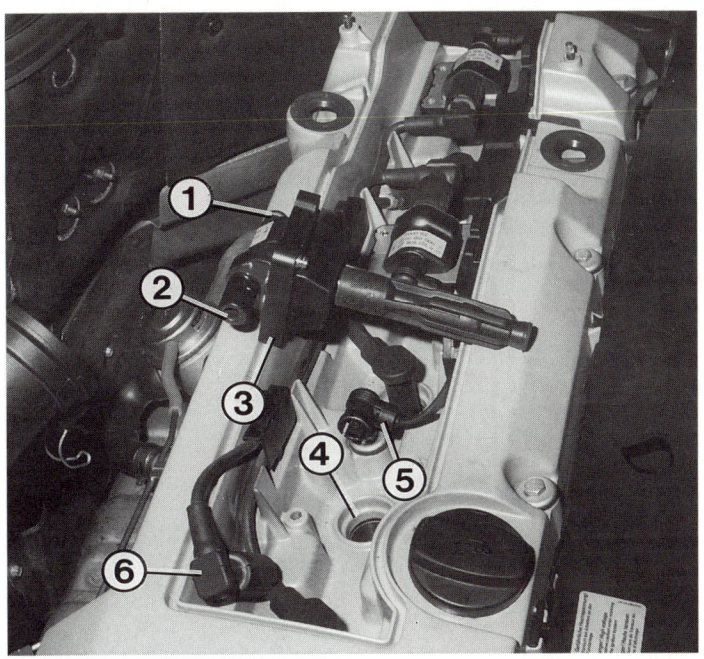

So entsteht der Zündfunke

○ Das Grundprinzip: Zunächst fließt der Batteriestrom durch die Primärwicklung der Zündspule.
○ Diese Wicklung besteht aus wenigen Windungen eines dicken Drahtes. Unter der Wirkung des Stromes baut sich um den Eisenkern in der Zündspule ein kräftiges Magnetfeld auf – unsere Zündenergie.
○ Nähert sich der Kolben in seinem Zylinder dem Punkt, da die angesaugte und verdichtete Ladung gezündet werden soll – dem Zündzeitpunkt –, wird der Strom zur jeweiligen Zündspule unterbrochen. Das geschieht im Motronic-Steuergerät und zwar einzeln für jede Zündspule – je nachdem, welche Zündkerze nach der Zündfolge des Motors gerade mit dem Zünden an der Reihe ist.
○ Mit dem Ausschalten des Stromes bricht das Magnetfeld in der Zündspule zusammen. Dabei passiert folgendes: In der Sekundärwicklung aus sehr vielen Windungen eines dünnen Drahtes entsteht ein Hochspannungs-Stromstoß von einigen zigtausend Volt.
○ Diese Zündspannung wird direkt der Zündkerze zugeleitet, das Gemisch wird entzündet, der Motor dreht weiter. Der Stromkreis wird wieder geschlossen, und das Spiel läuft in der nächsten Spule von neuem ab.

Die Zündspulen

Beim Vierzylinder sind die beiden Zündspulen unten am Saugrohr recht versteckt angeschraubt. Beim Sechszylinder sind drei Zündspulen unter der Abdeckung im Zylinderkopf untergebracht. Jede der sogenannten Zweifunken-Zündspulen versorgt trickreich zwei Zündkerzen gleichzeitig mit Hochspannung. Beide Enden der Sekundärwicklung sind mit einem Hochspannungsanschluß versehen. Die Hochspannung wird dabei von

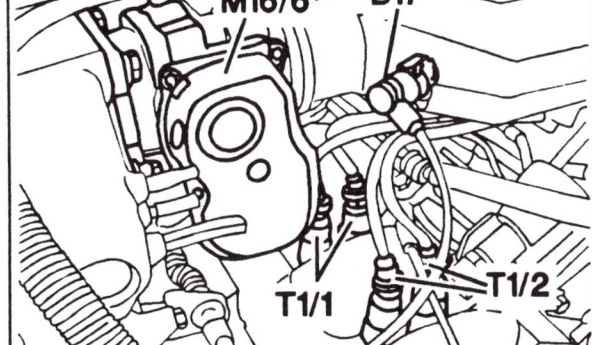

Beim Vierzylinder sind die Zündspulen unter dem Saugrohr versteckt:
B17 – Temperaturgeber Ansaugluft;
M16/6 – Stellglied Drosselklappe/LLR;
T1/1 – Zündspule für Zylinder 1 und 4;
T1/2 – Zündspule für Zylinder 2 und 3.

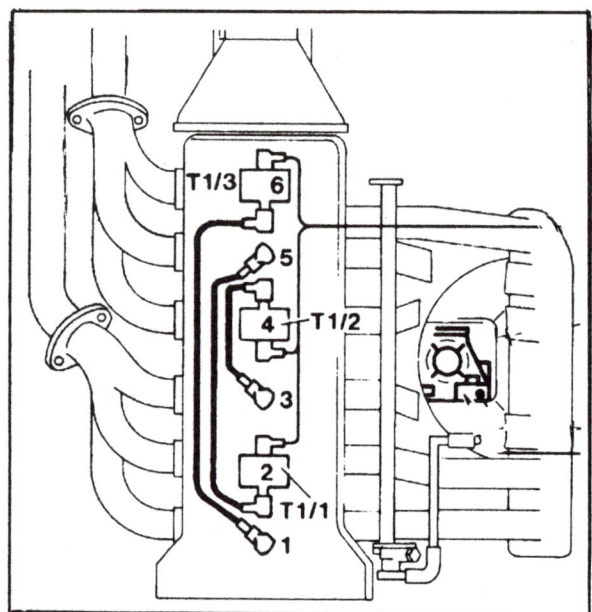

Anordnung der Zündspulen und Hochspannungsleitung in der Zylinderkopfhaube beim Sechszylinder.

einer Zündspule so verteilt, daß eine Zündkerze im Arbeitstakt des Zylinders zündet, während die andere Zündkerze in den Auslaßtakt des um 360° versetzten Zylinders zündet. Die Zündfunken springen zwar an beiden Zündkerzen gleichzeitig über, doch der Zündfunke im unverdichteten Auslaßtakt benötigt nur wenig Energie, so daß nahezu die gesamte in der Zündspule gespeicherte Energie dem Funken im Arbeitstakt zukommt.
Die Zweifunken-Zündspulen werden über je eine Leistungs-Endstufe im Steuergerät im Zündzeitpunkt gegen Masse geschaltet. Entsprechend versorgen die Zündspulen folgende Zylinder:

Motor	Zündspule (in Fahrtrichtung)	angeschlossene Zylinder
Vierzylinder	vorne	1 und 4
Vierzylinder	hinten	2 und 3
Sechszylinder	ganz vorne	2 und 5
Sechszylinder	mitte	3 und 4
Sechszylinder	hinten	1 und 6

Was die Zündung alles bedenkt

Mit den folgenden Erklärungen wollen wir Ihnen ein Gefühl für die vielen Dinge geben, welche heute in ein modernes Zündsystem eingebaut sind. Da Software oft nur kurze Beine hat und öfters überarbeitet wird, können wir aber keine Angaben darüber machen, für welche Motoren die Funktionen gelten:
Kaltstart: Um die Startwilligkeit unter 0°C zu erhöhen, wird im Zündzeitpunkt mehrfach ganz kurz hintereinander gezündet, jedoch nur bis maximal 10° nach dem Oberen Totpunkt und einer Motordrehzahl bis 600/min.

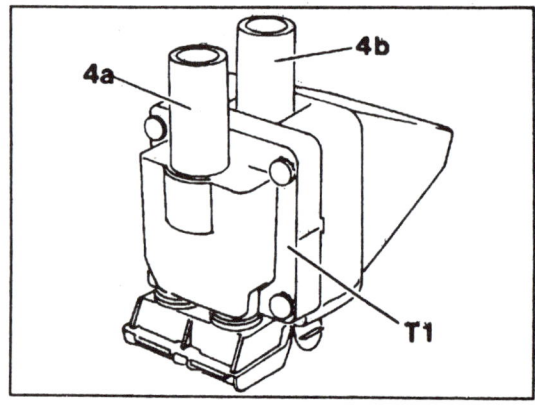

Ansicht der Zweifunken-Zündspule beim Vierzylinder. An jeden Hochspannungsanschluß (4a; 4b) ist eine Zündkerze angeschlossen. An beiden Zündkerzen springen so die Zündfunken gleichzeitig über.

Anordnung der Zündspulen beim Sechszylinder:
1, 2, 3 – Zündspulen, sie müssen fest in den Hülsen zur Zylinderkopfhaube sitzen;
4 – Deckel in Zylinderkopfhaube;
5 – Luftabschaltventil der Lufteinblasung.

Erkennung des 1. Zylinders: Bei den ersten Motorumdrehungen vergleicht das Steuergerät die Signale des Gebers an der Nockenwelle und das Signal vom Positionsgeber Kurbelwelle mit dem Magnet-Segment zur Erkennung des Zündkreises für Zylinder 1.

Starten: Bis ca. 600/min ist der Zündzeitpunkt größtenteils fest vorgegeben. Erst ab ca. 800/min wird zum für den momentanen Betriebszustand entsprechenden Zündzeitpunkt übergegangen.

Zünden im Warmlauf: Je nach Motortemperatur und Belastung wird ein möglichst optimaler Zündzeitpunkt herausgesucht.

Zünden bei Vollgas: Der Zündzeitpunkt wird möglichst weit nach früh (mehr Drehmoment) verlegt, aber nur, wenn sonst alles in Ordnung ist.

Zünden im Leerlauf: Je nach Getriebe (Schaltung oder Automatik) und Motortemperatur sind verschiedene Zündzeitpunkte möglich.

Ansauglufttemperatur-Korrektur: In Abhängigkeit von der Lufttemperatur und der Motorlast wird der Zündzeitpunkt in Richtung »spät« korrigiert – jedoch nur bei hoher Belastung: Z.B. bei +35°C um 3,5° später und maximal bei 65°C mit 9,5° Spätverstellung.

Antiklopfregelung: Die Zündung ist auf optimale Leistung ausgelegt. Sollte es unter bestimmten Betriebsbedingungen zu klopfender Verbrennung kommen, wird durch die Antiklopfregelung der klopfende Zylinder erkannt und der Zündzeitpunkt entsprechend verstellt:

Sofort wird der Zündzeitpunkt für den entsprechenden Zylinder, in dem die klopfende Verbrennung stattgefunden hat, um 3° KW (Kurbelwinkel) in Richtung »spät« verstellt. Klopft es weiterhin, wird der Zündzeitpunkt um weitere 3° (bis maximal ca. 10°) in Richtung »spät« verstellt. Klopft es nicht mehr (z.B. wieder besseren Sprit getankt), wird der Zündzeitpunkt schrittweise um 0,35° je Zündung zurückgestellt. Sollte es zum Ausfall der Klopfsensoren oder Geber kommen, wird zum Schutz des Motors auf Spätzündung gestellt.

Katalysator-Aufheizung: Damit der Katalysator möglichst schnell Abgas umsetzt, wird die Abgastemperatur erhöht. Bei einer Motortemperatur bis 40°C und im Leerlauf wird nach dem Start der Zündzeitpunkt ca. 30 Sekunden bis 8° in Richtung »spät« verstellt und die Leerlaufdrehzahl auf ca. 1200/min erhöht.

Überhitzungsschutz: Bei Motorbelastung und einer Temperatur über 100°C erfolgt die Zündung bis 3° später. Dies hilft gegen weiteren Temperaturanstieg. Wenn es draußen zudem recht heiß ist, wirkt zusätzlich die oben

In der linken Zeichnung ist das Zündkennfeld einer herkömmlichen Zündanlage dargestellt. Rechts am Kennfeld der Motronic erkennen Sie, daß das Kennfeld wesentlich stärker ausgeformt ist. Folge: Der Zündzeitpunkt ist viel genauer auf den jeweiligen Betriebszustand angepaßt.

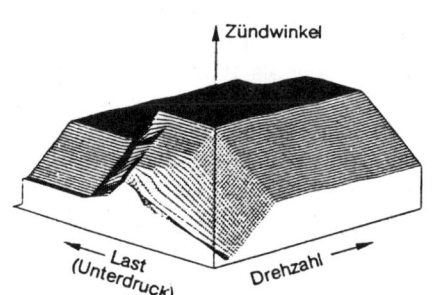
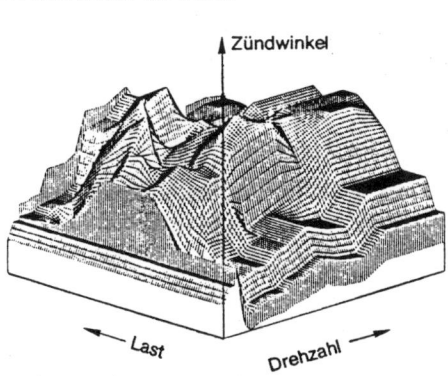

beschriebene Korrektur für die Ansaugluft. Dann können bis ca. 11° Spätzündung entstehen, welches wiederum der Fahrer als deutlichen Leistungsverlust (ungerechtfertigt) beklagen könnte.

»Amtshilfe« für die Leerlaufdrehzahl: Liegt eine unzulässige Leerlaufdrehzahl vor, versucht die Zündung zu helfen. Dazu kann der Zündzeitpunkt um bis zu 8° in Richtung »früh« und »spät« verstellt werden.

Kraftstoffabschaltung: Zum Katalysatorschutz wird nach 16 Fehlzündungen in einem Zylinder dessen Einspritzventil abgeschaltet. Sind später ca. 200 Zündungen in Folge in Ordnung, wird es ggf. wieder eingeschaltet, wenn eine ganze Reihe weiterer Bedingungen gut sind.

Folgende Fehler kann das Steuergerät durch eine Primärstromüberwachung erkennen: Leistungs-Endstufe defekt, Zündspule unterbrochen, Kurzschluß, Zündkerze defekt.

Antiruckelaufschaltung bei Schaltgetriebe: Nach einem Lastwechsel wird besonders im 1. Gang kurz der Zündzeitpunkt nach »spät« verstellt und damit ein Aufschaukeln der Karosserie unterdrückt.

Überlastungsschutz bei Automatik: Bei den stärksten Motoren der C-Klasse ist es erforderlich, die Schaltglieder des automatischen Getriebes vor thermischer Überlastung zu schützen. Dazu wird während der Hochschaltungen 1→2 und 2→3 der Zündzeitpunkt für ca. 400 ms in Richtung »spät« auf 5° KW vor OT verstellt (reduziertes Motordrehmoment). Diese Maßnahme wird auch bei der Vollastrückschaltung 3→2 zur Komfortverbesserung eingesetzt.

Das Motronic-Zündungskennfeld

Bei der Motronic bedarf es keiner zusätzlichen Einrichtung zur Verstellung des Zündzeitpunkts. Dem Steuergerät stehen alle möglichen Motordaten und -kennwerte zur Verfügung. Drehzahlgeber, Geber für Zylinder-Erkennung und Geber für Motortemperatur machen's möglich. Aus all diesen Daten und Informationen errechnet die Motronic den für den jeweiligen Belastungszustand richtigen Zündzeitpunkt.

Zeichnet man den Zündwinkel (Zündzeitpunkt) über dem Lastzustand des Motors und der Motordrehzahl auf, erhalten wir ein sogenanntes Zündkennfeld. Das Kennfeld der Motronic wird wegen seiner bizarren Form gerne gezeigt – es läßt auf genaue Einflußnahme auf die Betriebszustände schließen. Eine einfachere Form zeigt das Kennfeld von herkömmlichen Zündanlagen.

Die Geber der Motronic

Die Geber der Motronic sind doppelt genutzt: Von der Einspritzanlage wie von der Zündanlage. Drehzahlgeber und der Geber für Zylinder-Erkennung sind die wichtigsten. Beides sind sogenannte Induktionsgeber.

○ Der Drehzahlgeber funktioniert folgendermaßen: Spule und Magnet sind im Geber untergebracht. Das Gegenstück bilden Segmente am Zahnkranz der Schwungmasse hinten am Motor. Jedesmal, wenn nun ein Segment am Geber vorbeiläuft, ändert sich das Magnetfeld des Dauermagneten, und in der Spule wird Spannung erzeugt. Dieses kleine Spannungssignal genügt zur Weiterverarbeitung im Steuergerät der Motronic. Die Information über die Drehzahl der Kurbelwelle und deren Stellung liegt somit vor.

○ Fast identisch funktioniert der Nockenwellen-Positionsgeber. Er meldet dem Steuergerät, wann Zylinder 1 mit dem Zünden dran ist.

○ Weitere Geber übermitteln die Temperatur der Ansaugluft und des Kühlmittels.

Vorsicht beim Umgang mit der Zündung!

Gegenüber den alten kontaktgesteuerten Zündungen sind die heutigen Zündsysteme, wie z.B. die Motronic, ungleich leistungsfähiger. Die höhere Zündenergie kommt zwar dem Motorlauf und der Zuverlässigkeit zugute, doch sind die **hohen Zündspannungen** nun in den **für Menschen gefährlichen Bereich** gerückt. Schon in der dünnen Steuerleitung zu einer Zündspule können Spannungen bis zu 100 Volt auftreten, ganz zu schweigen von der Zündspannung, die mit über 30000 Volt gefährlich hoch ist.

Zwar hört man glücklicherweise nichts davon, daß Autobesitzer von ihrer Zündung ermordet wurden, doch kann das Berühren blanker Kontakte unter ungünstigen Umständigen vor allem für Herzkranke und Träger von Herzschrittmachern sehr gefährlich werden. Deshalb:

○ Sämtliche elektrischen Leitungen – auch Anschlüsse von Prüfgeräten – nur bei **ausgeschalteter Zündung** berühren oder ab- bzw. anklemmen.

○ Soll der Motor vom Anlasser lediglich durchgedreht werden ohne anzuspringen, muß die Zündung »lahmgelegt« werden.

○ Der Stecker am Steuergerät der Motronic darf nur bei ausgeschalteter Zündung abgezogen und aufgesteckt werden.

○ Zur Motorwäsche muß die Zündung ebenfalls ausgeschaltet sein.

○ Zur Starthilfe bei leerer Batterie mit einem Schnellader darf dieser höchstens eine Minute lang angeschlossen sein und die Spannung nicht mehr als 16,5 V betragen.

○ An die Anschlüsse der Zündspulen dürfen keine weiteren Verbraucher, Entstörkondensatoren oder ähnliches angeschlossen werden.

○ Zum elektrischen Schweißen am Fahrzeug müssen die Kabel an der Batterie abgeklemmt werden.

○ In der Lackier-Trockenkammer gelten ebenfalls besondere Vorschriften.

Damit auch im richtigen Zylinder gezündet wird, muß das PMS-Steuergerät beim C 180/200 erkennen, welcher Zylinder gerade verdichtet hat. Dazu ist ein kleiner Magnet (Pfeil) an den Segmenten am Schwungrad angebracht. Der Drehzahlgeber (L5) erkennt dessen Stellung. Beim HFM-Steuergerät (C 220/280) übernimmt diese Aufgabe der Geber an der Nockenwelle.

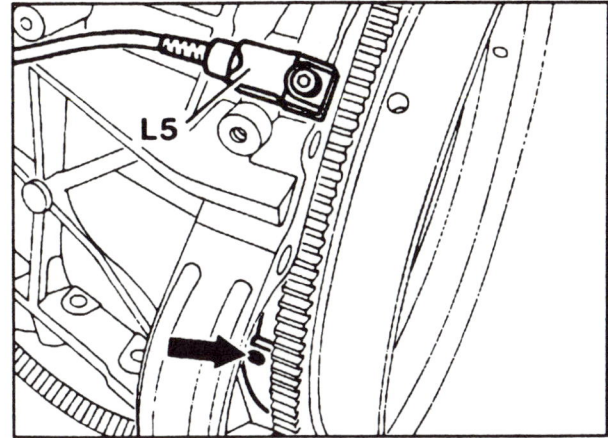

Ist eine Zündspule oder -kerze ausgebaut, darf der Motor keinesfalls mit dem Anlasser durchgedreht werden. Denn so kann die Zündenergie nicht abgeleitet werden, und das Motronic-Steuergerät sowie die betreffende Zündspule können Schaden nehmen. Deshalb bei **ausgeschalteter Zündung** den Überspannungsschutz im Aggregateraum rechts abziehen.

Zündung lahmlegen

Störungssuche an der Zündung

Kompliziert sieht sie aus, die Motronic-Zündanlage, und manch einer wird sich fragen, ob hier die Störungssuche in Eigenregie noch sinnvoll ist. Wir meinen ja – sofern man nach folgendem System vorgeht:
○ Zuerst die Sichtprüfung. Da fallen einfach zu behebende Fehler sofort auf.
○ Die anschließende Funktionsprüfung zeigt, ob die Motronic einen Zündfunken zustandebringt.
○ Als nächstes wird die Spannungsversorgung des Steuergeräts geprüft.
○ Jetzt kommt die Prüfung der Zündspulen dran.
○ War bis zu diesem Punkt kein Fehler zu finden (was recht unwahrscheinlich ist), kann es eigentlich nur noch am Steuergerät selbst oder an den Gebern liegen. Das Steuergerät ist voll diagnosefähig, d.h. die Mercedes-Werkstatt kann mit dem Service-Tester genau feststellen, wo der Defekt sitzt.

○ Sitzen alle Kabelanschlüsse und Steckkontakte an den Zündspulen fest?
○ Ist im Mehrfachstecker am Motronic-Steuergerät eventuell ein einzelner Steckkontakt zurückgerutscht?

Sichtprüfung der Zündanlage

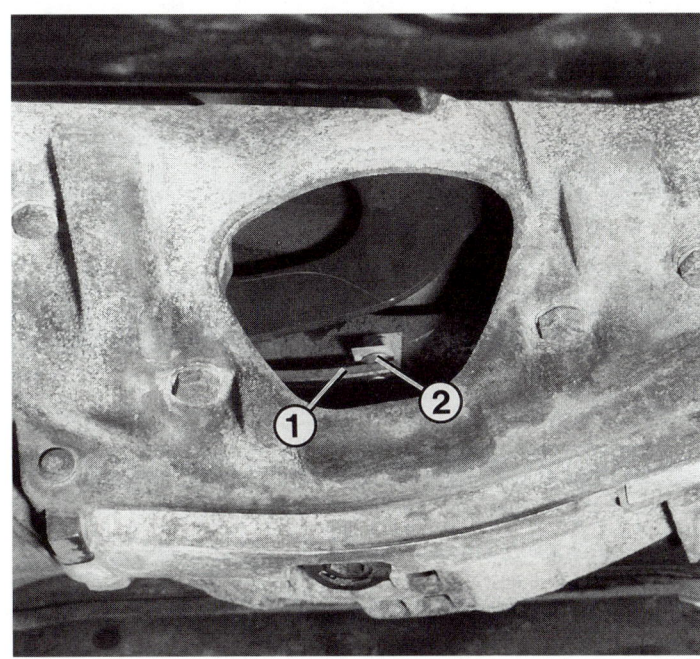

Hier ist die Abdeckung in der Getriebeglocke abgenommen. Dahinter zu sehen:
1 – Segment am Schwungrad;
2 – Magnet zur Zündkreiserkennung.

○ Zeigt die Vergußmasse einer Zündspule Risse oder Verwerfungen? Dies deutet auf Überhitzung hin.
○ Sind alle Teile der Zündanlage sauber und trocken? Feuchter Schmutz begünstigt Spannungsüberschläge.

Ist Zündspannung vorhanden?

Gleich zu Anfang prüfen wir, ob die Zündanlage überhaupt Zündfunken zustandebringt:
- Eine Zündkerze herausdrehen.
- Stecker und Kerze wieder zusammenstecken und diese so auf dem Motorblock befestigen, daß sie sicheren Massekontakt hat und von der Motorbewegung nicht abgeschüttelt werden kann. Das erreicht man z.B., wenn man das Gewindeteil der Kerze mittels der Klemme eines Starthilfekabels leitend mit dem Motor verbindet.
- Motor von Helfer mit dem Anlasser durchdrehen lassen.
- Springen kräftige Funken an der Kerzen-Elektrode über, ist Zündstrom zumindest an dieser Spule vorhanden und damit die Zündanlage aller Wahrscheinlichkeit nach in Ordnung.
- Dennoch können Fehler vorhanden sein, die auf diese Weise nicht zu erkennen sind: ein defekter Geber oder falsches Ausrechnen des Zündzeitpunkts durch das Steuergerät.
- Funkt nichts, versuchen Sie es mit einem anderen Zylinder.
- Springen immer noch keine Funken an der Zündkerze über, muß nach der folgenden Anleitung weiter geprüft werden.

Fingerzeig: Beachten Sie bei den folgenden Messungen, daß Meß- und Prüfgeräte nur bei ausgeschalteter Zündung an- und abgeklemmt werden dürfen.

Stromversorgung der Zündung/Zündspulen in Ordnung?

Neben einem Totalausfall der Zündanlage durch fehlende Spannung kann auch zu geringe Versorgungsspannung (weniger als 11,5 Volt) erhebliche Störungen bewirken! Deshalb ist hier ein Voltmeter besser zur Prüfung.
- Am Überspannungsschutz prüfen, ob die Sicherung(en) oben in Ordnung sind.
- Sind am Überspannungsschutz Klemme 30, 15, 87 und Masse bei entsprechender Zündschlüsselstellung nachweisbar.
- Am Stecker des Steuergeräts Spannungsversorgung in Ordnung? Spannungsanschlüsse und Masseverbindungen prüfen.
- An den Zündspulen Spannungsversorgung an Klemme 15 in Ordnung?
- Leitungsverbindung von Klemme 1 der Zündspulen zum Steuergerät unterbrochen?

Zündspule defekt?

- Die **Sichtprüfung** an den Zündspulen wurde bereits durchgeführt. Spule mit herausgedrückter Vergußmasse oder Haarrissen ersetzen.
- Zur **Widerstandsprüfung** Leitungsstecker an der jeweiligen Zündspule bei ausgeschalteter Zündung abnehmen. Wir messen Primär- und Sekundärwicklung der Spule.
- Mit einem genauen Ohmmeter zwischen den Zündspulenklemmen 1/– und 15/+ messen. Sollwert: 0,3–0,4 Ω.
- Mit dieser Messung läßt sich ein Kurzschluß zwischen den Wicklungen nicht erkennen. Fällt also der Verdacht trotz guter Meßergebnisse auf die Zündspule, sollten Sie die ausgebaute Spule bei einer Autoelektrik-Werkstatt durchprüfen lassen.
- Widerstandsprüfung zwischen den beiden Hochspannungsanschlüssen. Sollwert: 5,5–8,5 kΩ.

Zündzeitpunkt kontrollieren?

Die Kontrolle des Zündzeitpunkts ist bei der Motronic überflüssig geworden. Denn an dieser Zündung kann sich beim besten Willen nichts verstellen: Die Geber sitzen rüttelsicher in ihren Halterungen und die Segmente am Schwungrad können ihre Position auch nicht verändern.
Fazit: Bei Motronic braucht der Zündzeitpunkt nur bei Störungen (von der Werkstatt) geprüft zu werden, denn verstellen läßt sich ohnehin nichts.

Die Zündfolge

Für ausgewogenen Motorlauf werden die Zylinder entsprechend der werksseitig festgelegten Zündfolge **1–3–4–2** beim Vierzylinder und **1–5–3–6–2–4** beim Sechszylinder gezündet.
○ In der dementsprechenden Reihenfolge sind die Zündkabel auch in die Zündspulen eingesteckt.
○ Bei Reparaturarbeiten sind Verwechslungen beim Einstecken möglich. Deshalb Leitungsstecker vor dem Ausbau **kennzeichnen**, sofern die Zylinder-Nr. auf den Zuleitungskabeln unleserlich geworden ist.

Zündkerzen auswechseln

Wartung Nr. 20

Der Wartungsplan sieht alle 30 000 km einen Kerzenwechsel vor. Das erscheint uns ein realistisches Intervall zu sein, bei dem keine Veranlassung besteht, es Kraft besseren Wissens zu verlängern. Gerade bei Fahrzeugen

Vier Beispiele für das Aussehen von Zündkerzen:
1 – normal: Hellgraue bis bräunliche Verfärbung, geringer Elektrodenabbrand;
2 – übermäßige Ablagerungen: Zusätze im Öl oder Kraftstoff können Rückstände bilden, die sich im Innern der Zündkerze ablagern und Glühzündungen verursachen;
3 – verrußt: Weiche, rußartige Ablagerungen können Kriechströme und Zündaussetzer verursachen;
4 – verölt: Der gesamte Innenraum der Kerze und die Elektroden sind von einem schwärzlichen Ölfilm überzogen, was Zündaussetzer oder Kurzschluß der Kerze zur Folge haben kann.

mit Katalysator muß besonders darauf geachtet werden, daß die Zündanlage intakt ist. Aber es lohnt sich, die ausgebauten Kerzen kritisch zu beäugen: Lesen Sie im folgenden Abschnitt, was das »Zündkerzengesicht« aussagt.

Übrigens, falls Sie die Kerzen zwischendurch zur Kontrolle doch einmal ausgebaut haben: Von Hand sollten Sie die Zündkerzen möglichst nicht reinigen. Das schadet der Isolierschicht der Zündkerzen-Mittelelektrode (Speckstein). Aber den Elektrodenabstand können Sie prüfen (siehe übernächsten Abschnitt).

Das »Zündkerzengesicht«

Aus dem Aussehen und der Färbung der Zündkerzen-Elektroden können Sie erkennen, ob der Motor optimal arbeitet. Sehen Sie sich die Isolatorspitze mit der Mittelelektrode an. Es bedeuten:
○ **Isolatorspitze grau bis braun gefärbt:** Einspritzanlage in Ordnung, der Motor läuft wirtschaftlich.
○ **Starke Ablagerungen:** Ursachen können Zusätze im Motoröl oder Kraftstoff sein oder erhöhter Ölverbrauch duch schadhafte Ventilschaftabdichtungen. Evtl. Öl- bzw. Kraftstoffmarke wechseln.
○ **Schwarze rußartige Ablagerungen:** Zündkerze erreicht durch ausschließlichen Kurzstreckenverkehr ihre Selbstreinigungs-Temperatur nicht, falsche Zündkerze, CO-Gehalt zu hoch.
○ **Isolatorspitze weißlich gefärbt:** Zündzeitpunkt zu »früh«, also Motronic defekt, CO-Gehalt zu niedrig.
○ **Schmelzerscheinungen an Mittel- und Dreieckelektrode:** Glühzündungen durch Ablagerungen im Verbrennungsraum. Überhitzte Ventile, Mängel an der Zündanlage oder Hitzestau durch mangelhafte Kühlung.
○ **Bruch der Isolatorspitze,** im Anfangsstadium als Haarrisse erkennbar: Klopfende Verbrennung durch minderwertigen Kraftstoff, Mängel an der Zündanlage (Zündzeitpunkt), ungenügende Motorkühlung oder Gemischabmagerung durch »Falschluft«.
○ **Gelblich glänzende Schicht auf der Isolatorspitze:** Benzin- und Motorölzusätze haben Ablagerungen gebildet, die sich bei abrupter voller Belastung des Motors verflüssigt haben und elektrisch leitfähig wurden – als Folge Zündaussetzer. Motor nach langem Kurzstreckenbetrieb nicht sofort voll belasten.
○ **Ölschicht über Elektroden und Innenraum der Kerze:** Kolbenringe, Ventilführungen oder -schaftabdichtungen schadhaft.

Vier weitere Fehlerursachen an den Zündkerzen sind hier abgebildet:
5 – überhitzt: Die Isololatorspitze ist weißlich gefärbt;
6 – starke Überhitzung: Schmelzerscheinungen an Mittel- und Seitenelektrode;
7 – Isolatorspitze gebrochen;
8 – Glasurbildung: Gelblich glänzende Schicht auf der Isolatorspitze durch verflüssigte Benzin- und Ölzusätze.

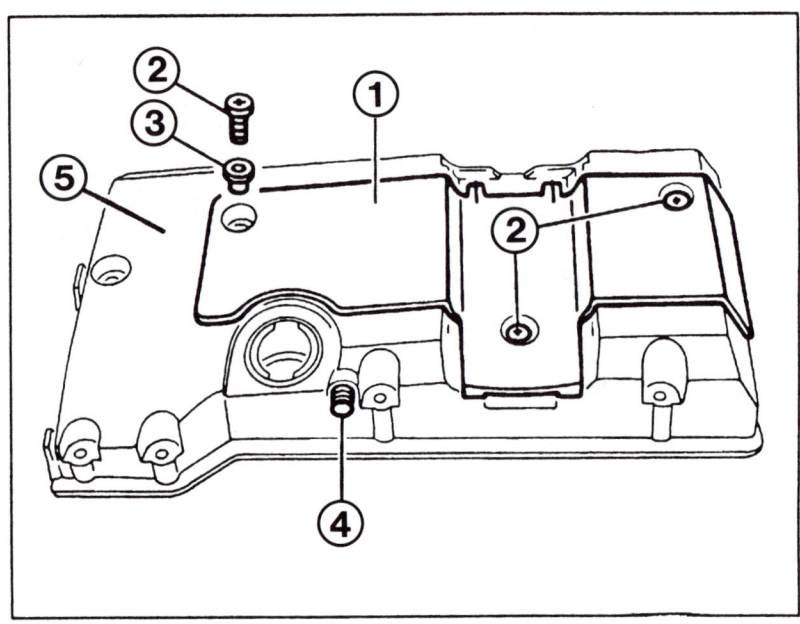

Zylinderkopfhaube (5) beim Vierzylinder:
1 – Abdeckung Zündkerzenkabelschacht;
2 – Befestigungsschraube 9 Nm;
3 – Druckstück;
4 – Anschlußstutzen für Entlüftungsleitung obere Teillast/Vollast.

Der Elektrodenabstand

Das Kraftstoff/Luft-Gemisch bzw. das verbrannte Altgas wirkt korrosiv auf die metallischen Zündkerzen-Elektroden. Und die hohe Spannung beim Funkenüberschlag sprengt kleine Metallpartikel ab, wodurch der Funkenspalt mit zunehmender Laufzeit vergrößert wird. Die im Mercedes eingebauten Zündkerzen haben im Neuzustand einen Elektrodenabstand von **0,8 mm** (Toleranz ±0,1 mm). Ist der Abstand wesentlich zu groß, wird zum Auslösen des Funkens eine höhere Zündspannung benötigt, und es kann zu Zündaussetzern kommen, oder der Motor springt schlecht an.

○ Zum Messen das Fühlerlehrenblatt 0,8 mm oder entsprechende Zündkerzenlehre zwischen Mittel- und Stirnelektrode halten.

○ Der Elektrodenabstand wird sich im Lauf von 30000 km kaum ändern. Ein Nachbiegen ist somit fast nur im Notfall erforderlich, wenn der Zündkerzenwechsel zu spät erfolgt.

Neue Zündkerzen kaufen

Mercedes gibt nur einige Zündkerzen-Hersteller zur Verwendung frei. Wir sind in diesem Punkt nicht ganz so markengläubig und würden auch die Vergleichstype eines anderen Zündkerzen-Herstellers verwenden:
○ Beru 14 F–8 DUO ○ Bosch F–8 DCO ○ Champion C 10 YCC

Zündkerzen ausbauen

● Querrohr über dem Zylinderkopf ausbauen.
● Zylinderkopfabdeckung abnehmen.
● Anschlußstecker der Zündspulen in der Zylinderreihenfolge kennzeichnen (sofern keine Kennzeichnung auf den Leitungen vorhanden ist) und nach Lösen der Sicherung abziehen.
● Zündkerzenstecker durch Hin- und Herdrehen lösen.
● Beim Sechszylinder Zündspulen abziehen.
● Zündkerzen mit **langem Zündkerzenschlüssel SW 16** herausschrauben.
● Beim Einbau die Zündkerzen nur mit **24–28 Nm** festziehen.

Die Kupplung

Reibereien

Die Kupplung verkuppelt Motor und Getriebe. Doch nicht auf immer und ewig. Denn für den Schaltvorgang brauchen beide wieder etwas Abstand – Trennung auf Zeit. Reibereien entstehen beim Anfahren: Der laufende Motor muß sanft mit den zunächst noch stehenden Teilen des Antriebs Kontakt aufnehmen.

Funktion der Kupplung

Die Kraftübertragung zwischen Motor und Getriebe erfolgt durch die Kupplung. Die arbeitet ausschließlich mit Reibung, und das kann man sich so vorstellen: Zwei Anlageflächen nehmen eine dritte in die Zange und halten sie so stark fest, daß sie sich mit den beiden anderen mitdrehen muß. Trick der Sache ist der, daß diese Verbindung jederzeit gelöst werden kann, denn sonst könnten beide Teile genauso gut miteinander verschraubt werden. Um die Teile beim Namen zu nennen: Fest mit dem Motor verbunden sind das **Schwungrad** und die federbelastete **Druckplatte**. Dazwischen eingeklemmt ist die **Mitnehmerscheibe**, die mit der Getriebewelle fest verzahnt ist.

Eine weitere wichtige Funktion hat das **Ausrücklager** zu erfüllen: Beim Niedertreten des Kupplungspedals wird es mittels der Kupplungsbetätigung gegen die Druckplatte gepreßt und übernimmt nun gewissermaßen die Federkraft der Druckplatte. Die Mitnehmerscheibe ist dadurch aus ihrer Zwangslage befreit und kann sich zwischen Druckplatte und Schwungrad frei drehen. Motor und Getriebe sind kraftmäßig getrennt.

Wird das Kupplungspedal wieder losgelassen, quetscht die Tellerfeder der Druckplatte die Mitnehmerscheibe an das Schwungrad, und aus ist's mit der Freiheit. Alle drei Teile stellen nun eine feste, kraftschlüssige Verbindung dar. Die Motorkraft kann auf den Antrieb übertragen werden.

Die Kupplungsbetätigung

Die Kraft, die wir zum Niedertreten des Kupplungspedals aufwenden, muß zum Ausrücklager übertragen werden. Das erfolgt im Mercedes hydraulisch – wie bei der Bremse. Während Sie das Kupplungspedal niedertreten, verdrängt der Kolben im Geberzylinder (am Kupplungspedal) eine gewisse Flüssigkeitsmenge und drückt sie zum Nehmerzylinder (am Getriebe). Dort tritt der Kolben ein Stück aus dem Zylinder heraus und bewegt so das Ausrücklager.

Lebensdauer der Kupplung

Es gibt Fahrer, die bereits nach 15 000 km eine neue Kupplung brauchen, andere bringen es dagegen auf mehr als 150 000 km. Eine hohe Laufzeit erreicht man, wenn der Wagen vorwiegend auf Langstrecken gefahren und die Kupplung vernünftig behandelt wird. Wer mit seinem Wagen hauptsächlich im Stadtverkehr fahren muß – wobei auch die Kupplung viel öfter getreten wird –, kann kaum so lange mit den ersten Kupplungsbelägen auskommen wie ein Langstreckenfahrer.

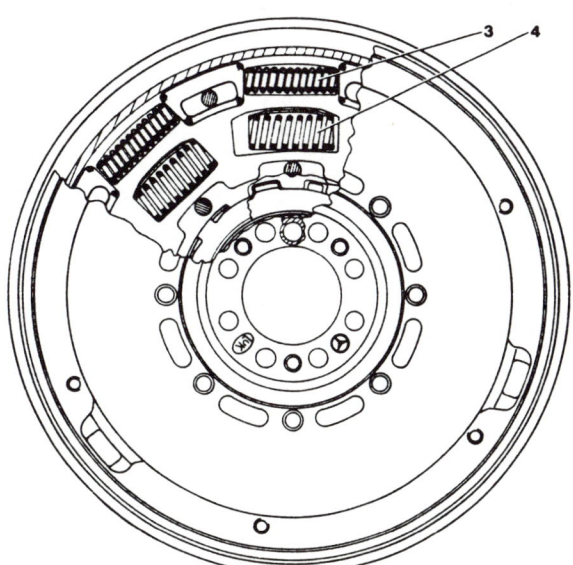
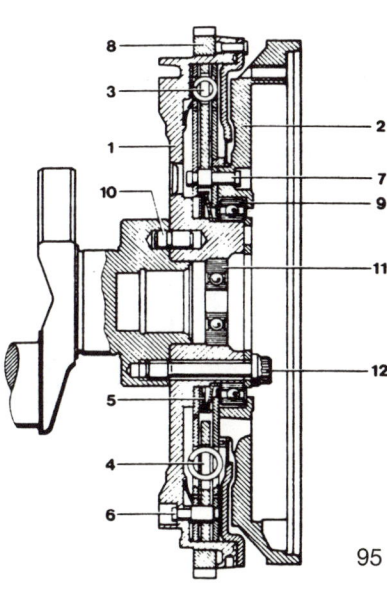

Schnitt am Zweimassen-Schwungrad:
1 – Primär-Schwungmasse;
2 – Sekundär-Schwungmasse;
3 – äußerer Federdämpfer;
4 – innerer Federdämpfer;
5 – Reibeinrichtung;
6 – Abstandsbolzen Primär-Schwungmasse/Dämpfersystem;
7 – Abstandsbolzen Sekundär-Schwungmasse/Dämpfersystem;
8 – Zahnkranz;
9, 11 – Rillenkugellager;
10 – Paßstift;
12 – Dehnschraube (40 Nm + 90° Drehwinkel).

Wie im Abschnitt »Funktion der Kupplung« angesprochen, bewirkt jedes Einkuppeln, daß die Beläge der Mitnehmerscheibe an ihren Gegenreibflächen schleifen und dabei heiß werden. Besonders verschleißfördernd ist hierbei das Anfahren mit hoher Motordrehzahl – Kavalierstart genannt –, Anfahren im 2. Gang, »Herummogeln« an Kreuzungen im 2. oder 3. Gang mit teilweise getretenem Kupplungspedal oder das »In-der-Waage-halten« an einer Steigung.

Auskuppeln beim Halt an der Kreuzung?

Recht verbreitet ist die Angewohnheit, mit eingelegtem 1. Gang und durchgetretenem Kupplungspedal an der roten Ampel zu warten. Mancher fürchtet, den Gang nicht gleich einlegen zu können, wenn das grüne Licht den Weg freigibt. Wenn auch kein direkter oder sofort meßbarer Schaden entsteht, so beansprucht das Auskuppeln doch das Ausrücklager und bewirkt so wieder Verschleiß. Je öfter und länger das vor den vielen Ampeln geschieht, desto früher ist dieses Lager abgenutzt.

Kupplung selbst prüfen

Das erste Anzeichen für einen Defekt ist, wenn die Kupplung durchrutscht. Eine schleifende Kupplung bemerken Sie beim Fahren zuerst im höchsten Gang unter Last. Der Motor dreht hoch, ohne daß die Fahrgeschwindigkeit in gleichem Maß zunimmt. Neue Kupplungsbeläge (einer auf jeder Seite der Mitnehmerscheibe) sind 3,6–4,0 mm dick, die Mindestdicke beträgt 2,6–3,0 mm. Dies kann natürlich nur bei ausgebauter Mitnehmerscheibe messen. Einen weiteren Hinweis über den Verschleiß kann man über die Pedalkraft zum Niedertreten der Kupplung erhalten: bei neuen Belägen beträgt sie 90–110 N und bei einer um 2 mm dünneren Mitnehmerscheibe 120–140 N. Einen gewissen Aufschluß kann noch folgende Methode geben, die Sie aber nur gelegentlich anwenden sollten:

Schleift die Kupplung?

- Feststellbremse treten, Motor starten.
- 3. Gang einlegen, langsam einkuppeln und Gas geben.
- Bei einwandfreier Feststellbremse müßte der Motor abgewürgt werden.
- Dreht er durch, wird ein Kupplungstausch fällig.

Trennt die Kupplung richtig?

Läßt sich das Getriebe auch bei warmem Motor nur schwer durchschalten oder wird der Schaltvorgang sogar von kratzenden oder krachenden Geräuschen »untermalt«, trennt wahrscheinlich die Kupplung nicht mehr richtig. Nur selten ist dieser Effekt auf ein schadhaftes Getriebe zurückzuführen. Um sicherzugehen, machen wir die Probe:

- Motor im Leerlauf drehen lassen.
- Kupplungspedal voll durchtreten, etwa drei Sekunden warten, dann versuchen den 1. oder den Rückwärtsgang einzulegen:
- Läßt sich der Gang nur schwer oder sogar unter Kratzen einlegen, trennt die Kupplung nicht mehr sauber. Die Mitnehmerscheibe läuft also nicht ganz frei.
- Kratzgeräusche werden von der Synchronisation weitgehend unterdrückt. Auch der Rückwärtsgang ist synchronisiert.
- Ursachen für nicht trennende Kupplung finden Sie im »Störungsbeistand« am Ende des Kapitels.

Nachstellfreie Kupplung

Vielleicht haben Sie bislang einen Wagen gefahren, bei dem regelmäßig das sogenannte Kupplungsspiel nachgestellt werden mußte. Bei der hydraulischen Kupplungsbetätigung des Mercedes ist das nicht mehr nötig, denn hier stellt sich der Ausrückweg entsprechend dem Verschleiß der Mitnehmerscheibe selbsttätig nach.

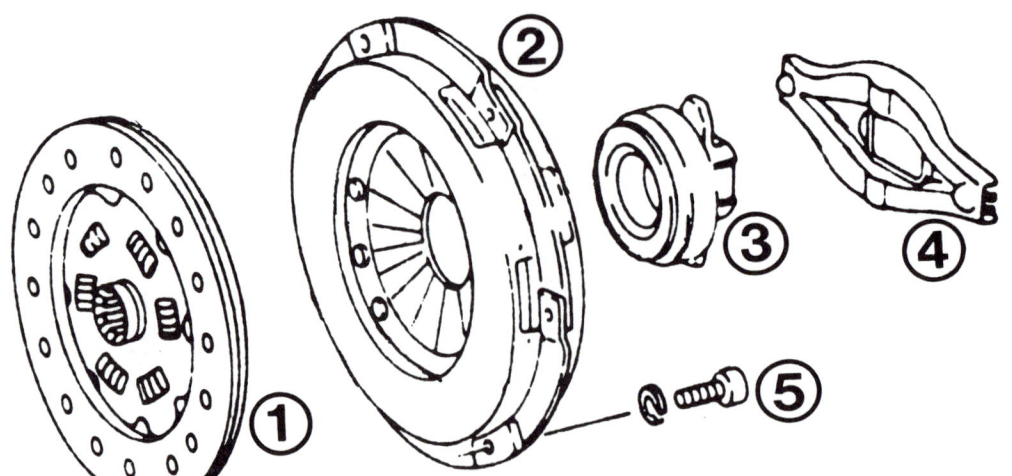

Teile der Kupplung:
1 – Mitnehmerscheibe;
2 – Druckplatte;
3 – Ausrücklager;
4 – Ausrückhebel;
5 – Befestigungsschraube der Druckplatte.

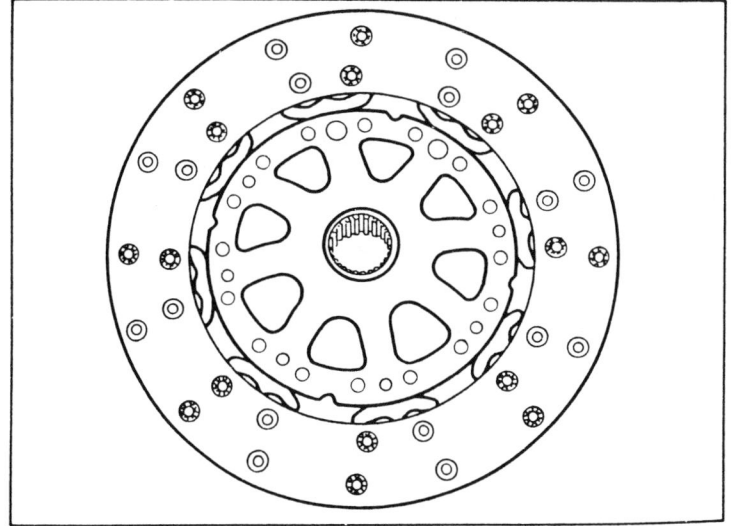

Die Mitnehmerscheibe für das Zweimassen-Schwungrad besteht nur noch aus Nabe, Mitnehmerblech und Belägen. Die Federn sind durch den Aufbau des Schwungrades überflüssig.

<u>Fingerzeig:</u> Die Kupplungshydraulik bezieht ihre Flüssigkeit zwar auch aus dem Bremsflüssigkeitsbehälter, doch droht bei einem Leck in diesem Bereich der Bremsanlage keine Gefahr. Der Entnahmestutzen zur Kupplungshydraulik ist relativ hoch am Behälter angebracht, so daß immer ein ausreichender Flüssigkeitsrest für die Bremse zurückbleibt.

Kupplungshydraulik defekt?

Ob die hydraulische Kupplungsbetätigung funktioniert, prüfen Sie gewissermaßen bei jedem Auskuppeln:
- Wenn die Kupplung richtig trennt, ist in jedem Fall auch die Kupplungshydraulik in Ordnung.
- Trennt sie dagegen schlecht oder fällt das Pedal ohne Widerstand durch, ist sicher Luft in die hydraulische Anlage geraten.
- Nur Entlüften hilft da nicht – die Leckstelle muß ausfindig gemacht und repariert werden.
- Jetzt können Sie entlüften. Andere Ursachen für nicht trennende Kupplung finden im »Störungsbeistand« am Ende des Kapitels.
- Wer eine vorbeugende Untersuchung der Kupplungshydraulik vornehmen will, sucht nach Spuren von Bremsflüssigkeit am Geberzylinder (oberhalb des Kupplungspedals) und am Nehmerzylinder (am Getriebe).
- Ölfeuchte Kupplungszylinder sind undicht und müssen ausgetauscht werden.
- Am Nehmerzylinder wird's jedoch schwierig mit der Kontrolle: Bei Undichtigkeiten leckt er ins Innere der Kupplungsglocke, und dort läßt sich die Herkunft des Ölschmutzes, der an der Trennfuge Motor/Getriebe austreten muß, nur schwer lokalisieren.

Kupplungs-Geberzylinder ausbauen

- Verbindungsschlauch zum Geberzylinder mit einer Schlauchklemme abdrücken.
- Armaturenbrettverkleidung links unten abbauen (Kapitel »Der Innenraum«).
- Leitung vom Geberzylinder abschrauben. Bremsflüssigkeit aus Leitung auffangen.
- Rückzugfeder aushängen.
- Kupplungspedal drücken. Übertotpunktfeder ausbauen. Dazu Sicherungsring entfernen. Lage von Sicherungsring, Druckstange, Federteller und Zylinder genau merken!
- Beide Haltemuttern lösen und Zylinder abnehmen.
- Gleitflächen der Druckstange mit »Molykote Longterm 2« fetten.
- Bremsflüssigkeitsstand prüfen.

Kupplungs-Nehmerzylinder ausbauen

- Leitung am Nehmerzylinder abschrauben und mit Gummikappe (z.B. vom vorderen Bremsenentlüftungsventil) verschließen.
- Zwei Schrauben lösen, Nehmerzylinder mit Druckstange abnehmen, dabei auf Beilage achten.
- Druckstange des Zylinders vor dem Einsetzen vorne mit etwas hitzebeständigem Fett »Molykote Longterm 2« fetten.
- Beilage mit Nut zur Getriebeglocke montieren.
- Die Druckstange muß im kugelförmigen Bereich des Ausrückhebels anliegen.
- Bremsflüssigkeitsstand prüfen.
- Kupplungshydraulik entlüften.

Kupplungshydraulik entlüften

Wer das in der Werkstatt übliche Entlüftungsgerät nicht zur Verfügung hat, entlüftet die Kupplungshydraulik so wie die Bremsen oder – fast ohne Kleckerei – nach der folgenden Methode:
- Entlüftungsnippel einer Vorderradbremse und Nippel des Kupplungs-Nehmerzylinders je ½ Umdrehungen öffnen.
- Beide Nippel mit einem Schlauch verbinden.
- Bremspedal jetzt mehrmals langsam und behutsam niedertreten, damit Bremsflüssigkeit von der Vorderradbremse durch die Kupplungshydraulik gedrückt wird. Langsam treten.
- Flüssigkeitsstand im Bremsflüssigkeits-Vorratsbehälter im Auge behalten.
- Wenn keine Luftbläschen mehr aus der Kupplungshydraulik aufsteigen, werden beide Entlüftungsnippel zugedreht und der Schlauch abgenommen.
- Bremsflüssigkeitsstand kontrollieren!

Fahren mit defekter Kupplungsbetätigung

Sollte unterwegs die hydraulische Kupplungsbetätigung ausfallen, so muß das noch nicht das Ende der Reise bedeuten. Ein nahes Ziel oder die nächste Werkstatt kann man auch ohne Kupplung erreichen. Man kann sogar hoch- bzw. herunterschalten. Voraussetzung ist feinfühliger Umgang mit dem Gaspedal und Schalthebel, besonders beim Herunterschalten.

Gang herausnehmen: Gas wegnehmen und bei langsamer werdender Fahrt oder bei leicht abgebremsten Wagen Schalthebel in Richtung Leerlauf drücken.

Anfahren: Motor ausschalten, 1. Gang einlegen und Anlasser betätigen. Der Mercedes ruckelt los und setzt sich in Bewegung. Den kalten Motor sollten Sie hierzu erst etwas warmlaufen lassen. Wer während der Fahrt nicht schalten will, fährt auf diese Weise in der Ebene im 2. Gang an.

Hochschalten: Im 1. Gang mit dem Anlasser anfahren. 1. Gang nur knapp über Leerlaufdrehzahl hinausdrehen. Gas etwas zurücknehmen, Schalthebel in Leerlaufstellung ziehen. Gaspedal loslassen und den Schalthebel mit leichter Hand in Richtung des 2. Gangs drücken. Bei richtiger Motor- und Getriebedrehzahl rutscht der Gang fast von selbst hinein. Wenn Sie zu lange gewartet haben, müssen Sie ein ganz klein wenig Gas geben, damit sich der Gang ohne Zähneknirschen einlegen läßt. Hat es nicht geklappt, halten Sie noch einmal an und versuchen das Ganze von neuem. In die weiteren Gänge wird auf die gleiche Weise hochgeschaltet. Am leichtesten geht es in sehr niedrigen Geschwindigkeiten: In den 2. Gang bei höchstens 20 km/h, in den 3. bei 25 km/h, in den 4. bei 35 km/h und in den 5. bei 45 km/h.

Herunterschalten: Hierbei muß die Motordrehzahl angehoben werden, damit sich der nächstniedrige Gang einlegen läßt. Fuß etwas vom Gas, Gang herausnehmen, behutsam Gas zugeben und gleichzeitig den Schalthebel in Richtung des neuen Gangs drücken. Bei richtiger Motordrehzahl rutscht der Gang fast ohne Nachdruck hinein. Auch das Herunterschalten geschieht am besten wieder bei niedrigen Geschwindigkeiten und Drehzahlen.

Kupplung ausbauen

Der Ausbau der Kupplung ist eine aufwendige Arbeit. Jedes der verschleißempfindlichen Teile, wie Mitnehmerscheibe, Druckplatte und Ausrücklager, sollte deshalb schon beim kleinsten Zweifel an seiner Funktionstüchtigkeit ausgetauscht werden. Sonst besteht die Gefahr, daß dieselbe Arbeit bald wieder ins Haus steht. Noch besser: Kompletten Kupplungssatz einbauen. An speziellen Werkzeugen wird für diese Arbeit ein Zentrierdorn für die Mitnehmerscheibe gebraucht. Dieser Dorn ist nichts anderes als das Ende einer Getriebe-Antriebswelle (ersatzweise kann auch ein passender Stahlstift verwendet werden).

- Getriebe ausbauen.
- Noch in eingebautem Zustand kontrollieren: Stehen die Spitzen der Tellerfeder (im »Zentrum« der Kupplung) schön parallel zur übrigen Druckplatte oder bilden sie an einer Seite ein Tal? Höchstens 0,8 mm Absenkung sind zulässig.
- Sechs Halteschrauben der Druckplatte zunächst nur eine Umdrehung lösen, damit sich die Druckplatte entspannt.
- Schrauben vollends herausdrehen, Druckplatte und Mitnehmerscheibe abnehmen.
- Mitnehmerscheibe prüfen: Ist noch genügend Belagstärke vorhanden? Einseitige Abnutzung dürfen die Beläge ebenso wenig aufweisen wie Risse. Festen Sitz der Torsionsdämpfer-Federn und der Belagniete prüfen. Im Zweifelsfall: Mitnehmerscheibe ersetzen.
- Druckplatte prüfen: Die Planlaufabweichung der Tellerfederspitzen wurde bereits kontrolliert. Darüber hinaus: Sind alle Niete noch fest? Sind die Blattfedern unter dem Anlagering in Ordnung? Ist der Anlagering selbst frei von Rissen und Riefen?
- Außerdem darf der Ring nicht zur Mitte hin durchgebogen sein (Metallineal auflegen), sondern er muß absolut plan sein. Sonst Druckplatte auswechseln.
- Ausrücklager auf Leichtgängigkeit und Geräusch prüfen.

Kupplung einbauen

Austretendes Motor- und Getriebeöl kann die neue Kupplung bald wieder lahmlegen. Deshalb auf Ölspuren im Kupplungsbereich achten, ggf. Dichtringe der Kurbelwelle bzw. der Getriebe-Eingangswelle ersetzen.

- Fahrzeuge ohne Zweimassen-Schwungrad: Getriebe-Eingangswelle mit »Molykote Longterm 2« im Bereich der Verzahnung leicht einfetten. Bei Zweimassen-Schwungrad ist die Nabe der Mitnehmerscheibe vernickelt und darf nicht geschmiert werden.
- An neuer Druckplatte das Korrosionsschutzwachs vollständig entfernen.
- Mitnehmerscheibe so auflegen, daß die flachere Seite der Kupplungsscheibe zum Schwungrad zeigt.
- Druckplatte ins Schwungrad einsetzen.
- Halteschrauben lose eindrehen und Mitnehmerscheibe zentrieren. Sie muß genau mittig auf dem Schwungrad sitzen, damit anschließend die Getriebewelle eingeführt werden kann. Dazu den Zentrierdorn oder Behelfswerkzeug verwenden.
- Schrauben – in mindestens zwei Durchgängen – nacheinander bis auf 25 Nm anziehen.
- Ausrücklager prüfen, Lagerungen und Führungen des Ausrücklagers fetten (siehe »Ausrücklager ausbauen«).

Das Ausrücklager

Das Ausrücklager wird beim Durchdrücken des Kupplungspedals vom Ausrückhebel auf die Tellerfederspitzen der Kupplungs-Druckplatte gepreßt. Die Kupplung wird dadurch entlastet.
Dieses Drucklager ist wartungsfrei. Ist es defekt, macht es sich durch Mahlgeräusche bei getretener Kupplung bemerkbar. Deswegen muß es jedoch nicht sofort ausgewechselt werden. Man kann die Arbeit bis zum nächsten Kupplungswechsel aufschieben.

Ausrücklager ausbauen

- Getriebe ausbauen.
- Ausrücklager von Getriebewelle abziehen.
- Ausrückhebel samt Lager nach vorn abziehen.
- Lager vom Hebel trennen.
- Vor dem Einbau des neuen Ausrücklagers die Nut am Innendurchmesser des Lagers mit »Molykote Longterm 2« fetten, ebenso die beiden Auflagepunkte am Ausrückhebel.
- Ausrücklager auf Getriebewelle schieben und verdrehen, bis es richtig am Ausrückhebel sitzt.

Störungsbeistand

Kupplung

Die Störung	– ihre Ursache	– ihre Abhilfe
A Kupplung rutscht	1 Kupplungsbeläge abgenutzt	Mitnehmerscheibe ersetzen
	2 Anpreßdruck der Kupplung zu gering	Kupplungsdruckplatte ersetzen
	3 Belag verölt	Mitnehmerscheibe und defekte Getriebe- oder Kurbelwellendichtung ersetzen
	4 Kupplung wurde überhitzt	Defekte Teile ersetzen
	5 Druckstange im Nehmerzylinder klemmt	Prüfen, Nehmerzylinder ersetzen
B Kupplung trennt nicht	1 Luft in der Kupplungshydraulik	Defektes Teil ersetzen, entlüften, Bremsflüssigkeitsstand prüfen
	2 Mitnehmerscheibe hat Schlag	Mitnehmerscheibe richten oder ersetzen
	3 Mitnehmerscheibe verzogen oder Belag gebrochen	Mitnehmerscheibe ersetzen
	4 Mitnehmerscheibe klemmt auf Getriebewelle	Gangbar machen, Kerbverzahnung schmieren
	5 Belag nach sehr langer Standzeit an Schwungscheibe festgerostet	Anfahren, wie unter »Fahren mit defekter Kupplungsbetätigung« beschrieben. Kupplung dauernd durchtreten. Gaspedal ruckartig durchtreten und loslassen, um die Kupplung loszubrechen. Andernfalls ausbauen
	6 Tangential-Blattfedern der Druckplatte gebrochen	Druckplatte ersetzen
	7 Fußmatte begrenzt den Pedalweg	Entfernen oder ausschneiden
	8 Geberzylinder innen undicht, Bremsflüssigkeit strömt im Behälter zurück	Behälter beobachten, während Pedal getreten wird, ggf. Geberzylinder ersetzen
C Kupplung trennt nicht und rutscht gleichzeitig durch	Kupplungsdruckplatte defekt	Druckplatte auswechseln
D Kupplung rupft	1 Motor- oder Getriebeaufhängung defekt	Motor- oder Getriebelager ersetzen
	2 Unebenheiten auf der Anlagefläche von Schwungscheibe oder Druckplatte	Defektes Teil ersetzen
	3 Falsche Beläge	Mitnehmerscheibe ersetzen
E Kupplungsgeräusche	1 Unwucht der Kupplungsdruckplatte bzw. Mitnehmerscheibe	Kupplungsdruckplatte bzw. Mitnehmerscheibe ersetzen
	2 Torsions-Dämpferfeder defekt	Mitnehmerscheibe ersetzen
	3 Ausrücklager defekt	Ausrücklager ersetzen
	4 Nietverbindungen in der Kupplung locker	Kupplungsdruckplatte ersetzen
F Pedal läßt sich schwer und ruckartig drücken	1 Ausrücklager klemmt auf Welle	Gangbar machen bzw. ersetzen
	2 Kolben des Geberzylinders klemmt	Geberzylinder ersetzen
H Pedal kommt spät oder nicht heraus	1 Siehe B 1	
	2 Pedal klemmt	Prüfen
	3 Druckschlauch vor Geberzylinder verengt	Ausrichten bzw. erneuern
	4 Nehmerzylinder klemmt	Erneuern

Getriebe und Achsantrieb

Anpassung

Die Unterteilung in mehrere Getriebegänge entspricht den verschiedenen Geschwindigkeitsbereichen, die unser Auto zu fahren in der Lage ist. Hätten wir nur den ersten Gang – wir könnten kaum schneller als 50 km/h fahren. Und wäre nur der fünfte Gang vorhanden, dann könnten wir nicht anfahren und müßten schon vor dem kleinsten Berg kapitulieren.

Das liegt an folgendem: Der Hubkolben-Verbrennungsmotor – und einen solchen haben wir im Mercedes – gibt nur in einem engen Drehzahlbereich genügend Kraft ab. Deshalb müssen wir mit den Gängen die Drehzahl an die Geschwindigkeit und Fahrbedingungen anpassen.

Nicht variabel ist hingegen das Übersetzungsverhältnis des Hinterachsantriebs. Zum Ausgleich der unterschiedlichen Wegstrecken, die bei Kurvenfahrt von den Antriebsrädern zurückgelegt werden, dient das Differential – ebenfalls Teil des Achsantriebs.

Welches Getriebe ist eingebaut?

In Ihrem Mercedes ist entweder ein Fünfgang-Schaltgetriebe oder ein automatisches Getriebe eingebaut. Verschiedene Hinterachsübersetzungen übernehmen neben dem Getriebe die Anpassung an den jeweiligen Fahrzeugtyp.

Typ	Schaltgetriebe	Übersetzung 1./2./3./4./5./R-Gang	Hinterachs-Übersetzung	Automatikgetriebe	Übersetzung 1./2./3./4./R-Gang	Hinterachs-Übersetzung
C 180	717.416	3,91/2,17/1,37/1,0/0,81/4,21	3,91	722.421	4,25/2,41/1,49/1,0/5,67	3,23
C 200	717.416	3,91/2,17/1,37/1,0/0,81/4,21	3,67	722.422	4,25/2,41/1,49/1,0/5,67	3,07
C 220	717.417	3,91/2,17/1,37/1,0/0,81/4,21	3,67	722.423	4,25/2,41/1,49/1,0/5,67	3,07
C 280	717.441	3,86/2,18/1,38/1,0/0,8/4,22	3,67	722.424	4,25/2,41/1,49/1,0/5,67	2,87
C 36	–	–	–	722.42	4,25/2,41/1,49/1,0/5,67	2,85

Das Schaltgetriebe

Die Motorleistung wird über die Kupplung auf die Eingangswelle des Schaltgetriebes geleitet. Auf dieser Eingangs- oder Antriebswelle sitzen 6 Zahnräder, die mit 6 dazu passenden Zahnrädern auf der sogenannten Abtriebswelle ständig im Eingriff stehen. Diese Zahnräder können frei umlaufen, bis eines von ihnen beim Schalten eines bestimmten Ganges mit seinem entsprechenden Gegenrad auf der Antriebswelle gekuppelt wird.

Das Verhältnis der Zähnezahlen des jeweiligen Zahnradpaars ergibt die betreffende Übersetzungsstufe. Die Zahnräder auf der Antriebs- und Abtriebswelle sind auf »Nadeln« (stiftartige Rollen) gelagert. Es besteht also keine starre Verbindung zwischen Wellen und Rädern. Die Zahnräder bleiben, wie schon erwähnt, immer im Eingriff.

Die Abbildung zeigt Teile des Schaltgetriebes und der Kupplungsbetätigung:
1 – Schalthebel (Rückwärts- bzw. 5. Gang);
2 – Hauptwelle;
3 – Ausrückhebel;
4 – Druckplatte;
5 – Schwungscheibe;
6 – Ausrücklager;
7 – Nehmerzylinder;
8 – Nebenwelle;
10 – Gelenkwellenflansch.

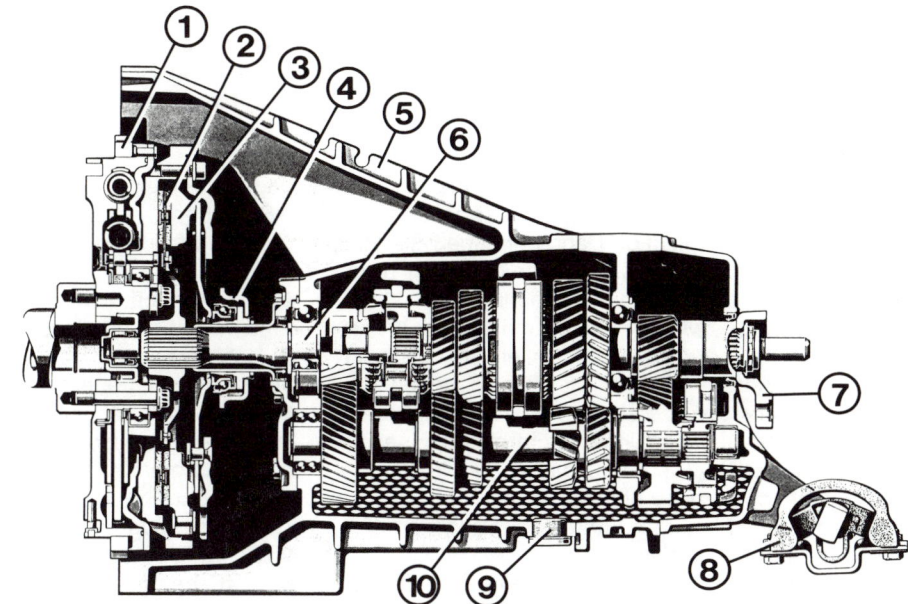

Schnitt durch das 5-Gang-Getriebe:
1 – Zweimassen-Schwungrad;
2 – Mitnehmerscheibe;
3 – Kupplungs-Druckplatte;
4 – Ausrücklager;
5 – Getriebegehäuse mit Versteifungen;
6 – Rillenlager auf Hauptwelle;
7 – Gelenkwellenflansch;
8 – Motor- und Getriebelagerung hinten;
9 – Ablaßschraube;
10 – Nebenwelle.

Beim Gangwechsel wird nicht etwa eine Verbindung zwischen den Zahnrädern, sondern zwischen Zahnrad und Welle hergestellt. Um die Drehzahlen von Welle und Zahnrad einander anzugleichen, läßt man einen Teil der Welle gegen einen Teil der anderen Welle über Reibelemente schleifen. Durch die Reibung wird die schnellere Welle abgebremst, bis bei Gleichlauf eine kraftübertragende Verbindung hergestellt werden kann. Da die Synchronisation für diese Drehzahlanpassung einen Sekundenbruchteil braucht, soll man besonders bei kaltem Motor und noch steifem Getriebeöl den Schalthebel nicht gewaltsam »durchreißen«.

Schaltungs-Probleme

Spiel in der Schaltbetätigung rührt nicht von einem defekten Getriebe, sondern kommt meist von ausgeschlagenen Gelenk- bzw. Gummibuchsen in der Übertragung vom Schalthebel zum Getriebe. Im Zweifelsfall diese Teile von der Wagenunterseite her kontrollieren. Einstellmöglichkeiten für die Schaltbetätigung gibt es.
● Dazu Hebel unter dem Schaltmechanismus mit durchgestecktem Bohrer ausrichten.
● Schaltstangen am Getriebe lösen.
● Der Hebel am Getriebe muß in der Mittelstellung stehen, wenn man die Schaltstange wieder einsetzt.
● Ansonsten Länge der Schaltstange einstellen.

Störungsbeistand

Getriebegeräusche

Im Lauf der Zeit kann das Getriebe durch Geräuschentwicklung auf sich aufmerksam machen. Dann sollten Sie zuerst nach dem Ölstand im Getriebe sehen.
○ Tritt ein **heulendes Geräusch in einem Gang** auf und verändert sich der Ton beim Gasgeben und Gaswegnehmen, dürfte die Verzahnung des betreffenden Gangradpaares verschlissen sein.
○ Treten **Geräusche in allen Gängen** auf, liegt es an den Getriebe-Wellenlagern.
○ **Rauhe, mahlende Geräusche**, die erst bei warmem Getriebe hörbar werden, weisen auf schlagende Synchronringe hin. Bei dünnflüssiger werdendem Öl wird dieses immer an derselben Stelle vom Synchronring weggedrückt.

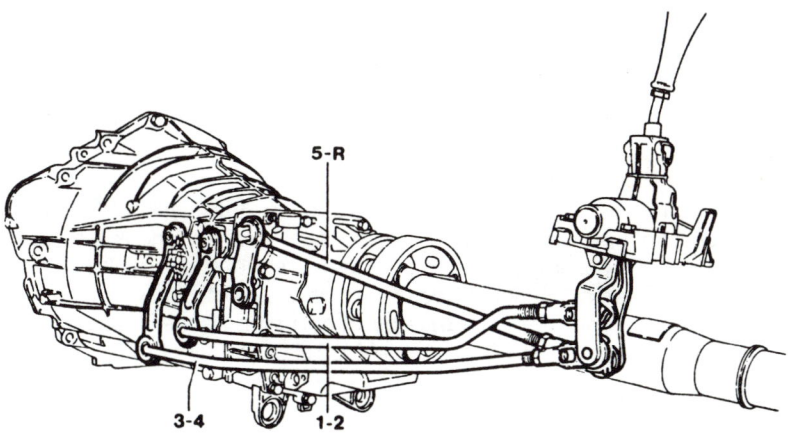

Anordnung der Schaltstangen zwischen Schalthebel und 5-Gang-Getriebe.

Fingerzeig: Werkstätten wagen sich nur selten an die Reparatur oder Überholung eines Getriebes, sondern raten lieber zu einem Austauschaggregat. Preiswerter ist in den meisten Fällen der Einbau einer gebrauchten Schaltbox von der Autoverwertung. Achten Sie dabei auf die richtige Getriebe-Version. Zusätzliche Hilfe bieten die Getriebebezeichnung bzw. die Kennbuchstaben, die am Getriebegehäuse eingeschlagen sind.

Getriebe ausbauen

Der Wagen muß so aufgebockt werden, daß Sie an der Wagenunterseite bequem arbeiten können.
Bei vielen Wagen ist das Getriebe mit sogenannten TORX-Schrauben – der Schraubenkopf sieht aus wie ein Stern – am Motor befestigt. Dann benötigen Sie an zusätzlichem Werkzeug die zugehörigen TORX-Steckeinsätze für den Rätschenkasten in den Größen T10 und T14.

- Massekabel an der Batterie abnehmen.
- Im Motorraum zwischen Motor und hinterer Wand eine Blechtafel oder ein Brett stellen. Im weiteren Verlauf der Arbeit wird der Motor sich gegen die Blechwand abstützen, dabei soll er die Zwischenwand bzw. die Bremsleitungen nicht beschädigen.
- Motorabdeckung unten ausbauen.
- Auspuff am Getriebe abschrauben.
- Wärme-Abschirmblech über dem Schalldämpfer vom Wagenboden entfernen.
- Große Klemmutter (SW 41/42) beim Zwischenlager der Gelenkwelle lösen, damit die Gelenkwelle später etwas zusammengeschoben werden kann.
- Nach Anzeichnen der Lage Befestigungsschrauben des Gelenkwellen-Zwischenlagers etwas lösen.
- Gelenkwelle am Getriebe abschrauben. Die Gummi-Gelenkscheibe muß an der Gelenkwelle verbleiben.
- Gelenkwelle so weit wie möglich nach hinten verschieben.
- Hintere Aufhängungen der Auspuffanlage aushängen und die Auspuffanlage vorsichtig ablassen.
- Den Auspuff nicht einfach herunterhängenlassen, sondern mit einem Draht aufhängen.
- Nehmerzylinder der Kupplungsbetätigung am Getriebe losschrauben und herausziehen.
- Drei Schaltstangen lösen und die Schaltstangen von den Hebeln ziehen.
- Bei Automatikgetriebe elektrische Leitungen ausstecken und Stecker am Startsperrschalter abziehen. Steuerdruckzug lösen.
- Schrauben am Anlasserflansch herausdrehen.
- Getriebe mit einem Wagenheber abstützen.
- Lagerung des Getriebes vom Querträger lösen.
- Querträger vom Wagenboden losschrauben und abnehmen.
- Wagenheber unter dem Getriebe vorsichtig ablassen, damit Motor und Getriebe nach hinten kippen.
- Alle Schrauben zwischen Kupplungsgehäuse und Motor herausdrehen.
- Eine der oberen Schrauben als letztes lösen.
- Getriebe waagrecht nach hinten ziehen und abnehmen.

Getriebe einbauen

- Der Einbau des Getriebes erfolgt in sinngemäß umgekehrter Reihenfolge.
- Zuerst den Nehmerzylinder mit Zuleitung oben über das Getriebe legen.
- Zur Montage einen Gang einlegen. Beim Vordrücken des Getriebes in Richtung Motor das Getriebe am Gelenkwellenflansch drehen, damit die Hauptwelle leichter in die Kupplungsscheibe rutscht.
- Gelenkwelle wieder auseinanderziehen und am Getriebe anschrauben.
- Gelenkwellen-Zwischenlager festschrauben (25 Nm) und die Klemmutter auf der Welle mit 30–40 Nm anziehen.
- Auspuffanlage hinten wieder einhängen und dann am Getriebe montieren.

Anzugs-Drehmomente

Bauteil		Nm
Getriebe (Kupplungsglocke) an Motor	Sechskantschrauben M 8	22–27
	M 10	47–51
	M 11	66–82
	TORX-Schrauben M 8	20–24
	M 10	38–47
	M 12	64–80
Gummilager hinten an Querträger		25
Getriebeträger an Karosserie		45

Das Automatikgetriebe

Auf Wunsch ist der Mercedes mit einem Viergang-Automatikgetriebe ausgestattet. Um die Kriechneigung des Fahrzeugs im Leerlauf zu verringern, schaltet die Automatik bei Leerlauf in den 2. Gang. Bei leichtem Gasgeben wird auch im 2. Gang angefahren. Erst bei starkem Gasgeben schaltet das Getriebe in den 1. Gang zurück. Im weiteren funktioniert das Getriebe wie folgt:
Zwischen Motor und Viergang-Getriebe ist ein hydraulischer Wandler geschaltet, in dem das Drehmoment des Motors auf Schaufelräder übertragen wird. Bei laufendem Motor versetzt das mit ihm gekuppelte Pumpenrad

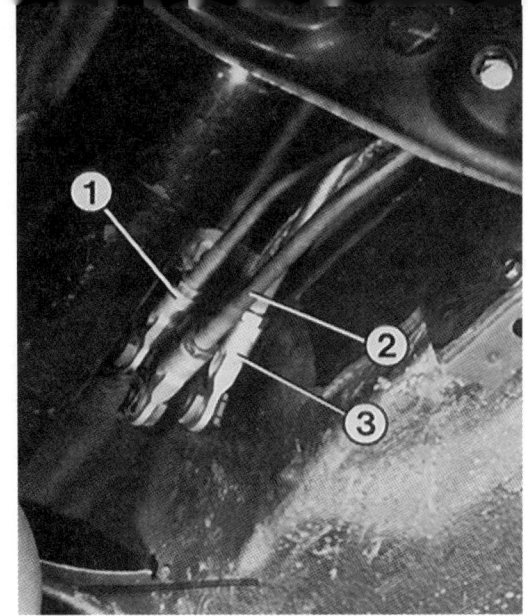

Links: Die Gelenkstücke der Schaltstangen (1, 2, 3) sind mit Federklemmen an den Schalthebeln befestigt. Zum Ein- und Ausbau Schraubendreher verwenden.
Rechts: Die Schalthebel am Schaltmechanismus werden mit einem Bohrer (3) ausgerichtet.

die Wandlerflüssigkeit (ATF) in eine Drehbewegung und schleudert sie nach außen gegen das Wandlergehäuse. Dabei trifft die Flüssigkeit auf das sogenannte Leitrad, das den ATF-Strom in die vorgesehene Richtung lenkt und das mit dem Getriebe verbundene Turbinenrad in Drehung versetzt. Weil die Zahnräder des Planetengetriebes dauernd im Eingriff stehen und die Wandlerflüssigkeit bei laufendem Motor immer versucht – durch den Motor in Drehung versetzt – das Getriebe und damit auch die Antriebsräder zu bewegen, »kriecht« der Wagen im Leerlauf, muß also mit der Fuß- oder Feststellbremse gehalten werden.
Die Übersetzungsänderung erfolgt beim automatischen Getriebe durch Zusammenschalten verschiedener Zahnräder unter Betätigung von Kupplungen und Bremsbändern durch das hydraulische Steuersystem. Das geschieht je nach Gaspedalstellung und Motordrehzahl.

○ In der Wählhebelstellung »D« wird bei Teilgas so früh wie möglich hochgeschaltet. Das Fahrzeug beschleunigt langsam, was Kraftstoff spart und gemütliches Fahren fördert. In Stellung »D« stehen alle Gänge zur Verfügung – diese Stellung werden Sie zumeist eingelegt haben.
○ In den Stellungen »2« und »3« wird nur bis in den 2. bzw. 3. Gang hochgeschaltet. Bei Steigungen diese Bereiche wählen, wenn der Motor durchzugsstark drehen soll. Die Automatik schaltet herunter, wenn Sie beispielsweise im Gefälle diese Stellungen wählen, um die Bremswirkung des Motors auszunutzen. Damit der Motor im Schub aber nicht überdreht wird, auf den Drehzahlmesser achten.
○ In die Stellungen »P« (Parksperre) und »R« (Rückwärtsgang) nur bei stehendem Fahrzeug schalten. Hartes, verschleißförderndes Rucken wird so vermieden.
○ Wählhebelstellung »N« bedeutet Leerlauf. Der Wagen kann frei herumgeschoben oder abgeschleppt werden (Hinweise Seite 260 beachten).
○ Bei »Kickdown« (Gaspedal voll durchgetreten) werden die Gänge bis kurz vor die Höchstdrehzahl ausgedreht. Auch wird ggf. zurückgeschaltet, um so die größtmögliche Beschleunigung zu erreichen. Über das elektromagnetische Kickdownventil am Getriebe wird das hydraulische Steuersystem so beeinflußt, daß hochgeschaltet wird.

Funktion der Getriebeautomatik

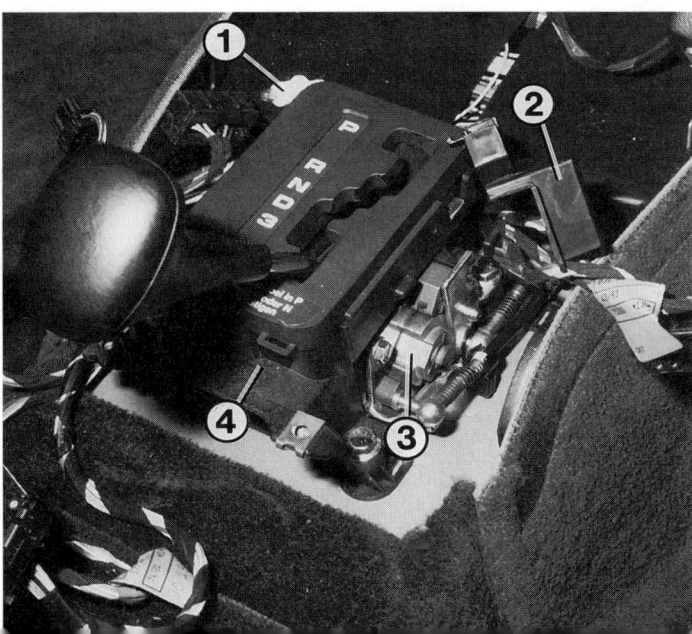

Bei ausgebauter Mittelkonsole erreichbar (mit Automatik):
1 – Lämpchen zur Beleuchtung der Schaltkulisse;
2 – Abdeckung;
3 – Parksperrenverriegelung;
4 – Schaltmechanismus.

○ Über einen Programmwahlschalter links neben dem Wählhebel kann das Schalten beeinflußt werden. In Stellung »E« fährt das Fahrzeug in Wählhebelstellung »D« und »2« nur im 2. Gang an und schaltet früher als in Stellung »S« hoch. Bei Kickdown wird das »E«-Programm abgeschaltet. In Stellung »E« schaltet ein weiteres Magnetventil und beeinflußt die Steuerhydraulik.

Fingerzeige: Beim Herunterschalten von Hand (Bremsschaltung) die Marken im Tachometer beachten. Wird durch zu frühes Schalten der Motor überdreht, können im Extremfall die Kolben an die Ventile anstoßen.
Achten Sie darauf, daß Sie, unangeschnallte Kinder oder ein Hund den Wählhebel nicht versehentlich bewegen.
Ein Anschleppen mit Automatikgetriebe ist nicht möglich. Bei leerer Batterie o.ä. kann nur Starthilfe weiterhelfen.

Abschleppen mit Automatikgetriebe

Das Automatik-Fahrzeug darf nicht unbedacht abgeschleppt werden, weil sonst das Getriebe mangels ausreichender Schmierung Schaden nimmt. Es ist hierbei nur eine Geschwindigkeit von 50 km/h erlaubt, und nicht weiter als 50 km darf geschleppt werden, sonst den Wagen verladen oder Gelenkwelle am Differential abschrauben.

Automatikgetriebe prüfen

Bei der Prüfung der Funktion und besonders bei notwendigen Reparaturen am Getriebe sind dem Selbstpfleger enge Grenzen gesetzt. Schnell wird hierzu Spezialgerät und gezielte Erfahrung nötig. Nachfolgend eine Aufzählung von eher einfachen Prüfungen, mit denen Sie Fehler besser einkreisen oder gar beheben können:
○ Der ATF-Stand ist bei Störungen als erstes zu prüfen.
○ Auf einer Probefahrt können die Schaltpunkte überprüft werden.
○ Die Einstellung des Steuerzuges zwischen Getriebe und Gasgestänge ist eine wichtige Voraussetzung für fehlerfreie Arbeitsweise.
○ Druckmessungen von Arbeits-, Regler- und Modulierdruck sind Werkstattsache. Manche Druckwerte können verstellt werden.
○ Beurteilen der Schaltvorgänge. Die Leerlaufdrehzahl muß exakt stimmen, sonst ist keine Beurteilung möglich.

Schaltpunkte prüfen

Auf einer Probefahrt die Werte vergleichen. Wählhebel in Stellung »D« bringen. Die Schaltpunkte sind in km/h bei Vollgas (nicht Kickdown) angegeben:

Modell	»E«-Programm						»S«-Programm					
	Hochschalten			Zurückschalten			Hochschalten			Zurückschalten		
	1.–2.	2.–3.	3.–4.	4.–3.	3.–2.	2.–1.	1.–2.	2.–3.	3.–4.	4.–3.	3.–2.	2.–1.
C 180	33	57	106	60	23	14	43	78	127	87	39	16
C 200/220	46	84	136	93	42	17	51	91	143	129	75	29
C 280	31	63	120	32	20	13	47	94	159	112	45	17

Steuerzug einstellen

● Die Kunststoffspitzen (Pfeile) an Kulissenhebel und Schlepphebel müssen sich gegenüberstehen.

● Wenn erforderlich, an der Einstellschraube des Steuerzuges einstellen (siehe Seite 82 unten).

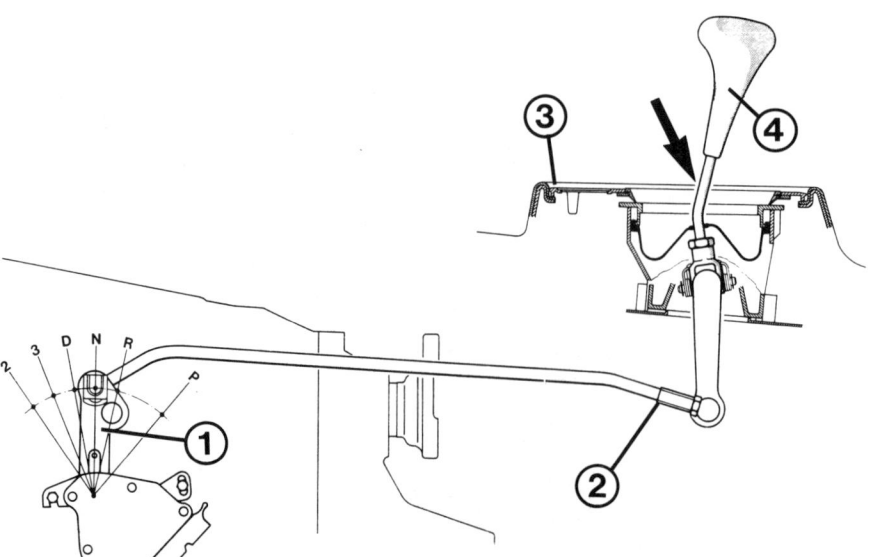

Schaltung bei automatischem Getriebe:
1 – Schalthebel am Getriebe, er betätigt auch den darunter erkennbaren Startsperrschalter;
2 – Schaltstange mit einstellbarem Gelenkstück;
3 – Schaltkulisse;
4 – Wählhebel für die jeweilige Fahrstufe.
Schaltung einstellen: In Stellung »N« muß der Wählhebel ca. 1 mm Abstand zum vorderen »N«-Anschlag (Pfeil) haben. Sonst die Länge der Schaltstange entsprechend verstellen.

Griff am Schalthebel ein- und ausbauen:
A – Klemmleiste drehen zum Lösen des Griffes;
B – Griff befestigen;
I – mechanisches Getriebe;
II – automatisches Getriebe;
1 – Schalt- bzw. Wählhebelgriff;
2 – Manschette (nur MG);
3 – Klemmstück;
4 – Schalt- bzw. Wählhebel.

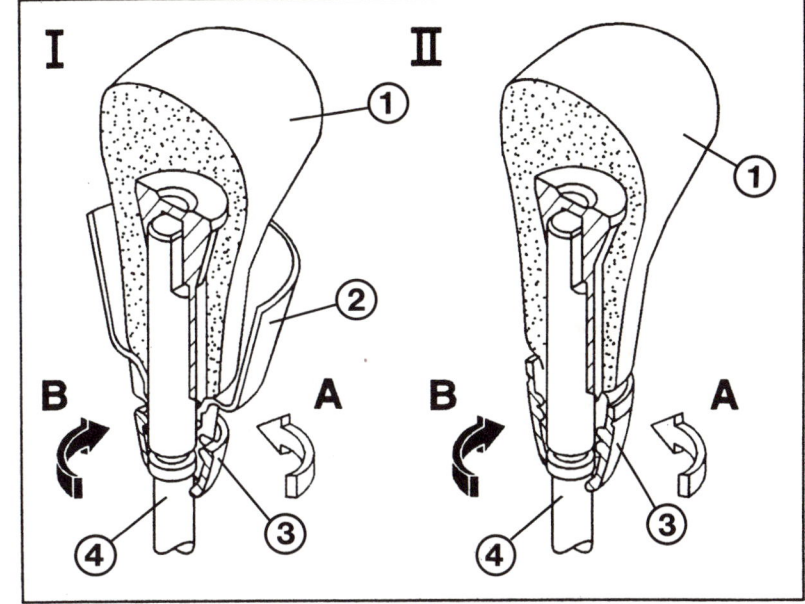

○ **Hochschalten:** Bei Teilgas ist der Gangwechsel kaum wahrnehmbar; bei Vollgas oder Kickdown werden die Übergänge zwar etwas deutlicher, doch stets muß der höhere Gang geschmeidig fassen. Kurzes Hochdrehen beim Gangwechsel deutet auf Fehler hin, die genauer untersucht werden müssen.

○ **Herunterschalten:** Ohne Gas (beim Ausrollenlassen) kaum spürbar bei sehr niedrigen Geschwindigkeiten. Ein Stoß ist beim Rückschalten mit Teil- oder Vollgas normal. Das Zurückschalten ohne Gas mit dem Wählhebel dauert ein bis zwei Sekunden. Wird beim zwangsweisen Zurückschalten mit dem Wählhebel gleichzeitig Gas gegeben, erfolgt der Gangwechsel ohne Verzögerung. Beim Zurückschalten mit Gas entsteht viel Wärme im Getriebe, deshalb solches Schalten nur einmal in 15 Sekunden durchführen.

Beurteilen der Schaltvorgänge

Startsperrschalter

Damit beim Motorstart ein Fahrzeug mit Automatikgetriebe nicht sofort losfährt, können diese Fahrzeuge nur gestartet werden, wenn keine Fahrstufe eingelegt ist. Dazu muß sich der Wählhebel in Stellung »P« oder »N« befinden. Der sogenannte Startsperrschalter seitlich links am Automatikgetriebe unterbricht beim Einlegen einer Fahrstufe die violett/weiße Leitung (Klemme 50) zwischen Zündschloß und Anlasser.

Läßt sich ein Fahrzeug mit Automatikgetriebe nicht mehr starten, kann dies am Startsperrschalter, den entsprechenden Zuleitungen oder an seiner mechanischen Betätigung liegen. Notfalls wie folgt vorgehen:

Startsperrschalter defekt

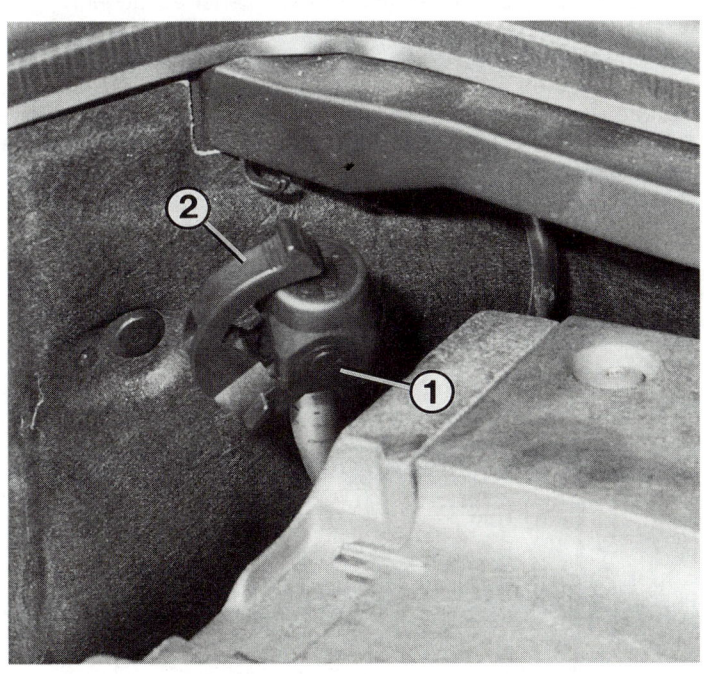

Bei automatischem Getriebe finden Sie den Peilstab (1) für den ATF-Stand hinten rechts am Zylinderkopf. Vor dem Herausziehen den Verschlußbügel (2) hochklappen.

- Feststellbremse kräftig treten.
- Zündschlüssel in Startstellung drehen und gleichzeitig den Wählhebel etwas hin- und herbewegen.
- Läuft der Anlasser immer noch nicht los, im Motorraum mit einem Hilfskabel direkt den Pluspol der Batterie zur Steckverbindung Klemme 50 vor dem Anlasser überbrücken. Der Anlasser dreht sofort los. Dabei unbedingt Wählhebel auf »N« oder »D« stellen und Fußbremse treten, damit Ihr Fahrzeug nicht sofort losfährt (Verletzungsgefahr!).

Parksperrenverriegelung

Der Wählhebel ist gegen unbefugtes Bedienen mit einer Parksperrenverriegelung ausgestattet. Dazu sind Zündschloß und Bremspedal über Seilzüge mit dem Wählhebel verbunden. Aus der »P«-Stellung kann der Wählhebel nur bewegt werden, wenn das Bremspedal getreten ist und der Zündschlüssel auf Stellung »1« steht. Zum Abziehen des Zündschlüssels muß die »P«-Stellung gewählt werden.

Parksperrenverriegelung einstellen

Ein Seilzug ist am Lenkschloß angeschraubt, und ein weiterer Seilzug ist am Betätigungshebel des Bremspedals eingehängt. Beide sind knickfrei bis zum Wählhebel verlegt. Zum Einstellen (siehe Abbildung unten):
- Wählhebel in Stellung »P« und Zündschlüssel auf Stellung »0« bringen.
- Wählhebel mit Kunststoffkeil festklemmen.
- Kugelnippel des Seilzugs zum Lenkschloß einclipsen und am Halter einführen.
- Seilzug an der Hülse nach hinten ziehen, bis der Sperrhebel »44B« am Nocken »48« anliegt.
- Kugelnippel des Seilzugs zum Bremspedal einclipsen und einführen.
- Seilzug an der Ummantelung nach hinten ziehen, bis der Sperrhebel »44L« am Nocken »48« anliegt. Befestigungsschraube mit 5 Nm anziehen.
- Funktion prüfen: Zündschlüssel in Stellung »1« drehen, Bremspedal treten. Die Sperrhebel »44B« und »44L« müssen aus dem Nocken »48« vollständig ausrasten, so daß sich der Wählhebel widerstandslos in Stellung »N« bewegen läßt.

ATF-Stand prüfen

Bei Schaltproblemen empfiehlt es sich, sofort nach dem ATF-Stand im Automatikgetriebe zu sehen. Zum Abwischen des Peilstabs nur einen sauberes, fusselfreies Tuch benutzen, denn schon kleinste Verschmutzungen schaden dem Getriebe. Ist die Flüssigkeit schwarz oder riecht sie verbrannt, läßt dies auf einen Getriebeschaden schließen. Wenn etwas Flüssigkeit fehlt, wird durch die Peilstaböffnung nachgegossen. Verwenden Sie nur ATF, das die Bezeichnung »Dexron B« trägt (Auskunft über freigegebene Marken erteilt Ihre Mercedes-Werkstatt).
Keinesfalls darf zu viel ATF ins Getriebe gefüllt werden. Die Differenzmenge zwischen den Markierungen beträgt 0,3 Liter. Zu viel eingefüllte ATF wieder absaugen.
- Feststellbremse treten und Wählhebelstellung »P« einlegen.
- Motor starten und eine bis zwei Minuten im Leerlauf drehen lassen.
- Verschluß am Peilstab lösen, Peilstab herausziehen und abwischen.
- Zur Messung Peilstab so einsetzen, daß die Markierungen zum Fahrzeugheck stehen. Dies verhindert ein Verwischen beim Herausziehen.
- Bei betriebswarmem Getriebe (ca. 80°C) muß sich der ATF-Stand zwischen der »MIN«- und »MAX«-Marke befinden.
- Bei einer Getriebetemperatur von ca. 25°C darf der Flüssigkeitsstand nur bis etwa 12 mm unter die »MIN«-Marke reichen.

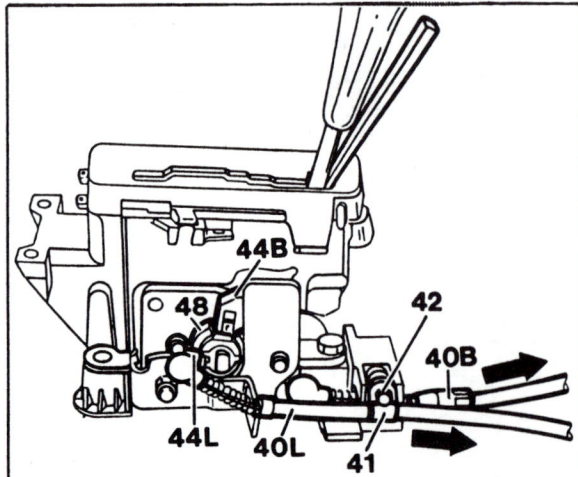

Teile der Parksperrenverriegelung:
40B – Zug zum Lenkschloß;
40L – Zug zum Bremspedal;
41, 42 – Zugbefestigung;
44B, 44L – Sperrhebel;
48 – Nocken.

Störungsbeistand

Automatikgetriebe

Beanstandung	Ursache
1 Ruckartige Schaltübergänge beim Einlegen der Fahrstufen »D« oder »R« aus der Leerlaufstellung »N«	Leerlaufdrehzahl zu hoch
2 Starkes Kriechen im Leerlauf bei eingelegtem Fahrbereich	Siehe unter 1
3 Fahrzeug setzt sich bei eingelegtem Fahrbereich nicht in Bewegung, kein Antrieb in allen Gängen	ATF-Stand zu niedrig
4 Langgezogene, schleifende Schaltübergänge	Siehe unter 3
5 Sehr spätes Hochschalten bei Teilgas	Kickdownschalter prüfen

Die Gelenkwelle

Nach dem Getriebe folgt die Gelenkwelle, welche die Motorkraft zum Hinterachsantrieb (Differential) weiterleitet. Die Welle verläuft in Fahrzeugmitte in einem Tunnel. Sie ist zweiteilig und besitzt dort, wo die beiden Teile verbunden sind, ein Zwischenlager. Damit die Welle keine lästigen Brummgeräusche erzeugt, ist sie ausgewuchtet. An den Enden ist die Welle über elastische Gelenkscheiben am Getriebe bzw. am Hinterachsantrieb angeflanscht.

Gelenkwelle aus- und einbauen

- Wagen anheben und sichern.
- Motorabdeckung unten ausbauen.
- Damit die Gelenkwelle nach dem Einbau nicht unrund läuft, die Einbaulage wie folgt kennzeichnen:
1. Am Hinterachsgetriebe den Flansch zu Gelenkwelle markieren.
2. Am Getriebe Gelenkwelle, Schwingungstilger (runde Metallscheibe) und die Gelenkscheibe zueinander kennzeichnen.
- Hinteren Teil der Auspuffanlage ausbauen.
- Schrauben am Mittellager etwas lösen, nachdem zuvor die Lage gekennzeichnet wurde.
- Querbrücke vom Mitteltunnel abschrauben.
- Abschirmbleche über dem Auspuff abbauen.
- Klemmutter SW 41/42 am Schiebestück der Gelenkwelle lösen.
- Gelenkwelle vom Getriebeflansch so abschrauben, daß die Gelenkscheibe auf der Welle verbleibt (Schraubenkopf SW 15, Mutter SW 17).
- Gelenkwelle vom Flansch am Hinterachsantrieb lösen (drei Schrauben SW 15, Muttern SW 17). Die Gelenkscheibe bleibt an der Welle montiert.
- Welle durch leichtes Klopfen vom Flansch lösen, falls diese etwas anklebt.
- Welle etwas zusammenschieben und von den Flanschen abnehmen.
- Hinteren Wellenteil nach unten hängen lassen.
- Mittellager losschrauben.
- Gelenkwelle nach hinten aus dem Mitteltunnel herausnehmen.
- Zentrierhülsen aus der Mitte der Flansch losheben.
- Beim Einbau die Zentrierhülsen mit viel Mehrzweckfett einsetzen (Hohlräume füllen).
- Welle zuerst am Getriebeflansch lose vormontieren (Markierungen beachten). Neue Muttern verwenden.
- Mittellager lose vormontieren.
- Unter Beachtung der Markierungen Welle am hinteren Flansch festschrauben. Die neuen selbstsichernden Mutern werden mit 45 Nm angezogen.
- Welle vorn festschrauben (25 Nm).
- Zwischenlager mit 25 Nm anziehen. Das Fahrzeug muß dabei mit den Hinterrädern auf dem Boden stehen. Bei entlasteter Hinterachse nur festschrauben, wenn vorher Markierungen angebracht wurden.
- Klemmutter SW 41/42 mit 30–40 Nm festschrauben.

Störungsbeistand

Gelenkwelle

○ **Vibrationen und Brummgeräusche** deuten auf Störungen im Rundlauf der Welle: Fehlende Wuchtbleche lassen darauf schließen, daß die Wuchtung nicht mehr stimmt. Beide Wellenhälften werden zusammen

Schnitt durch die Hinterachswelle: 37a – Hinterachswelle; 37b – Gelenkring außen; 37c – Gelenkring innen; 37d – Gelenknabe; 37e – Kugel; 37f – Kugelkäfig; 37g – Sicherungsring; 37h – Abschlußdeckel; 37i – Manschettenkappe; 37k – Schlauchschelle; 37l – Gummimanschette.

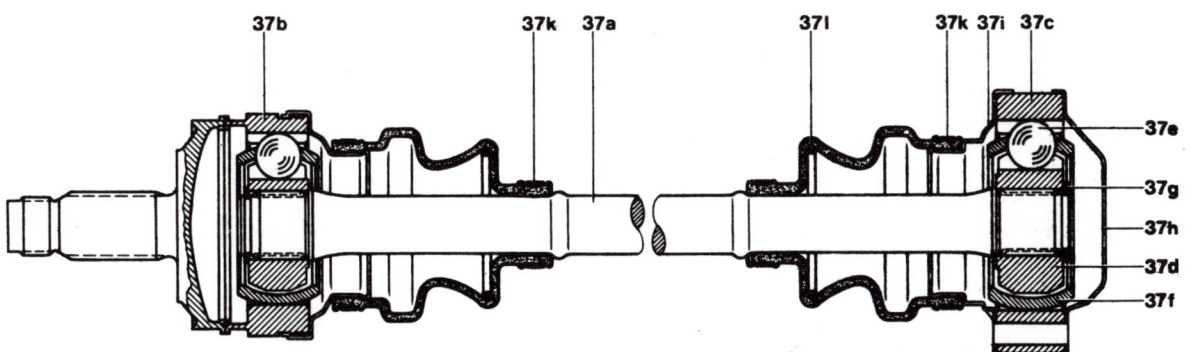

gewuchtet. Trennen der Teile ohne Kennzeichnung der Einbaulage der Teile zueinander macht die Wuchtung unwirksam.

Weitere Möglichkeiten für Brummgeräusche: Defektes Gummigelenk, ausgeschlagenes Mittellager, verschlissene Gelenkscheiben. Betreffende Teile ersetzen bzw. Austauschwelle einbauen.

○ Die beiden Gelenkscheiben dürfen keine Risse haben oder spröde sein. Die Hülsen dürfen nicht lose in den Scheiben sitzen oder unrund ausgeweitet sein. Auch die Bohrungen im Getriebe- und Hinterachsflansch dürfen nicht ausgeweitet sein.

○ **Pfeifgeräusche** können von einem defekten Mittellager herrühren.

○ **Rassel- und Schabgeräusche** haben meist ihre Ursache in zu großem Spiel am Schiebestück (Verbindung der Wellenhälften), oder die Zentrierhülsen vorn oder hinten laufen »trocken«.

Fingerzeig: Sollen hinteres und vorderes Teil der Gelenkwelle getrennt werden, muß die Stellung der Teile zueinander zuvor mit Körner- oder Farbpunkten markiert sein. Sonst stimmt beim anschließenden Zusammenbau die Wuchtung nicht mehr. Wurden versehentlich beide Teile ohne Markierung getrennt, bauen Sie die Welle immer wieder etwas versetzt ein, bis die Brummgeräusche am günstigsten sind. Verzahnung am Schiebestück fetten.

Das Hinterachsdifferential

Es lenkt die Antriebskraft über Kegel- und Tellerrad gewissermaßen rechtwinklig um die Ecke und über zwei Achswellen zu den Hinterädern. Es paßt durch seine Übersetzung die Drehzahl der Getriebe-Abtriebswelle der erforderlichen Raddrehzahl an und gleicht bei Kurvenfahrt die unterschiedlichen Radwege des inneren und äußeren Rades durch sein Kegelradgetriebe (Differential) aus. Zum Hinterachsantrieb gehören auch die Hinterachswellen. Sie übertragen die Antriebskraft auf die Räder. Entsprechend den Federbewegungen der Radaufhängung müssen die Hinterachswellen Längenunterschiede ausgleichen und die Federbewegung des Rades mitmachen.

Bei ASD (**A**utomatisches **S**perr-**D**ifferential, siehe Seite 110) ist ein besonderes Differential eingebaut. Im Juni '94 wurde das ASD durch das ETS (**E**lektronisches **T**raktions-**S**ystem) abgelöst. Beschreibung im Kapitel »Die Bremsen«.

Hinterachswelle ausbauen

● Radkappe bzw. Leichtmetallrad abnehmen.
● Zwölfkantmutter (SW 30) in der Radmitte losschrauben. Dazu von Helfer Fußbremse treten lassen.
● Auf der linken Seite hinteren Teil der Auspuffanlage ausbauen.
● Querstrebe ausbauen.
● Am Hinterachsantrieb (Differential) die Innenvielzahnschrauben herausdrehen. Vor dem Einstecken des Werkzeugs (Hazet-Nr. XZN 990 lg-10) den Schraubenkopf mit einem kleinen Schraubendreher von Verschmutzungen reinigen, damit das Werkzeug möglichst weit eingesteckt werden kann.
● Losgeschraubte Hinterachswelle zusammenschieben und nach oben vom Flansch wegschwenken. Bei etwas angehobener Radführung (Welle waagrecht) geht das Abnehmen am besten.
● Außen die Achswelle aus dem Hinterachsflansch ziehen bzw. mit leichtem Schlagen nachhelfen. Sitzt die Achswelle sehr fest, muß sie mit einem Ausdrükker demontiert werden.
● Die Anlagefläche der Welle am inneren Verbindungsflansch muß zum Einbau sauber sein.
● Innenvielzahnschrauben nur ein Mal verwenden. Einölen und dann mit 70 Nm festziehen.
● Die Zwölfkantmutter darf ebenfalls nur ein Mal verwendet werden. Wenn sie mit 200–240 Nm festgezogen worden ist, muß die Mutter gesichert werden. Dazu den Bund der Mutter in die Aussparungen auf der Welle quetschen.

Hinterachswellen schadhaft?

Die Gleichlaufgelenke an den Antriebswellen sind zwar sehr robust, doch kann eingedrungener Schmutz zum vorzeitigen Verschleiß eines Gelenks führen. Defekte Gelenke knacken beim Anfahren oder beim Rückwärtsfahren. Selbst beim Hin- und Herschieben des Wagens können die Knackgeräusche hörbar werden. Bei fortgeschrittenem Verschleiß steigert sich das Knacken zu einem regelrechten Schlagen.

Zeigen sich solche Zeichen, ist es gar nicht einfach herauszufinden, von welchem der vier Gelenke die Geräusche stammen. Deshalb beide Wellen ausbauen und von Hand prüfen, ob sich die Gelenke geschmeidig und ruckfrei bewegen lassen.

Nach dem Ausbau einer Hinterachswelle können die Gummimanschetten und das innere Gleichlaufgelenk ersetzt werden. Der Austausch des äußeren Gelenks ist nicht möglich – dann muß die Hinterachswelle ersetzt werden.

Manschetten prüfen

Gelegentlich sollten Sie die Gummimanschetten an den Gelenken der Hinterachswellen prüfen, denn eindringender Schmutz oder Feuchtigkeit zerstört die Gelenke schnell.

Teile der Gelenkwelle:
1 – Zentrierhülse;
2 – Gelenkscheibe vorn;
3 – Schraube 45 Nm;
4 – Wellenteil vorn;
5 – Klemmutter;
6 – Gummimanschette;
7 – Lager;
8 – Schraube 25 Nm;
9 – Wellenteil hinten;
10 – Gelenkscheibe hinten.

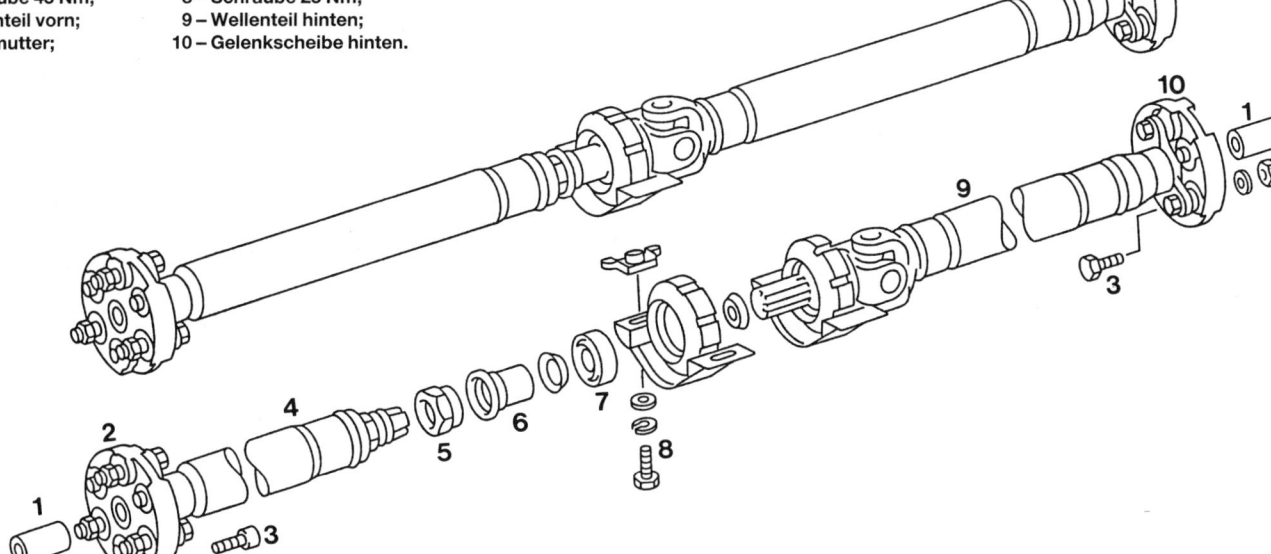

- Zur Prüfung die Hinterräder nacheinander anheben und am Rad drehen, während man unter dem Fahrzeug prüft.
- Risse oder spröde Stellen vorhanden?
- Die Spannbänder müssen fest sitzen.

- Hinterachswelle ausbauen.
- Großes Schlauchband der inneren Manschette lösen.
- Blechdeckel mit einem Durchschlag vom Gelenk losschlagen und abnehmen. Auf die gleiche Weise die Kappe der Manschette von der anderen Seite des Gelenks entfernen.
- Manschette zurückschieben und das Fett vom Gelenk abwischen.
- Sprengring abnehmen.
- Welle in einen Schraubstock spannen und das Gelenk mit einem Durchschlag von der Welle lösen.

- Dunkle Fettspuren sind ein Alarmsignal. Eine beschädigte Manschette schnellstens ersetzen. Dazu die Hinterachswelle ausbauen und zerlegen.

Dazu gleichmäßig verteilt auf den Gelenk-Innenring schlagen.

- Wenn erforderlich, können nun die Manschetten und das Gelenk getauscht werden. Die entsprechenden Reparatursätze enthalten neue Schlauchbänder, einen neuen Sprengring und die erforderliche Menge des speziellen Fließfettes, mit dem das Gelenk beim Zusammenbau großzügig eingeschmiert wird (100 g pro Gelenk).
- Bevor die Blechringe wieder über den Außenring des Gelenks montiert werden, deren Innenrand mit einem dauerelastischen Dichtmittel bestreichen.

Hinterachswelle zerlegen

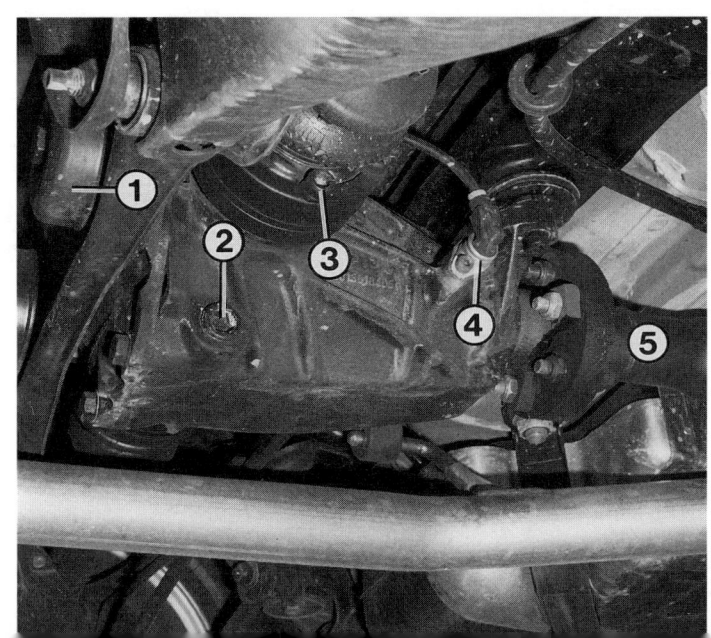

Teile am Hinterachsdifferential:
1 – hydraulische Lager;
2 – Ölablaßschraube;
3 – Befestigungsschraube der Hinterachswelle;
4 – Drehzahlgeber für ABS (bei ASR/ETS ist über jeder Hinterachswelle ein Drehzahlgeber eingebaut);
5 – Gelenkwelle.

Automatisches Sperr-Differential (ASD)

Beim bis Juni '94 lieferbaren ASD kann es bei rutschigem Untergrund nicht mehr vorkommen, daß ein Hinterrad einzeln durchdreht und deshalb nicht mehr angefahren werden kann. Erkennt die ASD-Elektronik, daß die mittlere Hinterraddrehzahl 2–4 km/h größer ist als die mittlere Vorderraddrehzahl, wird ein Magnetventil angesteuert. Dadurch gelangt Hydrauliköldruck mit ca. 30 bar zum ASD und sperrt dieses. Nicht mehr gesperrt wird das ASD aus Fahrstabilitätsgründen über 38 km/h (gemessen an den Vorderrädern), im Schubbetrieb und beim Bremsen. Die Hauptbauteile des ASD haben folgende Aufgaben:

○ **Hinterachsdifferential:** Es hat ohne Hydraulikdruck bereits 35% Sperrwirkung. Gelangt Öldruck zu den Ringkolben am ASD, bewegen sich beide Verbindungsflansche etwas nach außen und pressen so die Lamellenkupplungen zusammen. Der Sperrgrad beträgt dann ca. 100%.

○ **Hydraulikeinheit:** Rechts vor der Hinterachse unter einer Abdeckung ist dieses Teil eingebaut. Es regelt den Öldruck von der Pumpe vorn am Zylinderkopf (gleiche Pumpe wie bei der Niveauregulierung) von ca. 200 bar auf etwa 30 bar ein. In einem Druckspeicher werden diese 30 bar bevorratet. Ist der Speicher voll, schaltet ein Ventil in der Hydraulikeinheit um und läßt zuviel gefördertes Öl zum Ölbehälter im Motorraum zurückfließen. Bei einem Fahrzeug mit Niveauregulierung ist in dieser Leitung der Niveauregler eingebaut. Schaltet das Magnetventil an der Hydraulikeinheit, gelangt der Öldruck von ca. 30 bar zum ASD.

Steuergerät: Es ist im Aggregateraum rechts eingebaut und trägt die Aufschrift »ASD«. Das Steuergerät verarbeitet die Informationen von den Drehzahlgebern und schaltet ggf. Masse zum Magnetventil. Dadurch gelangt der Öldruck zum ASD.

Das Steuergerät verfügt über einen Fehlerspeicher. Fehler an den elektrischen Bauteilen des ASD werden gespeichert und können abgefragt werden.

○ **Drehzahlgeber:** An jedem Vorderrad und am Hinterachsdifferential sind die gleichen Drehzahlgeber wie beim ABS im Einsatz. Die Drehzahlsignale gelangen zum ASD-Steuergerät, nachdem sie bereits im ABS-Steuergerät umgeformt wurden.

○ **Funktionsanzeige:** Die Anzeige im Tachometer leuchtet grundsätzlich immer auf, wenn die Raddrehzahl-Differenz zwischen Vorder- und Hinterrädern größer als 2–4 km/h ist. Die Kontrolleuchte kann also auch über 38 km/h aufleuchten, obwohl das ASD hier nicht mehr gesperrt wird. Dem Fahrer zeigt das Aufleuchten, daß Radschlupf auftritt und er seine Fahrweise besser anpassen muß.

Die Helligkeit der Funktionsanzeige ist bei eingeschaltetem Licht geringer.

○ **Kontrolleuchte:** Leuchtet die gelbe »ASD«-Leuchte im Kombi-Instrument bei laufendem Motor, ist das ASD wegen einer elektrischen Störung außer Funktion. Fehlerspeicher in der Werkstatt abfragen lassen.

○ **Bremslichtschalter:** Der Bremslichtschalter hat zwei Kontakte. Beim Bremsen schließt ein Kontakt, dadurch leuchtet das Bremslicht, und das ASD-Steuergerät wird informiert (ASD abgeschaltet). Der zweite Kontakt öffnet beim Bremsen und unterbricht so die Spannungsversorgung zum Magnetventil aus Sicherheitsgründen zusätzlich, denn mit gesperrtem ASD darf nicht gebremst werden. Das Fahrzeug würde leicht ausbrechen.

Ausgleichsgetriebe (ASD): 20 – Ausgleichsgetriebegehäuse; 22a – Reibscheibe mit einseitigem Belag; 22b – Reibscheibe ohne Belag; 22c – Reibscheibe mit beidseitigem Belag; 23 – Hinterachswellenrad; 24 – Kugelscheibe; 25 – Ausgleichskegelrad; 26 – Ausgleichsbolzen; 27 – Spannhülse; 30 – Sicherungsring.

Hinterachsdifferential (ASD): 30 – Sicherungsring; 33b – Verbindungsflansch; 37h – Abschlußdeckel; 60 – Ringzylinder; 61 – Ringkolben; 62 – Kugellager; 63 – Manschette; 64 – Ölleitblech; 65 – Hydraulikleitung; 65a – Spannhülse; 66, 68 – O-Ringe; 67 – Entlüfter; 69 – Radialdichtring.

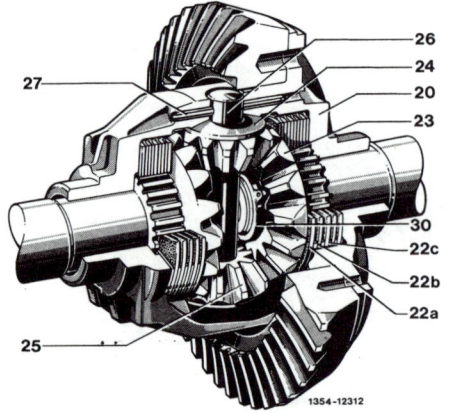

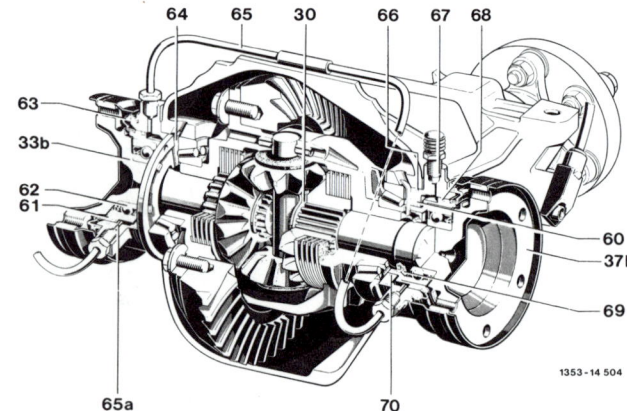

Radaufhängung und Lenkung

Untergrund-Bewegung

Die Karosserie steht mit der gefederten Radaufhängung sozusagen auf allen Vieren. Dazu gehört auch die Lenkung. Alles zusammen bildet das »Fahrwerk«, von dem der oberflächliche Betrachter nichts sieht.

Die Vorderradaufhängung

In unseren C-Klasse-Modellen kommt eine neu entwickelte Doppelquerlenker-Achse zum Einsatz. Dieses aufwendige Konstruktionsprinzip bietet ausgezeichnete Voraussetzungen für guten Abrollkomfort und Radführung. Außerdem ist gegenüber Federbeinachsen der Stoßdämpfer einfacher zu erneuern. Alle Querlenker sind über große Gummi-Elemente mit der Karosserie verbunden. Der lange geschmiedete Achsschenkel mit Lenkhebel ist oben und unten mit Gelenken an den Querlenkern befestigt. Der Ausfederungsweg des oberen Querlenkers wird durch einen Blechbügel begrenzt, dadurch kann die Radaufhängung bei ausgebautem Stoßdämpfer nicht so weit absinken, daß Schäden an den Gelenken entstehen. Am unteren Querlenker sind Gummilager und Traggelenk austauschbar – oben nicht. Die Schrauben durch die Gummilager des unteren Querlenkers können nicht verdreht werden, z.B. für Sturz- oder Nachlaufeinstellung. Im Reparaturfall sind sie durch besondere Einstellschrauben mit Exzenterscheiben zu ersetzen. Die Federn sind je nach Fahrzeugniveau unterschiedlich lang.

Die Hinterradaufhängung

Jedes Hinterrad wird durch fünf unabhängige, aber wohlüberlegt im Raum angeordnete Lenker geführt. Diese Lenker lassen nur solche Radbewegungen zu, die die Fahreigenschaften nicht verschlechtern. Bei der Anordnung der fünf Lenker hat der Konstrukteur vielfältige Eingriffsmöglichkeiten, um den besten Kompromiß zwischen guten Fahreigenschaften und angenehmem Fahrkomfort zu bestimmen. Dies ist gar nicht so einfach, denn wird die Federung zu weich gewählt, verschlechtert sich das Fahrverhalten durch Mitlenk-Effekte der Räder. Umgekehrt beklagen sich die Insassen, wenn die Federung zu hart ist.
Die Teile der hinteren Radaufhängung sind alle an einem breiten Achsträger befestigt, welcher über vier großvolumige Gummilager mit dem Fahrzeugboden verbunden ist. In der Mitte ist der Hinterachsantrieb angeschraubt. Alle fünf Lenker (Federlenker, Zugstrebe, Schubstrebe, Sturzstrebe und Spurstange) sind außen und innen elastisch mit dem Achsträger bzw. der Radaufhängung verbunden. Nachfolgend kurz die Vorteile der Raumlenker-Hinterradaufhängung.

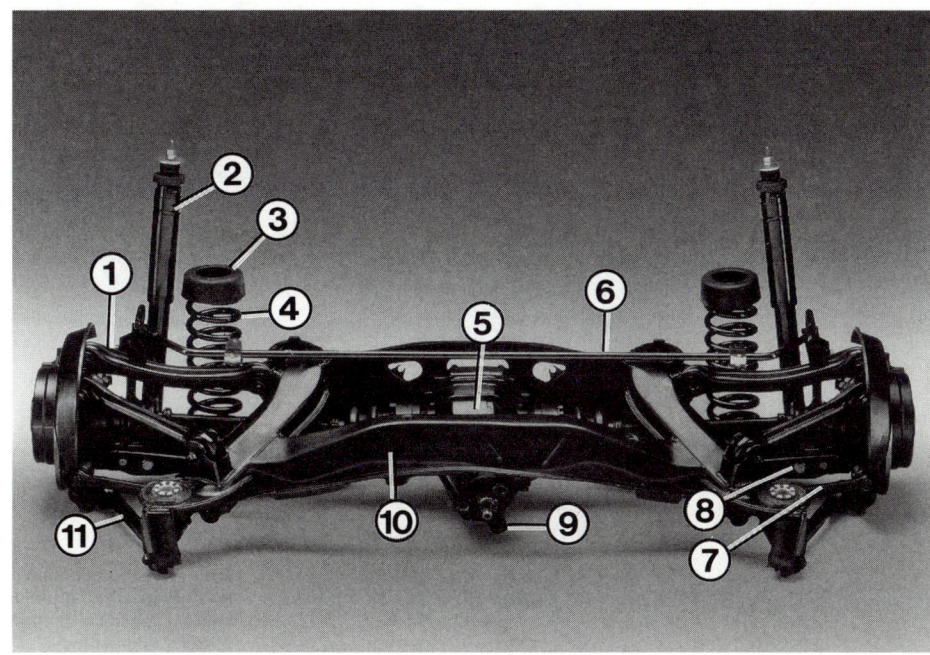

Die Hinterachse:
1 – Sturzstrebe;
2 – Stoßdämpfer;
3 – Federlager oben;
4 – Feder;
5 – Hinterachsdifferential;
6 – Drehstab;
7 – Spurstrebe;
8 – Federlenker;
9 – Gelenkwellenflansch;
10 – Hinterachsträger;
11 – Schubstrebe.

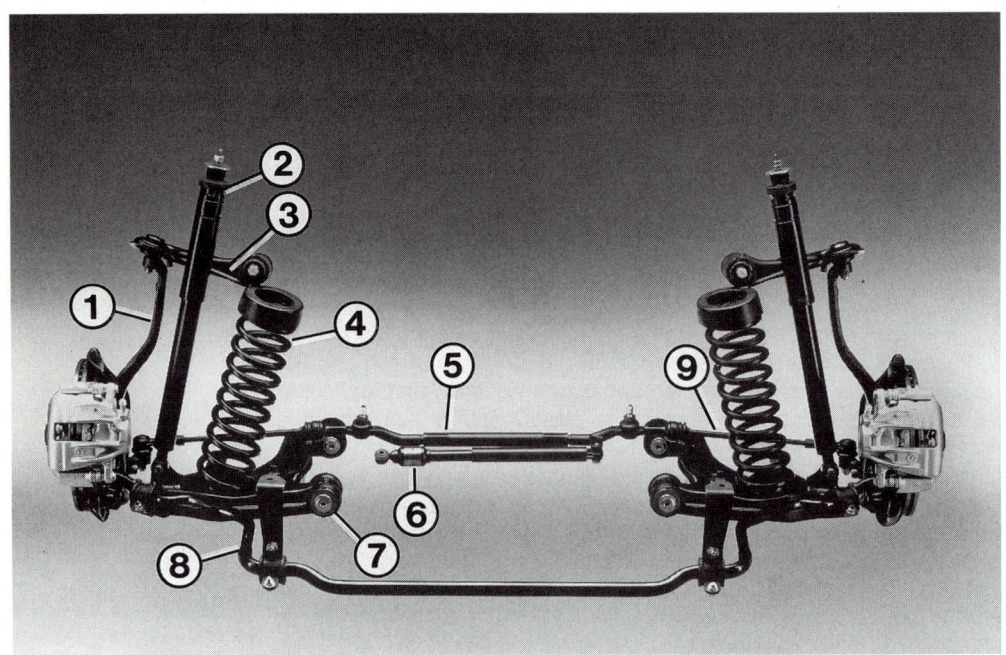

Die Vorderachse:
1 – Achsschenkel;
2 – Stoßdämpfer;
3 – Querlenker oben;
4 – Feder;
5 – Spurstange mitte;
6 – Lenkungsdämpfer;
7 – Querlenker unten;
8 – Drehstab;
9 – Spurstange außen.

○ Zusammen mit der Doppelquerlenker-Vorderradaufhängung entsteht ein Fahrverhalten, das weitestgehend von Seitenführungs-, Brems- oder Antriebskräften unabhängig ist.
○ Obwohl der Federweg mit 230 mm recht groß ist, entstehen über den halben Federweg fast keine Lenkfehler durch Spurweiten- oder Vorspuränderungen. Die Folge ist ausgezeichneter Geradeauslauf.
○ Der negative Sturz sorgt für eine gute Seitenführung. Er wird über den gesamten Federweg niemals positiv.
○ Die beim Bremsen oder Beschleunigen entstehenden Momente am Fahrzeugheck werden zu 60% abgefangen. Dadurch hebt sich das Heck beim Bremsen kaum an und taucht beim Beschleunigen nicht ein.
○ Durch die dreifache Gummi-Isolation zwischen Rad und Karosserie sind im Innenraum kaum Abrollgeräusche zu vernehmen.
○ Wenig Reaktionen bei Lastwechsel. Beispielsweise wird bei plötzlichem Gaswegnehmen in den Kurven eine Verkleinerung des gefahrenen Kurvenradius verhindert.
○ Die Radstellung kann durch verstellbare Lenker korrigiert werden.

Eigenarbeiten an Fahrwerk und Lenkung

Fahrwerk und Lenkung sind für die Verkehrssicherheit von entscheidender Bedeutung. Eigenarbeiten an diesen Teilen sollte wirklich nur derenige vornehmen, der sich seiner Sache völlig sicher ist. Andere sind mit derartigen Instandsetzungsarbeiten in einer Fachwerkstatt besser aufgehoben.

Eine Vorderaufhängung in der Perspektive: Die Kinematik dieses Konstruktionsprinzips, bietet gute Voraussetzungen für komfortables Abrollen, präzise Radführung und Lenkung.

Blick in den linken Radkasten vorn:
1 – Achsschenkel;
2 – Traggelenk oben;
3 – Stoßdämpfer;
4 – Querlenker oben;
5 – Leitungen von Drehzahlgeber und Bremsbelagfühler.
Die Pfeile zeigen auf die Befestigungsschrauben (3 Stück) des Lenkgetriebes. Eine weitere Schraube ist vom Bremsschlauch verdeckt.

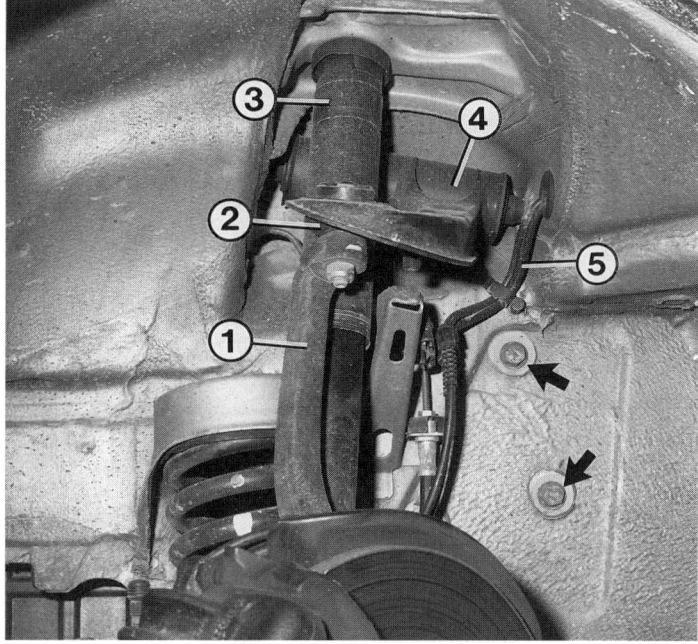

Wer jedoch unbedingt an diesen Teilen schrauben will, sollte wenigstens nicht blindlings arbeiten, sondern die Arbeitsbeschreibungen dieses Kapitels gründlich lesen und verstehen.

Vorderradaufhängung aus- und einbauen

Für diese Arbeit werden Federspanner und Konusabdrücker gebraucht. Außerdem ist anschließend die Radeinstellung zu überprüfen.

- Untere Motorraumabdeckung ausbauen.
- Im Motorraum Stoßdämpfer lösen. Dazu Muttern abdrehen.
- Steckverbindungen für Belagverschleiß und Drehzahlgeber ausstecken. Leitungen zum Vorderrad durchziehen.
- Fahrzeug aufbocken, sichern und Vorderrad ausbauen.
- Querlenker wieder auf stabilen Unterbau absetzen, so daß die Radaufhängung einfedert. Federspanner sicher ansetzen.
- Fahrzeug wieder anheben. Federspanner so weit zusammenziehen, daß die Feder ganz von ihrer Auflage abhebt. Je nach verwendetem Federspanner ist es möglich, die Feder jetzt herauszunehmen. Höchste Vorsicht beim Umgang mit der gespannten Feder!
- Bremsschlauch von der Leitung trennen. Stellung von Leitung und Schlauch zueinander kennzeichnen, damit der Schlauch nicht verdreht montiert wird und dadurch beim Einfedern oder Lenken scheuert. Leitung gegen Auslaufen z.B. mit Gummikappe von Entlüftungsventil verschließen. Nach dem Einbau die Bremsen entlüften.
- Drehstab vom Querlenker abschrauben. Dazu selbstsichernde Muttern lösen.
- Spurstange vom Achsschenkel lösen. Selbstsichernde Mutter abschrauben und Konus abdrücken. Gummikappe am Spurstangengelenk i.O.?
- Oberes Gelenk zwischen Achsschenkel und oberem Querlenker mit Abzieher lösen.
- Querlenker abstützen und von Karosserie abschrauben. Sind dort Schrauben mit Sechskantkopf eingebaut, so sind dies Exenterschrauben und -scheiben zur Korrektur der Radeinstellung. Vor dem Lösen alle Teile und deren Lage zur Anlage mit einer Reißnadel und Farbtupfern genau kennzeichnen.
- Unteres Traggelenk ersetzen, wenn die Gummimanschette defekt ist. Dazu selbstsichernde Mutter lösen und Gelenk vom Querlenker abdrücken.
- Gelenk prüfen. Dazu ca. 15 cm langes Rohr auf Bolzen stecken und bewegen. Dies muß ohne Spiel, ohne Klemmen und Knarren möglich sein. Der Spanndraht um die Manschette muß in Ordnung sein.
- Einbau in umgekehrter Reihenfolge.
- Neue selbstsichernde Muttern verwenden! Drehmomente: Stoßdämpfer oben 15 Nm und Kontermutter 30 Nm, Stoßdämpfer unten 55 Nm, Bremsschlauch 15 Nm, Drehstab 20 Nm, Spurstange 50 Nm, oberes Traggelenk 45 Nm, unteres Traggelenk an Achsschenkel 105 Nm, unteres Traggelenk an Querlenker 100 Nm, Querlenker an Karosserie 150 Nm.

Fingerzeig: Der Drehstab und die Exenterschrauben an der inneren Querlenkerlagerung dürfen erst festgezogen werden, wenn das Fahrzeug auf den Vorderrädern steht, sonst kann es zu Geräuschen und zu einer falschen Radeinstellung kommen.

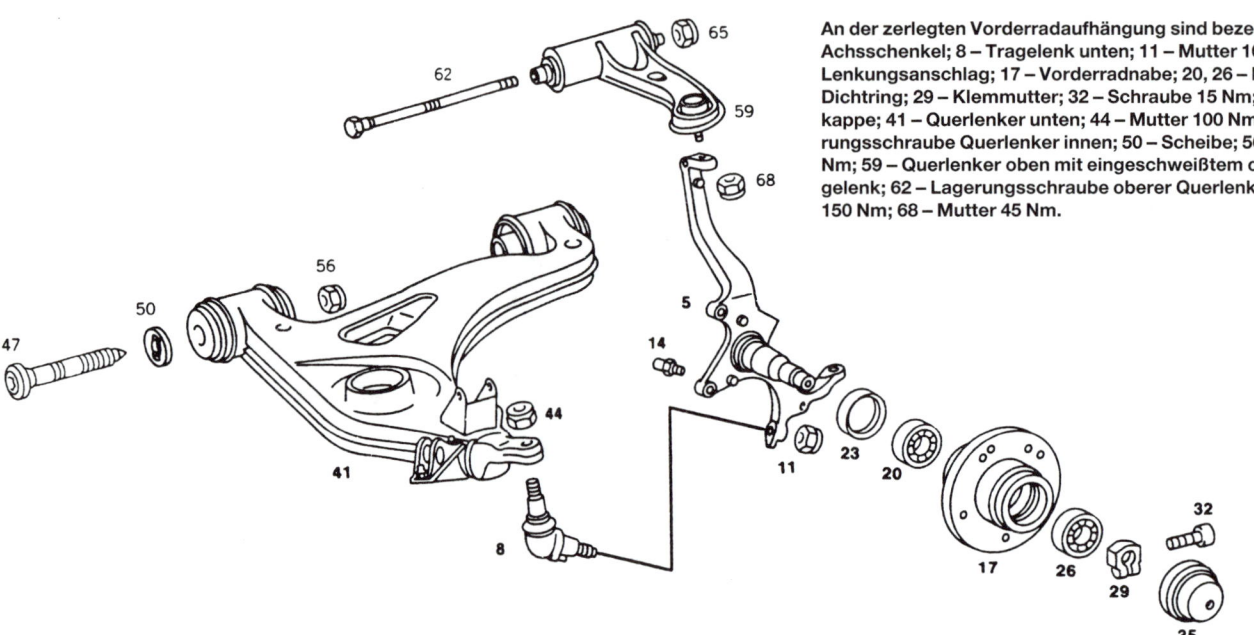

An der zerlegten Vorderradaufhängung sind bezeichnet: 5 – Achsschenkel; 8 – Tragelenk unten; 11 – Mutter 105 Nm; 14 – Lenkungsanschlag; 17 – Vorderradnabe; 20, 26 – Lager; 23 – Dichtring; 29 – Klemmutter; 32 – Schraube 15 Nm; 35 – Nabenkappe; 41 – Querlenker unten; 44 – Mutter 100 Nm; 47 – Lagerungsschraube Querlenker innen; 50 – Scheibe; 56 – Mutter 150 Nm; 59 – Querlenker oben mit eingeschweißtem oberem Tragelenk; 62 – Lagerungsschraube oberer Querlenker; 65 – Mutter 150 Nm; 68 – Mutter 45 Nm.

Oberen Querlenker ausbauen

- Vorderrad ausbauen.
- Unteren Querlenker auf stabilen Unterbau absetzen, so daß die Radaufhängung etwas einfedert.
- Federspanner an Vorderfeder sicher ansetzen.
- Mutter am oberen Tragelenk abschrauben.
- Gelenk mit Abzieher aus dem Achsschenkel herausdrücken.
- Achsschenkel gegen seitliches Wegkippen mit Draht sichern. An Leitungen, Bremsschlauch etc. darf nicht gezogen werden.
- Im Motorraum lange Schraube quer durch den Lenker ausbauen. Dazu je nach Fahrzeugseite Waschwasserbehälter, Luftfilter etc. ausbauen. Rechts außerdem Steuergeräte ausbauen (zuvor Batterie abklemmen).
- Oberen Querlenker erneuern, wenn die Manschette am Gelenk gerissen ist.
- Gelenk prüfen. Dazu ca. 15 cm langes Rohr auf Bolzen stecken und bewegen. Dies muß ohne Spiel, ohne Klemmen und Knarren möglich sein.
- Beim Einbau neue selbstsichernde Muttern verwenden! Oberes Tragelenk an Achsschenkel 45 Nm, Schraube oben Querlenker an Karosserie 55 Nm, Vorderrad 110 Nm.

Radeinstellung messen

Nach einer harten Bordsteinberührung, einem Unfall, bestimmten Reparaturarbeiten an der Radaufhängung oder ganz einfach im Verdachtsfall wird die Radeinstellung vermessen. Was die einzelnen Größen dabei sagen, erklärt der folgende Abschnitt. Das Vermessen geht jedoch nur auf einem optischen Achsmeßstand.

Zur Messung muß der Wagen »fahrfertig« auf den Rädern stehen. Das sich dabei einstellende Fahrzeugniveau wird bei Mercedes über die »Kugelpunktlage« definiert. Bei Fahrzeugen mit Niveauregulierung, Sportfahrwerk,

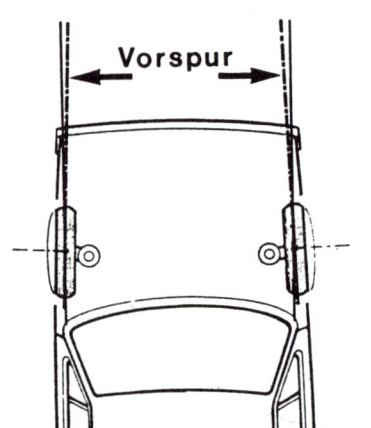

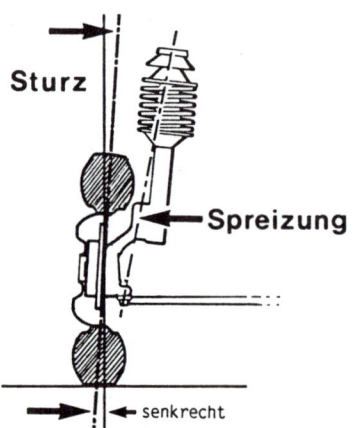

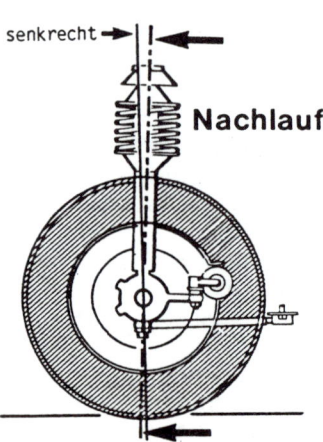

Zum besseren Verständnis der verschiedenen Grundbegriffe bei der Radeinstellung sollen die Zeichnungen beitragen.

Schnittzeichnung durch Hinterachse und Achsantrieb.

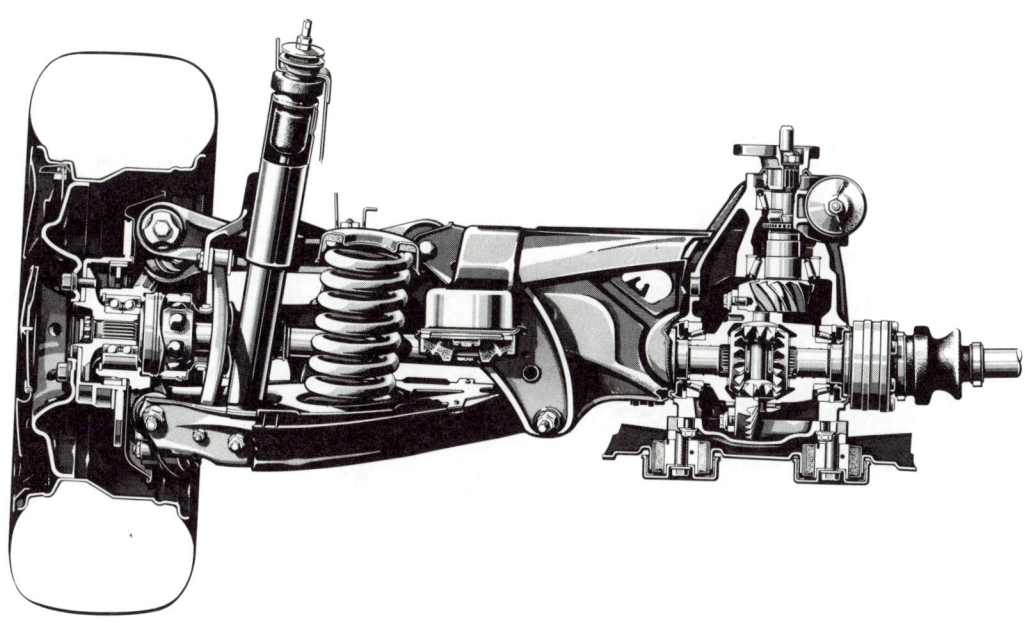

härterer Federung etc. gelten unterschiedliche Werte, die ganze Tabellenbücher füllen. Deshalb würden wir zur Kontrolle der Radeinstellung z.B. einen Reifendienst o.ä. akzeptieren. Zur eigentlichen Einstellung würden wir jedoch eine geübte Mercedes-Werkstatt oder gar eine Niederlassung aufsuchen.

Vorderradaufhängung	Classic, Elegance	Sport, Esprit
Sturz	−0°30′ (±20′)	−0°50′ (±20′)
Nachlauf	4°55′ (±30′)	5°30′ (±30′)
Vorspur	+0°25′ (±10′)	+0°25′ (±10′)
Spurdifferenzwinkel	−1° (±30′)	+0°50′ (±30′)
maximaler Lenkeinschlag	43°	43°
Hinterradaufhängung		
Vorspur	0°25′ $^{+10'}_{-5'}$	

Was bedeutet die Radeinstellung?

Die Vorderräder müssen für ein sicheres Fahrverhalten in Längs- und Seitenrichtung in bestimmten Winkelstellungen stehen. Damit Sie sich unter der Bezeichnung »Lenkgeometrie« etwas vorstellen können, haben wir hier die Begriffe mit einer entsprechenden Erläuterung zusammengestellt:

○ **Vorspur:** Bei Geradeausfahrt stehen die Räder vorn geringfügig enger zusammen als hinten. Sie rollen gewissermaßen aufeinander zu. Das ist die Vorspur. Genau parallel stehende Räder haben nämlich das Bestreben, auseinanderzulaufen. Die Reibung zwischen Rad und Straße möchte das linke Rad nach links weg und das rechte nach rechts drücken. Durch die Vorspur laufen die Räder parallel ohne das Bestreben, seitlich wegzuziehen. Beim Hineinlenken des Wagens in eine Kurve geht die Vorspur durch die trapezförmige Anordnung des Lenkgestänges in »Nachspur« über. Das kurveninnere Rad schwenkt stärker herum als das kurvenäußere. Dies ist auch notwendig, weil ja in einer Kurve die inneren Räder einen engeren Kreis fahren müssen als die äußeren. Das ergibt automatisch eine Unterstützung der Lenkbewegung und der Lenkkräfte.

Sturz: So nennt man die leichte Auswärtsneigung der Vorderräder – oben im Radkasten haben sie beim Mercedes einen engeren Abstand voneinander als unten am Boden. Das heißt in der Fachsprache »negativer« Sturz. Das Rad stemmt sich gewissermaßen gegen die Kurvenaußenseite.

Spreizung: Sie gehört zum Sturz. Spreizung ist die geringfügige Neigung der Schwenkachse, um die beim Lenken die Räder samt Aufhängung schwenken. Beide Schwenkachsen haben oben einen kleineren Abstand voneinander als unten. Sturz und Spreizung verhindern zusätzlich das Flattern der Räder. Ferner erleichtern sie das Einschlagen der Räder.

Nachlauf: Darunter versteht man die Schrägstellung der Schwenkachse in Fahrzeuglängsrichtung. Das hilft ebenfalls, den Geradeauslauf zu stabilisieren und Flattern der Vorderräder zu verhindern. Außerdem bewirkt er eine Rückstellung der Lenkung nach Kurven.

1 – Querlenker oben;
2 – Achsschenkel;
3 – Bremsscheibe, hier innenbelüftet;
4 – Bremssattel;
5 – Bremssattelträger;
6 – Drehstab;
7 – Querlenker unten;
8 – Feder.

Erkennungsmerkmale für falsche Radeinstellung

Wenn Sie fehlerhafter Lenkgeometrie beim Fahren auf die Schliche kommen wollen, müssen Sie zuerst sicherstellen, daß beide Vorderreifen dieselbe Reifensorte, Profiltiefe und den vorgeschriebenen Luftdruck aufweisen.

○ **Stehen die Lenkradspeichen** bei Geradeausfahrt **symmetrisch?** Ein schiefsitzendes Lenkrad ist oft das Zeichen für falsche Spureinstellung.

○ **Unruhiger Geradeauslauf**; er ist besonders gut auf schnee- oder eisglattem Untergrund zu erkennen, wenn die Reifen wenig Haftung haben.

○ **Zieht der Mercedes** auf völlig ebener Fahrbahn und bei losgelassenem Lenkrad **zur Seite?**

○ **Stellt sich die Lenkung** nach Kurven wieder **von selbst in Geradeausstellung?**

○ Schauen Sie sich die **Vorderräder** aus fünf bis zehn Meter Entfernung an – **stehen** sie **in Geradeausstellung symmetrisch** zueinander?

○ Ist das **Reifenprofil einseitig abgenutzt?** Bei scharfer Fahrweise ist es allerdings nicht ungewöhnlich, daß an beiden Vorderreifen die Außenkanten stärkere Verschleißspuren zeigen als innen.

○ Eine **verbeulte Felge** deutet auf eine harte Bordsteinberührung, wodurch die Geometrie der Vorderradaufhängung aus dem Winkel geraten kann.

○ **Weitere Ursachen** für fehlerhafte Stellung der Räder können verschlissene Gelenke bzw. Gummilager sein oder unsachgemäße Unfallreparaturen.

Einstellen der Vorderradlager:
1 – Klemmutter;
2 – Nabenkappe;
3 – Achsstummel.

Vorderradaufhängung von innen betrachtet:
1 – Feder;
2 – Stoßdämpfer;
3 – Traggelenk unten;
4 – Drehstablagerung;
5 – Querlenker unten.

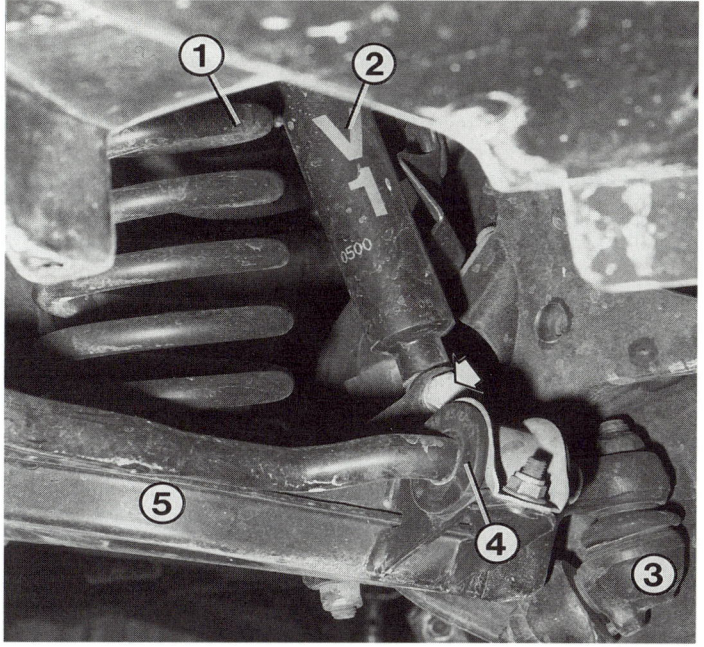

Radlagerspiel prüfen

Die Räder laufen vorn auf Schrägrollenlagern und hinten auf zweireihigen Kugellagern, die – mit Dauerfett montiert – für weitaus mehr als 100 000 km gut sind. Defekte Lager machen durch Laufgeräusche auf sich aufmerksam, die meist bei Kurvenfahrt lauter werden. Heimtückischerweise kann nicht immer genau definiert werden, welches Lager einer Achse laut ist. Deshalb möglichst beide ersetzen.
Auch Radlagerspiel ist eine Verschleißerscheinung. Das prüft man so:

● Fassen Sie nacheinander die fest am Boden stehenden Räder oben und versuchen Sie, diese quer zum Wagen zu bewegen.

● Bei einwandfreien Lagern darf praktisch keine »Luft« vorhanden sein.

● Ist Spiel spürbar, von Helfer kräftig die Fußbremse treten lassen und nochmals am Rad rütteln: Ist kein Spiel mehr vorhanden, lag es nur am Radlager. Trotzdem noch Spiel: Die Radaufhängung muß kontrolliert werden.

● Defekte hintere Radlager müssen ausgetauscht werden. Eine Nachstellmöglichkeit gibt es dort nicht.

Die gezeigte Tandempumpe beim Sechszylinder hat zwei Pumpenelemente. Eine Flügelzellenpumpe versorgt die Servolenkung bis ca. 90 bar und eine davor angeordnete Radialkolbenpumpe die Niveauregulierung und das ASD (Drücke bis über 200 bar). Es bedeuten:
1 – Gehäuse;
2 – Kolbeneinsätze;
3 – Antriebswelle;
4 – Exzenter;
5 – Kolben;
6 – Druckfeder;
7 – Laufring;
8 – Abscherstift;
9 – Rückschlagdichtband;
10, 12, 16, 17, 20 – O-Ring;
11 – Radialdichtung;
13 – Fixierstift;
15 – Lager;
18 – Paßbolzen;
19 – Lagerbüchse mit Gleitlager;
21 – Servopumpe;
35 – Ölbehälter der Servolenkung.

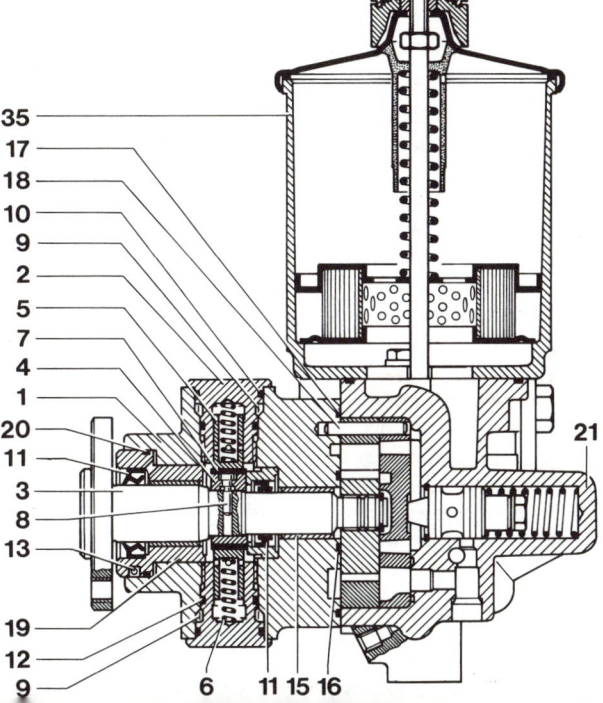

Spiel der Vorderradlager einstellen

- Fahrzeug aufbocken und entsprechendes Vorderrad abnehmen.
- Nabenkappe in der Radmitte mit einem Meißel ringsum gleichmäßig lösen und abnehmen.
- Vorderrad wieder mit drei Schrauben montieren.
- Klemmutter am Radlager wo weit festdrehen, bis gerade kein Lagerspiel mehr spürbar ist. Rad dabei drehen. Mercedes empfiehlt das Einstellen mit einer Meßuhr. Dabei darf sich die Radnabe um 0,01–0,02 mm axial verschieben lassen.
- Bevor man die Nabenkappe wieder einbaut, prüfen, ob sie genug Hochtemperatur-Wälzlagerfett enthält. Sie sollte etwa bis zum Bördelrand gefüllt sein. Eine 150-g-Tube ist unter der Teile-Nr. 001 989 23 51/10 erhältlich.
- Nabenkappe mit einem passenden Rohrstück aufschlagen.
- Vorderrad montieren. Fahrzeug ablassen und Radschrauben festziehen (110 Nm).

Vorderes Radlager ersetzen

Zu dieser umfangreichen und nicht einfachen Arbeit muß die Vorderradnabe ausgebaut werden. Bei Schäden an den Kegelrollenlagern sollte man stets das innere und äußere Lager sowie den Dichtring ersetzen. Beim Zusammenbau werden pro Vorderradnabe 60 g Hochtemperatur-Wälzlagerfett gebraucht.

- Fahrzeug aufbocken und Vorderrad abnehmen.
- Nabenkappe entfernen.
- Bremssattel und Bremsscheibe ausbauen.
- Innensechskantschraube der Klemmutter lösen und Klemmutter vom Achsschenkelzapfen drehen.
- Vorderradnabe abnehmen, ggf. durch leichtes Klopfen mit einem Kunststoffhammer nachhelfen.
- Fett aus der Vorderradnabe und vom Achsschenkel wischen.
- Dichtring mit einem Schraubendreher hinten aus der Nabe hebeln.
- Nabe auflegen und die beiden Lagerringe mit einem Durchschlag gleichmäßig aus dem Sitz in der Vorderradnabe klopfen.
- Lagerinnenring des inneren Lagers durch vorsichtiges und gleichmäßige Klopfen mittels Durchschlag vom Achsschenkelzapfen entfernen. Oder Ring vorsichtig durchschleifen.
- Achsschenkel prüfen: Er darf keine Blaufärbung zeigen oder Rillen am Dichtring aufweisen.
- Neuen Lagerring über den Achsschenkelzapfen schieben und behutsam mit Rohrstück bis zum Anschlag vorklopfen.
- Äußere Lagerringe an ihrem Sitz in der Vorderradnabe ansetzen und mit einem dicken Bolzen, der etwa den Außendurchmesser der Lagerringe hat, bis zum Anschlag hineinklopfen.
- Die Nabeninnenseite und das innere Lager kräftig einfetten.
- Dichtring in die Vorderradnabe montieren.
- Vorderradnabe auf den Achsschenkelzapfen schieben und das gefettete äußere Lager, die Scheibe und die Klemmutter montieren.
- Radlagerspiel einstellen und Klemmutter durch Anziehen der Innensechskantschraube sichern.
- Ggf. die Kontaktfeder zur Nabenkappe erneuern und die Nabenkappe aufstecken (mit 15 g Fettfüllung).
- Bremsscheibe, Bremssattel und Vorderrad einbauen.
- Nach dem Ablassen des Fahrzeugs Radschrauben festziehen.

Stoßdämpfer prüfen

Nachlassende Dämpfwirkung wird oft unbewußt durch verändertes Fahrverhalten ausgeglichen. Als Anhaltspunkt können Sie den Reifenverschleiß heranziehen, der ja auch vom Fahrertemperament abhängt: Nach drei verschlissenen Reifensätzen besitzen die Serienstoßdämpfer nur noch die Hälfte ihrer ursprünglichen Wirkung; sie sind somit reif zum Austausch.

Ein total ausgefallener Stoßdämpfer läßt sich durch die bekannte »Schaukelmethode« im Stand erkennen. Karosserie am betreffenden Rad aufschaukeln und plötzlich loslassen: Die Federbewegung müßte sofort gedämpft werden. Wenn nicht, ist der Stoßdämpfertausch schon längst überfällig.

Ein genaueres Bild über den Stoßdämpferzustand liefert ein spezieller Prüfstand. Die Ausschwingbewegungen der zuvor in Schwingung versetzten Fahrzeugachse werden auf ein Diagramm aufgezeichnet. Dazu darf das Stoßdämpferöl nicht zu kalt sein, sonst wird das Meßergebnis verfälscht. Anhand des Diagramms hat man einen Anhaltspunkt über die Funktionsfähigkeit der Stoßdämpfer. Solche Prüfstände finden Sie in manchen Werkstätten oder TÜV- bzw. DEKRA-Prüfstellen. Autoclubs haben mobile Prüfstationen im »Wandereinsatz«.

Störungsbeistand

Stoßdämpfer

Es gibt einige untrügliche Anzeichen für nachlassende Stoßdämpferwirkung:
- **Poltergeräusche** während der Fahrt.
- **Flatternde Lenkung**, weil die Räder keinen ständigen Bodenkontakt haben.
- Die **Karosserie schwingt weiter** nach Überfahren von Unebenheiten.
- **»Schwammiges« Verhalten** in Kurven, weil die kurveninneren Räder nicht genügend auf den Boden gedrückt und die äußeren nicht stark genug entlastet werden.

Bei ausgebauter Kofferraumverkleidung gelangen Sie an die obere Befestigung (1) der hinteren Stoßdämpfer.

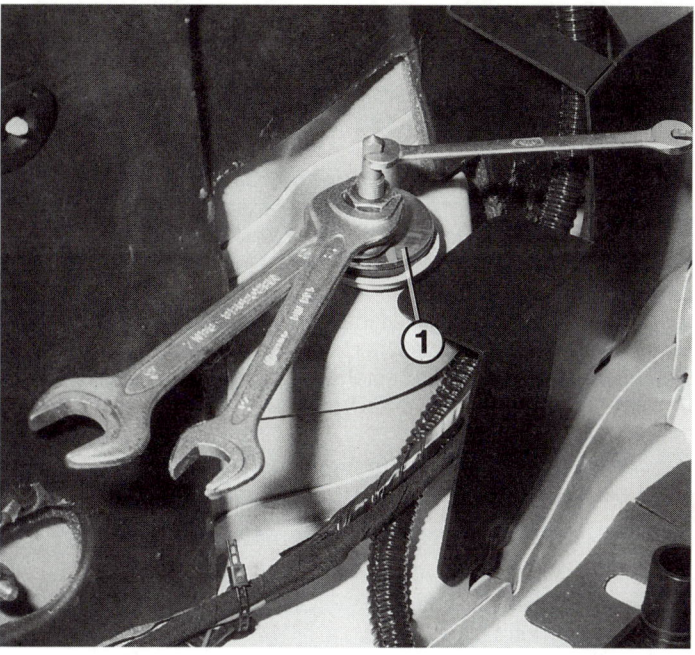

○ **Springende Räder**; das muß freilich ein neben- oder hinterherfahrender Begleiter beobachten.
○ **Ungleichmäßige Abnutzung der Reifen** und erhöhter Reifenverschleiß.
○ **Erhebliche Ölspuren** außen am Stoßdämpfer. Geringe Leckverluste sind dagegen normal.

Ausgebaute Stoßdämpfer prüfen

● Von der Kolbenstange Schutzhülse, Gummis und Abstandshülse abnehmen.
● Die Kolbenstange auf Riefen und Verbiegen kontrollieren. Eine verbogene Kolbenstange klemmt beim Einschieben.
● Im Stoßdämpfer sind Gas- und Ölraum durch einen Trennkolben getrennt. Ölvorrat wie folgt prüfen: Kolbenstange bis zur Anlage am Trennkolben einschieben und den Weg an der Kolbenstange messen. Neue Stoßdämpfer haben hier 0–2 mm Luft – die Austauschgrenze liegt bei 20 mm.
● Kolbenstange in Einbaulage des Stoßdämpfers eindrücken und loslassen, dabei dürfen keine Klopf- oder Zischgeräusch hörbar sein.
● Stoßdämpfer können einzeln ersetzt werden, nur die Farbkennzeichnung (z. B. orange »V3«) muß gleich sein. Bei älteren Stoßdämpfern jedoch sinnvollerweise beide Dämpfer erneuern.

Vordere/hintere Stoßdämpfer ausbauen

● **Vorn:** Im Motorraum rechts Abdeckung abnehmen. Je nach Fahrzeugausstattung weitere Teile vor oberer Stoßdämpferbefestigung abbauen.
● **Hinten:** Kofferraumverkleidung ausbauen.
● **Alle:** Zuerst obere Befestigung des Stoßdämpfers lösen. Beim Lösen darf sich die Kolbenstange nicht drehen, gegenhalten. Mercedes verwendet einen langen Rohrsteckschlüssel SW 17 mit oben angeschweißten Hebeln, in welchem ein weiteres Rohr zum Gegenhalten der Kolbenstange steckt. Diesen Schlüssel selbst anfertigen.
● Oben Teller und Gummilager abnehmen.
● Fahrzeug anheben, sichern und Rad abnehmen. Hinweis: Das Fahrzeug muß entweder auf den Rädern stehen oder die jeweilige Radaufhängung muß abgestützt werden.
● Schraube am Querlenker lösen. An der Hinterradaufhängung dazu die Verkleidung abnehmen.
● Radaufhängung auf stabilen Unterbau etwas absetzen. Stoßdämpfer herausnehmen.
● Beim Einbauen in umgekehrter Folge neue selbstsichernde Muttern verwenden.
● Stoßdämpferteile oben aufsetzen. Stoßdämpfer so einsetzen, daß seine Farbkennzeichnung lesbar ist.
● Untere Verschraubung mit 55 Nm andrehen.
● Oben die erste Mutter so weit aufschrauben, bis sie an der Abstandshülse anliegt, dann mit 15 Nm festschrauben.
● Obere Mutter mit 30 Nm kontern, dabei mit Gabelschlüssel SW 17 gegenhalten.
● Rad mit 110 Nm festschrauben.

Niveauregulierung

Die Anlage hält das Fahrzeugheck unabhängig von der Belastung stets auf gleicher Höhe. Bei Urlaubsfahrten mit vollem Kofferraum und mit Wohnwagen oder bei vergleichbaren Belastungen ergibt sich zusätzliche Fahrsicherheit, und der Fahrkomfort bleibt erhalten.

Bei Fahrzeugen mit Niveauregulierung ist die Öldruckpumpe direkt hinter der Pumpe für die Servolenkung angeordnet. Man spricht auch von einer Tandempumpe, weil beide Pumpen von einer Welle angetrieben werden. Die Pumpe saugt Hydrauliköl vom Ölbehälter an und kann bei entsprechendem Widerstand einen Öldruck von bis zu 200 bar erzeugen. Das unter Druck gesetzte Hydrauliköl fließt von der Pumpe zum Niveauregler an der Hinterachse. Dieser ist mit dem Drehstab der Hinterradaufhängung verbunden und erkennt so den Belastungszustand des Fahrzeugs. Entsprechend öffnet oder verschließt er dem Öldruck verschiedene Wege. Der Niveauregler kann folgende Stellungen einnehmen:

○ **Füllen:** Wird das Fahrzeug stark beladen, wandert der Hebel am Regler nach oben und leitet das Öl in die Federspeicher. Das Heck hebt sich, bis der Hebel wieder in Mittelstellung steht. Ist das Fahrzeug so stark beladen, daß die Stellung nicht mehr erreicht wird, begrenzt ein Sicherheitsventil den Druck in den Federspeichern auf ca. 150 bar.

○ **Leeren:** Hier steht der Hebel am Regler ganz unten. Wird das Heck entlastet, kann Öldruck aus den Federspeichern zum Ölbehälter entweichen – das Heck senkt sich. In den Federspeichern bleibt aber ein Restdruck von ca. 30 bar bestehen, damit die Dämpferwirkung erhalten bleibt.

○ **Mittelstellung:** Das Hydrauliköl strömt jetzt praktisch drucklos von der Pumpe über den Niveauregler zum Ölbehälter.

Niveauregulierung prüfen

Wartung Nr. 18

○ **Ölstand:** Links im Motorraum sitzt der Ölvorratsbehälter. Bei normal belastetem Fahrzeug muß der Ölstand zwischen »MIN« und »MAX« stehen. Zum Nachfüllen Hydrauliköl von der Mercedes-Werkstatt nehmen. Dabei auf die am Ölbehälter angegebene Ölsorte achten. Hydrauliköl für verbesserten Komfort verwenden (Teile-Nr. 000 989 91 03 für 1-Liter-Dose).

○ **Dichtheit:** Bei ständigem Ölverlust folgende Teile nachsehen: Vorratsbehälter, Pumpe, Niveauregler, Federspeicher und Anschlüsse an den Dämpfern. Bei laufendem Motor läßt sich eine Leckstelle bisweilen besser finden.

Fingerzeige: Verletzungsgefahr durch Drucköl beachten. Vor dem Lösen von Leitungen die Verbindungsstange zum Niveauregler abschrauben und den Hebel zum Druckabbau auf »Leeren« stellen. Die Druckölpumpe versorgt auch das ASD (bis Juni '94).

Radaufhängungen prüfen

Wartung Nr. 16

○ **Vorn:** Nacheinander beide Seiten prüfen. Dazu das jeweilige Vorderrad ausbauen. Die Stoßdämpfer dürfen außen nicht ölfeucht sein. Ist die Schutzmanschette oben in Ordnung? Die Feder darf nicht gebrochen sein. Bisweilen bricht bei älteren Fahrzeugen die oberste oder unterste Windung ab. Der Querlenker darf nicht durch Geländeaufsetzer verformt sein. Ist der Stabilisator lose oder sind die Staubkappen an den Kugelgelenken der Spurstangen bzw. unten am Achsschenkel spröde oder gerissen? Schmutz und Nässe führen zu schnellem Gelenkverschleiß. Eine gerissene Staubkappe darf nur an einem Spurstangenkopf getauscht werden. Ein verschmutztes Traggelenk unbedingt erneuern lassen. Es ist in den Querlenker eingepreßt.

Hinten: Sinngemäß gleich wird auch bei der Kontrolle der hinteren Radaufhängungen vorgegangen. Die Stoßdämpfer müssen außen trocken sein. Sämtliche Gummilagerungen der Lenker sollten nicht spröde sein.

1 – Pumpe für Servolenkung mit Ölvorratsbehälter, bei Fahrzeugen mit ASD/Niveauregulierung ist eine Tandempumpe eingebaut;
2 – Anschluß Rücklauf vom Lenkgetriebe;
3 – Anschluß Drucköl zum Lenkgetriebe.

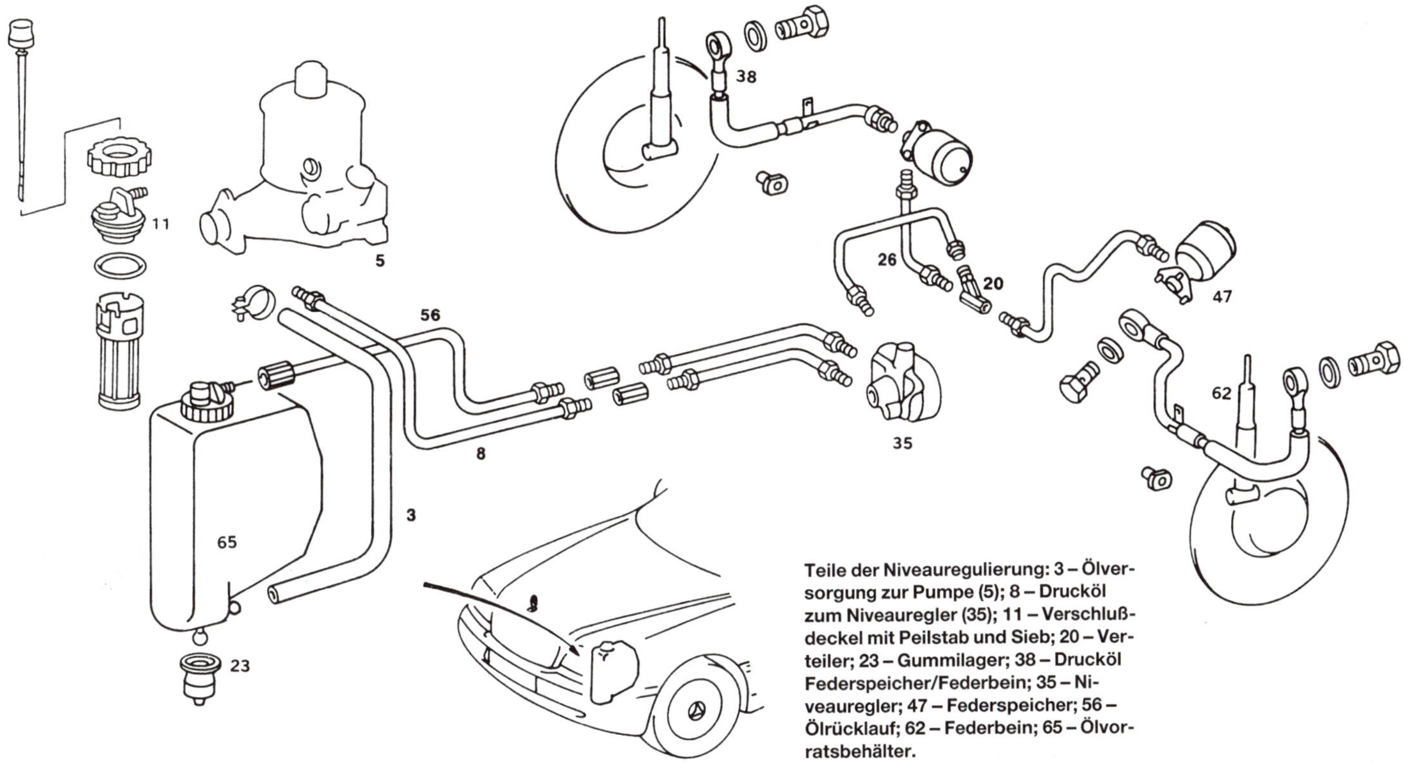

Teile der Niveauregulierung: 3 – Ölversorgung zur Pumpe (5); 8 – Drucköl zum Niveauregler (35); 11 – Verschlußdeckel mit Peilstab und Sieb; 20 – Verteiler; 23 – Gummilager; 38 – Drucköl Federspeicher/Federbein; 35 – Niveauregler; 47 – Federspeicher; 56 – Ölrücklauf; 62 – Federbein; 65 – Ölvorratsbehälter.

Die Lenkung

Der Mercedes ist serienmäßig mit einer Servolenkung ausgestattet. Die Servopumpe seitlich links am Motor sorgt für den notwendigen Öldruck von 95 bar (C 180/200/220) bzw. 110 bar (C 280). Angetrieben wird die Pumpe über den Keilrippenriemen von der Kurbelwelle. Im Lenkgetriebe wird ein Arbeitskolben abhängig von Ihren Drehungen am Lenkrad entsprechend verschoben. Ein Steuerventil lenkt dabei den Ölstrom so zum Arbeitskolben, daß die jeweilige Bewegungsrichtung des Arbeitskolbens durch den Öldruck unterstützt wird. Die Kolbenbewegungen werden über eine Verzahnung in Drehbewegungen der Lenkwelle übertragen. Außen am Lenkgetriebe ist an der Lenkwelle der sogenannte Lenkstockhebel angeschraubt. Von dort führt eine Spurstange direkt zum linken Vorderrad. Nach rechts führt die mittlere Spurstange zum Lenkzwischenhebel, dann folgt die rechte Spurstange zum Vorderrad. Parallel zur mittleren Spurstange ist der Lenkungsdämpfer angeordnet. Er verhindert, daß Fahrbahnstöße bis zum Lenkrad durchdringen und dämpft außerdem Schwingungen der Lenkung. Vom Lenkgestänge können nur die äußeren Spurstangenköpfe einzeln ersetzt werden. Ansonsten sind Spurstangen und Gelenke eine Baueinheit. Dadurch ergibt sich eine direkte Verbindung zu den Rädern, was wiederum die Lenkpräzision beim Fahren erhöht.

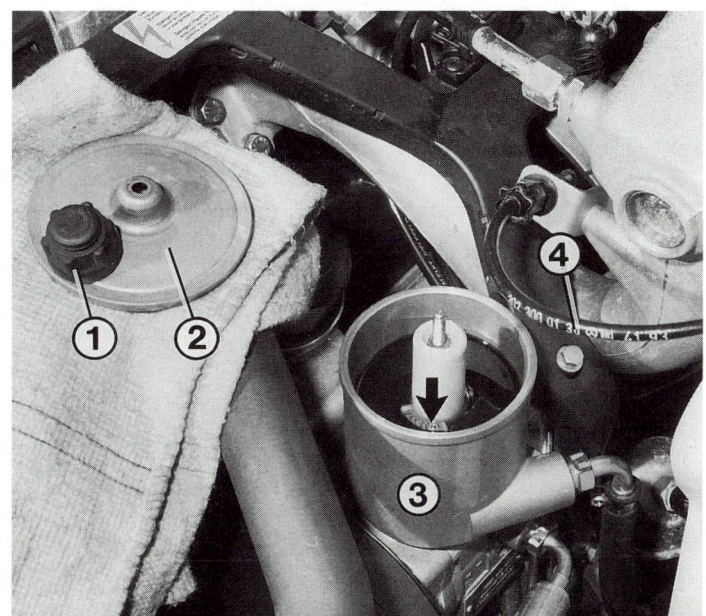

Verschlußschraube (1) abschrauben und den Deckel (2) vom Ölvorratsbehälter (3) über der Pumpe abnehmen. Der Ölstand muß bis zur Markierung (Pfeil) reichen. Weiterhin:
4 – Gaszug.

Lenkung überprüfen

Wartung Nr. 10 und 17

○ **Lenkungsspiel:** Die Lenkung muß von Anschlag zu Anschlag spielfrei arbeiten. Zur Kontrolle auf etwaiges Lenkungsspiel öffnet man das linke Seitenfenster, startet den Motor und stellt sich neben den Wagen. Jetzt durchs Fenster greifen, das Lenkrad kurz hin und her drehen und beobachten, ob sich das linke Vorderrad aus der Geradeausstellung mitbewegt (25 mm Spiel am Lenkrad sind zulässig). Achten Sie besonders auf den Felgenrand, denn die Reifen sind elastisch und können zunächst einen Teil des Einschlags »schlucken«, ehe sie sich bewegen.

○ **Spurstangenköpfe:** Wenn die Spurstangenköpfe an den Enden der Spurstangen verschlissen sind, führt dies zu Lenkungsspiel. Ob die Spurstangenköpfe »Luft« haben, fühlt man, während ein Helfer das Lenkrad zügig hin und her dreht. Sind die Schutzkappen der Spurstangengelenke defekt, wird meist bald ein neues Gelenk fällig. Man kann die Staubkappen austauschen, doch ist dies nur dann sinnvoll, wenn das Gelenk noch keinen Schaden genommen hat. Andernfalls lieber gleich den Spurstangenkopf ersetzen.

○ **Lenkungsdämpfer:** Flattern im Lenkrad, besonders beim Durchfahren von Kurven mit unebener Fahrbahn, kann auf einen verschlissenen Dämpfer hinweisen. Ölspuren außen am Dämpfergehäuse lassen auf einen schlechten Dämpfer schließen. Man kann auch ein Dämpferende losschrauben und dann den Dämpfer prüfen. Bei schnellem Hin- und Herbewegen darf über den gesamten Dämpferweg kein Leerweg spürbar werden.

○ **Ölstand:** Vorne links am Motor sitzt die Pumpe mit dem Vorratsbehälter. Bei warmem Motor muß der ATF-Stand bis zur Markierung im Behälter reichen. Die Gummischraube in der Deckelmitte lösen und den Deckel abnehmen. Muß bei der Kontrolle alle 20000 km immer ATF nachgegossen werden, sollte man nach der Ursache forschen.

○ **Dichtheit:** Wenn die Lenkung beim Einschlagen »grunzt« und bei schnellem Einschlagen schwergängig ist, dürfte sie undicht sein. Sämtliche Schlauchanschlüsse prüfen. Deckel am Ölbehälter abnehmen und von einem Helfer das Lenkrad von Anschlag zu Anschlag drehen lassen. Es dürfen keine Blasen aus dem Behälter aufsteigen.

Lenkung nachziehen

Wartung Nr. 28

● Alle 60000 km die drei Befestigungsschrauben des Lenkgetriebes am Rahmenlängsträger prüfen.
● Linkes Vorderrad ausbauen. Dazu Fahrzeug aufbocken und sichern.
● Die drei Schrauben müssen mit einem Drehmoment von 70–80 Nm festgedreht sein.
● Vorderrad mit 110 Nm anschrauben.

Spurstangenkopf austauschen

Die Spurstangenköpfe der äußeren Spurstangen können ersetzt werden. Zum Ausbau wird ein Konus-Abdrücker gebraucht. Beim Ersatzteilkauf muß angegeben werden, wo der zu ersetzende Spurstangenkopf sitzt, denn je nach Lage ist am Schaft ein Links- oder Rechtsgewinde eingeschnitten. Die selbstsichernden Muttern müssen ebenfalls erneuert werden.

Bei ausgebautem Lenkrad zu sehen:
1 – Lenksäule, oben mit Kerbmarke;
2 – Leitungen zum Lenkrad;
3 – Kontaktspirale zum Lenkrad, muß beim Einbau in der Mitte stehen;
4 – Steckanschluß zum Airbag.

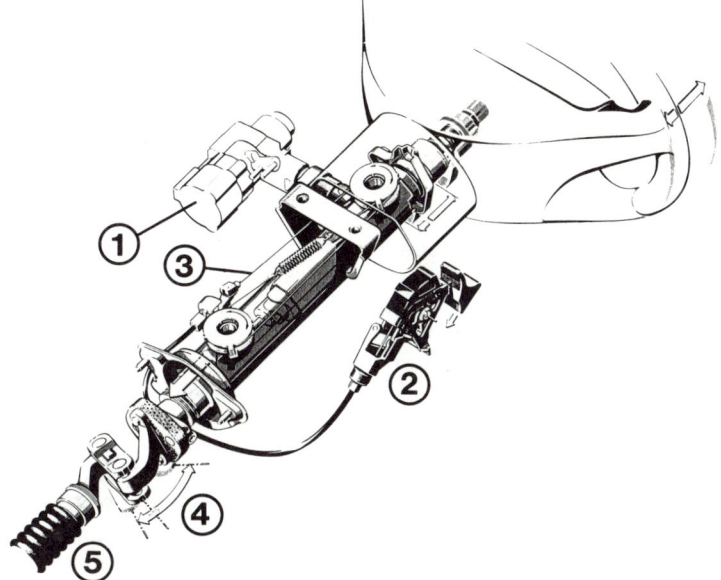

Lenksäule mit mechanischer Längsverstellung:
1 – Zündschloß;
2 – Betätigung für Seilzug zur Sperreinrichtung;
3 – Seilzug;
4 – Längenausgleich;
5 – Wellrohr für Energieaufnahme beim Unfall.

Bei ausgebautem Spurstangenkopf kann auch dessen Schutzkappe und die Manschette innen an der Spurstange erneuert werden.

● Spurstange vom Achsschenkel abschrauben. Dabei ggf. Kugelbolzen am Innensechskant gegenhalten.

● Kugelbolzen aus dem Lenkhebel am Achsschenkel mit Abzieher herausdrücken.

● Klemmkonusring lösen. Einschraublänge des Spurstangenkopfes messen. Spurstangenkopf abschrauben. Lenkstange am Sechskant gegenhalten, damit die Manschette innen nicht verschränkt wird.

● Zum Einbau neue selbstsichernde Mutter verwenden. Drehmomente: Mutter am Achsschenkel 50 Nm, Klemmkonusring 50 Nm.

● Nach der Reparatur sofort zum Einstellen der Vorspur fahren. Die ungefähre Längenermittlung der Spurstange ist für längeren Fahrbetrieb nicht ausreichend. Geben Sie bei der Radeinstellung an, wo der Spurstangenkopf gewechselt wurde.

Die Lenksäule

Bei einem Frontaufprall kann sich die Lenksäule Ihres Mercedes um ca. 20 cm zusammenschieben, ohne daß sich die Lenkradposition wesentlich verändert. Dies wird größtenteils durch ein Wellrohr im unteren Teil erreicht. Das obere Mantelrohr ist entweder in feststehender Ausführung oder als Sonderausstattung mit mechanischer Längsverstellung zu haben. In der großen Hup-/Polsterplatte im Lenkrad ist serienmäßig ein

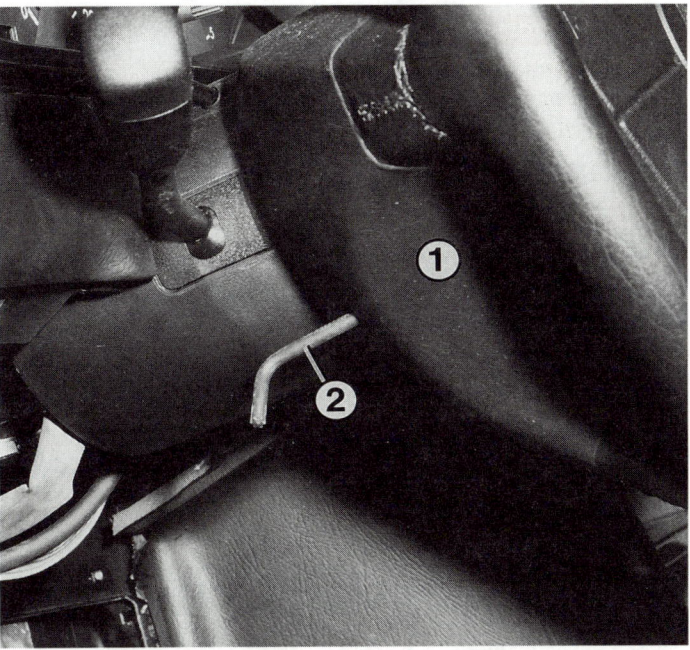

Die Polsterplatte im Lenkrad (1) mit Airbag kann mit einem Werkzeug für TORX-Schrauben (2) ausgebaut werden.

Airbag eingebaut. Die elektrische Verbindung zu Airbag und Hupe wird über eine Kontaktspirale hergestellt. Diese ersetzt die etwas weniger zuverlässigen Schleifkontakte.

Lenkrad ausbauen

Das Lenkrad ist mit einer Senkkopfschraube mit Innensechskant auf die Lenksäule geschraubt. Mercedes-Benz empfiehlt, die Schraube jedes Mal zu erneuern. Ihr Anzugsmoment beträgt 80 Nm. Zum Lösen und Festschrauben des Lenkrades das Lenkschloß einrasten lassen, wobei ein Helfer das Lenkrad **festhalten muß**, sonst wird das Lenkradschloß evtl. beschädigt. Stellung von Lenksäule und Lenkrad beachten: Die Kerbe in der Lenksäule dorthin ausrichten, wo am Vielzahn in der Lenkradnabe ein Zahn fehlt.

- Sicherheitsvorschriften für den Airbag beachten, siehe unten.
- Minuspol-Klemme an der Batterie lösen.
- Verstellbare Lenksäule ganz zusammenschieben.
- Von Rückseite der Hupplatte mit TORX-Schlüssel (z. B. Hazet 2092-05) zwei Schrauben herausdrehen.
- Airbag abnehmen. Dazu Leitung ausstecken. Beim Aufstecken auf Einrasten achten.
- Airbag vorsichtig behandeln. Am besten gleich sicher im Kofferraum verstauen. Polsterplatte mit dem Polster nach oben vorsichtig ablegen (stoßempfindlich!). Fällt die Platte aus mehr als 50 cm herunter, ist sie schrottreif. Sie muß in der Werkstatt abgegeben werden, die dann die Platte in einem Spezialbehälter ans Werk schickt, wo die Sprengladung entschärft wird.
- Weitere Steckverbindung lösen.
- Lenkrad waagrecht stellen. Lenkschloß einrasten und Helfer zum Gegenhalten rufen.
- Senkschraube in Lenkradmitte losschrauben.
- Lenkrad abziehen, dabei auf Markierung achten.
- Beim Einbau darf das Lenkrad max. um einen Zahn zur Markierung umgesetzt werden, sonst funktioniert Blinkerrückstellung nicht mehr richtig. Fährt das Fahrzeug dabei immer noch nicht geradeaus, Vorspur einstellen lassen.

Airbag

Der Mercedes ist serienmäßig auf der Fahrerseite mit Airbag ausgerüstet, was an der großen Prallplatte mit der Aufschrift »SRS« erkennbar ist. Unter dieser befindet sich ein Luftsack, der bei Unfällen von einer kleinen Menge Fest-Treibstoff gezündet wird. Die Zündung erfolgt bei einem Aufprall mit mindestens 18 km/h auf ein starres Hindernis bzw. vergleichbar höherer Geschwindigkeit bei Kollision zweier Fahrzeuge. Wie stark der Aufprall ist, erkennt das Steuergerät auf dem Mitteltunnel hinter der Mittelkonsole. Das Steuergerät ist diagnosefähig. Es löst ggf. auch die »Zündpille« im Lenkrad aus.

Schutz bietet der Airbag übrigens nur in Verbindung mit Sicherheitsgurten – er kann sie nicht ersetzen. Er bewahrt nur vor Kopfverletzungen, hervorgerufen durch den Lenkradkranz.

Seit Juni '94 gehört auch der Beifahrer-Airbag zum Serienumfang des C-Klasse-Mercedes.

Sicherheitsvorschriften

Die Gasgeneratoren der Airbags und Gurtstrammer (Kapitel »Der Innenraum«) unterliegen den Bestimmungen des Sprengstoffgesetzes. Der Umgang damit ist nur Fachkräften gestattet, denen die Sicherheitsbestimmungen bekannt sind.

Das Lenkrad ist mit einer selbstsichernden Innensechskant-Senkkopfschraube (1) befestigt. Beim Lösen/Festdrehen muß ein Helfer kräftig am Lenkrad gegenhalten. Schraube erneuern oder mit Schraubensicherungsmittel montieren. Lenkrad und Lenksäule sind zueinander gekennzeichnet (Kerbe und ausgeschliffene Zähne). Weiterhin:
2 – Steckverbindung zum Airbag.

Dieser Anblick bleibt Ihnen hoffentlich beim eigenen Wagen erspart. Ein Fest-Treibstoffladung bläst den Airbag in wenigen Millisekunden auf. Dabei reißt die Polsterplatte an den Einkerbungen auf.

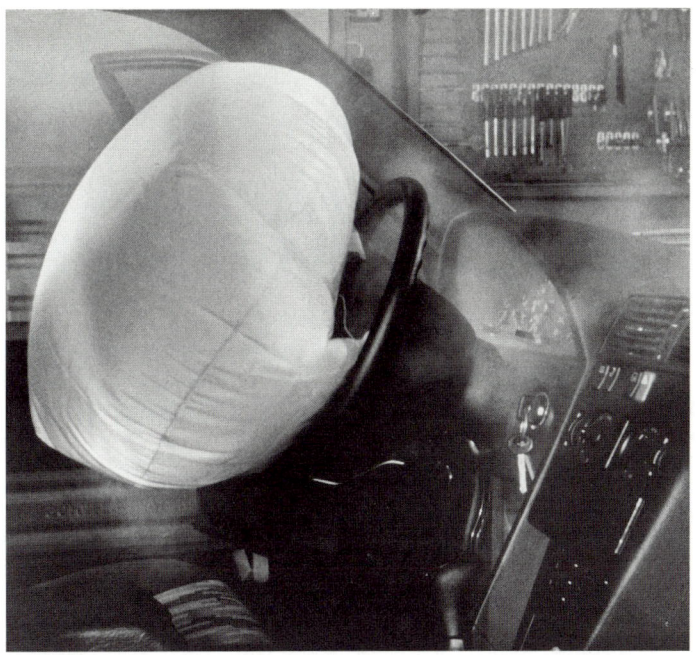

Besonders wichtig aus dem Katalog der Vorsichtsmaßnahmen sind die folgenden:
○ Zu Arbeiten am Airbag Batterie abklemmen und Minuspol zusätzlich abdecken.
○ Bei Arbeitsunterbrechung Airbag nie unbeaufsichtigt lassen.
○ Airbag-Einheit nur mit Prallplatte (Polsterplatte) nach oben ablegen.
○ Zu Schweißarbeiten am Wagen Batterie abklemmen.
○ Nach Unfall alle Komponenten des Systems ersetzen.
○ Fahrzeug-Verschrottung nur nach Vorschrift!

Funktion der Servolenkung prüfen

Auch bei ausgefallener Servounterstützung bleibt der Mercedes lenkfähig. Die Lenkung ist dann eben erheblich schwerer zu bedienen. Das eigentliche Gefahrenmoment ist jedoch der Schreck, wenn die Lenkunterstützung während der Fahrt plötzlich ausfällt.

● Die Servounterstützung funktioniert einwandfrei, wenn sich das Lenkrad bei laufendem Motor erheblich leichter drehen läßt als bei stehendem.

● Außerdem muß sich das Lenkrad von Anschlag zu Anschlag ruckfrei durchdrehen lassen.

● Wurde im Vorratsbehälter der Servolenkung abgesunkener Flüssigkeitsstand festgestellt, Dichtheit der Anlage prüfen.

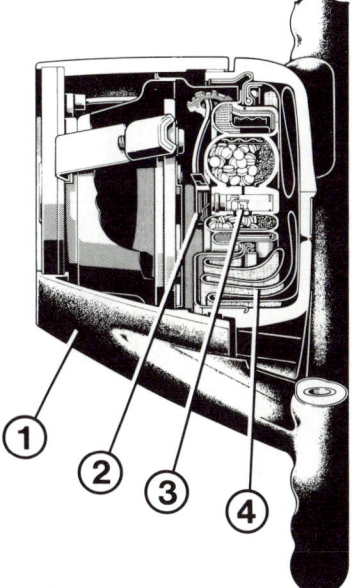

Dieser Schnitt am Airbag-Lenkrad läßt den Aufbau des Sicherheitssystems erkennen:
1 – Lenkrad;
2 – Anschlußstecker;
3 – Zündpille mit tablettenförmigem Fest-Treibstoff;
4 – zusammengefalteter Airbag.

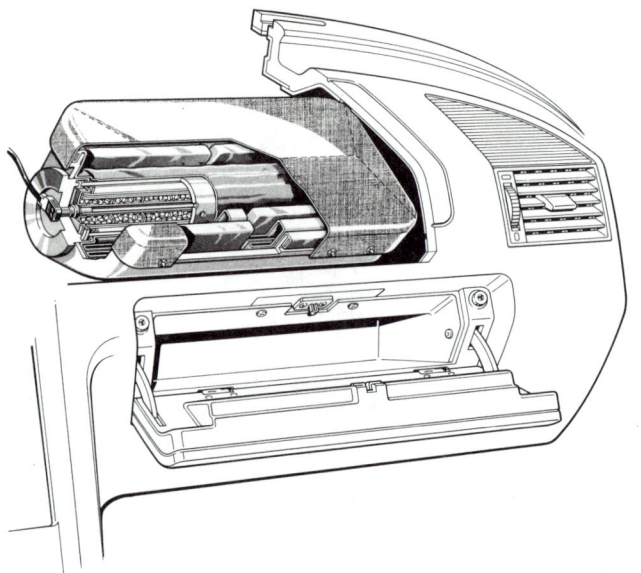

Der Beifahrer-Airbag: Seine kompakte Bauweise erlaubt es, ein kleines Handschuhfach darunter anzuordnen. Der Airbag wird von einem rohrförmigen Gasgenerator mit Zündpille und Fest-Treibstoff aufgeblasen.

Lenkungshydraulik entlüften

Befüllt und entlüftet werden muß das Lenksystem, wenn Einzelteile des Hydrauliksystems austauscht wurden und deshalb die Hydraulikflüssigkeit abgelassen werden mußte. Die einmal abgelassene Flüssigkeit darf nicht wieder verwendet werden. Eingefüllt wird ATF, siehe die Betriebsstoffliste hinten im Buch.

- Bei stehendem Motor Vorratsbehälter mit frischer ATF bis zur Peilstabmarke »MAX« auffüllen.
- Zum Entlüften Motor starten und Lenkrad je zwei Mal nach links und nach rechts zum Anschlag drehen.
- Motor abstellen und ATF bis zur »MAX«-Marke auffüllen.

Störungsbeistand

Servolenkung

Die Störung	– ihre Ursache	– ihre Abhilfe
A ATF-Stand im Behälter zu niedrig	1 Eingeschlossene Luft im Hydrauliksystem hat sich selbst ausgeschieden	ATF bis »MAX«-Marke auffüllen
	2 Undichtigkeiten im Hydrauliksystem	Leitungsanschlüsse nachziehen; neue Dichtungen einsetzen. Hydraulikpumpe bzw. Lenkgetriebe ausbauen und abdichten lassen
B Lenkung ist schwergängig	1 Förderdruck der Pumpe ist zu gering	Druck prüfen lassen. Ggf. Überdruckventil der Pumpe oder komplette Pumpe ersetzen
	2 Lenkgetriebe defekt	Ersetzen lassen
	3 ATF-Stand zu niedrig	Auffüllen und entlüften
	3 Keilrippenriemen lose oder gerissen	Prüfen, ggf. erneuern
C Lenkgeräusche	1 Flüssigkeit mit Luftbläschen durchsetzt	Luftbläschen entweichen lassen, Undichtigkeit ermitteln, ATF auffüllen, entlüften
	2 Saugseitige Verschraubung der Pumpe undicht	Dichtungen ersetzen, Verschraubungen nachziehen
	3 Keilrippenriemen lose	Spannvorrichtung prüfen

Die Bremsen

Stillgestanden!

Sind die Dinge erst einmal ins Rollen gebracht, tut man sich oft schwer, die Bewegung wieder aufzuhalten. Anders bei Ihrem Mercedes: Seine Bewegungsenergie ist – in den Grenzen der physikalischen Möglichkeiten – dank großzügig dimensionierter Bremsen leicht zu zügeln.

Eigenarbeiten an der Bremse

Bei einer so wichtigen Einrichtung wie den Bremsen kann keine Kontrolle zu viel sein! Wenn Sie also in diesem Bereich zwischendurch mal nach dem Rechten sehen, haben Sie Ihre Wartungsaufgaben sicher besser erfüllt, als derjenige, der seinen Wagen einmal jährlich zur Wartung bringt. Denn gerade vor einer Urlaubsfahrt oder bei schon älteren Fahrzeugen sind verstärkte Kontrollen ratsam.
Andererseits erfordern Reparaturen im Bereich Bremsen ein erhöhtes Verantwortungsbewußtsein. Mit unserem Bremsenkapitel haben wir dem Selbstpfleger die Möglichkeit gegeben, z.B. auch Arbeiten an der Bremshydraulik durchzuführen. In solchen Fällen muß jeder Bastler für sich entscheiden, ob sein Kenntnisstand für eine verantwortungsvolle Ausführung dieser Arbeiten ausreicht. Beachten Sie die "Arbeitstips" weiter hinten!

So funktioniert die Bremse

○ Wenn Sie auf das Bremspedal treten, preßt eine mit dem Pedal verbundene Druckstange zwei hintereinanderliegende Kolben in den Hauptbremszylinder (hinten links im Motorraum).
○ Die Kolben verdrängen die im Zylinder eingeschlossene Bremsflüssigkeit. Der so entstandene hydraulische Druck in der Bremsanlage wird über Rohr- und Schlauchleitungen zu den Bremssätteln weitergeleitet.
○ In den Bremsen drücken Kolben die Bremsklötze beidseitig gegen die Bremsscheiben und klemmen diese mehr oder weniger fest.
○ Den Flüssigkeitsdruck übertragen zwei voneinander unabhängige Leitungssysteme (Bremskreise), und zwar für die Vorderräder und die Hinterräder getrennt. Fällt ein Bremskreis aus, so hat das keine Wirkung auf den anderen Bremskreis.
○ Fällt der hintere Bremskreis aus, ist der Bremspedalweg länger, und Sie müssen wesentlich stärker aufs Bremspedal treten. Mit den vorderen Bremsen, die ohnehin die meiste Energie vernichten, bringen Sie den Wagen jedoch sicher zum Stehen. Einen längeren Bremsweg müssen Sie einkalkulieren.

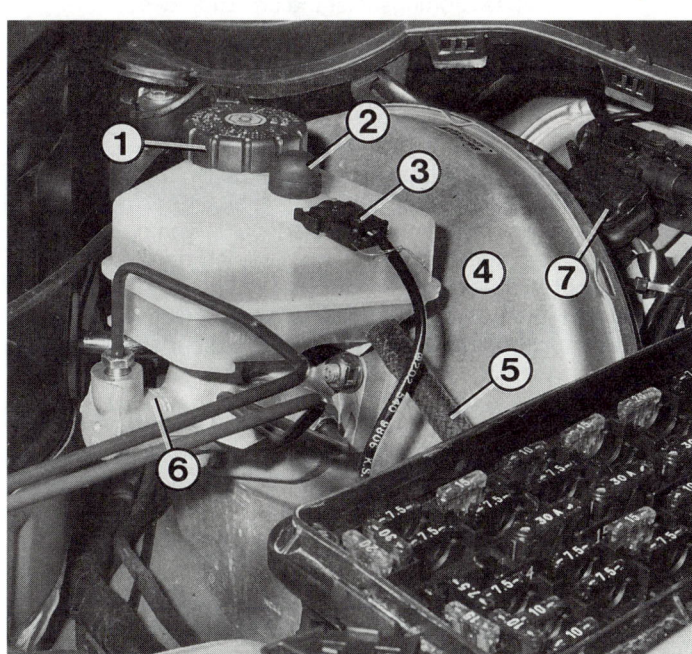

Links hinten im Motorraum zu finden:
1 – Verschlußdeckel auf Bremsflüssigkeitsbehälter;
2 – Gummikappe über Testschalter zum Prüfen der Bremskontrolleuchte;
3 – Anschluß für Niveaugeber;
4 – Bremskraftverstärker;
5 – Bremsflüssigkeitsversorgung für Kupplungsbetätigung;
6 – Hauptbremszylinder;
7 – Steckverbindung Wischermotor.

○ Fällt der vordere Bremskreis aus, wird auch hier der Pedalweg länger, doch die Bremswirkung ist miserabel. Der Bremsweg verlängert sich auch mit ABS um das Dreifache, also äußerste Vorsicht!
○ Die Feststellbremse wirkt über Seilzüge auf die Hinterräder. Hinten sind eigens für die Feststellbremse kleine Trommelbremsen in die Bremsscheiben eingearbeitet. Mit Drücken der Feststellbremse werden die Bremsbacken gegen die Bremsfläche der Trommel gepreßt. Unter der Rücksitzbank ist ein automatischer Seilzuglängenausgleich untergebracht. Beim Fahren mit betätiger Feststellbremse ertönt ein Warnsignal (wie bei eingeschaltetem Licht).
○ Bei Fahrzeugen mit ABS (serienmäßig), mit ASR (C 280, C 36 AMG) und mit ETS (für alle C-Modelle Sonderausstattung ab ca. 6/94) ist in die Bremsleitungen zu den Radbremsen die Hydraulikeinheit zwischengeschaltet. Bei ETS können auch die Hinterräder vom System einzeln gebremst werden.

Fingerzeig: Obwohl nur ein Bremsflüssigkeitsbehälter vorhanden ist, kann bei einem undichten Bremskreis nicht die gesamte Bremsflüssigkeit auslaufen, denn der Behälter ist durch eine Zwischenwand in zwei Kammern geteilt.

Bremsen prüfen

Wartung Nr. 4

● Zuerst eine Vollbremsung bei Schrittgeschwindigkeit.
● Am Gummiabrieb auf der Straße sehen Sie bei gleich langen Spuren, daß die Bremsen gleichmäßig ziehen. Das geht auch mit Antiblockiersystem, denn ABS regelt unter ca. 8 km/h nicht.
● Gleiche Prüfung mit der Feststellbremsebremse. Beim Treten des Pedals gleichzeitig Entriegelungsknopf gezogen halten.
● Für die Bremsenprüfung bei höheren Geschwindigkeiten brauchen Sie eine ebene Strecke.
● Nun aus etwa 50 km/h bei losgelassenem Lenkrad, aber mit griffbereiten Händen zuerst sanft und dann scharf bis zum Stillstand abbremsen.
● Bei vollem Pedaldruck spüren Sie die Regelschwingungen des ABS-Systems – das ist normal.
● Zieht der Wagen beim Bremsen nach links, ist eine der rechten Radbremsen nicht in Ordnung. Das Auto zieht in Richtung des stärker gebremsten Rades. Ursachen siehe Störungsbeistand am Ende des Kapitels.
● Lassen Sie den Mercedes ein schwaches Gefälle hinunterrollen, um festzustellen, ob die Räder leichtgängig sind.
● Nach der Probefahrt machen Sie die Handprobe:
● Ist eine Felge auf der einen Wagenseite wärmer als auf der anderen Seite?
● Ursachen können sein ein verklemmter Bremssattel oder eine schwergängige Feststellbremse sein.
● Bei aufgebocktem Wagen prüfen, welches Rad schwergängig ist.
● Zündung einschalten und auf ebenem Boden Feststellbremse lösen. Jetzt nacheinander beide Kontakte am Bremsflüssigkeitsbehälter betätigen, dazu auf Gummikappen drücken. Die Warnleuchte muß dabei aufleuchten.
● Ein Bremsentest auf dem Rollenprüfstand empfiehlt sich alle 30000 km. Fahrvorschriften für ASD, ASR und ETS sollten bekannt sein.

Die Bremsflüssigkeit

Diese gelbliche – übrigens giftige und gegen Autolack aggressive – Flüssigkeit greift die Metall- und Gummiteile nicht an. Sie bleibt selbst bei −40°C noch ausreichend dünnflüssig, und sie hat trotz ihrer Dünnflüssigkeit den extrem hohen Siedepunkt von ca. 260°C.
Ihr Nachteil: Sie nimmt gern Wasser auf, sie ist »hygroskopisch«. Und das Wasser kann tatsächlich – z.B. über die Luftfeuchtigkeit – in die Bremsflüssigkeit gelangen: Über den Vorratsbehälter sowie durch mikroskopische Undichtigkeiten an den Bremsschläuchen und Gummimanschetten. Solche Wasseraufnahme führt nicht nur zu Korrosion an den Metallteilen der Anlage, sondern bewirkt ein rapides Absinken des Siedepunkts. Bei nur 2,5% Wassergehalt liegt der Siedepunkt nur noch bei 150°C. Das ist bei starker Belastung der Bremsen gefährlich, weil sie sich dann sehr stark aufheizen. In der Nähe der erhitzten Bremsen können sich Dampfblasen in der Hydraulikflüssigkeit bilden. Die lassen sich zusammenpressen – das Bremspedal kann tief durchgetreten werden; manchmal tritt man sogar ins Leere! In diesem Fall kann bisweilen noch schnelles Pumpen mit dem Bremspedal helfen. Besonders gefährlich ist dieser Effekt nach dem Abstellen des Wagens nach starker Bremsbeanspruchung. Mangels Fahrtwind heizt sich die Bremsenumgebung noch stärker auf; die höchste Temperatur herrscht nach etwa 15 Minuten Standzeit. Erst nach etwa einer halben Stunde ist wieder die normale Bremsflüssigkeitstemperatur erreicht.
Vorbeugend schreibt der Wartungplan daher den Wechsel der Bremsflüssigkeit (Mindestanforderung Spezifikation DOT 4) alle zwei Jahre vor. Nur die in der Betriebsstoffliste am Ende des Buches aufgeführten sind für das Bremssystem des Mercedes zulässig.

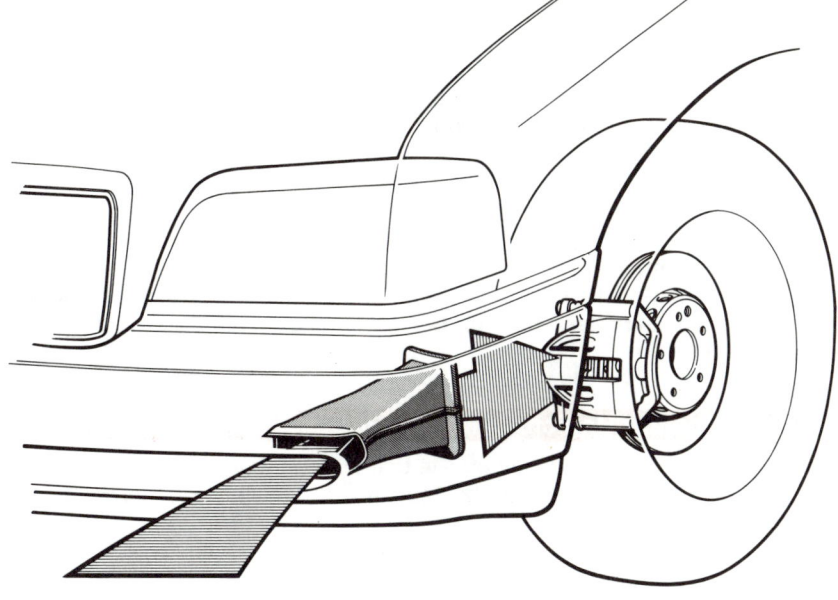

Spezielle Luftführungskanäle und Leitbleche sorgen für gute Belüftung und Kühlung der Vorderradlager und Vorderradbremsen.

Stand der Bremsflüssigkeit prüfen

Ständige Kontrolle

● Zu niedriger Bremsflüssigkeitsstand wird beim Mercedes zwar auch durch die Bremsenkontrollleuchte am Armaturenbrett angezeigt, doch die Sichtkontrolle sollten Sie nicht auslassen:
● Motorhaube öffnen und den Bremsflüssigkeits-Vorratsbehälter evtl. mit einem Lappen reinigen.
● Im durchscheinenden Flüssigkeitsbehälter muß der Bremsflüssigkeitsstand zwischen den Markierungen »MIN« und »MAX« stehen. Dann ist alles in Ordnung. Nicht nachfüllen, solange die »MIN«-Marke nicht unterschritten ist.

Bremsflüssigkeitsstand zu niedrig?

Sind die Scheibenbremsbeläge schon etwas abgenutzt, tendiert der Flüssigkeitsspiegel eher zur unteren Markierung; sind sie neu, steht er weiter oben. Das ist völlig normal, denn die bei abgenutzten Belägen schon etwas weiter herausgetretenen Kolben der Scheibenbremse hinterlassen in den Zylindern der Bremssättel ein größeres Volumen, das sich mit Bremsflüssigkeit füllt. Erfahrene Monteure machem sich diesen Umstand zu Nutze – die Bremsbelagdicke wird über den Stand der Bremsflüssigkeit bewertet. Allerdings darf dann zwischendurch nicht nachgefüllt worden sein.
Kritisch wird es, wenn die Bremsflüssigkeit in einem Behälterteil unter »MIN« abgesunken ist. Da sie nicht

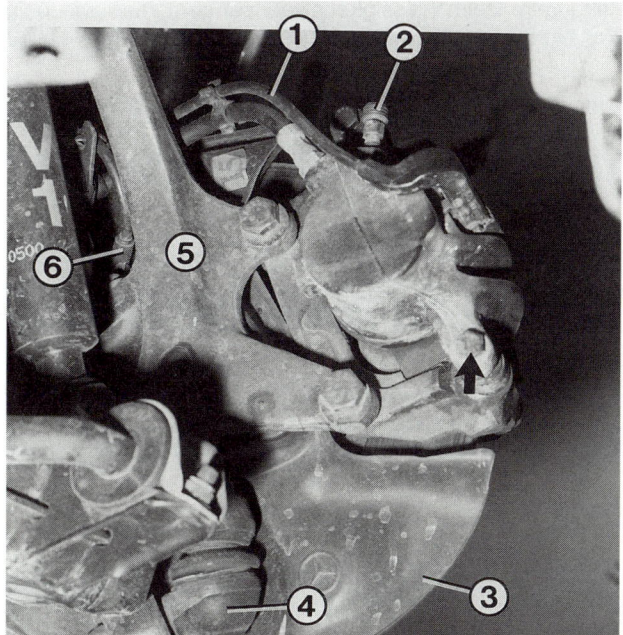

Vorderer Bremssattel von innen betrachtet. Der Pfeil zeigt auf die selbstsichernde Schraube am unteren Gleitlager. Weiterhin:
1 – Leitung zum Bremsbelagfühler;
2 – Entlüftungsventil mit Gummikappe;
3 – Bremsabdeckblech;
4 – Traggelenk unten;
5 – Achsschenkel;
6 – Drehzahlgeber.

verdunstet oder verbraucht wird, muß sie durch ein Leck ausgetreten sein. Also schleunigst nach der Ursache suchen (siehe folgenden Wartungspunkt), bevor Sie irgendwann ins Leere treten. Nachfüllen ist Augenwischerei!

Fingerzeig: Bei einem Defekt in der Kupplungshydraulik von Schaltgetriebe-Wagen kann der Pegel im Bremsflüssigkeitsbehälter erheblich absinken. Grund: Die Kupplungshydraulik deckt ihren Flüssigkeitsvorrat aus dem Bremsflüssigkeitsbehälter. Der Abzweig zur Kupplungshydraulik sitzt jedoch recht weit oben im Behälter, so daß bei einem Leck im Bereich Kupplung niemals die Bremswirkung gefährdet ist.

Bremsanlage auf Undichtigkeiten und Beschädigungen überprüfen

Wartung Nr. 8

Zur Kontrolle muß die Wagenunterseite trocken sein, damit Sie undichte Stellen erkennen können. Bremsflüssigkeit kriecht auch unter Schmutz. Feuchtdunkle Stellen oder schwarzer Schmutz lassen eine Undichtigkeit vermuten.

- Kontrollieren Sie sämtliche Anschluß- und Verbindungsstellen; auch die Bremssättel und den Hauptbremszylinder.
- Die Bremsschläuche dürfen weder feucht noch aufgequollen, rissig oder angescheuert sein. Sonst auswechseln.
- Die Bremsleitungen sind zum Schutz gegen Rost mit einer Kunststoffschicht überzogen. Wird diese Schutzschicht beschädigt, kann es zu Rostansatz kommen. Deshalb die Leitungen nie mit Schraubendreher, Schmirgelleinen oder Drahtbürste säubern, sondern einen alten Lappen nehmen.
- Ist die Schutzschicht beschädigt, auf die blanken Stellen Rostschutzgrundierung streichen.
- Leitungen mit Rostnarben und solche, die plattgedrückt sind, müssen ersetzt werden.
- Sind Schutzkappen auf sämtlichen Entlüftungsventilen? Sie sitzen jeweils oben an den Bremssätteln.
- Die Bremsdruckprobe können Sie provisorisch selbst machen: Treten Sie voll aufs Bremspedal.
- Es darf auch nach einigen Minuten der vollen Belastung nicht nachgeben, sonst ist eine Manschette im Hauptbremszylinder defekt.
- Durch die undichte Manschette sinkt der Flüssigkeitsstand im Behälter nicht, sondern die unter Druck gesetzte Flüssigkeit mogelt sich an einem Kolben des Hauptbremszylinders vorbei auf die drucklose Seite.
- Undichte Stellen an den Kolbenmanschetten lassen sich allerdings nur bei einer genauen Druckprüfung in der Werkstatt ermitteln.

Bremsflüssigkeit wechseln

Wartung Nr. 33

Nicht nur die schon erwähnte Gefahr von Dampfblasen macht den Bremsflüssigkeitswechsel erforderlich, sondern auch die vom aufgenommenen Wasser verursachte Korrosionsgefahr in den Bremszylindern und -leitungen. Beim Flüssigkeitswechsel geht man wie beim Entlüften vor. Gebraucht werden 1–2 Liter neue

Teile einer Vorderradbremse: 1 – Entlüftungsschraube mit Gummikappe; 2 – Kolbendichtung; 3 – Staubschutzmanschette; 4 – Wärmeschutzblech; 5 – Selbstsichernde Schraube am Gleitlager (35 Nm); 6 – Staubmanschette; 7 – Sechskantschraube zur Bremssattelbefestigung am Achsschenkel (115 Nm); 8 – Bremsklötze; 9 – Sicherungsschraube (10 Nm); 10 – Bremsscheibe; 11 – Vorderradnabe; 12 – Bremsenabdeckblech.

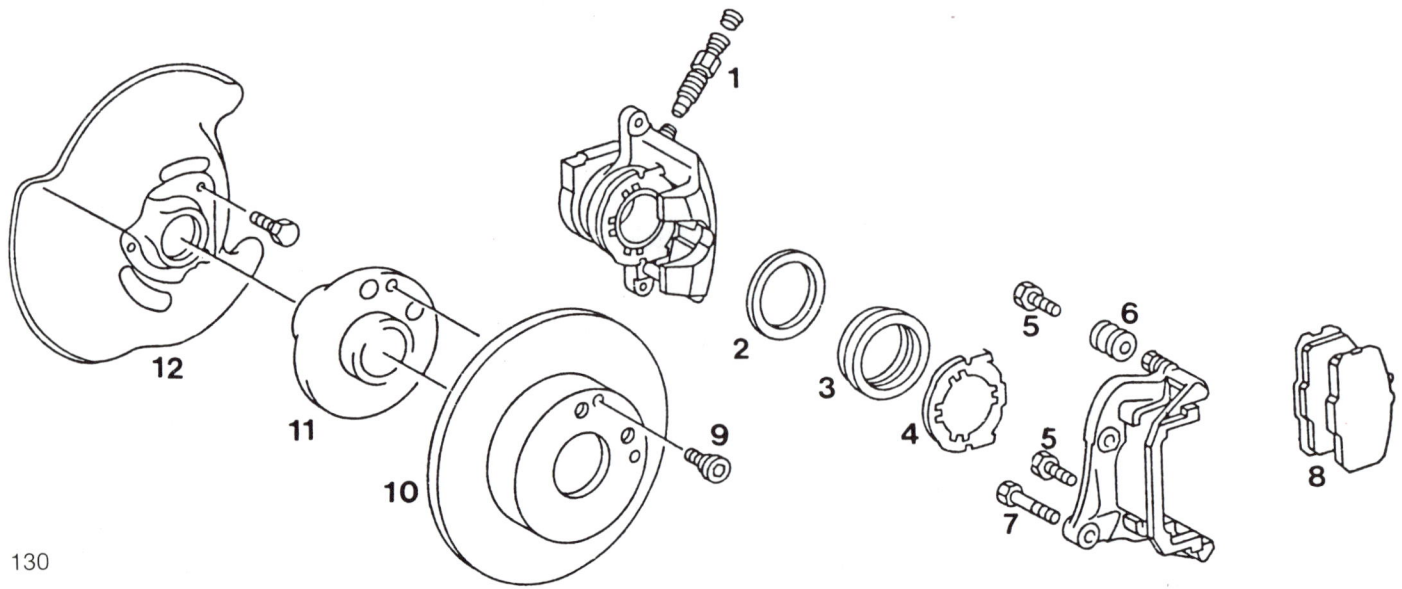

Beim Austausch der vorderen Bremsklötze müssen Sie beachten:
16 – Federbügel, diese parallel zum Bremsklotz ausrichten;
18 – Bremsklötze, sie dürfen nur satzweise (vier Stück) erneuert werden. Hintere Bremsklötze immer prüfen, wenn vorne ausgetauscht wird;
20 – Zylindergehäuse, es ist oben und unten an Gleitbolzen beweglich gelagert. Am unteren Gleitlager losschrauben. Dazu selbstsichernde Schraube (22) herausdrehen (Drehmoment 35 Nm);
21 – Bremsträger, er ist fest mit dem Achsschenkel verschraubt;
25 – Belagfühler, berührt er die Bremsscheibe, leuchtet die Verschleißanzeige im Kombi-Instrument auf.

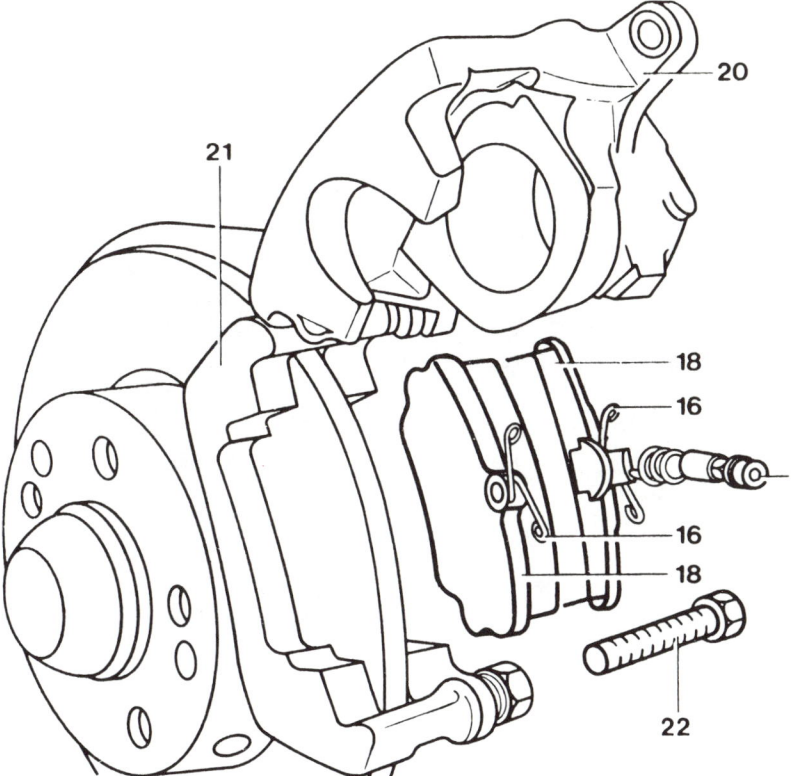

Bremsflüssigkeit. Für diese Arbeit sind Sie in der Werkstatt gut aufgehoben. Bei ASR bleibt Ihnen sogar keine andere Wahl. Wer unbedingt den Ehrgeiz zum Selbermachen hat, geht ähnlich wie beim Entlüften vor:

● Vorratsbehälter der Bremsflüssigkeit mit einer alten Injektionsspritze entleeren und gleich neu befüllen. Zuvor jedoch Flüssigkeitsstand anzeichnen.
● An jedem Bremssattel das Entlüftungsventil öffnen und ca. zehn Mal das Bremspedal durchtreten. Dabei jedes Mal das Ventil schließen und das Pedal langsam herauskommen lassen.
● Vorgeschriebene Reihenfolge: Hinten rechts, hinten links, vorn rechts und zuletzt vorn links.

● Bei Wagen mit Schaltgetriebe zusätzlich die Bremsflüssigkeit im Leitungsstrang der hydraulischen Kupplungsbetätigung wechseln. Dazu am Nehmerzylinder das Entlüftungsventil benutzen.
● Bremsflüssigkeit im Vorratsbehälter wieder auf den gleichen Stand zwischen »MIN« und »MAX« auffüllen.
● Motor starten und Bremspedal mehrmals treten.

Fingerzeig: Bremsflüssigkeit ist giftig! Deshalb gebrauchte Bremsflüssigkeit nie in den Ausguß kippen. Auch im Altölfaß hat sie nichts verloren, denn das macht ein Recycling unmöglich. Alte Bremsflüssigkeit nur in einem eigenen Gefäß zum Sondermüll geben.

Die Scheibenbremsen

Zusammen mit dem Rad dreht sich eine Stahlscheibe frei im Luftstrom. Sogenannte Bremssättel umfassen sattelförmig die Scheiben. Beim Tritt auf das Bremspedal drücken Kolben die Bremsbeläge gegen die Scheiben – es wird gebremst. Dabei werden die Bremsscheiben recht heiß. Durch den Fahrtwind werden die Scheibenbremsen ständig gekühlt. Für noch bessere Kühlung ist vorn ein Luftleitkanal eingebaut. Belagabrieb wird gleich weggeblasen, und ohne besondere Mechanik stellen sich die Scheibenbremsen selbst nach.
Zur Verbesserung der Bremsenkühlung besitzen C 280 und C 36 AMG innenbelüftete Bremsscheiben vorn. Die Bremsscheiben sind innen von Luftkanälen durchzogen und werden damit doppelt gekühlt.

Die Scheibenbremse bei Nässe

Bei starkem Regen werden auch die offen liegenden Bremsscheiben naß, weshalb die Bremswirkung einen Sekundenbruchteil verspätet einsetzt. Die Feuchtigkeit zwischen Bremsscheiben und -klötzen muß erst zum Verdampfen gebracht werden. In streusalzreichen Wintern tritt diese Erscheinung verstärkt auf, wenn die auf Bremsbelägen und -scheiben sitzende Salzschicht beim Bremsen erst abgeschliffen werden muß.
Nach Fahrten im Regen oder bei winterlicher Streusalznässe sollten Sie vor mehrtägigem Abstellen des

Vorderradbremse:
1 – Entlüftungsventil;
2 – unteres Gleitlager des Bremssattels;
Pfeile – mindestens 2 mm müssen die Beläge dick sein. Der äußere Belag hat einen Belagstärkefühler.

Wagens die Bremsen trockenfahren, um Rostansatz auf den Bremsscheiben bzw. das Festkleben der Beläge zu vermeiden. Es genügt, die letzten 100 Meter Wegstrecke mit dauernd getretenem Bremspedal zu fahren.

Die Bremssättel

Vorn sind sogenannte Faustsättel eingebaut. Diese Ausführung hat nur einen Bremskolben. Der Bremssattel ist über zwei Gleitbolzen mit dem Bremsträger verbunden. Kleine Bewegungen des Bremssattels bewirken, daß beide Bremsklötze gleich stark gegen die Bremsscheibe gedrückt werden. Der Bremsträger ist mit zwei selbstsichernden Schrauben an den Achsschenkel geschraubt. Hinten sind Festsättel eingebaut, die direkt mit dem Achsschenkel verschraubt sind. Hier hat jeder Bremsklotz einen eigenen Bremskolben.
Wirken die Bremsen einer Achse ungleich, liegt dies oft an den Bremssätteln:
○ Möglich ist, daß die Bremskolben wegen Rostbildung in ihren Bohrungen klemmen. Dazu kommt es vor allem dann, wenn die Staubschutz-Manschette beim Austausch der Bremsklötze beschädigt wurde. Staub und Salzwasser zerstören schnell die glatten Oberflächen der Bremskolben-Bohrungen. Im äußeren Bereich der Bohrungen ist der Rostansatz stärker, weil dorthin die Bremskolben nur bei fast abgeschliffenen Bremsklötzen gelangen. Dementsprechend häufig wirken die Bremsen bevorzugt bei weit abgenützten Bremsklötzen einseitig. Durch den Einbau neuer, dickerer Bremsklötze kann man deshalb ungleichmäßiges Bremsen kurzfristig beheben. Besser ist es, solche Bremssättel paarweise zu ersetzen.

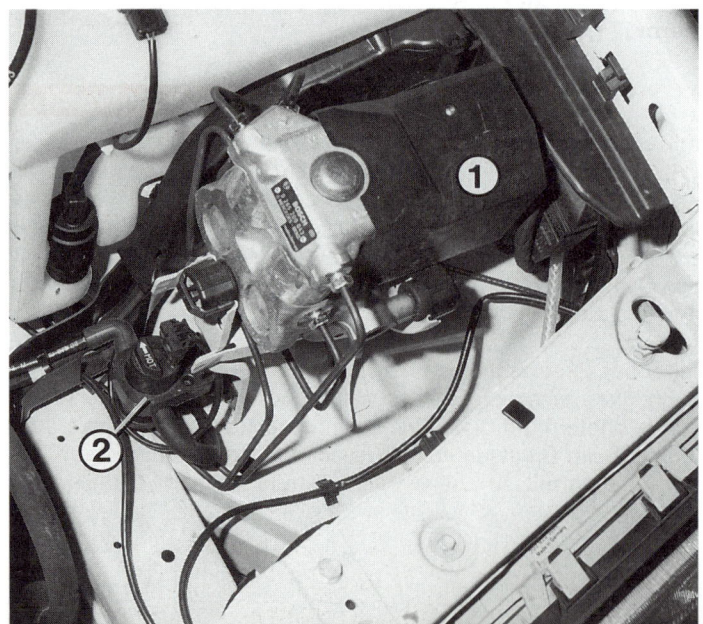

Hinter dem linken Frontscheinwerfer:
1 – Hydraulikeinheit für ABS/ASR oder ETS;
2 – elektrisches Regenerierventil bei Motoren mit HFM-Motronic.

Die Hinterradbremse besteht aus Bremsscheibe und feststehendem Bremssattel (1). Weiterhin:
2 – Entlüftungsschraube;
Pfeile unten: Mindestbelagstärke 2 mm;
Pfeile rechts: Haltestifte mit Durchschlag aus dem Bremssattel treiben.

○ An den vorderen Faustsätteln kann es auch sein, daß die beiden Gleitbolzen wegen starker Verschmutzung oder Rostansatz klemmen. Eine beschädigte Staubmanschette könnte darauf hindeuten. Ggf. den Faustsattel vom Bremsträger losschrauben und die Gleitbolzen prüfen. Es gibt einen Reparatursatz.

Bremsklötze kontrollieren

Wartung Nr. 12

Für denjenigen, der seine Bremsanlage selbst wartet, ist diese Arbeit mit die wichtigste. Die Bremsklötze der Vorderachse verschleißen bei Automatik-Fahrzeugen schneller. Im Kombi-Instrument ist eine Bremsbelag-Verschleißanzeige zu finden. Diese leuchtet beim Bremsen auf, wenn der bremskolbenseitige Bremsbelag einer Vorderradbremse weniger als **3,5 mm** dick ist. Von dem neu ca. 14 mm dicken Belag ist dann so viel abgeschliffen, daß alle vier vorderen Bremsklötze erneuert werden müssen. Bei ASR sind auch hinten Belagfühler eingebaut. Die hinteren Bremsklötze immer dann prüfen, wenn vorne neue eingebaut werden.

● Jeweiliges Rad abmontieren.
● **Vorn:** Minimal **2,0 mm**. Bei mehr als 2,0 mm unterschied zwischen den beiden Belägen, Faustsattel überholen bzw. Gleitlager prüfen.
● **Hinten** sind **2,0 mm** Restbelag die Austauschgrenze. Neue Bremsbeläge sind 11,0 mm dick.
● Bremsbeläge austauschen, wenn sie fettig sind.
● **Achtung!** Erneuert man die Bremsbeläge nicht spätestens bei 2,0 mm Belagrest, wandern die Bremskolben zu weit nach außen und die Bremssättel können beschädigt werden.

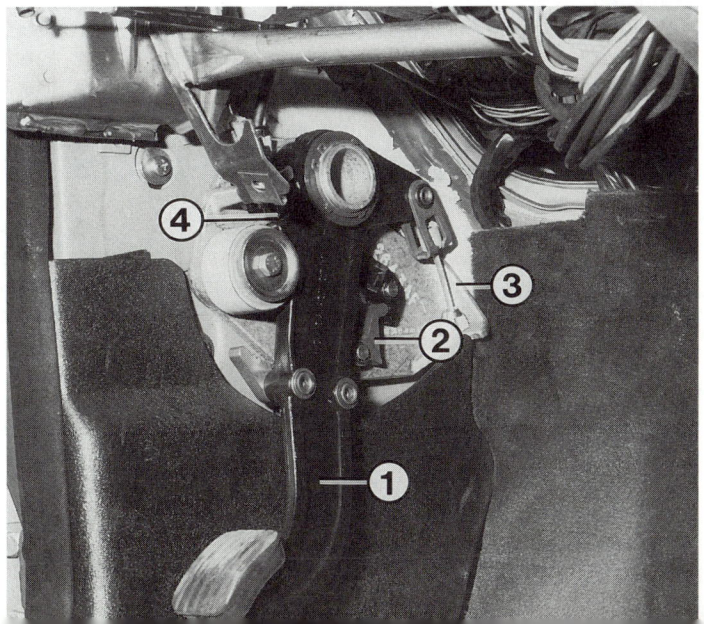

Fußpedal (1) der Feststellbremse links im Fahrerfußraum:
2 – Sperrhebel, mit Auslösegriff im Armaturenbrett über Zug verbunden;
3 – Bremsseil vorn;
4 – Schalter für Kontrolleuchte und Warnsummer.

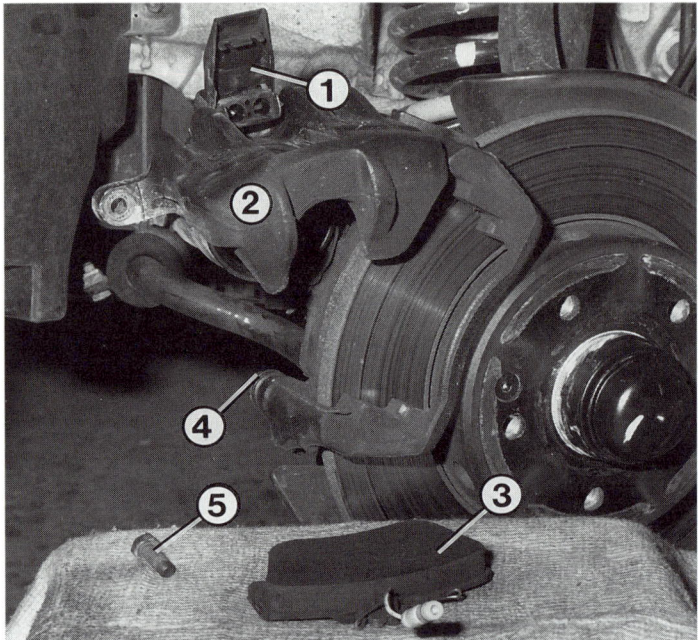

Hier ist der Austausch der vorderen Bremsklötze gezeigt. Das Zylindergehäuse (2) ist am unteren Gleitlager (4) losgeschraubt und nach oben geschwenkt. Die Bremsklötze sind vom Bremsträger ausgebaut. Der äußere Bremsklotz (3) ist mit einem Bremsbelagfühler (1) ausgestattet. Die selbstsichernde Schraube (5) vom unteren Gleitlager jedesmal erneuern oder mit Schraubensicherungsmittel montieren.

Bremsklötze erneuern

Nur wenn Sie Original-Bremsklötze oder entsprechende Marken-Bremsklötze (z.B. von ATE) einbauen, bleibt der Bremsweg erhalten, die Lebensdauer wie gewohnt und es kommt kaum zu nervtötendem Quietschen. Bremsbeläge können unterschiedlich hart hergestellt werden. So sind z.B. Taxibeläge eher hart, weil Lebensdauer mehr gefragt ist als optimale Verzögerung aus höchsten Geschwindigkeiten bei geringem Pedaldruck. Beläge für den Motorsport sind umgekehrt, eher weicher. Mercedes hat nach vielen Versuchsreihen die Belagbeschaffenheit bezüglich Lebensdauer, Bremskomfort usw. entsprechend für Ihren Wagen festgelegt. Bei jedem Bremsklotztausch folgendes beachten:
○ Es müssen stets alle vier Bremsklötze einer Achse ersetzt werden, damit die Bremswirkung gleichmäßig bleibt.
○ Die Bremsscheiben werden auf Verschleiß und Zustand geprüft. Sie dürfen keine Risse oder tiefen Rillen haben (siehe »Bremsscheiben erneuern«).
○ Die Staubkappen und die Gängigkeit der Bremskolben in den Bremssätteln prüfen.
○ Wenn die Bremsklötze ausgebaut sind, keinesfalls auf das Bremspedal treten, sonst wandern die Bremskolben aus ihren Bohrungen.

Austausch vorn

● Wagen aufbocken und sichern. Vorderrad abmontieren.
● Mit einem Schraubendreher die Verrastungen des Plastikdeckels über der Steckverbindung zum Belagfühler anheben. Den Deckel aufklappen und die Steckverbindung lösen.
● Am unteren Gleitlager des Bremssattels die Sechskantschraube herausdrehen. Dabei mit einem Gabelschlüssel am Sechskant an der Gummimanschette gegenhalten.
● Bremssattel um das obere Gleitlager nach außen kippen. Bremssattel mit einem Draht aufhängen, damit der Bremsschlauch nicht gezogen wird.
● Fühler vom inneren Bremsklotz lösen.
● Den Sitz der Bremsklötze reinigen.
● Staubkappe vor dem Bremskolben auf Beschädigungen prüfen. Ggf. ersetzen, denn eindringender Schmutz führt sehr schnell zum Klemmen des Bremskolbens.
● Den Bremskolben ohne Verkanten zurückdrücken. Dabei auf den Stand der Bremsflüssigkeit im Vorratsbehälter achten.
● Bremsklötze einsetzen.
● Die Federn an der Vorderkante parallel zu den Belägen ausrichten.
● Fühler einsetzen.
● Bremssattel zurückschwenken und mit neuer selbstsichernder Schraube festschrauben (35 Nm).
● Kabel zum Fühler wieder einstecken. Auf Verlegung des Kabels achten und den Verschlußdeckel schließen.
● Vorderrad vormontieren, Wagen ablassen und Vorderrad anziehen (110 Nm).
● Bremsklötze auf der anderen Wagenseite ersetzen.
● Stand der Bremsflüssigkeit prüfen.

So können mit einer Zange die Bremskolben mit Hilfe der Bremsklötze (1) in die Bremssättel (2) zurückgedrückt werden.

Fingerzeig: Lenkeinschlag während des Belagwechsels nur am Lenkrad ändern. Keinesfalls am herausgeklappten Bremssattel die Lenkung herumhebeln, denn dadurch verbiegt sich der Gleitbolzen der Bremssattellagerung. Wie wenn Luft im Bremssystem ist, fühlt sich bei verbogenen Gleitbolzen das Bremspedal weich und federnd an.

Austausch hinten

- Wagen aufbocken und sichern. Hinterrad abnehmen.
- Haltestifte mit einem Durchschlag aus dem Bremssattel treiben und die Feder abnehmen.
- Eine Rohrzange zwischen der Bremsbelag-Trägerplatte und Bremssattel ansetzen und den Bremsklotz zurückdrücken.
- Mit einem Montiereisen oder einem kräftigen Schraubendreher zwischen Bremsbelag und Bremsscheibe durch vorsichtiges Hebeln den alten Belag vollends zurückdrücken.
- Lassen Sie zum Zurückdrücken des einen Bremsklotzes immer den gegenüberliegenden eingebaut. Beachten Sie, daß dabei der Bremsflüssigkeitsbehälter nicht überläuft.
- Ist der Bremsklotz so weit zurückgedrückt, daß ein neuer, dickerer montiert werden könnte, Bremsklotz ausbauen.
- Den Schacht von altem Belagabrieb reinigen. Darauf achten, daß dabei die Manschetten um den Bremskolben nicht beschädigt wird.
- Den neuen Bremsklotz mit den Spezialschmiermitteln von Mercedes leicht einfetten und in seinen Schacht am Bremssattel schieben.
- Den zweiten Bremsklotz auf die gleiche Weise austauschen.
- Feder ansetzen und die Haltestifte wieder montieren. Mit dem Durchschlag die Stifte gefühlvoll bis zum Anschlag in den Bremssattel klopfen.
- Rad montieren. Wagen ablassen und Rad mit 110 Nm festziehen. Bremsklötze der anderen Hinterradbremse ersetzen.
- Stand der Bremsflüssigkeit prüfen.

Achtung! Bremspedal mehrmals durchtreten, bis sich der normale Pedalweg einstellt. Wird das nicht gemacht, bleibt die Bremswirkung bei der ersten Bremsung nach dem Austausch aus!
Neue Bremsbeläge müssen vorsichtig eingebremst werden! Dazu das Fahrzeug aus 80 km/h auf 40 km/h bei geringem Pedaldruck mehrmals abbremsen.

Bremssattel ausbauen

- Fahrzeug aufbocken, sichern und Rad abmontieren.
- Vor Kabel zur Belagverschleiß-Anzeige unter dem Deckel die Steckverbindung lösen.
- Entlüftungsventil öffnen, Bremspedal einmal niedertreten und in dieser Stellung fixieren (siehe »Arbeitstips«).
- Verbindung des Bremsschlauches zur Bremsleitung an der Karosserie lösen.
- Drehzahlgeber abschrauben.
- Die beiden Sechskantschrauben zum Achsschenkel herausdrehen.
- Zum Einbau eines Bremssattels müssen stets neue selbstsichernde Schrauben verwendet werden.

● Vorn werden die Schrauben zwischen Bremsträger und Achsschenkel mit 115 Nm angezogen. Hinten zieht man die Schrauben zum Achsschenkel mit 50 Nm (70 Nm bei ASR) an.
● Lassen sich die Schrauben schwer eindrehen, Kleberreste mit Gewindebohrer entfernen (vorn: M12; hinten: M10).
● Muß man den Bremssattel nur deshalb ausbauen, weil man z.B. eine Bremsscheibe ersetzen will, braucht der Bremsschlauch nicht gelöst zu werden. Dann einfach nur die Schrauben zum Achsschenkel lösen. Den Bremssattel nicht am Bremsschlauch hängen lassen, sondern ihn mit einem Drahtstück festbinden.
● Wurde ein Bremsschlauch gelöst, das Hydrauliksystem also geöffnet, muß nach dem Zusammenbau die Bremsanlage entlüftet werden.

Der Bremskraftverstärker

Scheibenbremsen wirken nicht selbstverstärkend, so daß Sie eine hohe Fußkraft aufbringen müßten, wenn Ihr Fahrzeug keinen Bremskraftverstärker hätte. Diese Hilfseinrichtung sitzt links im Motorraum hinter dem Hauptbremszylinder. Die zusätzliche Bremskraft erzeugt eine große Membran, die sich beim Bremsen durch den Unterdruck vom Saugrohr kraftvoll in Richtung Hauptbremszylinder bewegt und dort mit auf dessen Kolben drückt.

Bremskraftverstärker prüfen

● Bremspedal mehrmals durchtreten und zuletzt unten halten. Wenn Sie jetzt den Motor starten, muß sich das Pedal noch ein Stück weiter absenken. Dann ist alles in Ordnung.
● Motor laufen lassen und das Premspedal treten. Nun den Motor abstellen – das Bremspedal darf nicht nach oben zu drücken beginnen.
● Den Motor laufen lassen und wieder abstellen. Das Pedal mehrmals durchtreten. Beim ersten Mal muß der Pedalweg am größten sein und nach und nach kleiner werden.
● Arbeitet der Bremskraftverstärker nicht richtig, kann dies an einem undichten Unterdruckschlauch oder einem defekten Rückschlagventil liegen.
● Rückschlagventil prüfen: Am Bremskraftverstärker den dicken Unterdruckschlauch zum Motor abschrauben. Hineinblasen muß möglich sein, Ansaugen dagegen nicht.
● Beim Ventiltausch die Einbaurichtung beachten.
● Ein defekter Bremskraftverstärker muß komplett erneuert werden.

Bremsscheiben erneuern

Als Reibpartner der Bremsbeläge unterliegen die Bremsscheiben ständigem Verschleiß und müssen deshalb bei Erreichen der Austauschgrenze, bei tiefen Riefen und bei schlechtem Tragbild paarweise erneuert werden. Es gelten folgende Maße für die Dicke:

		vorn		hinten
		massiv	innenbelüftet	
Dicke (neu)	mm	12,0	22,0	9,0
Austauschgrenze	mm	10,0	19,4	7,3
Max. Seitenschlag	mm	0,12	0,12	0,15

● Zum Ausbau einer Bremsscheibe Fahrzeug aufbocken und sichern.
● Rad abmontieren.
● Bremssattel abschrauben und mit Draht so befestigen, daß der Bremsschlauch nicht auf Zug belastet wird.
● Innensechskantschraube zur Befestigung der Bremsscheibe losdrehen.
● Feststellbremse lösen, wenn die hintere Bremsscheibe abgenommen werden soll.
● Bremsscheibe abnehmen. Durch Hammerschläge lösen, wenn die Bremsscheibe in der Mitte festgerostet ist.
● Neue Bremsscheibe ansetzen und mit der Innensechskantschraube festschrauben. Auf den richtigen Sitz der Paßstifte achten.
● Hinten den Sitz am Hinterachswellenflansch mit hitzebeständigem Kupferfett leicht einreiben.
● Neue Bremsscheiben nach dem Einbau mit Verdünnung abreiben, um die ölige Schutzschicht zu entfernen.
● Bremssattel mit neuen selbstsichernden Schrauben einbauen (Anzugsdrehmoment vorn 115 Nm; hinten 50 Nm).
● Weiter in umgekehrter Ausbaufolge. Radschrauben mit 110 Nm festziehen.
● Wurden hinten neue Bremsscheiben eingebaut, Einstellung der Feststellbremse überprüfen.

Achtung bei selbstsichernden Schrauben! Hier wurde im Mercedes eine besondere Technik angewendet – die Schrauben sind mikroverkapselt. Dies bedeutet, daß sich in den Gewindegängen ein Schrauben-Sicherungsmittel befindet. Dieses härtet aber nicht aus, weil auf der Oberfläche ein schützender Film gebildet wurde. Erst wenn die Schraube festgezogen wird, zerreißt dieser Film, und das Sicherungsmittel wirkt. Solche Schrauben dürfen nur ein Mal verwendet werden. In den Arbeitsbeschreibungen wird darauf hingewiesen. Beispielsweise beim Austausch der Bremsklötze oder zum Lenkradeinbau braucht man neue Schrauben.
Will man eine durch Mikroverkapselung selbstsichernde Schraube (3) nochmals verwenden, reinigt man ihre Gewindegänge mit der Drahtbürste (1) und trägt vor dem Einschrauben ein Schrauben-Sicherungsmittel (2) aus dem Zubehörhandel auf.

Der Hauptbremszylinder

Er ist gewissermaßen der Chef im Bremssystem. Seine Kolben bauen den Druck in der Bremsflüssigkeit auf, der dann über Bremsleitungen und -schläuche zu den einzelnen Radbremsen gelangt. Der Hauptbremszylinder kann undicht werden. Dann läßt sich das Bremspedal bei großem Fußdruck immer tiefer treten. Außerdem ist meist das Gehäuse des Bremskraftverstärkers unterhalb des angeflanschten Hauptbremszylinders feucht. Ein neuer Hauptbremszylinder oder seine Überholung (Reparatursatz) wird fällig.

Hauptbremszylinder ausbauen

- Bremsflüssigkeits-Behälter leersaugen (z.B. mit alter 100-ml-Arztspritze).
- Steckverbindung zum Behälter und die Schlauchleitung zur Kupplungsbetätigung (nicht bei Automatik-Getriebe) bzw. ASR ausstecken.
- Den Behälter abnehmen. Bohrungen abdecken.
- Bremsleitungsanschlüsse losschrauben. Sofort alle Bremsleitungen mit Gummikappe und am Bremszylinder die Öffnung mit Blindstopfen verschließen.
- Die beiden Muttern am Flansch zum Bremskraftverstärker lösen. Den Dichtring immer erneuern.
- Neuen Hauptbremszylinder mit 15 Nm festschrauben. Bremsleitungen mit 10 Nm anziehen.
- Bremsflüssigkeitsbehälter füllen.
- Bremsanlage entlüften.

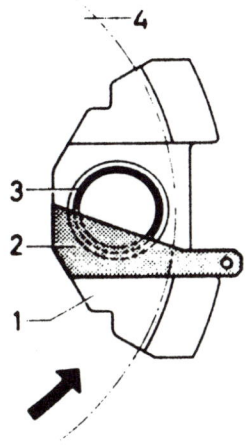 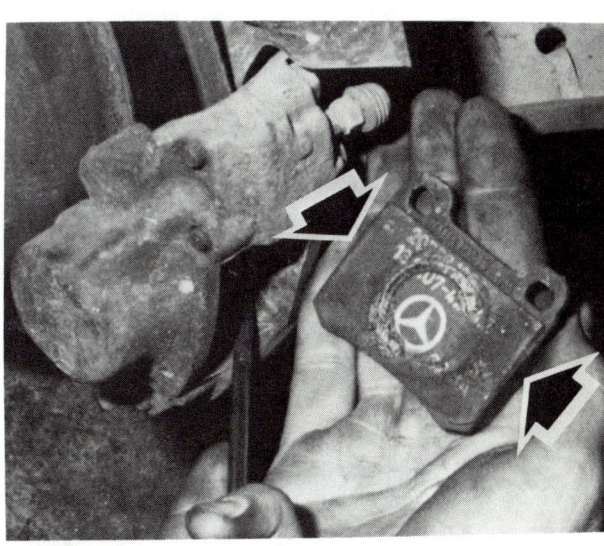

Links: Der Bremskolben (3) muß so im Bremssattel (1) gedreht sein, daß die Bremsscheibe (4) auf den Absatz im Bremskolben zudreht (Pfeil). Die Einstellehre (2) gibt's z.B. bei ATE-Vertretungen.
Rechts: Bei quietschenden Bremsen oder beim Einbau neuer Bremsklötze die Bremsklotz-Schächte und die Seiten der Bremsklotz-Trägerplatten (Pfeil) reinigen und dünn Spezialschmiermittel (DB-Nr. 001 989 10 51) auftragen.

Zum Ausbau einer vorderen Bremsscheibe muß der Bremsträger (2) samt Bremssattel (1) vom Achsschenkel losgeschraubt werden. Weiterhin:
3 – Befestigungsschraube der Bremsscheibe;
4 – Nabenkappe;
Pfeil – Sitz der Bremsscheibe zur Vorderradnabe schmieren.

Bremsleitungen ausbauen

● Überwurfmutter der Bremsleitung losdrehen. Hierzu Gegenverschraubung – z.B. an einem Bremsschlauch – festhalten.
● Ist die Mutter auf der Leitung angerostet, wodurch sich diese mitdreht, muß die Leitung in jedem Fall erneuert werden. Die dünnwandigen Rohre knicken schnell ab.
● Zum Lösen der Leitungsanschlüsse kann folgender Trick weiterhelfen, wenn das betreffende Leitungsstück ohnehin ausgewechselt werden soll:
● Bremsleitung nahe der Verschraubung abzwicken und dann die Schraube mit einer Sechskant-Stecknuß losdrehen.
● Muß eine neue Bremsleitung noch etwas zurechtgebogen werden, darf dies nur in einem großen Radius geschehen. Andernfalls knickt das dünne Rohr ab.
● Innenseite des Bogens beim Biegen mit dem Daumen unterstützen. So können Sie sich langsam dem Radius entlang arbeiten.
● Evtl. vorhandene Schutzschläuche bzw. -tüllen nicht vergessen.
● Bremsleitungen in ihren Abstandshaltern verlegen.
● Anzugsdrehmoment: Bremsleitung an Bremsschlauch 14 Nm, Bremsleitung an Hauptbremszylinder, Verteiler ca. 10 Nm.
● Bremsanlage entlüften.

Hier ist ein hinterer Bremssattel und die Bremsscheibe ausgebaut.
1 – Hinterachswellenflansch;
2 – Bundmutter zur Hinterachswelle;
3 – Befestigungsschraube für Bremsscheibe (4);
5 – Niederhaltefeder für Bremsbacke.

Hier wird das Entlüften an einer vorderen Radbremse gezeigt. Kunststoffschlauch auf das Entlüftungsventil (1) stecken. Das andere Schlauchende in ein Glasgefäß mit etwas Bremsflüssigkeit hängen. Dann das Entlüftungsventil öffnen. Jeder Bremssattel ist mit einem Entlüftungsventil ausgestattet.

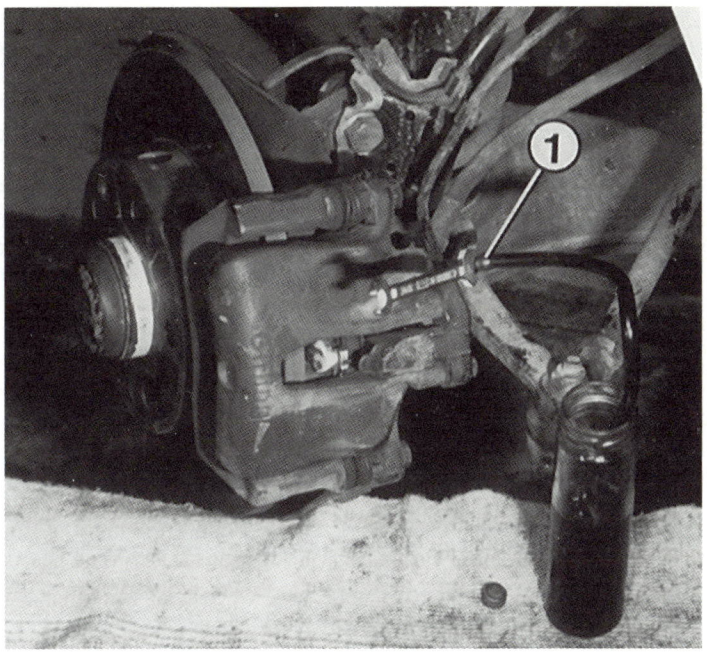

● Zuerst die Überwurfmutter der betreffenden Bremsleitung losdrehen. Dabei darauf achten, daß sich die Leitung nicht verdreht. Am Bremsschlauch gegenhalten.
● Ist ein Bremsschlauch mit einem Blechhalter an der Karosserie befestigt, dann ist er mit einem Blechbügel gegen Hin- und Herrutschen gesichert. Beim Zusammenbau darf dieser sogenannte Schlauchhalter nicht vergessen werden.
● Beim Einbau den Schlauch immer zuerst am Bremssattel festschrauben, 18 Nm.

● Dann die Verschraubung Bremsleitung/Bremsschlauch anziehen, 14 Nm.
● Der Bremsschlauch darf nicht in sich verdreht sein. Zur Kontrolle dient der Farbstreifen oder Gummianguß entlang des Schlauches.
● Sofort nach der Reparatur kontrollieren, ob der Schlauch bei Federbewegungen und maximalen Lenkeinschlägen irgendwo scheuern kann.
● Die Kontrolle nach einer längeren Fahrtstrecke wiederholen.

Bremsschläuche ausbauen

Wichtige Arbeitstips

○ Wenn Sie das Hydrauliksystem der Bremsanlage irgendwo öffnen, tropft ständig Bremsflüssigkeit aus. Behindertes Arbeiten und unnötiges Nachfüllen sind die Folge. Dies können Sie wie folgt verhindern: Vor der entsprechenden Arbeit immer zuerst die Entlüftungsschraube der jeweiligen Radbremse öffnen. Nun das Bremspedal durchtreten und in dieser Stellung halten. Verwenden Sie zum Niederhalten eine Holzlatte, deren

Teile der hinteren Trommelbremse:
1 – Bremssattel;
11 – Abdeckblech;
20 – Bremsbacken;
21 – Druckstück;
22 – Verstellmutter;
24 – Niederhaltefedern;
26 – Bolzen;
27 – Spreizschloß;
29 – Rückzugfeder oben;
31 – Rückzugfeder unten, Lage der unterschiedlichen Ösen beachten.

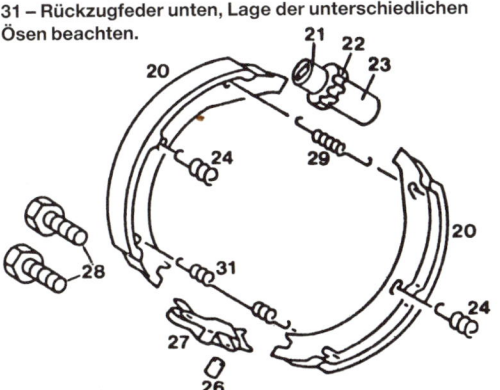

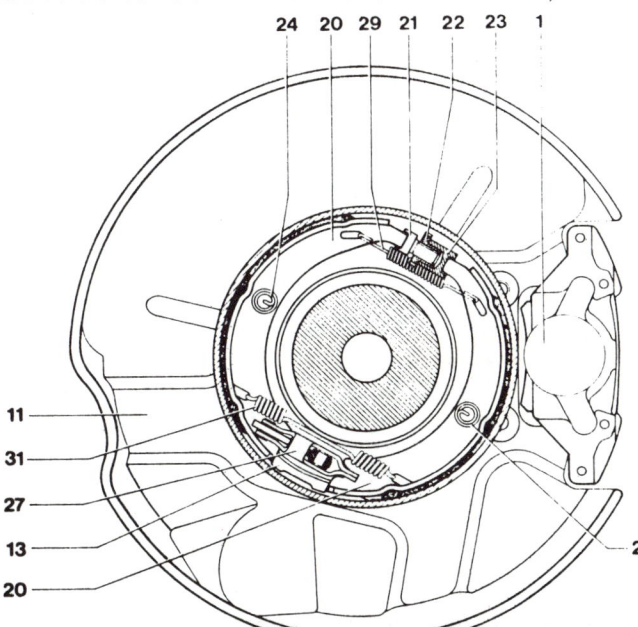

Länge Sie zuvor bestimmt haben und die Sie zwischen Pedal und Fahrersitz klemmen. Die Kolben im Hauptbremszylinder verschließen nun die Nachlauf-Bohrungen, so daß Bremsflüssigkeit nicht mehr nachfließen kann.

○ Zu Überholungsarbeiten an den Bremssätteln oder den Bremskolben darf zum Schmieren keinesfalls Öl oder Fett verwendet werden. Die Bremsflüssigkeit darf damit nicht in Berührung kommen. Außerdem wird Schmierfett bei Erwärmung dünnflüssig, so daß es zwischen die Reibfläche der Bremse fließen kann. Es werden meist Spezialschmierstoffe erforderlich, die aber entsprechenden Reparatursätzen beigepackt sind. Zum Einbau eines Bremskolbens wird beispielsweise als Schmiermittel Bremszylinder-Paste (von ATE) verwendet. Diese Schmiermittel wird auch auf die Innenseite neuer Staubschutz-Manschetten aufgetragen.

○ Ein Bremssattel, welcher nach der Überholung gänzlich von Bremsflüssigkeit entleert ist, kann beim Entlüften große Schwierigkeiten aufwerfen. Trotz Pedalpumpen strömt einfach keine Bremsflüssigkeit nach. Behelfen Sie sich so: Nach dem Anbau eines Bremssattels das obere Ende des Bremsschlauches noch nicht an die Bremsleitung schrauben. Nun durch die geöffnete Entlüfterschraube solange Bremsflüssigkeit einpumpen, bis diese oben am Bremsschlauch austritt. Anschließend den Bremsschlauch und das Entlüftungsventil festdrehen. Bremsanlage entlüften! Zum Einpumpen der Bremsflüssigkeit verwenden Sie ein neues Plastikfläschchen, das mit Bremsflüssigkeit gefüllt wird und welches man über ein durchsichtiges Schlauchstück mit dem Entlüftungsventil verbindet. Dann das Fläschechen umgekehrt hochhalten und die Bremsflüssigkeit ohne Luftblasen in den Bremssattel pumpen.

○ Vorsicht mit Bremsflüssigkeit! Lacke werden angegriffen, und sie ist sehr giftig.

○ Nach Arbeiten an der Bremshydraulik grundsätzlich eine Bremsdruckprüfung durchführen: Dazu Bremspedal mehrere Male kräftig betätigen. Dann bei laufendem Motor das Bremspedal nochmals kräftig drücken (200–300 N). Der Druck muß gehalten werden, d.h. das Bremspedal bleibt »hart«.

Bremsanlage entlüften

Können Sie nach einer Reparatur das Bremspedal bis zum Bodenblech durchtreten oder läßt sich das Pedal federnd immer weiter treten? Ist der Pedalweg viel zu lang und wird er durch mehrfaches Pumpen mit dem Bremspedal kürzer? Dann befindet sich Luft im Bremssystem. Entlüftet werden muß immer nach einer Reparatur an der Bremshydraulik. Ist Bremsflüssigkeit ausgelaufen, tritt dadurch immer Luft ins Bremssystem. Fahrzeuge mit ASR bis ca. 6/94 müssen in der Werkstatt entlüftet werden. Dort »fährt« man mit dem ASR-Steuergerät ein Entlüftungs-Programm.

Das Entlüften macht die Werkstatt mit einem Entlüftungsgerät, doch klappt es auch mit der althergebrachten Methode:

● Stand der Bremsflüssigkeit am Behälter kennzeichnen.
● Bremsflüssigkeits-Behälter im Motorraum mit frischer Bremsflüssigkeit füllen und während des Entlüftens ständig darauf achten, daß rechtzeitig vor der Entleerung des Behälters nachgegossen wird. Sonst wird erneut Luft angesaugt, und mit der Arbeit muß wieder von vorn begonnen werden.
● Staubkappe vom Entlüftungsventil der rechten Hinterradbremse abziehen.
● Durchsichtigen Schlauch über das Entlüftungsventil stecken und das andere Ende in ein halb mit Bremsflüssigkeit gefülltes Glasgefäß halten.
● Entlüftungsventil etwas aufdrehen.
● Bremspedal von einem Helfer durchtreten lassen.
● Entlüftungsventil wieder etwas zudrehen, wenn der Helfer das Pedal wieder zurückkommen läßt. So wird keine Luft über das Gewinde des Entlüftungsventils angesaugt. Das Bremspedal langsam herauskommen lassen, damit Bremsflüssigkeit nachströmen kann.
● Beim erneuten Niedertreten das Ventil wieder öffnen. Vorgang so lange wiederholen, bis keine Luftblasen mehr durch den Schlauch kommen. Entlüftungsventil schließen und Staubkappe aufstecken.
● An den anderen Radbremsen gleich vorgehen. In folgender Reihenfolge weiter entlüften: Linke Hinterradbremse, rechte Vorderradbremse und zuletzt linke Vorderradbremse.
● War das Bremssystem stark entleert, also viel Luft im System, das gesamte Entlüften nochmals wiederholen.
● Bremsflüssigkeits-Behälter bis zur »angebrachten« Markierung auffüllen, mindestens aber bis zur »MIN«-Marke.

Feststellbremse

Die hintere Bremsscheibe ist so geformt, daß sie auf der Innenseite noch Platz für eine herkömmliche Trommelbremse bietet. Wenn das Pedal im Fahrerfußraum getreten wird, spannt sich das vordere Bremsseil. Dieses führt zum automatischen Seilzug-Ausgleich unter dem Rücksitz. Von dort verläuft je ein Bremsseil zur jeweiligen Hinterradbremse. Die Bremsbacken werden durch einen Spreizhebel auseinanderbewegt.

Zum Erneuern der Bremsseile oder der Bremsbacken muß der automatische Seilzug-Ausgleich vorgespannt

Bei herausgenommener hinterer Sitzbank finden Sie in Fahrzeugmitte unter einem Abdeckblech (2) den automatischen Seilzug-Ausgleich. Das Einstellen der Bremsseile entfällt dadurch. Allerdings muß der Ausgleich für verschiedene Arbeiten mit einem Innensechskantschlüssel (1) vorgespannt und anschließend wieder ausgerastet werden. Diese kann durch das Langloch (vorspannen) und das hintere runde Loch geschehen (ausrasten).

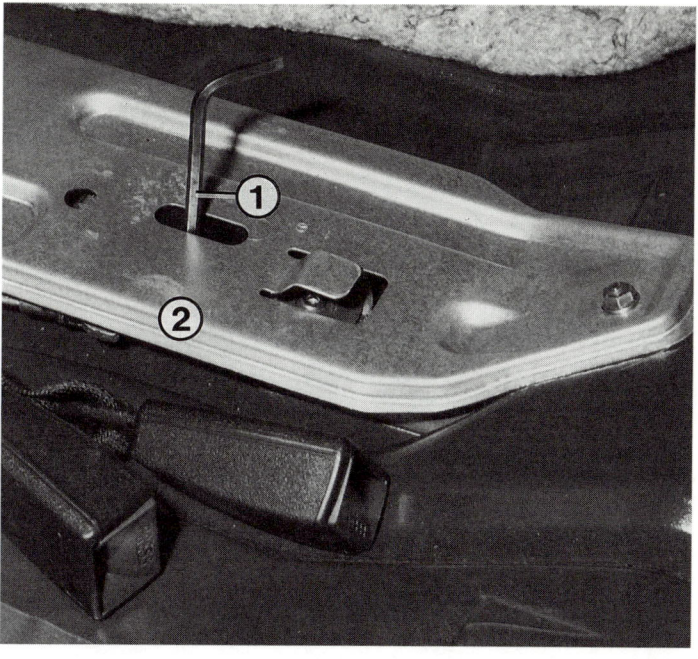

und anschließend wieder entspannt werden. Ist die Bremse zu heiß geworden und sind dadurch die Bremsbacken verbrannt, müssen unbedingt alle Federn an den Bremsbacken und die Bremsbacken selbst erneuert werden.

Feststellbremse prüfen/einstellen

Wartung Nr. 11

Kann das Pedal um fünf Rasten hineingetreten werden, ohne daß sich eine ausreichende Bremswirkung zeigt, muß die Einstellung erfolgen. Eingestellt wird an den Stellrädern der Bremsbacken-Nachstellvorrichtungen, die sich innerhalb der Bremstrommeln befinden.

- Den Wagen am besten so anheben, daß beide Hinterräder abgehoben haben. Fahrzeug sichern!
- Radschraubenlöcher so stellen, daß sie 45° nach hinten oben stehen. Jetzt können Sie mit einem Schraubendreher (4–5 mm breit) die Stellräder erreichen.
- Leichtmetallräder abschrauben. Mit 110 Nm später anschrauben.
- Feststellbremse lösen und Stellräder so verdrehen, daß sich das Hinterrad gerade nicht mehr drehen läßt. Dann wieder um 5–6 Zähne lösen. Zum Lösen müssen Sie links von oben nach unten und rechts von unten nach oben hebeln.
- Bremspedal mehrmals kräftig treten und den Weg beachten.
- Lösen der Hinterräder kontrollieren.

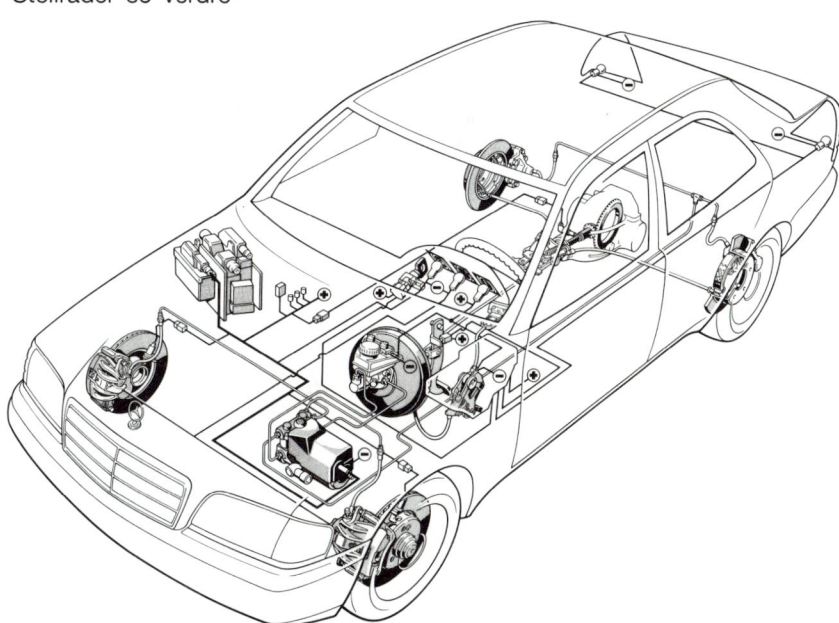

Bauteile der Betriebsbremse mit serienmäßigem ABS im Fahrzeug.

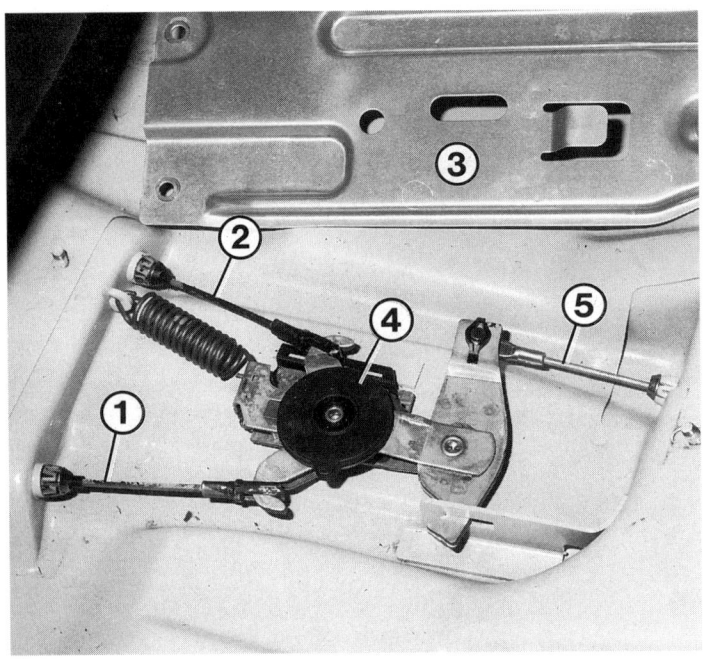

Automatischer Seilzugausgleich (4) unter dem hinteren Sitzkissen:
1 – Seilzug zum rechten Hinterrad;
2 – Seilzug zum linken Hinterrad;
3 – Abdeckblech;
5 – vorderes Bremsseil.

Bremsbacken ausbauen

- Fahrzeug anheben, sichern und Hinterrad ausbauen.
- Bremsscheibe ausbauen.
- Sitzkissen hinten herausnehmen.
- In der Mitte Abdeckblech über dem automatischen Seilzugausgleich ausbauen.
- Seilzugausgleich vorspannen: Innensechskantschlüssel in der Mitte einsetzen und ca. ½ Umdrehung nach rechts drehen. Dabei gleichzeitig nach hinten drücken, bis der Rastenexzenter mit seiner Nase in die Feder einrastet. Später wird diese Raste wieder mit einem Schraubendreher gelöst.
- Durch die großen Bohrungen im Hinterachswellenflansch die beiden Niederhaltefedern und die untere Rückzugfeder der Bremsbacken aushängen.
- Bremsbacken aushängen.
- Bremsbacken weit auseinanderziehen und abnehmen.
- Rückzugfeder aus der Nachstellvorrichtung aushängen. Bremsbacken auseinandernehmen.
- Vor dem Einbau in umgekehrter Reihenfolge sämtliche Gleit- und Lagerstellen sowie das Gewinde der Nachstellvorrichtung mit Kupferfett einreiben.
- Einstellvorrichtung ganz zurückstellen.
- Treten beim Zusammenbau Unsicherheiten bezüglich der Einbaulage auf, Bremsscheibe der anderen Wagenseite abnehmen und vergleichen.
- Seilzug-Ausgleich entspannen, wie oben beschrieben.
- Feststellbremse einstellen.

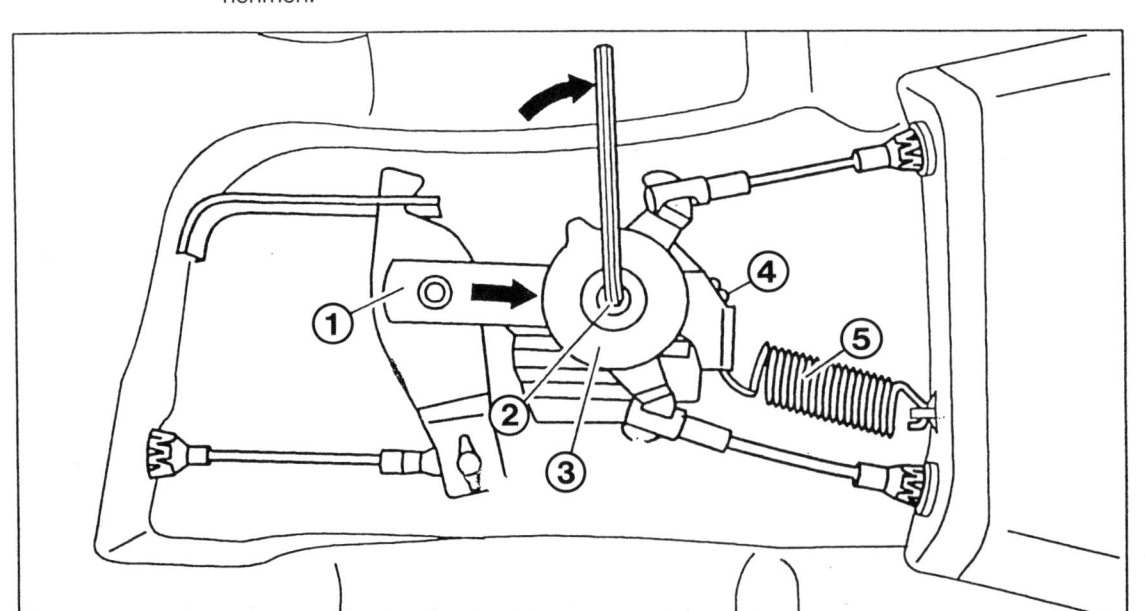

1 – Seilzugausgleich;
2 – Rastenbolzen;
3 – Rastenexzenter;
4 – Feder;
5 – Rückzugfeder;
Pfeile – vorspannen. Zum Lösen Feder ausrasten.

Hinterradbremse bei ausgebauter Bremsscheibe:
1 – Niederhaltefeder für Bremsbacke (2);
3 – Verstellmutter am Spreizschloß, mit Schraubendreher von außen verdrehbar;
4 – Abdeckblech;
5 – Bremsbacke;
6 – Hinterachswellenflansch.

Bremsseil ersetzen

Wenn das Bremsseil in seiner Umhüllung festgerostet oder sehr schwergängig ist, kann dies die Ursache für ungleiches Ziehen der Feststellbremse sein. Bei hohem Fahrzeugalter gleich beide hinteren Bremsseile ersetzen.

● Fahrzeug anheben, sichern und Hinterrad ausbauen.
● Bremsscheibe ausbauen.
● Sitzkissen hinten herausnehmen.
● In der Mitte Abdeckblech über dem automatischen Seilzugausgleich ausbauen.
● Seilzugausgleich vorspannen: Innensechskantschlüssel in der Mitte einsetzen und ca. ½ Umdrehung nach rechts drehen. Dabei gleichzeitig nach hinten drücken, bis der Rastenexzenter mit seiner Nase in die Feder einrastet. Später wird diese Raste wieder mit einem Schraubendreher gelöst.
● Rückzugfeder aushängen.
● Vorderes Bremsseil vom Hebel lösen und Hebel aushängen.

● Hintere Bremsseile am Hebel aushängen, ausclipsen und zur Fahrzeugunterseite durchschieben.
● Hintere Bremsseile vom Spreizhebel zwischen den Bremsbacken aushängen. Dazu Bolzen ausbauen.
● Selbstsichernde Schraube innen am Radträger abschrauben. Seilzug abnehmen.
● Nach dem Einbau automatischen Seilzugausgleich entspannen (siehe oben) und die Feststellbremse einstellen.

So erreichen Sie die Verstellmutter am Spreizschloß bei montiertem Rad (1). Eine Radschraube herausdrehen. Der Pfeil zeigt in Fahrtrichtung.

Das Antiblockiersystem

Serienmäßig ist Ihr Mercedes mit einem Antiblockiersystem (ABS) ausgerüstet. Das aufwendige System leistet einen bedeutenden Beitrag zur Fahrsicherheit, da beim Bremsen die beiden Vorderradbremsen einzeln (rund 70% der Bremsarbeit wird durch die Vorderradbremsen übernommen) und die Hinterradbremsen zusammen geregelt werden und die Räder nicht mehr blockieren können.

Mit dem ABS haben Sie ein System im Auto, daß ca. 30 Jahre Entwicklung auf dem Buckel hat. Als damals – man schrieb das Jahr 1959 – der sogenannte »Heckflossen-Mercedes« auf den Markt kam, hatte sich bei Mercedes-Benz die Meinung durchgesetzt, daß blockierende Räder ein entscheidendes Sicherheitsrisiko seien. Die Idee lag nahe, die Blockierneigung mit Hilfe automatischer Regelung zu verhindern. Das von Mercedes und Bosch entwickelte ABS wurde dann 1979 weltweit zum ersten Mal in einem Auto angeboten. Bis 1990 sind zwei Millionen ABS-Systeme verkauft worden.

○ Der Bremsweg wird kürzer, weil das ABS immer für optimale »Stotterbremsung« sorgt und so ein Rutschen der Räder nicht mehr möglich ist.

○ Das Fahrzeug bricht nicht aus der Spur, weil sich die Räder selbst bei Vollbremsung auf Glatteis immer noch etwas drehen und so das Fahrzeug führen.

○ Auch wenn das Heck lenkt, kommt der Dreher: Entgegen der landläufig verbreiteten Meinung, daß bei einer Vollbremsung nur die blockierten Vorderräder bei gezielten Ausweichmanövern hilflos im Radhaus stehen, müssen Sie wissen, daß auch blockierende Hinterräder beim Bremsen unmittelbar zum Ausbrechen führen. Das Fahrzeug dreht sich in diesem Fall nicht nur bei zügiger Kurvenfahrt um die Hochachse, sondern auch bei schlichter Geradeaus-Bremsung.

Teile des ABS

○ **Hydraulikeinheit**; die Einheit ist vorn links im Motorraum zwischen den Bremsleitungen vom Hauptbremszylinder und den Bremsleitungen zu den Radbremsen eingebaut. Entsprechend den Befehlen vom elektronischen Steuergerät wird der Druck zu den Radbremsen entweder konstant gehalten, verringert oder wieder aufgebaut. Höher als der Druck, den Sie über das Bremspedal im Hauptbremszylinder erzeugen, kann der Druck aber nicht erhöht werden. Für die Druckregelung sind drei schnell schaltende Magnetventile zuständig. Zwei davon für je eine Vorderradbremse und eines für den hinteren Bremskreis. Sind die Magnetventile stromlos, wird der Druck erhöht. Fließt der Maximalstrom, erfolgt eine Druckreduzierung, und bei mittlerer Stromstärke wird der Druck gehalten. Besonders interessant ist die Druckabbauphase: Weil man die Bremsflüssigkeit, welche vom Hauptbremszylinder hergedrückt wird, zum Druckabbau nicht einfach irgendwohin entweichen lassen kann (das Bremspedal würde sich als Folge ganz durchtreten lassen), pumpt man die Bremsflüssigkeit mit einer kräftigen Rückförderpumpe zum Hauptbremszylinder zurück. Sie merken dies am Bremspedal, das leicht zu pulsieren beginnt, wenn die Rückförderpumpe läuft, das ABS also in Aktion tritt. Bei genauem Hinhören vernehmen Sie auch die Pumpgeräusche. Durch Geräuschdämpfer in der Hydraulikeinheit wird das Geräusch unterdrückt.

Oben an der Hydraulikeinheit finden Sie neben der Steckverbindung noch zwei Relais – das größere schaltet den Strom zur Rückförderpumpe; über das kleinere Relais werden die Magnetventile angesteuert.

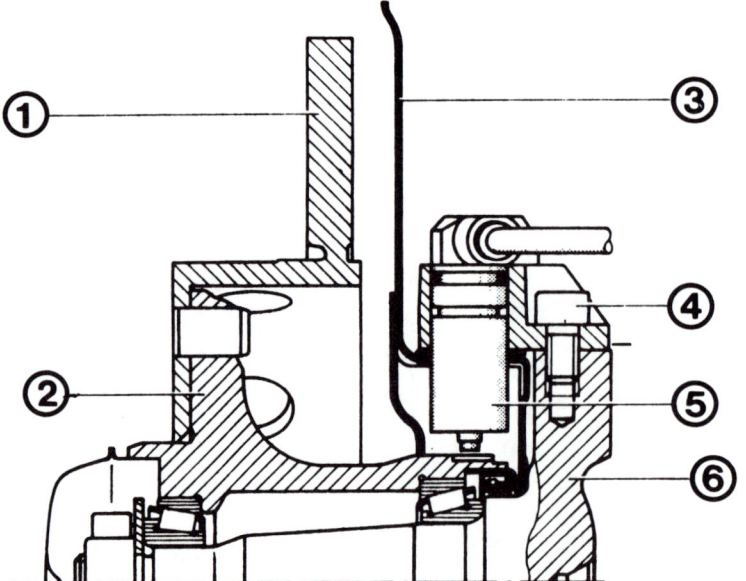

So sind die vorderen Drehzahlgeber eingebaut:
1 – Bremsscheibe;
2 – Vorderradnabe;
3 – Abdeckblech;
4 – Innensechskantschraube (25 Nm);
5 – Drehzahlgeber;
6 – Achsschenkel.

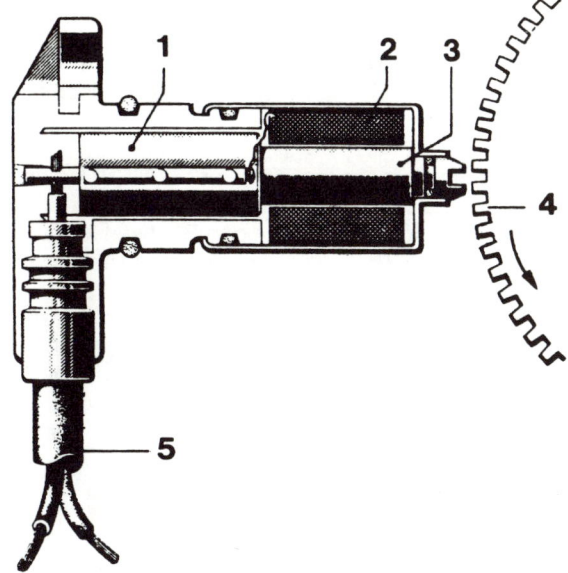

So wird die Raddrehzahl gemessen: Dreht der Rotor (4) am Magnetkern (3) des Drehzahlgebers (1) vorbei, ensteht in der Spule (2) eine Wechselspannung. Ihre Frequenz ist von der Rotor- bzw. Raddrehzahl abhängig. Über ein Koaxialkabel (5) wird die Spannung zum Steuergerät geführt.

Beim C 280/C 36 AMG mit ASR ist eine andere Hydraulikeinheit eingebaut, weil diese noch ASR-Aufgaben erfüllen muß. Gleiches gilt für Fahrzeuge ab 6/94 mit ETS. Auch hier übernimmt die Hydraulikeinheit zum ABS weitere Aufgaben.

○ **Drehzahlgeber** erfassen die Drehzahlen eines jeden Vorderrades und der Hinterräder. Vorn sind die Geber am Achsschenkel montiert. Hinten sitzt der Geber am Differential. Die Geber versorgen die Steuerelektronik mit den nötigen Informationen, damit diese wiederum die Hydraulikeinheit ansteuern kann. Die Drehzahlgeber bestehen aus einem Magnetkern und einer Spule. Sie sind in geringem Abstand zu einer Zahnscheibe montiert. Dreht sich die Zahnscheibe, entsteht in der Spule eine Wechselspannung, die entsprechend der Raddrehzahl ihre Frequenz ändert.

○ **Elektronisches Steuergerät** im Aggregateraum rechts: Es verarbeitet die Informationen von den Drehzahlgebern und steuert die Hydraulikeinheit so an, daß die Räder nicht blockieren. Neben der komplizierten Signalaufarbeitung und dem Logikteil enthält das Steuergerät noch eine Sicherheitsschaltung. Damit kann sich das Gerät selbst überprüfen, Fehler außerhalb erkennen und die Betriebsspannung überwachen. Werden Fehler festgestellt, schaltet sich das ABS aus, und die Kontrollampe im Armaturenbrett leuchtet auf. Das Steuergerät ist voll diagnosefähig. Gespeicherte Fehler können in der Werkstatt ausgelesen werden.

○ Der **Überspannungsschutz** sorgt für die Betriebsspannung. Das Relais hat den Überspannungsschutz mit eingebaut, oben auf dem Relais befindet sich eine Sicherung.

○ Die Anschlüsse des Steuergerätes und der Hydraulikeinheit erfolgen über Mehrfachsteckverbindungen. Zu den Drehzahlgebern führen Koaxial-Kabel, die vor den Gebern noch eine Steckverbindung haben.

ABS gestört

Die ABS-Kontrolleuchte im Armaturenbrett leuchtet mit dem Einschalten der Zündung auf. Sie muß verlöschen, wenn der Motor läuft oder spätestens, wenn schneller als 5 km/h gefahren wird. Fällt die Bordspannung unter 10 Volt, leuchtet die Kontrolle ebenfalls. Sie kann weiterhin aufleuchten, wenn ein Rad länger als 20 Sekunden durchdreht. Dann die Zündung wieder ausschalten und erneut starten.

Leuchtet die Kontrolle ständig, ist das ABS nicht betriebsbereit. Eine Mercedes- oder Bosch-Werkstatt muß mit aufwendigen Geräten nach der Ursache forschen. Als Laie können Sie allenfalls Steckverbindungen oder die Drehzahlgeber kontrollieren. Auch die Sicherung auf dem Überspannungsschutz können Sie prüfen.

Wichtig: Auch wenn die Kontrolle ständig leuchtet, das ABS also ausgeschaltet ist, kann der Mercedes wie ein Fahrzeug ohne ABS abgebremst werden.

Nachfolgend noch einige Hinweise zu unseren bisherigen Erfahrungen mit ABS-Störungen:

○ Bei hoher Geschwindigkeit (ab ca. 160 km/h) kann es vorkommen, daß die ABS-Kontrolleuchte aufleuchtet. Schuld daran sind verschiedene Raddrehzahlen an Vorder- und Hinterachse, hervorgerufen durch ungünstige Reifenkombinationen. Bei serienmäßiger Bereifung tritt dieser Effekt nicht auf.

○ Drehen z.B. auf Eisglätte die Hinterräder mehr als 20 Sekunden durch, leuchtet die ABS-Kontrolleuchte wegen der Raddrehzahlunterschiede auf.

○ Arbeitet das ABS, spürt man dies am pulsierenden Bremspedal. Pulsiert es schon bei leichtem Abbremsen bei guten Straßenverhältnissen (ABS-Kontrolleuchte brennt nicht), deutet dies auf einen Fehler hin. Nacheinan-

der erst sämtliche Drehzahlgeber prüfen, dann das Steuergerät erneuern. Bisweilen sind auch überharte, alte Reifen an diesem Effekt schuld.
○ Schaltet der Bremslichtschalter nicht, kann das ABS nicht funktionieren.
○ Beim Austausch von Differential oder Radnaben unbedingt darauf achten, daß der Rotor gleich viele Zähne hat.

Drehzahlgeber prüfen

● Zündung ausschalten. Stecker vom Steuergerät abziehen. Die Innenwiderstände der Geber und die Wechselspannungssignale an den Buchsen im Stecker messen. Die Belegung des Steckers siehe Schaltplan.
● Zuerst die Innenwiderstände der Geber messen. Es gelten vorn 1,1–2,3 kΩ und hinten 0,6–1,6 kΩ.
● Anschließend die Wechselspannung messen, die jeder Drehzahlgeber mindestens erzeugen muß, wenn das entsprechende Rad von Hand schnell durchgedreht wird. Die gemessene Wechselspannung muß größer als 100 mV sein.
● Werden die Spannungs- bzw. Innenwiderstandswerte nicht erreicht, sind die Drehzahlgeber defekt oder die Leitungen zum Steuergerät unterbrochen.
● Hier besonders die Koaxial-Steckverbindungen kontrollieren.
● Außerdem die Spitze an jedem Drehzahlgeber auf Beschädigungen und Metallspäne untersuchen.

Die Antriebs-Schlupf-Regelung (ASR)

Nur bei den Sechszylindern C 280/C 36 AMG ist auf Wunsch dieses System eingebaut. Es ist ein automatisches System zur Verbesserung des Anfahr- und Beschleunigungsvermögens und damit der Fahrstabilität. Somit praktisch die logische Umkehrung des ABS. Während dieses das Blockieren der Räder beim Verzögern verhindert, verhindert die ASR das Durchdrehen beim Anfahren und Beschleunigen, wenn der Fahrer für die Fahrbahnverhältnisse zu viel Gas gibt. Mit der ASR können Sie also mit Vollgas auf Glatteis anfahren – die ASR wird's richten.
Zum ASR gehört immer auch ein »elektronisches Gaspedal« mit eigenem Rechnerprogramm, Sollwertgeber, Stellglied und einigen Sicherheitssystemen für den Ausfall.
ASR-Regelung: Erkennt der Rechner des ASR (gemeinsames Steuergerät ABS/ASR) durch Drehzahlvergleich aller vier Räder, zu viel »Dampf« an einem Hinterrad, wird zunächst das Rad etwas gebremst, dazu wird in der besonderen Hydraulikeinheit ABS/ASR Druck in der jeweiligen Bremsleitung aufgebaut. Reicht leichtes Bremsen nicht aus, wird so lange Gas weggenommen, bis die Raddrehzahl wieder stimmt. Auch bei Kurvenfahrt bis ca. 120 km/h greift die ASR helfend ein. Über einen Sensor am Lenkrad wird der Kurvenradius erkannt. Immer bei ASR-Regelung leuchtet die Warnlampe im Tachometer. Sie sagt dem Fahrer: »Jetzt reicht's, sonst fliegst Du!«
Verlöscht die ASR-Kontrolleuchte bei laufendem Motor nicht, führt der Weg unausweichlich in die Werkstatt. Das Steuergerät von ABS/ASR ist diagnosefähig, und gespeicherte Fehler von einem der vielen Bauteile können in der Werkstatt augelesen werden.
Wie bei allem gilt: »Der größte Feind des Guten ist das Bessere«. So wurde zu Serienbeginn die ASR 4. Ausführung eingebaut. Zur 5. Ausführung ab ca. 6/94 sind die Drehzahlgeber hinten außen an den Rädern montiert, und die hydraulische Seite des Systems wurde umfangreich geändert. Unter anderem ist die aufwendige ASR-Entlüftung entfallen. Über einen Schalter im Armaturenbrett kann die ASR ausgeschaltet werden. Dann leuchtet die Warnlampe im Tacho ständig, bei Regelbetrieb blinkt sie jetzt.

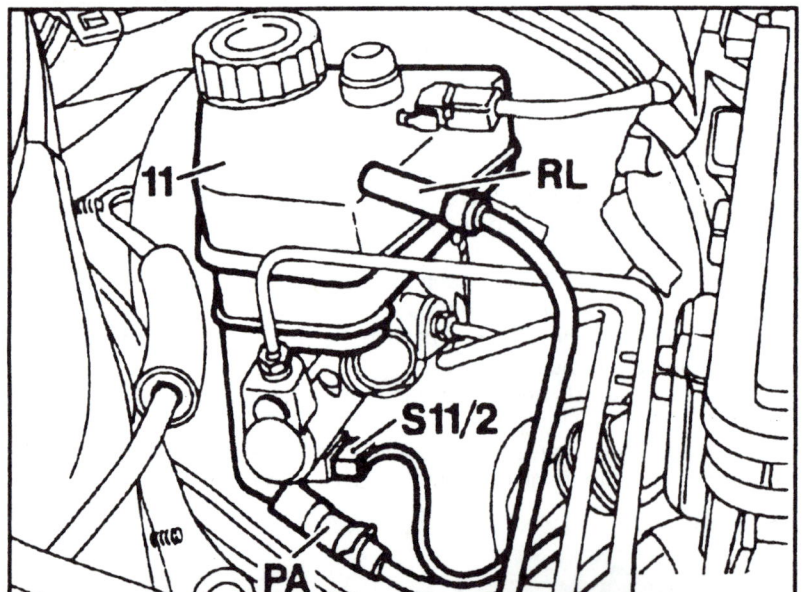

Der Bremsflüssigkeits-Vorratsbehälter (11) in Verbindung ASR: Er besitzt eine größere Kammer und den Schalter für Bremsflüssigkeitskontrolle ASR (S11/2). Zusätzlich sind vorhanden Anschlüsse für ASR-Rücklaufleitung (RL) und Saugleitung (PA).

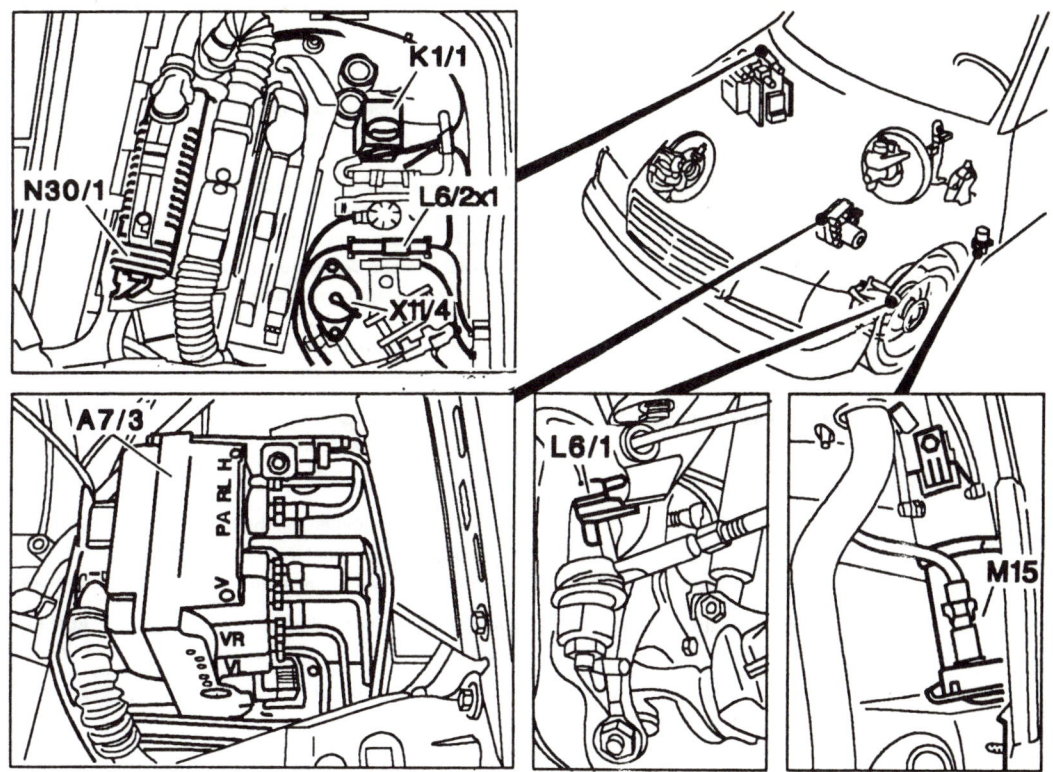

Bauteile des ASR an der Vorderachse und im Motorraum:
A7/3 – Hydraulikeinheit ASR;
K1/1 – Relais Überspannungsschutz;
L6/1 – Drehzahlgeber vorn links;
L6/2 – Drehzahlgeber vorn rechts (ohne Abbildung, Anordnung spiegelbildlich);
M15 – Vorladepumpe ASR;
N30/1 – Steuergerät ASR;
X11/4 – Prüfkupplung für Diagnose 38polig (Impulssignal).

Elektronisches Traktions-System (ETS)

Lebewesen, die sich auf den Beinen fortbewegen, und Automobile haben zumindest eines gemeinsam: Verlieren sie die Traktion zum Boden, geraten sie leicht außer Kontrolle, kommen meistens folgenschwer zu Fall beziehungsweise von der Fahrbahn ab! Die Entwicklung ausgeklügelter elektronisch gesteuerter Systeme in den Bereichen Fahrsicherheit und Fahrdynamik, die den Fahrer da unterstützen sollen, wo er überfordert ist, genießt deshalb bei Mercedes schon Tradition. Das Antiblockiersystem (ABS) machte den Anfang, die Antriebs-Schlupf-Regelung (ASR) und das Automatische Sperr-Differential (ASD) folgten.

Die wichtigste Entwicklung trägt die Bezeichnung ETS (Elektronisches Traktions-System). Die elektronisch gesteuerte Traktionshilfe mit automatischem Bremseneingriff an der Hinterachse ist auf Wunsch zum Preis des früheren ASD für die C-Klasse ab 6/94 lieferbar. Das bekannte ASD läuft gleichzeitig aus.

Anders als beim ASD verbessert ETS die Fahrstabilität durch kurzzeitigen Bremseneingriff an einem oder beiden Antriebsrädern. Dies geschieht je nach Fahrsituation: Dreht eines der Hinterräder beim Anfahren auf glattem Untergrund durch, wird es mittels ETS so lange abgebremst, bis zwischen beiden Antriebsrädern eine optimale Drehzahldifferenz hergestellt ist. Durch den einseitigen Bremseneingriff entsteht eine Sperrwirkung, die das Anfahrverhalten weiter stabilisiert.

Die Anfahrhilfe arbeitet normalerweise zwischen 0 und 40 km/h. Bei besonders kritischen Fahrbahnverhältnissen wird die ETS-Regelung jedoch bis Tempo 80 fortgeführt. Die automatische Bremsdruckregelung ist zeitlich begrenzt, so daß eine Überhitzung der Hinterradbremsen zuverlässig vermieden wird. Mercedes hat dazu die Erwärmung der hinteren Bremsbeläge bei Versuchsfahrten ermittelt und ein Temperaturmodell definiert, mit dem das ETS-Steuergerät programmiert ist. Überschreitet die berechnete Bremsbelagtemperatur einen bestimmten Grenzwert, schaltet der Microcomputer die ETS-Regelung ab. In diesem Fall leuchtet im Cockpit ein Kontrollsignal auf, das den Fahrer über die temperaturbedingte ETS-Abschaltung informiert.

Auch mit Hilfe von ETS lassen sich die Gesetze der Fahrphysik nicht überlisten. Deshalb ist das Traktionssystem mit einer Warnlampe im Tachometer gekoppelt. Sie blinkt auf, wenn die Reifen ihre Haftgrenze errreichen und fordert den Fahrer auf, seine Fahrweise besser den Straßenverhältnissen anzupassen. Die Fahrerinformation erfolgt bei jeder Geschwindigkeit, also auch jenseits des ETS-Regelbereiches von 80 km/h.

Gegenüber dem ASD bietet die ETS eine ganze Reihe von Vorteilen. So ermöglicht beispielsweise der Einsatz von insgesamt vier Drehzahlgebern, je zwei pro Achse, eine höhere Regelgenauigkeit. Ein weiterer Vorteil des ETS-Systems ist die Gewichtseinsparung von mehr als neun Kilogramm, die durch die Entwicklung eines gemeinsamen Steuergeräts und einer Hydraulikeinheit für ETS und ABS erzielt wurde. ETS und ABS bilden somit eine Einheit.

Störungsbeistand

Bremsen

Die Störung	– ihre Ursache	– ihre Abhilfe
A Bremsen ziehen einseitig. Das Fahrzeug bricht aus.	1 Reifendruck ungleichmäßig	Korrigieren bei kalten Reifen
	2 Reifenprofil ungleichmäßig abgefahren	Radeinstellung prüfen lassen. Evtl. Reifen wechseln
	3 Beläge verschmiert, »verglast« oder ungleichmäßig abgenutzt	Bremsklötze erneuern, Bremssättel überprüfen
	4 Bremsklötze einseitig abgenutzt	Gängigkeit der Bremskolben prüfen
	5 Unterschiedliche Bremsklötze eingebaut	Achsweise gleiche Bremsklötze einbauen
	6 Bremsklötze klemmen in ihrem Sitz	Vorn den Bremsträger, hinten die Schächte im Bremssattel reinigen
	7 Bremsscheiben stark riefig oder zu dünn	Bremsscheiben ersetzen
	8 Bremsschläuche gequollen	Schläuche ersetzen
B Bremsen quietschen	1 Falsche Bremsbeläge	Original-Beläge oder Markenfabrikate einbauen
	2 Bremskolben schwergängig	Bremssättel überprüfen lassen, ggf. ersetzen
	3 Klemmende Bremsklötze	Sitz reinigen und leicht mit Spezialschmiermittel (von Mercedes) fetten
	4 Verdrehte Bremskolben (nur hinten)	Stellung prüfen lassen
	5 Gleitbolzen festgerostet (nur vorn)	Gängig machen oder ersetzen
	6 Bremsscheibe hat Seitenschlag	Erneuern
C Bremsen rattern	1 Bremsscheiben verschlissen	Austauschen
	2 Bremssattel lose	Mit neuen Schrauben befestigen
D Schlechte Bremswirkung bei normalem Bremspedalweg	1 Bremsklötze abgenutzt	Austauschen
	2 Siehe B 2	
	3 Siehe C 1	
E Schlechte Bremswirkung trotz hohem Pedaldruck, aber langer Pedalweg	Ein Bremskreis ausgefallen a) Bremssystem undicht b) Bremsflüssigkeit im Behälter c) Hauptbremszylinder schadhaft	Bremsentest und eine Dichtheitsprüfung durchführen lassen. Schadhafte Teile ersetzen lassen
F Schlechte Bremswirkung und kurzer Pedalweg	1 Bremskraftverstärker schadhaft	Prüfen, ggf. ersetzen
	2 Unterdruckschlauch zum Bremskraftverstärker undicht oder lose	Anschlüsse nachziehen, Schlauch auf Durchscheuerungen untersuchen
	3 Rückschlagventil defekt	Prüfen, ggf. ersetzen
	4 Hauptbremszylinder schadhaft	Austauschen
G Pedalweg zu groß, Pedal läßt sich weich und federnd durchtreten	1 Luft im Bremssystem	Bremsanlage entlüften
	2 Bremssystem undicht	Dichtheitsprüfung durchführen lassen
	3 Siehe F 4	
	4 Bei starker Bremsbelastung Dampfblasenbildung (Bremsflüssigkeit zu alt)	Bremsflüssigkeit austauschen
	5 Abgenützte Bremsklötze hinten, Trägerplatten liegen an Kreuzfeder an	Bremsklötze ersetzen
	6 Belüftungslöcher im Deckel des Bremsflüssigkeitsbehälter verstopft (falls vorhanden)	Reinigen
H Eine Radbremse wird beim Rollenlassen heiß	1 Ausgleichsbohrungen im Hauptbremszylinder verstopft	Überholen lassen
	2 Feststellbremse löst nicht	Einstellen, Bremsseil bzw. Bremsbacken prüfen
	3 Siehe A 6	
	4 Siehe B 2	
I Feststellbremse wirkt einseitig oder nur schwach	1 Bremsbeläge teilweise abgeschliffen, Pedalweg zu lang	Feststellbremse einstellen
	2 Bremsbeläge verölt oder abgenutzt	Hintere Bremsscheibe ausbauen und Beläge prüfen
	3 Spreizhebel beschädigt	Bremsscheibe ausbauen und kontrollieren
	4 Bremsseil festgerostet	Ersetzen
J Kontrolleuchten ABS, ASD, ASR, ETS verlöschen nicht	System gestört	Systemdiagnose durchführen lassen

Räder und Reifen

Klammeraffen

Eine etwa handtellergroße Berührungsfläche zur Fahrbahn muß den Mercedes auf Kurs halten – und dies bei jedem Wetter und bei Straßen aller Art. Auch beim Bremsen treten gewaltige Kräfte auf, die ebenfalls allein von den Reifen übertragen werden müssen. Von der Behandlung der Reifen hängt es jedoch ab, ob das ganze Sicherheitspaket, das in einen Reifen »eingebaut« ist, auch wirksam ist.

Welche Reifengrößen sind montiert?

Folgende Reifengrößen können auf unseren C-Klasse-Modellen montiert sein:

Typ	Sommerreifen, schlauchlos Bezeichnung	Winterreifen, schlauchlos Bezeichnung	Felgenbezeichnung
C 180 C 200	185/65 R 15 88 H 195/65 R 15 91 H	185/65 R 15 88 T M+S 195/65 R 15 91 T M+S	Stahl 6 J × 15 H2 ET 31 Leichtmetall 6½ J × 15 H2 ET 37 8-Loch-Design bzw. 15-Loch-Design
C 220 C 280	195/65 R 15 91 V	195/65 R 15 91 T M+S	Stahl 6½ J × 15 H2 ET 37 oder Leichtmetall 6½ J × 15 H2 ET 37 8-Loch-Design bzw. 15-Loch-Design
C 180 C 200 mit Sportfahrwerk	205/60 R 15 91 H	205/60 R 15 91 H M+S	Stahl 7 J × 15 H2 ET 42 oder Leichtmetall J J × 15 H2 ET 37 5-Loch-Design bzw. 8-Loch-Design
C 220 C 280 mit Sportfahrwerk	205/60 R 15 91 V	205/60 R 15 91 H M+S	Stahl 7 J × 15 H2 ET 42 oder Leichtmetall 7 J × 15 H2 ET 37 5-Loch-Design bzw. 8-Loch-Design
Alle mit Sportfahrwerk	205/60 R 15 91 V 225/45 ZR 17	205/60 R 15 91 H M+S –	AMG Leichtmetall 7 J × 15 H2 ET 37 AMG Leichtmetall 7½ J × 17 H2 ET 35

Für Ihren speziellen Wagen gelten diejenigen Reifengrößen, die in Ihrem **Kfz-Schein eingetragen** sind. Reifen mit anderen Bezeichnungen dürfen sich an Ihrem Mercedes nicht befinden, sonst kann es Ärger mit der Polizei geben. Denn die Betriebserlaubnis des Wagens ist dann erloschen. Und das wird teuer!
Bevor ein bestimmter Reifentyp von Mercedes-Benz anerkannt wird, werden umfangreiche Fahr- und Prüfstandtests mit allen Motorisierungs- und Fahrwerksvarianten durchgeführt. Bei entsprechender Eignung erhält er eine Mercedes-Freigabe. D.h. daß der Reifen für die Montage an einem bestimmten Modell der am besten geeignete ist. Da sich solche Freigaben durch neu auf den Markt gekommene Reifentypen immer wieder ändern, sollten Sie die aktuellen Freigaben bei der Mercedes-Werkstatt erfragen.

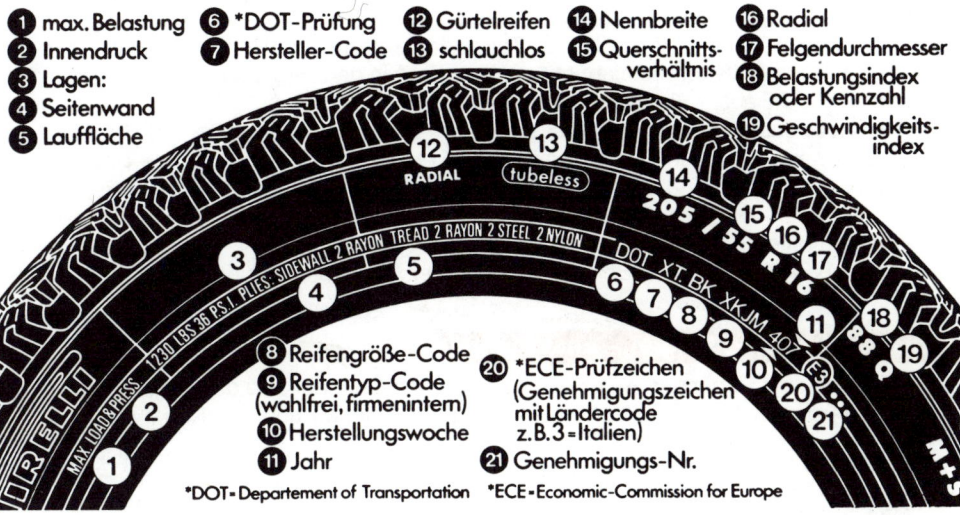

Was so alles an Beschriftung auf eine Reifenflanke paßt, finden Sie hier erklärt.

1. max. Belastung
2. Innendruck
3. Lagen:
4. Seitenwand
5. Lauffläche
6. *DOT-Prüfung
7. Hersteller-Code
8. Reifengröße-Code
9. Reifentyp-Code (wahlfrei, firmenintern)
10. Herstellungswoche
11. Jahr
12. Gürtelreifen
13. schlauchlos
14. Nennbreite
15. Querschnittsverhältnis
16. Radial
17. Felgendurchmesser
18. Belastungsindex oder Kennzahl
19. Geschwindigkeitsindex
20. *ECE-Prüfzeichen (Genehmigungszeichen mit Ländercode z.B. 3 = Italien)
21. Genehmigungs-Nr.

*DOT - Departement of Transportation
*ECE - Economic-Commission for Europe

Nicht alle Größen gelten

Wollen Sie eine der in der Tabelle genannten Reifengrößen an Ihrem Wagen montieren, obwohl sie im Kfz-Schein Ihres Wagens **nicht eingetragen** ist, muß diese zuvor beim DEKRA oder TÜV in die Papiere eingetragen werden. Zuerst fragen (!), dann kaufen. Nicht alle Größen werden eingetragen.

Die Reifenbezeichnungen

Die Zahlen und Buchstaben in der Reifenbezeichnung haben die folgende Bewandtnis:
185, 195, 205: Reifenbreite in unbelastetem Zustand in mm.
65, 60, 45: Verhältnis von Reifenhöhe zu Reifenbreite = 65:100 (zum Beispiel). Entsprechend niedriger ist das Höhen/Breiten-Verhältnis bei 60er- und 45er-Reifen.
R: Kennzeichnung der Bauart als **R**adial- oder Gürtelreifen.
15: Innendurchmesser des Reifens in Zoll (").
Q: zulässige Höchstgeschwindigkeit bis 160 km/h – Geschwindigkeitsklasse für herkömmliche M+S-Reifen.
T: bis 190 km/h – u. a. Hochgeschwindigkeits-M+S-Reifen.
H: bis 210 km/h.
V: bis 240 km/h.
W: bis 270 km/h (ab ca. 11/93).
ZR: über 240 km/h bis ca. 11/93, danach über 270 km/h.

Die Felgenbezeichnungen

Die Zahlen und Buchstaben der Felgenbezeichnungen bedeuten folgendes:
6, 6½, 7, 7½: Felgenmaulweite in Zoll. Gemessen wird an der Felgenhornbasis quer zur Laufrichtung des Rades.
J: Kennzeichnung der Felgenhorn-Höhe.
x: Zeichen für Tiefbettfelge.
15: Felgendurchmesser in Zoll. Gemessen wird von Wulst zu Wulst.
ET 31, 35, 37: Ein wichtiges Felgenmaß stellt die Einpreßtiefe (ET) dar. Damit bezeichnet man den Abstand zwischen der Felgenmitte und der Anlagefläche der Felge an die Radnabe.

Fingerzeig: Felgen vom Vorgängermodell 190 E/D und auch die Felgen der E-Klasse dürfen nicht verwendet werden. Also falls ein 190er Ihr eigen war, diesen mit den Winterreifen verkaufen.

Anbau von Sonderfelgen

Sonderfelgen heißen auf Amtsdeutsch solche Räder, die in Form oder Material nicht der serienmäßigen Ausstattung entsprechen. Da es wegen nachträglich montierten Rädern und Reifen immer wieder Schwierigkeiten bei Polizeikontrollen oder der Hauptuntersuchung bei DEKRA oder TÜV gibt, hier einige Punkte, die Sie beachten müssen.
○ Keine Probleme gibt es, wenn Felgen- und Reifengröße mit den Angaben in den Fahrzeugpapieren übereinstimmen und die Felgen Original-Mercedes-Teile sind.
○ Eine Änderung der Fahrzeugpapiere durch die Zulassungsstelle ist erforderlich, wenn Felgen- und Reifengröße mit den Angaben in den Kfz-Papieren übereinstimmen und eine Rad-ABE vorliegt.
○ Ein Gutachten nach § 19 (2) StVZO (Teilgutachten) und die Berichtigung der Kfz-Papiere ist notwendig, wenn Felgen- und Reifengröße nicht mit den Angaben in den Papieren übereinstimmen und/oder für die Felgen lediglich ein TÜV-Bericht vorliegt.
○ Beim Kauf neuer Sonderfelgen muß eine Rad-ABE oder ein TÜV-Bericht beigefügt sein.
○ Vor dem Kauf gebrauchter, nicht originaler Felgen ohne entsprechende Papiere sollten Sie anhand der genauen Hersteller- und Typenbezeichnung sowie des Herstellungsdatums (es ist in der Felge eingeschlagen oder eingegossen) aus dem Räderkatalog des TÜV heraussuchen lassen, ob hierfür eine Rad-ABE oder ein TÜV-Bericht vorliegt.
○ Räder ohne ABE oder TÜV-Bericht dürfen in der Bundesrepublik nicht montiert werden.

Radschrauben und Felgen – eine Einheit

Radschrauben und Felgen stellen eine Konstruktionseinheit dar und dürfen deshalb nicht getrennt werden. Der Kegelsitz an den Befestigungslöchern der Felgen ist genau auf den Kegel der Radschrauben abgestimmt.

Unbedingt auf die richtige Länge der Radschrauben achten!
1 – Schraube für Stahlfelge (21 mm);
2 – Schraube für Leichtmetallfelge (40 mm).
Anzugsdrehmoment für alle Radschrauben 110 Nm.

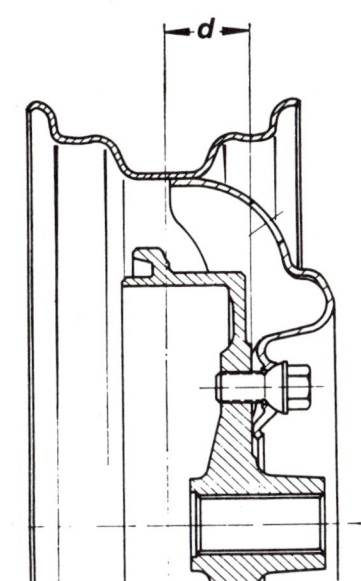

Mit der Einpreßtiefe »d« (Kurzbezeichnung »ET«) bezeichnet man den Abstand zwischen der Felgenmitte und der Anlagefläche der Felge an die Radnabe.

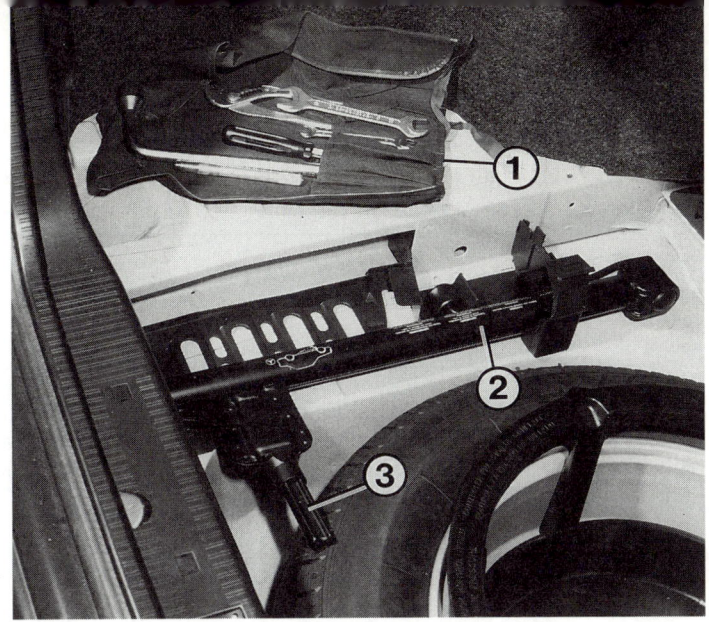

Links im Kofferraum finden Sie das Bordwerkzeug (1) und den Wagenheber (2). Der Einsteckbolzen (3) muß auf dem Reserverad aufliegen.

Andere Kegelformen können den sicheren Sitz der Schraube und damit die Befestigung des Rades nicht garantieren. Die Länge muß stimmen. Eine zu kurze Radschraube hält das Rad nicht sicher an der Nabe. Eine Schraube mit zu langem Schraubengewinde ragt zu weit in die Schraubenbohrung der Radnabe und kann nicht genügend angezogen werden. Evtl. streift sie hinten an den Bremsbacken.

Nachträglich angebaute Leichtmetallfelgen anderer Hersteller benötigen evtl. besondere Schrauben! Je nach dem, wie dick die Felge an der Anlagefläche zur Radnabe ist. Führen Sie für das Reserverad die richtigen Radschrauben mit?

Reifendruck prüfen

Luftdichte Reifen gibt es nicht. Deshalb ständig und auch beim Wartungsdienst alle 15000 km den Reifendruck prüfen. Selbst neuwertige schlauchlose Reifen – wie am Mercedes montiert sind – verlieren durch die Porosität des Kautschuks allmählich Luft. Deshalb wird bei der Luftdruckkontrolle meistens ein zu geringer Druck festgestellt. Am Fahrzeug finden Sie eine Luftdrucktabelle in der Tankklappe. Die Werte dort und die in unserer Tabelle gelten bei einer Reifentemperatur von rund 20°C – also bei kalten Reifen.

Ständige Kontrolle und Wartung Nr. 2

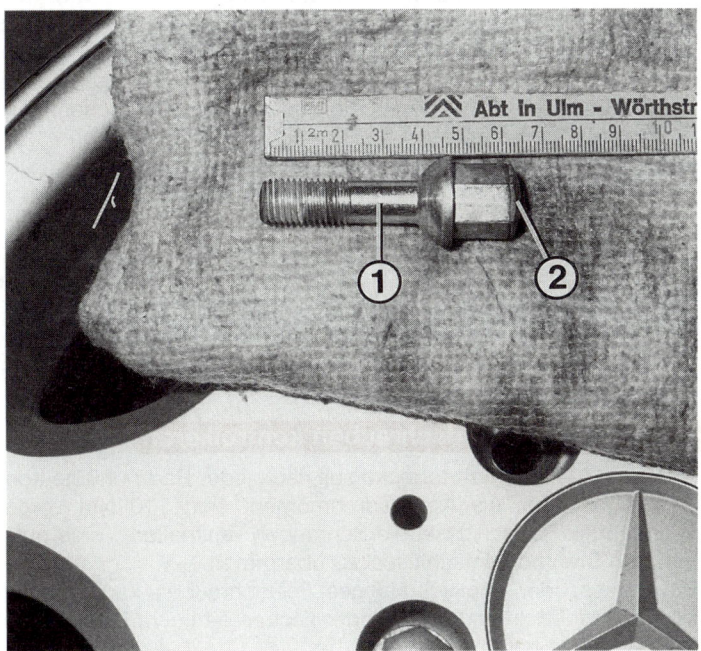

Die Radschraube (1) für die Leichtmetallfelgen von Mercedes ist 40 mm lang. Der Schraubenkopf hat eine nach außen gewölbte Kappe (2).

Unter Teillast versteht Mercedes die Besetzung mit bis zu drei Personen mit weniger als 30 kg Gepäck. Das Reserverad wird so aufgeblasen wie ein Hinterrad mit voller Belastung.

Belastung	Sommer- und Winterreifen		Sportfahrwerk hinten
	vorn	hinten	
Teillast	2,1 bar	2,3 bar	2,5 bar
Vollast	2,3 bar	2,8 bar	3,0 bar

Luftdruck bei kalten Reifen messen

Bereits wenige Kilometer zügiger Fahrt lassen den Reifendruck um 0,2–0,3 bar ansteigen. Diese Druckerhöhung durch Erwärmung ist bei den Luftdruckempfehlungen bereits berücksichtigt worden und darf deshalb nicht abgelassen werden. Am günstigsten ist ein eigener Luftdruckprüfer, womit der Reifendruck vor Antritt der Fahrt bei kalten Reifen gemessen werden kann.

Reifenzustand prüfen

Wartung Nr. 5

Die Kontrolle geht am besten bei aufgebocktem Wagen, etwa beim Ölwechsel an der Tankstelle.

● Drehen Sie jedes Rad einmal komplett durch.

● Fremdkörper, wie kleine Steinchen, bohren Sie mit einem schmalen Schraubendreher aus den Profillamellen, ohne den Reifen dabei zu beschädigen.

● Das Reifenprofil muß seit 1992 laut Gesetzesvorschrift über die gesamte Profilbreite noch **mindestens 1,6 mm** tief sein.

● Aus Sicherheitsgründen sollten Sie jedoch die Reifen schon bei Erreichen der 3-mm-Profilgrenze wechseln lassen, denn die breiten Reifen des Mercedes »schwimmen« schon bei geringer Profiltiefe auf nasser Fahrbahn.

● Zur Verschleißkontrolle dienen in regelmäßigen Abständen quer zur Lauffläche verlaufende Erhebungen in den Profilrillen. Sie sind an der Reifenflanke durch die Buchstaben »TWI« gekennzeichnet.

● Wenn diese Erhebungen mit den Profilrippen in gleicher Höhe stehen, hat der Reifen noch 1,6 mm Restprofil. Spätestens jetzt ist es Zeit zum Reifentausch.

● Aus der Art der Profilabnutzung können Sie einiges herauslesen.

Fingerzeige: Kleine Gummiauflösungen an der Reifenseite können von einem Hochdruckreiniger stammen, deshalb Reifen nicht mit einer Runddüse (Dreckfräse) anstrahlen. Mit der Flachdüse mindestens 30 cm Abstand halten.

Sommerreifen sollten nicht älter als ca. 6 Jahre sein. Daran denken, wenn ein uraltes Reserverad montiert wird. Winterreifen lassen schon nach 3 Jahren z.B. in der Naßhaftung nach.

Runderneuerte Reifen empfiehlt das Werk nicht. Drehrichtungspfeil auf den Reifen beachten.

Mercedes fordert, daß vier gleiche Reifen (Bauart, Marke, Ausführung) am Fahrzeug montiert sind. Durch unterschiedliche Raddrehzahlen können ABS, ASR, ASD und ETS »durcheinander« kommen.

Das Reifenlaufbild

○ **An der Außenseite abgefahrene Vorderreifen** deuten auf flotte Fahrweise in Kurven hin. Einzige Abhilfe: Vorderräder regelmäßig gegen die Hinterräder austauschen.

○ **Einseitig abgefahrenes Profil** kann auch auf falsche Radeinstellung hinweisen; vor allem dann, wenn lediglich ein Reifen schräg abgelaufen ist.

○ **Starke Abnutzung in der Profilmitte** deutet auf wesentlich zu hohen Luftdruck. Oder der Wagen wird oft mit hoher Geschwindigkeit gefahren. Dann rundet sich die Lauffläche durch die auftretenden Zentrifugalkräfte. Die Bodenberührung und damit auch der Verschleiß finden verstärkt in der Laufflächen-Mitte statt.

○ Sind **beide Außenschultern** eines Reifens **stärker abgefahren als die Profilmitte**, wurde lange Zeit mit zu niedrigem Luftdruck gefahren.

○ **Gleichmäßige Auswaschungen** im Profil deuten auf einen defekten Stoßdämpfer.

○ Tritt die **ungleiche Abnutzung nur an bestimmten Stellen** auf, ist das Rad unwuchtig.

Festen Sitz der Radschrauben kontrollieren

Wartung Nr. 9

Nach ca. 1000 km Fahrtstrecke soll nach jeder Radmontage kontrolliert werden, ob die Radschrauben richtig angezogen sind. Als Anzugsdrehmoment sind 110 Nm vorgeschrieben, also nicht mit einem zusätzlich verlängerten Radschlüssel die Schrauben »anknallen«. Eine gute Gelegenheit, das eigene »Kraft-Empfinden« mit dem Drehmomentschlüssel zu überprüfen.

Zu starkes oder ungleichmäßiges Festschrauben kann im Extremfall an ungleichmäßiger Bremswirkung, Bremsenschütteln und punkt- oder flächenförmigem Reifenverschleiß schuld sein, wenn sich die Radaufnahmen verzogen haben.

In der Tankklappe klebt eine Reifendrucktabelle. Sie gilt für Teilbeladung und volle Beladung sowie für warme und kalte Reifen.

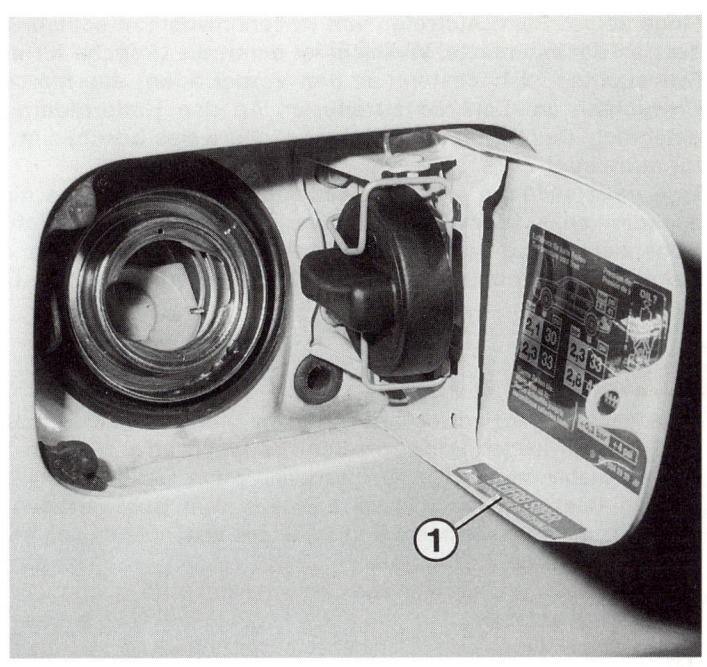

Rad-Unwuchten

Unwuchtige Räder spürt man durch Vibrationen im Lenkrad oder Schütteln im Vorderwagen. Beides tritt bei bestimmten Geschwindigkeiten besonders stark auf. Ursache: Ungleichmäßige Gewichtsverteilung am Rad.

Räder auswuchten

Die Räder müssen statisch und dynamisch ausgewuchtet werden. Dazu gibt es zwei Methoden:
○ Das Rad wird am Wagen ab- und an einer Auswuchtmaschine angeschraubt. Dort läuft es zur Probe, Unwuchten werden dabei angezeigt und können durch Anbringen von Bleigewichten ausgeglichen werden.
○ Zum Ausschalten letzter Unwuchten wird bisweilen Feinwuchten empfohlen. Die am Wagen anmontierten Vorderräder werden durch einen Elektromotor mit Reibrad in die notwendige schnelle Drehung versetzt und die Restunwucht angezeigt. Das gleicht man wieder durch Bleigewichte aus. Mercedes hält diese Methode für unnötig, weil die Räder sehr gut zentriert sind.

Die Radschrauben in der gezeigten Reihenfolge mit 110 Nm festschrauben. Besser als der abgebildete Drehmomentschlüssel ist ein sogenannter »Abknicker«.

Fingerzeige: Beim Auftreten von Reifenunwuchten sollten Sie zuallererst die Felgen reinigen, besonders an der Innenseite. Vielleicht ist damit die Ursache für die Unwucht schon gefunden.

Feinwuchten ist höchstens an den Vorderrädern des Mercedes anzuraten. Dort sind selbst kleinste Unwuchten am Lenkrad zu spüren. An den Hinterrädern ist das Auswuchten am Fahrzeug eher gefährlich. Das Differential wird möglicherweise beschädigt. Deshalb die Räder mit dem Fahrzeugmotor antreiben!

Eine ganz einfache Arbeit ist das Auswuchten übrigens nicht. Man soll mit recht wenig Gewichten auskommen, was evtl. mehrfaches Umsetzen erforderlich macht. Reifen mit mehr als ca. 1 mm Höhenschlag und ca. 1,6 mm Seitenschlag sind kaum mehr sauber auszuwuchten. Das gilt auch für Reifen mit gebrochener Karkasse, z.B. wegen schnellem Überfahren eines Bordsteins oder Gegenstandes.

Radwechsel

Unterwegs ist der Radwechsel nicht ganz problemlos. Die Radschrauben können festgerostet sein oder sie wurden beim letzten Radwechsel in der Werkstatt mit einem Schlagschrauber »angeknallt« (statt mit den vorgeschriebenen 110 Nm festgezogen). Dann sind die Schrauben möglicherweise nicht einmal mit dem stabilen Radschraubenschlüssel z.B. aus dem Bordwerkzeug mehr zu lösen. Hilfe ist dann von einem Radkreuz mit aufgestecktem Rohrstück (als Verlängerung) zu erwarten.

- Feststellbremse kräftig treten.
- Unterwegs Warnblinkanlage einschalten und Warndreieck aufstellen.
- 1. Gang einlegen oder Wählhebel in Stellung »P« bringen.
- Räder der anderen Wagenseite mit Steinen, Keilen oder großen Holzstücken gegen Abrollen unterkeilen.
- Bei Stahlfelge die Rad-Vollblende oben mit Schraubendreher loshebeln und abnehmen.
- Radschrauben eine Umdrehung lösen.
- Mit Schraubendreher Spreizclips der Schutzkappe am jeweiligen Wagenheber-Einsteckrohr unten am Schweller ausbauen. Schutzkappe abnehmen.
- Wagenheber dort möglichst weit einstecken. Ersatzrad bereitlegen.
- Fahrzeug hochkurbeln und die Radschrauben vollends herausdrehen.
- Rad abnehmen.
- Wer sich das anschließende Aufsetzen des neuen Rades erleichtern will, schraubt den Zentrierbolzen aus dem Bordwerkzeug in die oberste Gewindebohrung.
- Reserverad aufstecken. Dabei das Rad nicht kippenlassen, sonst wird besonders bei Leichtmetallfelgen der Schutzlack beschädigt.
- Schrauben über Kreuz gleichmäßig anziehen. Dabei das Rad hin- und herdrehen, damit es sich einwandfrei auf der Radnabe zentriert.
- Wagen ablassen, Schrauben nachziehen (110 Nm).
- Rad-Vollblende aufdrücken. Dabei die Blende zuerst am Reifenventil »einhängen«, mit dem Fuß festhalten und anschließend an der gegenüberliegenden Seite festdrücken.
- Am besten klappt dieser Balanceakt, wenn das Reifenventil unten am Rad steht.
- Nach ca. 1000 km Radschrauben nochmals nachziehen (110 Nm).

Winterbereifung

○ Ohne Winterreifen ist der Mercedes kaum durch Matsch und Schnee zu bewegen. Relativ hohe Motorleistung und Antrieb der verhältnismäßig gering belasteten Hinterachse sorgen für nicht allzu gute Wintereigenschaften. Selbst die Beladung des Kofferraums mit einem Sandsack bringt keine überzeugende Verbesserung. Die Anschaffung von Winterreifen ist also kaum zu umgehen.

○ Bei Winterreifen haben Sie die Wahl zwischen den herkömmlichen M+S-Reifen, die lediglich 160 km/h schnell gefahren werden dürfen, und den teureren Hochgeschwindigkeitsreifen für 190 und 210 km/h Höchsttempo. Entsprechend lauten die Geschwindigkeits-Kennbuchstaben dieser Reifen »Q«, »T« oder »H«.

○ Stehen Kostengründe im Vordergrund und wird der Wagen winters vornehmlich im Kurzstreckenverkehr gefahren, so würden wir beim C 180/200 in jedem Fall auf die preisgünstige Reifendimension 185/65 R 15 T zurückgreifen.

○ Wenn der Mercedes schneller laufen kann, als es die bauartbedingte Höchstgeschwindigkeit der Winterreifen zuläßt, muß ein Hinweisschild mit der Reifen-Höchstgeschwindigkeit am Armaturenbrett angebracht werden.

○ Ein M+S-Reifen mit weniger als 4 mm Profiltiefe taugt nichts mehr im Winter. Wenn etwa im Gebirge Winterreifen vorgeschrieben sind, werden M+S-Reifen als solche nur dann anerkannt, wenn ihr Profil noch mindestens 4 mm tief ist.

○ Neue Reifen ca. 100 km weit einfahren, d.h. nicht überlasten.

Die Art des Reifenverschleißes läßt Rückschlüsse auf dessen Ursachen zu. Die Zeichnungen zeigen einige Beispiele.

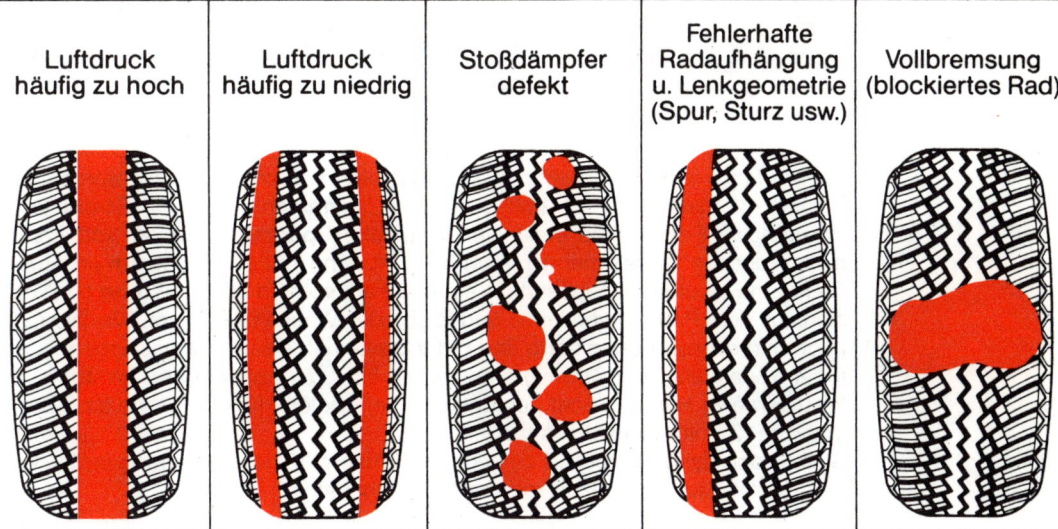

Räder ab- und anschrauben, evtl. umsetzen

Wartung Nr. 14

In diesem Wartungspunkt ist alles zusammengefaßt, was rund ums Rad noch zu beachten ist:
○ Bei Stahlfelge mit Rad-Vollblende aufpassen, daß die Haltenocken gut sitzen. Dies ist vor allem dann kritisch, wenn Haltenocken und Auswuchtgewicht zusammentreffen. Kunststoff-Radblende wegen Bruchgefahr nur am Rand anklopfen. Verrostete oder fehlende Feder zur Radblendenbefestigung erneuern.
○ Die Radschrauben mit einem Schlagschrauber nur bis ca. 70 Nm anziehen. Bis 110 Nm anschließend mit dem Drehmomentschlüssel anziehen. Radschrauben nach ca. 1000 km nachziehen.
○ Radschrauben mit beschädigtem Gewinde, abgenutzter Zinkschicht an der Anlagefläche zur Felge durch neue Originalschrauben (mit Mercedes-Stern) ersetzen. Radschrauben müssen frei von Fett und Öl sein.
○ Vor dem Lösen die Räder mit Kreide kennzeichnen. Die Laufrichtung des Reifens muß beibehalten werden. Wenn man einen Reifensatz mit Reserverad gleichmäßig abnutzen möchte, die Reifen nach 10000–15000 km umsetzen. Anschließend Luftdruck anpassen.
○ Die Felgen hauptsächlich innen reinigen. Anlagefläche zur Radnabe und Radmittenzentrierung prüfen, ggf. reinigen.
○ Bei Leichtmetallfelgen mit den tiefen Befestigungslöchern den Zentrierbolzen aus dem Bordwerkzeug in das oben stehende Loch einschrauben. Dadurch werden Beschädigungen des Felgenschutzlackes beim Ansetzen des Rades verhindert.
○ Die Leichtmetallfelgen sind speziell lackiert und müssen, wie das andere Blechkleid des Mercedes, mit schonenden Mitteln gepflegt werden. Also weg mit Scheuermitteln, scharfen Reinigern, Scheuerschwamm und mit dem Dampfstrahlgerät. Am besten die Felgen wöchentlich mit Schwamm und normalem Schmutzlöser reinigen.
○ Im Zubehörhandel sind Abdeckscheiben erhältlich, welche die Verschmutzung der Leichtmetallfelgen durch Bremsenabrieb verhindern sollen. Mercedes ist jedoch gegen den Einbau, weil damit die Bremssättel überhitzen und die Radbefestigung unsicher wird.

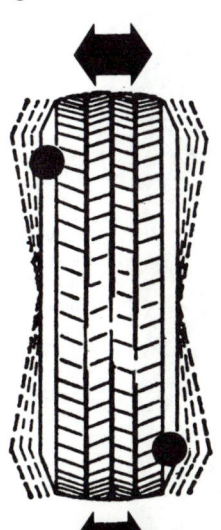

Die »dynamische« Unwucht läßt sich durch Auspendeln des Rades nicht erkennen, denn sie liegt gewissermaßen schräg zur Radachse. Sie kommt erst beim Rotieren des Rades zur Wirkung. Das ist der Fall, wenn die übergewichtige Stelle nicht in der Mittelebene des Rades sitzt, sondern etwas nach außen bzw. innen. Beim schnellen Lauf flattert und wackelt das Rad.

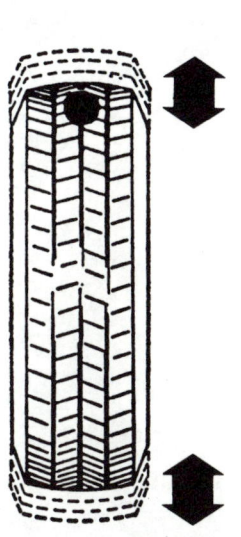

Die »statische« Unwucht erkennt man, wenn das freihängende, drehende Rad immer an derselben Stelle zu Boden sinkt und sich allmählich auspendelt. Folge während der Fahrt: Das Rad hüpft.

Elektrik und Elektronik

Kleine grüne Männchen

Elektrizität ist leider unsichtbar. Deshalb ist alles, was mit Strom zusammenhängt, für viele ein Buch mit sieben Siegeln. Verdeutlichen wir uns doch die Zusammenhänge von Strom und Spannung am Beispiel eines Wasserfalls: Seine Höhe stellt die elektrische **Spannung** dar (in Volt gemessen), seine Breite – also die herabfließende Wassermenge – symbolisiert den elektrischen **Strom** (in Ampere gemessen).
Steht am Fuß unseres Wasserfalls ein Mühlrad, so wird dort **Leistung** (in Watt) erzeugt. Und zwar so viel, wie sich aus dem Produkt von Höhe und Breite des Wasserfalls ergibt. Klar also, daß es egal ist, ob der Wasserfall hoch und schmal oder niedrig und dafür breiter ist. Denn erst das Ergebnis der Rechnung »Höhe mal Breite« (oder »Spannung mal Strom«) entscheidet über die abgegebene Leistung. Einleuchtendes Beispiel: Die 40-Watt-Birne zu Hause brennt genau gleich hell wie die 40-Watt-Birne am Auto, obwohl das Bordnetz statt 220 Volt nur 12 Volt aufzuweisen hat.
Bleibt noch der **Widerstand** zu erklären: Er ist mit einer Verengung in der Wasserleitung vergleichbar, durch den der Wasser(Strom-)fluß reduziert werden kann.

Grundbegriffe der Elektronik

Schon dem Wort nach basiert die Elektronik auf den Elektronen – jenen immens kleinen Bausteinen, aus denen das ohnehin schon kleine Atom zum Teil besteht. Die Elektronen sorgen in allen elektrisch leitenden Werkstoffen (Leiter) dafür, daß Strom überhaupt fließen kann. Die Elektronen wandern dabei im Leiter von Atom zu Atom.
Nichtleitende Werkstoffe besitzen zwar auch Elektronen, doch sind diese sehr stark an den Atomkern gebunden. Sie können also auch nicht weiterwandern, und somit fließt auch kein Strom.
Die dritte Werkstoffgruppe stellen die sogenannten Halbleiter dar. Das sind Kristalle (meist Germanium oder Silizium), die so nachbehandelt wurden, daß in ihrem Atomaufbau Elektronen fehlen oder überschüssige Elektronen vorhanden sind. Dadurch ergibt sich der durchaus erwünschte Effekt, daß durch die Kristallplättchen nur unter bestimmten Bedingungen Strom fließen kann. Werden diese Bedingungen nicht erfüllt, baut sich eine Sperrschicht auf, und der Stromfluß wird gehemmt.
Halbleiterbauelemente findet man natürlich nicht nur einzeln in der Fahrzeugelektrik verwendet. Meist sind sie in größerer Stückzahl zu kompletten Schaltungen zusammengefaßt, wie zum Beispiel im Steuergerät der Motronic-Zünd-/Einspritzsteuerung oder dem ABS-Steuergerät.

Halbleiter

Transistor: Er läßt nur dann Strom durchfließen, wenn an seinem dritten Anschluß eine Spannung anliegt. Ist diese Spannung hoch, fließt viel Strom durch; bei geringer Spannung entsprechend weniger. Vergleichbar ist das mit einem Wasserhahn. Je weiter das Ventil aufgedreht wird, desto mehr Wasser fließt durch.
Diode: Sie ist nur in einer Richtung für den elektrischen Strom leitend. Kommt der Strom aus der Gegenrichtung, sperrt sie den Durchgang. Das ist wie beim Reifenventil: Luft kann durchgepumpt werden, aber sie kommt nicht mehr heraus.

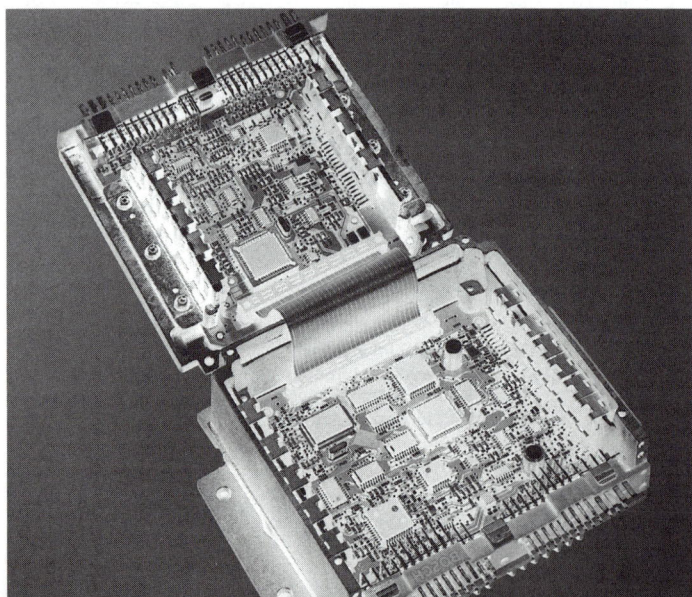

Die Motronic ist ein Musterbeispiel für die hohe Leistungsfähigkeit der Mikroelektronik. Zündung, Kraftstoffeinspritzung, Luftsteuerung, Diagnoseschaltung – kurzum alle Systeme, die für das Motormanagement erforderlich sind, bilden eine Wohngemeinschaft: Die verschiedenen Systeme sind in einem Gehäuse vereint und können somit ohne Umweg – sprich Kabelverbindungen – miteinander kommunizieren.

Mit dem Transistor und seiner Weiterentwicklung zum leistungsfähigen Halbleiterelement begann gegen Ende der sechziger Jahre der Siegeszug der Elektronik im Automobilbau. Um verschiedene Steuerfunktionen zu realisieren, mußten etliche Halbleiterelemente auf Platinen zusammengefaßt werden, mit entsprechenden Platzproblemen. Die Problemlösung heißt integrierte Schaltung, auch Mikrochip oder Mikroprozessor. Auf wenigen Quadratmillimetern vereint der Chip heute mehr als 100 000 Transistorfunktionen – einschließlich aller Verbindungsleitungen und aller zusätzlichen Bauelemente, wie Widerstände und Dioden.

Leuchtdiode: Der Halbleiterkristall sendet Licht aus, sobald Spannung anliegt. Im Grund genommen ist das wie bei einer Glühlampe, aber es gibt keinen Glühfaden, der allmählich verbrennen kann.

Weitere Bauelemente

In nahezu allen elektronischen Schaltungen kommen Bauteile vor, die nicht zur Sparte der Halbleiter gehören, ohne die aber die Elektronik nicht denkbar wäre. Häufigste Vertreter sind:

Widerstand: Seine Aufgabe ist es, den Stromfluß zu hemmen, wie bereits in der Kapitel-Einleitung beschrieben.

Kondensator: Er wirkt wie eine kleine Batterie und kann elektrische Energie für eine gewisse Zeit speichern. Er wird zur Glättung von Spannungsschwankungen und zum Dämpfen von Spannungsspitzen verwendet. Wenn eine Zeitverzögerung in einer Schaltung erwünscht ist (z. B. im Blinkrelais), wird ein Kondensator mit einem Widerstand zu einem »Zeitglied« zusammengeschaltet.

Elektronische Schaltungen

Integrierte Schaltkreise (IC): Eine Vielzahl von elektronischen Bauteilen ist im kleinen Gehäuse eines IC untergebracht. Die meist schwarzen »Käfer« mit 14 und mehr Anschlußfüßen gibt es mit allen erdenklichen Funktionen.

Mikroprozessoren: Sie spielen eine wachsende Rolle in der Technik. Es sind weiterentwickelte ICs, aber wesentlich »intelligenter«. Je nach Art des elektrischen Eingangssignals können sie vorher programmierte Schaltungsvorgänge auslösen.

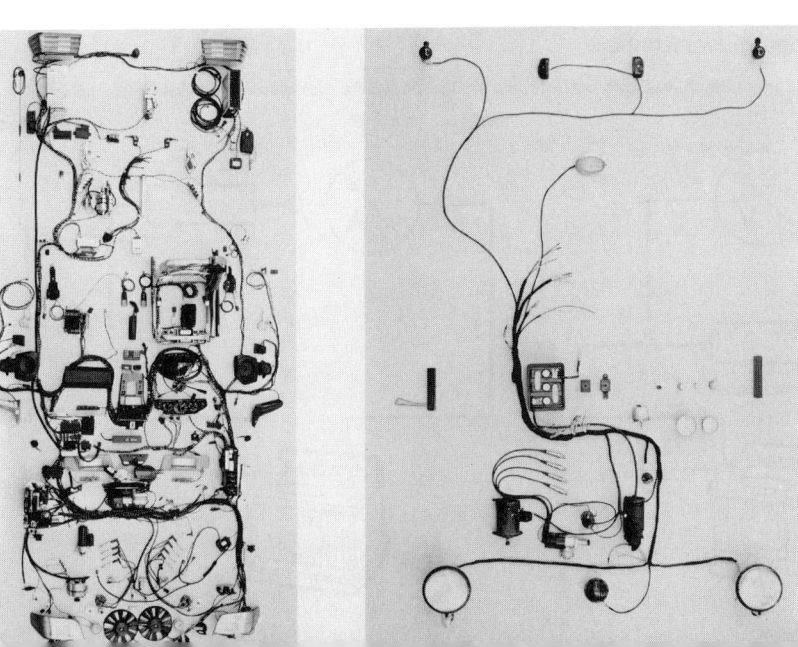

Mercedes-Benz mit Elektrik und Elektronik – gestern und heute: Der Kabelbaum des Mercedes-Benz 170V (rechts) und der Kabelbaum des Mercedes-Benz SL von 1995 (links). 100 Meter Kabellänge zu rund 3000 Meter machen die Notwendigkeit einer weiteren Integration elektronischer Funktionen im modernen Automobil sinnfällig.

Elektrische Messungen

Maß halten

Damit der Meßwert richtig abgelesen werden kann, bedarf es zunächst eines genauen Meßgeräts. Welche Geräte sich eignen, sehen Sie im Bild rechts. Wie man das Meßgerät richtig anschließt und was bei den einzelnen Messungen zu beachten ist, finden Sie in den folgenden Abschnitten erklärt.

Vor Beginn der Arbeit

○ Schalten Sie vor Abziehen eines Steckers im Bereich der Fahrzeugelektronik immer die Zündung aus. Noch besser ist das Abklemmen der Batterie. Denn beim Trennen eines Steckkontakts können Spannungsspitzen entstehen, die nahegelegenen empfindlichen Elektronikgeräten nicht gut bekommen.
○ Fast alle Stecker im Mercedes sind gegen unbeabsichtigtes Lockern geschützt. Zum Abziehen muß also fast immer eine Sicherung überwunden werden.

Verschiedene Messungen

Spannung messen mit Prüflampe

Praktisch ist eine Prüflampe mit Nadelkontakt, mit deren Nadel einfach die Isolierung des zu prüfenden Kabels durchstochen werden kann. Die Klemme am Kabel der Lampe wird irgendwo an blankem Fahrzeugmetall, der sogenannten Masse, angeclipst.
Die Lampe gibt in erster Linie Auskunft darüber, ob überhaupt Spannung anliegt. An ihrer Helligkeit kann man in etwa die Höhe der Spannung abschätzen.

Spannung messen mit Diodenprüfer

An elektronischen Bauteilen darf mit einer herkömmlichen Prüflampe nicht gemessen werden. Sie nimmt zu viel Leistung auf und kann so Bauteile der Elektronik beschädigen. Wer in diesem Bereich Messungen vornehmen will, sollte sich einen Spannungsprüfer mit Leuchtdioden anschaffen.

Spannung messen mit Voltmeter

Exakter ist die Spannungsmessung mit dem Volt-Meßbereich eines Zeiger- oder Digitalmeßgeräts. Durch den sehr geringen Stromverbrauch des Instruments droht auch Elektronikteilen keine Gefahr.
○ Zum Messen der Batteriespannung (als Beispiel) wird das mit »–« gekennzeichnete Meßkabel an den Minuspol der Batterie angeschlossen. Das »+«-Kabel kommt an den Pluspol:
○ Zeigt das Instrument beispielsweise nur 10,4 Volt an, hat eine der Batteriezellen Kurzschluß. Interessant kann es auch sein, die Batteriespannung zu messen, während der Anlasser betätigt wird. Sind dann nur noch 6 Volt abzulesen, steht es mit der Batterie sicher nicht zum besten.
○ Weitere Methoden, das Volt-Meßgerät einzusetzen:
○ Messen einer Spannung »gegen Masse«: »+«-Kabel des Meßgeräts an einer Klemme anschließen, an der Spannung anliegt, »–«-Kabel an ein blankes Teil der Karosserie oder des Motors anklemmen. Beide sind durch dicke Kabel mit dem Minuspol der Batterie verbunden, wodurch eine exakte Messung möglich ist.
○ Häufig wird die Spannung zwischen zwei bestimmten Kontakten (etwa an einem Steuergerät) gemessen. Wie das Meßgerät anzuschließen ist und welche Spannung anliegen soll, ist in einem solchen Fall Bestandteil der Prüfvorschriften.

Die Zeichnungen zeigen schematisch, wie das betreffende Meßgerät für die elektrischen Größen Spannung, Strom und Widerstand (von links nach rechts) angeschlossen wird.

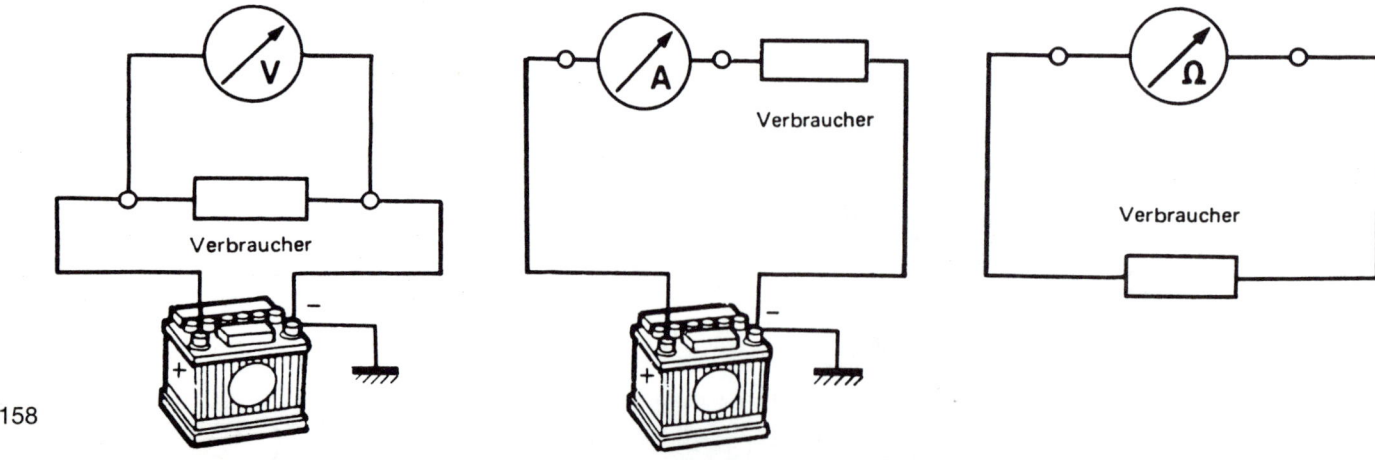

Meßgeräte für Fahrzeug- und Motorelektrik:
1 – Präzisions-Motortester mit Digitalanzeige;
2 – Krokodilklemmen;
3 – Meßspitzen;
4 – Leuchtdioden-Spannungsprüfer (auch für Elektronik-Bauteile geeignet);
5 – herkömmlicher Spannungsprüfer mit Glühlampe.

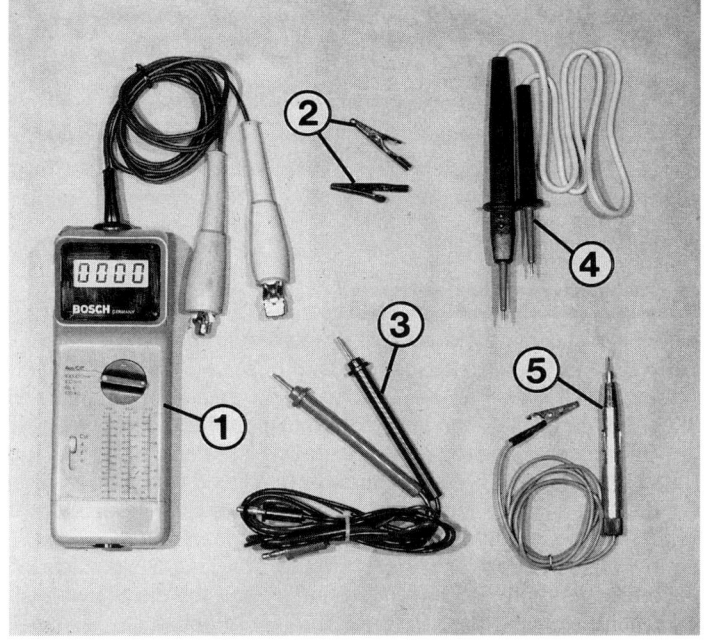

○ Mit dem Volt-Meßbereich kann auch geprüft werden, ob ein Massekabel in Ordnung ist: »+«-Kabel des Meßgeräts am Pluspol der Batterie anschließen, »−«-Kabel des Geräts am Ende des Massekabels anklemmen. Ist die Masseversorgung intakt, muß volle Batteriespannung angezeigt werden.

Strom messen

Ob Strom zu einem Verbraucher fließt, wird mit dem Amperemeter bzw. dem entsprechenden Meßbereich des Vielfach-Meßinstruments gemessen.
○ Dazu muß der Stromkreis aufgetrennt und das Meßgerät zwischen die jetzt freien Pole zwischengeschaltet werden.
○ In der Praxis sieht das so aus: Einen Steckkontakt in der Leitung zu einem Verbraucher abziehen und Meßgerät zwischen Stecker und Kontaktzunge zwischenschalten.
○ Strom wird beispielsweise gemessen, wenn der Verdacht besteht, daß ein heimlicher Stromverbraucher irgendwo im Bordnetz sitzt, der über Nacht die Batterie leersaugt. Um diese Leckstelle zu lokalisieren, nehmen Sie eine Sicherung nach der anderen heraus, klemmen stattdessen das Amperemeter an den Kontakten im Sicherungskasten an und können so feststellen, in welchem Stromkreis Verluste entstehen.
○ **Niemals** versuchen, auf diese Weise den Stromverbrauch des Anlassers zu ermitteln! Der Strom ist viel zu hoch für unser kleines Meßgerät.

Widerstand messen

Die exakte Widerstandsmessung an einem Bauteil hat nur dann einen Sinn, wenn man ein genau anzeigendes Gerät besitzt. Sonst bleiben letztlich Zweifel an der Messung.
○ Mit dem Widerstandsmeßbereich läßt sich beispielsweise erkennen, welchen Innenwiderstand ein bestimmtes Bauteil hat. Die Angaben finden Sie – wo nötig – hier im Buch.
○ Die Kabel des Meßgeräts (Polung ist dabei gleichgültig) werden dazu an zwei Anschlüssen des Bauteils angeklemmt.
○ Oder es wird der Widerstand »gegen Masse« gemessen: Ein Kabel am Bauteil, das zweite an Motorblock oder Karosserie anklemmen.
○ Ferner läßt sich mit dem Widerstands-Meßbereich eines Meßinstruments prüfen, ob eine Leitung oder ein Schalter »Durchgang« hat (der Meßwert ist dann 0 Ω) oder ob der Stromweg irgendwo unterbrochen ist (dann erhalten Sie den Meßwert unendlich = ∞).

Die Batterie

Strom-Konserve

Um die Batterie dreht sich alles. Sie ist der Mittelpunkt der Bordelektrik im Mercedes. Ihr Energievorrat wird von den verschiedenen Stromverbrauchern in Anspruch genommen – wieder aufgeladen wird sie von der Lichtmaschine.

So funktioniert die Batterie

Eine Bleiplatte als Elektrode, die mit verdünnter Schwefelsäure (dem Elektrolyt) in Verbindung kommt, gibt unter dem Einfluß des Lösungsdrucks positive Ionen, also elektrisch geladene Teilchen an den Elektrolyt ab. Dadurch wird zwischen der Bleiplatte und dem Elektrolyt eine elektrische Spannung aufgebaut.
In der Praxis verläßt man sich jedoch nicht auf diesen freiwilligen Übertritt geladener Teilchen, sondern zwingt der Batterie eine Ladespannung auf. Das hat den Effekt, daß sich das Bleisulfat der Platten einer entladenen Batterie an der positiven Elektrode in Bleidioxid und an der negativen Elektrode in Bleischwamm umwandelt. Gleichzeitig wird im Elektrolyt wieder Schwefelsäure gebildet, und als äußeres Zeichen für den fast abgeschlossenen Ladevorgang steigen Gasbläschen auf.
Beim Entladen dreht sich der Vorgang um. Das Bleidioxid der positiven Platte und der Bleischwamm der negativen werden wieder zu Bleisulfat, wobei sich die Schwefelsäure verbraucht und Wasser gebildet wird. Mit der Entladung sinkt deshalb die Säuredichte ab.

Die richtige Batterie

Bei allen C-Klasse-Modellen ist die wartungsfreie Batterie hinten rechts im Kofferraum eingebaut. Dieser Einbauort trägt zu etwas ausgeglicheneren Gewichtsverhältnissen im Wagen bei, schafft mehr Platz im Motorraum und zusätzlich bleibt die Batterie kälter, was wiederum ihrer Lebensdauer zugute kommt.
○ Serienmäßig eingebaut ist eine **12 Volt/62-Ah-Batterie** im C 180/200/220 und eine **12 Volt/74-Ah-Batterie** im C 280.
○ Als Sonderausstattung kann die kräftigere 100-Ah-Batterie montiert sein.

Fingerzeig: Die im Kofferraum eingebauten Batterien besitzen eine sogenannte Zentralentgasung. Die beim Laden entstehenden Gase werden dabei oben im Batteriegehäuse gesammelt und über einen dünnen Schlauch nach außen geleitet.

Batterie-Daten

Spannung und Kapazität: In der Angabe 12 V/62 Ah gibt die vorangestellte 12 V natürlich die Spannung an. Hinter dem Schrägstrich ist die Stromstärke in ihrer »zeitlich lieferbaren Menge« vermerkt – »Ah« steht für Amperestunden. Das ist die Nenn-Batteriekapazität, die nach Normbedingungen gemessen wird.
Kälteprüfstrom: Die Zahl 280 A (z.B.) nennt die Stromstärke, welche die Batterie bei einer Temperatur von −18°C liefern kann.
Typnummer: Eine fünfstellige Zahl dient einheitlich bei allen deutschen Batterie-Herstellern zur Kennzeichnung. Bei der serienmäßigen 62-Ah-Batterie lautet die entsprechende Kennzahl z. B. 56219. Die erste Zahl (5) steht für die Batteriespannung von 12 Volt. Die darauf folgenden beiden Zahlen (hier: 62) geben die Batterie-Kapazität an. Die beiden letzten Ziffern kennzeichnen Konstruktionsmerkmale, wie Bauform, Pollage und Bodenleiste.

Wie lange reichen die Reserven?

Wie lange ein Stromverbraucher mit dem Stromvorrat aus der Batterie funktionieren kann, errechnen wir aus folgender Formel:
Betriebszeit = Batteriekapazität x Bordnetzspannung : Leistung des Verbrauchers. In der Praxis sollten Sie aber nie mit der vollen Batteriekapazität, sondern nur mit ½ bis ⅔ der Nennkapazität rechnen. Es ergeben sich damit beispielsweise die in der Tabelle genannten Betriebszeiten.

Batterie	Parklicht	Standlicht	Warnblinkanlage
62 Ah	ca. 52 Stunden	ca. 21 Stunden	ca. 10 Stunden
74 Ah	ca. 60 Stunden	ca. 24 Stunden	ca. 12 Stunden

Die Batterie ist rechts im Kofferraum zu finden:
1 – Kraftstoffpumpenrelais;
2 – Abdeckung mit Sicherungstabelle;
3 – Sicherungshalter;
4 – Pluspolklemme;
5 – Pluspolabdeckung;
6 – Batterie;
7 – Batteriehalteblech;
8 – Reserverad;
9 – Reserveradbefestigung. In die Wanne kann ein Kraftstoffreservekanister von Mercedes eingesetzt werden. Er ist dort besonders sicher untergebracht.

Am ärgsten wird die Batterie natürlich vom Anlasser gestreßt. Mit einer Leistung von ca. 1400 Watt bzw. 1700 Watt beim C 280 setzt er der Batterie vor allem in dem Moment zu, in dem der Motor vom Stillstand in eine Drehbewegung versetzt wird. Der Stromverbrauch steigt dann bis auf ein Vielfaches der normalen Werte an. Natürlich braucht der Anlasser weit weniger Strom, um den warmen Motor durchzudrehen als den kalten.

Temperatureinfluß auf die Batterie

Batterien haben die Eigenart, um so unwilliger auf Kälte zu reagieren, je weniger Strom sie gespeichert haben. Völlig leere Akkus sind so empfindlich, daß sie bei Frost einfrieren und platzen können. Ist die Batterie dagegen randvoll geladen, verträgt sie die Kälte verhältnismäßig gut. Vor der kalten Jahreszeit empfiehlt sich bei einem älteren Akku die Kontrolle des Ladezustands.

Wartungsfreie Batterie

Die Batterieflüssigkeit besteht aus Schwefelsäure, die mit destilliertem Wasser verdünnt ist. Ein Teil dieses Wassers kann verdunsten oder wird beim Ladevorgang in Wasserstoff und Sauerstoff zersetzt. Bei herkömmlichen Autobatterien muß der Flüssigkeitsstand regelmäßig ergänzt werden. Im Mercedes ist eine wartungsfreie Batterie nach DIN 72311 eingebaut. Durch ein größeres Flüssigkeitsvolumen soll sie unter normalen Bedingungen ihr gesamtes Leben ohne Nachfüllen von destilliertem Wasser auskommen. Erhöhten Wasserverlust verursachen lediglich höhere Umgebungstemperaturen, längere Aufenthalte in heißen Regionen (Urlaub), ein

Starthilfekabel (1) im Einsatz. Hier hilft der »Betagte« dem »Jungen«, denn nach einem langen Urlaub hatten die Dauerstromverbraucher der Uhr, Fehlerspeicher usw. die Batterie entleert. Tip: Wenn Sie Ihren Wagen für länger als ca. drei Wochen z. B. am Flughafenparkplatz abstellen, vorsichtshalber den Minuspol an der Batterie abschrauben (Radiocode greifbar?).

defekter Lichtmaschinen-Spannungsregler, Selbstentladung bei langen Standzeiten des Fahrzeugs oder Tiefentladung, etwa durch eingeschaltetes Standlicht über Nacht.

Batteriesäurestand kontrollieren

- Die Batterieflüssigkeit muß mindestens bis zum unteren der beiden am Gehäuse auflackierten oder eingeprägten Striche reichen, zumindest aber die Plattenoberkanten gut bedecken.
- Bei abgesunkenem Flüssigkeitspegel Verschlußstopfen herausdrehen.
- Bei einer normal geladenen Batterie bis zum oberen Strich bzw. bis 15 mm über die Plattenoberkanten **destilliertes Wasser** auffüllen.
- In eine stark entladene Batterie nur so viel Wasser einfüllen, daß die Platten oben bedeckt sind. Beim Wiederaufladen steigt der Flüssigkeitsstand nämlich erheblich.
- Erst nach dem Laden bis zur oberen Marke nachfüllen.
- Die Wassermenge aus der Einfüllflasche muß gut dosierbar sein, sonst wird der Akku überfüllt.
- Eine überfüllte Batterie »kocht über«, die Säure tritt am Entgasungsschlauch aus.

Batterie ausbauen

- Kofferraumdeckel öffnen.
- Abdeckung vom Kofferraumboden herausnehmen.
- Grundsätzlich **zuerst das Massekabel** losschrauben, um beim weiteren Hantieren Kurzschlüsse zu vermeiden.
- Dazu Mutter an der Klemme des Minuskabels lösen, Klemme vom Batteriepol abnehmen.

Kontaktpflege an der Batterie

- Oxidkristalle an den Batterieklemmen mit warmem Sodawasser abwaschen oder mit »Neutralon« von Varta behandeln.
- Batteriepolköpfe und Kabelklemmen mit Säureschutzfett (Bosch »Ft 40 v 1«) einstreichen.

- Pluskabel-Klemme lösen und abnehmen. Dazu Abdeckung hochklappen.
- Schraube der Halteleiste losdrehen, Schraube und Leiste abnehmen.
- Entlüftungsschlauch von der Batterie abziehen.
- Batterie aus dem Kofferraum herausheben.
- Beim Einbau Entlüftungsschlauch wieder auf den Anschluß an der Batterie aufschieben.

- Kein Fett erhalten die Polkopfseiten und die Innenseiten der Klemmen, sonst kann es Kontaktschwierigkeiten geben.

Ladezustand der Batterie prüfen

Erscheint der Akku trotz richtigem Säurestand kraftlos, muß der Ladezustand kontrolliert werden. Auskunft darüber gibt das spezifische Gewicht der Batteriesäure. Sie brauchen für die Kontrolle einen speziellen Hebe-Säuremesser (Aräometer), den Sie sich bei der Tankstelle ausleihen können.

- Batterie-Verschlußstopfen herausdrehen.
- So viel Batteriesäure ansaugen, daß die Meßspindel frei schwimmt.
- Säuregewicht ablesen. Es bedeuten bei ca. 20°C: 1,28 kg/l = Batterie voll geladen; 1,20 kg/l = halb geladen; 1,12 kg/l = entladen.
- Die Werte der sechs Zellen dürfen einen maximalen Unterschied von 0,04 kg/l haben. Sonst Batterie erneuern.

Batterie laden

Heimladegerät anschließen

- Kofferraumabdeckung anheben. Kunststoffdeckel am Pluspol hochklappen. Pluskabel des Ladegeräts an den Pluspol anschließen, das Minuskabel an den Minuspol.
- Die Batteriestopfen können eingeschraubt bleiben. Das sich beim Laden bildende Gas kann über den Schlauch der Zentralentgasung entweichen.
- Der Ladestrom soll anfangs etwa 10% der Batteriekapazität betragen (z.B. 6,2 A beim 62-Ah-Akku) und sich während der Ladung automatisch verringern.
- Die Batterie ist voll geladen, wenn ihre Säuredichte innerhalb von zwei Stunden nicht mehr ansteigt.

- Beim Batterieladen wird das destillierte Wasser teilweise zersetzt. Es bilden sich Gasblasen aus Wasserstoff und Sauerstoff – das hochexplosive Knallgas.
- **Noch einige Tips zum Laden der Batterie in geschlossenen Räumen:** Wenn mit hohem Strom geladen wird, für gute Durchlüftung des Raumes sorgen.
- Beim Laden der Batterie in deren Nähe nicht rauchen und kein offenes Feuer verwenden.
- Auch Funken beim Ab- oder Anklemmen des Laders bzw. der Batteriekabel können das Knallgas entzünden.

Mit einem Säuremesser (1) wird die Säuredichte jeder einzelnen Zelle gemessen. Zur Messung wird mit dem senkrecht gehaltenen Säuremesser so viel Säure angesaugt, daß der Schwimmer frei schwimmt. Bei einer gesunden Batterie sind die einzelnen Meßergebnisse nahezu gleich.
2 – Verschlußstopfen;
3 – destilliertes Wasser.
Je nach Batterie bis zu den Markierungen oder ca. 5 mm über die Bleiplatten nachfüllen.

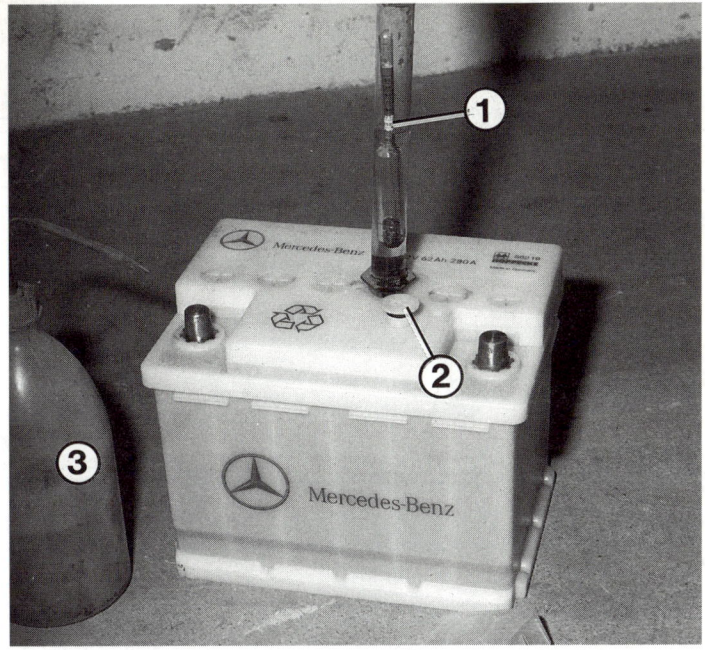

Schnelladen

Wer es eilig hat, kann seine Batterie bei Tankstelle oder Werkstatt schnelladen lassen. Dabei wird mit mindestens 40 Ampere geladen. Nach einer Stunde ist die Batterie wieder voll. Beachten Sie:
○ Ein älterer Akku überlebt die Schnelladung evtl. nicht, dann muß eine ohnehin bald fällige neue Batterie her.
○ Die Batterie muß zum Schnelladen ausgebaut werden. Denn zum einen können die empfindlichen elektronischen Bauteile im Auto durch den hohen Ladestrom Schaden nehmen. und zum anderen müssen die Batterie-Verschlußstopfen herausgedreht werden, da der Akku bei der Schnelladung erheblich »gast«.

Start mit leerer Batterie

Nach einer Frostnacht oder durch versehentlich eingeschaltetes Standlicht oder Radio kann es am Strom zum Motorstart fehlen. Dann bieten sich mehrere Methoden an, den Motor in Gang zu bekommen.

Fingerzeig: Bei Fahrzeugen mit Katalysator wird oft vor dem Anrollenlassen, Anschieben oder Anschleppen gewarnt. Falls der Motor lediglich wegen einer leeren Batterie nicht anspringt, ist das aber ungefährlich. Anders bei einem Defekt an der Zündanlage: Da können unverbrannte Gemischanteile in den Katalysator gelangen, wo sie bei laufendem Motor nachgezündet werden und die Temperatur im Kat auf gefährliche Höhen treiben.

Fremdstrom aus dem Starthilfekabel

● Fahrzeug mit geladener Batterie so dicht heranfahren, daß die Starthilfekabel in den Kofferraum des Mercedes gelegt werden können.
● Kontrollieren Sie, ob an Ihrem stromlosen Fahrzeug alle Stromverbraucher abgeschaltet sind.
● Kabel von Pluspol zu Pluspol anschließen, Kurzschlußgefahr zur Karosserie beachten.
● Anderes Starthilfekabel zuerst am Minuspol der geladenen Fremdbatterie und dann an den Minuspol der Batterie des stromlosen Wagens anschließen.

● Motor des Hilfswagens starten und mit erhöhter Drehzahl laufen lassen, damit die Lichtmaschine kräftig Spannung liefert.
● Falls der Motor nicht gleich anspringt, zwischendurch eine Abkühlungspause für den Anlasser einlegen. Hilfsmotor weiterlaufen lassen, wodurch die leere Batterie bereits etwas nachgeladen wird.
● Beim Abklemmen der Starthilfekabel zuerst die Klemme vom Minuspol der geladenen Fremdbatterie abnehmen.

Wagen anschieben

Mit zwei Helfern läßt sich der Mercedes mit Schaltgetriebe bei gutem Motorzustand anschieben, wenn z.B. der Anlasser defekt ist. Bei leerer Batterie klappt's kaum.
● Zündung einschalten.
● 1. Gang einlegen, in höheren Gängen wird die Lichtmaschine für kräftige Stromlieferung zu langsam durchgedreht.
● Kupplung durchtreten, Wagen anschieben lassen, bis er in Schwung ist, dabei Gefälle ausnutzen.
● Kupplung schlagartig kommen lassen. Der Motor wird abrupt durchgedreht und müßte anspringen.
● Sofort Kupplung treten und Gas geben.

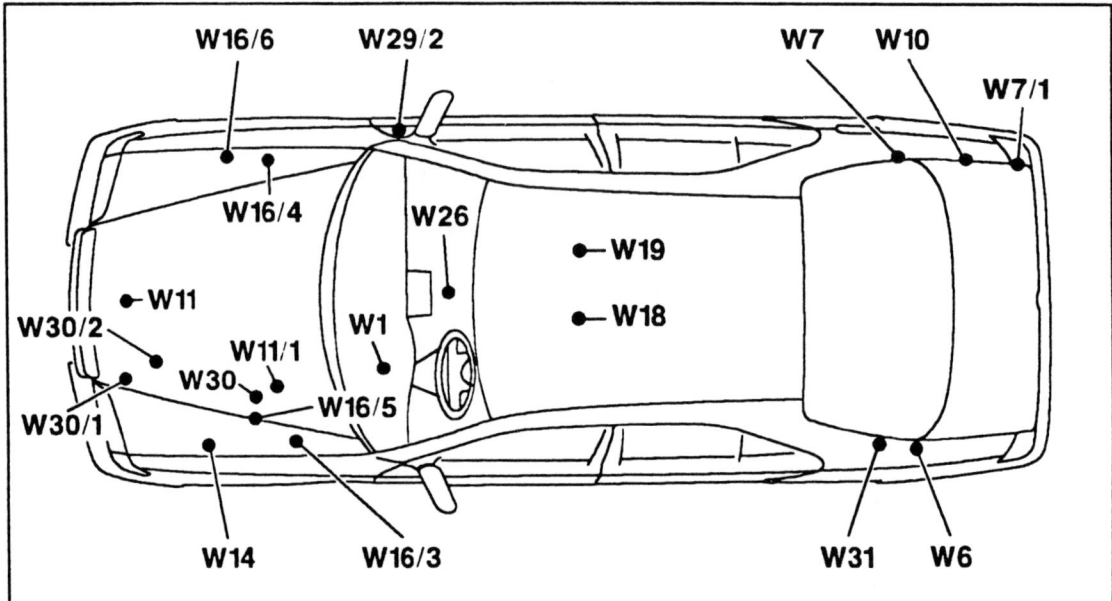

Über diese Massestellen fließt der Strom von den Verbrauchern durch die Karosserie zum Minuspol der Batterie. Diese Stromwege sind für die Funktion gleich wichtig wie die bunten stromzuführenden Leitungen.

Wagen anschleppen

Suchen Sie sich zum Anschleppen einen schlepperfahrenen Helfer aus, damit nicht durch Ungeschick größerer Schaden entsteht. Und denken Sie daran: Bei stehendem Motor arbeiten Servolenkung und Bremskraftverstärker nicht. Springt der Motor nicht sofort an, umgehend das Anschleppen stoppen (siehe Fingerzeig).

● Zündung einschalten, 2. Gang einlegen und Kupplung treten.
● Der Zugwagen muß langsam anfahren.
● Bei etwa 15 km/h die Kupplung langsam kommen lassen.
● Ist der Motor angesprungen, Kupplung treten, Gang herausnehmen und Gas geben.
● Bremsbereit sein, damit Sie dem Vordermann nicht ins Heck rollen.
● Schleppfahrer Hupsignal geben.
● Mit der Bremse zusammen mit dem Schleppwagen sanft abbremsen.

Die Lichtmaschine

Kraftwerk auf Reisen

Weil unsere C-Klasse kein Verlängerungskabel zur Stromversorgung hinter sich herziehen kann, muß die Stromherstellung direkt im Auto erfolgen. Und das ist Sache der Lichtmaschine.

Der Drehstrom-Generator

Leistung

Im Mercedes sind je nach Ausstattung unterschiedlich leistungsfähige Lichtmaschinen eingebaut. Nur Wagen mit Vierzylindermotor und Schaltgetriebe begnügen sich bis ca. 12/93 mit einem 70-A-Generator. Alle anderen besitzen die stärkere 90-A-Lichtmaschine. Und gegen Aufpreis ist für alle Modelle ein 120-A-Generator zu haben. Übrigens erzeugt der Generator eine Spannung von ca. 14 Volt. Sie ist also höher als die Batteriespannung. Denn nur so kann Strom zur Batterie fließen, wodurch diese aufgeladen wird.
Spannung und Maximalstrom multipliziert ergibt die Leistung der Lichtmaschine: 980 Watt bei 70 Ampere, 1260 Watt bei 90 Ampere und 1680 Watt bei 120 Ampere.

Umgang und Vorsichtsmaßnahmen

Die Drehstrom-Lichtmaschine liefert schon bei Leerlaufdrehzahl des Motors Strom. Ferner halten ihre Schleifkohlen weit über 80 000 km.
Getreu ihres Namens erzeugt sie jedoch Drehstrom, den wir im Auto nicht gebrauchen können, denn die Batterie kann natürlich nur Gleichstrom speichern. Deshalb sind im Generator drei Gleichrichter-Dioden eingebaut, die den Drehstrom in einen pulsierenden Gleichstrom umwandeln. Diese Dioden sind allerdings gegen hohe Spannungen empfindlich, und deshalb sollten Sie folgende Punkte beachten:
○ Bei laufendem Generator darf kein Kabel zwischen Akku und Lichtmaschine gelöst bzw. angeschlossen werden. Dadurch kann die Spannung schlagartig ansteigen (Spannungsspitzen) und eine Diode »verheizt« werden.
○ Ohne richtig angeschlossene, intakte Batterie darf die Drehstrom-Lichtmaschine nicht laufen. Der Akku dient als Spannungsbegrenzer für den Generator, gewissermaßen als Puffer gegen Überspannungen.
○ Sämtliche Kabelanschlüsse zwischen der Drehstrom-Lichtmaschine, der Batterie und dem Karosserieblech oder dem Triebwerkblock (Masse) müssen ganz fest sitzen. Schon ein Wackelkontakt kann zu gefährlichen Spannungsspitzen führen.
○ Beim Schnelladen der Batterie (nicht zum Aufladen mit dem Heimlader) und beim elektrischen Schweißen an der Karosserie müssen beide Kabel vom Akku abgeklemmt werden, damit die Lichtmaschinen-Dioden keinen Schaden erleiden.

Einbauverhältnisse um die Lichtmaschine (3):
1 – Leitung D+ (Klemme 61);
2 – Leitung B+;
4 – Halter mit Lagerung;
5 – Kühlmittelleitungen zum Getriebeölkühler an der Ölwanne (je nach Motor).

Die Ladekontrolle

○ Die Kontrolleuchte im Kombi-Instrument hat zwei Plus-Anschlüsse, und zwar einerseits von der Klemme D+ des Generators (blaues Kabel) und andererseits von Klemme 15 (grünes Kabel).
○ Mit dem Einschalten der Zündung führt Klemme 15 Spannung. Die Lichtmaschine steht aber noch, so daß der spannungslose D+-Kontakt als »Minus« wirkt. Als Folge leuchtet die Kontrollampe auf, denn zwischen dem von der Batterie versorgten Bordnetz und dem noch stehenden Generator herrscht eine Spannungsdifferenz.
○ Wird der Motor gestartet und hat die Lichtmaschine ihre Ladedrehzahl erreicht, verbindet der Spannungsregler den Stromerzeuger mit der Bordelektrik. Nun kommt Plusstrom von Klemme 15 und zusätzlich von Klemme D+. Damit besteht keine Spannungsdifferenz mehr, die Ladekontrolle verlöscht.
○ Beim Einschalten der Zündung muß die brennende Ladekontrolle – in Verbindung mit einem parallel geschalteten Widerstand – die Drehstrom-Lichtmaschine »vorerregen«. Nur so kann diese schon aus niedrigen Drehzahlen heraus Strom liefern. Allerdings ist die Vorerregung nur beim ersten Anlaufen des Generators erforderlich.

Nicht immer wird geladen

Ob die Batterie von der Lichtmaschine geladen wird, beweist das Verlöschen der Kontrollampe nicht. Es besagt nur, daß zwischen Batterie und Generator keine Spannungsdifferenz mehr besteht. Wenn im Motorleerlauf beispielsweise sämtliche Stromverbraucher eingeschaltet sind, leuchtet die Ladekontrolle nicht auf, obwohl mehr Strom der Batterie entnommen wird, als eine der leistungsschwächeren Lichtmaschinen liefern kann: Es besteht dennoch keine Spannungsdifferenz zur Batterie.

Fingerzeig: Vielleicht haben Sie beobachtet, daß manchmal die Ladekontrolle brennen bleibt, wenn Sie den warmgefahrenen Motor ohne Gas starten und er in niedriger Leerlaufdrehzahl weiterläuft. Hierbei ist die Vorerregung der Drehstrom-Lichtmaschine zu schwach, sie liefert noch keinen Strom. Sobald Sie auf das Gaspedal tippen, verlöscht das rote Licht – alles ist wieder in Ordnung. Diese Erscheinung ist normal und deutet keinen Schaden an.

Der Spannungsregler

Die Lichtmaschine kann man mit einem Fahrraddynamo vergleichen: Je schneller sie dreht, um so höher steigt die Spannung und somit auch der gelieferte Strom. Ein derartiges Auf und Ab würden die Stromverbraucher im Auto nicht lange ertragen, deshalb muß ein besonderer Regler die Lichtmaschinenspannung begrenzen und ein Überladen der Batterie verhindern. Dieser Regler – ein elektronischer Feldregler – ist direkt an der Drehstrom-Lichtmaschine festgeschraubt.
Über die Schleifkohlen der Drehstrom-Lichtmaschine fließt nur ein geringer Strom, außerdem laufen die Kohlen auf glatten Schleifringen. Das bewirkt nur geringen Verschleiß, die Kohlen halten mindestens 80 000 km.

Selbsthilfe an Generator und Regler

Wartungsarbeiten an der Drehstrom-Lichtmaschine fallen nicht an, wenn man einmal vom wirklich selten notwendigen Schleifkohlenwechsel absieht. Tiefergehende Schäden sind mit Heimwerkermitteln nicht zu beheben.

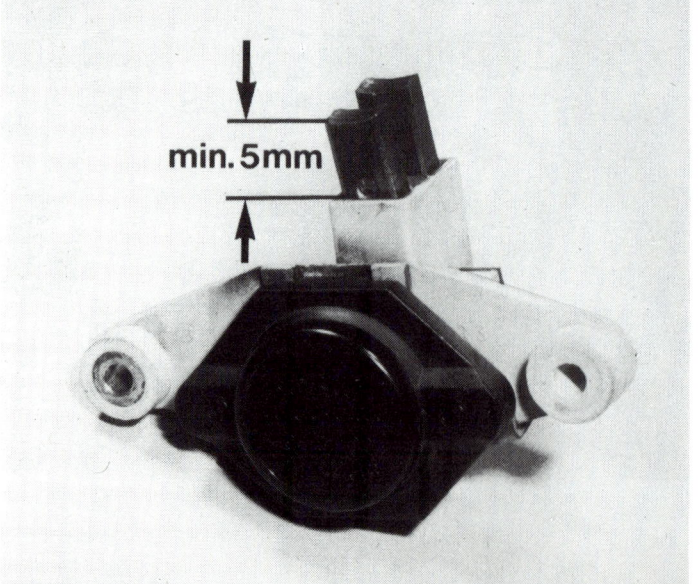

Bei ausgebautem Spannungsregler kann die Länge der Schleifkohlen gemessen werden: Kürzer als 5 mm dürfen sie nicht sein.

Zum Ausbau der Lichtmaschine (2) den Keilrippenriemen entspannen und abnehmen. Leitungen abschließen und Schrauben (1) herausdrehen.

- Voltmeter zwischen +-Pol der Batterie und Masse anschließen.
- Motor mit mittlerer Drehzahl laufen lassen.
- Bei intaktem Regler sind jetzt etwa 13,0 bis 14,6 Volt abzulesen.

- Lichtmaschine ausbauen.
- Abdeckung an der Lichtmaschinen-Rückseite abschrauben.
- Zwei Halteschrauben am Regler losdrehen.
- Regler gewissermaßen herausklappen, damit die Kohlebürsten nicht hängenbleiben.

- Ist das nicht der Fall, Schleifkohlen kontrollieren bzw. Regler austauschen.
- Hilft das nicht, ist die Lichtmaschine selbst defekt. Austauschen.

- Überstand der Schleifkohlen messen.
- Sind sie nur noch **5 mm** lang, müssen sie ersetzt werden.

Ladespannung prüfen

Schleifkohlen kontrollieren

Die Schleifkohlen sind mit ihren Anschlußlitzen an einem Halter angelötet. Sie brauchen als Werkzeug daher einen Lötkolben. Ersatz-Schleifkohlen gibt's beispielsweise beim Bosch-Dienst.

- Regler ausbauen.
- Anschlußlitzen auslöten, Kohlen herausziehen.
- Druckfedern von den alten Kohlen abziehen und auf die neuen stecken.

- Anschlußlitzen anlöten.
- Dabei wenig Lötzinn verwenden und schnell arbeiten, damit sich die Anschlußlitzen nicht mit Zinn vollsaugen. Sonst werden sie starr.

Schleifkohlen auswechseln

Fingerzeig: Bei ausgebautem Regler können Sie die Kupfer-Schleifringe des Lichtmaschinen-Ankers (auf ihnen laufen die Kohlen) ebenfalls prüfen. Haben sie schon tiefe Einlaufspuren, kann man sie in einer Autoelektrik-Werkstatt überdrehen und polieren lassen.

- Batterie-Massekabel abklemmen.
- Keilrippenriemen entspannen und an der Lichtmaschine abnehmen.
- Von der Fahrzeugunterseite geht der Ausbau am einfachsten.
- Untere Motorraumabdeckung abusbauen.
- Abdeckkappe hinten auf der Lichtmaschine abnehmen, darunter die Kabelanschlüsse abschrauben.
- Massekabel nicht vergessen.
- Obere und untere Halteschraube der Lichtmaschine lösen, Schrauben herausziehen. Anzugsdrehmoment 42 Nm.
- Lichtmaschine nach unten abnehmen.

Lichtmaschine ausbauen

Fahren mit defekter Lichtmaschine

Wenn die Lichtmaschine oder ihr Regler streikt, ist die Weiterfahrt noch nicht gefährdet, denn die Batterie kann hilfreich einspringen.

Bei Tag reicht der Batteriestrom noch eine ganze Weile, obwohl die Motronic zum Erzeugen der Zündfunken und zum Betreiben der Einspritzung (mit elektrischer Benzinpumpe) eine Mindestspannung benötigt. Zudem ist der Akku oft nur zu ⅔ geladen. Doch je nach Batteriekapazität reicht der Strom aber für mindestens vier Stunden Fahrt.

Störungsbeistand

Batterie und Lichtmaschine

Die Störung	– ihre Ursache	– ihre Abhilfe
A Rote Ladekontrolle brennt nicht beim Einschalten der Zündung	1 Batterie leer	Mit Starthilfekabeln starten oder Wagen anschleppen
	2 Batteriekabel gebrochen, Kabelklemmen lose oder oxidiert	Batteriekabel und -klemmen kontrolliéren
	3 Kontrollampe defekt	Ersetzen
	4 Kabelweg zwischen Zündschloß, Kontrollampe und Lichtmaschine unterbrochen	Stromweg mit Prüflampe kontrollieren
	5 Massekabel zwischen Lichtmaschine und Motorblock gebrochen	Kabel kontrollieren
	6 Schleifkohlen abgenutzt	Schleifkohlen erneuern (lassen)
	7 Spannungsregler defekt	Regler austauschen
	8 Lichtmaschine schadhaft	Lichtmaschine instand setzen lassen
	9 Nach zu heftiger Motorwäsche: Eingedrungene Feuchtigkeit hat einen isolierenden Schmierfilm zwischen den Schleifringen und Kohlen gebildet	Lichtmaschine so gut als möglich mit Druckluft ausblasen oder Schleifringe und Kohlen sauberreiben
B Ladekontrolle brennt oder glimmt bei laufendem Motor	1 Keilrippenriemen lose	Spannvorrichtung prüfen
	2 Mangelnder Kontakt/Oxidation an Kabelanschlüssen oder unterbrochene Kabel	Kabelanschlüsse und Kabel prüfen
	3 Siehe A 6–8	
C Batterieoberfläche feucht	1 Batterie überfüllt	Zuviel eingefülltes destilliertes Wasser durch Überladen herausgasen. Keine Säure absaugen
	2 Batterieverschlüsse bzw. Zentralentgasungsschlauch verstopft	Entlüftungslöcher bzw. Schlauch säubern
	3 Siehe A 7	
D Batterie gast stark	Siehe A 7	

Der Anlasser

Start-Helfer

Dreht man den Zündschlüssel in Stellung »Start«, geschieht in unseren sogenannten Schub-Schraubtrieb-Anlasser folgendes:
○ Die Klemme 50 am Zündschloß liefert Spannung an den oben auf dem Anlasser sitzenden Magnetschalter.
○ Dadurch schiebt ein Einrückhebel das Zahnritzel des Anlassers auf einem Steilgewinde in den Zahnkranz des Motor-Schwungrades.
○ Beim Eingreifen des Ritzels schaltet der Magnetschalter den vollen, von Klemme 30 kommenden Batteriestrom ein, so daß der Anlasser den Motor erst nach dem Einspuren des Ritzels kräftig durchdreht.
○ Anlasser-Motor und Zahnritzel sind durch ein Planetengetriebe verbunden. Der Elektromotor dreht deshalb wesentlich schneller als das Ritzel. Dadurch besitzt der Anlasser mehr Schwung-Energie.
○ Ist der Motor angesprungen, wird das Ritzel aus dem Schwungrad wieder ausgespurt.

Anlasser ausbauen

● Batterie-Massekabel abklemmen.
● Den Ausbau von unten durchführen, dazu Fahrzeug auf Grube fahren oder anheben und sichern.
● Untere Motorraumabdeckung ausbauen.
● Sämtliche Kabel am Anlasser abschrauben.
● Kabelhalter und Clips der Leitungen lösen.
● Beim Sechszylinder mit Automatik muß zusätzlich das Motorlager hinten ausgebaut werden.
● Halteschrauben des Anlassers lösen (Anzugsdrehmoment 42 Nm).
● Anlasser nach unten abnehmen. Beim Sechszylinder etwas nach links lenken.
● Beim Einbau auf die korrekte Verlegung der Anlasserleitungen achten.

Schleifkohlen auswechseln

Wenn der Anlasser streikt, sind möglicherweise nur die Schleifkohlen abgenutzt. Diese Kohlebürsten können (teils nur komplett mit Halteplatte) als Ersatzteil in der Mercedes- oder Bosch-Werkstatt gekauft und ausgewechselt werden. Gebraucht werden Kenntnisse im Löten, Elektrolot und ein kräftiger Lötkolben.
● Anlasser ausbauen.
● An der geschlossenen Seite des Anlassers zwei Schlitz- oder Kreuzschlitzschrauben an dem kleinen Lagerdeckel herausdrehen, Deckel abnehmen.
● Sicherungsscheibe und Einstellscheibe(n) vom darunter liegenden Wellenstumpf abnehmen und der Reihenfolge nach ablegen.
● Beide Schrauben (oder Muttern mit Stehbolzen) am hinteren Gehäusedeckel herausdrehen und Deckel abnehmen.
● Schleifkohlenlänge messen: Mindestmaß **13 mm**.
● Andruckfedern der Kohlebürsten hochheben, zur Seite drücken und Kohlen aus der Führung ziehen.
● Bürsten-Halteplatte von der Ankerwelle ziehen.
● Alle Kohlebürsten mit ihren Anschlußkabeln auslöten bzw. abtrennen.
● Wird die komplette Halteplatte ersetzt, nur die Verbindungskabel trennen.
● Bei der Verlötung der neuen Kohlebürsten darauf achten, daß sich die Kupferlitze nicht durch einfließendes Lötzinn verhärtet. Deshalb möglichst schnell löten oder Kabel während des Lötens mit einer Zange nahe der Lötstelle zusammendrücken.
● Anlasser wieder zusammenbauen.

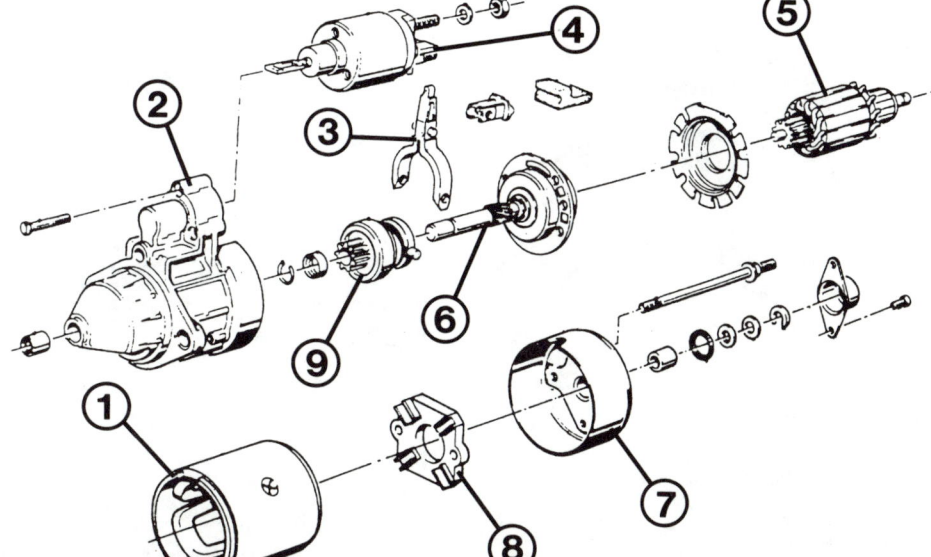

Die Teile des Anlassers:
1 – Gehäuse mit Wicklung;
2 – Lagergehäuse;
3 – Einrückhebel;
4 – Magnetschaltrer;
5 – Anker;
6 – Planetengetriebe;
7 – Gehäusedeckel;
8 – Bürstenhalter;
9 – Ritzelgehäuse.

Störungsbeistand

Anlasser

Die Störung	– ihre Ursache	– ihre Abhilfe
A Beim Drehen des Zündschlüssels in Startstellung dreht der Anlasser zu langsam oder gar nicht	1 Kontrollampen brennen schwach oder verlöschen	
	a) Batterie entladen oder defekt	Mit Starthilfekabeln starten bzw. defekte Batterie ersetzen
	b) Kabelanschlüsse lose oder oxidiert	Kabelanschlüsse kontrollieren
	c) Anlasser hat Masseschluß	Anlasser überholen lassen
	2 Kontrollampen brennen hell, Klicken aus Richtung Anlasser	Kurz auf den Magnetschalter klopfen. Dreht der Anlasser weiterhin nicht:
	a) Kohlebürsten bzw. deren Anschlüsse im Anlasser gelöst	Festschrauben bzw. anlöten
	b) Kontakte im Magnetschalter verschmort	Magnetschalter ersetzen
	c) Anlasserwicklung schadhaft Kohlebürsten überprüfen	Anlasser überholen lassen
	3 Kontrollampen brennen hell, keinerlei Geräusche	
	a) Klemme-50-Anschluß am Magnetschalter lose	Steckanschluß überprüfen
	b) Klemme-50-Leitung vom Zündschloß zum Magnetschalter unterbrochen	Leitung mit Prüflampe kontrollieren
	c) Magnetschalter klemmt	Zerlegen und fetten oder ersetzen
	d) Automatik: Startsperrschalter am Getriebe defekt	Prüfen
	e) Automatik: Parksperrenverriegelung defekt	Zugeinstellungen prüfen
B Anlasser läuft, ohne den Motor durchzudrehen	1 Einrückvorrichtung klemmt	Anlasser überholen lassen
	2 Verzahnung des Ritzels oder des Motor-Schwungrades beschädigt	Wagen bei eingelegtem Gang ein Stück vorschieben. Erneut starten. Beschädige Teile ersetzen lassen
C Anlasser läuft weiter, obwohl Zündschlüssel losgelassen wurde	1 Magnetschalter hängt und schaltet nicht ab Zündung sofort abschalten, notfalls Batterie abklemmen.	Magnetschalter ersetzen
	2 Zünd-/Anlaßschalter defekt	Zünd-/Anlaßschalter ersetzen
D Ritzel spurt nach Anspringen des Motors nicht aus	1 Rückstellfeder des Einrückhebels lahm oder gebrochen	Zündung sofort abschalten. Reparieren lassen
	2 Verzahnung des Ritzels bzw. des Motor-Schwungrades beschädigt	Schadhafte Teile ersetzen lassen

Tief im »Keller« des Motorraums unter dem Saugrohr befindet sich der Anlasser (Pfeil). 1 – Saugrohrstütze; 2 – Motorträger; 3 – Schraube für oberen Querlenker.

1 – Stromschiene; 2 – Magnetschalter; 3 – Pluskabel; 4 – Klemme 50; 5 – Anlassermotor.

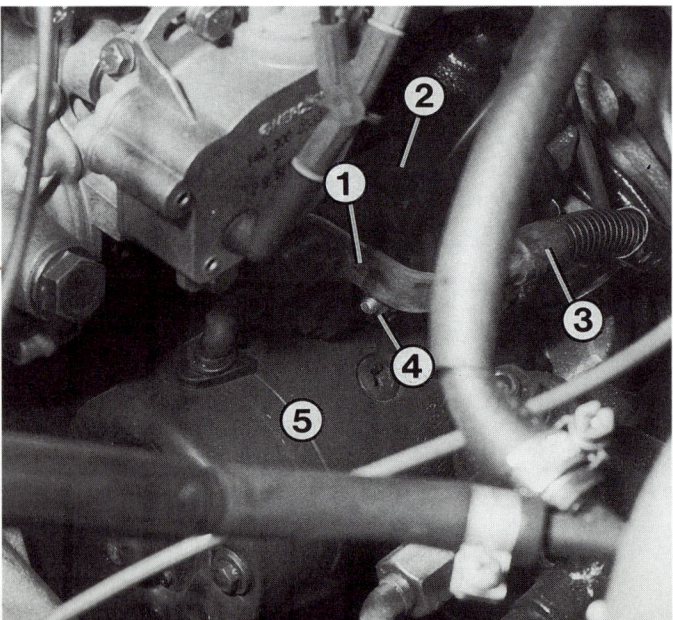

Die Karosserie-Elektrik

Labyrinth

Von Sicherungen, Leitungen, Relais, Schalt- und Steuergeräten handelt dieses Kapitel. Denn in einem so stark elektronifizierten Auto wie beim C-Klasse Mercedes gibt es davon mehr als genug.

Grundlagen der Fahrzeugelektrik

Minus an Masse

Strom kann nur in einem geschlossenen Kreislauf fließen. Wenn Sie zu Hause den Lichtschalter anknipsen, leuchtet das Licht auf. Genauso ist es im Auto, nur daß hier der von Batterie oder Lichtmaschine kommende Strom über den jeweiligen Stromverbraucher zurück zur Batterie oder Lichtmaschine fließt.
An die Mehrzahl der Stromverbraucher im Mercedes sind zwei Kabel angeschlossen. Doch nur eines läßt sich bis zur Batterie bzw. bis zum Generator zurück verfolgen, wie dies auch die Schaltpläne zeigen. Die andere Leitung ist dagegen schon nach wenigen Zentimetern irgendwo am Karosserieblech festgeschraubt (den sogenannten Massepunkten).
Hier hat man sich zunutze gemacht, daß die Metallteile von Karosserie und Motor bzw. Getriebe ebenfalls Strom leiten können. In der Autoelektrik bezeichnet man sie mit der »Masse«. Sie sorgen für die Stromrückleitung zum Minuspol der Batterie. Merksatz: **M**inus an **M**asse.
Wenn ein Stromverbraucher direkt auf Metall sitzt, braucht er nur ein einziges Anschlußkabel, aber im heutigen kunststoffreichen Automobil müssen fast immer kleine Verbindungsleitungen den Kontakt zur Fahrzeugmasse herstellen.

System im Wirrwarr

Normklemmen

Das bunte Kabelgewirr im Auto ist eigentlich ganz gut geordnet, denn viele Einzelheiten der Kraftfahrzeug-Elektrik sind genormt. Die Zahlen an verschiedenen Bauteilen und Kabelanschlüssen sowie in den Schaltplänen haben in allen deutschen und in manchen ausländischen Fahrzeugen dieselbe Bedeutung. Beispiele:
Klemme 15 erhält nur bei eingeschalteter Zündung (Zündschloß-Raste »II«) Strom ab Zündschloß, wobei außer den Zündspulen jene Stromverbraucher versorgt werden, die nur bei Betrieb des Wagens Strom erhalten sollen. Die Kabel an den Normklemmen 15 besitzen vielfach eine schwarze Ummantelung, meist noch mit farbigen Zusatzstreifen bei bestimmten Stromverbrauchern.
Klemme 15R ist eine Benennung für Anschlüsse, die in den Zündschloßrasten »I« und »II« sowie in Anlaßstellung funktionieren sollen. Die Ummantelung ist häufig schwarz mit Zusatzstreifen.
Klemme 30 erhält dauernd Strom vom Pluspol der Batterie bzw. bei laufendem Motor von der Lichtmaschine. Das kann bei unvorsichtigem Umgang mit Werkzeug zu Kurzschlüssen und Funkenregen führen, wenn das Minuskabel der Batterie nicht abgenommen wurde. Diese stets stromführenden Kabel haben meist eine rote Umhüllung, ggf. mit zusätzlichen Farbstreifen.
Klemme 30a erhält abgesichert dauernd Strom vom Pluspol der Batterie. Meist werden die Fehlerspeicher in den Steuergeräten damit versorgt.

Unter einer Abdeckung gegen Feuchtigkeit und Spritzwasser ist hinten rechts im Motorraum der sogenannte Aggregateraum zu finden.
1 – HFM-Steuergerät (Einspritzung und Zündung);
2 – Steckverbindung zur Lambdasonde;
3 – ABS-Steuergerät (oder ETS);
4 – Duoventil für Fahrzeugheizung;
5 – Überspannungsschutz mit Sicherung (Spannungsversorgung Elektronik);
6 – HFM-Abgleichstecker für Werkstatt (muß verplombt sein);
7 – Unterdruckverteiler;
8 – Diagnosedose zum Anschluß des HHT.

Klemme 31 ist die Masse-Klemme, mit der ein Stromverbraucher zur Fahrzeugmasse verbunden sein muß, damit der Stromkreis geschlossen ist. Diese Kabel sind braun umhüllt.

Klemme 49 ist für die Blink- und Warnblinkanlage zuständig. Die Kabelfarbe ist schwarz/grün mit Zusatzfarbstreifen.

Klemme 50 versorgt zum Starten den Anlasser. Die Leitungen haben violett als Grundfarbe.

Klemme 53 versorgt die Scheibenwischeranlage.

Klemme 56 ist für die Spannungszufuhr des Abblendlichts mit gelben Kabel sowie des Fernlichts mit weißen Kabeln zuständig.

Klemme 58 gehört zum Standlicht vorn sowie zu den Schluß- und Kennzeichenleuchten. Die Grundfarbe der Kabelumhüllung ist grau, jeweils mit zusätzlichen Farbstreifen.

Klemme 61 gehört zur Ladekontrolle (D+) mit blauer Leitungsfarbe.

Klemme 87 erhält meist wie Klemme 15 Spannung, nur ist ein Relais zwischengeschaltet, z. B. der Überspannungsschutz.

Kabelsteckverbindungen

Lange Zeit mußte der ADAC in seiner Pannenstatistik lose Kabelsteckverbindungen als eine der häufigsten Pannenursachen vermerken – und das bei fast allen Autos.

○ Mercedes hat diesem Übel, welches meist erst nach ca. sechs Jahren lästig wird, mehrere Riegel vorgeschoben. Zunächst sind sehr häufig teure versilberte Rundstecker eingebaut. Mehrfachstecker sind zusätzlich mechanisch gesichert. Klar, daß diese Sicherungen zum Abziehen des Steckers überwunden werden müssen. Entweder sind die Stecker durch einen Drahtbügel gesichert oder haben seitlich zwei Sicherungsrasten, die zum Abziehen niedergedrückt werden müssen.

○ Manche sind mit einem Drehriegel gesichert. Wo immer möglich, sind Steckverbindung und Geräte möglichst gut gegen Feuchtigkeit geschützt.

Die Karosserie-Elektrik

Batterie-Plus-leitungen

Um den Strom von der hinten eingebauten Batterie in den Motorraum zu bringen, sind an der Pluspol-Klemme zwei Leitungen angebracht.

○ Eine dicke schwarze Leitung mit 50 mm² ist im Leitungsschacht an der linken Fahrzeuge entlang verlegt. Sie endet an einer 3poligen Leitungsverbindung (X 4) beim Gaspedal. Von dort führen Leitungen zum Anlasser und zu allen anderen Verbrauchern im Fahrzeug mit Ausnahme der Steuergeräte im Aggregateraum rechts. An der Steckverbindung ist auch ein Kondensator (C 2) zur Entstörung eingebaut.

○ Eine rote Leitung mit 4 mm² führt im Leitungsschacht rechts zu den Steuergerät im rechten Aggregateraum und versorgt nur diese mit Spannung (Klemme 30 Z).

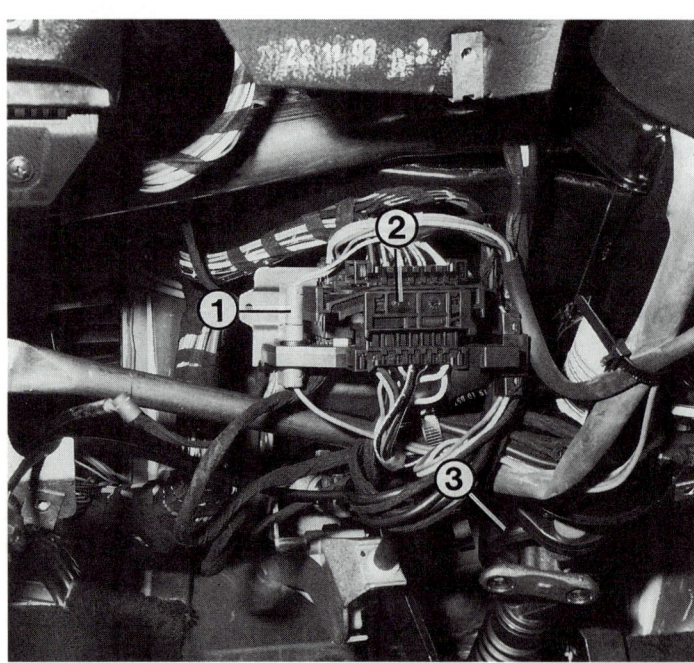

Links neben der Lenksäule bei ausgebauter Verkleidung erkennbar:
1 – rote Steckverbindung zum Airbag;
2 – Mehrfachsteckverbindung;
3 – Längenausgleich bei verstellbarer Lenksäule.

Neben dem Bremskraftverstärker (1) ist der Sicherungs- und Relaiskasten (4) angeordnet. In dieser Hauptzentrale der Fahrzeugelektrik sind vorn die Sicherungen (5) und hinten die Relais (2) untergebracht. Weiterhin:
3 – Höhenanschlag für Motorhaubenstellung hinten.

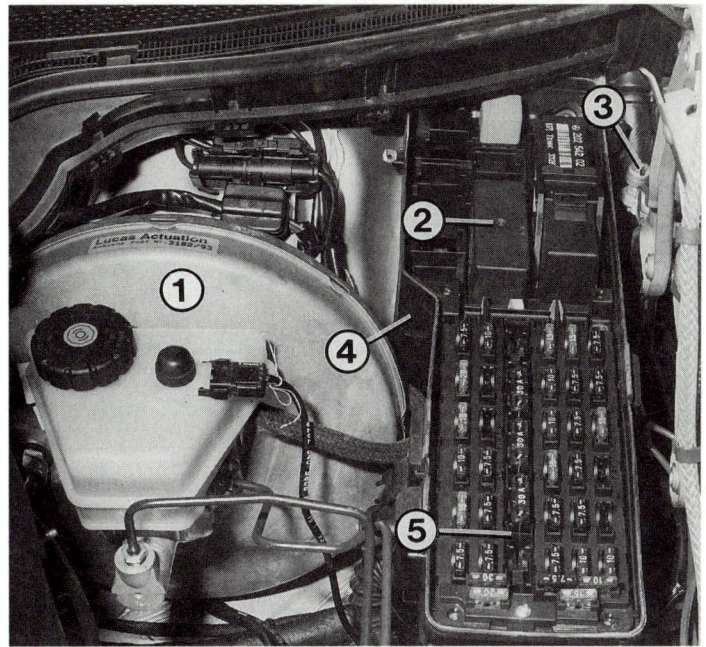

Sicherungs- und Relaiskasten

Dieses zentrale Teil der Fahrzeugelektrik findet sich links hinten im Motorraum. Dort sind unter der hinteren angeschraubten Abdeckung Relais untergebracht. Unter dem vorderen hochklappbaren Deckel sind drei Sicherungsträger zu finden: In Fahrtrichtung rechts sitzt die 12fach-Sicherungsleiste F1/1, in der Mitte die 5fach-Sicherungsleiste F2 für Maxi-Flachstecksicherungen (30–40 A) und links die 18fach-Sicherungsleiste F3. An der Unterseite des Sicherungs- und Relaiskastens sind farbig gekennzeichnete Mehrfachstecker zu finden.
Zum Abziehen der Stecker müssen seitlich Verriegelungsschieber gedrückt werden. Einige stromzuführende Leitungen sind angeschraubt.

Sicherungen im Kofferraum

Unter der Abdeckung am Kofferraumboden findet sich vorne rechts die 19fach-Sicherungsdose F4. Links daneben ist das Relais für die Kraftstoffpumpe mit 30-Ampere-Sicherung angeordnet.

Sicherung auf Überspannungsschutz

Auf dem Überspannungsschutz im rechten Aggregateraum finden sich unter einem Klarsichtdeckel eine oder zwei Sicherungen. Über den Überspannungsschutz werden alle Steuergeräte mit Spannung versorgt. Er verhindert, daß z.B. bei defektem Lichtmaschinenregler oder bei einem falschen Ladegerät die Steuergeräte zerstörende Überspannung abbekommen.

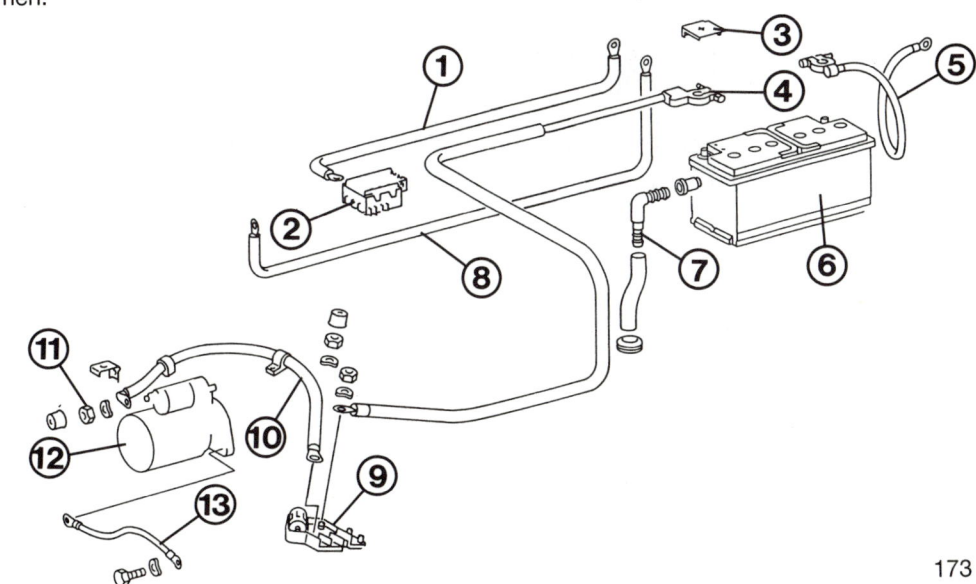

1 – Pluskabel zum Sicherungskasten im Kofferraum (2); 3 – Pluspolabdeckung; 4 – Pluspolklemme und Kabel zur Leitungsverbindung (9) beim Gaspedal; 5 – Massekabel der Batterie (6); 7 – Ablaufschlauch für Batteriesäure; 8 – Pluskabel zum Aggregateraum rechts (Steuergeräte); 10 – Pluskabel zum Anlasser (12); 11 – Verschraubung; 13 – Massekabel Motor (wird dieses Kabel nicht angeschlossen, verschmoren die dünneren braunen Kabel im Fahrzeug, sobald der Anlasser läuft).

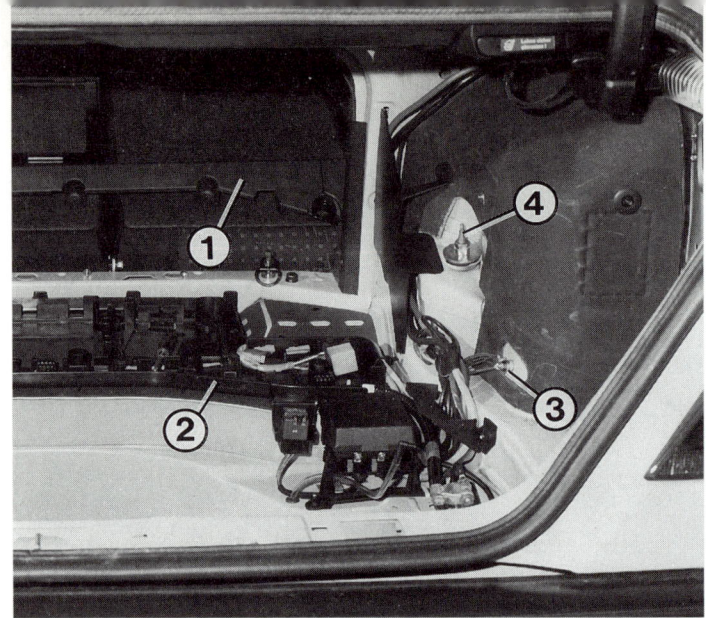

Ist die Abdeckung (1) vorn im Kofferraum auf dem breiten Kabelkanal (2) abgenommen, finden Sie darin verschiedene Steuergeräte (z. B. IFZ) und die Steckverbindung zum Tank. Weiterhin:
3 – Massestelle (W7) am Radlauf rechts;
4 – Stoßdämpferbefestigung.

Sicherungen

Erstmals werden in einem Mercedes Pkw »Flachstecksicherungen« eingebaut. In ein durchscheinendes, eingefärbtes Kunststoffteil sind zwei Flachstecker eingebettet, die durch den Schmelzfaden verbunden sind.
○ Es werden zweierlei Größen verwendet: Im Motorraum sind bis zu fünf Maxi-Sicherungen mit 30 oder 40 Ampere eingebaut. Die kleineren Sicherungen decken einen Strombereich von 7,5–30 Ampere ab. Zum leichteren Abziehen der Sicherungen ist dem Bordwerkzeug ein Werkzeug beigelegt. Reservesicherungen sind im vorderen Sicherungskasten zu finden. Besorgen Sie sich rechtzeitig Ersatz.
In Ihrem Mercedes können bis zu 56 (!) Sicherungen eingebaut sein, ein deutliches Anzeichen dafür, wie umfangreich in den letzten Jahren die Fahrzeugelektrik geworden ist.
○ Zur Unterscheidung der maximal zulässigen Nennstromstärke (Ampere) dienen die Kennfarben des Kunststoffteils: Braun – 7,5 A; rot – 10 A; blau – 15 A; gelb – 20 A; grün – 30 A.

Sicherungstabelle

Besondere Sicherungen

Einbaulage	Ampere	Klemme	Absicherung
am Kraftstoffpumpenrelais	30	30	Spannungsversorgung der Kraftstoffpumpe (Abb. unten)
auf Überspannungsschutz (S. 171)	10 oder 15	15/30	Spannungsversorgung der elektronischen Steuergeräte

Vorn rechts im Kofferraum finden Sie folgende Bauteile:
1 – Kraftstoffpumpenrelais;
2 – Sicherungshalter;
3 – Ablaufschlauch für Batteriesäure.

Sicherungs- und Relaiskasten im Motorraum

Nummer (Ampere)	Klemme	Abgesicherte Verbraucher
1 (7,5)	56b	Abblendlicht rechts
2 (10)	15R	Handschuhfachleuchte Radio bis 9/93 Anzünder
3 (10)	30	Radio Steuer- und Bediengerät Heizungsautomatik (HAU), Klimatisierungsautomatik (KLA) oder Temperaturautomatik (TAU) Zeitrelais Motor-Restwärmeanlage (MRA)
4 (15)	30	Blinklicht mit Anhänger oder Warnblinkanlage mit Anhänger Zusatzblinklicht Uhr Warnsummer
5 (20)	15	Fanfaren Steuer- und Bediengerät Heizungsautomatik (HAU), Klimatisierungsautomatik (KLA) oder Temperaturautomatik (TAU) Zeitrelais Motor-Restwärmeanlage (MRA)
6 (7,5)	15	Blinklicht Blinklicht mit Anhänger
7 (7,5)	56b	Abblendlicht links
8 (7,5)	15R	Schalter Heckscheibenheizung Innenspiegel abblendbar
9 (7,5)	30	Beleuchtung Anzünder Kenzeichenbeleuchtung Kombi-Instrument
10	–	nicht belegt
11 (7,5)	15X	Relais Zusatzlüfter (KLA/TAU) Steuer- und Bediengerät Klimatisierungsautomatik (KLA)
12 (10)	15	Bremslicht Bremslicht Anhänger Bremssignal ABS/ASR/ASD/TPM Kombi-Instrument Lampenkontrollgerät Steuergerät Tempomat (TPM)
13 (20)	30	Relais Zusatzlüfter (KLA/TPM)
14 (30)	15X/30	Gebläsemotor Gebläseregler (KLA/TPM)
15 (30)	15R	Lichthupe Relais Scheinwerfer-Reinigungsanlage Wascherpumpe Wischermotor
16 (30)	30	Heizbare Heckscheibe
17 (40)	30	Sekundärluftpumpe
18 (7,5)	58L	Stand- und Schlußlicht links Seitenmarkierungslicht links vorn und hinten Schlußlicht Anhänger
19 (7,5)	56a	Fernlicht rechts
20 (15)	15R	Radio Sitzheizung Sonnenrollo
21 (10)	30	Automatische Antenne Radio
22 (10)	58N	Nebellicht
23 (15)	15	Diagnosedose Kickdown-Abschaltung Nockenwellensteller Relais Saugrohrbeheizung Relais Überspannungsschutz Tankentlüftungsventil Umschaltventil Abgasrückführung (ARF) Umschaltventil Resonanzsaugrohr
24 (10)	58R	Scheinwerfer-Reinigungsanlage Schlußlicht Anhänger Stand- und Schlußlicht rechts Seitenmarkierungslicht rechts vorn und hinten
25 (7,5)	56a	Fernlicht links Fernlichtkontrolle
26 (7,5)	15R	Kontrollampe Airbag Steuergerät Komfortbetätigung (Fensterheber) Telefon
27 (7,5)	30	Ausstiegsleuchten Leseleuchte Fond Diagnosedose
28 (7,5)	58NS	Nebelschlußlicht Nebelschlußlicht Anhänger
29 (15)	15	Außenspiegelverstellung und -heizung Rückfahrlicht Rückfahrlicht automatisches Getriebe Waschwasserheizung Waschdüsenheizung
30 (10)	58R	Scheinwerfer-Reinigungsanlage
31	–	nicht belegt
32 (7,5)	30Z	Diagnosemodul
33 (15)	30	Deckenleuchte vorn Deckenleuchte Fond Kofferraumleuchte Make-up-Spiegel-Beleuchtung Zentralverriegelung
34 (7,5)	15	Fondkopfstützen-Entriegelung Spiegelgehäuse-Verstellung
35 (7,5)	15	Deckenleuchte vorn Orthopädische Sitzlehne Steuergerät Anhängererkennung Steuergerät EDW (mit/ohne Infrarot-Fernbedienung)

Ein Verzeichnis der Abkürzungen finden Sie hinten in Buch.

Sicherungen im Kofferraum

Nummer (Ampere)	Klemme	Abgesicherte Verbraucher
1 (25)	15R/30	Sitzverstellung vorn links (Kopfstütze, Rückenlehne, Sitzhöhe)
2 (25)	15R/30	Sitzverstellung vorn rechts (Sitzhöhe, Sitz vor/zurück)
3 (25)	15R/30	Sitzverstellung vorn links (Sitzhöhe, Sitz vor/zurück)
4 (25)	15R/30	Sitzverstellung vorn rechts (Kopfstütze, Rückenlehne, Sitzhöhe)
5 (25)	30	Sound-System
6 (7,5)	30	CD-Wechsler
7 (30)	(15R/30)	Fensterheber hinten
8	–	nicht belegt
9 (7,5)	30	Steuergerät Komfortbetätigung
10 (30)	15R/30	Fensterheber vorn
11 (20)	15R/30	Steuergerät Infrarot-Fernbedienung (IFZ) Steuergerät Infrarot-Fernbedienung (IFZ) mit EDW Steuergerät EDW Horn EDW
12 (20)	30	Sitzheizung
13 (20)	15R/30	Schiebe/Hebe-Dach
14	–	nicht belegt
15	–	nicht belegt
16	–	nicht belegt
17 (7,5)	30	Telefon D-Netz
18 (25)	30	Anhängevorrichtung
19	–	nicht belegt

Die Schaltrelais

Wozu werden Schaltrelais benötigt?

Schaltrelais verwendet man in erster Linie für leistungsstarke Stromverbraucher. Das hat folgenden Grund: Leitet man den Strom auf langen Kabelwegen über den dazugehörigen Schalter, gibt es Spannungsverlust. Außerdem werden die Schalterkontakte durch den hohen Stromfluß stark beansprucht. Bei einer Relaisschaltung benutzt man den Schalter nur für den geringen Schaltstrom, womit nicht der Verbraucher direkt, sondern dessen Relais eingeschaltet wird.

Stammt der Schaltbefehl nicht von einem Schalter, sondern vom rechten Aggregateraum, gilt dasselbe: Die empfindlichen Elektronikbauteile können hohe Ströme nicht weiterleiten, ohne Schaden zu nehmen.

Funktion der Schaltrelais

○ Beim Einschalten des betreffenden Verbrauchers wird im Relais durch den an Klemme 86 ankommenden »Schaltstrom« der Schaltstromkreis zu Klemme 85 (Masse) geschlossen.
○ Dadurch zieht eine Magnetspule einen kräftigen Kontakt gegen Federdruck an und schließt so den Stromkreis für den »Arbeitsstrom«.
○ Der Arbeitsstrom wird zur Vermeidung von Spannungsabfall auf kurzem Weg direkt an Klemme 30 des Relais herangeführt und von dort weiter – bei geschlossenen Schalterkontakten – über Klemme 87 an den Stromverbraucher weitergeleitet.
○ Bisweilen ist noch eine Klemme 87a vorhanden. Die ist fest mit Klemme 87 verbunden, hat also dieselbe Funktion.

Störungssuche Schaltrelais

● An Klemme 30 muß immer Spannung anliegen, sofern es sich nicht um ein Relais handelt, dessen Verbraucher von einem anderen abhängt. Beispiel: Das Relais der Kraftstoffpumpe erhält nur dann Strom, wenn die Einspritzanlage arbeitet.
● Zur Kontrolle der Stromversorgung Relais herausziehen und mit Prüflampennadel Klemme 30 im Relaissockel antippen. Kein Strom: Zuleitung defekt.
● Relais abziehen, Klemme 86 mit Batterie-Plus und Klemme 85 mit Masse verbinden. Die Magnetspule muß den Relaiskontakt deutlich hörbar anziehen, sonst ist das Relais defekt.

Behelf bei defektem Schaltrelais

● Relais aus dem Stecksockel abziehen.
● Klemme 30 und 87 im Relaissteckfeld mit einer Büroklammer oder einem kurzen Drahtstück überbrücken. Dadurch erhält der betreffende Verbraucher Dauerstrom.
● Zum Abschalten die Kurzschlußbrücke abziehen, da der betreffende Schalter in diesem Fall ja überbrückt.

Kombirelais

Dieses große Relais mit mehreren Arbeitskontakten reduziert den Teileaufwand in der Elektrik etwas. Es ist für das Richtungs- und Warnblinken, die Heckscheibenheizung und für die Spannungsversorgung des Wischermotors zuständig.

Folgende Relais sind im Sicherungs- und Relaiskasten zu finden:
1 – Relais partielle Saugrohrvorwärmung (PSV, K3/1);
2 – Relais Vorladepumpe (K20);
3, 4 – Relais Zusatzlüfter (K9);
5 – Relais Scheinwerfer-Reinigungsanlage (SRA, K2);
6 – Relais Fanfare;
7 – frei;
8 – Relais Lufteinblasung (K17);
9 – Kombirelais (Blinker, heizbare Heckscheibe, Wischermotor, N10) bzw. Kombirelais (zusätzlich mit Blinker Anhängevorrichtung N10/2);
10 – Lampenkontrollgerät (N7).

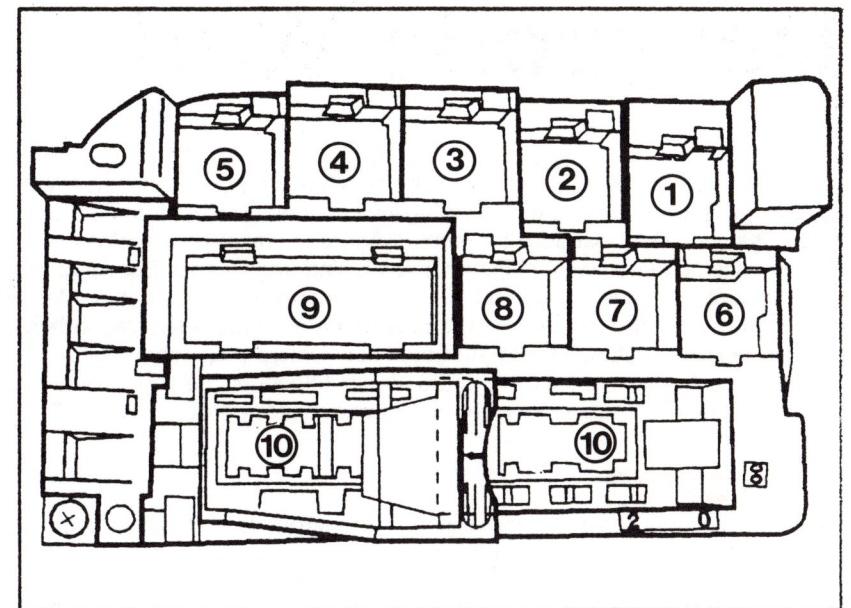

Lampenkontrollgerät

Die Glühlampen der Außenbeleuchtung für Abblendlicht, Standlicht, Schlußlichter und Bremslicht werden von dieser hilfreichen Einrichtung überwacht. Fällt eine der Lampen aus, brennt die Kontrolleuchte, bis das Licht ausgeschaltet wird. Bei defektem Bremslicht brennt die Kontrolle bis zum Ausschalten der Zündung. Das Lampenkontrollgerät erkennt einen Fehler im jeweiligen Stromkreis, wenn darin der Stromfluß zu gering wird. Bei höherem Stromfluß, wenn z.B. ein Anhänger eingesteckt ist, führt das nicht zu Fehlanzeigen.

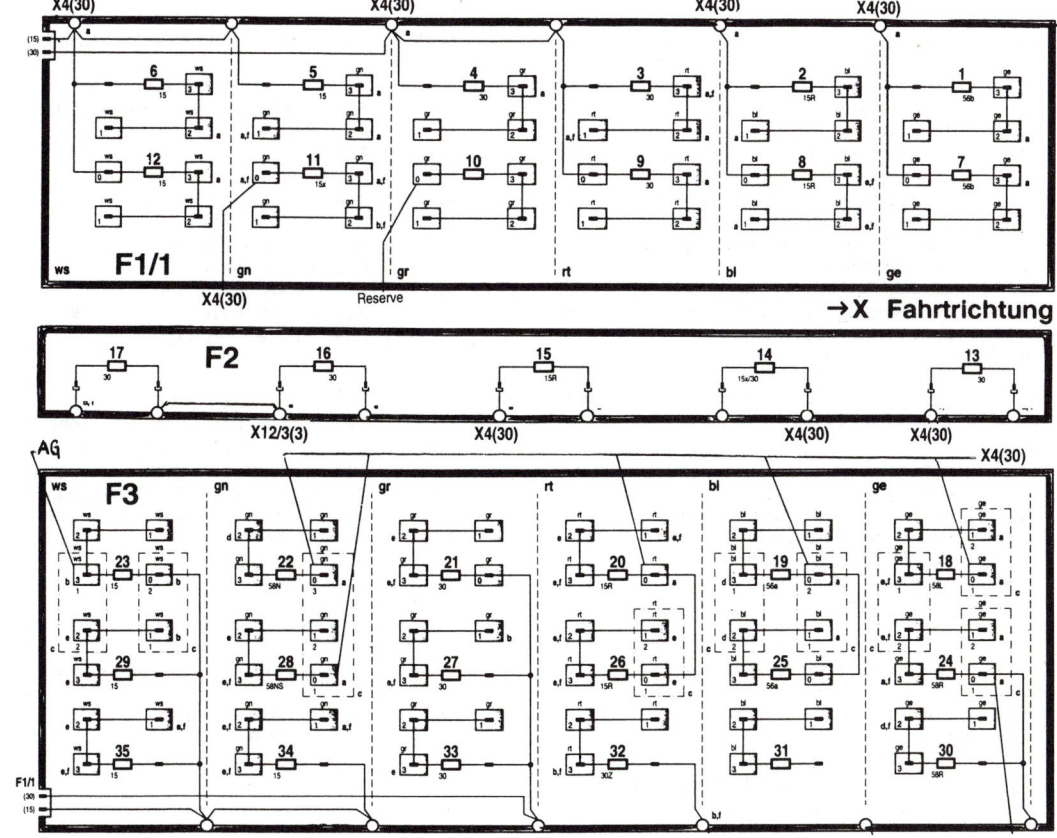

Verschaltung und Anordnung der Sicherungen. Drei Sicherungsträger sind im Sicherungs- und Relaiskasten eingebaut: F1/1, F2 und F3.

Fehlerdiagnose

Der große Wurf

In diesem Kapitel können Sie selbst zwar nichts tun, wir wollen Ihnen aber trotzdem eine ungefähre Vorstellung darüber geben, wie umfangreich die Möglichkeiten der Werkstatt mit dem Hand-Held-Tester sind. Dieser wird an die 38polige Diagnosedose im rechten Aggregateraum angeschlossen. Im Klartext erhält der Mechaniker Informationen darüber, welche Fehler erkannt sind und was zur Beseitigung getan werden muß. Die Software im Prüfgerät wird hierzu laufend in der Kundendienstzentrale bei Mercedes-Benz aktualisiert, und die Werkstatt bekommt die neuen Programme (updates) zugesandt. Besonders interessant ist, daß zudem noch eine Vielzahl von Zuständen beim Auftreten des Fehlers gespeichert werden, um den Ursachen ganz genau auf die Schliche kommen zu können. Die unten folgenden Fehlertabellen sind Beispiele, die von uns nach Drucklegung des Handbuches nicht mehr überarbeitet werden.

Die Diagnosedose

Diese Tür zu den Fehlerspeichern in den Steuergeräten ist mit einem Schraubdeckel gegen Feuchtigkeit geschützt. An den 38 Polen sind folgende Systeme angeschlossen:

Buchse	Steuergeräte (Abkürzungen siehe hinten im Buch)	Buchse	Steuergeräte (Abkürzungen siehe hinten im Buch)
1	Masse	16	Steuer- und Bediengerät Heizungs- bzw. Klimaanlage
2	Spannung Klemme 87 vom Überspannungsschutz	17	Steuergerät HFM- oder PMS-Motronic
3	Klemme 30	23	Steuergerät EDW
4	Steuergerät HFM- oder PMS-Motronic	26	Steuergerät ASD
6	Steuergerät ABS, ASR, ETS, PML	30	Steuergerät Gurtstraffer und Airbag
7	Steuergerät EFP, TPM, LLR	31	Steuergerät Infrarotfernbedienung

Fehlertabellen

Steuergerät PMS-Motronic

Code	Überwachtes Bauteil/Fehlerursache	Code	Überwachtes Bauteil/Fehlerursache
1	Fehlerfrei	15	Einspritzventil Zylinder 2 und 3
2	Temperaturgeber Kühlmittel	20	Selbstanpassung der Lambdaregelung
3	Temperaturgeber Ansaugluft	21	Zündspule T1/1
4	Drucksensor am Steuergerät	22	Zündspule T1/2
5	Leerlaufregelung/Leerlaufkontakt	24	Positionsgeber an Kurbelwelle
6	Leerlaufregelung/Poti an Drosselklappe	26	Abgleichkupplung
7	Leerlaufregelung/Poti an Stellmotor	27	Drehzahlsignal TN
8	Systemfehler Leerlaufregelung/Notlauf	28	Geschwindigkeitssignal
9	Lambdasonde/Signal	29	Saugrohrbeheizung
11	Lambdasonde/Sondenheizung	30	Relais Kraftstoffpumpe
13	Lambdaregelung am Fett- oder Mageranschlag	37	Schaltpunktanhebung (Automatik)
14	Einspritzventil Zylinder 1 und 4	49	Spannungsversorgung

Steuergerät Infrarotfernbedienung

Code	Überwachtes Bauteil/Fehlerursache	Code	Überwachtes Bauteil/Fehlerursache
1	Fehlerfrei	9	Mikroschalter, Kurzschluß
2	Steuergerät	10	Zündschloßeinheit, Unterbrechung
3	Kurzschluß Versorgungspumpe	11	Zündschloßeinheit, Kurzschluß
4, 5	Empfänger, Kurzschluß	12	Schaltelement Fahrertür
6	Kurzschluß Versorgungspumpe	13	Schaltelement Beifahrertür
7, 8	Empfänger, Kurzschluß	14	Schaltelement Heckdeckel

Steuergerät Airbag/Gurtstraffer

Code	Überwachtes Bauteil/Fehlerursache	Code	Überwachtes Bauteil/Fehlerursache
1	Fehlerfrei	6	Gurtschloßschalter Beifahrer
2	Steuergerät	7	Widerstand Beifahrersitz
3	Zündkreis Fahrerairbag	8	Spannungsversorgung
4	Zündkreis Fahrer- und Beifahrerairbag	9	Kontrolleuchte
5	Gurtschloßschalter Fahrer	10	Steuergerät Airbagauslösung

Mancher Selbstpfleger wird den früheren Zeiten nachtrauern, wo mit einfachen Werkzeugen noch etwas »verbessert« werden konnte. Doch bald wird man sich umgewöhnt haben: Heute kommuniziert man über eine Schnittstelle mit den Steuergeräten.

Steuergerät Klimaautomatik

Code	Überwachtes Bauteil/Fehlerursache	Code	Überwachtes Bauteil/Fehlerursache
1	Fehlerfrei	22, 23	Poti an Seitendüse links
2, 3	Temperaturfühler innen	24, 25	Bediengerät, Poti für Seitendüse rechts
4, 5	Temperaturfühler außen	26, 27	Poti an Seitendüse rechts
6, 7	Temperaturfühler am Verdampfer	30, 70	Umwälzpumpe
8, 9	Temperaturfühler am Wärmetauscher	31	Monoventil
12, 13	Temperaturfühler Kühlmittel	33, 73	Ansteuerung Kältekompressor
16, 17	Bediengerät, Poti für Mitteldüse	34, 74	Zusatzlüfter 2. Stufe
18, 19	Poti an Mitteldüse	35, 75	Zusatzlüfter 1. Stufe
20, 21	Bediengerät, Poti für Seitendüse links	50	Ansteuerung Ventilleiste

Im Aggregateraum rechts zu finden: 1, 2 – Steuergeräte EGR, ARA (Diesel); 3 – ABS-Steuergerät; 4 – Duoventil (Heizung); 5 – Umschaltventil; 6 – Steckverbindung Drehzahlgeber linkes Vorderrad; 7 – Steckverbindung Bremsbelagverschleiß; 8 – Diagnosedose; 9 – Überspannungsschutz.

Mittels Hand-Held-Tester (HHT) »durchschaut« der Monteur die diversen elektronischen Systeme. Das ermöglicht eine schnelle und zielsichere Lokalisierung und Bewertung defekter Bauteile.

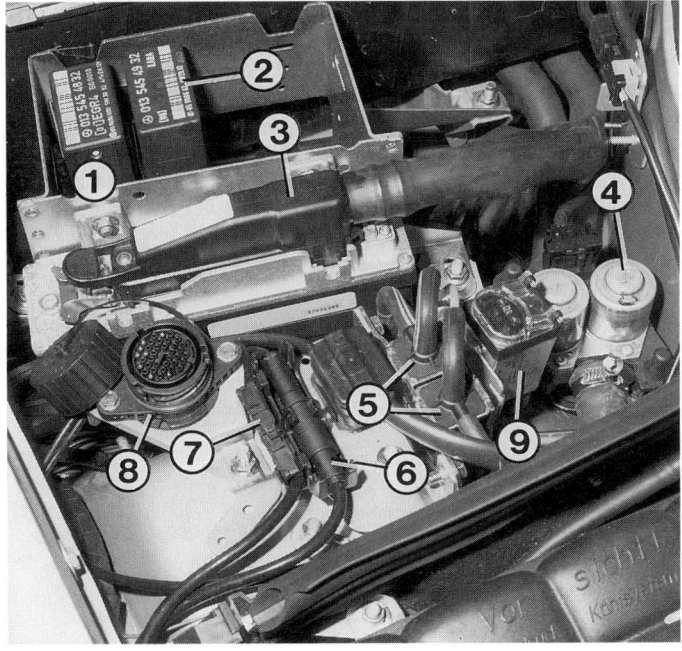

Die Schaltpläne

Nervenstränge

Bei der Darstellung der elektrischen Einrichtungen und Leitungsverbindungen ist Mercedes neue Wege gegangen: Was früher noch in einem Gesamtschaltplan unterzubringen war, mußte bei der C-Klasse in zahlreiche Funktionsgruppen getrennt werden.

In dieser – aus dem gedachten Gesamtschaltplan herausgegriffenen – Teildarstellung ist dann alles enthalten, was zum Verstehen dieser Baugruppe dazugehört: Bauteilnamen, Stecker-Numerierungen, Kabelfarben etc. – eine separate Schaltplanerklärung ist nach den Schaltplänen zu finden.

Nachteil dieser Darstellungsweise ist das ständig notwendige Blättern, wenn eine Querverbindung gesucht werden soll. Die Anwendung der Schaltpläne schafft nicht immer den gewünschten Überblick, aber ohne das Vermögen, elektrisch denken zu können, werden Sie mit der Elektrik in Ihrem Mercedes ohnehin nur schwer zurechtkommen.

Fingerzeig: Die gesamten Schaltpläne für die in diesem Buch behandelten Modelle füllen zwei DIN A4-Ordner. Dieser Umfang kann natürlich hier im Buch nicht wiedergegeben werden. Wir haben uns für eine Auswahl der unserer Ansicht nach am häufigsten benötigten Pläne entschieden. Wer sich den kompletten Schaltplanordner zulegen möchte, kann ihn beim Mercedes-Händler oder einer Mercedes-Niederlassung bestellen (Bestell-Nr. 6510 1452 00).

Aufbau der Schaltpläne

Im Schaltplan ist ein Stromkreis mit dem kürzestmöglichen Kabelweg – dem Strompfad – gezeichnet ohne Rücksicht auf die Einbaulage im Fahrzeug. Bauteile mit mehreren Funktionen können auf mehrere Pfade aufgeteilt sein.

Stromzufuhr: Oben im Schaltplan ist meist die Plus-Seite dargestellt. Von hier kommt der Strom von einer Sicherung, deren Klemmenbezeichnung, Nummer und Stärke angegeben ist.

Sicherungen: Mit dem Kennbuchstaben »F« und einer nachfolgenden Zahl sind die im Sicherungshalter sitzenden Sicherungen bezeichnet. Die Numerierung entspricht ihrem Platz im Sicherungs- und Relaiskasten (siehe dazu Tabellen ab Seite 175).

Leitungen: Die elektrischen Leitungen sind vor der Farbbezeichnung mit dem Querschnitt ihrer Kupferseele angegeben. Die Kabelfarben finden Sie im Abkürzungsverzeichnis hinten im Buch.

Steckverbindungen: Sie tragen grundsätzlich den Kennbuchstaben »X«. Anhand der nachfolgenden Nummer läßt sich aus einer Tabelle herausfinden, wo der Stecker im Fahrzeug eingebaut ist.

Bauteile: Alle elektrischen Bauteile sind in den Schaltplänen mit Kennbuchstaben mit nachgestellten Unterscheidungsziffer angegeben. So bedeuten z. B. A – Baugruppen, Empfänger, Sender; B – Geber, Temperaturgeber; E – Glühlampen; F – Sicherungen; G – Stromquellen; H – Signaleinrichtungen; K – Relais; L – Spulen, Induktivgeber; M – Motoren; N – Steuergeräte; R – Widerstände; S – Schalter; T – Zündspulen; W – Massestellen; X – Stecker, Leitungsverbinder; Y – Ventile; Z – Lötstellen im Leitungssatz.

Schaltzeichen: Zur Darstellung der Bauteile werden genormte Schaltzeichen verwendet, wobei alle Schalter und Kontakte den Zustand des stehenden, abgeschlossenen Wagens mit getretener Feststellbremse zeigen.

Klemmen- oder Pinbezeichnungen: Ein- oder zweistellige Ziffern, ggf. mit Zusatzbuchstaben im Schaltplan finden sich gleichlautend an den Anschlußklemmen des entsprechenden Bauteils.

Masse: Karosserie, Motor oder Getriebe dienen in der Autoelektrik zur Rückleitung des Stromes – man spricht hier von »Masse«. Im Schaltplan ist jeder Masseanschluß mit »W« bezeichnet.

Verschiedene Ausführungen: In den Schaltplänen sind auch Unterschiede je nach Ausstattung dargestellt. Die Teile sind strichpunktiert umrahmt und mit Abkürzungen bezeichnet (siehe Abkürzungsverzeichnis). Die Leitungen sind abgebrochen dargestellt. Wenn Sie die Ausstattungsvariante Ihres Fahrzeuges gefunden haben, müssen Sie diese bildlich unter die abgebrochenen Leitungen rücken und die Leitungsverbindung so herstellen.

Auswahl: Auf den nächsten Seiten finden Sie nacheinander folgende Schaltpläne:

Geschwindigkeitssignal vom Drehzahlgeber vorn links
Geschwindigkeitssignal vom Drehzahlgeber vorn rechts
Spannungsversorgung elektronischer Steuergeräte C 220/280
Geschwindigkeitssignal vom Drehzahlgeber hinten
Spannungsversorgung elektronischer Steuergeräte C 180/200
Verteilung des Motordrehzahlsignals C 180/200
Verteilung des Motordrehzahlsignals C 220/280
Kopfstützenentriegelung hinten

Anhängekupplung ab Juni '94
Anlasser, Lichtmaschine, Batterie
Motorsteuerung C 180/200 (PMS) Teil 1 und 2
Heizbare Heckscheibe
Motorsteuerung C 220 (HFM) Teil 1 und 2
Motorsteuerung C 280 (HFM) Teil 1 und 2
Außenbeleuchtung
Innenbeleuchtung

Kombi-Instrument
Zentralverriegelung ab Dezember '93
Fensterheber/Schiebedach/Komfortbetätigung
Heizungsautomatik mit Umluft und Motor-Restwärme-Anlage
Automatisches Sperr-Differential (ASD)
Automatisches Getriebe C 280

Außenspiegelverstellung
Automatisches Getriebe C 180/200
Antiblockiersystem (ABS)
Klimaautomatik Teil 1 und 2
Elektrische Sitzverstellung
Fahrer-, Beifahrerairbag, Gurtstraffer
Rückfahrlichtschalter (MG)

Hupen
Scheibenwischer und -wascher
Sitzheizung
Mercedes-Benz-Radio
Telefon D-Netz
Tempomat/Leerlaufregelung C 180/200/220

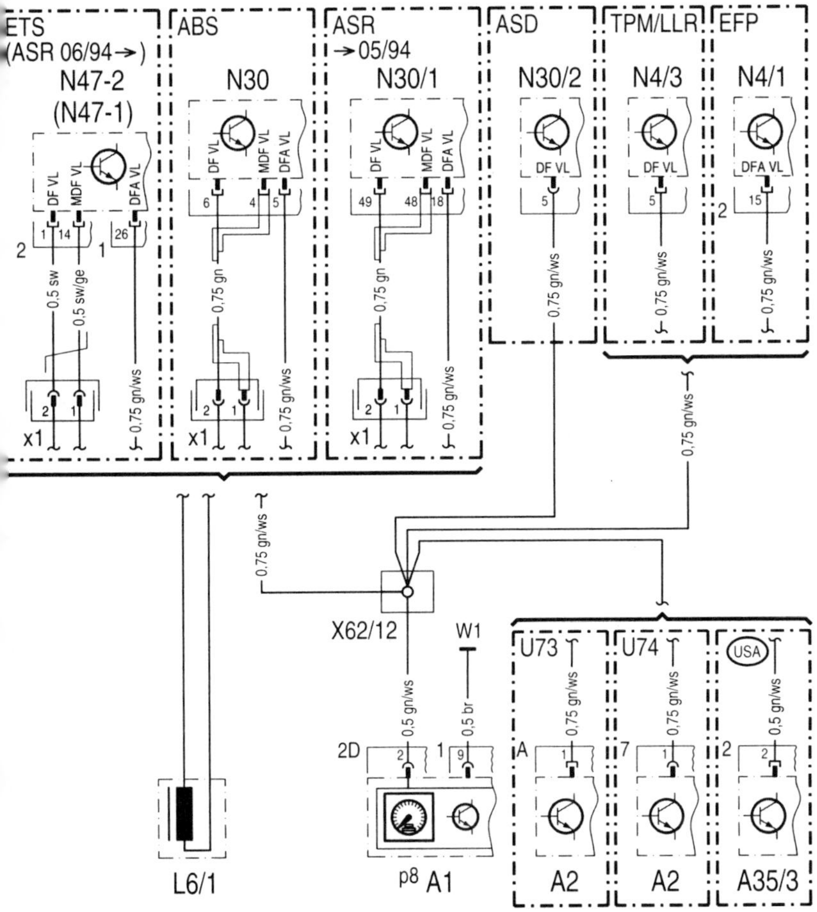

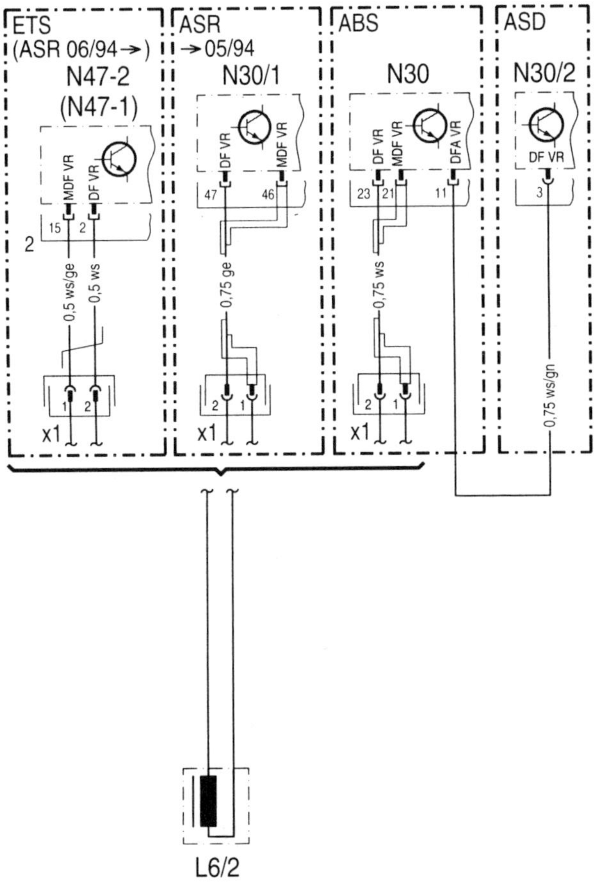

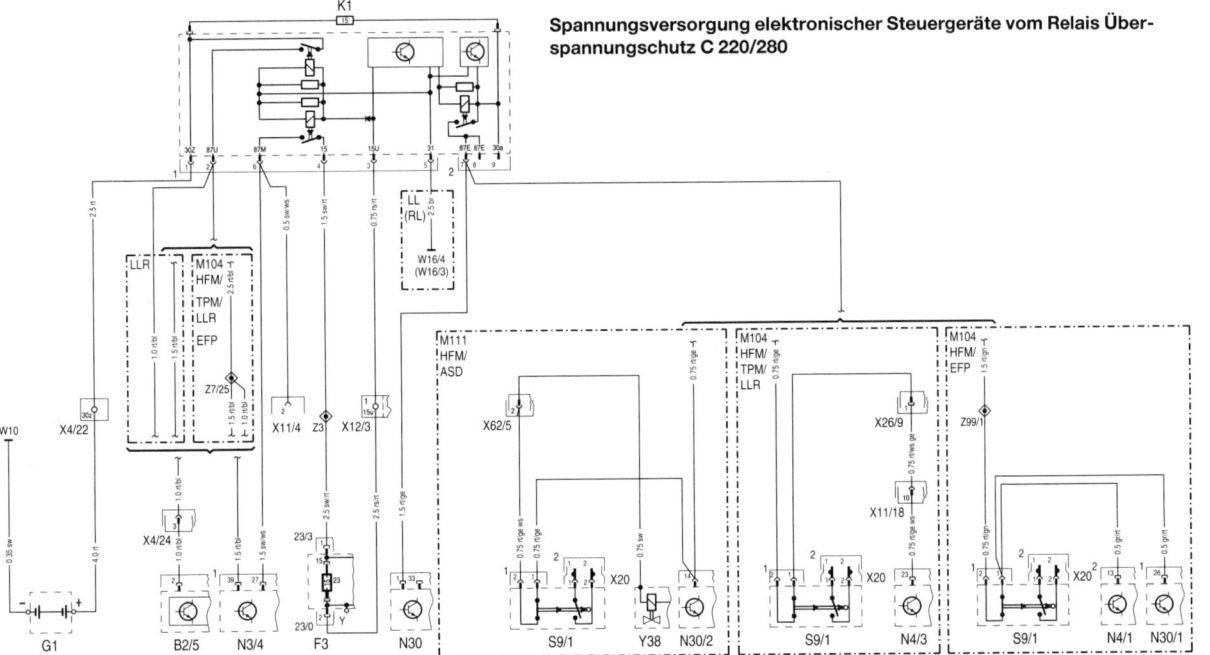

Verteilung des Geschwindigkeitssignals vom Drehzahlgeber hinten

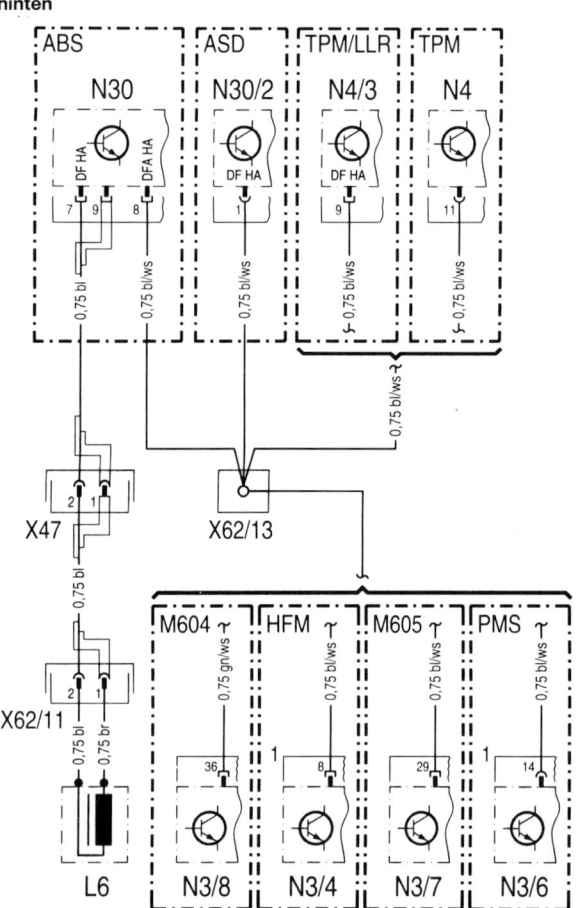

Verteilung des Motordrehzahlsignals C 180/200

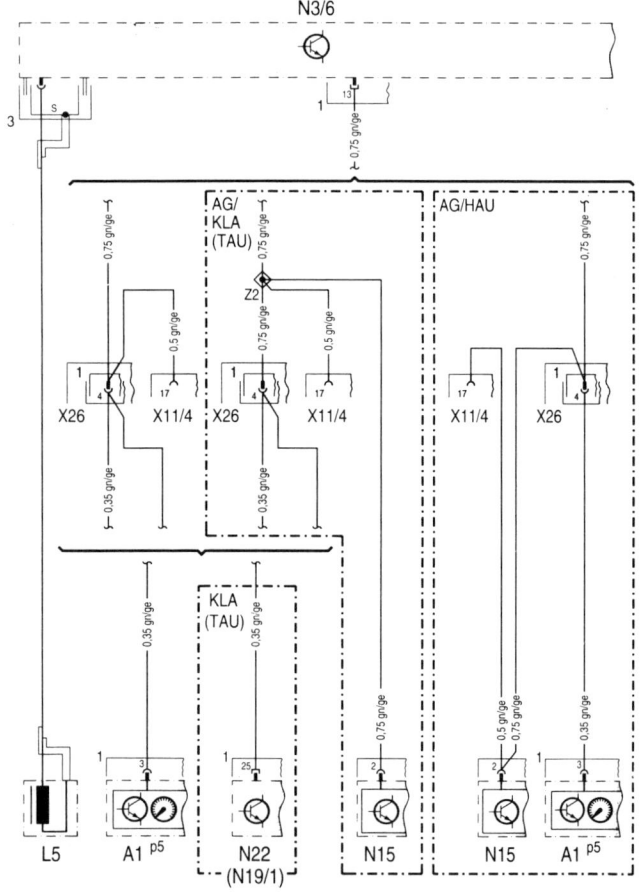

Spannungsversorgung elektronischer Steuergeräte vom Relais Überspannungsschutz C 180/200

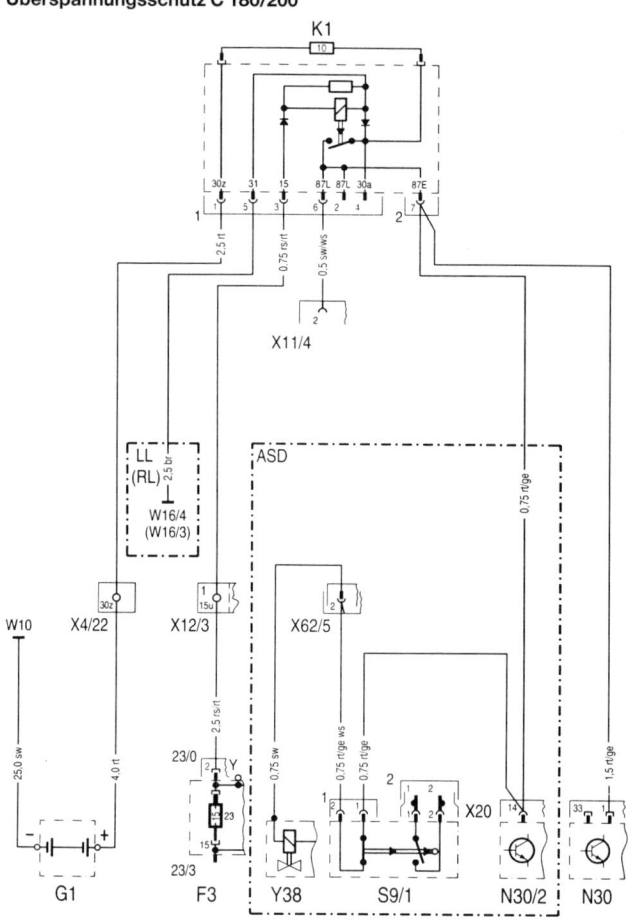

Verteilung des Motordrehzahlsignals C 220/280

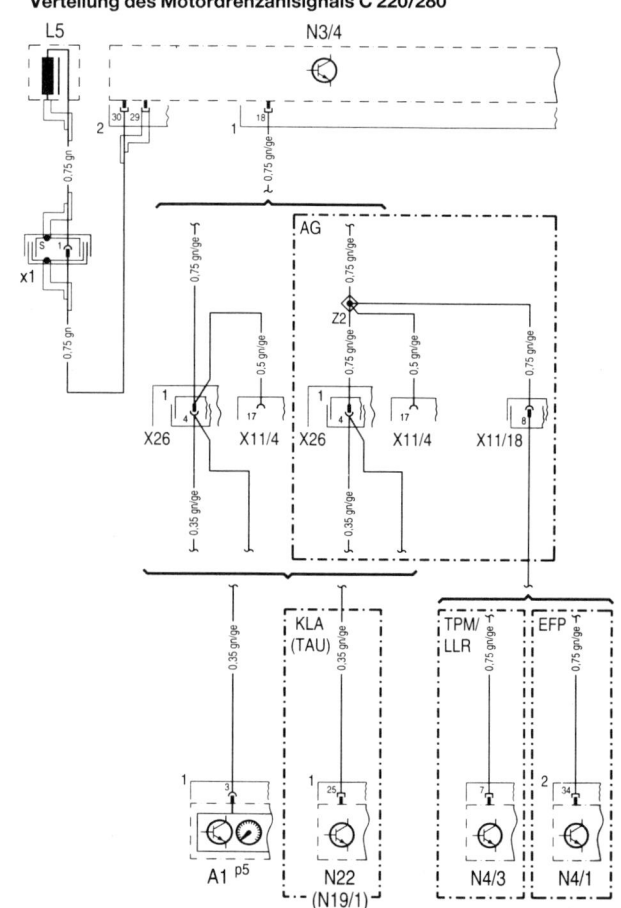

Kopfstützenentriegelung hinten

Anhängekupplung ab Juni '94

Anlasser, Lichtmaschine, Batterie

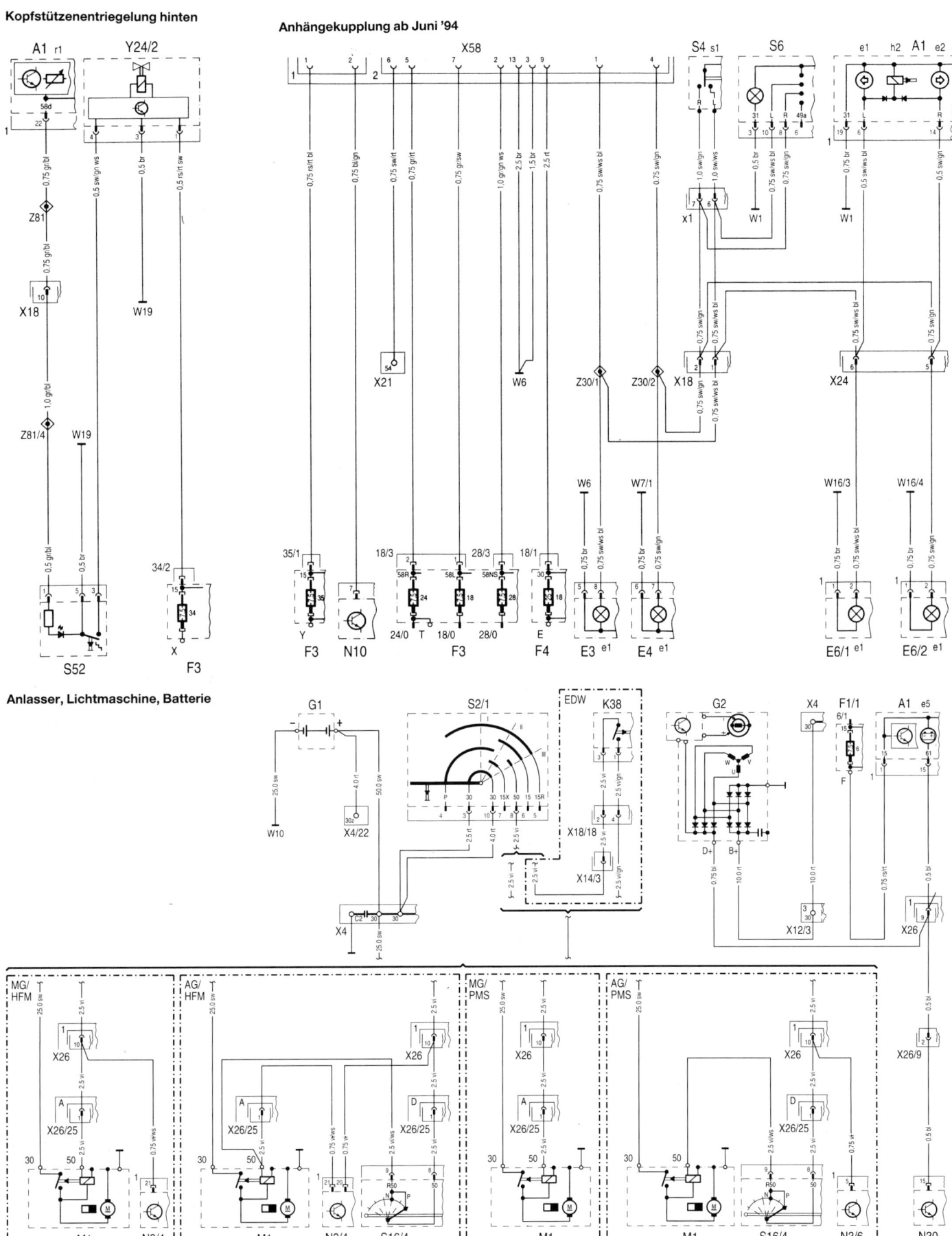

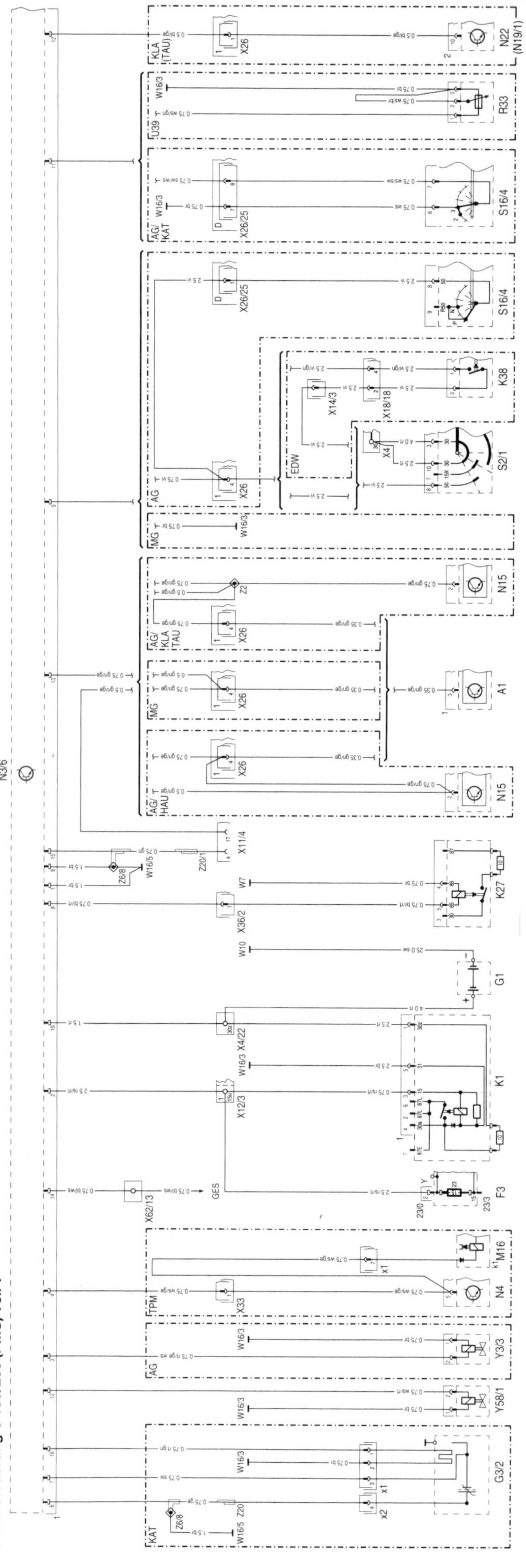

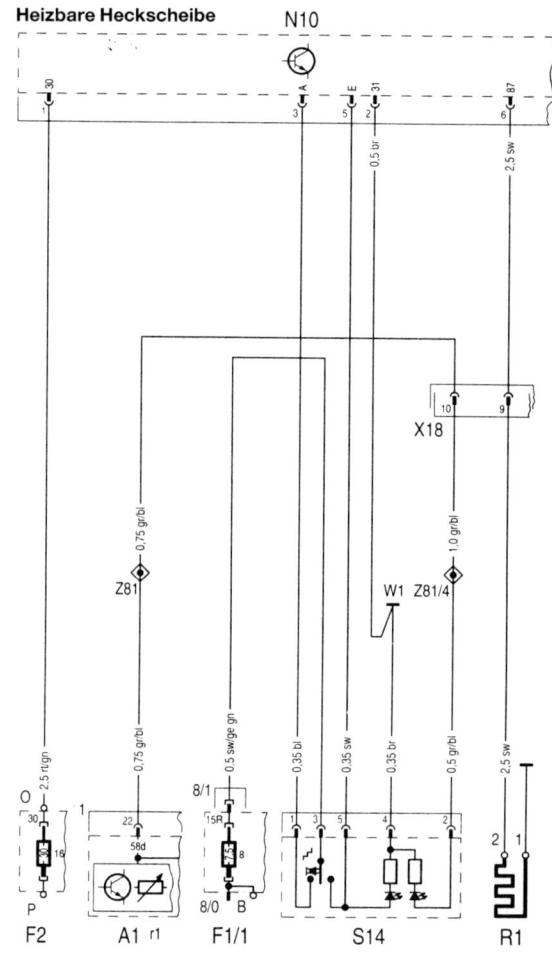

Heizbare Heckscheibe

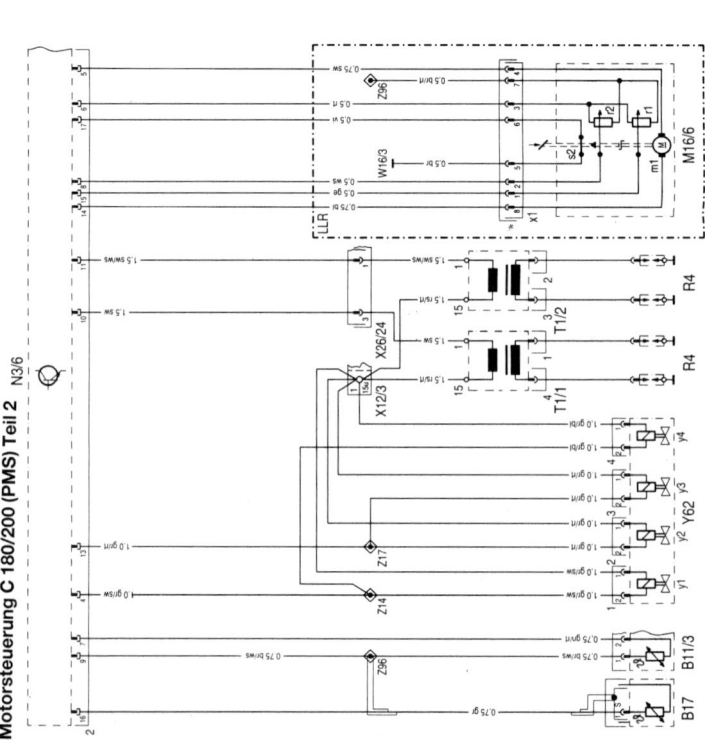

Motorsteuerung C 180/200 (PMS) Teil 1

Motorsteuerung C 180/200 (PMS) Teil 2

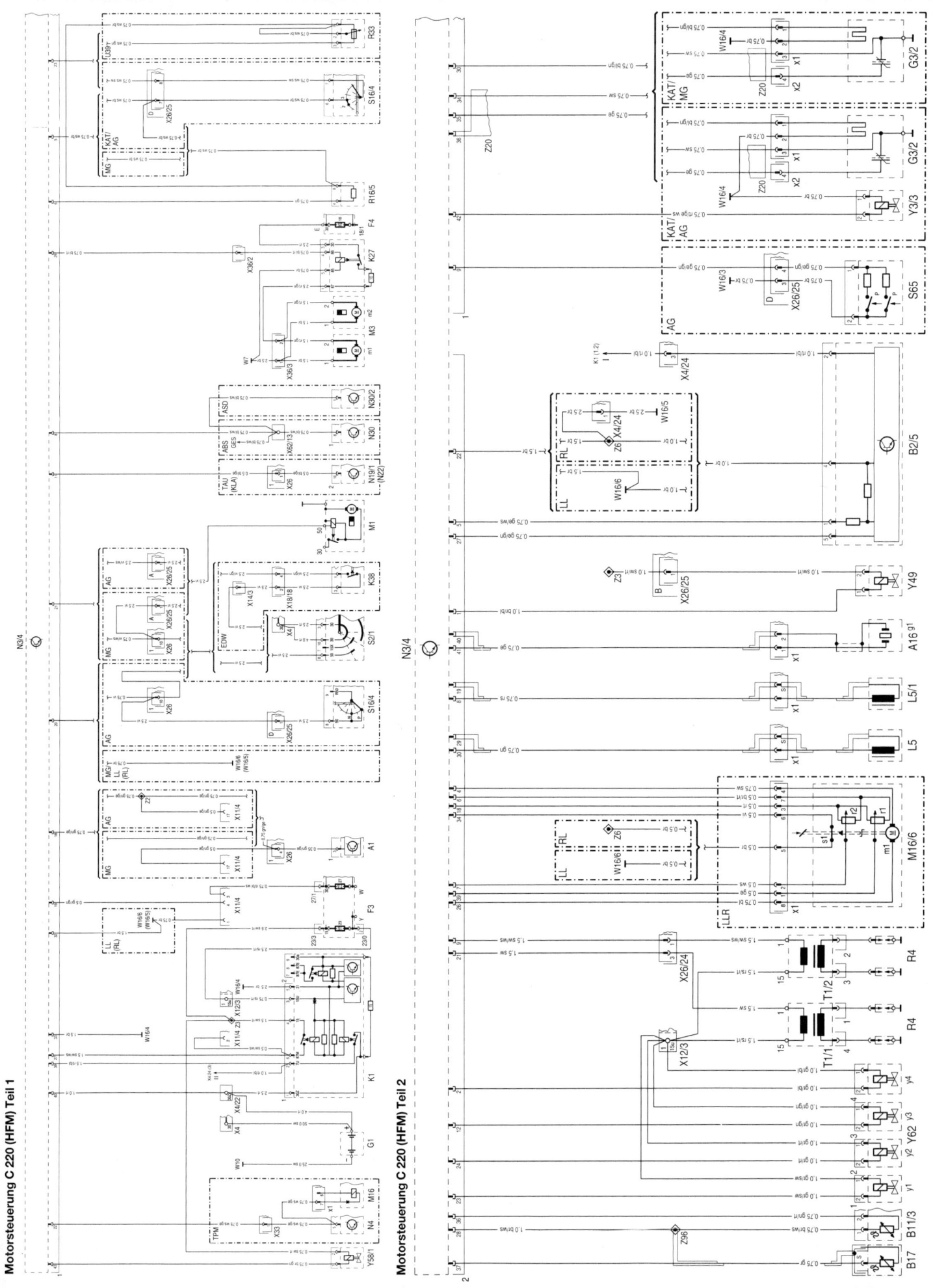

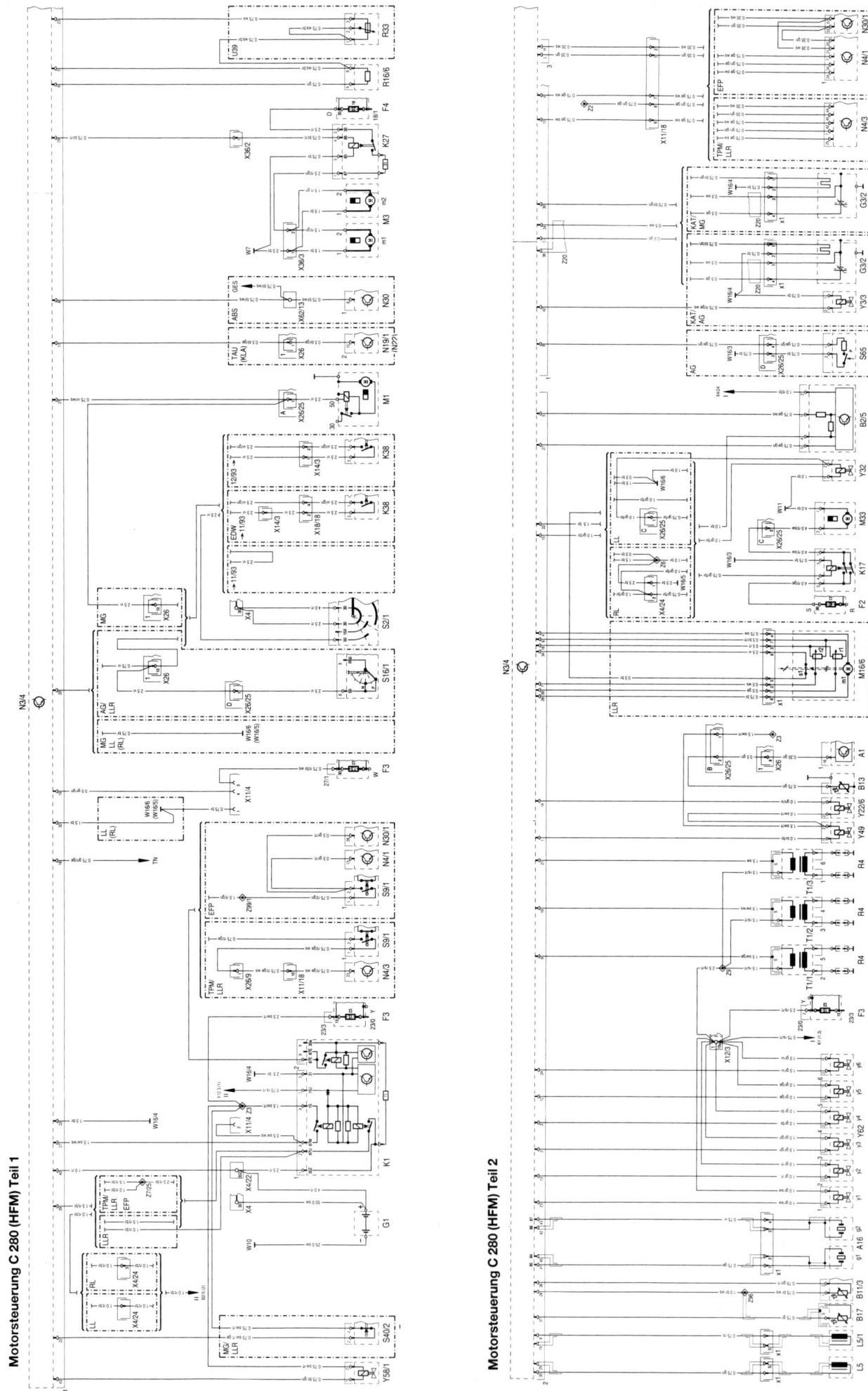

Motorsteuerung C 280 (HFM) Teil 1

Motorsteuerung C 280 (HFM) Teil 2

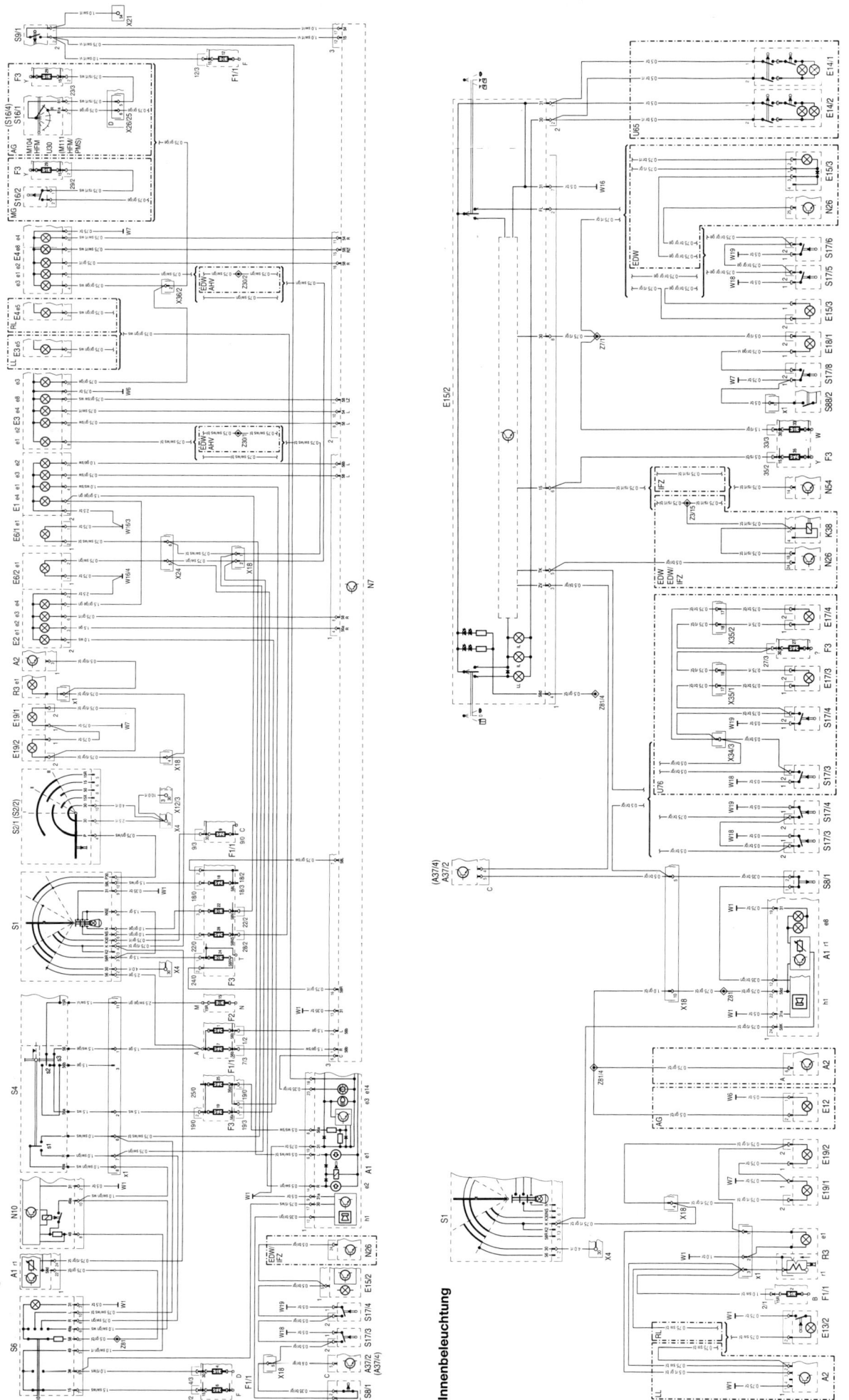

Außenbeleuchtung

Innenbeleuchtung

187

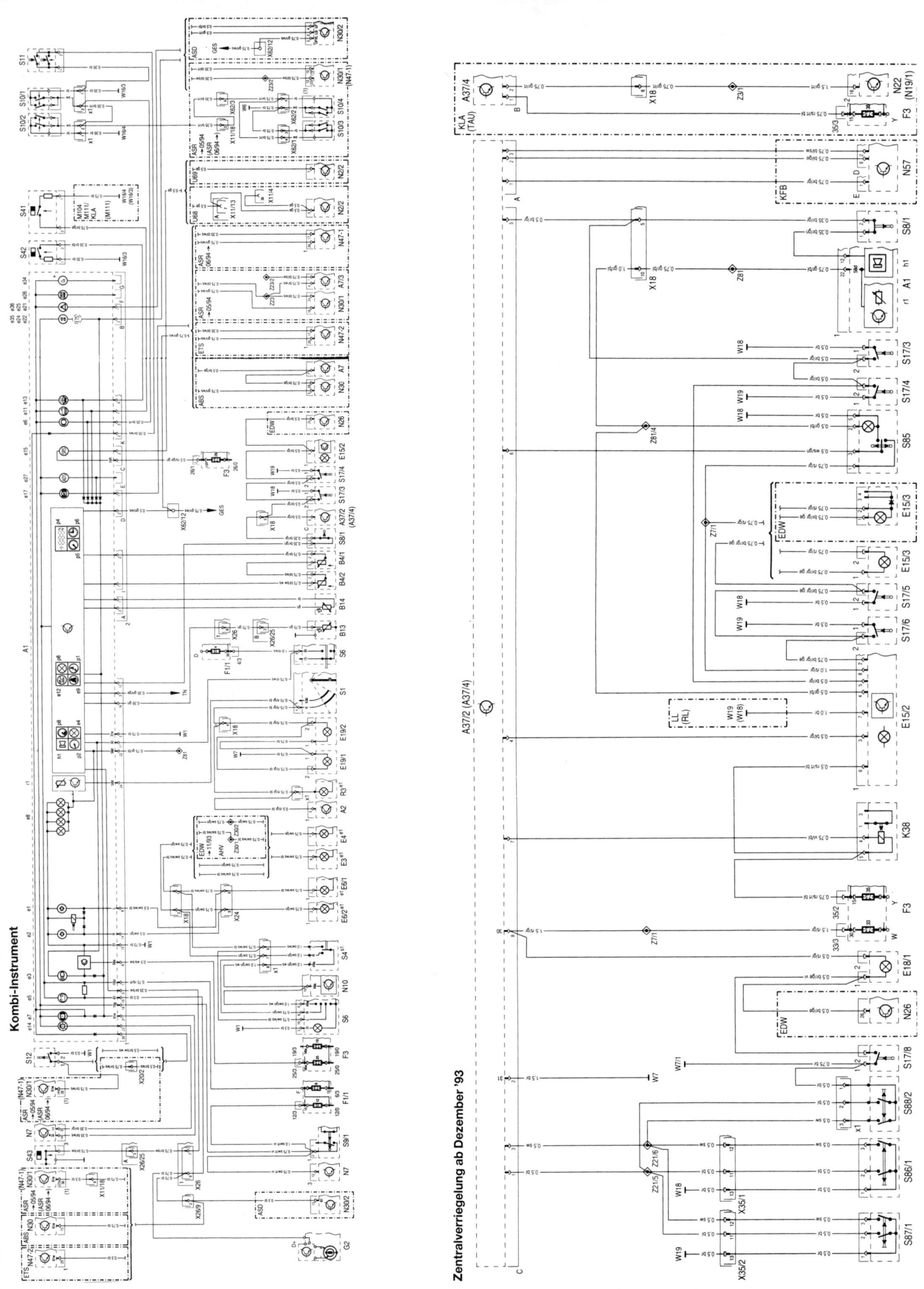

Fensterheber/Schiebedach/Komfortbetätigung

Heizungsautomatik mit Umluft und Motor-Restwärme-Anlage

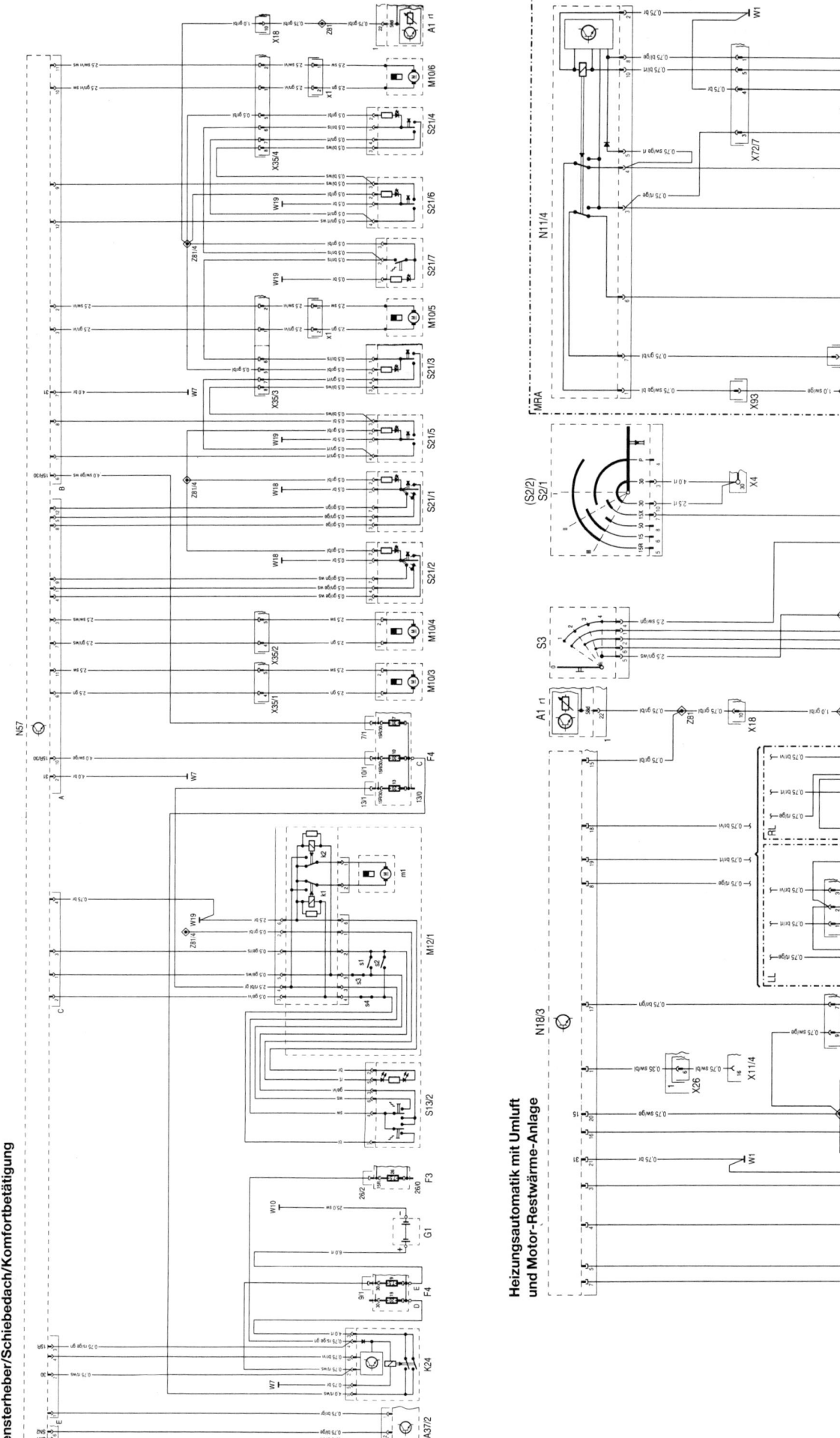

189

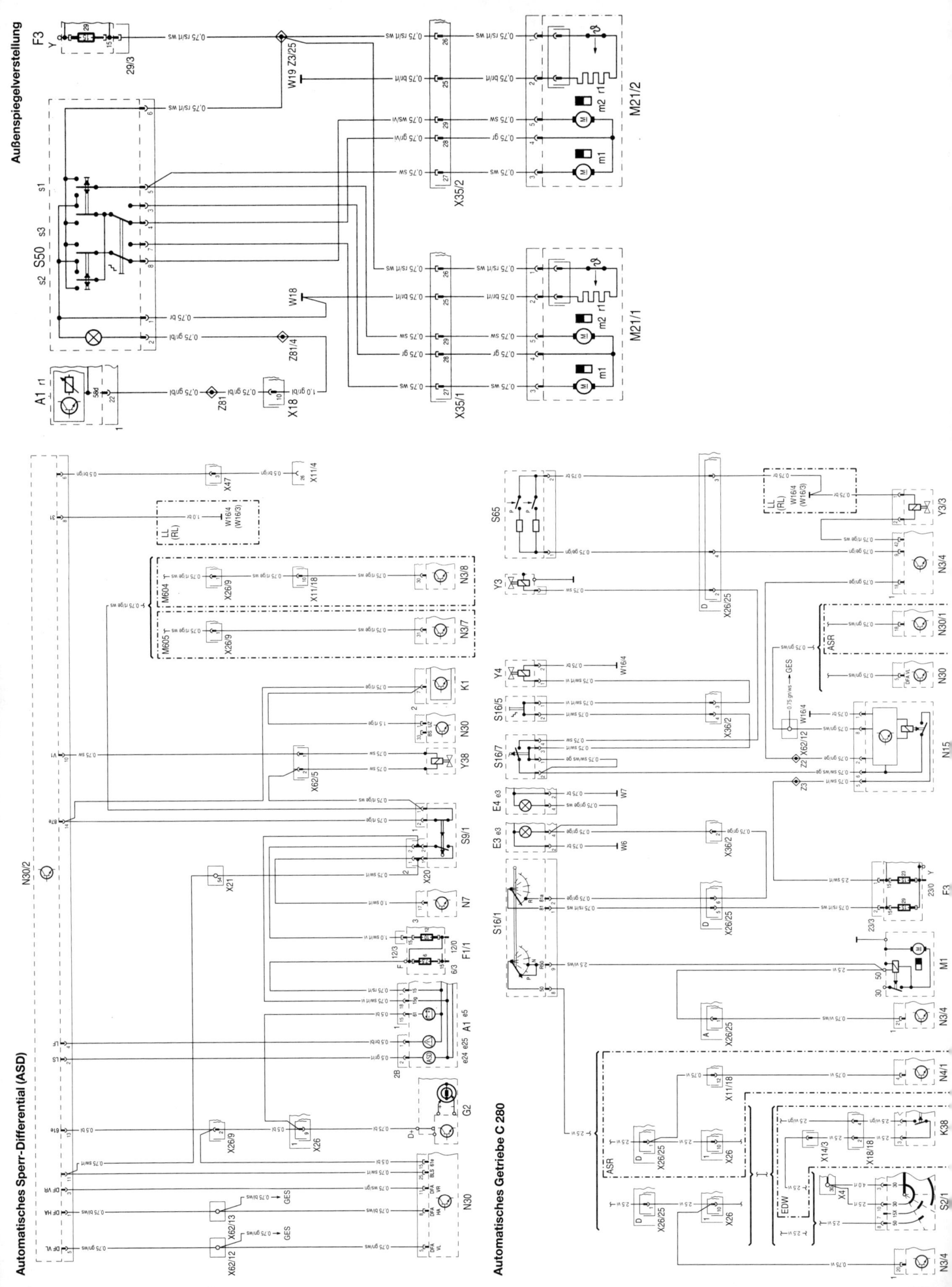

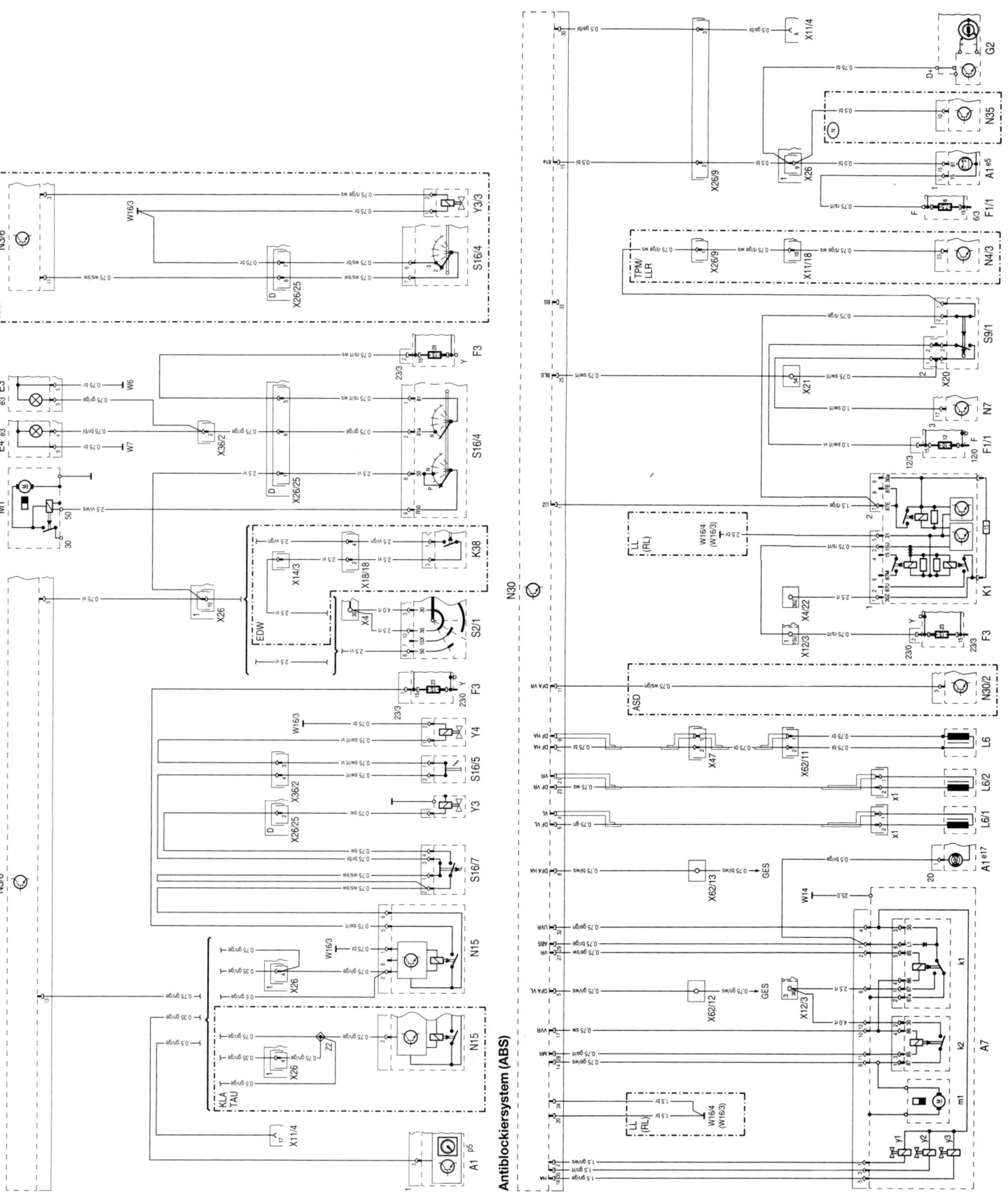

Antiblockiersystem (ABS)

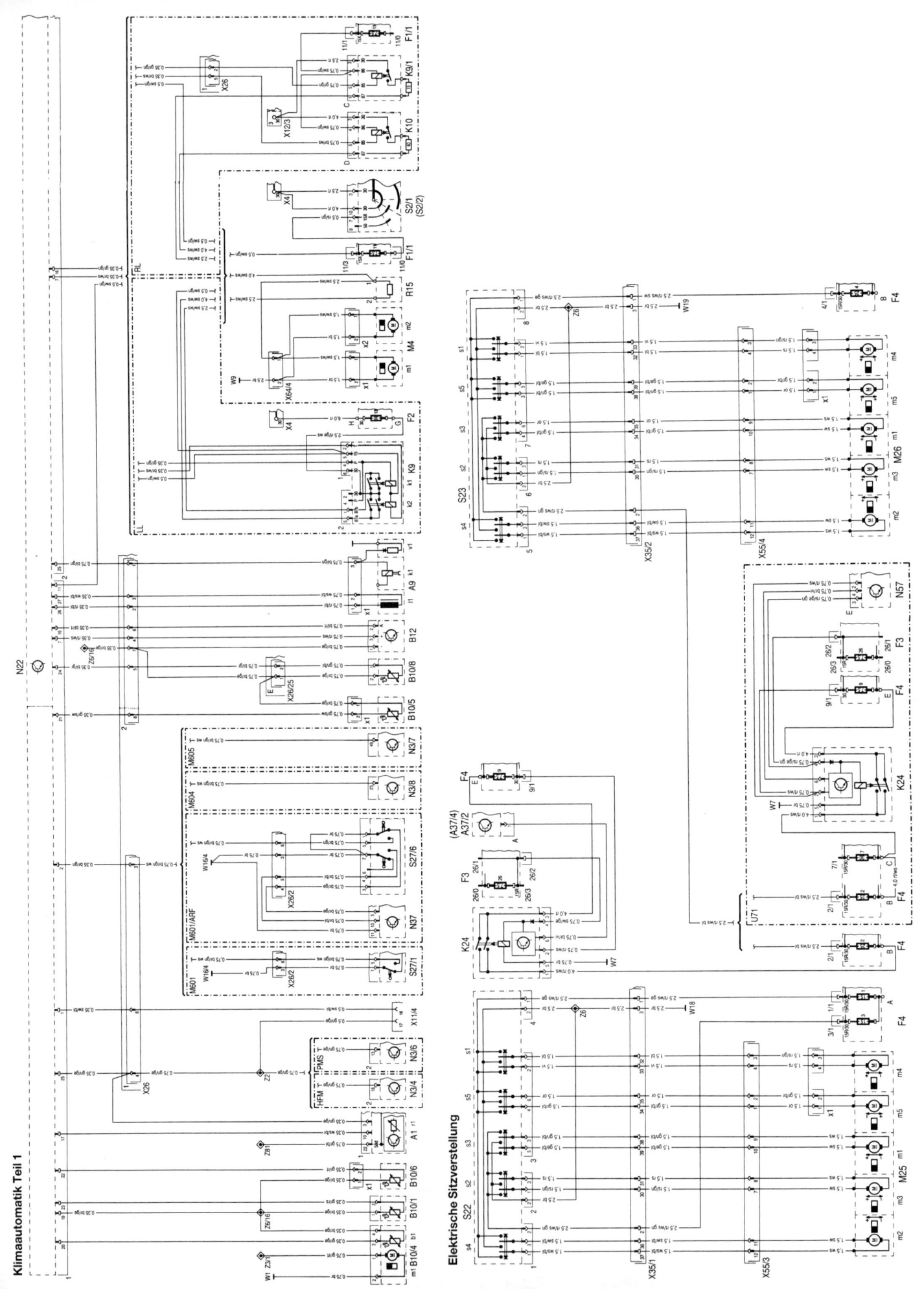

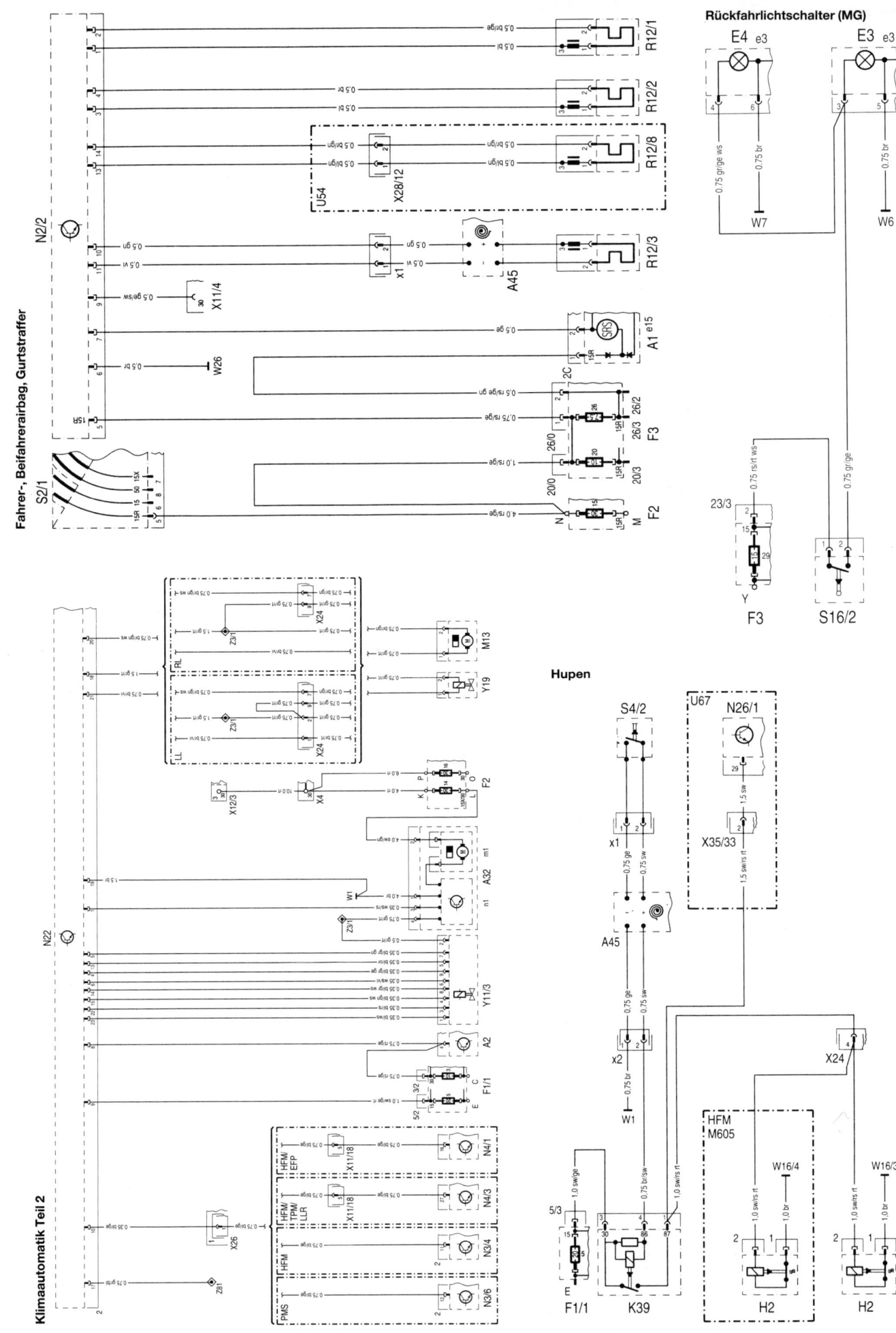

Scheibenwischer und -wascher

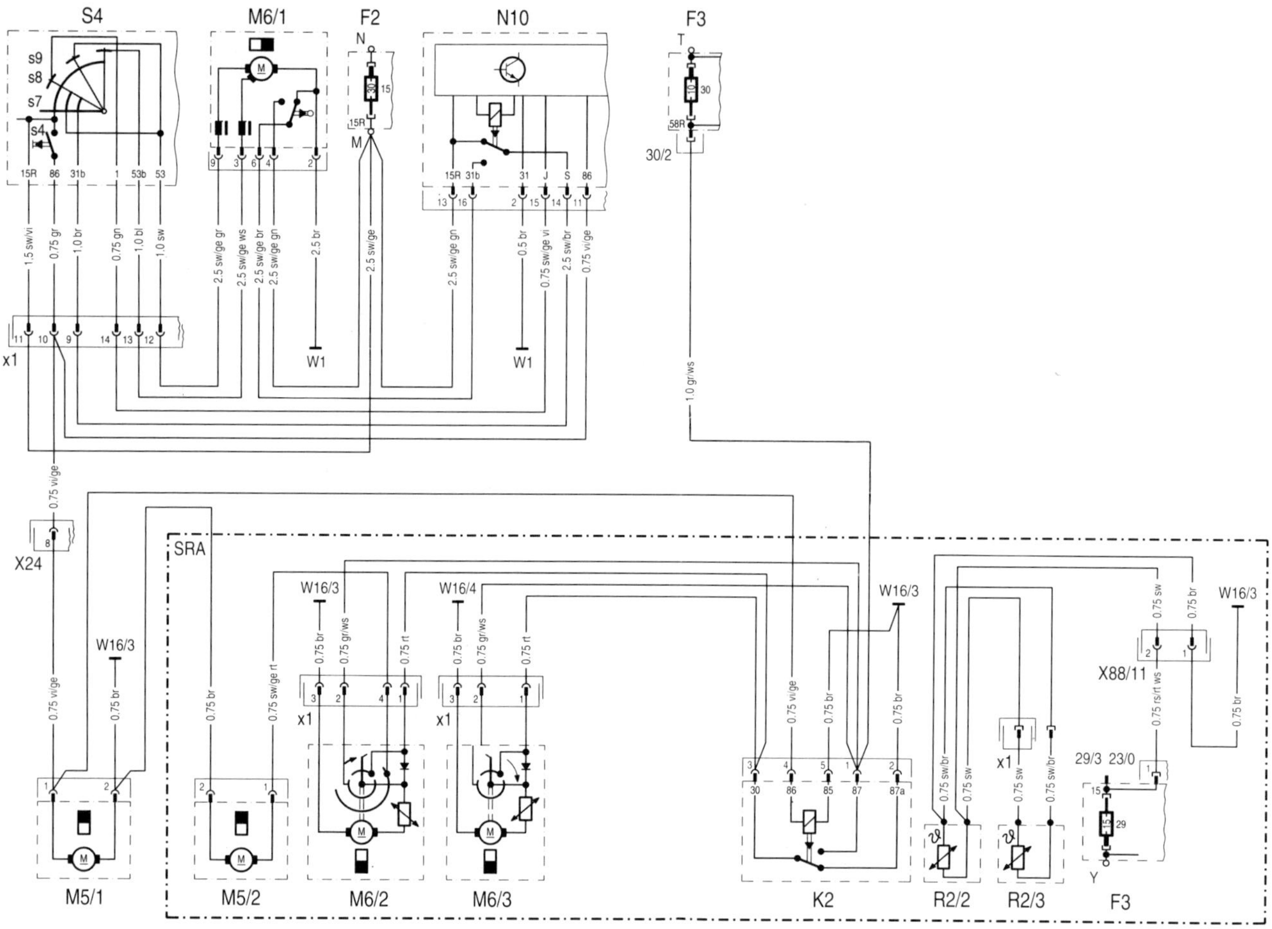

Sitzheizung

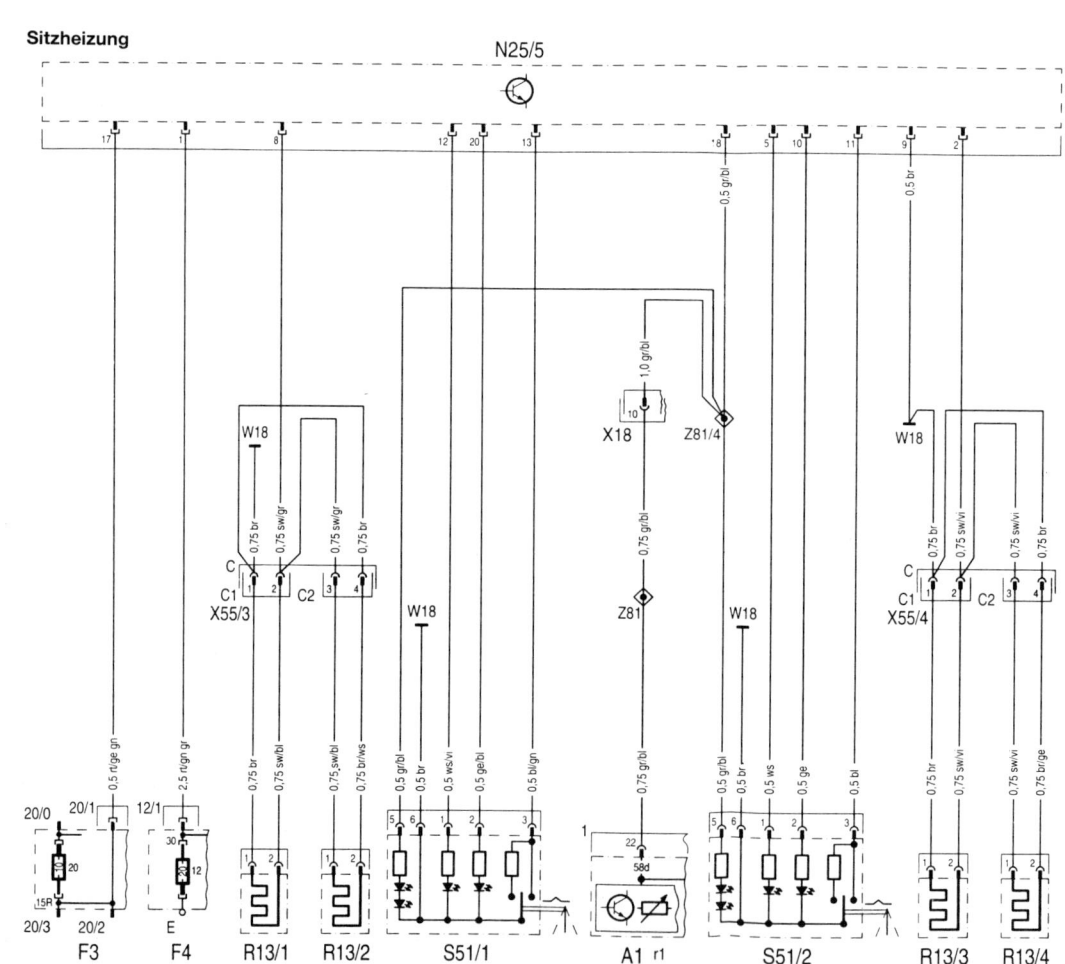

Mercedes-Benz-Radio

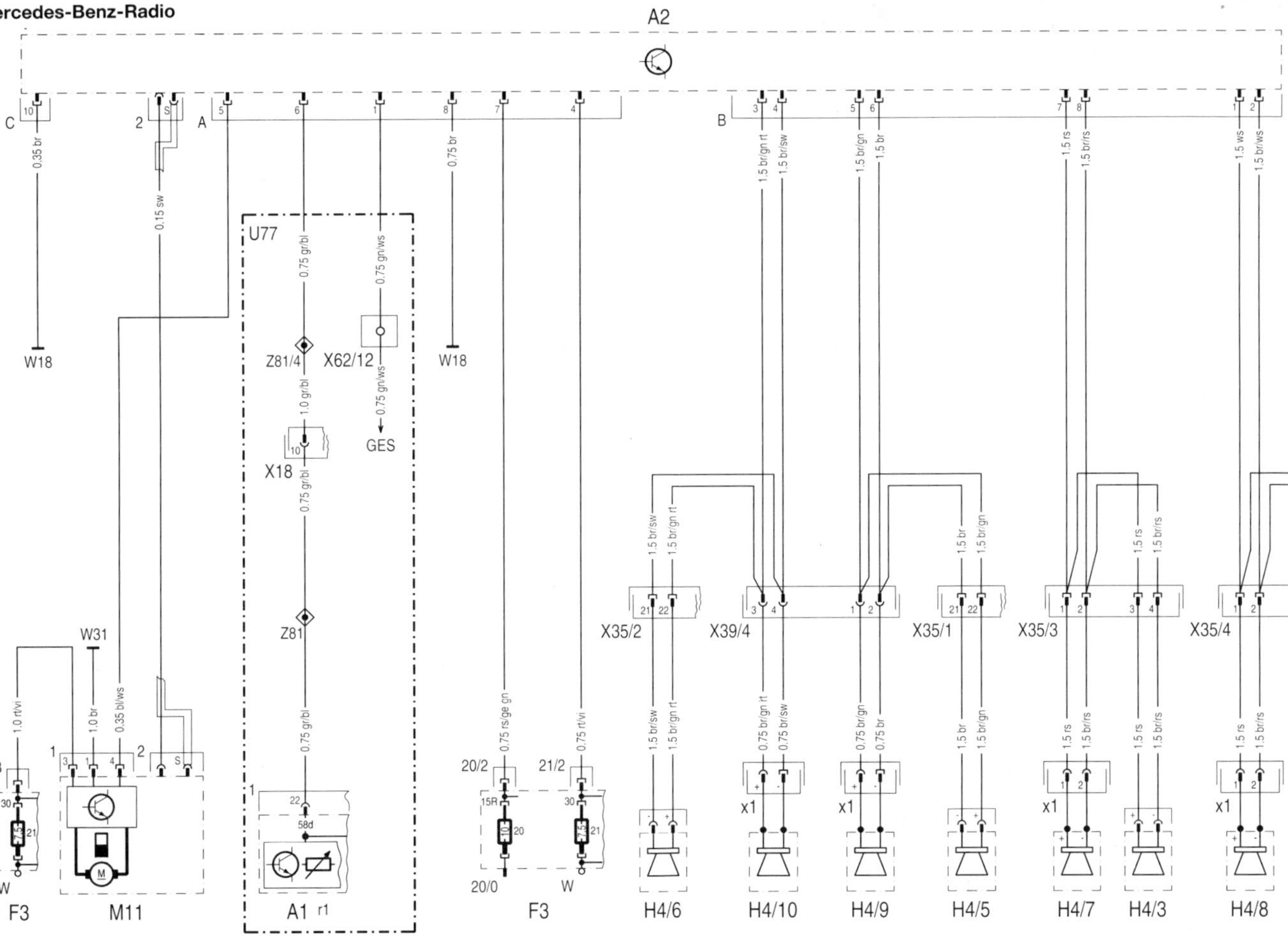

Telefon D-Netz

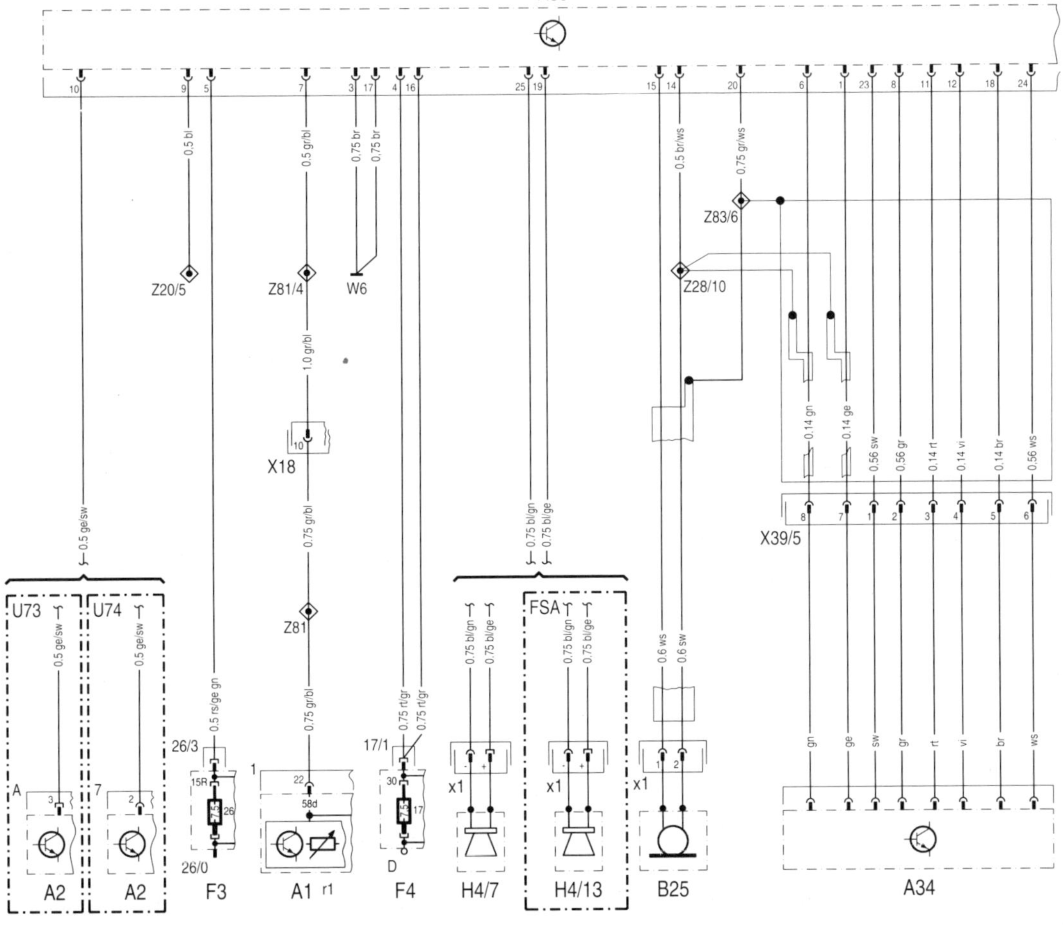

195

Benennung elektrischer Teile

A1	Kombi-Instrument
A1e1	Kontrolleuchte Blinker, links
A1e2	Kontrolleuchte Blinker, rechts
A1e3	Kontrolleuchte Fernlicht
A1e4	Warnleuchte Kraftstoffreserve
A1e5	Ladekontroll-/Warnleuchte Generator
A1e6	Warnleuchte Bremsbelagverschleißanzeige
A1e7	Warnleuchte Bremsflüssigkeit/ Feststellbremse
A1e8	Instrumentenbeleuchtung
A1e9	Warnleuchte Sicherheitsgurt/ Rückenlehnenverriegelung
A1e11	Warnleuchte Kühlmittelstand
A1e12	Warnleuchte Ölstand
A1e13	Warnleuchte Scheibenwaschwasserstand
A1e14	Warnleuchte Glühlampenausfall
A1e15	Kontroll-/Warnleuchte Airbag SRS
A1e16	Vorglühkontrolleuchte
A1e17	Kontrolleuchte ABS
A1e21	Warnleuchte ASR
A1e22	Kontrolleuchte ASR
A1e24	Warnleuchte ASD
A1e25	Funktionsleuchte ASD
A1e26	Kontrolleuchte CHECK ENGINE
A1e27	Warnleuchte ADS, Federung
A1e34	Dieselkontrolleuchte EDC (Electronic Diesel Control)
A1e35	Kontrolleuchte ETS
A1e36	Warnleuchte ETS
A1h1	Warnsummer
A1h2	Blinkerkontrolle, akustisch
A1p1	Temperaturanzeige Kühlmittel
A1p2	Kraftstoffanzeige-Instrument
A1p4	Außentemperaturanzeige
A1p5	Drehzahlmesser
A1p6	Elektronische Uhr
A1p8	Elektronischer Tachometer
A1r1	Regelwiderstand Instrumentenbeleuchtung
A2	Radio
A7	Hydraulikeinheit ABS
A7k1	Relais Magnetventil
A7k2	Relais Rückförderpumpe/ Ladepumpe
A7m1	Rückförderpumpe/Ladepumpe
A7y1	Magnetventil Vorderachse links
A7y2	Magnetventil Vorderachse rechts
A7y3	Magnetventil Hinterachse
A7/3	Hydraulikeinheit ASR/ETS/ESP
A9	Kältekompressor
A9k1	Elektromagnetische Kupplung
A9l1	Drehzahlgeber
A9v1	Löschdiode
A9x1	Steckverbindung Kältekompressor
A16	Klopfsensoren
A16g1	Klopfsensor 1 (rechte Motorseite)
A16g2	Klopfsensor 2 (linke Motorseite)
A16x1	Steckverbindung Klopfsensoren
A32	Umlufteinheit Heizungssysteme
A32m1	Gebläsemotor
A32n1	Gebläseregler
A32r1	Vorwiderstand 1. Stufe
A32r2	Vorwiderstand 2. Stufe
A32r3	Vorwiderstand 3. Stufe
A34	Bedien-Handhörer Telefon
A35	Sende-/Empfangsgerät Telefon
A35/3	Bedienelement Telefon (Kassettenfach)
A37/2	Pneumatische Steuereinheit, Zentralverriegelung (ZV)
A37/4	Pneumatische Steuereinheit , Zentralverriegelung (ZV), Saugrohrunterdruck-Unterstützung (SRU)
A45	Kontaktspirale Fanfaren/ Airbag
A45x1	Steckverbindung Kontaktspirale/ Airbag
A45x2	Steckverbindung Kontaktspirale/ Relais Fanfaren
B2/5	Heißfilm-Luftmassenmesser
B4/1	Geber Kraftstoffanzeige Tankhälfte links
B4/2	Geber Kraftstoffanzeige Tankhälfte rechts
B10/1	Temperaturfühler Wärmetauscher
B10/2	Temperaturfühler Wärmetauscher links
B10/3	Temperaturfühler Wärmetauscher rechts
B10/4	Temperaturfühler Innenluft mit Belüftungsgebläse (in E15 enthalten)
B10/4b1	Temperaturfühler
B10/4m1	Belüftungsgebläse
B10/5	Temperaturfühler Außenluft
B10/5x1	Steckverbindung Temperaturfühler Außenluft
B10/6	Temperaturfühler Verdampfer
B10/6x1	Steckverbindung Temperaturfühler Verdampfer
B10/8	Temperaturfühler Kühlmittel Klimatisierung (KLA/TAU)
B11/3	Temperaturfühler Kühlmittel, HFM/PMS
B11/4	Temperaturfühler Kühlmittel, EVE/ERE
B11/8	Temperaturfühler Kühlmittel, Nachglühen
B12	Geber Kältemitteldruck
B13	Temperaturfühler Kühlmittelanzeige
B14	Temperaturfühler Außentemperaturanzeige
B17	Temperaturfühler Ansaugluft
B25	Mikrofon Freisprechanlage
B25x1	Steckverbindung Mikrofon Freisprechanlage
B28	Druckgeber
C1	Energiespeicher Airbag (AB)
C2	Elko Entstörung-Generator/ Batterieleitung
C3	Entstörungskondensator Heckscheibe
E1	Leuchteinheit links
E1e1	Fernlicht
E1e2	Abblendlicht
E1e3	Standlicht/Parklicht
E1e4	Nebellicht
E2	Leuchteinheit rechts
E2e1	Fernlicht
E2e2	Abblendlicht
E2e3	Standlicht/Parklicht
E2e4	Nebellicht
E3	Schlußleuchte links
E3e1	Blinklicht
E3e2	Schlußlicht/Parklicht
E3e3	Rückfahrlicht
E3e4	Bremslicht
E3e5	Nebelschlußlicht
E3e8	Schlußlicht (zusätzlich)
E4	Schlußleuchte rechts
E4e1	Blinklicht
E4e2	Schlußlicht/Parklicht
E4e3	Rückfahrlicht
E4e4	Bremslicht
E4e5	Nebelschlußlicht
E4e8	Schlußlicht (zusätzlich)
E6/1	Blinkleuchte links
E6/1e1	Blinklicht
E6/2	Blinkleuchte rechts
E6/2e1	Blinklicht
E12	Beleuchtung Schaltkulisse
E13/2	Handschuhkastenleuchte mit Schalter
E14/1	Sonnenblende mit beleuchtetem Spiegel links
E14/2	Sonnenblende mit beleuchtetem Spiegel rechts
E15/2	Deckenleuchte mit Verzögerung und Leseleuchte vorne
E15/3	Deckenleuchte hinten
E17/3	Ein-/Ausstiegsleuchte, Tür vorn links
E17/4	Ein-/Ausstiegsleuchte, Tür vorn rechts
E18/1	Kofferraumleuchte
E19/1	Kennzeichenleuchte links
E19/2	Kennzeichenleuchte rechts
F1/1	Sicherungsdose 12-fach, im Sicherungs- und Relaiskasten F1
F1/1-2	Sicherung 2, Klemme 15R
F1/1-3	Sicherung 3, Klemme 30
F1/1-4	Sicherung 4, Klemme 30
F1/1-5	Sicherung 5, Klemme 15
F1/1-6	Sicherung 6, Klemme 15
F1/1-8	Sicherung 8, Klemme 15R
F1/1-11	Sicherung 11, Klemme 15X
F1/1-12	Sicherung 12, Klemme 15
F2	Maxi-Sicherungsdose 5-fach, im Sicherungs- und Relaiskasten F1
F2-13	Sicherung 13, Klemme 15
F2-14	Sicherung 14, Klemme 15X/30
F2-15	Sicherung 15, Klemme 15R
F2-16	Sicherung 16, Klemme 30
F2-17	Sicherung 17, Klemme 30
F3	Sicherungsdose 18-fach, im Sicherungs- und Relaiskasten F1
F3-18	Sicherung 18, Klemme 58L
F3-19	Sicherung 19, Klemme 56a
F3-20	Sicherung 20, Klemme 15R
F3-21	Sicherung 21, Klemme 30
F3-22	Sicherung 22, Klemme 58N
F3-23	Sicherung 23, Klemme 15
F3-24	Sicherung 24, Klemme 58R
F3-25	Sicherung 25, Klemme 56a
F3-26	Sicherung 26, Klemme 15R
F3-27	Sicherung 27, Klemme 30
F3-28	Sicherung 28, Klemme 58NS
F3-29	Sicherung 29, Klemme 15
F3-30	Sicherung 30, Klemme 58R/30
F3-33	Sicherung 33, Klemme 30
F3-34	Sicherung 34, Klemme 15R
F3-35	Sicherung 35, Klemme 15R
F4	Sicherungsdose, im Kofferraum
F4-1	Sicherung 1, Klemme 15R/30
F4-2	Sicherung 2, Klemme 15R/30
F4-3	Sicherung 3, Klemme 15R/30
F4-4	Sicherung 4, nicht belegt
F4-7	Sicherung 7, Klemme 15R/30
F4-9	Sicherung 9, Klemme 30
F4-10	Sicherung 10, Klemme 15R/30
F4-12	Sicherung 12, Klemme 30
F4-13	Sicherung 13, Klemme 15R/30
F4-17	Sicherung 17, nicht belegt
F4-18	Sicherung 18, Klemme 30
F4-19	Sicherung 19, nicht belegt
G1	Batterie
G2	Generator
G3/2	O₂-Sonde vor KAT
G3/2x1	Steckverbindung O₂-Sonde
G3/2x2	Steckverbindung Signal O₂-Sonde
H2	Fanfaren
H4/3	Lautsprecher Tür hinten links
H4/4	Lautsprecher Tür hinten rechts
H4/5	Lautsprecher Tür vorne links
H4/5x1	Steckverbindung Lautsprecher Tür vorne links
H4/6	Lautsprecher Tür vorne rechts
H4/7	Lautsprecher hinten links
H4/7x1	Steckverbindung Lautsprecher hinten links
H4/8	Lautsprecher hinten rechts
H4/8x1	Steckverbindung Lautsprecher hinten rechts
H4/9	Lautsprecher vorne links
H4/9x1	Steckverbindung Lautsprecher vorne links
H4/10	Lautsprecher vorne rechts
H4/10x1	Steckverbindung Lautsprecher vorne rechts
H4/13	Doppelspulenlautsprecher Radio/Telefon-Freisprechanlage
H4/13x1	Steckverbindung Doppelspulenlautsprecher Radio/Telefon-Freisprechanlage
K1	Relais Überspannungsschutz
K2	Relais Scheinwerferreinigungsanlage (SRA)
K9	Relais Zusatzlüfter 1. und 2. Stufe
K9k1	Relais Zusatzlüfter 1. Stufe
K9k2	Relais Zusatzlüfter 2. Stufe
K9/1	Relais Zusatzlüfter 1. Stufe
K9/2	Relais Motor Restwärme Anlage
K10	Relais Zusatzlüfter 2. Stufe
K17	Relais Lufteinblasung
K24	Relais Komfortschaltung
K27	Relais Kraftstoffpumpe
K38	Relais Wegfahrsperre
K39	Relais Fanfaren
L3	Drehzahlgeber Starterzahnkranz
L3x1	Steckverbindung Drehzahlgeber Starterzahnkranz
L5	Positionsgeber Kurbelwelle
L5x1	Steckverbindung Positionsgeber Kurbelwelle
L5/1	Positionsgeber Nockenwelle
L5/1x1	Steckverbindung Positionsgeber Nockenwelle
L6	Drehzahlgeber Hinterachse
L6/1	Drehzahlgeber vorn links
L6/1x1	Steckverbindung Drehzahlgeber vorn links
L6/2	Drehzahlgeber vorn rechts
L6/2x1	Steckverbindung Drehzahlgeber vorn rechts
M1	Starter
M3	Kraftstoffpumpe
M3m1	Kraftstoffpumpe 1
M3m2	Kraftstoffpumpe 2 (teilweise)
M4	Zusatzlüfter
M4m1	Zusatzlüfter links
M4m1x1	Steckverbindung Zusatzlüfter links
M4m2	Zusatzlüfter rechts
M4m2x2	Steckverbindung Zusatzlüfter rechts
M5/1	Wascherpumpe
M5/2	Wascherpumpe Scheinwerfer
M6/1	Wischermotor
M6/1x1	Steckverbindung Wischermotor
M6/2	Wischermotor Scheinwerfer links
M6/2x1	Steckverbindung Wischermotor Scheinwerfer links
M6/3	Wischermotor Scheinwerfer rechts
M6/3x1	Steckverbindung Wischermotor Scheinwerfer rechts
M10/3	Fensterhebermotor vorn links, Spannungsversorgung
M10/3x1	Leitungsverbinder Fensterhebermotor vorn links, Spannungsversorgung
M10/4	Fensterhebermotor vorn rechts, Spannungsversorgung
M10/4x1	Leitungsverbinder Fensterhebermotor vorn rechts, Spannungsversorgung
M10/5	Fensterhebermotor hinten links
M10/5x1	Leitungsverbinder Fensterhebermotor hinten links
M10/6	Fensterhebermotor hinten rechts
M10/6x1	Leitungsverbinder Fensterhebermotor hinten rechts
M11	Automatische Antenne
M12	Schiebe-Hebe-Dach (SHD)
M12k1/2	Relais Schiebe-Hebe-Dach (SHD)
M12m1	Motor Schiebe-Hebe-Dach (SHD)
M12s1	Schalter Endabschaltung „auf"
M12s2	Schalter Endabschaltung „oben"
M12s3	SchalterEndabschaltung „unten"
M12/1s4	Schalter Endabschaltung „zu"
M13	Heißwasserumwälzpumpe
M16	Stellglied Tempomat (TPM)/Leerlaufregelung
M16k1	Magnetkupplung
M16m1	Stellmotor
M16r1	Istwert-Potentiometer
M16x1	Steckverbindung Stellglied Tempomat (TPM)
M16/6	Stellglied Leerlaufregelung (LLR)
M16/6m1	Stellmotor Leerlaufregelung
M16/6r1	Istwert-Potentiometer Drosselklappe
M16/6r2	Istwert-Potentiometer Antrieb
M16/6s1	Schalter Leerlaufkontakt

M16/6x1	Steckverbindung Stellglied Leerlaufregelung (LLR)
M21/1	Außenspiegel links, elektrisch verstellbar und beheizt
M21/1m1	Motor Spiegelverstellung nach oben/unten
M21/1m2	Motor Spiegelverstellung nach innen/außen
M21/1r1	Spiegelheizung
M21/2	Außenspiegel rechts, elektrisch verstellbar und beheizt
M21/2m1	Motor Spiegelverstellung nach oben/unten
M21/2m2	Motor Spiegelverstellung nach innen/außen
M21/2r1	Spiegelheizung
M25	Motorengruppe Verstellung Vordersitz links
M25m1	Motor vor/zurück
M25m2	Motor hinten, hoch/tief
M25m3	Motor vorn, hoch/tief
M25m4	Motor Rückenlehne vor/zurück
M25m5	Motor Rückenlehne vor/zurück
M25x1	Steckverbindung Motorengruppe Verstellung Vordersitz links
M26	Motorengruppe Verstellung Vordersitz rechts
M26m1	Motor vor/zurück
M26m2	Motor hinten, hoch/tief
M26m3	Motor vorn, hoch/tief
M26m4	Motor Kopfstütze hoch/tief
M26m5	Motor Rückenlehne vor/zurück
M26x1	Steckverbindung Motorengruppe Verstellung Vordersitz rechts
M33	Elektrische Luftpumpe
N2/2	Steuergerät Gurtstraffer (GUS) mit Airbag (AB)
N3/4	Steuergerät Heißfilm Motorsteuerung (HFM)
N3/6	Steuergerät Druck-Motorsteuerung (PMS)
N3/7	Steuergerät ERE
N3/8	Steuergerät EVE
N4	Steuergerät Tempomat (TPM)
N4/1	Steuergerät Elektronisches Fahrpedal (EFP)/Tempomat (TPM)/ Leerlaufregelung (LLR)
N4/2	Steuergerät Tempomat (TPM) mit Kodierstecker
N4/3	Steuergerät Tempomat (TPM)/ Leerlaufregelung (LLR)
N7	Lampenkontrollgerät
N8/2	Steuergerät Antiruckelaufschaltung (ARA)
N10	Kombirelais (Blinker, heizbare Heckscheibe, Wischermotor)
N11/4	Zeitrelais Motor-Restwärme-Anlage
N14	Vorglühzeitrelais
N15	Relais Kick-down-Abschaltung
N15/2	Steuergerät Motordrehzahlaufbereitung
N18/3	Steuer- und Bediengerät Heizungsautomatik (HAU) mit Umluft
N19/1	Steuer- und Bediengerät Temperaturautomatik (TAU)
N22	Steuer- und Bediengerät Klimatisierungsautomatik (KLA)
N25/5	Steuergerät Sitzheizung (SIH) vorn
N26	Steuergerät EDW
N26/1	Steuergerät Notalarmanlage
N30	Steuergerät ABS
N30/1	Steuergerät ASR
N30/2	Steuergerät ASD (oder ETS, ASR)
N35	Steuergerät Tagfahrlicht (Export)
N37	Steuergerät ARF
N47-1	Steuergerät ASR/PML
N47-2	Steuergerät ETS/PML
N54	Steuergerät Infrarotfernbedienung (IFZ)
N57	Steuergerät Komfortbetätigung: Fensterheber, Schiebe-Hebe-Dach (SHD)
R1	Heizbare Heckscheibe
R2/2	Waschdüsenbeheizung links
R2/3	Waschdüsenbeheizung rechts
R2/3x1	Steckverbindung Waschdüsenbeheizung rechts
R3	Zigarrenanzünder beleuchtet
R3e1	Beleuchtung
R3r1	Heizelement
R3x1	Steckverbindung Zigarrenanzünder
R4	Zündkerzen
R9	Glühkerzen
R12/1	Zündpille Gurtstraffer (GUS) Sitz vorn links
R12/2	Zündpille Gurtstraffer (GUS) Sitz vorn rechts
R12/3	Zündpille Airbag (AB) Fahrer
R12/8	Zündpille Airbag (AB) rechts
R13/1	Heizkissen Sitz vorne links
R13/2	Heizkissen Rückenlehne vorne links
R13/3	Heizkissen Sitz vorne rechts
R13/4	Heizkissen Rückenlehne vorne rechts
R15	Vorwiderstand Zusatzlüfter
R16/5	Abgleichstecker HFM (4-Zylinder)
R16/6	Einzelabgleichstecker HFM (6-Zylinder)
R16/7	Abgleichkupplung (PMS)
R25/2	Sollwertgeber ERE/EVE
R25/2r1	Potentiometer Sollwertgeber
R25/2s1	Leerlaufkontaktschalter
R25/2x1	Steckverbindung Sollwertgeber ERE/EVE
R33	CO-Potentiometer Kennfeldverstellung (Export, ohne KAT)
S1	Lichtdrehschalter
S2/1	Zündstartschalter
S2/2	Glühstartschalter
S4	Kombi-Schalter
S4s1	Blinkerschalter
S4s2	Lichthupenschalter
S4s3	Abblendschalter
S4s4	Wascherschalter
S4x1	Steckverbindung Kombi-Schalter
S4/2	Schalter Fanfaren
S4/2x1	Steckverbindung Schalter Fanfaren
S6	Warnblinkschalter
S8/1	Warnsummerkontakt Beleuchtung
S9/1	Bremslichtschalter 4polig (teilweise bis 4/94)
S10/1	Kontaktfühler Bremsbeläge vorne links
S10/1x1	Steckverbindung Kontaktfühler Bremsbeläge vorne links
S10/2	Kontaktfühler Bremsbeläge vorne rechts
S10/2x1	Steckverbindung Kontaktfühler Bremsbeläge vorne rechts
S10/3	Kontaktfühler Bremsbeläge hinten links
S10/3x1	Steckverbindung Kontaktfühler Bremsbeläge hinten links
S10/4	Kontaktfühler Bremsbeläge hinten rechts
S10/4x1	Steckverbindung Kontaktfühler Bremsbeläge hinten rechts
S11	Schalter Bremsflüssigkeitskontrolle
S12	Schalter Feststellbremskontrolle
S13/2	Schalter elektrisches Schiebe-Hebe-Dach (SHD)
S14	Schalter heizbare Heckscheibe
S16/1	Startsperr- und Rückfahrlichtschalter
S16/2	Rückfahrlichtschalter
S16/4	Startsperr- und Rückfahrlicht-schalter/ Erkennung 2. und 3. Wählhebelstellung
S16/5	Schalter 2. Fahrprogramm
S16/6	Kick-down-Schalter
S16/7	Kick-down-Schalter 2. Fahrprogramm
S17/3	Türkontaktschalter links
S17/4	Türkontaktschalter rechts
S17/5	Türkontaktschalter hinten links
S17/6	Türkontaktschalter hinten rechts
S17/8	Schalter Kofferraumleuchte
S21/1	Schalter Fensterheber vorne links, Mittelkonsole vorne
S21/2	Schalter Fensterheber vorne rechts, Mittelkonsole vorne
S21/3	Schalter Fensterheber hinten links
S21/4	Schalter Fensterheber hinten rechts
S21/5	Schalter Fensterheber hinten links, Mittelkonsole vorne
S21/6	Schalter Fensterheber hinten rechts, Mittelkonsole vorne
S21/7	Sicherheitsschalter Fensterheber hinten, Mittelkonsole vorne
S22	Schalter Sitzverstellung vorne links
S22s1	Kopfstütze hoch/tief
S22s2	Sitzhöhe vorne
S22s3	Sitz vor/zurück
S22s4	Sitzhöhe hinten
S22s5	Rückenlehne
S23	Schalter Sitzverstellung vorne rechts
S23s1	Kopfstütze hoch/tief
S23s2	Sitzhöhe vorne
S23s3	Sitz vor/zurück
S23s4	Sitzhöhe hinten
S23s5	Rückenlehne
S27/1	Microschalter Kompressorabschaltung
S27/6	Microschalter Kompressor-abschaltung/ARF
S40	Tastschalter Tempomat
S40s1	Wiederaufnahme aus Speicher
S40s2	Verzögern/Fixieren
S40s3	Beschleunigen/Fixieren
S40s4	Ausschalten
S40s5	Kontrollkontakt
S40x1	Steckverbindung Tastschalter Tempomat (TPM)
S40/1	Schalter Kupplungspedal Tempomat (TPM) bis 12/93, dann wie AG
S40/2	Schalter Kupplungspedal Leerlaufregelung (LLR)
S40/3	Schalter Kupplungspedal
S41	Schalter Kühlmittelstandskontrolle
S42	Schalter Scheibenwasch-wasserstandskontrolle
S43	Schalter Ölstandskontrolle
S46/3	Tastschalter Motor-Restwärme-Anlage
S50	Schalter Außenspiegel/ Innenspiegel
S50s1	Spiegelverstellung nach oben/unten
S50s2	Spiegelverstellung nach innen/außen
S50s3	Außenspiegel links/ rechts/ Innenspiegel
S51/1	Schalter Sitzheizung (SIH) vorne links
S51/2	Schalter Sitzheizung (SIH) vorne rechts
S52	Schalter Kopfstützenabsenkung (KAF)
S65	Schalter Getriebe Überlastschutz
S85	Schalter Innenzentralverriegelung
S86/1	Schloßnußschalter vorne links (Komfort)
S87/1	Schloßnußschalter vorne rechts (Komfort)
S88/2	Schloßnußschalter Heckdeckel (Komfort)
S88/2x1	Steckverbindung Schloßnußschalter Heckdeckel (Komfort)
T1	Zündspule
T1/1	Zweifunkenzündspule 1, Zylinder 1 u. 4 (HFM/PMS Vierzylinder)
T1/1	Zweifunkenzündspule 1, Zylinder 2 u. 5 (HFM Sechszylinder)
T1/2	Zweifunkenzündspule 2, Zylinder 2 u. 3 (HFM/PMS Vierzylinder)
T1/2	Zweifunkenzündspule 2, Zylinder 3 u. 4 (HFM Sechszylinder)
T1/3	Zweifunkenzündspule 3, Zylinder 1 u. 6 (HFM Sechszylinder)
U39	Gültig für Ausführung ohne KAT
U54	Gültig für Beifahrer - Airbag (AB)
U67	Taxi
U68	Gültig bis Fahrzeug-Ident-End-Nr. 1 A 009 259 bzw. 1 F 004 140
U69	Gültig ab Fahrzeug-Ident-End-Nr. 1 A 009 260 - bzw. 1 F 004 141
U71	Gültig für Komfortbetätigung mit Fensteheber und Schiebe-Hebe-Dach
U73	Gültig für Radio MB
U74	Gültig für Radio Becker
U77	Gültig für Radio Spezial und Exquisit
W1	Hauptmasse (hinter Kombi-Instrument)
W6	Masse Kofferraum Radlauf links
W7	Masse Kofferraum Radlauf rechts
W7/1	Masse Kofferraum Schlußleuchte rechts
W9	Masse vorne links (bei Leuchteinheit)
W10	Masse Batterie
W11	Masse Motor (elektrische Leitung angeschraubt)
W16/3	Masse Aggregateraum links, Leistungsmasse
W16/4	Masse Aggregateraum rechts, Leistungsmasse
W16/5	Masse Aggregateraum links, Elektronikmasse
W16/6	Masse Aggregateraum rechts, Elektronikmasse
W18	Masse Querträger Sitz vorn links
W19	Masse Querträger Sitz vorn rechts
W29	Masse A-Säule links (Masseband)
W31	Masseband Antenne
X4	Leitungsverbinder Klemme 30, Fußraum links
X4/22	Leitungsverbinder Klemme 30Z, 1polig
X4/24	Steckverbindung Klemme 87 ungesichert HFM
X11/4	Prüfkupplung für Diagnose
X11/13	Prüfkupplung/Steckverbindung Airbag (AB) mit Gurtstraffer, 12polig
X11/18	Steckverbindung EFP – Karosserie
X12/3	Leitungsverbinder Klemme 30/15 ungesichert, 3polig
X14/3	Steckverbindung, Klemme 50/EDW, 2polig
X18	Steckverbindung Innenraum/ Schlußlampenleitungssatz
X18/18	Steckverbindung Warnsummer (Cockpit/Infrarot), 4polig
X20	Zwischensteckverbindung Bremslichtschalter, 2polig
X20/2	Zwischensteckverbindung Fußfeststellbremse
X21	Mehrfachsteckverbindung Bremslichtschalter
X24	Steckverbindung Scheinwerferleitungssatz

X26	Steckverbindung Innenraum/Motor	X49/1	Steckverbindung Rückfahrlichtschalter	Y3/5	Umschaltventil AG/ TPM Schaltpunktanhebung	Z3/15	Lötstelle Klemme 15 (EDW)
X26/2	Steckverbindung Motortrennstelle	X55/3	Kontaktierungsleiste Sitz links	Y4	Umschaltventil, 2. Fahrprogramm	Z3/25	Lötstelle Klemme 15, Außenspiegelverstellung, Einspeisung aus Sicherung F3-29
X26/9	Steckverbindung Innenraum/Aggregateraum	X55/4	Kontaktierungsleiste Sitz, rechts	Y11/3	Ventilleiste 8fach	Z6	Lötstelle Masse
X26/24	Steckverbindung Motor/Zündspulen, 3polig	X58	Steckdose Anhängervorrichtung, 13polig	Y13	Umschaltventil Frischluft/Umluftklappe	Z6/8	Lötstelle Sensormasse
X26/25	Steckverbindung Motor/Karosserie, 24polig	X62/1	Steckverbindung Drehzahlgeber/ Bremsbelagverschleißanzeige hinten links	Y19	Monoventil Klimatisierungsautomatik (KLA)	Z7/1	Lötstelle Klemme 30 Zentralverriegelung (ZV)
X28/11	Steckverbindung Gurtstraffer (GUS), Nachträglicher Einbau Airbag (AB)	X62/2	Steckverbindung Drehzahlgeber/ Bremsbelagverschleißanzeige hinten rechts	Y21	Duoventil	Z7/5	Lötstelle Klemme 87
				Y21/1y1	Wasserventil, linke Seite	Z7/24	Lötstelle Klemme 87
X33	Steckverbindung Motorsteuergerät/Elektronisches Traktionssystem (ETS)/ASR	X62/3	Steckverbindung Drehzahlgeber Hinterachse, ASR, 6polig	Y21/1y2	Wasserventil, rechte Seite	Z7/25	Lötstelle Klemme 87 ungesichert, Einspeisung aus Relais Überspannungsschutz (K1)
				Y22/3	Stellmagnet ARA		
X33/4	Steckverbindung Kupplungsschalter/Tempomat (TPM)	X62/5	Steckverbindung Ventil ASD, 2polig	Y22/6	Umschaltventil Resonanzsaugrohr	Z7/29	Lötstelle Klemme 87 ungesichert (ERE)
		X62/11	Steckverbindung Drehzahlgeber ABS, Hinterachse, 2polig	Y23/1	Mengenstellwerk ERE	Z28/10	Lötstelle Schirm Empfangsteil
X33/11	Steckverbindung Bremslichtsignal/Tempomat (TPM)	X62/12	Leitungsverbinder Drehzahlsignal vorne, 1polig	Y23/1x1	Steckverbindung Mengenstellwerk ERE	Z9	Lötstelle Klemme 15u
X35/1	Türtrennstelle vorne links	X62/13	Leitungsverbinder Drehzahlsignal hinten, 1polig	Y24/2	Ventil Kopfstützenentriegelung mit Abschaltverzögerung	Z11	Lötstelle 3, Einspeisung aus Sicherung F3-21
X35/2	Türtrennstelle vorne rechts	X64/2	Zwischensteckverbindung Gebläse-Motor-Restwärmeanlage	Y27	Umschaltventil ARF	Z14	Lötstelle Klemme 15x, Einspeisung aus Sicherung F2-14
X35/3	Türtrennstelle hinten links			Y28	Umschaltventil Druckregelklappe	Z20 (/1, /5)	Abschirmung in Isolierschlauch eingelegt
X35/4	Türtrennstelle hinten rechts	X72/7	Steckverbindung Motorrestwärme/ Innenraum, 4polig	Y31/7	Druckwandler Druckregelklappe		
X35/33	Steckverbindung Rahmen-Boden-Anlage (RBA)/Cockpit, Einspeisung Notalarm	X88/11	Steckverbindung Waschdüsenbeheizung, 2polig	Y32	Umschaltventil Luftpumpe	Z21/5	Lötstelle Schloßnußschalter 1 Heckdeckel, EDW/ ZV
				Y38	Magnetventil ASD	Z21/6	Lötstelle Schloßnußschalter 2 Heckdeckel, EDW/ ZV
X36/2	Steckverbindung Kraftstoffpumpen-/ Schlußlampenleitungssatz	X93	Leitungsverbinder Temperaturautomatik (TAU)/Motor-Restwärmeanlage, 1polig	Y49	Stellmagnet Nockenwellensteuerung	Z23	Lötstelle ABS Kontrolle, Einspeisung aus Steuergerät ASR
				Y58/1	Umschaltventil Regenerierung		
X36/3	Steckverbindung Kraftstoffpumpenleitungssatz, 2polig	Y1/1 (x1)	Elektrohydraulischer Absteller, ERE	Y62	Kraftstoff-Einspritzventile	Z23/2	Lötstelle ASR Kontrolle, Einspeisung aus Steuergerät ASR
				Y62y1	Ventil, 1. Zylinder		
X39/4	Zwischensteckverbindung Lautsprechersystem vorn links und rechts, 4polig	Y1/1b1	Temperaturfühler Kraftstoff	Y62y2	Ventil, 2. Zylinder	Z30/1	Lötstelle Blinker links, Einspeisung aus Kombirelais
		Y3	Kick-down Ventil Automatisches Getriebe (AG)	Y62y3	Ventil, 3. Zylinder		
				Y62y4	Ventil, 4. Zylinder	Z30/2	Lötstelle Blinker rechts, Einspeisung aus Kombirelais
X39/5	Steckverbindung Sende-/Empfangsteil, Bedienhandhörer	Y3/2	Magnetventil Schaltpunktanhebung	Y62y5	Ventil, 5. Zylinder	Z81	Lötstelle Klemme 58d
				Y62y6	Ventil, 6. Zylinder	Z81/4	Lötstelle Klemme 58d Rahmen-Boden-Anlage (RBA)
X47	Steckverbindung Drehzahlgeberleitungssatz Hinterachse, 2polig (Fußraum vorn rechts)	Y3/3	Umschaltventil Schaltpunktanhebung	Z2	Lötstelle TD	Z83/6	Lötstelle Schirm
				Z3	Lötstelle Klemme 15	Z96	Lötstelle Temperaturfühler Kühlmittel
		Y3/4	Umschaltventil AG/ TPM Modulierdruck	Z3/1	Lötstelle Klemme 15 Klimatisierungsautomatik (KLA), Einspeisung aus Relais Pumpennachlauf Steuerung	Z99/1	Lötstelle, Klemme 87 ASR/ETS

Tempomat/
Leerlaufregelung
C 180/200/220

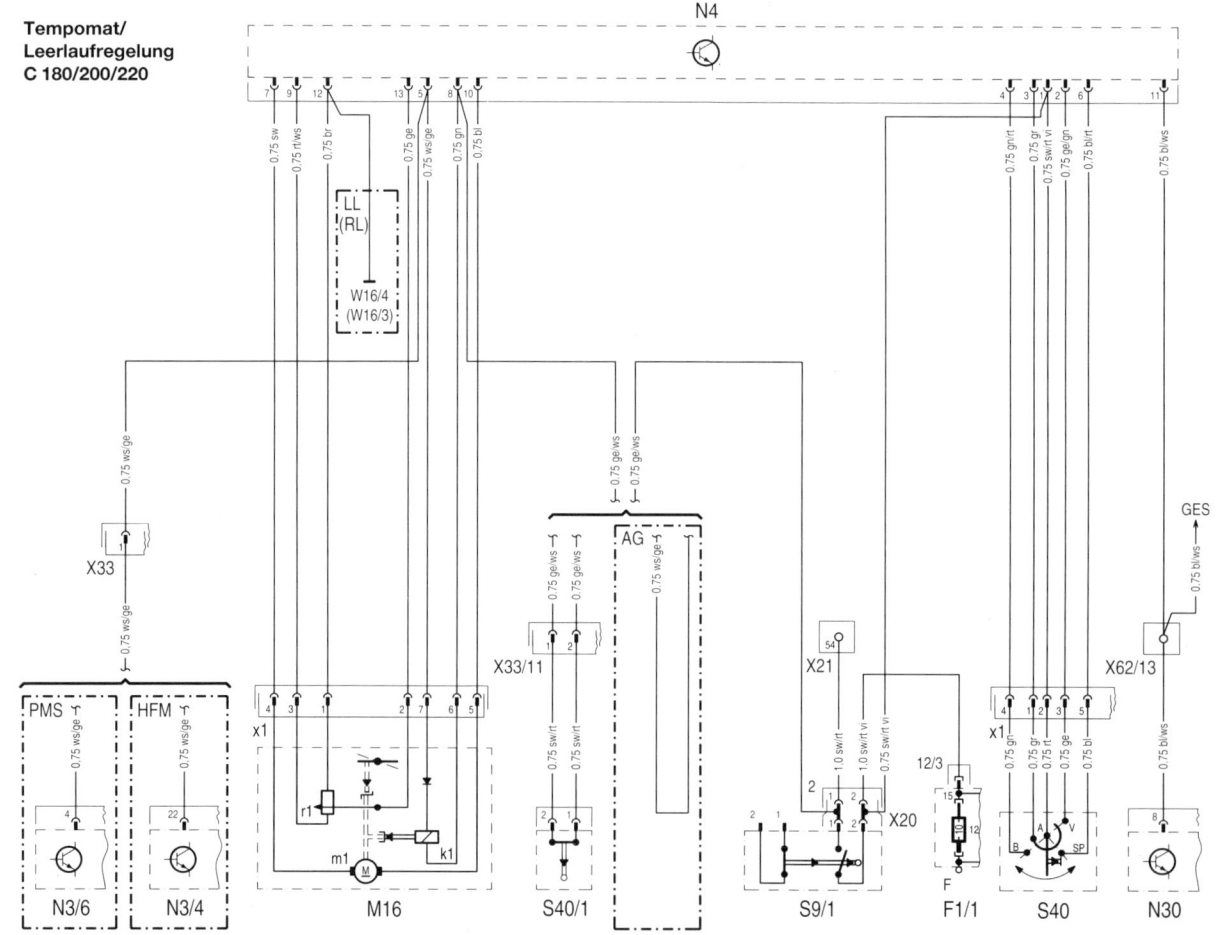

Die Signaleinrichtungen

Zeichen setzen

Wie wirksam die Zeichensprache funktioniert, erlebt, wer ins Ausland reist. Nicht anders ist's im Straßenverkehr. Der Verständigung dienen international verständliche Symbole, wie Bremslicht, Blinker oder Hupe.

Blink- und Warnblinkanlage prüfen

Die Warnblinkanlage muß ständig funktionieren, deshalb wird ihr Schalter über eine Sicherung direkt von der Batterie versorgt. Die Richtungsblinker erhalten dagegen nur dann Strom, wenn der Zündschlüssel auf Raste »II« gedreht ist.

Ständige Kontrolle

- Drücken Sie den Schalter der Warnblinkanlage, während der Zündschlüssel in »0«-Stellung steht:
- Alle Blinkleuchten, die Kontrolleuchten der Richtungsblinker und das rote Fenster im Schalter leuchten im gleichen Rhythmus auf.
- Warnblinker ausschalten, Zündschlüssel auf Raste »II« drehen.
- Bei gedrücktem Blinkerhebel muß jetzt eine Blinkerseite und die dazugehörige grüne Kontrolleuchte im Kombi-Instrument aufleuchten.

Fingerzeig: Das Ticken bei eingeschaltetem Blinker kommt vom Geräuschgeber im Kombi-Instrument. Denn das »Blinker-Geräusch« schreibt der Gesetzgeber als Kontrolle zusätzlich zur Kontrolleuchte vor.

○ Blitzt bei eingeschalteten Richtungsblinkern die grüne Kontrolleuchte nur kurz auf, ist eine Glühlampe ausgefallen. Beim Warnblinken macht sich der Lampenausfall im Blinker-Rhythmus nicht bemerkbar. Lampenwechsel siehe Beleuchtungskapitel.
○ Brennen bei eingeschalteten Richtungs- oder Warnblinkern die Leuchten dauernd: Kombirelais defekt.
○ Leuchtet nur die Kontrollampe, aber bleiben die orangefarbenen Leuchten am Wagen dunkel, liegt es ebenfalls am Kombirelais.
○ Leuchten die Blinker mal in langsamer Folge, mal schnell und sind alle Steckverbindungen einschließlich der Massekabel zu den Leuchten in Ordnung, muß das Relais erneuert werden.
○ Funktioniert nur Warnblinken ohne Richtungsblinken oder umgekehrt, fehlt es an der Spannungsversorgung durch die betreffende Sicherung (siehe Kapitel »Die Karosserie-Elektrik«) oder der Schalter ist defekt (Ausbau siehe Kapitel »Instrumente und Geräte«).

Blinker-Störungen

Mit einem ausgefallenen Blinkrelais im Kombirelais ist die Weiterfahrt nicht ganz ungefährlich, denn im dichten Verkehr und vor allem bei Dunkelheit wird Ihre Abbiegeabsicht den anderen Autofahrern nicht ersichtlich. In diesem Fall:

Behelf bei defektem Kombirelais

- Kombirelais ausbauen (Relaisanordnung siehe Kapitel »Die Karosserie-Elektrik«).
- Eine Überbrückung zwischen den Klemmen 49 und 49a herstellen.
- Dazu eine Büroklammer oder ein kurzes Drahtstück um die genannten Steckerzungen am Relais schlingen und jetzt das Relais wieder einstecken.
- Bei gedrücktem Blinkerhebel leuchtet jetzt eine Blinkerseite dauernd.
- Durch Ein- und Ausschalten mit dem Blinkerhebel erhalten Sie einen Blinker-Rhythmus.

Bremsleuchten prüfen

Das Lampenkontrollgerät prüft zwar auch die Bremsleuchten, doch doppelte Kontrolle kann nicht schaden:

Ständige Kontrolle

- Zündung einschalten.
- Die Garagenwand hinter dem Wagen muß rechts und links hell rot aufleuchten, wenn Sie auf das Bremspedal treten.
- Oder in einer Kolonne prüfen Sie mit dem Rückspiegel, ob sich in den Scheinwerfer-Reflektoren oder in der Lackierung des Hintermannes beide Bremslichter spiegeln.

Der Bremslichtschalter

Beim Tritt auf das Bremspedal wandert der Druckstift des Bremslichtschalters oben am Pedalbock heraus und schließt die Schaltkontakte. Damit ist der Stromkreis zu den Bremsleuchten geschlossen. Der Bremslichtschalter stellt sich selbständig ein, deshalb beim Auswechseln die Montagehinweise beachten. Der Bremslichtschalter ist zusätzlich für das ABS, ASR, ETS und ASD wichtig.

Bremslichtschalter überprüfen	● Fußraumverkleidung ausbauen. ● Kabelstecker am Schalter abziehen. ● Mit einem Ohmmeter das Schalten kontrollieren. ● Bei Betätigen des Bremspedals muß der Stromkreis über die beiden Anschlußstifte (4 mm) geschlossen werden. ● Der Bremslichtschalter besitzt einen zusätzlichen Kontakt (Öffner). Die Anschlußstifte zum Kontakt sind kleiner (2,5 mm). ● Bei Betätigen des Bremspedals muß der Stromkreis über den Kontakt unterbrochen werden.
Bremslichtschalter auswechseln	● Fußraumabdeckung ausbauen. ● Kabelstecker abziehen. ● Kunststoffarretierung des Bremslichtschalters mit einem Schraubendreher zurückdrücken. ● Schalter drehen und herausziehen. ● Vor dem Einbau den Druckstift am Bremslichtschalter mit Kraft (ca. 50 N) ganz herausziehen. ● Bremspedal treten und Schalter einsetzen. ● Schalter so weit drehen, bis er einrastet. ● Bremspedal loslassen. Dabei stellt sich der Betätigungsweg selbsttätig ein.

Störungsbeistand

Bremsleuchten

Die Störung	– ihre Ursache	– ihre Abhilfe
A Eine Bremsleuchte brennt nicht	1 Glühbirne durchgebrannt	Austauschen
	2 Spannungszuleitung unterbrochen. Brennen alle übrigen Glühbirnen in derselben Heckleuchte? Falls nicht:	Kabel kontrollieren
	3 Unterbrechung in der Masseverbindung	Masseanschluß überprüfen
B Beide Bremslichter brennen nicht	1 Sicherung defekt	Ersetzen
	2 Bremslichtschalter defekt	Überprüfen, ggf. ersetzen
	3 Siehe A 1 und 3	
C Bremsleuchten brennen dauernd	1 Siehe B 2	
	2 Kabel zum Bremslichtschalter haben direkten Kontakt	Kabel kontrollieren

Hupen prüfen

Ständige Kontrolle	● Zündschlüssel auf Raste »I« oder »II« drehen. ● Hupplatte im Lenkrad drücken. ● Jedesmal muß es hupen.

Störungsbeistand

Hupen

Die Störung	– ihre Ursache	– ihre Abhilfe
A Hupen tönen nicht	1 Sicherung defekt	Sicherung Nr. 5 im Motorraum und bei Sonderausstattung »Fanfaren« Sicherung Nr. 11 im Kofferraum prüfen
	2 Hupen defekt	Kontrollieren
	3 Anschlüsse der Hupen oxidiert	Blankkratzen
	4 Relais defekt (bei Fanfaren)	Ersetzen
	5 Hupkontakt im Lenkrad defekt	Kontrollieren
	6 Stromzuleitung oder Masseleitung (braun) zur Hupe schadhaft	Kabel kontrollieren
	7 Kontaktleitung Lenkrad oder Massezuleitung zum Lenkrad unterbrochen	Kabel, Kontaktspirale kontrollieren
B Nur eine Hupe tönt nicht	1 Eine Hupe defekt	Ersetzen
	2 Kabel zwischen den Hupen defekt	Kabel kontrollieren
C Hupe tönt dauernd bei Zündschlüsselraste »I« oder »II«	1 Kontaktleitung Lenkrad hat Masseschluß	Kabel kontrollieren. Unterwegs: Kabel an der Hupe abziehen und isolieren
	2 Hupe hat inneren Kurzschluß	Hupe ersetzen. Unterwegs: Kabel an der Hupe abziehen und isolieren
	3 Siehe A 4 und 5	

Über dem Bremspedal (3) ist der Bremslichtschalter (1) zu finden. Weiterhin:
2 – Seilzug für Parksperrenverriegelung bei Fahrzeugen mit Automatik.

Hupe ausbauen

- Der Ausbau erfolgt von der Fahrzeugunterseite her. Fahrzeug vorn anheben und sichern.
- Abdeckung am Radlauf ausbauen. Die linke Hupe hat einen tieferen Ton (400 Hz); die rechte 500 Hz. Der C 180 hat nur die linke Hupe.
- Luftkanal zur Bremse ausbauen.
- Leitungen ausstecken.
- Hupe abschrauben.

Hupe defekt?

- Betreffende Hupe abschrauben.
- An den Steckanschlüssen der Hupe ausreichend lange Kabelstücke aufstecken und diese mit dem Plus und Minuspol einer Fahrzeugbatterie verbinden.
- Bleibt es ruhig, ist das Signalhorn defekt.
- Ertönt die Hupe, obwohl das im eingebauten Zustand nicht der Fall war, liegt der Fehler in der Zuleitung (Sicherung, Huptasten).
- Ein krächzendes oder völlig stummes Horn läßt sich bisweilen durch Drehen der Einstellschraube an der Hupenrückseite wieder stimmen oder zu neuem Leben erwecken.
- Schraube unter der Vergußmasse freilegen.
- Nach dem Einstellen die Schraube mit Karosseriedichtmasse wieder feuchtigkeitsdicht verschließen.

Lichthupe kontrollieren

Ständige Kontrolle

- Zündung einschalten und den Kombischalter zum Lenkrad ziehen.
- Leuchtet das Fernlicht und die blaue Fernlichtkontrolle auf; unabhängig von der Stellung des Lichtschalters?
- Funktioniert die Lichthupe nicht, obwohl das Fernlicht bei entsprechender Schalter- und Hebelstellung brennt, kann der Fehler im Lichthupenkontakt des Kombischalters liegen, oder Sicherung Nr. 15 im Motorraum prüfen. Schalterausbau siehe Kapitel »Instrumente und Geräte«.

Bei ausgebauten Scheinwerfer findet man auch von oben die Hupe (4). Noch bezeichnet:
1 – Schlauch für Scheinwerfer-Waschwasser;
2 – Unterdruckanschluß für Leuchtweitenregulierung;
3 – Mehrfachstecker zum Scheinwerfer.

Die Beleuchtung

Lichteffekte

Beleuchtungseinrichtungen sind nicht selten stilistische Mittel bei der Gestaltung der Autokarosserie. Bei allem guten Aussehen sollen die Beleuchtungseinrichtungen zusätzlich auch noch funktionieren. Das ist Anliegen dieses Kapitels.

Die HNS-Technik

Eine gute Windschlüpfigkeit verlangt eine möglichst kleine Stirnfläche des Autos. Gutes Licht benötigt jedoch möglichst große Scheinwerfer. Was könnte bei diesem Zielkonflikt helfen? Dank Computerhilfe fanden Ingenieure eine Antwort, die erstmals in Ihren C-Klasse Mercedes eingebaut wird – die HNS-Technik. Der Reflektor wird hierbei in ca. 10 000 Teilflächen zerlegt. Anschließend werden die Teile gezielt so angeordnet, daß sich eine optimale Straßenausleuchtung ergibt. Beim Abblendlicht ist die Reichweite wesentlich erhöht und vor allem ist die beleuchtete Fläche etwa doppelt so breit (siehe Vergleich unten). Beim Kurvenfahren hat man so viel mehr »Durchblick«. Aber auch das Fernlicht und das Nebellicht wurden mit der neuen Methode verbessert. Nur ein Reflektor wird für Abblend-, Fern- und Nebellicht gebraucht. Diesen echten Fortschritt haben Sie wahrscheinlich gleich bei der ersten Nachtfahrt mit dem C-Klässler bemerkt.

Beleuchtung kontrollieren

Ständige Kontrolle

Die Lampenkontrolle prüft automatisch Brems-, Abblend-, Rücklicht und Standleuchten. Ein Großteil der Leuchten ist damit ständig überwacht. Trotz dieser Kontrolleinrichtung sollte man sich von Zeit zu Zeit vergewissern, ob auch wirklich die gesamte Außenbeleuchtung intakt ist:

- Zündung einschalten und nacheinander sämtliche Beleuchtungseinrichtungen einschalten:
- Standlicht, Abblendlicht, Nebelscheinwerfer, Fernlicht.
- Blinker vorn rechts und links sowie Warnblinker.
- Rück-, Kennzeichen- und Nebelschlußleuchte.
- Blinker hinten rechts und links, Warnblinker, Rückfahrleuchten.
- Bremsleuchten, wozu allerdings ein Helfer auf das Bremspedal treten muß.

Ersatzlampen

Ein Vorrat der wichtigsten Ersatzlampen gibt Ihnen unterwegs die Möglichkeit, einen Lampendefekt sofort ambulant zu behandeln:
- Halogen-Einfadenlampe H1, 55 Watt (Abblend- und Fernlicht).
- Halogen-Einfadenlampe H3, 55 Watt (Nebelscheinwerfer).
- Kugellampe, P 21 Watt oder PY 21 Watt (Blinker vorn und hinten, mit weißem oder gelbem Glaskolben).
- Kugellampe, P 21 Watt (Bremslicht, Rückfahrleuchten).

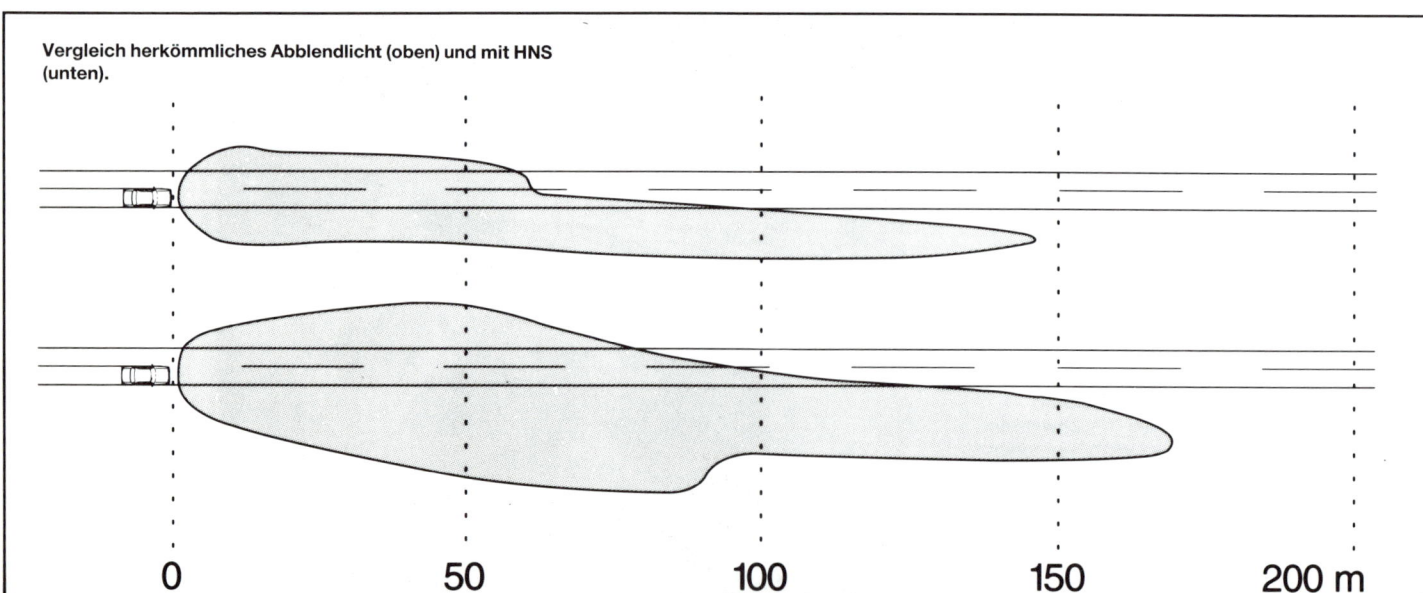

Vergleich herkömmliches Abblendlicht (oben) und mit HNS (unten).

Ausgebauter linker Scheinwerfer:
1 – Seiteneinstellung Abblendlicht;
2 – Abblendlichtlampe;
3 – Höheneinstellung Abblend- und Nebellicht;
4 – Nebellicht;
5 – Verschlußbügel;
6 – Stellelement für Leuchtweitenregulierung;
7 – Standlicht;
8 – Fernlicht;
9 – Unterdruckanschluß;
10 – Wischermotor;
11 – Abdeckung.

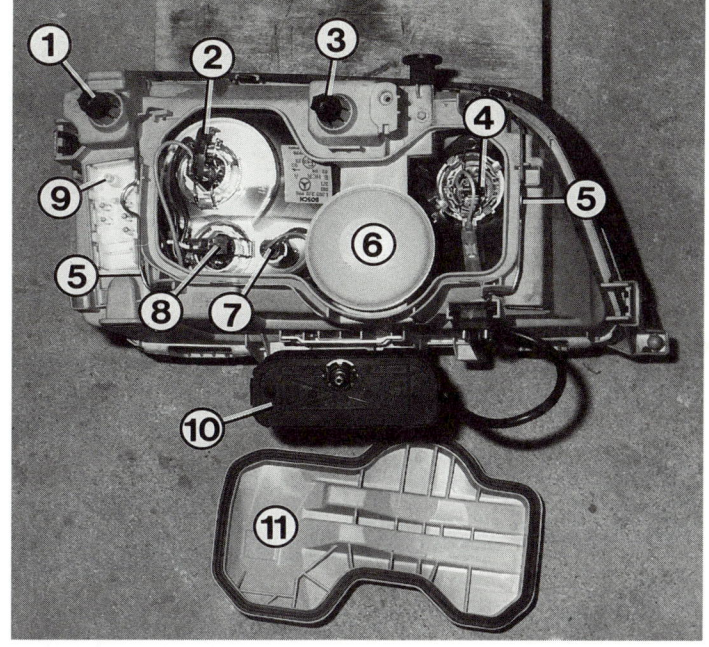

○ Kugellampe, P 21/4 Watt, Zweifadenlampe (Nebelschlußlicht/Rücklicht).
○ Kugellampe, R 5 Watt (Standlicht, Parklicht, Rücklicht).
○ Soffittenlampe, 5 Watt (Kennzeichenleuchten, Handschuhkasten, Sonnenblenden).
○ Soffittenlampe, 10 Watt (Kofferraum, Innenraum).

Scheinwerferlampen auswechseln

Alle Glühlampen in den Scheinwerfern werden vom Motorraum her ausgebaut. Zum Auswechseln der Lampen sicherstellen, daß der betreffende Lichtschalter ausgeschaltet ist.
Die Glaskolben der Glühlampen nicht mit der bloßen Hand berühren, sondern nur mit einem sauberen Lappen oder einem Papiertaschentuch anfassen.

● Abdeckung hinter dem betreffenden Scheinwerfer nach Umklappen der beiden Verschlußbügel abnehmen.
● Kabelstecker von der Glühlampe abziehen.
● Drahtbügel, der die Glühlampe hält, aushängen und Lampe nach hinten herausziehen.

● Beim Einsetzen der neuen Lampe darauf achten, daß der Lampensockel in die Aussparung am Reflektor paßt.

Hauptscheinwerferlampen

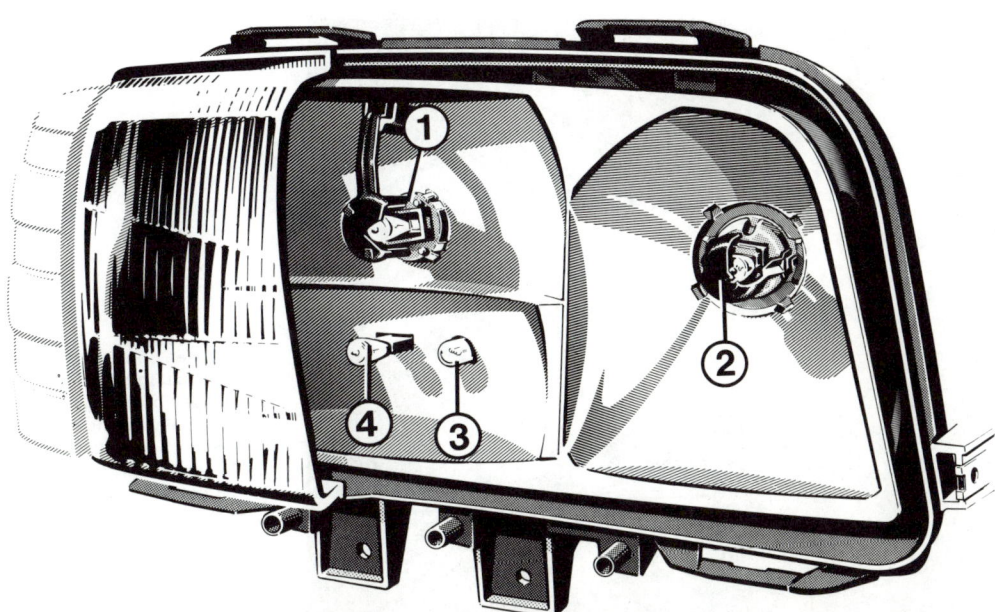

Blick auf den Freiform-Reflektor in Verbindung mit dem Vier-Lampen-System. Der Reflektor ist in drei Zonen mit eigenen Glühlampen aufgeteilt:
1 – Abblendlicht;
2 – Nebellicht;
3 – Standlicht;
4 – Fernlicht.

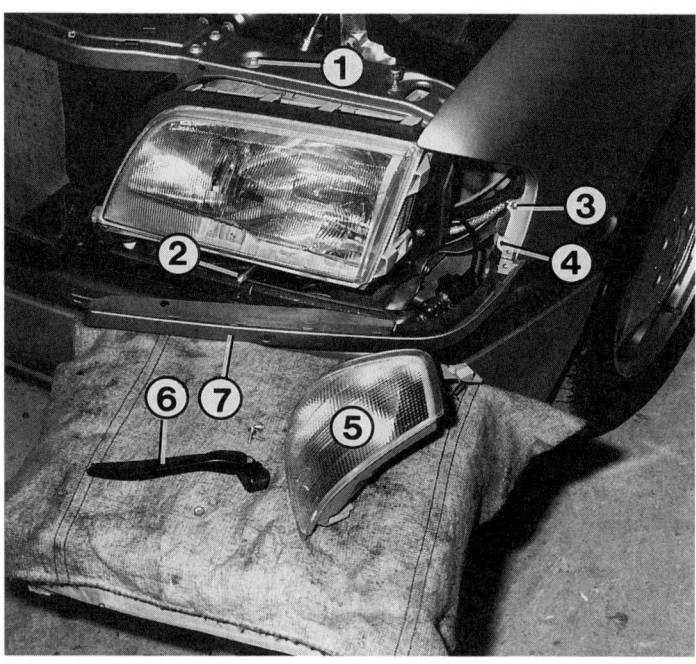

Zum Ausbau eines Scheinwerfers Blinkleuchte (5), den Wischerarm (6) und die Verkleidung (7) ausbauen. Weiterhin gezeigt:
1 – Scheinwerfer-Befestigung oben;
2 – Wischerachse;
3, 4 – Schrauben für Kotflügel.

Scheinwerfer-Einheit ausbauen

● Blinkleuchte ausrasten, nach vorne schieben, Leitung abziehen und abnehmen.
● Wischerarm am Scheinwerfer ausbauen. Dazu an der Wischerachse hochklappen.
● Verkleidung an der Unterkante des Scheinwerfers lösen und etwas vorziehen. Dazu die beiden Schrauben herausdrehen.
● Je nach Ausstattung mit oder ohne Klimaanlage die Querbrücke über dem Kühler oder das Lüftungsgitter und seitliche Abdeckung am Kühler ausbauen.
● Schrauben um den Scheinwerfer herausdrehen: zwei Schrauben im Blinkleuchtenausschnitt, Schraube seitlich am Kühler, Schraube oben.
● Leitungen ausstecken.
● Unterdruckleitung für Leuchtweitenregulierung abziehen.
● Scheinwerfer nach vorne abnehmen.
● Wasserschlauch unten abziehen.
● Wischermotor abschrauben.
● Die Streuscheibe am Scheinwerfer kann einzeln ersetzt werden. Dazu Gummidichtung abnehmen und Haltezungen um Scheinwerfer ausrasten. Beim Zusammenbau müssen diese hörbar einrasten. Dichtung an Streuscheibe mit erneuern.
● Bei ausgebauter Streuscheibe kann auch der Scheinwerfer-Reflektor ausgetauscht werden.
● Nach dem Einbau den Scheinwerfer einstellen lassen.

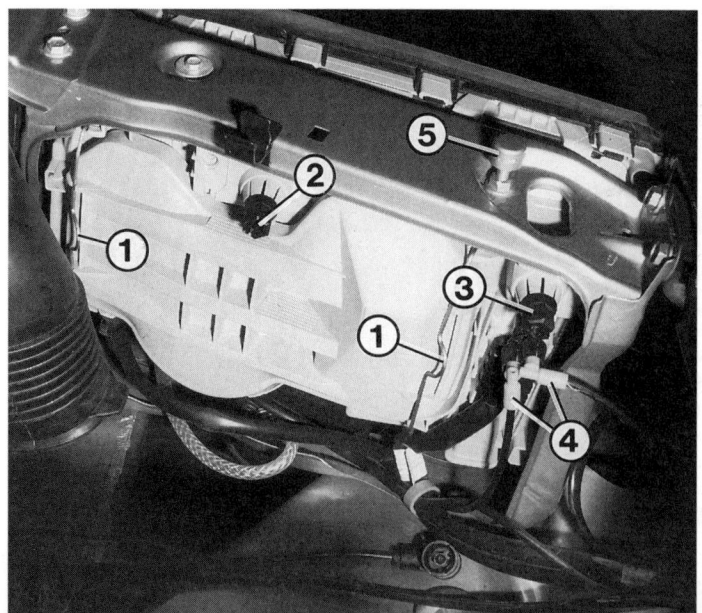

Am rechten Scheinwerfer bezeichnet:
1 – Verschlußbügel;
2 – Höheneinstellung Abblend- und Nebellicht;
3 – Seiteneinstellung Abblendlicht;
4 – Unterdruck für Leuchtweitenregulierung;
5 – Anschlagpuffer für Höheneinstellung der Motorhaube.

Die Blinkleuchte (3) steckt mit den Zungen in den Führungen (Pfeile) seitlich am Scheinwerfer (1). Zum Ausbau von innen die Klammer (5) zusammendrücken. Weiterhin:
4 – Blinkerlampe mit gelbem Glaskolben;
2 – Scheinwerfer-Befestigung seitlich.

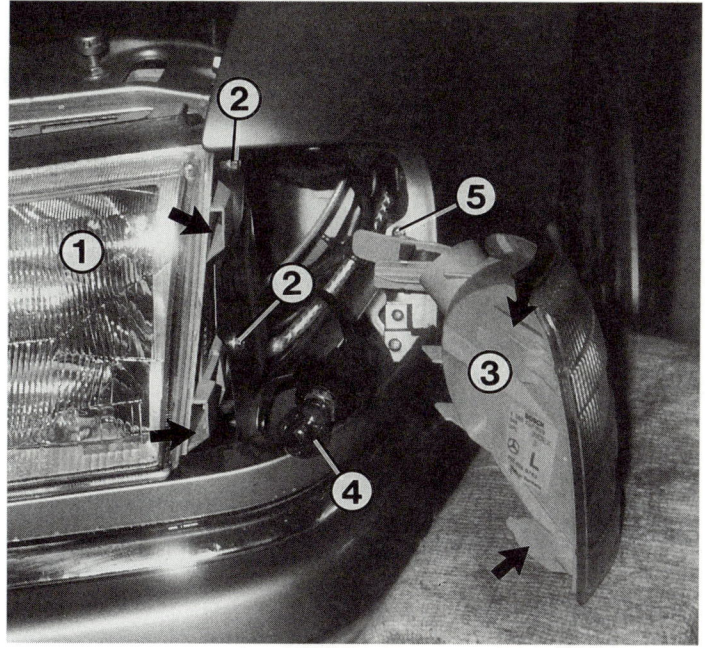

Blinkerlampen vorn ausbauen

- Motorhaube öffnen.
- Blinkleuchte vom Motorraum her ausclipsen. Dazu die Klammern hinter dem Blinkergehäuse zusammendrücken.
- Blinkergehäuse nach vorne schieben.
- Stecker abziehen.
- Lampenfassung nach links drehen. Lampe aus Bajonettverschluß drehen.
- Bei weißen Blinkern muß eine Blinkerlampe mit gelbem Glaskolben eingebaut werden.

- Beim Einbau darauf achten, daß die Zungen am Blinkergehäuse in den Führungen am Scheinwerfer stecken.
- Blinklampe kräftig nach hinten drücken, bis sie hörbar einrastet.

Hintere Glühlampen ersetzen

- Die Glühlampen werden vom Kofferraum aus getauscht. Dazu die Kofferraumverkleidung der Heckleuchte wegklappen.

- Zentrale Verschlußschraube des Lampenträgers verdrehen, bis sie waagrecht steht.
- Lampenträger abnehmen.

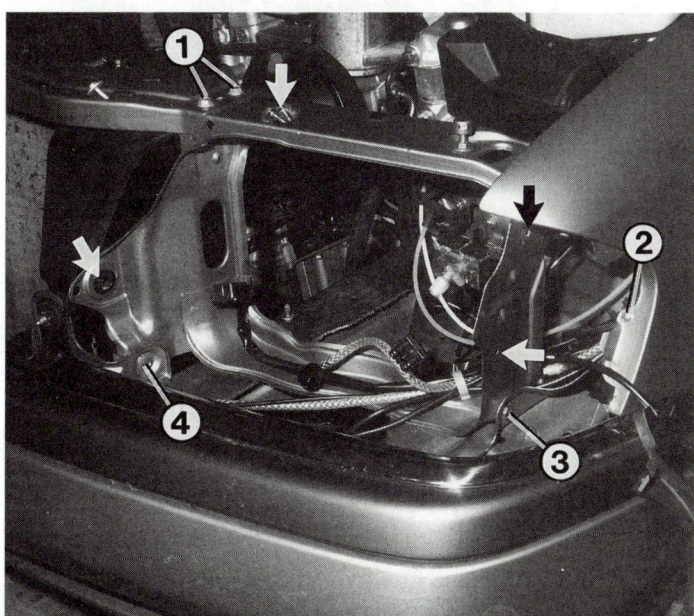

Ein Frontscheinwerfer ist an vier Stellen (Pfeile) befestigt. Bei der Unfallreparatur kann der Scheinwerferrahmen einfach ersetzt werden, er ist geschraubt (1; 3; 4). Der Kotflügel ist am Ausschnitt für die Blinkleuchte verschraubt (2).

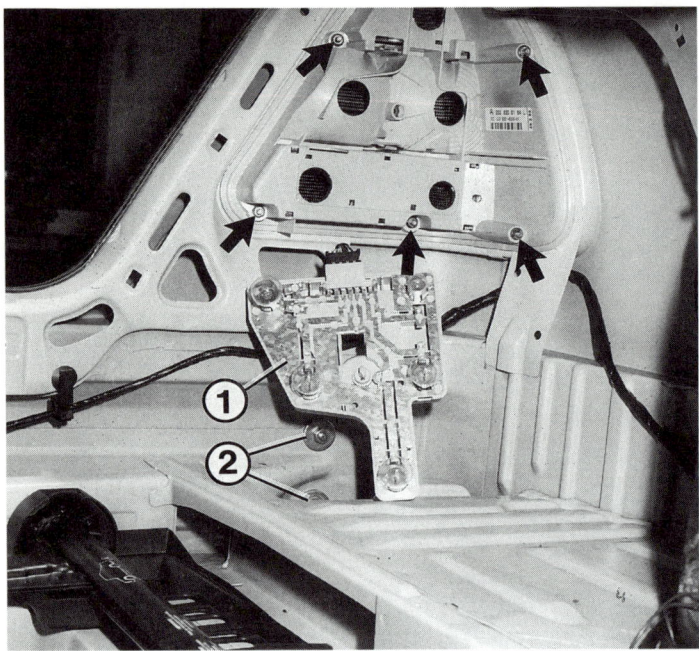

Der Lampenträger (1) ist mit einer Verschlußschraube an der Heckleuchte befestigt. Mit den sechs Muttern (Pfeile, eine Mutter sitzt ganz oben) sind Reflektor und äußere Kunststoffabdeckung der Heckleuchte zusammengeschraubt. Nach dem Abschrauben kann die Heckleuchte von der Karosserie abgenommen werden.
2 – Stoßfänger-Befestigung.

● Die auszutauschende Glühlampe etwas gegen den Lampenträger drücken, nach links verdrehen und herausziehen.

Weitere Glühlampen ersetzen

● **Innenleuchte:** Zum Auswechseln der Soffittenlampe die Abdeckung auf der jeweiligen Innenleuchte mit einem Schraubendreher vorsichtig ausbauen.
● **Beleuchtung der Sonnenblenden:** Mit einem Schraubendreher die Abdeckung abhebeln (Aussparung an der Unterkante).

● Falls Sie keine Ersatzlampen an Bord haben, können Sie die Rückfahrleuchtenlampe ausbauen und damit eine der wichtigen Blinkerlampen ersetzen.

● **Beleuchtung des Handschuhfaches:** Um die Soffittenlampe tauschen zu können, die Leuchte einfach herausziehen.
● **Kofferraumleuchte:** Bei geöffnetem Kofferraumdeckel die Leuchte von hinten aus dem Ausschnitt drücken und Soffittenlampe erneuern.

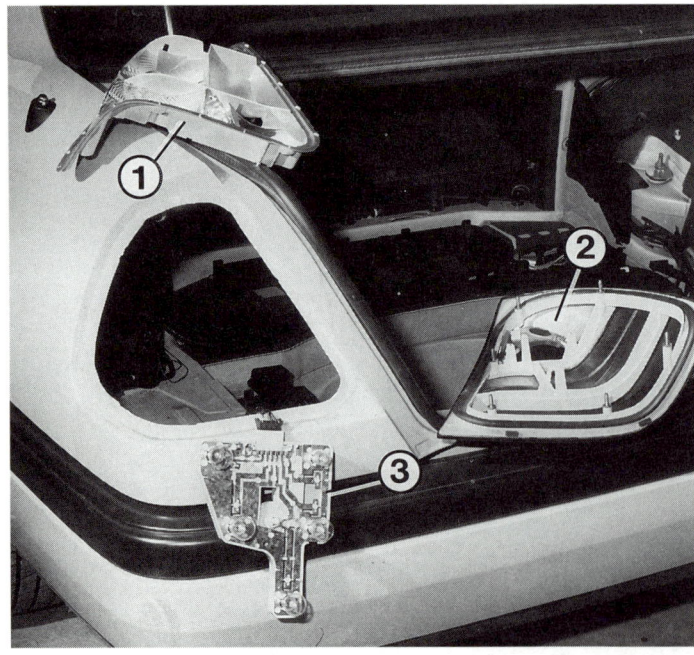

Die Heckleuchte besteht aus Reflektor (1), Kunststoffabdeckung (2) außen und dem Lampenträger (3).

Zum Austausch einer Soffittenlampe (1) der Kennzeichenbeleuchtung am besten die Griffleiste (2) an den drei Stellen (Pfeile) losschrauben.

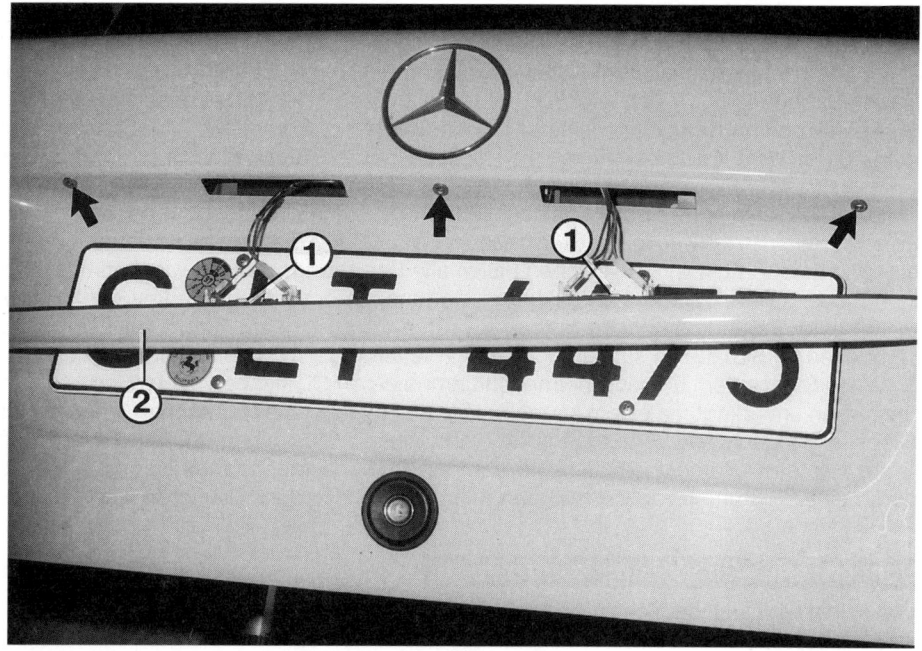

- **Kennzeichenleuchten:** Die beiden Kreuzschlitzschrauben herausdrehen und die Leuchte abnehmen.
- Die 5-Watt-Soffittenlampe ersetzen.
- **Beleuchtung des Kombi-Instruments:** Die Glassockel-Glühlämpchen zur Beleuchtung sowie die kleineren Glühlämpchen sind von hinten ins Instrument gesteckt.
- Zum Lampentausch muß demzufolge erst das Kombi-Instrument ausgebaut werden.
- **Beleuchtung der Wippschalter:** Die Schalter haben teilweise kleine Lämpchen eingelötet und müssen ersetzt werden. Andere haben Glassockellämpchen mit Steckfassung.
- Den jeweiligen Schalter erst aus dem Armaturenbrett ausbauen.
- **Beleuchtung der Heizungsregulierung:** Die beiden Drehknöpfe von Gebläseschalter und Luftverteilung mit lappenumwickelter Zange abziehen.
- Seitlich außen an der Schalterachse finden Sie eine kleine weiße Klappe.
- Diese hochschieben und das Glassockellämpchen darunter mit spitzem Werkzeug vorsichtig ersetzen.

Die Abdeckung (1) an der Innenleuchte wird mit dem Schraubendreher ausgebaut. Dazu an der Stelle mit dem weißen Pfeil nach oben drücken. Dadurch verdreht sich die Wippe, und die Abdeckung löst sich.

● **Beleuchtung des Lichtschalters:** Drehknopf abziehen. Darunter findet sich das Glassockellämpchen, das bei eingeschaltetem Nebelschlußlicht aufleuchten muß.
● **Ascherbeleuchtung:** Aschereinsatz herausnehmen. Unter dem Anzünder findet sich seitlich das Glassockellämpchen. Vorsichtig mit abgewinkelter Zange ersetzen. Backen mit Klebeband umwickeln.
● **Schaltkulisse bei Automatik:** Abdeckung auf der Mittelkonsole losschrauben und etwas anheben. Vorn links am Schaltmechanismus finden Sie die Steckerfassung mit dem Glassockellämpchen.

Hinweise zum Lampentausch

○ Nicht immer brennt eine ausgewechselte neue Lampe. Besonders bei älteren Fahrzeugen blockiert gern Korrosion den Stromweg in der Steckfassung. Man merkt dies, wenn die Lampe öfters aufleuchtet, solange sie hin- und hergedrückt wird. In solchen Fällen alle Berührungspunkte zwischen Fassung und Lampe sauberkratzen. Sicherstellen, daß die Kontaktzunge die Lampe ausreichend stark in die Fassung drückt.
○ Mit einer Prüflampe können Sie leicht prüfen, ob überhaupt Strom zur Lampenfassung gelangt. Ggf. das Lämpchen im Schaltplan suchen und die Verschaltung schrittweise mit der Prüflampe kontrollieren.
○ Wenn Sie vor dem Einbau einer neuen Lampe deren Glaskolben mit bloßen Händen angefaßt haben, sollten Sie diesen unbedingt mit einem sauberen Taschentuch wieder abwischen, denn der unvermeidbare zurückgebliebene Handschweiß verdampft später vom heißen Glaskolben und macht den Reflektor blind.
○ Im Kombi-Instrument erhalten die Lampen über »aufgedruckte« Kupferbahnen Strom. Wenn eine Bahn durch einen Riß unterbrochen ist, kann man diese Stelle durch Auflöten eines Kabelstückes überbrücken.

Scheinwerfer-Einstellung kontrollieren

Wartung Nr. 24

Von selbst wird sich die Scheinwerfer-Einstellung kaum verändern. Wenn jedoch ein Scheinwerfer ausgewechselt wurde, muß die Einstellung des Scheinwerferstrahls kontrolliert werden.
Unbedingt erforderlich ist ein Justieren natürlich auch, wenn bei einem Unfall die Wagenfront in Mitleidenschaft gezogen wurde oder nach dem Einsetzen neuer Federungsteile.
Diese billige, bisweilen sogar kostenlose Einstellarbeit überläßt man der Werkstatt, einer Tankstelle oder dem mobilen Prüfstand eines Autoclubs. Nur mit einem Einstellgerät ist eine brauchbare Einstellung gewährleistet. Doch um den Gegenverkehr nicht unnötig zu blenden, kann man sich notfalls so behelfen: Den Motor starten und die Leuchtweiten-Regulierung auf »0« stellen. Dann den Wagen rund 10 Meter vor eine helle Wand stellen und den neu einzustellenden Scheinwerfer in der Höhe mit dem unveränderten Scheinwerfer gleichstellen. Dazu die Einstellschrauben verdrehen.

Wo sitzen die Einstellschrauben?

○ Die beiden Einstellschrauben für die Scheinwerfer-Einheit sind bei geöffneter Motorhaube zu erreichen.
○ Die zur Fahrzeugmitte hin gerichteten Einstellschrauben dienen der Höheneinstellung.
○ Die weiter seitlich angeordneten Einstellschrauben dienen der Seiteneinstellung.
○ Die richtige Scheinwerfereinstellung wird durch wechselseitiges Drehen beider Schrauben angefahren.

Hier ist das Armaturenbrett links neben dem Lenkrad gezeigt:
1 – Abdeckung am Lichtschalter;
2 – Drehknopf, abziehbar;
3 – Unterdruckregler der Leuchtweitenregulierung;
4 – Entriegelung der Feststellbremse;
5 – Lämpchen der Nebelschlußlichtkontrolle in der Schalterachse;
6 – Sechskantmutter.

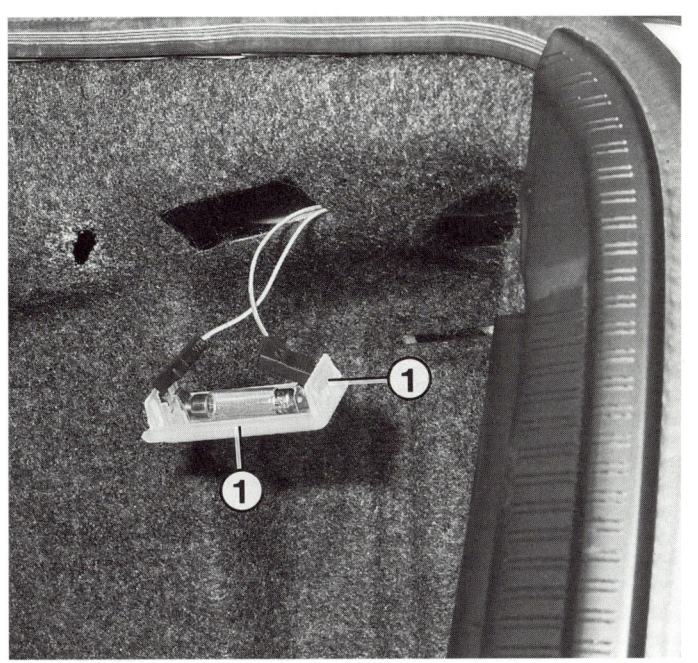

Die Kofferraumleuchte (1) wird von hinten aus ihrem Ausschnitt gedrückt. Dazu den Ausschnitt rechts neben den Leuchte nutzen.

1 – Schalter für Kofferraumlicht. Zum Ausschalten der Leuchte den Stift am Schalter herausziehen; 2 – Schloß.

Leuchtweitenregulierung

Entsprechend den gesetzlichen Vorschriften ist serienmäßig eine pneumatische Leuchtweiten-Regulierung eingebaut. Die Einstellung erfolgt je nach Belastungsgrad des Fahrzeuges von einem Stellrad neben dem Lichtschalter. Mit dem Stellrad wird der Unterdruck zwischen 0,4 bar (Stellung »0«) und 0,05 bar (Stellung »3«) geregelt und gelangt dann zu den Stellelementen in den Leuchteinheiten. Diese Stellelemente haben einen Maximalhub von 3 mm.
Zum Verstellen der Scheinwerfer wird der Unterdruck von der Ansaugseite des Motors eingesetzt.

Die Heckleuchte

Jede Heckleuchte besteht aus drei Teilen – dem Lampenträger, dem Reflektor und der bunten äußeren Kunststoffabdeckung – dem »Lampenglas«. Diese Abdeckung ist mit einer Gummidichtung von außen ans Karosserieblech angesetzt und von innen zusammen mit dem Reflektorenteil mittels sechs Muttern verschraubt.
Der Lampenträger, der vom Kofferraum aus zugänglich ist, wird von einer Verschlußschraube an der Heckleuchte gehalten.

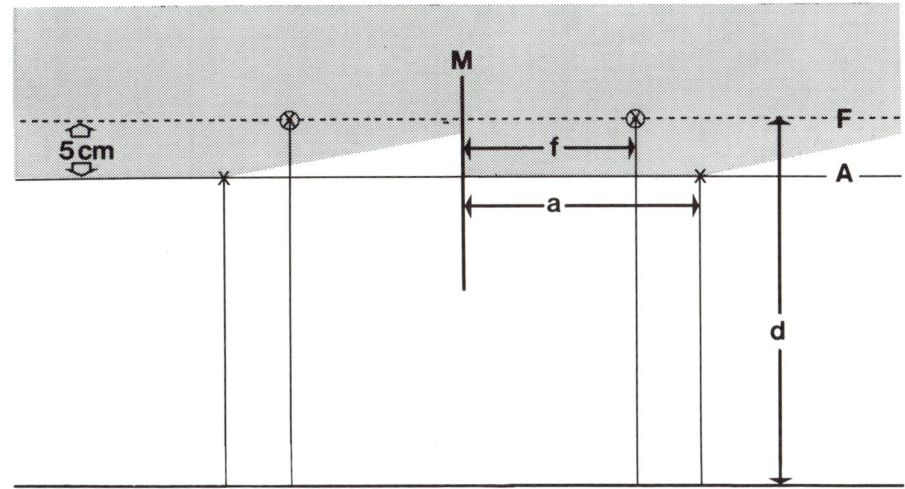

Maße für die Scheinwerfer-Einstellung:
d – Höhe der Scheinwerfer-Mittelpunkte;
F – Einstellhöhe für Zusatz-Fernscheinwerfer;
A – Einstellhöhe für die Hauptscheinwerfer;
M – Fahrzeugmitte;
f – Abstand von Zusatz-Fernscheinwerfer von der Fahrzeugmitte.

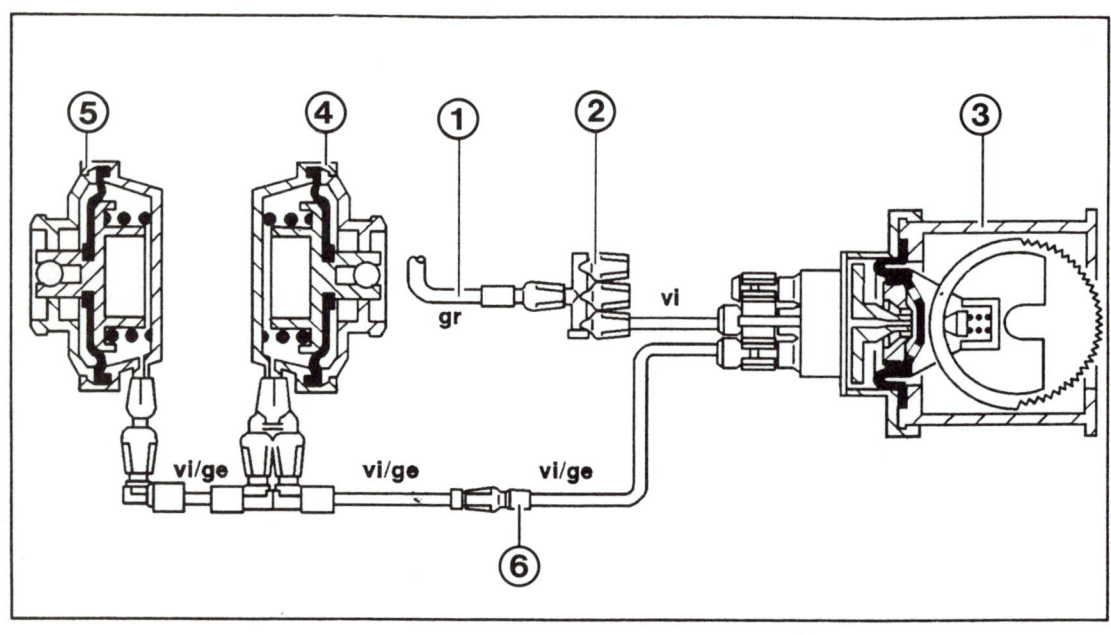

Schema der Leuchtweitenregulierung:
1 – Unterdruck vom Saugrohr oder Unterdruckverteiler;
2 – Verteiler;
3 – Unterdruckregler neben Lichtschalter;
4 – Stellelement rechts;
5 – Stellelement links;
6 – Steckverbindung.

Die Scheinwerfer-Reinigungsanlage

Fahrzeuge, die damit ausgestattet wurden, haben im Motorraum einen größeren Wischwasser-Behälter, der mit zwei Pumpen ausgestattet ist.
○ Jeder der beiden kleinen Wischerarme hat seinen eigenen Motor.
○ Nach dem Ausschalten laufen die Wischer von selbst in die Ausgangslage zurück.
Der rechte Wischermotor besitzt einen Kontakt, welcher die Wischwasser-Pumpe während des Wischens nur kurz einschaltet.
○ Durch die Spritzdüsen im Wischerarm sprüht so nur wenig Wasser im rechten Augenblick auf die Scheinwerfergläser. Dadurch wird verhindert, daß sich nachts bei Gegenlicht eine undurchsichtige »Sprühwasserwand« bildet. Außerdem wird Wasser gespart.
○ Die Scheinwerfer-Reinigungsanlage tritt in Aktion, wenn das Licht eingeschaltet ist und am Kombihebel der Schalter für die Scheibenwaschanlage betätigt wird. Waschwasser wird durch die hohle Wischerachse zu den Düsen am Wischerarm geführt.
○ Die Wischermotoren wurden gegenüber früheren Modellreihen geändert, um ein noch besseres Einhalten der »Parkstellung« zu erreichen. Die Wischerblätter sind um 40° abgewinkelt, damit die gewischte Fläche möglichst groß ist.

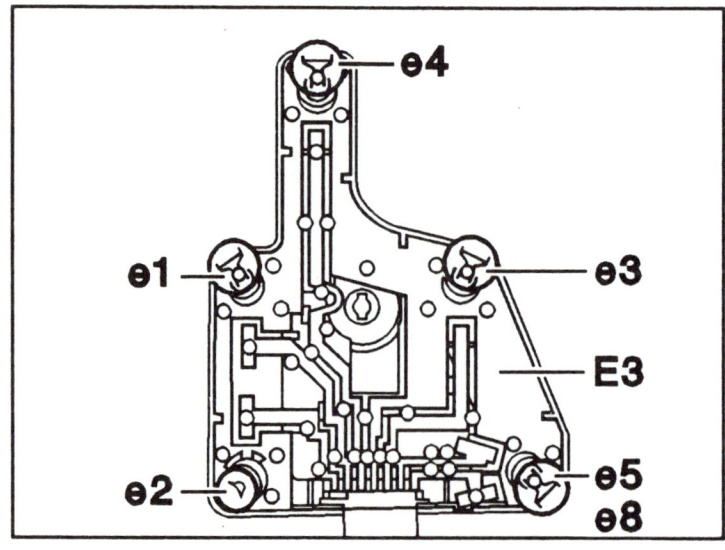

Glühlampen in der Heckleuchte:
E3 – Schlußleuchte links;
E3e1 – Blinklicht 12 V 21 W;
E3e2 – Schluß-/Parklicht 12 V 5 W;
E3e3 – Rückfahrlicht 12 V 21 W;
E3e4 – Bremslicht 12 V 21 W;
E3e5 – Nebelschlußlicht 12 V 21/4 W;
E3e8 – Schlußlicht 12 V 21/4 W.

Instrumente und Geräte

Zwiesprache

Als Autofahrer leben Sie mit zahlreichen Anzeigeinstrumenten, Kontrolleuchten und Schaltern. Ferner sind Sie in der Lage, vom Fahrersitz aus allerlei dienstbare Geister, wie Scheibenwischer und heizbare Heckscheibe, in Betrieb zu nehmen. Von diesen und weiteren Einrichtungen handelt das folgende Kapitel.

Kontrollinstrumente und -leuchten prüfen

Ständige Kontrolle

Beim Einschalten der Zündung müssen alle Kontrollen aufleuchten. Dies ist die Überprüfung auf durchgebrannte Lämpchen. Nach einigen Sekunden (4 Sekunden bei »SRS«; sonst 30 Sekunden) oder nach dem Motorstart müssen sie verlöschen, sonst muß die Ursache ergründet werden. Führen Sie die Kontrolle z.B. beim Gebrauchtwagenkauf bewußt durch und bedenken Sie folgende Hintergründe:
○ **Kühlmitteltemperatur-Anzeige:** Unter Ausnahmebedingungen (Bergfahrt mit Anhänger, Kraftstoff mit zu geringer Oktanzahl etc.) darf die Anzeigenadel bis zur roten Marke wandern. Ab ca. 130°C kocht das Kühlmittel.
○ **Kühlmittelstands-Anzeige:** Verlöscht die Kontrolle nicht, hat der Geber im Ausgleichsbehälter bzw. am oberen Wasserkasten des Kühlers geschaltet. Jetzt Kühlmittel nachfüllen (nach Druckabbau!). Leuchtet die Kontrolle bald wieder auf, Undichtheit suchen oder Geber prüfen.
○ **Außentemperatur-Anzeige (SA):** Über einen Geber hinter dem Stoßfänger wird die Temperatur erfaßt und im Kombi-Instrument angezeigt. Die Anzeige erfolgt aber in Abhängigkeit von der Fahrzeuggeschwindigkeit und der Dauer nach Abstellen des Motors. Bei steigender Temperatur bleibt der letzte Wert gespeichert, wenn das Fahrzeug steht. Erst nach längerer Zeit wird er angezeigt. Sinkende Temperaturen werden sofort angezeigt.
○ **Blinkerkontrollen:** Die beiden Anzeigen im Kombi-Instrument für Richtungsblinken und die Leuchte im Warnblinkschalter müssen mitblinken. Bei Anhängerbetrieb muß zusätzlich die Blinkerkontrolle mitblinken.
○ **ASR-, ASD- und ETS-Funktionswarnung:** Das Achtung-Zeichen im Tachometer darf beim Fahren nur leuchten, wenn z.B. wegen Straßenglätte ein Rad durchdreht.
○ **Tachometer:** Wenige Meter nach dem Anfahren muß sich die Anzeigenadel bewegen. Eine Tachowelle ist im Fahrzeug nicht mehr eingebaut.
○ **Kilometer- und Tageskilometerzähler:** Beide müssen beim Fahren weiterdrehen. Bei eingeschalteter Zündung den Rückstellknopf des Tageskilometerzählers ein Mal drücken, um die Anzeige auf »0« zu stellen; bei ausgeschalteter Zündung zwei Mal.

**Am ausgebauten Kombi-Instrument zu erkennen:
1, 2 – Mehrfachsteckverbindung, zum Lösen Bügel hochklappen;
3 – Beleuchtungslämpchen;
4 – Kontrollämpchen.
Die Lämpchenfassungen werden am besten mit den Spitzen einer Telefonzange gedreht und abgenommen. Am Kombi-Instrument sind die verschiedenen Leistungen der Lämpchen und deren Verwendungszweck eingeprägt.**

○ **Drehzahlmesser:** Entsprechend den Motordrehzahlen muß die Anzeige erfolgen. Der rote Bereich sollte vermieden werden (Überdrehzahlen).
○ **Digitaluhr:** Das Verstellen erfolgt am Knopf rechts daneben. Knopf herausziehen und nach links (Stunden) oder rechts (Minuten) drehen.
○ **Fernlichtkontrolle:** Beim Lichthupen und bei eingeschaltetem Fernlicht muß das blaue Symbol aufleuchten.
○ **Motorölstand-Anzeige:** Wenn bei laufendem Motor und einer Öltemperatur über ca. 60°C die Kontrolle mit der Ölkanne aufleuchtet, ist der Ölstand bis zur unteren Marke am Ölmeßstab abgesunken.
○ **Bremskontrolle:** Das rote Zeichen mit den Bremsbacken leuchtet bei betätigter Feststellbremse und wenn der Bremsflüssigkeitsstand im Vorratsbehälter zu weit abgesunken ist.
○ **Waschwasser-Kontrolle:** Wenn im Waschwasserbehälter noch ca. ein Liter Reinigungsmittel befindet, beginnt die Kontrolle aufzuleuchten.
○ **Bremsbelag-Verschleißanzeige:** Leuchtet beim Bremsen auf, wenn die Bremsklötze vorn abgeschliffen sind. Bei ASR sind an den Hinterradbremsen ebenfalls Geber eingebaut. Berühren sie die Bremsscheibe, bekommt die Anzeigeleuchte Masse zugeschaltet.
○ **Ladekontrolle:** Nach dem Motorstart muß das Batterie-Symbol verlöschen. Sonst wird die Batterie nicht geladen oder der Keilrippenriemen ist gerissen. Sofort den Motor abstellen, wenn die Lampe auch bei leichtem Gasgeben nicht ausgeht.
○ **Lampenkontrolle:** Das gelbe Zeichen mit der Glühlampe leuchtet bei defekter Außenbeleuchtung auf. Anhalten und Außenbeleuchtung prüfen. Glühlampe ersetzen.
○ **SRS-Anzeige:** Nach dem Systemtest verlöscht die Kontrolle. Ansonsten sind Airbag und Gurtstraffer nicht einsatzbereit.
○ **ABS-, ASD-, ASR- und ETS-Kontrolleuchten:** Leuchten diese während der Fahrt, ist das jeweilige System ausgefallen. In der Werkstatt entsprechenden Fehlerspeicher auslesen lassen und weitere Reparaturen beraten.
○ **Heckscheibenheizung:** Die Kontrolle im Schalter in der Mittelkonsole muß beim Einschalten aufleuchten.
○ **Nebelschlußlicht-Kontrolle:** Zieht man den Lichtschalter um zwei Stufen heraus, muß das orangefarbene Licht in der Mitte aufleuchten.
○ **Sitzheizung:** Die Kontrolleuchten der Wippschalter müssen beim Einschalten aufleuchten. Bei voller Heizleistung beide Lämpchen und bei halber Leistung nur eines.

Das Kombi-Instrument

Das neu entwickelte Kombi-Instrument hat folgende Besonderheiten:
Elektronischer Tachometer: Die Geschwindigkeit bekommt das Kombi-Instrument vom ABS-Steuergerät mitgeteilt. Dieses wiederum wertet die Geberimpulse vom linken Vorderrad aus. Die Anzeige der zurückgeleg-

Das Kombi-Instrument (1) kann mit zwei geeigneten Haken, z.B. Fahrradspeichen (2), aus dem Armaturenbrett (3) herausgezogen werden. Das Lenkrad kann bei verstellbarer Lenksäule eingebaut bleiben.

Viele Schalter sind in der Verkleidung am Schalthebel (1) eingebaut:
2 – Mehrfachstecker zum Schalter;
3 – Schaltmechanismus;
4 – Schalter für Sitzheizung mit abgenommener Schaltwippe (5).

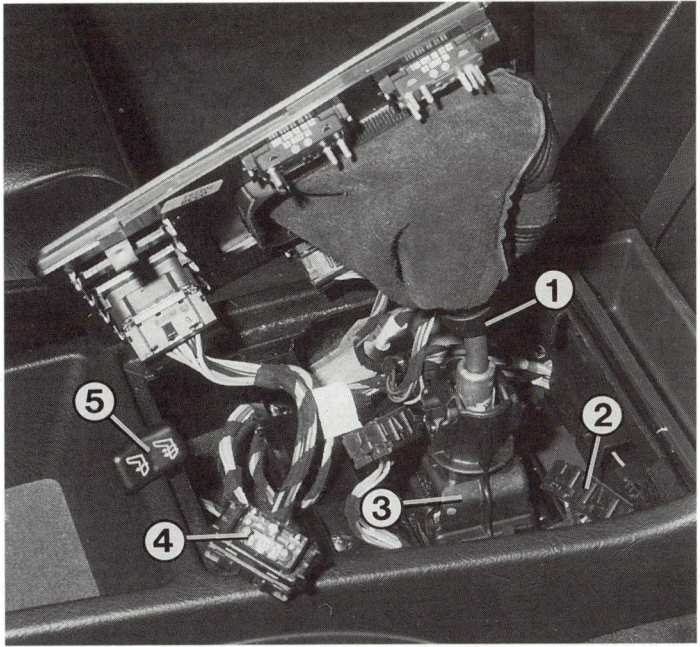

ten Strecken erfolgt über eine LCD-Anzeige. Die Strecken werden im Kombi-Instrument gespeichert, wenn der Zündschlüssel abgezogen oder die Batterie abgeklemmt wird. Drückt man bei abgezogenem Zündschlüssel auf den Knopf links unten neben dem Tacho, leuchten die LCD-Anzeigen für Strecke, Temperatur und Zeit für ca. 30 Sekunden auf.

Tankanzeige: Die gemeldeten Kraftstoffstände (Widerstandswerte der Hebelgeber) in den beiden Tankhälften werden vom Kombi-Instrument aufbereitet. Bei Störungen zeigt die Tankanzeige »Tank leer« an, und die Reservewarnlampe bleibt aus.

Drehzahlmesser: Das Drehzahlsignal wird vom Geber am Schwungrad abgenommen und im Steuergerät der Motronic von einem Sinus- in ein Rechtecksignal umgeformt.

Instrumentenbeleuchtung: Die Beleuchtung erfolgt in sogenannter Drucklichttechnik. Bei ausgeschaltetem Licht leuchten die Anzeigen in maximaler Helligkeit.

Kontroll- und Warnleuchten: Diese sind seitlich in den Ecken angeordnet. Unabhängig von der Ausstattung sind überall Lämpchen eingebaut, so daß im Ersatzfall evtl. gewechselt werden kann.

Öldruckanzeige: Dieses früher übliche Anzeigeinstrument ist entfallen. Der Öldruck wird indirekt über den Ölstand überwacht.

Die Elektronikplatte hinten am Kombi-Instrument kann nur komplett erneuert werden, mit Ausnahme der Außentemperaturanzeige (SA). Die Platte ist mit Haltelaschen befestigt. Die Symbolscheiben vor den Kontrollleuchten sind je nach Fahrzeug unterschiedlich beschriftet.

Kombi-Instrument ausbauen

● Bei Fahrzeugen mit Lenkradverstellung das Lenkrad ganz herausziehen.
● Sonst Airbag und Lenkrad ausbauen, siehe Kapitel »Radaufhängung und Lenkung«.
● Untere Armaturenbrettverkleidung links ausbauen.
● Kombi-Instrument von hinten vordrücken.
● Oder mit zwei umgebogenen Fahrradspeichen das Kombi-Instrument von vorne herausziehen. Die Speichen oben am Instrument durchstecken, seitlich bis zur unteren Ecke schieben und das abgekröpfte Ende um 90° verdrehen. Haben sich die Speichen am Instrument eingehakt, kräftig ziehen.
● Bügel an den beiden Steckern hochklappen. 21- und 24poligen Stecker abziehen.

Fingerzeige: Funktionieren einzelne Instrumente im Armaturenbrett nicht, lohnt sich ein Blick in den Sicherungskasten (siehe Kapitel »Die Karosserie-Elektrik«).
Für die Instrumente im Armaturenbrett gibt es von Moto Meter und VDO einen Reparaturdienst. Die Instrumente von MotoMeter werden von der Firma Imag, Gutenbergstraße 27, 70736 Fellbach-Schmiden repariert. VDO unterhält eigene Werkstätten, Anschriften erhalten Sie von der VDO Adolf Schindling AG, Postfach 6140, 65824 Schwalbach.

Drehzahlmesser

Wie oft die Kurbelwelle des Motors in der Minute rotiert, zeigt der Drehzahlmesser an. Dazu erhält er vom Zündungsteil der Motronic die Zündimpulse übermittelt. Die werden von der Elektronik im Instrument summiert und aufbereitet an das Meßwerk der Analoganzeige weitergegeben.

Bei Störungen gilt es, die Sicherungen (siehe Kapitel »Die Karosserie-Elektrik«) und die entsprechenden Leitungen zu prüfen. Auch in der Leiterplatte des Kombi-Instruments kann der Fehler stecken. Der Drehzahlmesser selbst kann mit Eigenmitteln nicht repariert werden.

Die Schalter

Mit den Schaltern wird der Stromkreis zum jeweiligen Verbraucher geschlossen. Im Mercedes finden Sie links an der Lenksäule den Kombischalter und bei entsprechender Ausstattung noch den Bedienungsschalter für den Tempomat. Der Lichtdrehschalter sitzt ganz links im Armaturenbrett; oben in der Mittelkonsole haben bis zu sechs Wippschalter ihren Platz. Bei Klimaanlage kommen noch einige Druckschalter hinzu. Der Drehschalter für das Heizungsgebläse ist darunter eingebaut. In der Holzverkleidung um den Schalthebel befinden sich weitere Schalter. Auch hinter dem Zündschloß verbirgt sich ein Schalter.

Muß man im Rahmen einer Fehlersuche die Schalterfunktion überprüfen, zunächst den Schalter im Schaltplan suchen und an der Steckverbindung zum Schalter prüfen. Hierzu verwendet man entweder eine Prüflampe und prüft »unter Spannung«, oder man steckt die Leitungen aus und mißt mit einem Ohmmeter. Meist ist die erste Methode aufschlußreicher. Versuchen Sie, ob mit der Spitze der Prüflampe die zu prüfende Leitung in der Steckverbindung erreicht werden kann. Wenn nicht, stechen Sie mit der Prüfspitze in die Leitung.

Die Wippschalter sind nur in ihren Ausschnitt gesteckt und können ausgebaut werden, wenn die Abdeckung ausgebaut ist. Andere Schalter sind angeschraubt.

Der Kombischalter

Dieser Schalter (S4 in den Schaltplänen) ist ein wahres Meisterwerk, denn nicht weniger als zwölf Leitungen führen dorthin und werden auf die unterschiedlichste Weise miteinander verbunden. Solche Kombischalter gab es schon bei früheren Mercedes-Modellen. Dort hat sich mit den Jahren folgender Effekt eingestellt: Beim Blinken ist der Schalterhebel nicht mehr eingerastet. In diesem Fall müßte der Kombischalter ausgetauscht werden. Frühere Versuche, die Einrastung etwas nachzuarbeiten, haben oftmals nur kurzfristig Besserung gebracht.

Kombischalter ausbauen

- Armaturenverkleidung links unten ausbauen.
- Lenkrad ausbauen.
- Kontaktspirale ausbauen. Mittelstellung beibehalten.
- Halteschrauben am Schalter herausdrehen.
- Stecker unten an der Lenksäule ausstecken, Kabelstrang lösen.

Fingerzeig: Viele Schalter im Mercedes sind von innen beleuchtet. Leider lassen sich diese Lämpchen – außer beim Lichtschalter – nicht einzeln auswechseln, weil dadurch der Schalter zerstört würde.

Das Zündschloß

Der elektrische Schalter im Zündschloß ist praktisch der Hauptschalter im Mercedes. Will man das Schalten überprüfen, tut man dies am besten an der Steckverbindung unten an der Lenksäule. Direkt an den Schalter im Zündschloß gelangt man nur schwierig. Am Schaltersymbol erkennen Sie, in welcher Zündschlüsselstellung welche Anschlüsse zusammengeschaltet werden. Bei Fehlern den Schalter ersetzen lassen.

Es werden zum Ausbau des Schließzylinders und zur Demontage von der Lenksäule Sonderwerkzeuge gebraucht.

Warnblinkschalter

Der Schalter der Warnblinkanlage ist bei eingeschaltetem Licht von einer kleinen Lampe in der Schaltertaste schwach erleuchtet. Dazu erhält das Lämpchen Strom vom Lichtschalter über einen elektrischen Widerstand. Wird der Schalter niedergedrückt, ist der Widerstand nicht mehr im Stromkreis – das Lämpchen leuchtet mit voller Lichtstärke im Blinkertakt.

Schalter der elektrischen Fensterheber

Bei entsprechend ausgestatteten Wagen werden die elektrischen Fensterheber von den Schalterblöcken in der Mittelkonsole betätigt. Zwei Einzelschalter sitzen (bei elektrischen Scheibenhebern hinten) in den Verkleidungen der beiden hinteren Türen. Alle Schalter sind beleuchtet, wenn die Fensterheber einsatzbereit sind.

Das Zündschloß (1) rechts neben der Lenksäule:
2 – **Rohr für Schließbolzen**;
3 – **Seilzug für Parksperrenverriegelung bei Automatik**;
4 – **Zünd/Startschalter**.

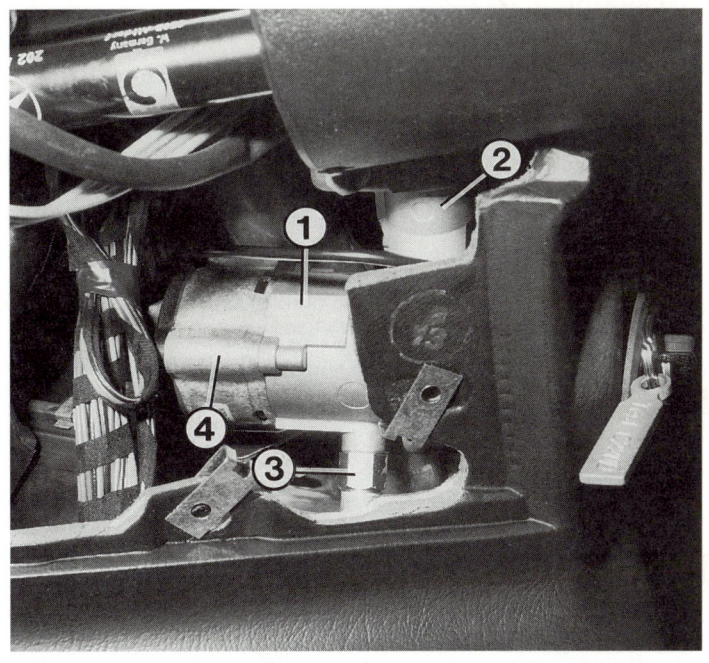

- Abdeckung in der Mittelkonsole lösen und über den Schalthebel anheben.
- Mit der Hand die Fensterheberschalter von unten aus der Mittelkonsole drücken.
- Die Schalter können mit und ohne Halterahmen ausgebaut werden.
- Zum Abziehen der Stecker die Halterasten mit einem Schraubendreher lösen.

Fensterheberschalter ausbauen

Schalter für Spiegelverstellung

Der kleine Schalter für die Spiegelverstellung hat insgesamt vier Schaltkontakte zum Verstellen des Spiegels nach oben, unten, rechts und links. Zusätzlich sitzt im Schaltergehäuse der Umschalter für die Bedienung des rechten bzw. des linken Spiegels. Der Ausbau erfolgt wie bei den Schaltern für die Fensterheber.

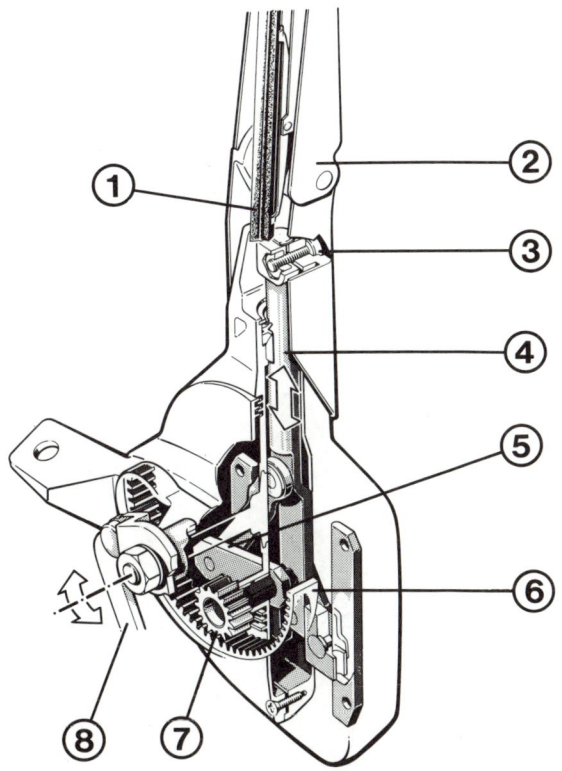

Die Zeichnung zeigt den Hub-Scheibenwischer.
Durch einen zusätzlichen Kurbeltrieb im Getriebekopf werden zwei Bewegungen, nämlich eine Dreh- und eine Hubbewegung überlagert, wodurch die oberen Ecken der Windschutzscheibe besser freigewischt werden als mit einem herkömmlichen Einarm-Scheibenwischer. Das Wischfeld ist symmetrisch und beträgt 86% der Durchsichtsfläche. Der Panorama-Scheibenwischer ist strömungsgünstig angeordnet, so daß ein Abheben auch bei höheren Geschwindigkeiten vermieden wird. In Ruhestellung ist der Scheibenwischer auf der Fahrerseite abgelegt. Das Wischen beginnt so beim Fahrer und sorgt für schnelle Reinigung auf seiner Seite. Es bedeuten:
1 – **Wischergummi**;
2 – **Wischerarm**;
3 – **Befestigungsschraube des Wischerarms (unter Abdeckung)**;
4 – **Hubstange**;
5 – **Kurbeltrieb**;
6 – **Zahnsegment**;
7 – **Antriebsritzel**;
8 – **Wischergestänge vom Wischermotor**.

Schalter prüfen

- Mit einer Prüflampe mit Nadelkontakt können Sie die Kabelisolierung durchstechen und feststellen, welche Kabel Spannung führen.
- Nehmen Sie den passenden Schaltplan (Näheres dazu im Kapitel »Die Schaltpläne«) zur Hand.
- Zuerst wird geprüft, ob der Schalter überhaupt Spannung geliefert bekommt; hierzu muß vielfach die Zündung oder die Beleuchtung eingeschaltet werden.
- Dann wird kontrolliert, ob der Schalter in entsprechender Stellung die Spannung weiterleitet.
- Am Beispiel des **Zünd/Anlaß-Schalters** sieht das folgendermaßen aus:
- Das rote Kabel von Batterie-Plus muß ständig Strom führen.
- Das Kabel der Zündschloß-Klemme »15x« führt in den Zündschloßrasten »I«, »II« und in der Anlaßstellung Strom.
- Das Kabel der Zündschloßklemme 15 führt in Raststellung »II« und in Anlaßstellung Strom.
- Das violette Kabel Klemme 50 führt nur in Anlaßstellung Strom.

Anzünder

Der elektrische Anzünder erhält Dauerstrom über die zuständige Sicherung. Falls der Anzünder trotz intakter Sicherung nicht funktioniert, ist der Heizwendeleinsatz locker oder durchgebrannt. Dieser Einsatz läßt sich abschrauben und austauschen.

Heizbare Heckscheibe prüfen

Die Heizfäden erhalten über Sicherung Nr. 16 Strom, wenn das entsprechende Relais im Kombirelais seinen Kontakt schließt. Dies geschieht dann, wenn der Schalter im Armaturenbrett betätigt wurde (Kontrollampe brennt) und wenn die Bordspannung über 11 Volt liegt. Dafür sorgt die Elektronik im Kombirelais. Wird bei eingeschalteter Heckscheibenheizung die Zündung ausgeschaltet, muß danach die Heizung erneut eingeschaltet werden. Falls die Heckscheibe kalt bleibt, so vorgehen:

- Sicherung Nr. 16 prüfen.
- Sicherung Nr. 8 prüfen, sie ist für die Ansteuerung zuständig.
- Verkleidung links und rechts an der Hecksäule ausrasten. Ca. 20 cm von den unteren Ecken entfernt findet sich auf jeder Seite ein Steckanschluß.
- Den festen Sitz der Stecker an der Heckscheibe prüfen. Liefert das schwarze Kabel Strom und die Heckscheibe bleibt kalt, fehlt es an Masse. Stecker und Leitung prüfen.
- Wippschalter aus dem Armaturenbrett ausbauen und mit einer Prüflampe feststellen, ob bei eingeschalteter Zündung Strom am schwarz/gelb-grünen Kabel ankommt. Gelangt beim Betätigen des Schalters Strom zum schwarzen Kabel?
- Schaltet das Relais den Strom von Klemme 30 nach Klemme 87? Zur Probe Relais abziehen und die Buchsen überbrücken. Wenn Scheibe jetzt warm wird, ist das Kombirelais gestört. Kombirelais entweder ersetzen oder durch ein zusätzliches separates Relais die Heckscheibenheizung einschalten.
- Wenn die Heizfäden von kantigen Gegenständen auf der Hutablage unterbrochen worden sind (Beweis: Scheibe heizt nur teilweise), hilft z. B. der Leitsilberlack der Firma Doduco (im Zubehörhandel erhältlich).

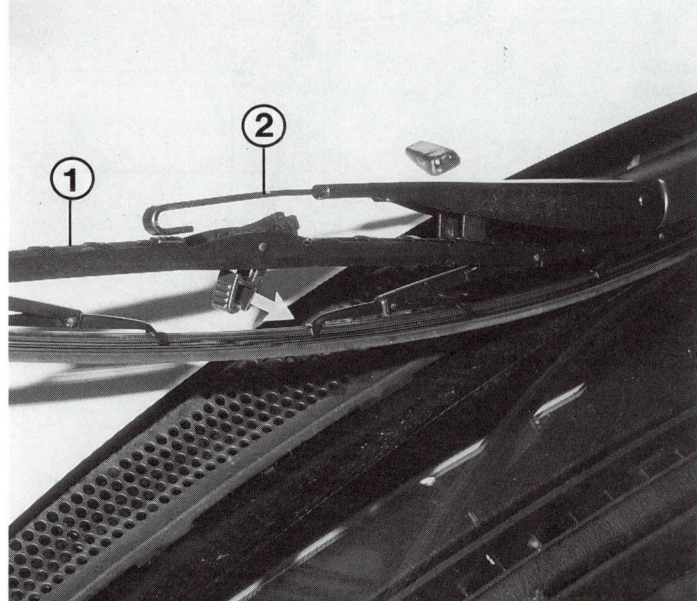

Zum Ausbau des Scheibenwischerblattes (1) vom Wischerarm (2) unbedingt die Zündung ausschalten, damit der kräftige Wischer nicht plötzlich losläuft. Zum Lösen den Arretierungsknopf drücken (Pfeil).

Das Wischerblatt zerlegt. Es bedeuten:
1 – Metallgestänge;
2 – Metallstreifen;
3 – Wischergummi.

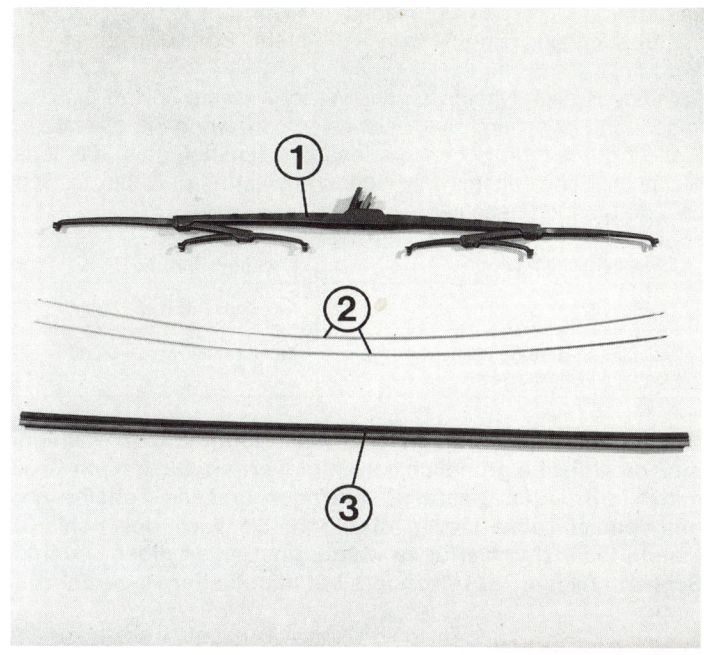

- Zündung einschalten.
- Läuft der Scheibenwischer in beiden Geschwindigkeiten und geht er beim Ausschalten in die Parkstellung zurück?

- Zündung ausschalten.
- Wischerarm zurückklappen.
- Geriffelten Kunststoff-Arretierungsknopf etwa 90° nach unten drücken.
- Wischerblatt in Richtung Wischerachse drücken und vom Wischerarm abnehmen.

- Wischergummi nach Muster kaufen.
- An einem Ende ist der Wischergummi durch seine spezielle Ausformung mit einer Halteklammer des Wischerblattgestänges arretiert.
- Eben diese Halteklammer mit schmalem Schraubendreher ein Stück aufbiegen.

Scheibenwischer und -wascher prüfen

- Funktioniert die Wischintervallschaltung und die Wisch/Wasch-Automatik?
- Spritzt Wasser aus den Wascherdüsen?

Wartung Nr. 3

Scheibenwischer auswechseln

- Beim Einbau Wischerblatt bis zum Einrasten der Haltenocke auf den Wischerarm drücken.
- Will man den ganzen Wischerarm ausbauen, Abdeckkappe am unteren Ende anheben und Schraube herausdrehen.

Wischergummi erneuern

- Alten Gummi herausziehen und die beidseits eingelegten Metallstreifen am neuen Gummi einsetzen. Darauf achten, daß die Krümmung nach unten (zur Scheibe hin) zeigt.
- Neuen Wischergummi einschieben und Halteklammer wieder zusammenquetschen.

Wartung Nr. 25

Fingerzeig: Das lästige Rubbeln des Scheibenwischers auf der Scheibe liegt nicht immer an einem austauschreifen Wischergummi, dessen Wischlippe nicht mehr elastisch genug ist. Häufig ist auch der Winkel Wischerblatt/Scheibe falsch. Der Wischergummi muß nämlich genau im rechten Winkel zur Scheibe stehen. Tut es das nicht, Wischerarm mit einer Zange in sich verbiegen, bis der Winkel stimmt. Am besten geht das, wenn man den Scheibenwischer bis in halbe Scheibenhöhe hochlaufen läßt und dann die Zündung ausschaltet.

Scheibenwaschwasser auffüllen

Wenn die Kontrolleuchte im Armaturenbrett aufleuchtet, ist es Zeit nachzufüllen. Um der Schlierenbildung beim Wischvorgang entgegenzuwirken, sollten Sie stets Reinigungsmittel dem Wischwasser zugeben. Abgasrückstände, Öldunst und Silikon aus Lackpflegemittel können sich so weniger hartnäckig auf die flach eingebaute Windschutzscheibe setzen.

Ständige Kontrolle

Es gibt von Mercedes ein besonderes Konzentrat gegen Schlierenbildung. Dabei ist zu beachten, daß hinter der Bezeichnung ein »S« oder »W« steht. Das Konzentrat darf nicht mit anderen Zusatzmitteln vermischt werden.

Spätestens beim Nachfüllen des Waschwassers sollten Sie die Windschutzscheibe gründlich reinigen (siehe folgenden Fingerzeig). Besser ist es jedoch, wenn Sie dies alle zwei Wochen tun. Damit sich Zusatzmittel und Wasser gut durchmischen, erst das Zusatzmittel, dann das Wasser in den Waschwasserbehälter einfüllen.

Wenn Ihr Fahrzeug mit der Sonderausstattung »Beheizte Scheibenwaschanlage« ausgestattet ist, abweichende Mengen beachten:

Behälterinhalt 5 Liter	Frostfreie Zeit	Bei Frost
Serie	MB-Konzentrat »S« 50 ml	MB-Konzentrat »W« 1,75 l
Sonderausstattung »Beheizte Scheibenwaschanlage«	MB-Konzentrat »S« 50 ml	MB-Konzentrat »W« 1,25 l + MB-Konzentrat »S« 25 ml

Fingerzeig: Wenn beim Wischen das Sichtfeld trotz Reinigungsmittel im Wischwasser schlierig bleibt, muß die Scheibe gründlich gereinigt werden. Dazu nach Großmutters Methode ein Scheibenreinigungsmittel (z.B. »Ajax Glasrein«) auftragen und die Scheibe anschließend mit zusammengeknülltem Zeitungspapier recht kräftig abreiben. So wird der Schlierfilm regelrecht abgeschabt. Lappen oder Fensterleder sind hierfür zu weich. Am besten diese »Ausrüstung« auch unterwegs mitführen, denn die Schlierenbildung ist besonders bei nächtlicher Regenfahrt sehr störend.

Die Spritzdüsen

Sobald die Zündung eingeschaltet wird, erhalten die dreistrahligen Spritzdüsen Strom. Die Düsen sind einfach in die Motorhaube eingerastet. Zieht man etwas an den elektrischen Leitungen, findet man die Steckverbindungen zur Düsenbeheizung.

Dort kann deren Funktion nachgemessen werden: Eine Steckverbindung auftrennen und einen Amperemeter zwischenschalten. Wenn die Zündung eingeschaltet wird, müssen Sie rund 0,3 Ampere messen. Mit zunehmender Erwärmung der Düse nimmt der Stromfluß auf rund 0,1 Ampere ab. Dies liegt am Material der Heizwendel. Es besteht aus einem Kaltleiter-Material (läßt kalt mehr Strom fließen).

Eine verstopfte Düse reinigt man mit Druckluft. Meist genügt eine Ball- oder Fahrradpumpe, um den Fremdkörper aus der Düse zu blasen. Zuvor aber den Wasserschlauch an der Düse ausstecken. Verstopft die Düse immer wieder, einen Benzinfilter in die Leitung einbauen.

Scheibenwaschwasserbehälter ausbauen
- Stecker, an der (den) Pumpe(n) abziehen.
- Kunststoff-Halteschraube(n) ganz hinten am Behälter lösen.
- Wasserschläuche vorsichtig an der (den) Pumpe(n) abziehen. Die Schlauchstutzen brechen – besonders bei Kälte – leicht ab.
- Behälter nach oben herausnehmen und über einem bereitgestellten Gefäß ausleeren.

Störungsbeistand

Scheibenwaschanlage

Die Störung	– ihre Ursache	– ihre Abhilfe
A Wasser spritzt nicht beim Druck auf den Kombischalter	1 Wascherbehälter leer	Auffüllen
	2 Im Winter: Waschwasser eingefroren	Höhere Frostschutzkonzentration verwenden
	3 Spritzdüsen verstopft	Schlauch abziehen, Düse ausbauen. Mit Preßluft durchblasen oder dünnem Draht durchstoßen. Evtl. Schlauch ebenfalls durchblasen
	4 Sicherung defekt	Ersetzen
	5 Wascherpumpe defekt	Stromversorgung bei eingeschalteter Zündung und gedrücktem Schalter kontrollieren. Ggf. austauschen
	6 Waschpumpenkontakt am Kombischalter defekt	Prüfen, ggf. Schalter austauschen
B Einseitiger Spritzstrahl	Siehe A 3	

Der Scheibenwischermotor

Für die Funktion des Wischermotors ist es nützlich zu wissen, was sich an den Klemmen des Motors tut.

Seit Dezember '94 rüstet Mercedes-Benz alle Modelle serienmäßig mit einem elektronisch gesteuerten Fahrberechtigungssystem aus, das den verschärften Anforderungen des Gesetzgebers und der Autoversicherer entspricht. Das Kernstück der neuen Wegfahrsicherung ist eine Infrarot-Fernbedienung, die als elektronischer Türschlüssel dient. Wer den Motor des Wagens starten möchte, muß die Türen zuvor mit Hilfe der Fernbedienung entriegelt haben. Andernfalls bleibt die Motorsteuerung blockiert, und das Triebwerk springt nicht an.

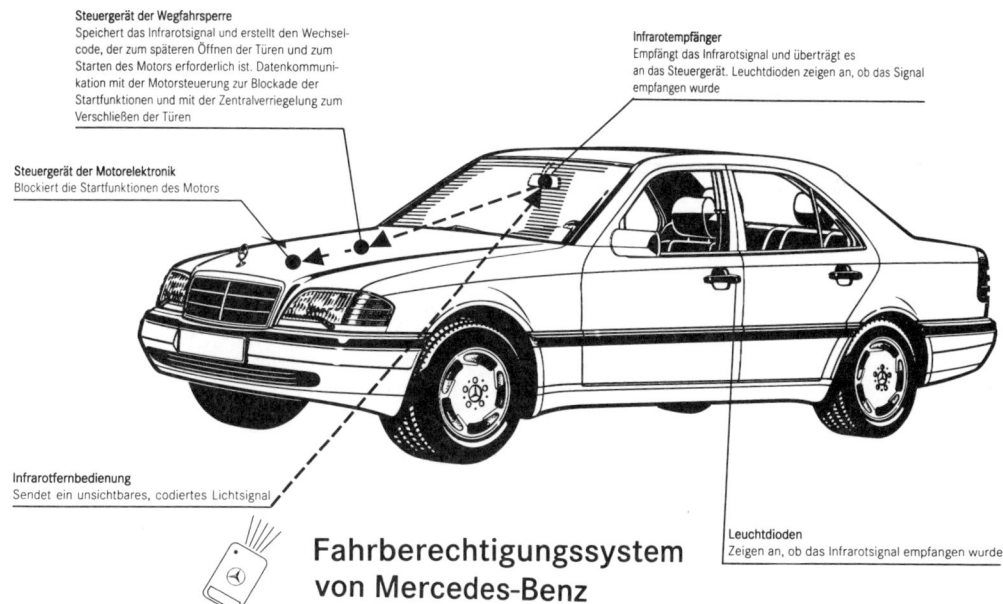

Steuergerät der Wegfahrsperre
Speichert das Infrarotsignal und erstellt den Wechselcode, der zum späteren Öffnen der Türen und zum Starten des Motors erforderlich ist. Datenkommunikation mit der Motorsteuerung zur Blockade der Startfunktionen und mit der Zentralverriegelung zum Verschließen der Türen

Steuergerät der Motorelektronik
Blockiert die Startfunktionen des Motors

Infrarotempfänger
Empfängt das Infrarotsignal und überträgt es an das Steuergerät. Leuchtdioden zeigen an, ob das Signal empfangen wurde

Infrarotfernbedienung
Sendet ein unsichtbares, codiertes Lichtsignal

Leuchtdioden
Zeigen an, ob das Infrarotsignal empfangen wurde

Fahrberechtigungssystem von Mercedes-Benz

○ Klemme **15 R** (Pin 4): Spannungsversorgung ab Zündschloßstellung »I« von Maxi-Sicherung Nr. 15.
○ Klemme **31** (Pin 2) ist die Masseverbindung des Motors.
○ Klemme **31 b** Pin 6) ist die Steuerleitung. Sie signalisiert vom Wischermotor aus, ob sich das Wischerblatt gerade in Ruhestellung befindet oder ob es auf der Scheibe »unterwegs« ist.
○ Klemme **53** (Pin 5) hat mehrere Funktionen: Erstens liefert sie Strom für die erste Wischergeschwindigkeit. Zweitens fließt über sie auch nach Abschalten des Wischers am Schalter noch so lange Strom, bis der Wischer sich in Ruhestellung befindet.
Drittens wird diese Klemme sofort vom Wischerrelais auf Masse gelegt, wenn der Wischer in Ruhestellung gelaufen ist (Kombischalter ausgeschaltet). Das bremst den Wischermotor schlagartig ab, und er kann nicht über die Endstellung hinauslaufen.
○ Klemme **53 b** (Pin 3) des Wischermotors wird mit Strom versorgt, wenn die zweite Wischergeschwindigkeit eingeschaltet ist.

Wenn die Gitter unter der Windschutzscheibe und die Abdeckung am Lufteintritt ausgebaut sind, erreicht man die Wischeranlage.
1 – Wischermotor;
2 – Befestigungsschrauben.
Pfeil – weitere Befestigungsschraube mit Verstellmöglichkeit, um den Einbauwinkel der Wischeranlage einzustellen.

Fingerzeig: Erreicht bei starkem Schneetreiben der Wischerarm nicht mehr die Endstellung, steht der Wischermotor weiter unter Spannung, da sich der Elektromotor durch das festhängende Wischerblatt nicht drehen kann, brennt er durch. Deshalb bei steckengebliebenem Wischer anhalten, Zündung ausschalten und Scheibe reinigen, damit er in seine Endstellung laufen kann.

Störungsbeistand

Scheibenwischer

Die Störung	– ihre Ursache	– ihre Abhilfe
A Scheibenwischer läuft nicht	1 Sicherung defekt	Austauschen
	2 Kombischalter defekt	Prüfen bzw. austauschen
	3 Wischermotor defekt	Prüfen (siehe folgenden Text)
	4 Wischerantriebskurbel lose	Festschrauben
	5 Kombirelais defekt	Prüfen
B Scheibenwischer läuft nicht in Stufe »II«	1 Klemme 53b des Wischermotors defekt	Motor austauschen
	2 Siehe A 3 und 5	
C Scheibenwischer läuft nicht im Intervallbetrieb	Siehe A 2, 3 und 5	
D Scheibenwischer hat keine definierte Ruhestellung	1 Kontakt 31b am Wischermotor schaltet nicht mehr	Motor austauschen
	2 Siehe A 6	
E Wischermotor läßt sich nicht ausschalten	1 Siehe D 1	2 Siehe A 2

Wischermotor oder Zuleitung defekt?

Zur Klärung, ob der Wischermotor oder die Stromzuleitung (Leitungen, Schalter, Relais) defekt ist, macht man folgende Prüfung (Vorsicht, Handverletzungen möglich):

● Steckverbindung für Wischermotor-Zuleitungskabel an der Stirnwand hinter dem Bremskraftverstärker abziehen.

● Hilfskabel legen: Vom Plus-Abgriff im Motorraum zu Klemme 53 oder 53b am Wischermotor-Stecker (Anschluß des schwarz/rot/gelben bzw. schwarz/weiß/gelben Kabels).

● Zweites Hilfskabel von einem Massepunkt am Motor zu Klemme 31 am Wischermotor-Stecker (Anschluß des braunen Zuleitungskabels).

● Der Scheibenwischermotor muß jetzt – je nach benutzter Klemme – auf Stufe »I« oder »II« laufen. Tut er das nicht, ist er defekt. Andernfalls liegt der Fehler im Schalter, in der Wischer-Steuerung oder in der Zuleitung.

Steht der Wischerarm (2) in Mittelstellung, sollen der Getriebekopf zur Scheibe (3) und der Wischerarm zum Wischerblatt (1) an den gezeigten Stellen ca. 5–7 mm Abstand haben. Mit entsprechend dicken Holzstückchen prüfen.

Ausbau der Abdeckung am Lufteintritt (4):
1 – Abdeckgitter rechts;
2 – Abdeckung unter Wischergetriebe;
3 – Abdeckgitter links;
5 – Gummidichtung;
Pfeile – Befestigsschrauben einer Seite.

Abdeckung am Lufteintritt ausbauen

- Scheibenwischer in Endstellung.
- Zündschlüssel abziehen.
- Gummidichtung quer im Motorraum von Blechkante abziehen.
- Abdeckgitter links und rechts unter der Frontscheibe ausrasten und abnehmen.
- Ganz außen links und rechts Kunststoffschraube abdrehen.
- Kreuzschlitzschrauben (vier je Seite und zwei unterhalb dem Getriebekopf des Scheibenwischers) herausdrehen.
- Rechts Steckverbindung zum Temperaturfühler Außenluft (Klimaanlage) ausstecken.
- Abdeckung am Lufteintritt an Vorderseite ausrasten (zwölf Haken).

Wischeranlage ausbauen

- Wischerarm in Ruhestellung laufen lassen.
- Zündschlüssel abziehen, damit der Wischer nicht plötzlich loslaufen kann (Handverletzungen).
- Abdeckung am Lufteintritt ausbauen.
- Abdeckung unter der Wischeranlage abnehmen.
- Seitlich links und rechts am Getriebekopf Muttern abschrauben.
- Schlecht zugängliche Schraube am Gummilager unter dem Getriebekopf herausdrehen. Mit dieser Schraube wird auch der Winkel der Wischeranlage zur Frontscheibe eingestellt.
- Schraube unter dem Wischermotor lösen.
- Steckverbindung zum Wischermotor hinter dem Bremskraftverstärker ausstecken.
- Wischeranlage herausnehmen. Frontscheibe nicht zerkratzen, es geht eng zu.
- Bevor der Motor abgeschraubt wird, die Stellung des Getriebekopfes anzeichnen. Auf der Rückseite des Getriebekopfes ist teilweise hierzu eine Kerbe mit Bezugsstrich zu finden. Wenn nicht, Bleistiftstriche anbringen.
- Kurbel am Wischermotor und seine Befestigungsschrauben lösen.
- Neuen Motor vor dem Einbau in Ruhestellung laufen lassen.
- Die Kurbel wird am neuen Motor so montiert, daß sich Kurbel und Wischergestänge in Strecklage befinden.
- Nach dem Einbau der Wischeranlage den Wischerarm senkrecht zur Scheibe stellen. Die Unterseite des Getriebekopfes muß ca. 5–7 mm Abstand zur Scheibe haben. Mit Schraube am Gummilager einstellen.
- Zwischen Wischerarm und Wischerblatt muß der Abstand ebenfalls 5–7 mm betragen, sonst Wischerarmbügel etwas biegen.

Airbag und Gurtstraffer

Der **Airbag** ist ein in das Lenkrad eingebauter Luftsack, der sich bei einem Aufprall nach 1/30 Sekunde voll aufgeblasen hat. Bereits 1/10 Sekunde später leert sich der Luftsack wieder durch Abströmöffnungen.

Der **Beifahrer-Airbag** besteht aus einem 170-Liter-Luftsack, der aus einem sogenannten Rohrgasgenerator gefüllt wird. Dieser löst aber im Bedarfsfall nur aus, wenn der Beifahrerplatz auch besetzt ist. Unter dem Beifahrer-Airbag ist noch ein kleines Handschuhfach möglich.

Das **Auslösesystem** von Gurtstraffer, Fahrer und Beifahrerairbag ist voll diagnosefähig.

Die **Gurtstraffer** sitzen an den Aufrollvorrichtungen der vorderen Gurte. Ein Treibsatz drückt einen Kolben nach oben, der mittels Drahtseil mit der Aufrollachse des Gurtes verbunden ist. Dadurch legt sich der Gurt mit 1200 N stramm an den Körper an, und eine starke Vorverlagerung beim Aufprall wird verhindert. Airbag und Gurtstraffer benötigen für ihre Arbeit eine bestimmte Gasmenge, die beim Mercedes aus einem Fest-Treibstoff gewonnen wird.

Meldet das elektronische Auslösegerät vor dem Schalthebel eine Verzögerung, die einem Aufprall mit mehr als 15–18 km/h auf ein starres Hindernis entspricht, bekommen die Zündpillen in den Treibsätzen Strom, und schlagartig wird die Gasladung erzeugt. Das System besitzt weiterhin einen Energiespeicher, welcher die Zündpille der Gasgeneratoren selbst dann noch mit Strom versorgt, wenn die Batterie beim Aufprall herausgerissen wird.

SRS-Kontrollleuchte

Die ständige Funktionsbereitschaft wird durch ein eigenes Kontrollsystem überwacht. Beim Einschalten der Zündung leuchtet die »SRS«-Kontrolle für einige Sekunden auf und muß dann verlöschen. Tut sie dies nicht oder leuchtet sie während der Fahrt auf, liegt eine Störung vor.

Sicherheitsvorschriften

Die Gasgeneratoren der Rückhaltesysteme sind pyrotechnische Teile und unterliegen deshalb den Bestimmungen des Sprengstoffgesetzes. Der Umgang damit ist nur geschulten Fachleuten gestattet, welche die jeweiligen Sicherheitsbestimmungen beim Ein- und Ausbau, bei der Beförderung, Lagerung und Verschrottung kennen. Nach einem Unfall ist das System zu überprüfen und ggf. müssen der Airbag oder die vorderen Gurte erneuert werden.

Vor Montagearbeiten am System, Lenkradausbau und vor Schweißarbeiten immer beachten:
○ Airbag-Einheiten dürfen nie 100°C ausgesetzt werden.
○ Fahrer-Airbag immer mit Polsterplatte nach unten ablegen.
○ Airbag-Einheiten niemals unbeaufsichtigt lassen.
○ Airbag-Einheiten sind stoßempfindlich. Fallen sie aus 50 cm und mehr Höhe auf den Boden, sind sie schrottreif.

Tempomat

Auf Wunsch können alle Fahrzeuge mit Automatik-Getriebe damit ausgestattet sein. Bei geringer Verkehrsdichte können Sie eine bestimmte Fahrgeschwindigkeit fixieren und dann den Fuß vom Gaspedal nehmen. Wird das Bremspedal betätigt oder langsamer als 40 km/h gefahren, schaltet der Tempomat aus. Weiterhin können Sie eine Fahrgeschwindigkeit speichern, die nach einem Abbremsvorgang wieder erreicht wird. Mit dem Ausschalten der Zündung wird die gespeicherte Geschwindigkeit gelöscht.

○ **Stellglied:** Es wird das Stellglied der Leerlaufregelung genutzt, welches die Drosselklappe über einen Motor bewegt.
○ **Geber:** Das Geschwindigkeitssignal wird vom Geber an der Hinterachse abgenommen und im Steuergerät ausgewertet.
○ **Elektronisches Steuergerät:** Es ist im Aggregateraum rechts untergebracht und vergleicht die augenblickliche Geschwindigkeit mit dem gewünschten Wert. Das Steuergerät befiehlt dann dem Stellglied, mehr Gas zu geben (z.B. am Berg) oder im Gefälle etwas Gas wegzunehmen. Auch die Geschwindigkeitsspeicherung erfolgt im elektronischen Steuergerät.
○ **Hebelschalter:** Er ist links hinter dem Lenkrad zu finden. Hier wird der Tempomat ein- und ausgeschaltet und die gewünschte Arbeitsweise gewählt.

Elektrische Spiegelverstellung

Störungssuche

Falls sich nach Betätigen des Schalters in der Mittelkonsole nichts tut, prüfen Sie die Stromversorgung folgendermaßen:
● Sicherung in Ordnung (Kapitel »Die Karosserie-Elektrik«).
● Spiegelschalter aus Mittelkonsole ausbauen und mit Prüflampe am grün/schwarzen Kabel kontrollieren, ob Spannung anliegt.
● Wenn ja, Schalter durchprüfen.
● Zuletzt Kabelführung zum Spiegel prüfen. Dazu Spiegelgehäuse ausbauen und Verstellmotor abschrauben.
● War bisher alles in Ordnung, ist sicher der Verstellmotor des Spiegels defekt.
● Vorübergehend läßt sich der Außenspiegel durch Verdrehen des Spiegeleinsatzes von Hand verstellen.

Am umgeklappten Außenspiegel (1) gezeigt:
2 – Federbügel zur Befestigung des Spiegelgehäuses;
3 – Befestigung des Spiegels an der Tür.

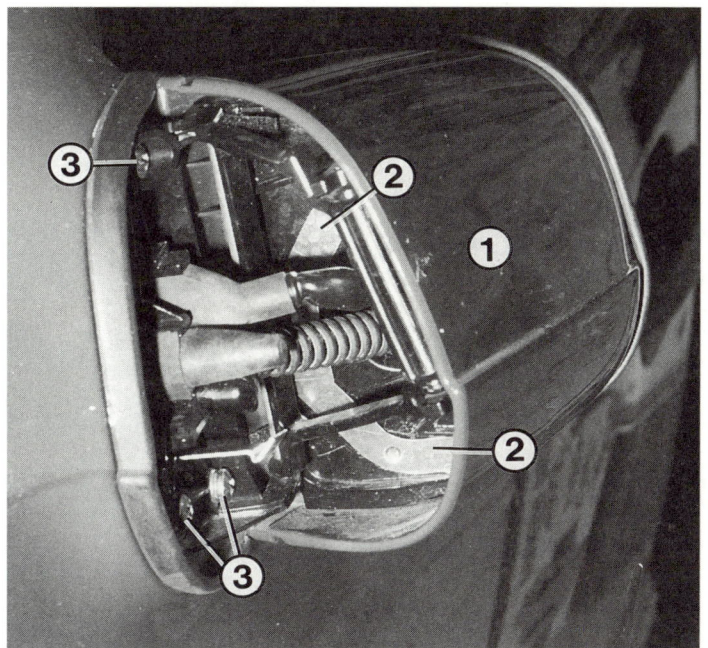

Elektrisch einstellbare Spiegel zerlegen

Die Spiegel sind auf beiden Seiten elektrisch einstellbar. Das Umschalten erfolgt am Schalter der Mittelkonsole. Die Spiegel sind mit je drei Schrauben von außen an die Tür geschraubt. Die Schrauben erreicht man, wenn der Spiegel nach hinten gedrückt wird. Das Spiegelgehäuse kann nach außen abgezogen werden.

- Spiegelglas wie folgt ersetzen: Zuerst Spiegelglas innen nach vorne drücken.
- Spiegel umklappen und mit Schraubendreher den Federbügel, der das Spiegelgehäuse hält, etwas nach außen drücken.
- Spiegelgehäuse nach außen abziehen.
- Oben am Spiegelglas die Sicherungsfeder ausrasten.
- Leitungen zur Spiegelheizung lösen.

Elektrische Fensterheber

○ Unabhängig von der Zündschlüsselstellung lassen sich die elektrischen Fensterheber auf Knopfdruck bedienen.
○ Die Sicherungen für die Fensterheber finden sich im Sicherungskasten im Kofferraum.
○ Sind vier Fensterheber eingebaut, können die hinteren durch Betätigen des mittleren Einzelschalters mit dem Kindersymbol in der Mittelkonsole abgeschaltet werden.

Hier ist das Spiegelgehäuse abgenommen:
1 – Anschluß für Heizung des Spiegelglases (2);
3 – Verstellmotor.
Pfeil – zum Ersetzen des Spiegelglases die Feder aushängen.

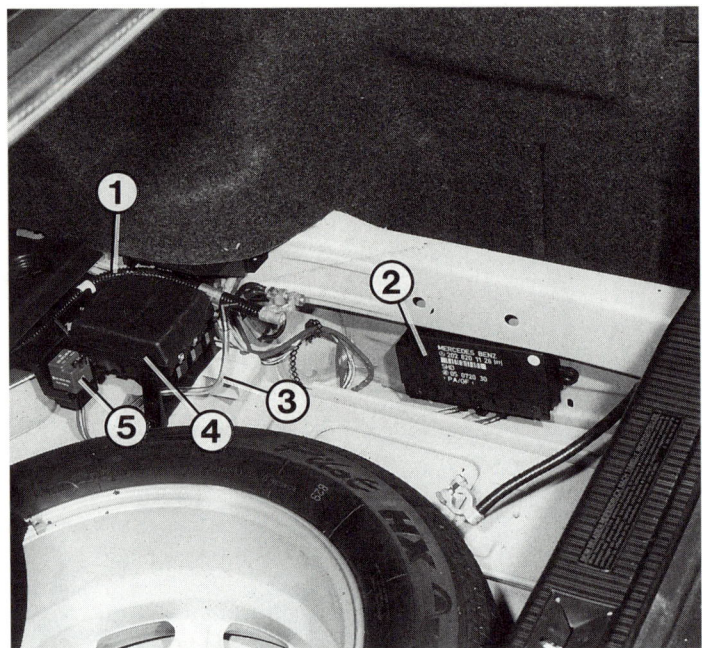

Rechts im Kofferraum mit ausgebauter Batterie:
1 – **Pluskabel**;
2 – **Komfortrelais**;
3 – **Ablaufschlauch für Batteriesäure**;
4 – **Sicherungskasten**;
5 – **Kraftstoffpumpenrelais**.

Störungssuche

- Wenn sich keine Fensterscheibe mehr rührt, Sicherungen im Kofferraum prüfen.
- Andere Fehlerquelle: Läuft nur ein Fensterheber nicht, bauen Sie den Schalter aus und überprüfen ihn.
- Ist der Schalter auch in Ordnung, Kabelverlauf zu den Türen kontrollieren.
- Dazu auch die Türverkleidung abnehmen und bei abgezogenem Kabelstecker prüfen, ob bei gedrücktem Schalter Spannung am Motor anliegt. Plus und Minus werden an den Kabeln umgepolt – je nachdem, ob der Fensterhebermotor vorwärts oder rückwärts laufen soll.
- Liegt Spannung wunschgemäß an, bleibt nur noch der Fensterhebermotor als Defektursache. Austauschen.
- Schlechter Lauf einer Scheibe dürfte an einer verklemmten Fensterführung liegen.
- Laufen nur die hinteren Fensterheber nicht, Kindersicherung prüfen. Dazu den Schalter aus der Mittelkonsole ausbauen.
- Wurden all diese Möglichkeiten durchprobiert, kann es eigentlich nur am Komfortrelais oder an der Zentralverriegelung liegen.

Behelf unterwegs

Bei streikendem Fensterheber brauchen Sie trotzdem nicht mit offenem Fenster durch Wind und Wetter zu fahren. Voraussetzung ist allerdings, daß der Fensterhebermotor selbst noch intakt ist und daß Sie zwei ausreichend lange Kabel zur Hand haben:

- Türverkleidung abbauen (Kapitel »Die Karosserieteile«).
- Kabelsteckverbindung in der Fensterheberleitung trennen.
- Je ein Kabel an Plus- und Minuspol der Batterie anschließen – darauf achten, sich die Enden nicht berühren.
- Kabel mit den Steckkontakten zum Fensterheber verbinden – der Motor befördert die Fensterscheibe nach oben. Läuft er nach unten, Kabel einfach gegeneinander austauschen (umpolen).
- Ist dagegen auch der Fensterhebermotor defekt, hilft nur noch eins: Fensterscheibe unten vom Fensterhebergestänge abbauen.
- Fensterscheibe nach oben schieben und mit Packband oder Isolierband über den oberen Fensterrahmen sichern.

Komfortrelais

Bei Fahrzeugen mit elektrischen Fensterhebern und/oder Schiebedach ist dieses Relais hinter der rechten Kofferraumverkleidung zu finden. Wird an einer der Vordertüren oder am Kofferraumdeckel der Schlüssel für einige Sekunden am rechten Anschlag gehalten, sorgt das Komfortrelais dafür, daß Schiebedach und Fenster schließen.

Seitlich rechts im Kofferraum erreicht man bei ausgebauter Verkleidung das Stellelement (1) der Zentralverriegelung für die Tankklappe. Läßt sich die Tankklappe nicht öffnen, am Stößel (2) ziehen.

Zentralverriegelung

Die Ansteuerung der pneumatischen Zentralverriegelung erfolgt über Schalter in den Vordertüren und am Kofferraumdeckel. Je nach Schlüsseldrehrichtung wird eine Leitung auf Masse gelegt, und die Versorgungspumpe läuft vorwärts oder rückwärts. So erzeugt sie Über- oder Unterdruck. Auf Sonderwunsch ist eine Infrarotsteuerung erhältlich. Seit Januar '95 ist sie mit dem Fahrberechtigungssystem serienmäßig. Die Zentralverriegelung arbeitet durch die Pneumatik fast geräuschlos. Man hört keine Magnete schlagen oder Elektromotoren schwirren, wie es teilweise bei anderen Fahrzeugen der Fall ist.

Pneumatische Steuereinheit

Die Versorgungspumpe am rechten hinteren Radlauf wird vom Werk als pneumatische Steuereinheit bezeichnet, denn sie hat eine ganze Reihe weiterer Aufgaben. So versorgt sie Unter- und Überdruckvorratsbehälter, die für die orthopädische Sitzlehne und die Klimaanlage gebraucht werden. Außerdem unterstützt sie

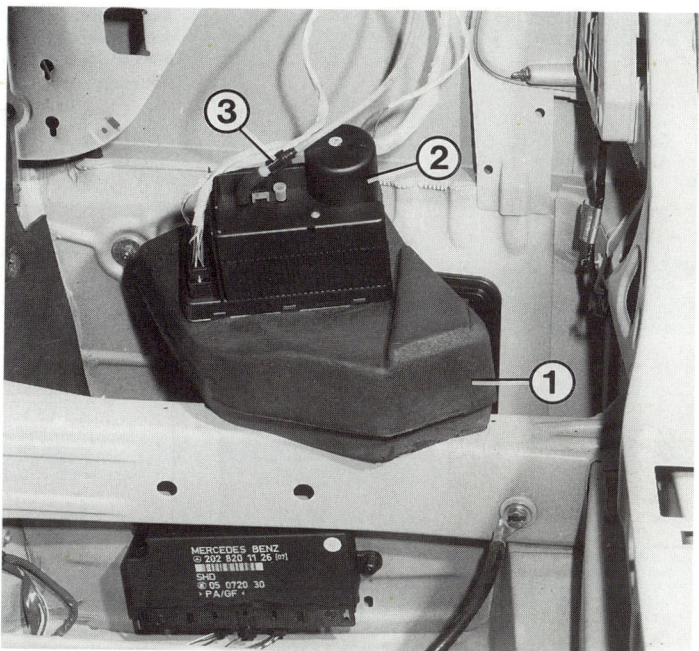

Hinten rechts im Kofferraum ist die Versorgungspumpe der Zentralverriegelung (2) in einem dicken Kunststoffblock (1) zu finden.
3 – Unterdruckleitung mit Steckanschluß.

Systeme, die vom Saugrohrdruck abhängig sind. Ist z.B. der Unterdruck in einem Vorratsbehälter unter 400 mbar gefallen, schaltet die Pumpe über einen Druckschalter ein und läuft, bis 600 mbar erreicht sind. Schaltet die Pumpe nicht mehr ab, kann eines der Systeme undicht sein. Je nach Ausstattung des Fahrzeuges sind vier verschiedene pneumatische Steuereinheiten eingebaut.

Unterdruckleitungen

Die Leitungen haben an ihren Enden einen Stecker, welcher in die Anschlüsse an der Pumpe, den Türelementen oder in die Verteilerblöcke einrastet. Die Leitungen zu den Türen sind über die Türtrennstellen geführt. Vom Verteiler an der Pumpe werden die Systeme so versorgt:
- Zu den Türen und zur Tankklappe führen gelbe Unterdruckleitungen.
- Zum Kofferraumdeckel führt eine schwarze Leitung.
- Zum Unterdruckbehälter im Kofferraum führt eine graue Leitung.
- Eine transparente Leitung führt zum Unterdruck-Verteiler im Motorraum.

Innenbetätigung

Mit einem Schalter an der Mittelkonsole kann der Mercedes von innen zentralverriegelt werden.

Notbetätigung

Bei Ausfall der Zentralverriegelung lassen sich die Türen normal mechanisch öffnen und schließen. Die Tankklappe kann am Stellelement entriegelt werden. Dazu rechte Kofferraumverkleidung ausbauen.

Fehlersuche an der Zentralverriegelung

- Zuerst klären, ob die elektrische oder pneumatische Seite der Anlage gestört ist. Dazu hinten hören, ob die Pumpe bei Schlüsseldrehung losläuft.
- Läuft die Pumpe nicht, Spannungsversorgung prüfen. Vielleicht läuft die Pumpe doch, wenn Sie das Verriegeln von einem anderen Schaltteil aus versuchen. Evtl. ist ein Schaltteil defekt oder die entsprechenden Zuleitungen sind ausgesteckt.
- Läuft die Pumpe und es wird nirgends verriegelt, so ist die Anlage undicht. Vielleicht ist irgendwo eine Schlauchleitung ausgesteckt oder eine Membran in einem der Betätigungselementen gerissen.
- Zur einfachen Bestimmung der undichten Stelle alle Fußmatten aus dem Innenraum herausnehmen und nacheinander die Schlauchleitungen zu den verschiedenen Betätigungselementen ausstecken. Dabei den Schlauchanschluß Richtung Pumpe abdichten.
- Funktioniert das Verriegeln plötzlich wieder, die undichte Stelle im gerade abgeschlossenen Bereich weiter suchen.
- Wird nur an einer Stelle nicht verriegelt, Schloßbetätigung auf Leichtgängigkeit untersuchen. An der Tankklappe prüfen, ob der Verriegelungsbolzen leicht in seiner Führungshülse läuft.

Radio

In unseren Beschreibungen gehen wir lediglich auf den Einbau ab Werk ein. Bitte beachten Sie, daß sich selbst bei diesen Geräten die Einbauweise je nach Bauzeit und Ausführung von unserer Darstellung unterscheiden kann.

Zum Ausbau des Radios (3) müssen die seitlichen Federn (1) zurückgedrückt werden. Dies kann zur Not mit einem Messer (2) gelingen. Dazu Ascher ausbauen und das Radio von hinten aus dem Ausschnitt drücken. Besser arbeitet es sich mit den gezeigten Schlüsseln (unten).

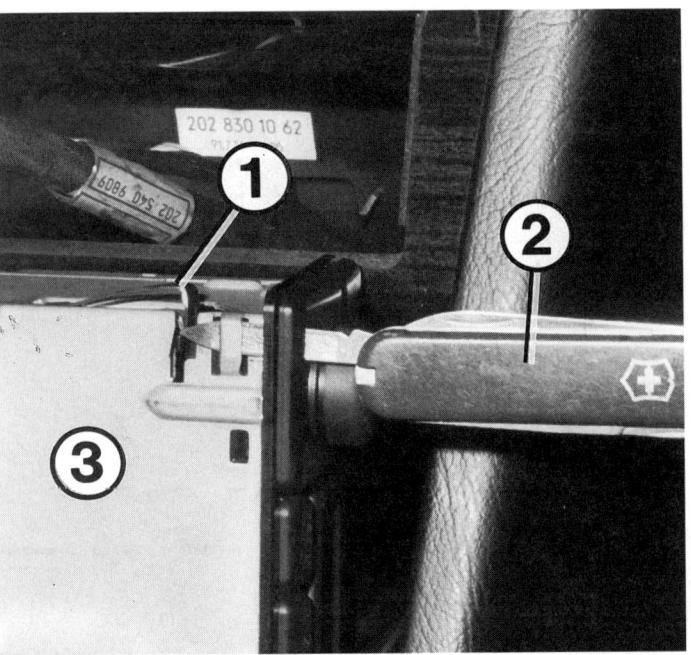

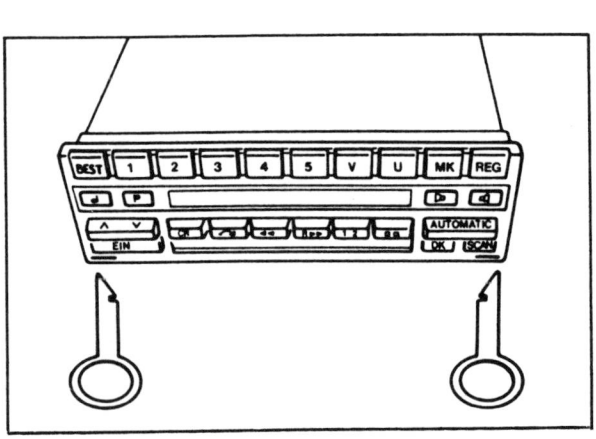

Hier ist die Motorantenne (2) links im Kofferraum gezeigt. Sie ist mit der Schraube unten im Langloch befestigt. Weiterhin:
1 – Masseanschluß.

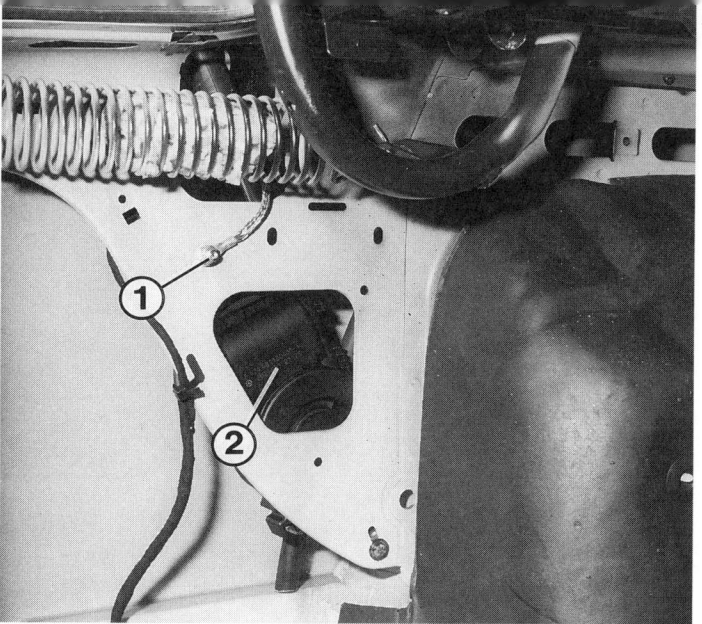

- Bei einem Radio mit Anti-Diebstahl-Codierung **sicherstellen, daß die Code-Nummer vorliegt**.
- Batterie abklemmen.
- Beim **Radio mit vier Bohrungen** seitlich in der Frontblende: Entriegelungsbügel (bisweilen bei Radio-Einbausätzen mit dabei) in die vier Bohrungen seitlich an der Frontblende stecken und Radio aus der Mittelkonsole ziehen.
- Oder vier passende Nägel oder Drahtstifte in die Bohrungen schieben und damit die Haltefedern entriegeln.
- Radio nach vorn herausziehen, evtl. zusätzlich Ascher ausbauen und von hinten drücken.
- Radio mit Schlitzen an den unteren Ecken: Dünne Ausbaubleche einschieben. Dadurch werden die seitlichen Federn zurückgedrückt. Mit Geschick können die Federn auch mit einer dünnen Klinge eines Taschenmessers errreicht werden. Dabei gleichzeitig von hinten drücken.
- Radio aus dem Einbauschacht ziehen.
- Stecker abziehen; evtl. kennzeichnen.
- Beim **Einbau** Radio bis zum Anschlag einschieben.
- Beim Einschieben darauf achten, daß der Haltebolzen an der Radio-Rückseite richtig eingeschoben wird.
- Ggf. Besitzercode eingeben.

Antenne ausbauen

- Antenne einfahren.
- Masseleitung an der Batterie abklemmen, damit es beim Hantieren nicht zu Kurzschlüssen kommt.
- Linke Kofferraumverkleidung herausnehmen.

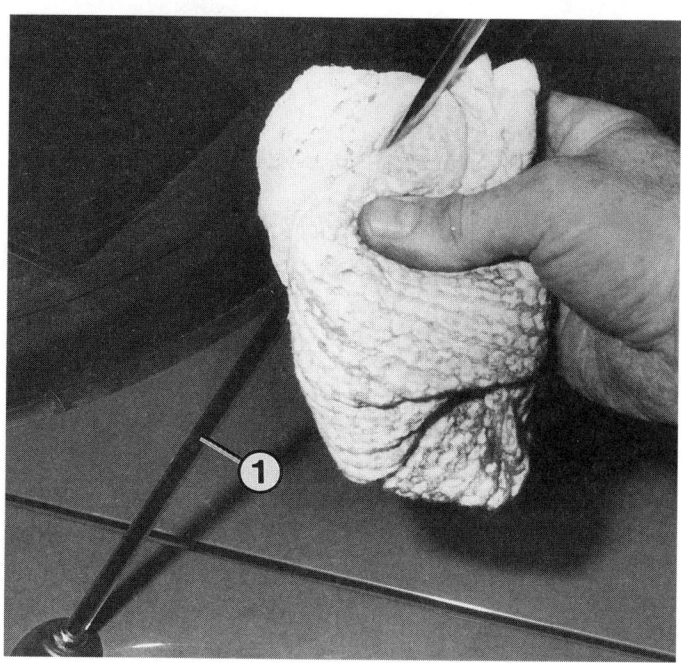

Den Antennenstab (1) regelmäßig reinigen und ölen.

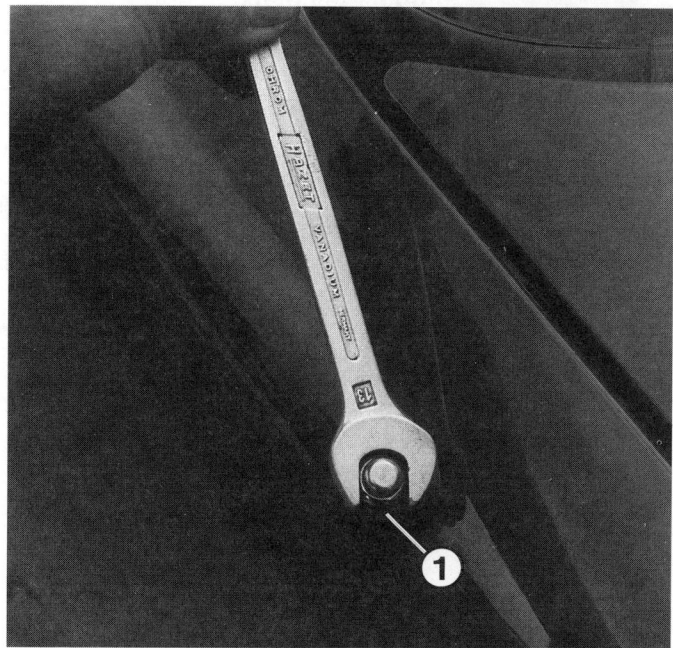

Zum Erneuern des Antennenstabes Mutter abschrauben.

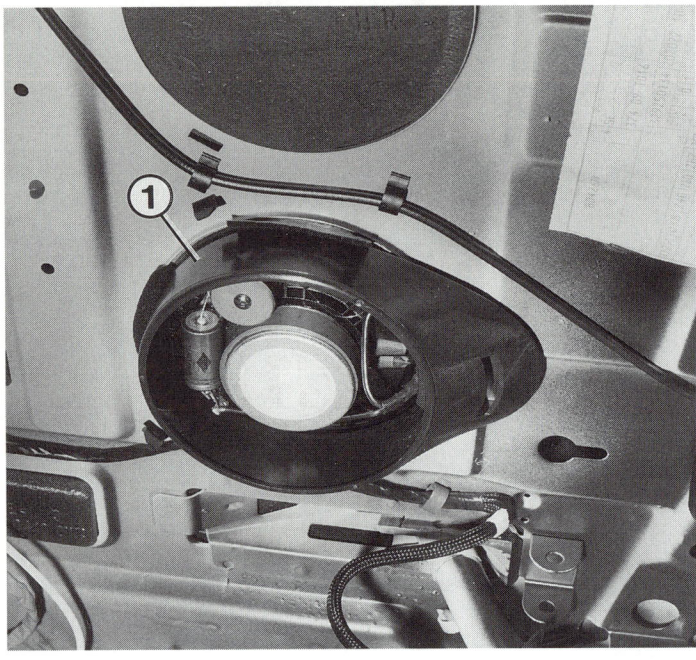

Hier ist der Lautsprecher (1) hinten in der Heckablage gezeigt.

- Schraube unter dem Motor und Schraube zur Masse herausdrehen.
- Antenne nach unten aus der Kunststoffführung im Kotflügel herausziehen.

Teleskopstab erneuern

- Ein abgeknickter Antennenstab kann von außen erneuert werden.
- Gabelschlüssel SW 13 an die beiden Flächen am Antennenfuß ansetzen und Mutter abschrauben.
- Radio von Helfer einschalten lassen und den Teleskopstab mit Kunststoffzug herausziehen.
- Stecker abziehen.
- Antennenleitung abschrauben.

- Zum Einbau den Kunststoffzug mit seiner Verzahnung nach hinten ausrichten und in die Öffnung schieben.
- Radio von Helfer ausschalten lassen.
- Wenn der Teleskopstab ganz eingefahren ist, Mutter festdrehen.

Antenne reinigen

Wartung Nr. 26

Für lange, störungsfreie Funktion der automatischen Antenne ist diese Arbeit unerläßlich.
- Teleskopstab ganz ausfahren lassen und sauberreiben.
- Anschließend mit öligem Lappen leicht einölen.

Lautsprecher ausbauen

- **Vorn:** Etwa 1–2 cm breiten Holz- oder Kunststoffkeil außen am dreieckigen Abdeckgitter ansetzen.
- Steckverbindung zum Lautsprecher ausstecken.
- Lautsprecher ausrasten.
- **Hinten:** Sitzkissen hinten herausnehmen.
- Rückenlehne komplett ausbauen.
- Verkleidung am hinteren Dachpfosten beidseitig ausbauen.
- Heckablage ausbauen.
- Steckverbindungen zu den Lautsprechern lösen.
- Gehäuse der Lautsprecher lösen (vom Kofferraum aus).
- Rasten am Lautsprecher zurückdrücken und herausnehmen.
- **Vordertüren:** Abdeckung über Lautsprecher ausbauen, dazu Schraube an Unterseite herausdrehen.
- Leitung ausstecken.
- Schrauben um Lautsprecher lösen.
- Die Lautsprecher in den hinteren Türen werden erreicht, wenn die Türverkleidung ausgebaut ist.

Heizung und Lüftung

Prima Klima

Serienmäßig ist der Mercedes mit einer elektronisch geregelten Heizungsautomatik ohne Staubfilter ausgestattet – wie immer bei Mercedes mit getrennter Regelung für Fahrer und Beifahrer. Als Sonderausstattung können der Staubfilter, eine Klimaanlage oder eine Klimatisierungsautomatik eingebaut sein.

Die Fahrzeugheizung

○ **Steuer- und Bediengerät:** Es ist in der Mitte des Armaturenbretts eingebaut und besteht aus den beiden Temperaturwählrädern und der elektronischen Temperatursteuerung. Die eingestellten Temperaturen (Sollwert) werden mit den Werten von den Temperaturgebern (Istwerte) verglichen. Entsprechend erfolgt die Ansteuerung des Duoventils. Die Öffnungsdauer ist von der Abweichung Soll-/Istwert abhängig.

○ **Duoventil:** Es ist im Aggregateraum rechts zu finden. Das Duoventil besteht aus zwei voneinander unabhängigen elektromagnetischen Ventilen, die in einem Bauteil zusammengefaßt sind. Jedes Ventil ist im Kühlmittelkreislauf vor dem jeweiligen Wärmetauscher angeordnet. Das Duoventil steuert den Kühlmitteldurchfluß durch den Wärmetauscher. Wird z.B. zum Aufheizen die volle Heizleistung benötigt, hat das Ventil ständig geöffnet. Umgekehrt sind die Ventile bei ausgeschalteter Heizung geschlossen. Wird die Temperatur von der Heizungsautomatik geregelt, hört man bei eingeschalteter Zündung das Ventil öfters takten.

Über den elektrischen Anschluß erfolgt die Spannungsversorgung zu den beiden Magnetspulen. Im stromlosen Zustand ist das Ventil geöffnet. Bei Stromfluß wird der Spulenanker nach unten gedrückt, und Dichtkegel verschließen den Kühlmitteldurchfluß.

○ **Umwälzpumpe:** Sie ist unterhalb des Luftfilters seitlich rechts im Motorraum eingebaut (serienmäßig beim C 280). Bei eingeschalteter Zündung und bei Heizbetrieb pumpt sie das Kühlmittel durch die Wärmetauscher. Sie unterstützt dabei die Wasserpumpe. Bei Motorstillstand hält die Umwälzpumpe den Kühlmittelkreislauf über die Wärmetauscher alleine aufrecht. So kann weitergeheizt werden, bis alle Motorwärme verbraucht ist. Die Pumpe wird über Sicherung Nr. 3 mit Spannung versorgt. Der Masseanschluß ist über das Steuer- und Bediengerät der Heizungsautomatik geführt.

○ **Innenraum-Temperaturgeber:** Der Geber ist an der vorderen Innenleuchte eingebaut. Damit Temperaturschwankungen im Innenraum schnell erkannt werden, wird ständig Innenluft über den Geber angesaugt. Hierzu ist direkt am Geber ein kleines Gebläse eingebaut.

○ **Wärmetauscher-Temperaturgeber:** Am Heizungsgehäuse unter dem Armaturenbrett ist hinter jedem der beiden Wärmetauscher ein Temperaturgeber eingebaut. Sie erfassen die Lufttemperatur unmittelbar hinter den Wärmetauschern und geben sie an das Steuer- und Bediengerät weiter. Dieses bewertet die Temperatur-Informationen vom Innenraum-Temperaturgeber und dem jeweiligen Wärmetauscher-Temperaturgeber in einem vorgegebenen Verhältnis und bestimmt so die momentane Innenraumtemperatur (Istwert). Zur Steuerung wird der Istwert mit dem eingestellten Sollwert verglichen.

○ **Staubfilter:** Auf Wunsch kann direkt hinter dem Gebläse ein Staubfilter eingebaut sein. Mit ihm wird Frischluft und Umluft gefiltert. Je nach Größe der Staubpartikel ist eine Reinigung bis zu 100% möglich. Der

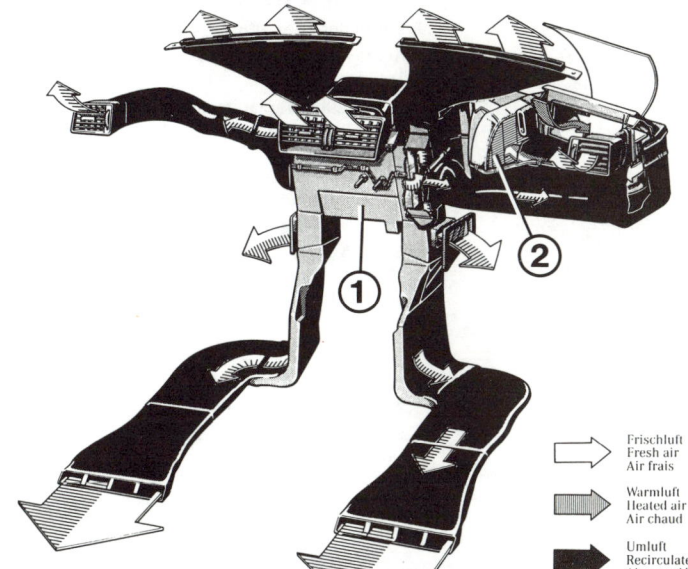

Die Heizungs- und Lüftungsanlage in der C-Klasse. Hauptteil ist der Heizungskasten (1) in der Mitte unter dem Armaturenbrett. Der großflächige Staubfilter (2) hält Staubpartikel und Blütenpollen größer als 0,005 mm zurück.

⇨ Frischluft / Fresh air / Air frais

⇨ Warmluft / Heated air / Air chaud

⇨ Umluft / Recirculated air / Air recyclé

Filter besteht aus Polycarbonat und reinigt auch elektrostatisch. Er ist unempfindlich gegen Wasser und hat einen geringen Luftwiderstand. Der Filter kann nicht gereinigt werden.

○ **Abluft:** Die Abluft strömt hinter der Heckablage durch doppelwandige Blech- und Kunststoffteile hinter die rechte Auskleidung des Kofferraums. Durch eine Lüftungsklappe unter dem rechten Seitenteil des Stoßfängers verläßt sie das Fahrzeug.

Elektronische Heizungsregelung defekt?

Bei einem Defekt an Heizungsregelung oder Duoventil bleibt das Ventil voll geöffnet. Um dem Defekt auf die Spur zu kommen, prüfen wir die Komponenten der Heizungsregelung nacheinander:

- Zuerst die **Sicherung** Nr. 5 prüfen (Kapitel »Die Karosserie-Elektrik«).
- **Duoventil prüfen:** Temperaturregler am Armaturenbrett auf »Kalt« drehen.
- Stecker am Duoventil abziehen, Prüflampe zwischen grau/rotem Kabel und braun/violetten bzw. braun/roten Kabel anschließen.
- Zündung einschalten.
- Bei intakter Regelung liegt Batteriespannung an, die Prüflampe leuchtet.
- Gegenprobe: Regler auf »Warm« drehen – die Prüflampe verlöscht.
- Logische Folgerung: Sind die Spannungswerte in Ordnung, die Störung in der Heizanlage aber immer noch vorhanden, muß das Duoventil (Innenwiderstand 11–19 Ω) der Störenfried sein. Auswechseln.
- Wurde **keine** Spannung angezeigt, Spannung am Zuleitungskabel (grau/rot) gegen Masse (z. B. am Motorblock) messen.
- Zündung einschalten. Keine Spannung: Stromzufuhr von der Sicherung her unterbrochen.
- Prüfung der Massezufuhr (vom Steuergerät): Voltmeter am (Klemme 30) der Batterie anschließen, anderes Meßkabel an die braun/violette bzw. braun/rote Leitung im Stecker. Es muß bei eingeschalteter Zündung (Regler auf »Kalt«) Batteriespannung anliegen. Sonst ist ein Teil der Heizungsregelung (Temperaturgeber oder Steuergerät) bzw. das Kabel defekt.
- **Temperaturgeber prüfen:** Als Vorarbeit die Abdeckungen der Mittelkonsole ausbauen (Kapitel »Der Innenraum«).
- Ohmmeter zwischen den beiden Anschlüssen des rechten und anschließend des linken Gebers anklemmen. Es müssen bei unterschiedlichen Prüftemperaturen in etwa die genannten Widerstandswerte angezeigt werden:
○ Bei ca. 20°C (Umgebungstemperatur) 10–13 kΩ.
○ Bei ca. 30°C (in der Hand) ca. 8 Ω. Sonst den Temperaturgeber ersetzen.
- **Stromversorgung Steuergerät prüfen:** Steuer- und Bediengerät ausbauen.
- Voltmeter an Klemme 11 und 12 des Steckers hinten am Regler anklemmen. Bei eingeschalteter Zündung muß Batteriespannung anliegen. Sonst Stromversorgung samt Sicherung überprüfen.
- **Steuergerät prüfen:** Das Steuergerät selbst kann mit Eigenmitteln nicht geprüft werden. Wir gehen von folgender Überlegung aus: Sind Stromzufuhr, das Duoventil und der Temperaturgeber intakt, muß bei gestörter Heizungsregelung das Steuergerät defekt sein.

Störungsbeistand

Heizung

Die Störung	– ihre Ursache	– ihre Abhilfe
A Heizleistung ungenügend	1 Kühlmittelverluste	Auffüllen
	2 Thermostat schließt nicht mehr, Kühlmittel bleibt zu lange kalt	Thermostat erneuern
	3 Duoventil verklemmt	Duoventil erneuern
	4 Werte der Temperaturgeber falsch	Widerstandsmessung, ggf. Geber ersetzen
	5 Keine Luftabsaugung über Innenraum-Temperaturgeber	Gebläse prüfen
	6 Steuer- und Bediengerät defekt	Zur Überprüfung ausbauen, ggf. austauschen
	7 Luftgebläse nicht eingeschaltet	Luftgebläse mindestens in Stellung »I« einschalten
B Heizung läßt sich nicht abstellen	1 Keine Spannung am Duoventil, da Steuer- und Bediengerät defekt	Steuer- und Bediengerät erneuern
	2 Siehe A 3 und 4	
C Keine Heizung nach Abstellen des Motors	Umwälzpumpe läuft nicht	Bei eingeschalteter Heizung und Zündung Spannung an Pumpe messen, ggf. Pumpe ersetzen
D Luftverteilung nicht umschaltbar	1 Drehregler läßt sich schwer oder widerstandslos drehen	Bowdenzüge ausgehängt oder Betätigungsteile am Heizungsgehäuse verklemmt
	2 Scheiben beschlagen innen, weil Umluftklappe nicht mehr öffnet	Bowdenzug und Betätigungsteile prüfen

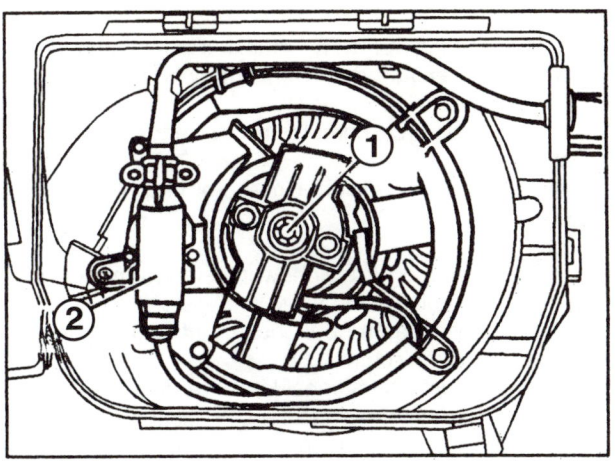

Den Gebläsemotor erreicht man nach Ausbau einer Verkleidung oben im Beifahrerfußraum. 1 – Gebläsemotor; 2 – elektronischer Drehzahlregler bei Fahrzeugen mit Klimaanlage.

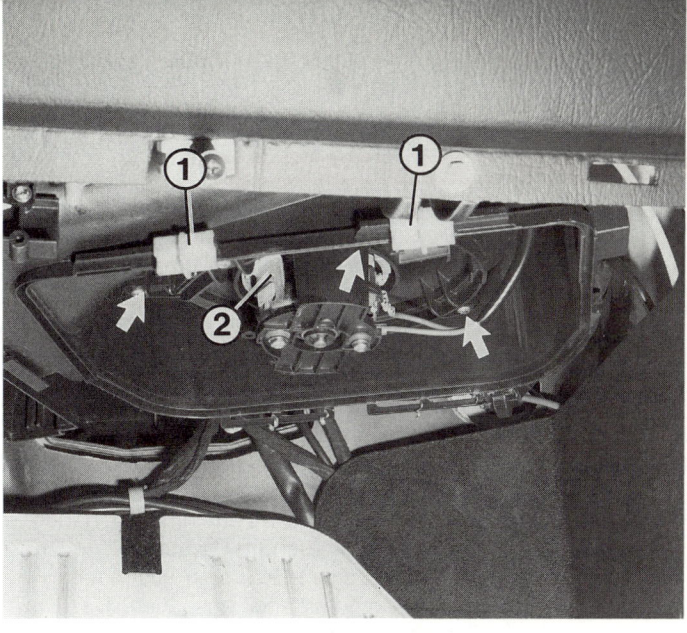

1 – Schiebeverschlüsse für Motorabdeckung; 2 – Gebläsemotor; Pfeile – Befestigungsschrauben.

Das Luftgebläse

Der Gebläsemotor läuft in vier Geschwindigkeitsstufen, die durch den Drehschalter am Armaturenbrett eingestellt werden. Die Geschwindigkeitsstufen werden durch Zuschalten verschieden großer Widerstände bzw. durch direkte Stromversorgung erreicht. Die Widerstände bewirken eine verringerte Spannung am Motor und drosseln so seine Geschwindigkeit. Die volle Drehzahl erreicht der Gebläsemotor bei direkter Stromzuleitung.

Störungssuche Gebläsemotor

- Wenn das Gebläse bei eingeschalteter Zündung **in keiner Schalterstellung** rauscht, kontrollieren Sie zuerst die zuständige **Sicherung** Nr. 14 (Kapitel »Die Karosserie-Elektrik«).
- War diese in Ordnung, Gebläseschalter prüfen – dazu muß das Steuer- und Bediengerät ausgebaut werden.
- Zündung einschalten.
- Prüflampe oder Voltmeter an guten Massekontakt anschließen. Wir prüfen jetzt, ob die am Schalter angeschlossenen Kabel Strom führen. Dazu Kabelisolierung mit Nadelkontakt durchstechen:
- Beim schwarz/grünen Kabel (Stromzufuhr) muß die Prüflampe immer brennen bzw. der Voltmeter muß Batteriespannung anzeigen. Bei den Kabeln mit grüner Umhüllung und zusätzlichen Farbstreifen ist das nur bei entsprechender Schalterstellung der Fall.
- Funktion nicht, wie beschrieben: Fehler in der Stromzufuhr beheben bzw. Schalter austauschen.
- Waren Stromzufuhr und Schalter einwandfrei, muß der **Gebläsemotor** freigelegt werden, wie unter »Gebläsemotor ausbauen« beschrieben.
- Stromzufuhr zum Motor prüfen: Liegt am grün/grauen bzw. roten Anschlußkabel des Gebläsemotors bei eingeschalteter Zündung Spannung an (zweites Prüflampen- bzw. Voltmeterkabel am Motorblock befestigen)? Wenn nicht, Stromzufuhr prüfen.
- Spannung zwischen den beiden Anschlußkontakten am Gebläsemotor messen, Gebläseschalter auf Stufe »4« stellen. Jetzt müssen ca. 12 V anliegen.
- Ist das der Fall, ohne daß sich der Gebläsemotor bewegt, ist er defekt. Austauschen.
- Ist keine Spannung vorhanden, liegt der Fehler an der **Sicherung auf der Widerstandsplatte**.
- Läuft das Gebläse nicht in allen Geschwindigkeiten oder läuft es nur auf Stufe »4«, ist möglicherweise einer der **Vorwiderstände** defekt.
- Vorwiderstände im Aggregateraum links neben dem Bremskraftverstärker ausbauen. Sichtprüfung vornehmen. Ist einer der Widerstände durchgebrannt, kompletten Widerstandsträger ersetzen. Bei Klimaanlage ist ein elektronischer Gebläseregler seitlich am Gebläsemotor eingebaut.

Gebläsemotor ausbauen

- Der Ausbau erfolgt vom Fußraum des Beifahrers. Dazu müssen Sie sich rücklinks unter das Armaturenbrett quälen.
- Verkleidung oben im Fußraum ausbauen.
- Am Heizungskasten die Verschlüsse der Abdeckung zur Seite schieben.
- Abdeckung vor Motor abnehmen.
- Drei Schrauben um Motor lösen.
- Leitungen ausstecken.
- Lüfter nicht von Motorwelle lösen oder verdrehen. Der Verbund ist gemeinsam gewuchtet.
- Der kräftige Motor hat eine max. Stromaufnahme von ca. 22 A.

Staubfilter erneuern

Wartung Nr. 22

- Da sich der Staubfilter aufgrund seines Fitermaterials nicht reinigen läßt, ist der Austausch alle 30 000 km erforderlich, bei extrem staubigen »Hausstrekken« auch früher.
- Verkleidung oben im Fußraum ausbauen.
- Oben im Fußraum des Beifahrers die beide weißen Kunststoffriegel verschieben.
- Abdeckung vor dem Staubfilter abnehmen.
- Staubfilter aus dem Schacht ziehen. Einbaulage beachten.
- Erreichbaren Schmutz im Heizungskasten herauswischen.
- Neuen Filter gleich einsetzen und Abdeckung schließen.

Heizungskasten ausbauen

Diese äußerst umfangreiche und eher schwierige Arbeit wird z.B. dann erforderlich, wenn ein Wärmetauscher undicht wurde und ersetzt werden muß. Anfängern in Sachen Selbsthilfe raten wir von dieser Arbeit ab.

- Batterie abklemmen.
- Abdeckgitter am Lufteintritt ausbauen, siehe Kapitel »Instrumente und Geräte«.
- Wischeranlage komplett ausbauen.
- Stirnwandmittelteil ausbauen. Dazu alle Befestigungen lösen. Leitungen und Schläuche durchführen.
- Steuergeräteträger ausbauen.
- Kompletten Wassersammelkasten ausbauen.
- Vorwiderstand für Heizungsgebläse ausbauen.
- Heizungsschläuche abschrauben und mit Stopfen verschließen.
- Vordersitze ausbauen.
- Alle Teile der Mittelkonsole ausbauen.
- Verkleidung oben im Fahrerfußraum und Bodenbeläge links und rechts ausbauen.
- Armaturenbrett ausbauen.
- Lenkrad ausbauen.
- Mantelrohr der Lenkung ausbauen.
- Leitungsschacht oben lösen. Auf Stecksicherung am Mantelrohr achten.
- Halter zum Mitteltunnel losschrauben.
- Querrohr hinter Armaturenbrett ausbauen.
- Leitungsverbindungen zur Masse abschrauben. Stecker abziehen.
- Luftkanäle zu den Düsen ausbauen.
- Unterdruckleitungen bezeichnen, ausstecken.
- Heizungskasten vollends ausbauen.
- Deckel vor den Wärmetauschern ausbauen. Dazu vier Schrauben herausdrehen und sechs Klammern lösen.
- Wasserleitungen lösen.
- Wärmetauscher mit Rohrgruppe herausnehmen.
- Rohr am Wärmetauscher abschrauben. Später mit neuen O-Ringen einbauen.

Die Klimaanlage

Das gasförmige Kältemittel (ca. 1 kg) wird mit dem Taumelscheiben-Kompressor seitlich links am Motor verdichtet. Dessen Antrieb erfolgt über den Keilrippenriemen von der Kurbelwelle aus. Beim Verdichten durch den Kompressor verflüssigt sich das Kältemittel und strömt in den Verdampfer im Heizungsgehäuse unter

Fast die umfangreichste Arbeit am Fahrzeug: Ausbau des Heizungskastens. Im Motorraum muß unter der Windschutzscheibe der komplette Wassersammelkasten ausgebaut werden. Innen ist das komplette Armaturenbrett auszubauen.

Der Staubfilter (1) wird vom Beifahrerfußraum erneuert.
2 – Abdeckung vor Staubfilter;
3 – Schieberiegel für Abdeckung.

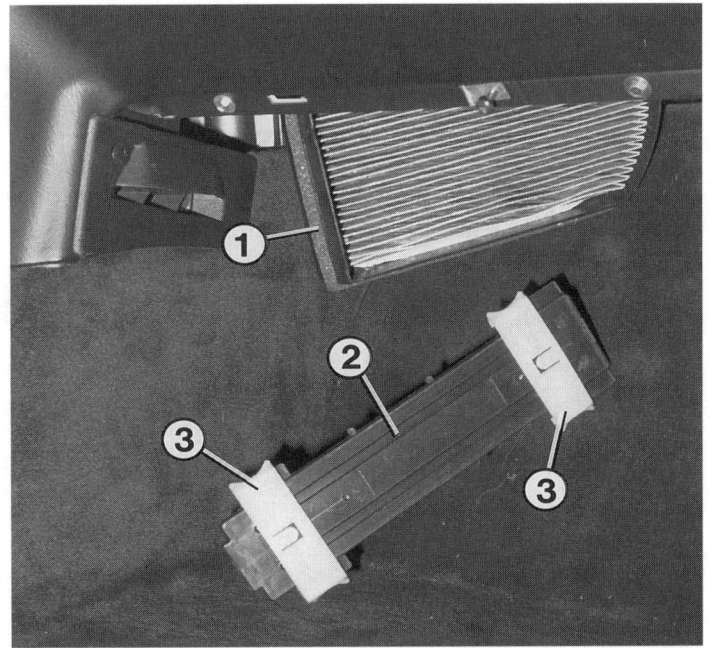

dem Armaturenbrett. Dort verdampft das Kältemittel wieder, wobei Kälte entsteht. Die durch den Verdampfer strömende Luft kühlt sich an dessen Lamellen ab. Das Kältemittel strömt vom Verdampfer weiter zum Kondensator vor dem Kühler und von dort erneut zum Kompressor. Zur besseren Kondensierung sind vor dem Kondensator noch zwei Zusatzlüfter eingebaut. Die Kälteleistung der Klimaanlage wird elektronische gesteuert. Sie hängt von der Außentemperatur, der augenblicklichen Innenraumtemperatur und der gewünschten Raumtemperatur ab.

Weiteres Wissenswerte zur Klimaanlage:

○ Die Zusatzlüfter haben zwei Stufen. Bei einem Kältemitteldruck von 20 bar schaltet ein Druckschalter. Ein Relais zieht an, und die Zusatzlüfter erhalten über einen Vorwiderstand Strom. Bei einer Motor-Kühlmitteltemperatur von mehr als 107°C laufen die Zusatzlüfter mit Maximalleistung.

○ Beim Einschalten des Kompressors wird die Motordrehzahl sofort geregelt, damit der Motor nicht abstirbt. Der Kompressor benötigt etwa 9 kW.

○ Damit der Motor thermisch nicht überlastet wird, erfolgt die Abschaltung des Kompressors bei ca. 115°C Kühlmitteltemperatur.

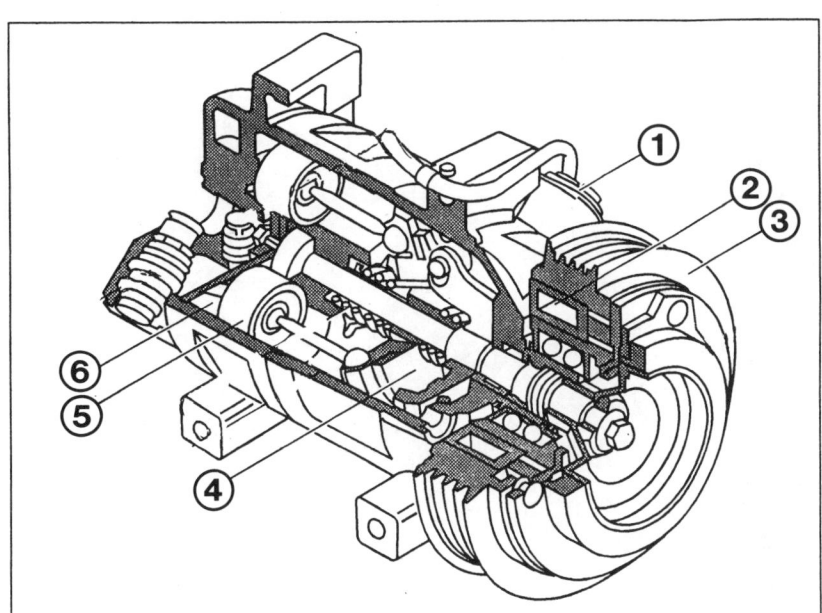

Schnitt am Taumelscheiben-Kompressor mit sechs Kolben. Es bedeuten:
1 – Hauptregelventil;
2 – Magnetkupplung;
3 – Riemenscheibe;
4 – Taumelscheibe;
5 – Kolben;
6 – Verdichtungsraum.

Fahrzeug mit Klimaanlage:
1 – Zusatzlüfter;
2 – Vorwiderstand für Zusatzlüfter;
3 – Anschluß für Kältemittel;
4 – Befestigung des vorderen Stoßfängers oben.

○ Das Bedien- und Steuergerät der Klimaanlage erfaßt die Drehzahl des Kompressors mit einem induktiven Drehzahlgeber. Die Motordrehzahl erkennt es über die TD-Signale von der Motronic. Liegt das Verhältnis der beiden Drehzahlen nicht im festgelegten Bereich, ist der Kompressor zu schwergängig, und der Keilrippenriemen rutscht auf den Riemenscheiben durch. Zum Schutz des Riemens wird jetzt der Kompessor abgeschaltet.
○ Zum Motorausbau darf der unter hohem Druck stehende Kältemittelkreislauf nicht ohne spezielle Auffanggefäße geöffnet werden. Auch das Ergänzen von Kältemittel ist nur in der Werkstatt möglich. Beim Motorausbau deshalb Kompressor, Kältemittelleitungen und die Halter vom Motor abschrauben. Die Teile seitlich im Motorraum mit Draht befestigen.
○ Das Bedien- und Steuergerät der Klimaanlage ist diagnosefähig. Aufgetretene Fehler werden gespeichert und können später in der Werkstatt augelesen werden.
○ Hinter dem linken Scheinwerfer ist ein kleiner Flüssigkeitsbehälter mit Schauglas oben eingebaut. Zeigt sich im Schauglas Schaumbildung, ist zu wenig Kältemittel in der Anlage.

Bei Fahrzeugen mit Klimaanlage ist hinter dem rechten Scheinwerfer der Verdampfer (1) zu finden. Kommt es hinter dem Schauglas zu Schaumbildung, während der Kompressor läuft, fehlt es an Kältemittel.

Der Innenraum

Empfangssalon

Nun folgt der gemütliche Teil in unserem C-Klasse-Mercedes. Hier geht es um den wohnlichen Innenraum und wie Verkleidungen ausgebaut werden, um an die darunter versteckte Technik zu gelangen.

Sitze

Die Sitze sind gegenüber dem Vorgängermodell in der Sitzfläche vergrößert und die Kontur ist stärker ausgeformt, besonders bei den Sitzen in Sport-Ausführung. Vorn ist eine elektrische Sitzverstellung, Sitzheizung und eine orthopätische Rückenlehne möglich. Weiterhin ist eine Höhenverstellung über eine Schrittmechanik eingebaut. Der Hub beträgt stattliche 47 mm.

Vordersitze ausbauen
- Kopfstütze ausbauen. Dazu den Verriegelungsknopf an der Rückseite des Sitzes erfühlen und drücken.
- Sitz vorschieben.
- Verkleidung an äußerer Gurtbefestigung vom Sitz ausrasten.
- Gurt losschrauben. Auf Lage der Scheiben achten.
- Sitz hinten in Schiene losschrauben. Dazu ist ein Steckeinsatz für Außen-TORX E12 erforderlich.
- Am Sitzkissen vorn außen beidseitig die Entriegelungsfedern drücken.
- Sitzkissen herausnehmen.
- Bei nicht umklappbarer Rückenlehne drei Schrauben an der Unterkante herausdrehen.
- Zum Ausbau Kopfstütze aufstellen.
- Abdeckung in Heckablage nach vorn drücken und gleichzeitig mit breitem Keil seitlich hebeln.
- Sitz nach hinten schieben.
- An Sitzschienen vorn Abdeckkappen mit Schraubendreher ausrasten und abziehen.
- Außen-TORX-Schrauben vorn in Sitzschienen abschrauben.
- Steckverbindungen ausstecken.
- Sitz herausnehmen.
- Beim Einbau auf richtigen Sitz der Führungsbolzen achten. Gurt mit 35 Nm und Sitz mit 50 Nm festschrauben.

Sitzbank hinten ausbauen
- Rückenlehne nach oben drücken und herausnehmen.
- Beim Einbau auf richtige Lage der Gurte achten.
- Bei klappbarer Rückenlehne die Anlenkpunkte unten losschrauben.

Kopfstützen hinten
- Abdeckung hochschieben.
- Mit Schraubendreher beide Sperren drücken. Kopfstütze aus Lager herausziehen.

Die Sitzheizung

Die Sitzheizung wird von einem Wipptaster neben dem Schalthebel gesteuert. Der Strom (von Sicherung Nr. 10) zu den Heizdrähten wird durch ein Relais zugeschaltet. Das Relais ist im vorderen Fußraum unter der Bodenmatte zu finden.

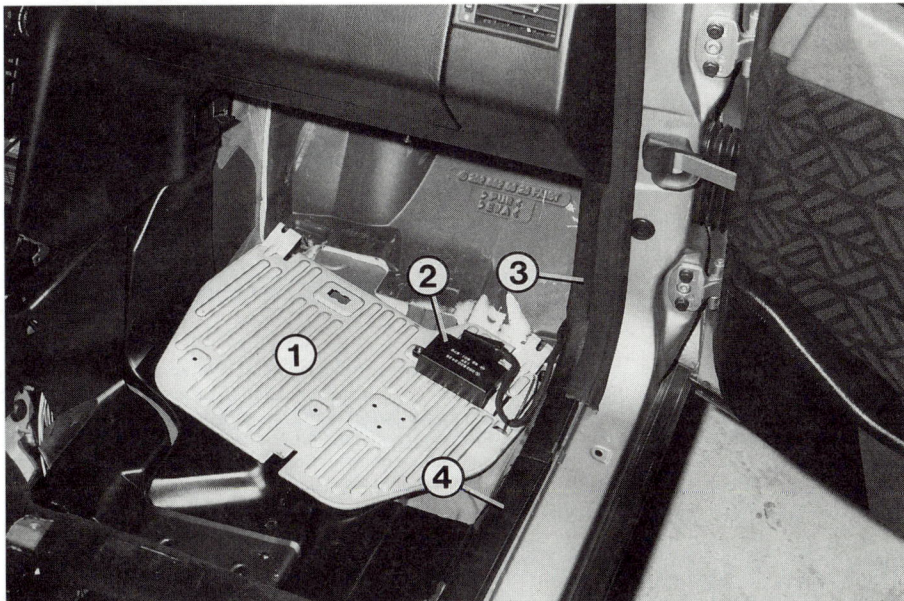

Beifahrerfußraum ohne Bodenbelag:
1 – Abschlußblech vorn;
2 – Steuergerät Sitzheizung;
3 – Seitenverkleidung im Fußraum;
4 – Abdeckung auf Kabelkanal.

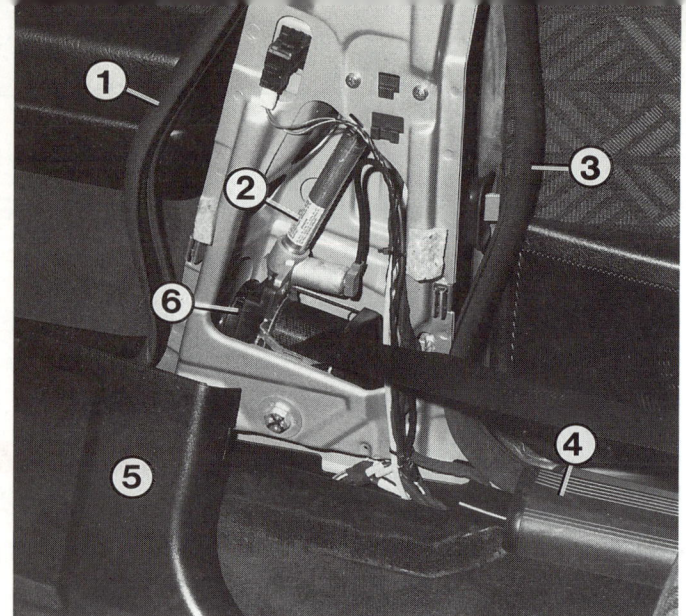

1 – Kantenschutz vorn; 2 – Gurtstraffer; 3 – Kantenschutz hinten; 4 – Trittabdeckung; 5 – Mittelsäulenverkleidung unten; 6 – Gurtrolle.

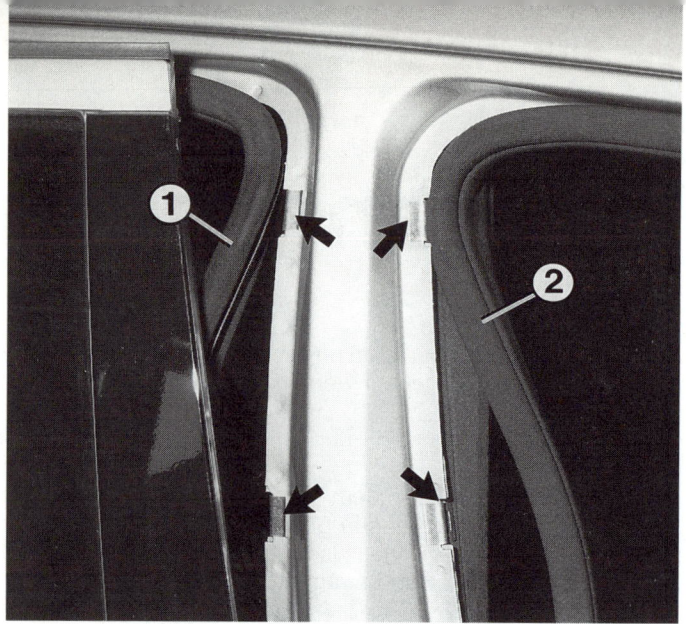

Zum Ausbau der Mittelsäulenverkleidung den Kantenschutz (1, 2) von den Klammern (Pfeile) lösen.

In der 1. Heizstufe leuchtet eine Kontrolleuchte, und die Heizleistung beträgt 20 Watt. Leuchten beide Kontrolleuchten am Schalter, ist die starke Heizstufe (60 Watt) eingeschaltet. Für die geringe Heizleistung wird die Spannung getaktet (Einschaltzeit ca. 30%).

Sicherheitsgurte prüfen

Wartung Nr. 13

Zeigen die Gurte einen der nachfolgend genannten Mängel, sollten sie ausgewechselt werden: Welliges Gurtband, ausgefranste Kanten, aufgeriebenes Gewebe, angerissenen Nähte. Wenn ein »lahmer« Automatikgurt öfter zwischen Tür und Karosserie eingeklemmt wurde, verliert er mit der Zeit an Festigkeit.
Haben die vorderen Gurtstraffer nach einem Unfall bereits einmal ausgelöst, müssen neue Sicherheitsgurte eingebaut werden. Zur Kontrolle Verkleidung an der Mittelsäule ausbauen und nachsehen, ob die Farbmarkierung am Drahtseil noch sichtbar ist. Bei bereits gezündeten Gurtstraffern hat die Gasladung den Kolben nach oben gedrückt, und das Drahtseil hat seine Lage geändert. In der Werkstatt kann dies auch über die Diagnose erkannt werden. Zum Gurtausbau vorn Verkleidung der Mittelsäule ausbauen. Hinten Sitzkissen, -lehne und Hecksäulenverkleidung ausbauen.

Fingerzeig: Schmutzige Gurte werden ausschließlich mit Seife und Wasser gesäubert.

Handschuhfach ausbauen

● Deckel öffnen.
● Leuchte ausclipsen und ausbauen. Dazu Stecker abziehen.
● Kunststoffdübel oben und unten (vier Stück) ausbauen.
● Handschuhfach oben und unten mit Keil ausrasten und herausziehen.

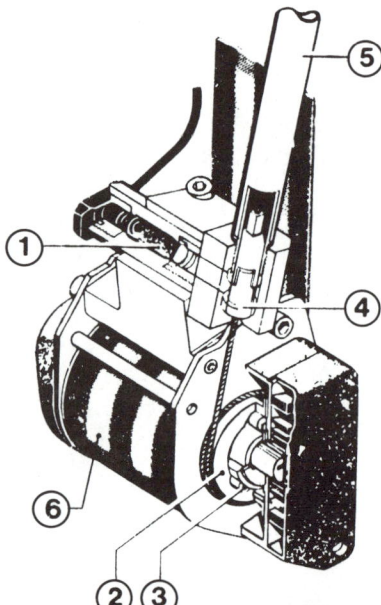

Die Zeichnung zeigt den Gurtstraffer an der Gurtaufrollvorrichtung. Wird der Gasgenerator (1) elektrisch gezündet, drückt das Gas den Kolben (4) im Rohr (5) nach oben. Die Kupplung (3) rastet ein, und der Gurt (6) wird über die Seilwinde (2) gestrafft. Der Pfeil zeigt auf eine Farbmarkierung am Seil. Ist die Markierung verschwunden, steht der Kolben oben im Rohr. Der Gurtstraffer hat dann bereits einmal ausgelöst und muß ausgetauscht werden.

Sicherheit auch für Knirpse: Der integrierte Kindersitz von Mercedes-Benz für die C-Klasse wird als Doppelpack als Sonderausstattung für die Fondsitzbank angeboten. Er zeichnet sich durch hohen Bedienungskomfort, hohe Schutzwirkung und Sicherheit aus.

Mitte links: Hinter einer Abdeckung (2) ist das Gurtende (3) an den Sitz geschraubt. 1 – Sitzhöhenverstellung.
Mitte rechts: Zum Ausbau der Kopfstützen (1) aus dem Sitz (2) an der gezeigten Stelle (Pfeil) drücken.
Unten links: Befestigungsschrauben (1) der Vordersitze hinten.
Unten rechts: 1 – Abdeckung; 2 – Schraube; 3 – Sitzschiene; 4 – TORX-Stecknuß.

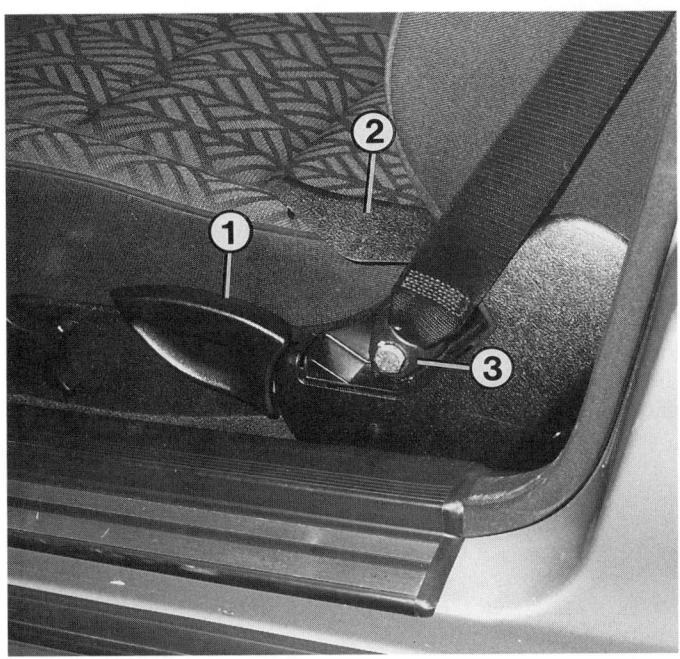

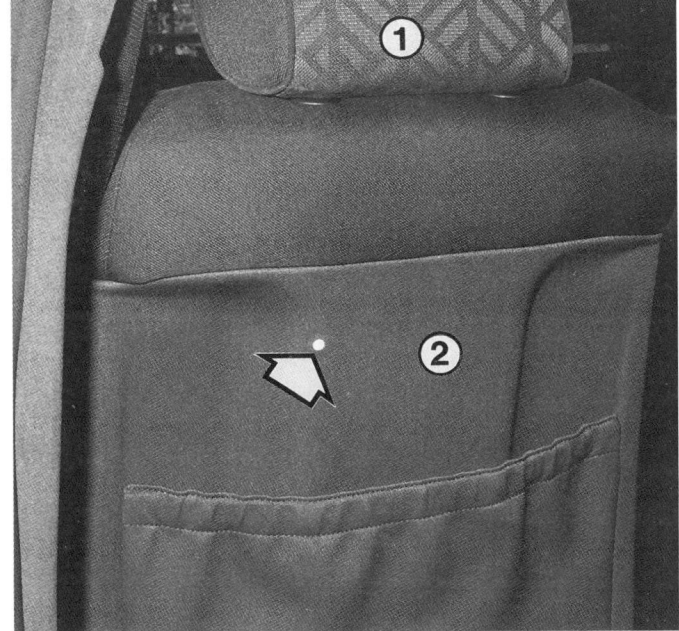

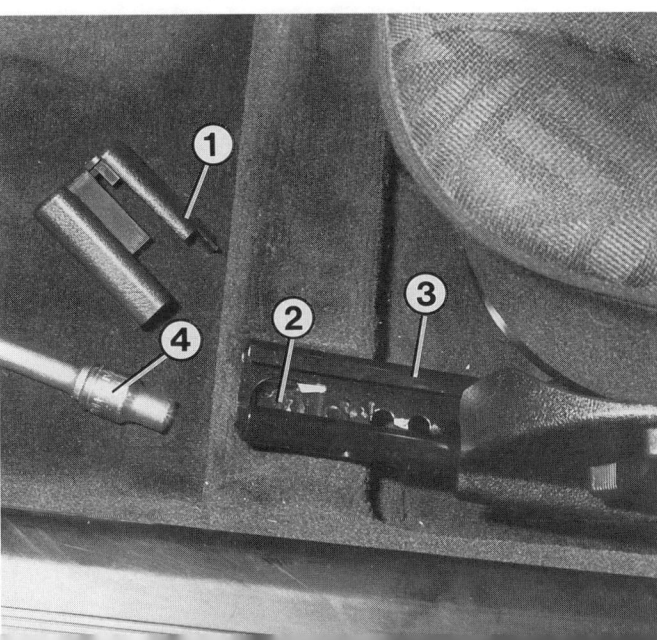

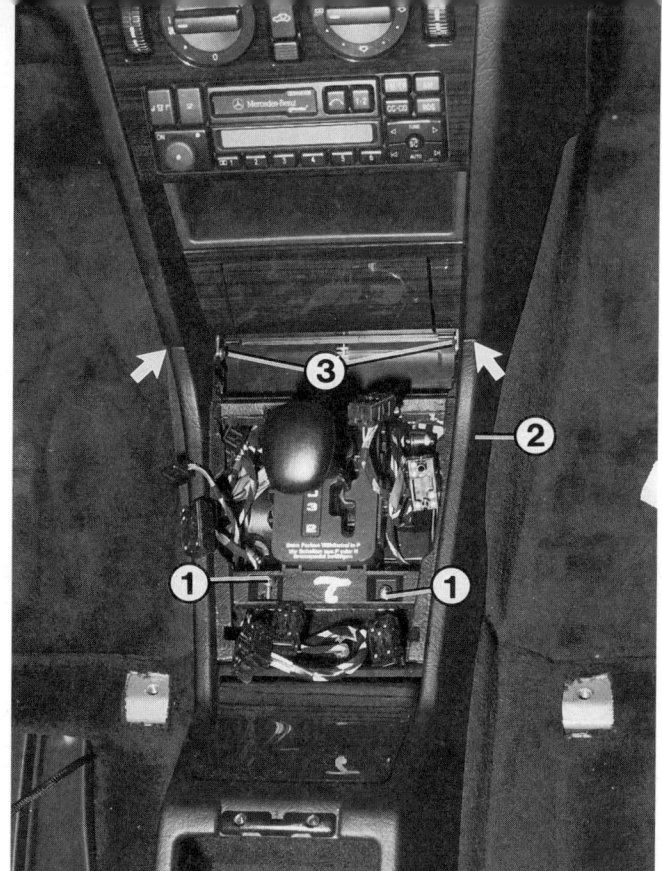

Ausbau der Mittelkonsole: 1 – Schrauben unter Abdeckung am Schalthebel; 2 – Mittelkonsole; 3 – Schrauben unterhalb Ascher.

Abdeckung am Schalthebel ausbauen

- Bei Fahrzeugen mit Mittelarmlehne das Abfallfach öffnen.
- Bei **Schaltgetriebe** den Faltenbalg nach unten schieben. Zusammen mit Faltenbalg die Verkleidung am Ausschnitt für den Schalthebel fassen und nach oben ziehen. Evtl. am Brillenfach vorn und an der Hinterkante der Verkleidung vorsichtig mit Keil loshebeln, bis die Verkleidung nach oben ausrastet.
- Bei **Automatik** den Rahmen an Schaltkulisse seitlich mit Keil loshebeln. Verkleidung an Vorderkante und an Schaltkulisse mit Keil loshebeln.
- **Alle:** Stecker auf der Rückseite der Verkleidung abziehen. Durch ihre Form können sie nicht vertauscht werden.

Ascher ausbauen

- Abdeckung um Schalthebel ausbauen bzw. an Vorderkante etwas anheben.
- Ablagefach unter Ascher herausnehmen.
- Beide Schrauben oben am Brillenfach herausdrehen.
- Am Aschergehäuse unten seitlich die beiden Kreuzschlitzschrauben herausdrehen.
- Ascher mit Brillenfach herausnehmen. Stecker abziehen.

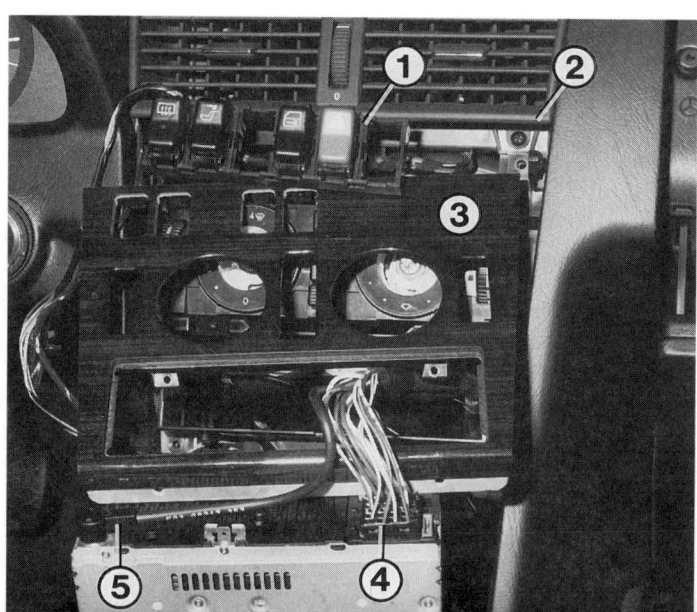

1 – Schalterleiste;
2 – hinter diese Kante wird die Verkleidung um die Heizungsregler eingesetzt;
3 – Verkleidung um die Heizungsregler;
4 – Spannungsversorgung des Radios;
5 – Antennenleitung.

Rechts: 1 – Keil zum Loshebeln; 2 – Abdeckung am Schalthebel; 3 – Rahmen um Schaltkulisse (Automatik); 4 – Schalthebel.

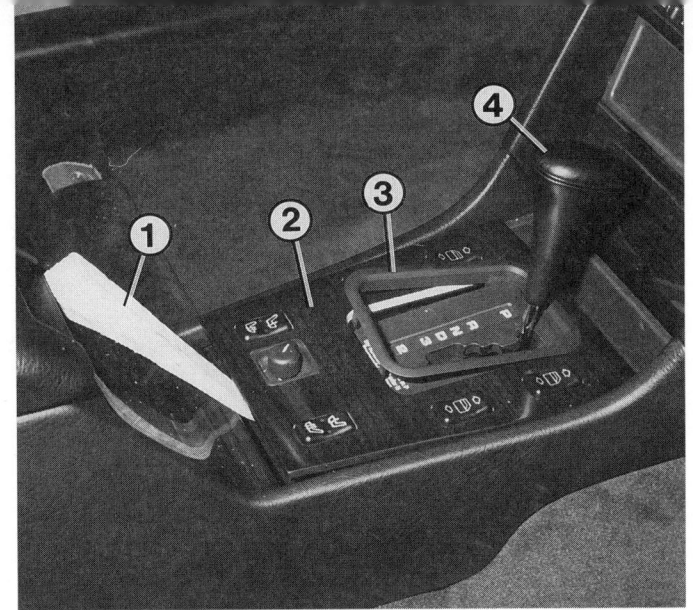

Mitte links: 1 – Verkleidung um die Heizungsregler; 2 – Montageschlitze für Radio; 3 – Brillenfach; 4 – Kreuzschlitzschrauben über Brillenfach.
Mitte rechts: Die Drehgriffe abziehen. 1 – Gebläseschalter mit Stift zum Schalter; 2 – Luftverteilung; 3 – Verkleidung um die Heizungsregler.

Unten links: Bei Fahrzeugen mit kleiner Mittelkonsole (1) den Teppichbelag (2) herausnehmen, um an die Schraube (Pfeil) zu gelangen.
Unten rechts: Erster Schritt zum Ausbau der Mittelkonsole (3): Das Ablagefach unter dem Ascher (1) und die Verkleidung um den Schalthebel (2) ausbauen.

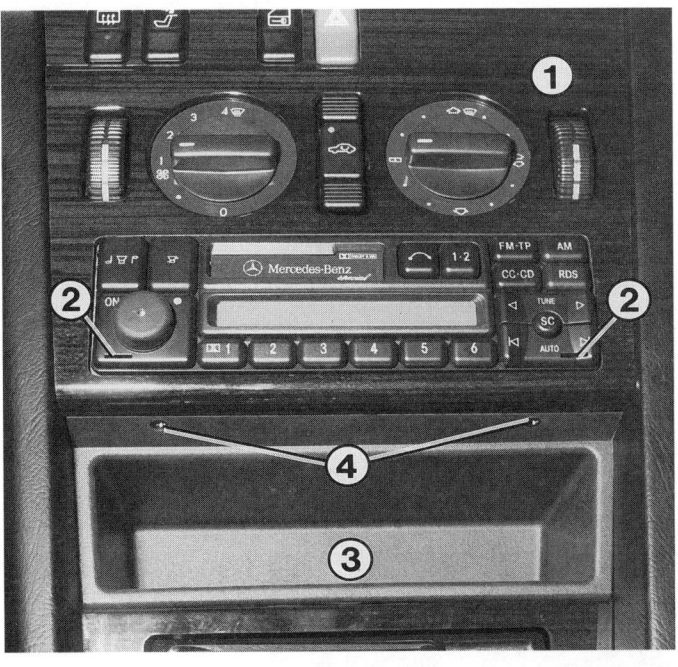

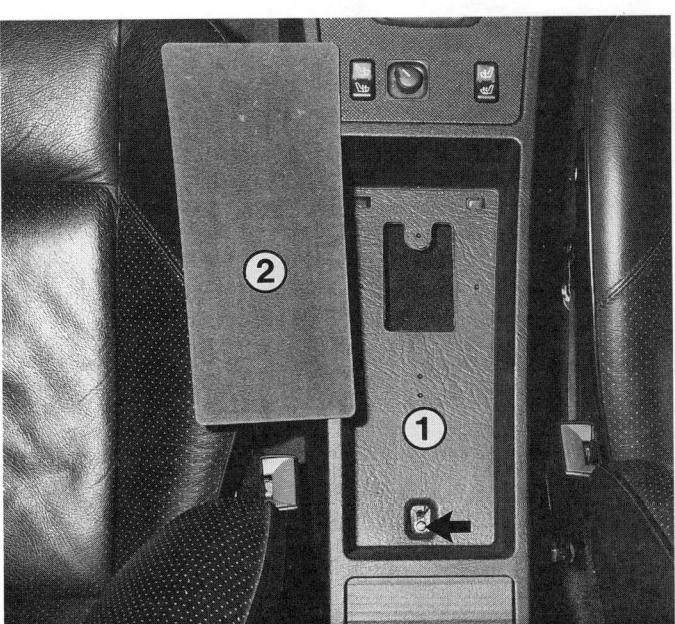

Mittelkonsole ausbauen	● Abdeckung um Schalthebel ausbauen. ● Ascher ausbauen. ● Ablagefach öffnen und Schraube am Boden herausdrehen. Oder Teppichbelag in Ablage herausnehmen (z.B. mit Staubsauger anheben), um an die Schrauben zu gelangen. ● Zwei Schrauben hinter dem Schalthebel herausdrehen.
Verkleidung um die Heizungsregler ausbauen	● Ascher mit Brillenfach ausbauen. ● Radio ausbauen. Dazu zwei Entriegelungsbleche an Unterkante einschieben. ● Zwei Schrauben über dem Brillenfach herausdrehen.
Verkleidung an der Mittelsäule ausbauen	● Kantenschutz im Türausschnitt entlang der Mittelsäule abziehen. ● Vier Klammern oben an Blechkante mit Schraubendreher ausrasten. ● Verkleidung nach oben herausziehen.
Verkleidung an der Hecksäule ausbauen	● Kantenschutz oben im Türausschnitt abziehen. ● Mit Keil die Vorderkante der Verkleidung von den drei Haken losdrücken. ● Verkleidung hinten oben abdrücken.
Heckablage ausbauen	● Rücksitzbank und Rückenlehne ausbauen. ● Beide Kopfstützen ausbauen. ● Beide Verkleidungen an den Hecksäulen ausbauen.
Verkleidungen im Fußraum	● Das Luftgitter am Luftaustritt der Fußraumdüsen ist mit einer Kunststoffschraube befestigt. ● Die schwarze Verkleidung oben im Beifahrerfußraum vom Armaturenbrett an der Hinterkante losschrauben.

● Mittelkonsole vorn so weit anheben, bis sie sich an der Schiebeverbindung abnehmen läßt.
● Beim Einbau Mittelkonsole vor dem Anschrauben so ausrichten, daß sie möglichst flächenglatt zu den benachbarten Teilen anschließt.

● Verkleidung unten anheben, bis sie oben ausgehängt werden kann.
● Schalterleiste ausrasten. Leitungen beim Einbau wieder seitlich verlegen.

● Gurtende losschrauben.
● Verkleidung unten am Schweller ausbauen.
● Nach Einbau Gurtumlenkpunkt prüfen. Er muß in drei Stellungen einrasten.

● Verkleidung nach vorn aus Steckungen an Heckablage herausziehen.
● Gurtende losschrauben und Gurt aus Verkleidung ziehen.

● Drei Schrauben an Vorderkante herausdrehen.
● Ablage vorn anheben und herausziehen.

● Die Verkleidungen zur Seitenwand sind eingerastet.

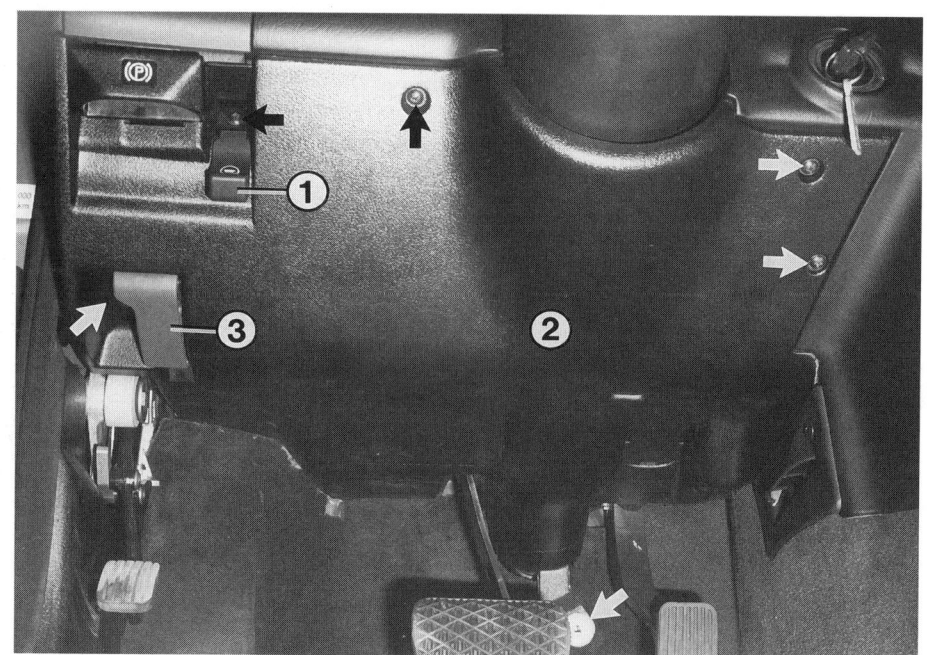

Unteres linkes Armaturenbrett (2) ausbauen:
1 – Druckknopf für Lenksäulenverstellung, zum Ausbau Verriegelung unten lösen;
3 – Entriegelung für Motorhaube;
Pfeile – Befestigungsstellen.

- Verkleidung an Luftdüse im Fußraum ausbauen.
- Roten Hebel für Haubenentriegelung ziehen. Entriegelung für Feststellbremse ziehen. Ggf. Knopf für Lenkradverstellung drücken.

- Bei Schaltgetriebe die Manschette über den Griff ziehen.
- Den Ring am unteren Ende des Griffs entgegen dem Uhrzeigersinn verdrehen (Seite 105).

- Hebel für Haubenentriegelung abschrauben.
- Kreuzschlitzschrauben am unteren Armaturenbrett herausdrehen.
- Kunststoffschrauben SW 10 herausdrehen.

- Griff abziehen.
- Beim Einbau den Ring wieder im Uhrzeigersinn verriegeln.

Unteres linkes Armaturenbrett ausbauen

Schalthebelgriff

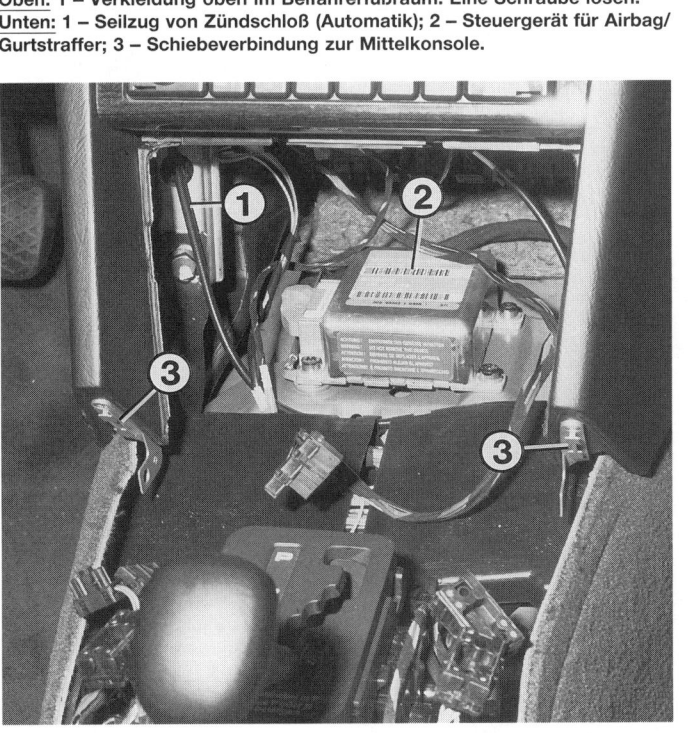

Oben: 1 – Verkleidung oben im Beifahrerfußraum. Eine Schraube lösen.
Unten: 1 – Seilzug von Zündschloß (Automatik); 2 – Steuergerät für Airbag/Gurtstraffer; 3 – Schiebeverbindung zur Mittelkonsole.

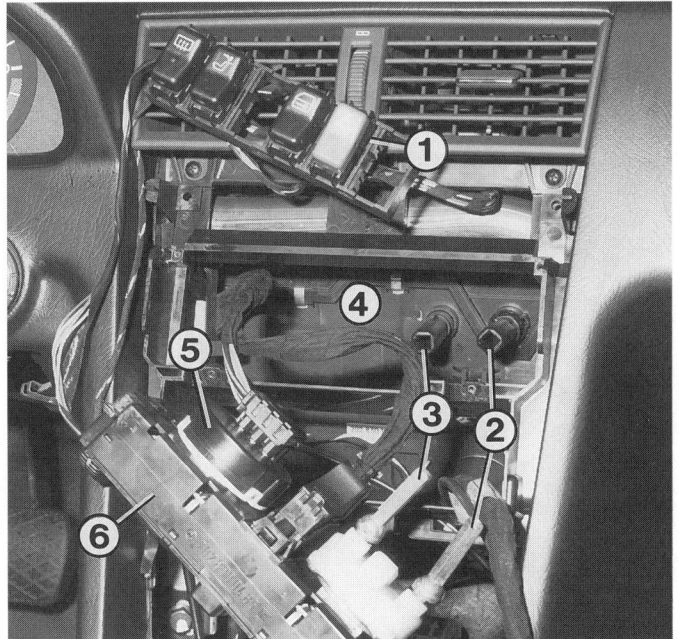

Oben: 1 – unteres linkes Armaturenbrett; Pfeile – Befestigungsstellen.
Unten: 1 – Schalterleiste; 2, 3 – Steuerung der Luftverteilung; 4 – Heizungskasten; 5 – Gebläseschalter; 6 – Steuergerät Heizung/Klima.

Die Karosserieteile

Blech-Moden

Die Karosserie ist weit mehr als ein »Dach über dem Kopf« für die Insassen. Sie soll geringes Gewicht, Verwindungssteifigkeit, hohe Formfestigkeit der Fahrgastzelle und energievernichtende »Knautschzonen« an Bug und Heck aufweisen.

Demontierbare Teile

Mit einiger Geschicklichkeit kann man die Stoßfänger, die Wagenfront und die vorderen Kotflügel alleine ausbauen. Wollen Sie aber die Motorhaube, Kofferraumdeckel oder Türen demontieren, brauchen Sie unbedingt einen Helfer, der diese großen und schweren Teile hält, während Sie schrauben. Andernfalls ist schnell irgendwo der Lack zerkratzt.

Fingerzeige: **Den Wiedereinbau der bisherigen Motorhaube oder Kofferraumdeckel kann man sich erleichtern, wenn die Lage der Scharniere vor der Demontage angezeichnet wird.
Eine neue Motorhaube bzw. Tür oder einen neuen Kofferraumdeckel bzw. Kotflügel können Sie bereits vor der Montage lackieren lassen.**

Die Motorhaube

Haube ausbauen

- An den hinteren Ecken der Haube Lappen auflegen, daß die evtl. abrutschende Haube nicht auf Blech oder Lack aufsitzt.
- Schlauch zur Scheibenwaschanlage und Kabel zu den beheizten Waschdüsen abziehen. Dazu die Abdeckungen innen an der Motorhaube abnehmen.
- Rechts und links zuerst je zwei der Scharnierhalteschrauben losdrehen.
- Jeweils dritte Schraube nur lockern.
- Von zwei Helfern die Haube links und rechts halten lassen, Schrauben vollends herausdrehen und Haube abnehmen.

Motorhaube einstellen

Bei geschlossener Motorhaube muß der Abstand zu beiden Kotflügeln und zum Windlauf unterhalb der Windschutzscheibe rundum annähernd gleich sein (ca. 5 mm). In der Höhe soll die Haube den Kotflügeln entsprechen.

- Zur Einstellung in **Längsrichtung** werden die Schrauben zwischen Scharnier und Haube gelöst.
- Haubendeckel verschieben. Damit hierbei kein Lack verkratzt wird, evtl. an den Ecken zum Windlauf Lappen unterlegen.
- In **Seitenrichtung** läßt sich der Sitz der Haube allenfalls durch vorsichtiges Biegen der Scharniere korrigieren.
- Hilft das nicht, muß der Sitz der Kotflügel korrigiert werden.
- Zur Einstellung der **Höhe** die Gummipuffer vorn am Querträger so weit hinein- bzw. herausdrehen, bis die Haube in geschlossenem Zustand in gleicher Höhe mit den Kotflügeln steht.

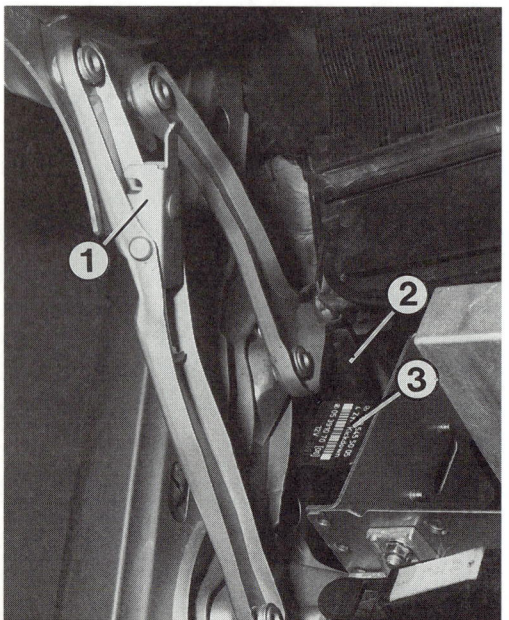
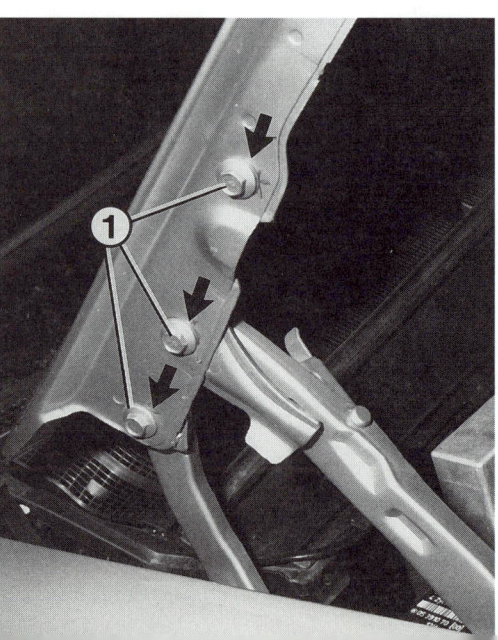

Links: 1 – Motorhaubenscharnier mit Sperrhebel für Montagestellung;
2 – Gasdruckdämpfer;
3 – Steuergerät Kickdown (C 180 Automatik).
Rechts: Schrauben (1) erst lösen, wenn Lage bezeichnet (Pfeile) ist.

Im Bild gezeigt sind folgende Teile:
1 – Stoßleiste an Tür;
2 – Kreuzschlitzschraube;
3 – Kunststoff-Halteklammer.

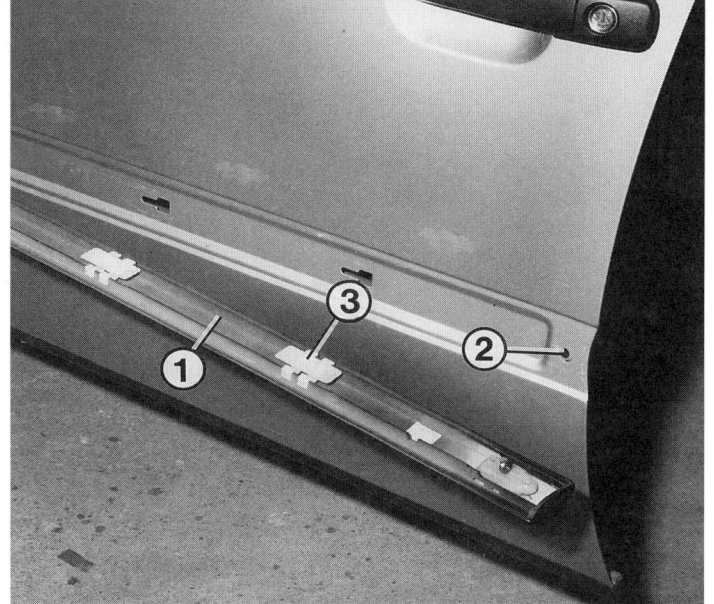

1 – Feder für Motorhaubenentriegelung;
2 – verschiebbarer Schließbügel;
3 – Motorhaube;
4 – Verschraubungen Kühlergrill/Motorhaube;
5 – Kühlergrill;
6 – Motorhauben-Entriegelung;
7 – Mercedes-Stern.

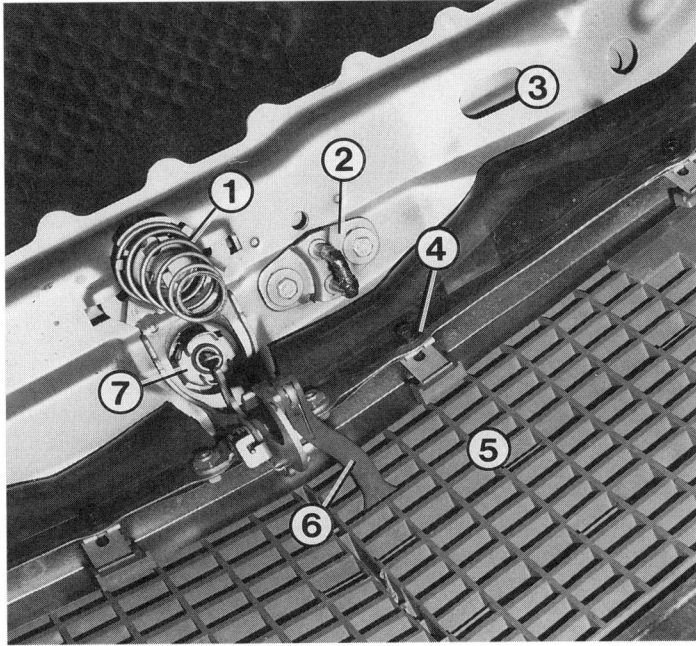

Unten links: 1 – Kofferraumdeckel;
2 – Scharnierhebel, Schraube (Pfeil) erst lösen, wenn deren Stellung markiert ist.
Unten rechts: Mit einer Zange Verriegelung des Mercedes-Sterns um 90° verdrehen und Emblem aus der Motorhaube ziehen.

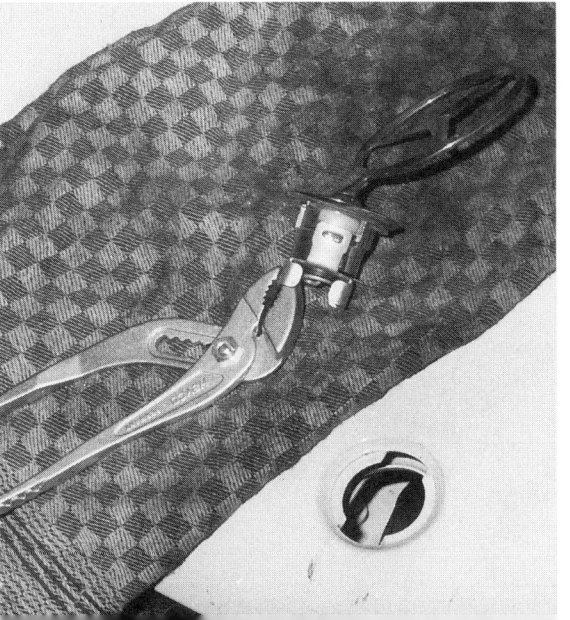

Montagestellung

- Um die Motorhaube in die senkrechte Montagestellung zu bringen, diese etwa halb öffnen.
- Dann den Sperrhebel am rechten Scharnier drücken und Motorhaube weiter nach oben drücken, damit der Sperrhebel nicht mehr einrastet.
- Anschließend den Sperrhebel am linken Scharnier drücken und Haube senkrecht stellen.
- Um die Motorhaube wieder in ihre Normalstellung bringen zu können, den Sperrhebel am linken Scharnier drücken.

Fingerzeig: Wenn Sie Dachständer anbringen, müssen die Lagemarkierungen oben an den Türausschnitten beachtet werden, sonst kann es zu sehr lauten Windgeräuschen kommen.

Kühlergrill ausbauen

- Motorhaube öffnen und die Schrauben zum Kühlergrill von innen herausdrehen.
- Das Kunststoffgitter kann vom Rahmen abmontiert werden: Hierzu die Klammern abdrücken.
- Beim Einbau des Kühlergrills darauf achten, daß die Unterlage an der Motorhaube klebt.

Mercedes-Stern ausbauen

- Der Mercedes-Stern wird bei geöffneter Motorhaube mit seinem Fußteil ausgebaut.
- Mit größerer Zange den Haltebügel fassen, nach unten ziehen und um 90° verdrehen. Die Enden des Bügels auf die vorgesehenen Nuten absetzen.
- Mercedes-Stern außen abnehmen.
- Zum Einbau den Haltebügel wieder zurückdrücken.

Kotflügel ausbauen

Lediglich die vorderen Kotflügel sind verschraubt. Die hinteren Seitenteile sind mit der restlichen Karosserie verschweißt.

- Blinkleuchten ausbauen.
- Verkleidung an der Unterkante des Scheinwerfers ausbauen.
- Radhausverkleidung ausbauen.
- Befestigungsschrauben seitlich oben im Motorraum herausdrehen.
- Schraube an der Unterkante des Kotflügels herausdrehen. Dazu Abdeckung vor der Tür ausrasten.
- Bei geöffneter Vordertür Schrauben an der Türsäule lösen.
- Bevor der Kotflügel beim Einbau festgeschraubt wird, muß er ausgerichtet werden. Dazu Motorhaube schließen und Kotflügel in der Höhe verschieben. Neues Dichtungsband verwenden.

Fingerzeig: Wenn erforderlich, Befestigungskanten an Kotflügel und Karosserie gründlich entrosten. Mit Zinkstaubfarbe vorstreichen und nach dem Trocknen überlackieren.

Radhausverkleidungen ausbauen

Die schwarzen Kunststoff-Radhausverkleidungen um die Räder verhindern, daß sich Schmutznester in den Winkeln an den Kotflügel-Innenseiten bilden, wo der Rost besonders gut gedeiht. Hinten rechts sind Teile der Tankentlüftung dahinter zu finden. Hinten links ist der Aktivkohlebehälter und vorne rechts teilweise ein Unterdruckspeicher eingebaut.

- Zum Ausbau am besten das Fahrzeug anheben und sichern.
- Jeweiliges Rad ausbauen.
- Entlang der Verkleidungen die Kreuzschlitz-Blechschrauben und die breiten Kunststoffmuttern SW 10 herausdrehen.
- Radhausverkleidung herausnehmen.

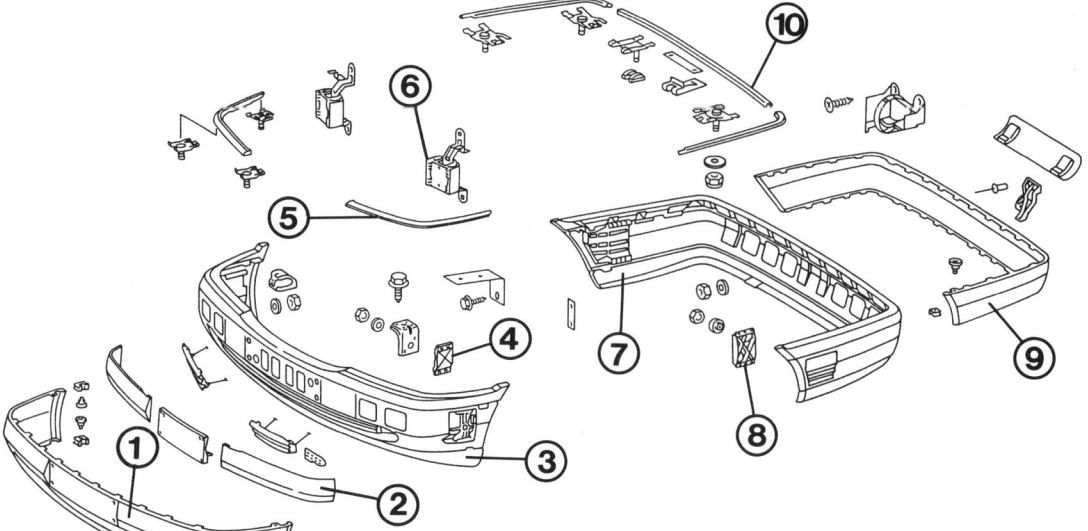

1 – Stoßfängerverkleidung vorn;
2 – Prallkörper;
3 – Stoßfängerträger vorn;
4 – Schiebestück vorn;
5 – Profile;
6 – Halter vorn;
7 – Stoßfängerträger hinten;
8 – Schiebestück hinten;
9 – Stoßfängerverkleidung hinten;
10 – Profile.

Seitlich rechts im Kofferraum:
1 – Unterdruckpumpe für Zentralverriegelung;
2 – Entüftungsklappe;
3 – Schraube zum hinteren Schiebestück (Stoßfängerbefestigung);
4 – Komfortrelais.

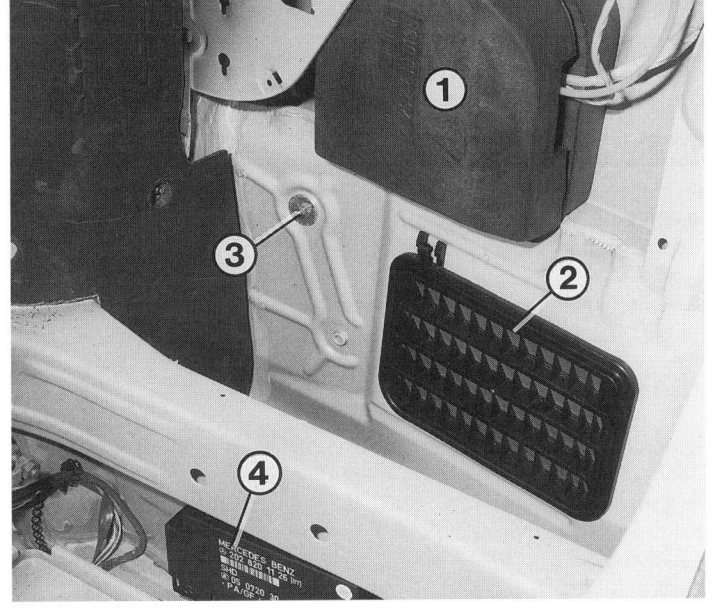

1 – Keilzapfenschloß an der Beifahrertür;
2 – Türkontaktschalter;
3 – Fahrzeugdatenschild.

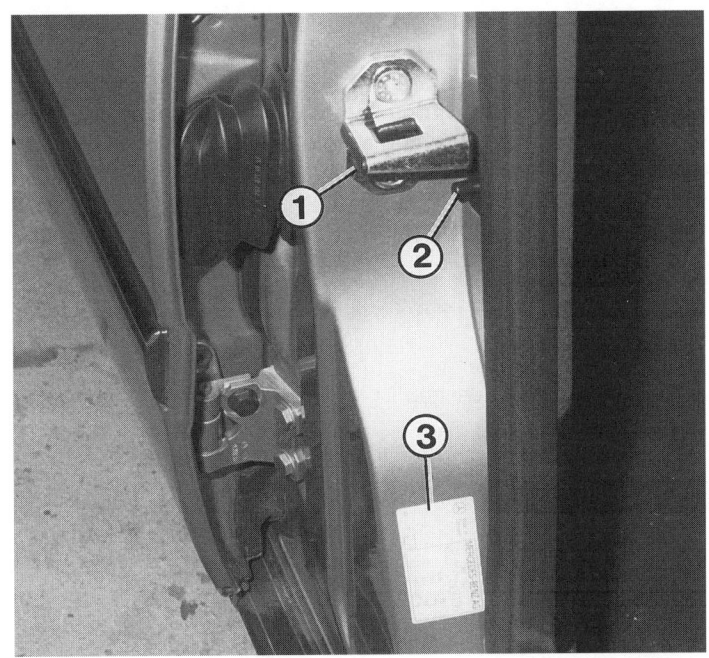

Unten links: Verkleidung am Türtritt (1) mit einem breiten Werkzeug (2) abhebeln. Dicken Lappen o. ä. unterlegen.
Unten rechts: 1 – Abdeckung am Türfeststeller;
2 – Öffnung zum Mehrfachstecker der Türverbindungen (pneumatisch und elektrisch);
3 – Entriegelungswerkzeug.

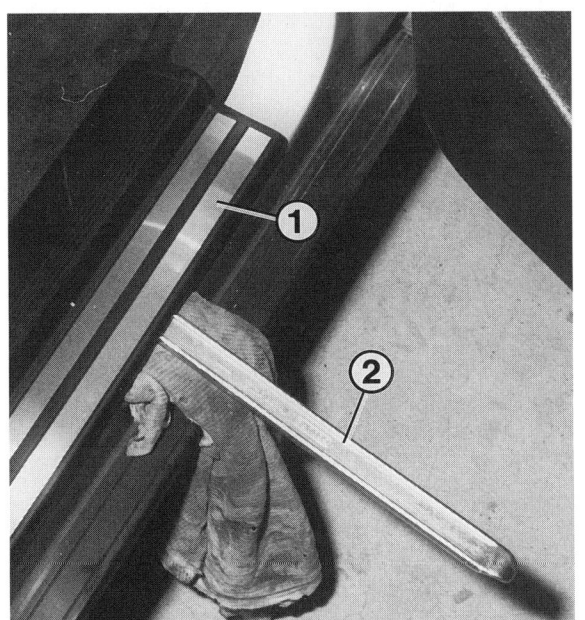

Der Kofferraumdeckel

Ausbau
- Kofferraumdeckel öffnen.
- Kunststoffverkleidung am Kofferraumdeckel mit einem breiten Schraubendreher vorsichtig ausclipsen.
- Kabelzuleitung zu den Kennzeichenleuchten, dem Kofferraumleuchten-Kontaktschalter und Unterdruckleitung zur Zentralverriegelung ausstecken. Es gibt leider keine Sammel-Steckverbindung.
- Kofferraumdeckel gemeinsam mit einem Helfer halten und links und rechts je zwei Schrauben am Scharnierbügel herausdrehen.
- Deckel von den Scharnieren abnehmen.

Kofferraumdeckel einstellen

Angestrebt wird ein gleich breiter Spalt zum rechten wie zum linken Seitenteil. An der Hinterkante muß der Deckel flächenbündig abschließen. Die Oberseite soll mit den Seitenteilen in einer Ebene liegen.
- **Einstellung seitlich und in Längsrichtung:** Schrauben am Deckelscharnier lockern und Deckel ausrichten.
- **Schließkraft:** Zwei Halteschrauben am Schließbügel lockern, bis sich der Schließbügel gerade verschieben läßt.
- Deckel zuerst schließen und in Einstell-Position bringen. Der Deckel soll nicht zu leicht schließen, sonst liegt er nicht dicht am Gummi an.
- Schrauben am Schließbügel wieder andrehen.

Fingerzeig: Wenn in den Kofferraum Staub oder Regenfeuchtigkeit eindringt, obgleich der Kofferraumdeckel rundum flächenglatt im Ausschnitt sitzt, müssen Sie einmal die Gummiumrandung unter die Lupe nehmen: Der Gummi kann mit den Jahren spröde geworden sein und schließt nicht mehr elastisch. Oder die Gummiumrandung ist eingerissen, weil im Winter der zugefrorene Kofferraumdeckel mit Gewalt aufgezerrt werden mußte. Vorbeugend hilft hier regelmäßiges Einreiben mit Glyzerin oder einem Spezialpflegemittel. Die schadhafte Gummiumrandung austauschen.

Stoßleisten seitlich

Ausbau
- An den Türen innere Kreuzschlitzschraube herausdrehen und Stoßleiste verschieben, damit sie abgenommen werden kann.
- Leiste von den Kunststoff-Halteklammern abhebeln.
- Dazu eignet sich am besten ein flacher Schraubendreher, der zum Schutz vor Lackkratzern mit einem Lappen unterlegt wird. Auch ein breiter Kunststoffkeil ist möglich.

Die Außenspiegel

- **Ausbau:** Von einem Helfer den Spiegel nach hinten drücken lassen. Die von außen eingeschraubten Befestigungsschrauben werden sichtbar.
- Drei Kreuzschlitzschrauben lösen.
- Steckverbindung trennen und Spiegel abnehmen.
- **Spiegelglas ersetzen:** Wie der Außenspiegel zerlegt wird, erfahren Sie im Kapitel »Instrumente und Geräte«.

Vorderen Stoßfänger ausbauen
- Im Frontspoiler die rechte und linke Ecke des Gitters abklappen.
- Schraube auf jeder Seite herausschrauben.
- Motorhaube öffnen.
- Schrauben links und rechts unten neben dem Kühlerausschnitt abschrauben.
- Stoßfänger nach vorn abnehmen. Die seitlichen Stoßfängerecken sind über ein Schiebestück mit der Karosserie verbunden.

Hinteren Stoßfänger ausbauen
- Verkleidungen im Motorraum ausbauen. Dabei mit der Kunststoff-Verkleidung hinten beginnen.
- Alle Spreizdübel mit einem dünnen Schraubendreher lösen, indem man das mittige Teil etwas herauszieht. Steckdübel entlang der Ladekante vorsichtig heraushebeln. Schild rechts lösen.
- Je zwei Schrauben seitlich, etwa 20 cm unter der Heckleuchte herausdrehen.
- Wenn vorhanden, noch Schraube in Fahrzeugmitte herausdrehen.
- Stoßfänger nach hinten abnehmen.

Fingerzeig: Jeder Stoßfänger besteht aus mehreren Teilen. Nicht immer muß wegen einer Beschädigung der komplette Stoßfänger erneuert werden. So könnte lediglich ein Halter verbogen sein. Zum Zerlegen die seitlichen Schrauben herausdrehen und die Haltelaschen an der Schutzleiste zurückdrücken. Die Verkleidung ist in den Träger eingeclipst. Nach ihrem Ausbau gelangt man an die Verschraubungen der Stoßfängerhalter.

1 – Stoßfängerbefestigung oben. Zum Ausbau der Querbrücke über dem Kühler die Klammern (2) abhebeln und die Schrauben (3, 4) herausdrehen.

Kofferraum mit ausgebauter Verkleidung und Batterie:
1 – Entlüftungsklappe;
2 – Stoßfängerbefestigung hinten;
3 – Massekabel;
4 – Komfortrelais.

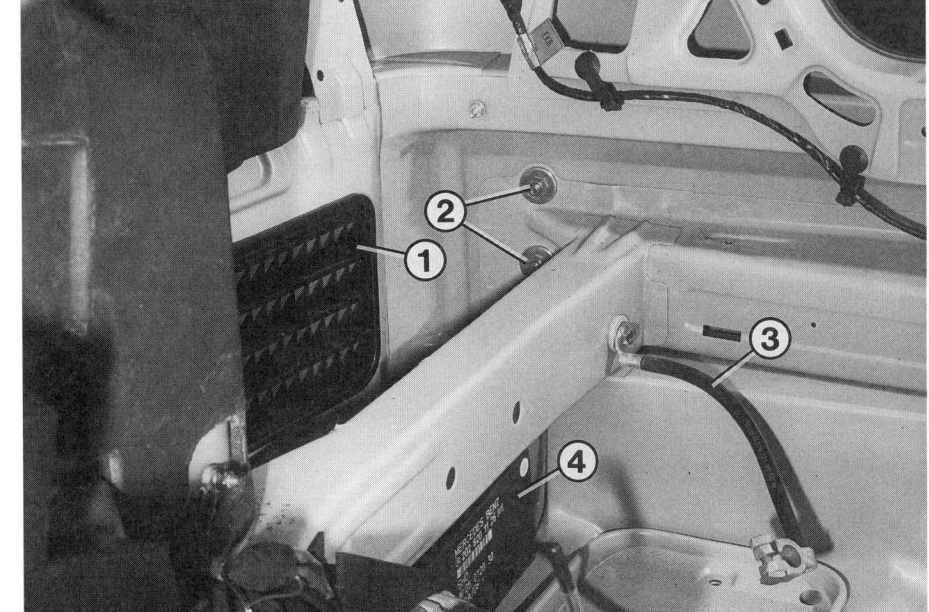

<u>Unten links:</u> 1, 5 – Spiegelbefestigung (weitere Schraube verdeckt);
2 – Stecker für Spiegelheizung;
4 – Federn zur Befestigung des Spiegelgehäuses (3).
<u>Unten rechts:</u> Der vordere Stoßfänger wird nach dem Losschrauben nach vorn abgenommen.

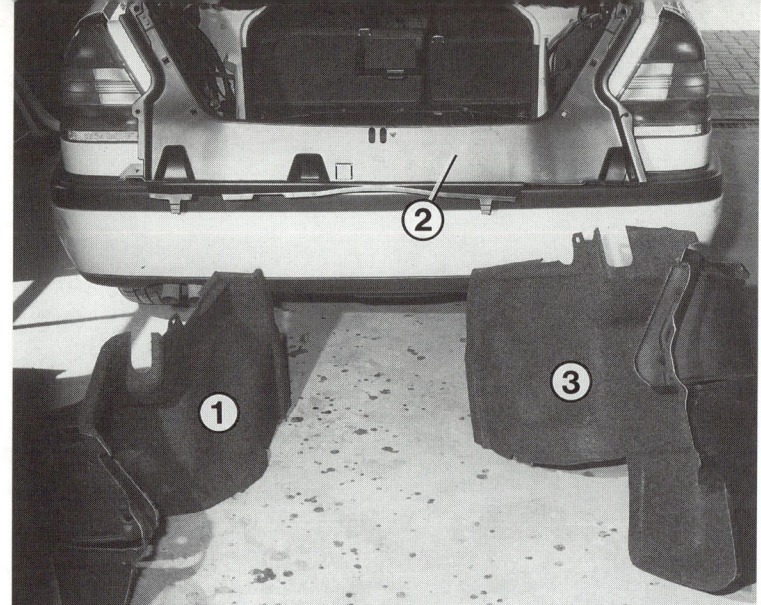

Verkleidungen im Kofferraum:
1 – Verkleidung linke Seite;
2 – Verkleidung am Abschlußblech hinten;
3 – Verkleidung rechte Seite.

Unfallschäden

Bei einem selbst verschuldeten Blechschaden können Sie bei der Reparatur kräftig sparen, wenn Sie möglichst viele Arbeiten selbst durchführen und sonst eng mit einem Karosseriebetrieb zusammenarbeiten. Am Beispiel eines Frontschadens wollen wir dies verdeutlichen. Angenommen, folgende Teile sind beschädigt: Stoßfänger, Scheinwerfer, Blinkleuchte, Kotflügel, Motorhaube und Kühler. Bauen Sie alle beschädigten Teile aus und schaffen Sie das Fahrzeug zur Karosserie-Werkstatt. Diese soll das Ausbeulen und Ausrichten verbogener Bleche, das Einschweißen neuer Bleche und letztlich die Lackierarbeiten übernehmen. Den Zusammenbau machen Sie wieder selber.

Neue Blechteile konservieren

Werden Vorderkotflügel, Türen, Motorhaube und Heckklappe ausgetauscht, darf es nicht am erforderlichen Rostschutz fehlen. Hohlräume werden nach dem Lackieren mit Sprühwachs geschützt. Zum Abdichten von Schweißnähten und kleineren Fugen verwendet man ein klebstoffähnliches Universaldichtmittel aus der Tube. Man kann auch mehrmals hintereinander Unterbodenschutz in die Fugen schmieren.

Die Türen

Mercedes baut bei der Herstellung des Wagens die Türen nach der Lackierung wieder von der Karosserie ab, damit sie in bequemer Arbeitshaltung getrennt vom Wagen bestückt werden können. Erst dann erfolgt der endgültige Einbau der kompletten Tür.

Für diese Fertigungsart wurden spezielle Türscharniere entwickelt, die ein leichtes An- und Abbauen der Türen ohne Veränderung der Türeinstellung ermöglichen. Davon profitiert auch der Heimwerker: Nach der im Folgenden beschriebenen Ausbaumethode demontiert man die Tür, ohne die Einstellung zu verändern. Natürlich bleibt noch die herkömmliche Ausbaumethode durch Abbauen der Scharniere mit anschließendem Einstellen. In diesem Fall die unbehandelten Flächen unter den Scharnieren nachlackieren.

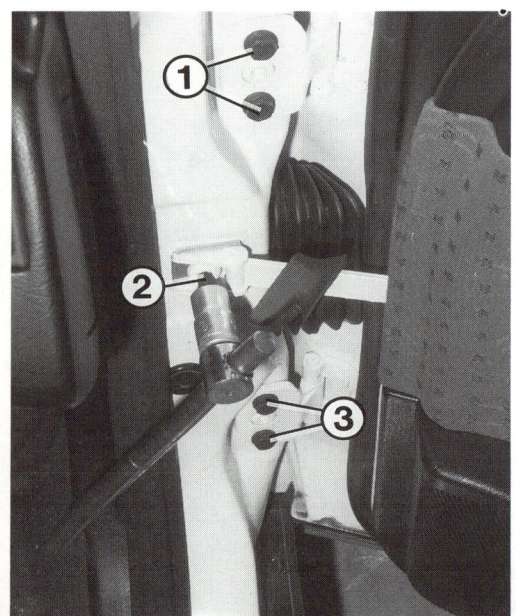
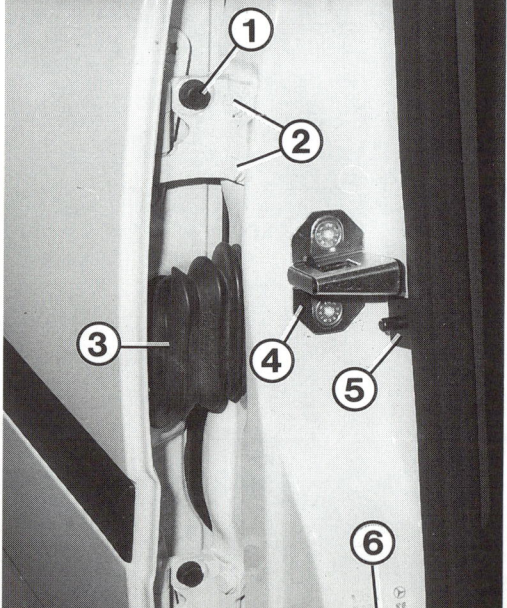

Links: 1 – Befestigung hintere Tür;
2 – Schrauben Scharnier/Mittelsäule;
3 – Faltenbalg;
4 – Türschloß;
5 – Türschalter;
6 – Datenschild.
Rechts: 1, 3 – Befestigung der Vordertür;
2 – Türfeststeller.

Zum Ausbau der Verkleidungen im Kofferraum müssen diese Spreizclips (1) gelöst werden.
Links: Den eckigen Clips mit einem kleinen Schraubendreher lösen, dazu vorsichtig seitlich hebeln.
Rechts: Mit einem Messer das Innenteil (2) heraushebeln.

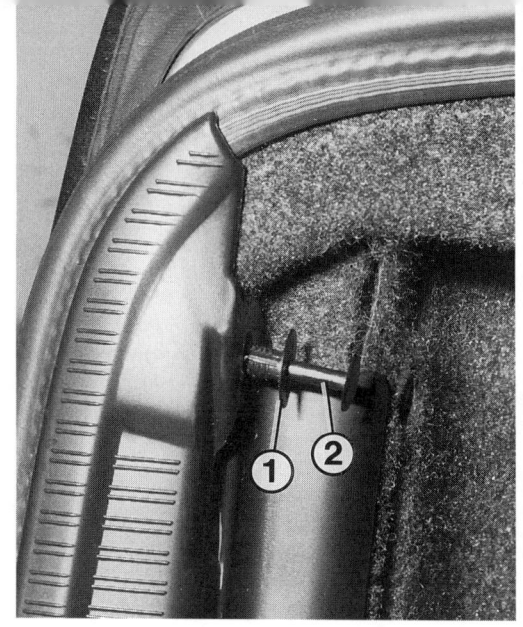

Alle Anschlüsse zur Tür sind über einen besonderen Mehrfachstecker geführt. Dieser wird mit einem Spezialwerkzeug geöffnet und geschlossen. Man kann auch einen Schraubendreher verwenden, der aber genau in den Ausschnitt passen muß. Zuerst die Abdeckkappe an der Türsäule abheben.

Tür ausbauen

- **Vordertüren:** Fenster öffnen.
- Abdeckkappe zur Mehrfachstecker-Verriegelung ausbauen. Verriegelung zum Lösen nach innen drehen.
- Am Türfeststeller die Abdeckung abnehmen. TORX-Schraube an Türsäule abschrauben.
- Je zwei Sechskantschrauben an jedem Türscharnier an der Türsäule abschrauben.
- Helfer rufen und Tür etwas von Türsäule wegziehen.
- Faltenschlauch an Türsäule ausrasten und Mehrfachsteckverbindung herausziehen.
- Tür abnehmen.

- Beim Einbau Mehrfachsteckverbindung einschieben und durch Drehen nach außen verriegeln.
- **Fondtüren:** Fenster öffnen.
- Bei geschlossener Tür oben und unten je eine Sechskantschraube an Tür herausdrehen.
- Faltenschlauch an Türsäule ausrasten.
- Mit Haken den Riegel an der Steckverbindung herausziehen.
- Tür öffnen.
- Türfeststeller wie vorn lösen.
- Mit Helfer die Tür aus den Scharnieren heben und Stecker aus Türsäule ziehen.

Türen einstellen

Die Luftspaltmaße um die Tür müssen stimmen (ca. 6 mm) und die Türen müssen flächenglatt zu Nachbarteilen stehen (max. 1 mm tiefer ist zulässig).
Zur Einstellung muß das Fahrzeug waagrecht auf den Rädern stehen.

- **Vorn:** Oben und unten je zwei Sechskantschrauben zum Türblatt etwas lösen. Maße um Tür einstellen. Schrauben festdrehen.
- Anschließend Sechskantschrauben an Türsäule lösen und mit der mittleren TORX-Schraube die Höhe zum vorderen Kotflügel ausrichten.
- Schließöse so einstellen, daß die geschlossene Tür zur hinteren Tür ausgerichtet ist.

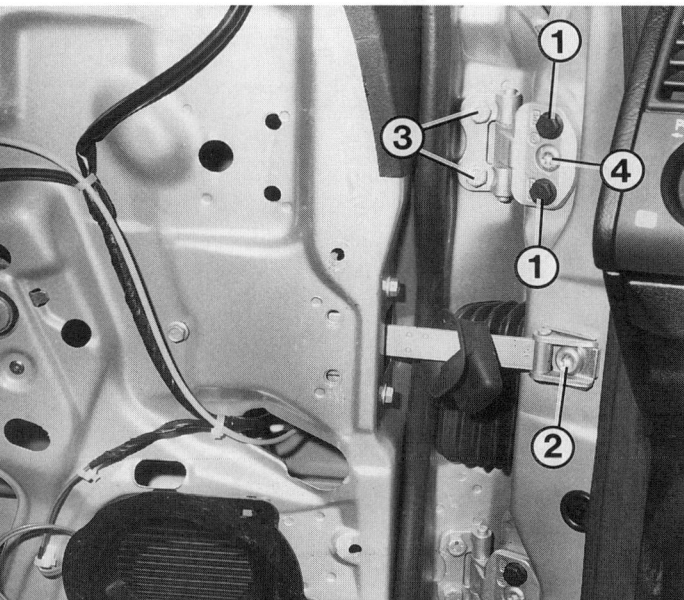

Hier sind die Schrauben an der Fahrertür bezeichnet:
1 – Sechskantschrauben für Türbefestigung;
2 – TORX-Schraube am Türfeststeller;
3 – Sechskantschraube am Türblatt;
4 – TORX-Schraube an Türsäule (Höheneinstellung).

● **Hinten:** Oben und unten je zwei Sechskantschrauben an Mittelsäule etwas lösen. Maße um Tür einstellen. Schrauben festdrehen.
● Oben und unten je zwei TORX-Schrauben am Türblatt etwas lösen. Tür in der Höhe zur Vordertür ausrichten.
● Durch Verschieben der Schließöse die Tür zum hinteren Seitenteil ausrichten.

Türverkleidung ausbauen

● Fenster öffnen.
● Fensterkurbel ausbauen. Dazu die Abdeckung auf dem Hebel nach hinten abschieben. Mit einem Schraubendreher die Arretierung unter dem Drehknopf drücken.
● Schraube an Schloßverkleidung herausdrehen und Verkleidung nach unten abnehmen.
● Mit einem breiten Werkzeug (Keil) die Griffmulde am Türöffnerhebel abhebeln. Werkzeug oben ansetzen.
● Zwei Schrauben in Griffmulde herausdrehen.
● Abdeckkappe unter Armlehne ausbauen. Kreuzschlitzschraube darunter herausdrehen.
● Türverkleidung von Türblatt vorsichtig mit Keil loshebeln. Möglichst dicht neben den Clips hebeln.
● Oben an der Abdichtleiste zum Fensterschacht die Verkleidung nach oben drücken.
● Verkleidung abnehmen.
● Verschluß am Schloßgestänge lösen und Gestänge aushängen.
● Ggf. elektrische Anschlüsse lösen.

Fingerzeige: Wenn die Kunststoff-Folie hinter der Türverkleidung beschädigt ist, muß sie ersetzt werden. Ansonsten wird die Türverkleidung feucht und weicht auf.
Die Abdichtschienen innen und außen am Fensterschacht einer Tür sind in Blechklammern gesteckt.

Türfenster ausbauen

● Türverkleidung ausbauen.
● Folie am Türblech lösen.
● Abdichtschienen innen und außen am Fensterschacht ausbauen.
● **Vorn:** Fenster so weit öffnen, bis Schraube am Fensterheber in der unteren Schiene herausgedreht werden kann.
● Fenster nach vorn unten aus Laufschiene ziehen.
● Fenster vorsichtig nach vorn kippen und nach oben herausnehmen.
● **Hinten:** Unten in der Mitte den Sicherungsbügel an Fensterheber ausrasten.
● Fenster aus Schiene fahren und in der Tür abstellen.
● Fensterlaufschiene aus Türrahmen nehmen.
● Hinteres festes Fenster ausbauen. Dazu zwei Schrauben am Fenstersteg herausdrehen. Fenster mit Dichtung nach vorn ziehen und abnehmen.
● Anderes Fenster aus Tür nehmen.
● **Alle:** Beim Einbau können die Fenster eingestellt werden. Dabei das Fenster so an die untere Schiene schrauben, daß sie parallel zur Fensterschiene laufen.

Türgriff außen ausbauen

● Türgummi auf Höhe des Griffes aus Falz ziehen. Darunter befinden sich zwei Öffnungen im Türblech.
● In der oberen Öffnung Innensechskantschraube SW 4 lösen.
● Schließzylinderteil des Griffes nach hinten drücken und außen herausziehen.
● Handgriff mit Gummiunterlage nach hinten vom Lagerteil ausbauen.
● Damit es beim Einbau einfacher geht, die Exzenter-Kreuzschlitzschraube in der unteren Öffnung ganz nach außen drehen.
● Erst Griff, dann den Schließzylinder einsetzen.
● Innensechskantschraube SW 4 festschrauben.
● Exzenter-Kreuzschlitzschraube in der unteren Öffnung so weit nach innen drehen, bis sich beim Ziehen am Griff ein Leerweg von ca. 2 mm einstellt.

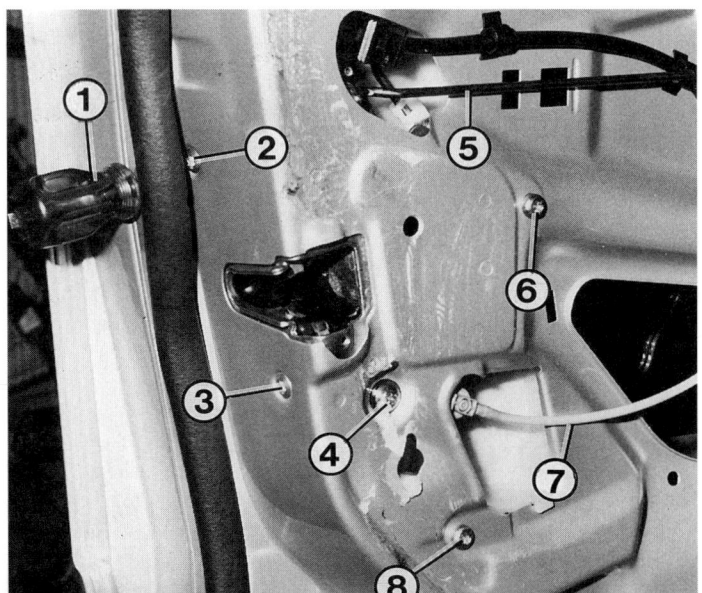

1 – Türgummi im Bereich des Schraubendrehers abziehen, darunter finden sich zwei Öffnungen;
2, 3, 6, 8 – Türschloßbefestigung;
4 – Befestigung Kunststoffabdeckung am Türschloß;
5 – Verbindungsstange zum Türgriff innen;
7 – Unterdruckleitung.

Die Pfeile zeigen auf die Befestigungsclips an der Türverkleidung (1).

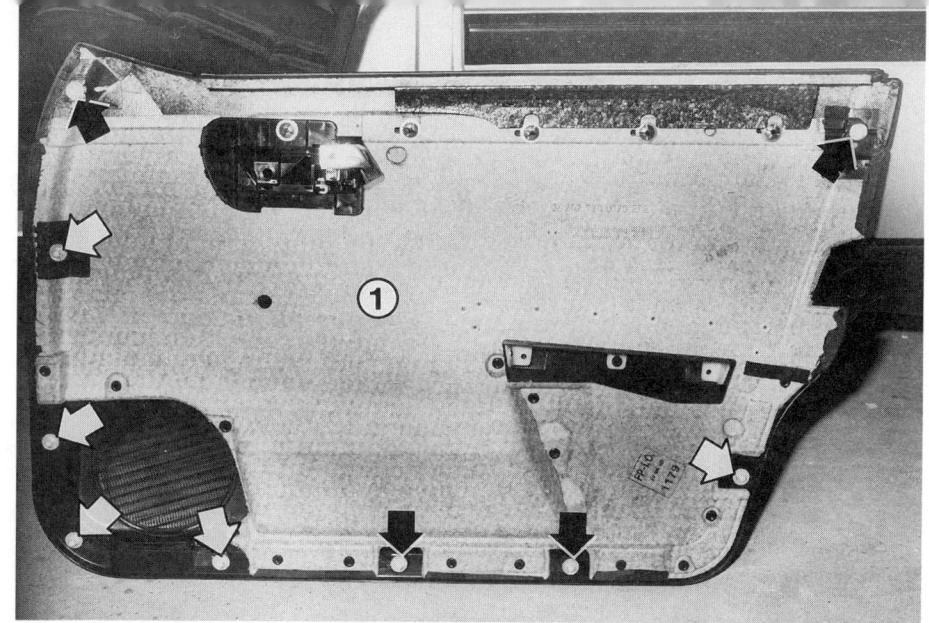

1 – Abdeckkappe vor Schraube unter der Armlehne;
2 – Fensterkurbelachse;
3 – Schrauben hinter Griffmulde am inneren Türgriff.

Unten links: Teile an der Innenleuchte:
1 – Kurbel im Schiebedachmotor (Notbetätigung);
2 – Lämpchenfassung für Leselicht;
3 – Innenbeleuchtung;
4 – Wippe zum Lösen der Abdeckungen;
5 – Innenraum-Temperaturfühler für Heizung;
6 – Schiebedachschalter.
Unten rechts: Zum Ausbau der Fensterkurbel (1) mit einem dünnen Schraubendreher auf die Zunge (2) drücken und die Verkleidung (3) abschieben. Kurbel in Pfeilrichtung abziehen.

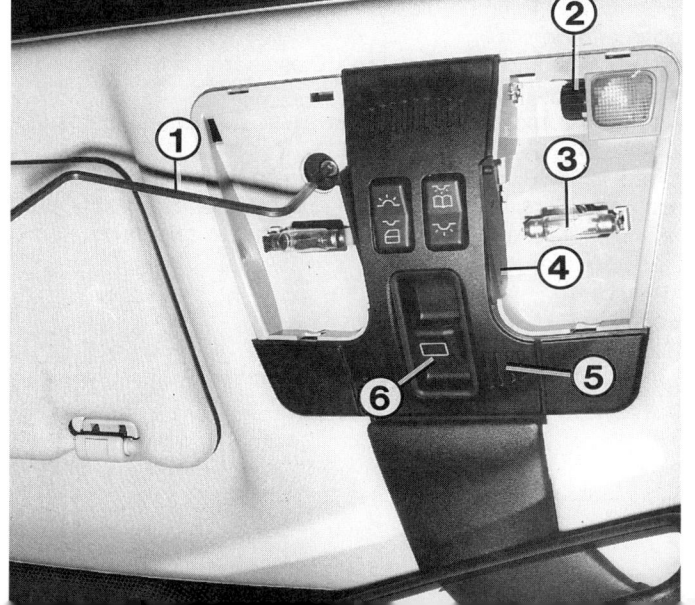
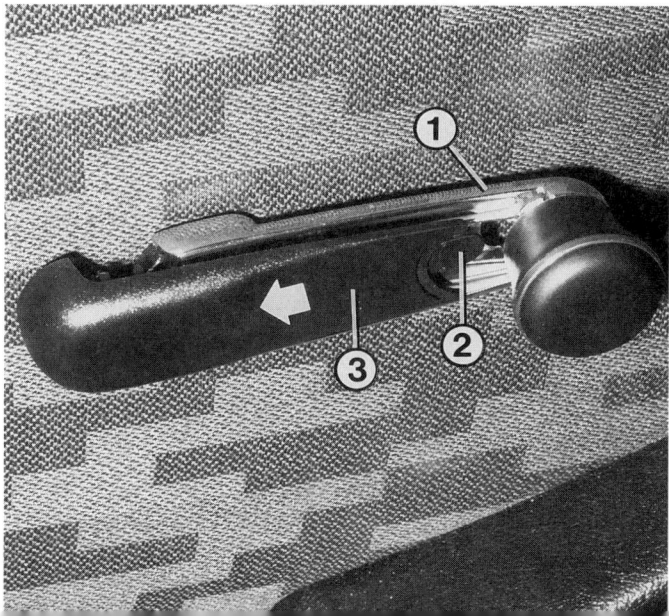

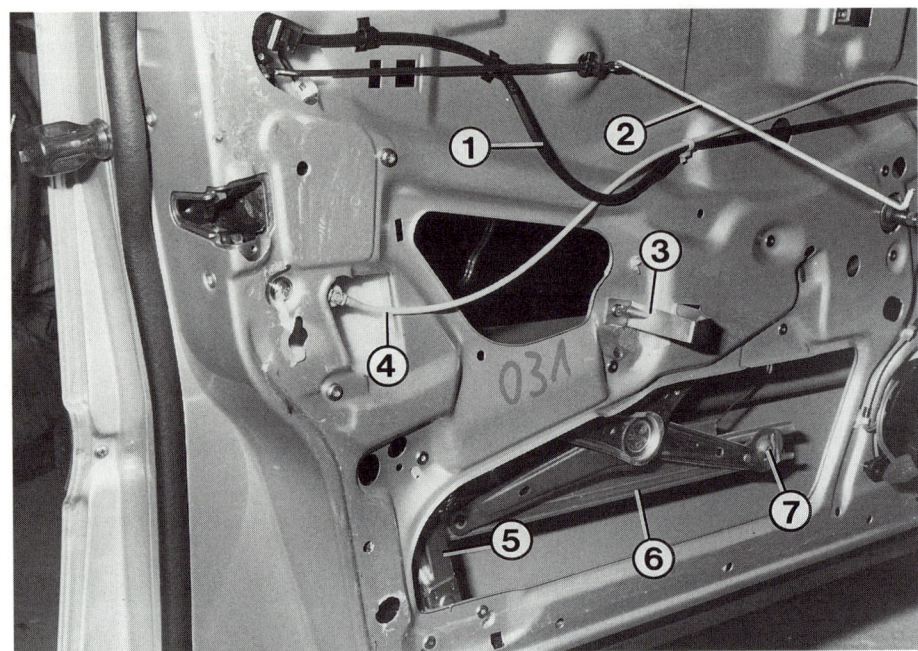

Fahrertür ohne Türverkleidung und Schutzfolie:
1 – Leitungen zum Türschloß (Verriegelung);
2 – Verbindungsgestänge zum inneren Türgriff;
3 – Konsole für Armlehne;
4 – Unterdruckleitung;
5 – Laufschiene für Fenster;
6 – Schiene unten am Fenster;
7 – Schraube am Fensterheber.

Türschloß ausbauen

- Türverkleidung ausbauen.
- Folie am Türblech abziehen.
- Türgriff außen ausbauen.
- Fenster schließen.
- Gestänge zum inneren Türöffnerhebel lösen.
- Unterdruckleitung der Zentralverriegelung am Türschloß abziehen.
- Ggf. Abdeckung am Schloß abschrauben.
- TORX-Schrauben an Türstirnseite und am Türblech herausdrehen.
- Schloß aus Öffnung nehmen.
- Beim Einbau erst Schrauben an Stirnseite anziehen.

Front- und Heckscheibe

Front- und Heckscheibe sind »kraftschlüssig verklebt«. Die Scheiben sind damit beim Mercedes ein konstruktives Element und wurden in die Festigkeitsberechnungen der Karosserie mit einbezogen. Dieses Verfahren ist bei der Suche nach möglichst glattflächigen Karosserien nahezu unumgänglich.
Für den Selbsthelfer bedeuten die geklebten Scheiben das »Aus«. Ohne Spezialwerkzeug ist da nichts zu machen – ein Fall für die Werkstatt.

Das Schiebedach

Dieses Fenster zum Himmel aus Stahl oder Glas erfordert für problemlose Funktion eine exakte Einstellung, aber die hierzu notwendigen Beschreibungen würden den Rahmen dieses Buches sprengen. Es sind auch besondere Einstellehren und Montagevorrichtungen erforderlich.
Ein undichtes Schiebedach hat seine Ursache meist in verstopften Ablaufrohren. Diese sitzen in den Ecken des Schiebedachausschnitts.
Hinter der vorderen Deckenleuchte sitzt der flache Elektromotor, welcher über einen Zug das Schiebedach bewegt.

- Bei Undichtigkeit die Ablaufrohre mit einem Draht oder vorsichtig mit Preßluft durchgängig machen.
- Dreht der Motor nicht, zuerst die Sicherung Nr. 13 im Kofferraum prüfen.
- Bewegt sich weiter nichts, das Schiebedach mit der Notbetätigung schließen (wahrscheinlich regnet es schon).
- Hierzu linke Abdeckung an der vorderen Deckenleuchte ausbauen. Die Kurbel in den Sechskant stecken und zum Schließen im Uhrzeigersinn kräftig drehen.

Die Werterhaltung

Gepflegte Erscheinung

Während autowaschende Familienväter in den 60er Jahren aus dem samstäglichen Straßenbild nicht wegzudenken waren, bilden sich in den 90ern eher lange Schlangen vor den Autowaschanlagen. Der Grund für diese Veränderung liegt nahe: Das Verhältnis zum Auto ist auf eine andere Ebene gerückt. Der fahrbare Untersatz ist zur Selbstverständlichkeit geworden, und anspruchsloser ist er noch dazu. Beispiel dafür ist die aufwendige Rostvorsorge, die schon ab Werk an den Mercedes-Karosserien betrieben wird.

Wagenunterseite waschen

Eine wirkungsvolle und zugleich preiswerte Pflege für die Wagenunterseite ist – vor allem im Winter – das regelmäßige Abspritzen mit einem scharfen Wasserstrahl. Auftausalz und Straßenschmutz sollen sich nicht lange in den Kanten und Ecken des Bodens festsetzen können, denn sie binden Feuchtigkeit. Die ohnehin schlecht zugänglichen Ecken trocknen nie ganz aus, was letztendlich den Rostfraß erheblich fördert.
Für die Unterwagenwäsche brauchen Sie zumindest einen Wasserschlauch mit Spritzdüse. Es gibt auch abgewinkelte Spritzdüsen (z.B. von APA), mit denen man den am Boden stehenden Wagen abspritzen kann, ohne selbst allzu naß zu werden.
Am günstigsten ist allerdings ein Dampfstrahlgerät, wie es Tankstellen und Waschparks besitzen. Erkundigen Sie sich, ob es in Ihrer Nähe ein solches Gerät zur Selbstbedienung gibt.

Wasserablauflöcher reinigen

Keine Schweißnaht ist so dicht, daß nicht Wasser eindringen kann. Aus diesem Grund sind in allen Hohlprofilen im Wagen Wasserablauflöcher angebracht. Sind diese durch Schmutz oder Unterbodenschutz verstopft, kann eindringendes Wasser nicht mehr ablaufen, sondern fördert den Rostfraß von innen heraus. Besonders gefährdet sind die Längsversteifungen der Karosserie. Deshalb die Löcher regelmäßig mit einem Pfeifenreiniger, Draht oder Schraubendreher durchstoßen.

Lackierung prüfen

- Steinschlagschäden an der Lackierung müssen schon bald ausgebessert werden, bevor sich Rostansatz breitmacht, was auf den verzinkten Teilen glücklicherweise nicht ganz so schnell geht.
- Dazu eignet sich sogenannter Tupflack, den es in kleinen Fläschchen samt Pinsel zu kaufen gibt.
- Ist eine beschädigte Lackstelle bereits unterrostet, Rost abschleifen – je nach Umfang mit Glasfaser-Radierstift, Schleifpapier oder elektrischem Winkelschleifer.
- Vor dem Decklack Rostgrundierung auftragen.

Wartung Nr. 32

Radhausverkleidungen (1) um alle Räder sind ein guter Rostschutz. Steinschlag auf den Unterbodenschutz wird verhindert, und es bilden sich keine »Drecknester«.

Unterbodenschutz kontrollieren

Wartung Nr. 34

Die Schutzschicht der Wagenunterseite muß sorgsam geprüft und ggf. nachgearbeitet werden. Das können Sie selbst machen, wenn Sie eine sichere Aufbockmöglichkeit für den Mercedes haben (Hebebühne, Auffahrrampe).

- Unterboden gründlich waschen.
- Gesamte Unterseite mit einer hellen Lampe ableuchten und auf schadhafte Stellen untersuchen.
- Beschädigte Stellen im Unterbodenschutz mit Spachtel, Schaber und Drahtbürste bis aufs blanke Blech freilegen.
- Rostansätze so weit als möglich blankschleifen.
- Gesäuberte Fläche mit Rostprimer oder Zinkstaubfarbe bestreichen.
- Ebene oder größere Flächen werden mit streichbarem Unterbodenschutzmaterial behandelt.
- Für schwer zugängliche Fugen und Ecken ist eine Sprühdose mit Unterbodenschutz günstiger.
- Nicht alle Unterbodenschutzmaterialien eignen sich für die Verwendung am Mercedes. So kann es Haftprobleme bei Materialien auf Bitumenbasis geben.
- Besser ist Wachs-Unterbodenschutz: Er kann sowohl zum zusätzlichen Konservieren der werksseitig aufgespritzten PVC-Unterbodenschutzschicht verwendet werden wie auch zum Behandeln von Reparaturstellen.

Fingerzeig: Beim Sprühen von Unterbodenschutz müssen die Bremsen mit Papierbogen oder Kunststoffolie gegen den schmierigen Nebel abgedeckt werden.

Die Hohlraumkonservierung

Ihr Mercedes ist werksseitig mit einer so guten Hohlraumkonservierung versehen, daß offensichtlich keine Nachbehandlung mehr nötig wird. Wir würden hier etwas Mißtrauen haben und die Hohlräume des Mercedes nach etwa sechs Jahren alle zwei Jahre in der Mercedes-Werkstatt oder in einem Karosseriebetrieb nachsehen lassen. Die Werkstätten benützen hierfür eine spezielle Betrachtungssonde, die in die Hohlräume geschoben wird. Nach solcher Voruntersuchung kann genau entschieden werden, was getan werden muß.

Werksseitiger Rostschutz

Für die Karosserie werden in großem Umfang elektrolytisch verzinkte Stahlbleche verarbeitet, die bereits im Walzwerk beschichtet worden sind. Dies gewährt eine sehr gute Verbindung zwischen dem Zinkfilm und dem Stahlblech. Die gesamte Karosserie erhält eine Phosphatierung und eine Elektrotauchlackierung. Hierbei wird die kathodische Methode angewandt, und es kommen besonders beständige Harze zur Verwendung.

Als Unterbodenschutz wird Material auf PVC-Basis verwendet, welches sehr leicht und schlagfest ist. Besonders gefährdete Stellen sind zusätzlich durch Kunststoffschalen vor Steinschlag geschützt. Nach der Phosphatierung und Tauchlackierung werden ein Steinschlagschutz, eine Spritzgrundierung, dann der Vor- und zuletzt der Decklack aufgetragen.

Bei der Hohlraumkonservierung wird sehr kriechfähiges Wachs in die Hohlräume gesprüht. Eine Nachbehandlung dieses Schutzes ist nach Werksmeinung nicht erforderlich.

Das Schnittmodell zeigt verschiedene Versteifungen unter dem Außenblech.

Defektsuche mit System

Störungsdienst

Wir gehen bei unserer Fehlersuche davon aus, daß der Motor keine mechanischen Leiden hat. Weiter nehmen wir an, daß das Triebwerk unvermittelt stehenblieb bzw. nicht mehr anspringen will.

Dreht der Anlasser den Motor durch?

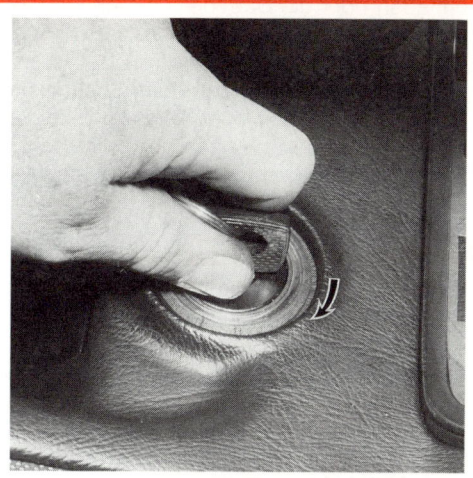

Tut er's nicht oder nur unwillig, lesen Sie bitte weiter unter »Fehlerquelle Elektrik«. Wird der Motor dagegen flott durchgedreht, müssen zur weiteren Eingrenzung die folgenden Fragen der Reihe nach beantwortet werden.

Funken die Zündkerzen?

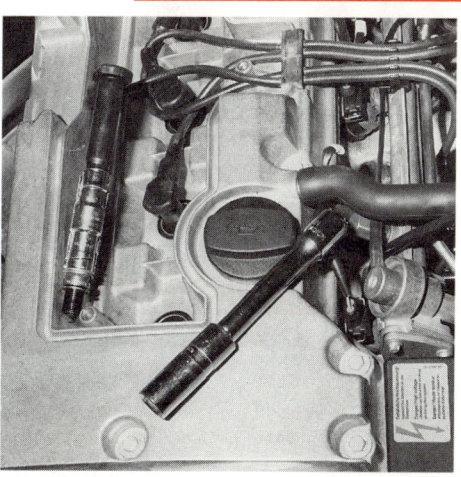

Abdeckung am Zylinderkopf ausbauen. Zündkerzenstecker abziehen und Zündkerze herausschrauben (siehe Kapitel »Die Zündanlage«). Zündkerzenstecker und Kerze wieder zusammenstecken und diese so auf dem Motorblock befestigen, daß sie sicheren Massekontakt hat und von der Motorbewegung nicht abgeschüttelt werden kann (z.B. Gewindeteil der Kerze mitttels Klemme eines Starthilfekabels mit dem Motor verbinden). Von einem Helfer den Anlasser durchdrehen lassen. **Zündkerze nicht berühren**, Lebensgefährliche Hochspannung. Springen Funken über? Wenn ja, ist zumindest an dieser Zündspule Zündstrom vorhanden und damit die Zündanlage aller Wahrscheinlichkeit nach in Ordnung. Nächste Frage abklären. Keine Funken: Weiterlesen unter »Fehlerquelle Zündung«.

Wird die Einspritzanlage mit Kraftstoff versorgt?

Kraftstoffschlauch an der Verschraubung zur Rücklaufleitung losdrehen und in ein Gefäß halten. Von Helfer den Anlasser kurz durchdrehen lassen: Spritzt Benzin heraus, ist die Kraftstoffversorgung intakt. Wenn nicht, lesen Sie bitte unter »Fehlerquelle Kraftstoffversorgung« weiter. Bleibt die Einspritzung selbst als Fehlerquelle.

Zuerst die Sichtprüfung

○ Offensichtlich lose Kabel, abgerutschte Stecker oder Luftschläuche im Motorraum?
○ Alle Sicherungen in Ordnung? Sicherung auf Überspannungsschutz und am Kraftstoffpumpenrelais prüfen.
○ Alle Relais und Steuergeräte fest im Halter, Oxidation am Relaissockel?
○ Benzingeruch im Motorraum? Kraftstoffschlauch undicht oder gelockert?
○ Schäden durch Marderbisse?

Fehlerquelle Elektrik

○ Die Kontrollampen im Armaturenbrett brennen nicht bei eingeschalteter Zündung: Batterie ist völlig entladen oder die Batterieklemmen sind lose.
○ Kontrollampen verlöschen beim Betätigen des Anlassers: Batterie stark entladen oder altersschwach oder Anlasser hat Kurzschluß.
○ Kontrollampen werden beim Schlüsseldreh geringfügig dunkler; Anlasser dreht sich nicht: Magnetschalter klemmt bzw. defekt oder Anlasser defekt.
○ Kontrollampen brennen hell beim Schlüsseldreh; Anlasser dreht sich nicht: Klemme-50-Kontakt im Zündschloß defekt, Klemme-50-Leitung am Magnetschalter lose oder Magnetschalter defekt.

Fehlerquelle Zündung

○ Zylinderkopfabdeckung abnehmen.
○ Alle Steckeranschlüsse an den Zündspulen richtig aufgesteckt? Kabel nicht beschädigt (verquetscht)?
○ Alle Zündspulen festgeschraubt?
○ Vergußmasse an den Zündspulen prüfen. Risse oder Verwerfungen deuten auf einen Schaden.
○ Abdeckung auf rechtem Aggregateraum abnehmen. Sind die Steckeranschlüsse am Motronic-Steuergerät fest? Ist evtl. ein einzelner Steckkontakt im Mehrfachstecker zurückgerutscht? Beim C180/200 sitzt das Steuergerät unter dem Scheibenwaschwasser-Behälter.
○ Bereich um die Zündspulen verölt, steht gar Öl in einem Zündkerzenschacht? Öl entfernen, Zylinderkopfdeckeldichtung zum Zündkerzenschacht wechseln.

Fehlerquelle Kraftstoffversorgung

○ Kein Benzin im Tank – das ist nicht so abwegig, wie Sie vielleicht denken. Wagen aufschaukeln und horchen, ob es im Tank plätschert.
○ Elektrische Kraftstoffpumpe defekt. Beim Einschalten der Zündung muß sie kurzzeitig hörbar anlaufen.
○ Benzinfilter verstopft.
○ Bei intaktem Benzinnachschub gerät – z. B. bei ständigen Startproblemen – die Einspritzanlage in Verdacht.

Verzeichnis der Störungsbeistände

Über das Buch verteilt finden Sie Störungsbeistände zu den einzelnen Bauteilen. Hier die Zusammenstellung:

	Seite		Seite		Seite
○ Anlasser	170	○ Getriebegeräusche	101	○ Ölverbrauch	28
○ Antiblockiersystem	145	○ Heizbare Heckscheibe	216	○ Radeinstellung	114
○ Automatikgetriebe	107	○ Heizungsregelung	230	○ Reifenlaufbild	155
○ Batterie	168	○ Hinterachswellen	108	○ Schalter	216
○ Beheizte Waschdüsen	218	○ Hupen	200	○ Schaltrelais	176
○ Blinker	199	○ Kompressionsdruck	43	○ Scheibenwischer	220
○ Bremsbelag-Verschleißanzeige	212	○ Kühlerventilator	64	○ Scheibenwaschanlage	218
○ Bremsen	148	○ Kühlmittel-Temperaturanzeige	64	○ Schiebedach	252
○ Bremskontrolleuchte	212	○ Kühlsystem	65	○ Servolenkung	126
○ Bremsleuchten	200	○ Kupplung	99	○ Stoßdämpfer	118
○ Einspritzanlage	84	○ Lagerschaden	49	○ Tankanzeige	68
○ Elektrische Fensterheber	224	○ Lenkungsspiel	122	○ Thermostat	60
○ Elektrische Kraftstoffpumpe	69	○ Lichtmaschine	168	○ Zentralverriegelung	226
○ Elektrische Spiegelverstellung	222	○ Motor-Undichtigkeiten	42	○ Zündanlage	91
○ Gebläsemotor	231	○ Motor zu heiß	64	○ Zündkerzen	93
○ Gelenkwelle	107	○ Ölstandskontrolle	41	○ Zylinderkopfdichtung	47

Werkzeug und andere Hilfen

Hardware

Mit dem Autopflege-Hobby verhält es sich wie beim Computer: Die Software – also die Wissensseite – stellt dieses Handbuch dar. Mit der Hardware – dem Werkzeug – läßt sich manches in die Tat umsetzen.

Werkzeug-Grundausstattung

In der nachfolgenden Liste haben wir zusammengestellt, was uns als vielseitig verwendbare Grundausstattung empfehlenswert erscheint:

- 4 Doppel-Gabelschlüssel, 6 x 7, 8 x 10, 13 x 15, 17 x 19
- 2 Gabel/Ringschlüssel kurz, SW 10 bzw. 13 beidseitig
- 2 Ringschlüssel gekröpft, 10 x 13 und 17 x 19
- 1 Steckschlüssel 8 x 10
- 1 Satz Innensechskantschlüssel, 2–8 mm
- 1 Zündkerzenschlüssel, SW 16 ausziehbar
- 1 Radschraubenschlüssel, SW 17
- 3 Schraubendreher für Querschlitzschrauben, 3, 6 und 8 mm breit
- 2 Schraubendreher für Kreuzschlitzschrauben, verschiedene Größen
- 1 Schraubendreher für Querschlitzschrauben, kurz mit kräftigem Griff
- 2 Winkelschraubendreher für Kreuzschlitze und Querschlitze
- 1 Kombizange
- 1 Rohrzange, 240 mm lang
- 1 Seitenschneider
- 1 Schlosserhammer, 300 g schwer
- 1 Satz Fühlerblattlehren, 0,05–0,7 mm
- 1 Flachmeißel
- 1 Durchschlag, 3 mm Durchmesser
- 1 Elektrik-Prüflampe bzw. Spannungsprüfer mit Leuchtdioden

Weitere Werkzeuge

TORX-Schlüssel: TORX-Schrauben sehen ähnlich aus wie Innensechskantschrauben, doch besitzen sie statt statt Innensechskant einen sternförmigen Einsatz. Am Mercedes häufiger verwendet sind die Größen T25, T30 und T40. Für die Sitze braucht man einen Außen-TORX-Steckschlüssel E12.
Stecknüsse mit den dazugehörigen Verlängerungsstücken und Betätigungswerkzeugen, wie Knarre (Rätsche) und Hebel, ermöglichen wesentlich schnelleres Arbeiten. Zum Einstecken der Betätigungswerkzeuge haben die Steckeinsätze ein Vierkantloch mit 1/2″ (Zoll) oder 3/8″ Kantenlänge. Die 3/8″-Ausführung ist dabei weniger verbreitet, jedoch in vielen Fällen handlicher beim Autobasteln. Für Stecknüsse ab SW 24, die es nur mit 1/2″-Vierkant gibt, kann man ein Adapterstück kaufen.
Drehmomentschlüssel: Für den Heimwerker genügt die Ausführung mit Skala durchaus. Unerläßlich ist der Drehmomentschlüssel bei allen Schrauben, die mit dem richtigen Drehmoment angezogen werden sollen.
Bremsleitungsschlüssel: Mit ihm lassen sich die Überwurfmuttern der Bremsleitungen leicht lösen, ohne daß die Flanken rundgedreht werden. Er sieht aus wie ein aufgesägter Ringschlüssel und ist beispielsweise im Zubehörhandel von der Firma Hazet erhältlich.

Werkzeuge der Grundausstattung:
 1 – Radschraubenschlüssel;
 2 – Winkelschraubendreher;
 3 – kurzer Querschlitzschraubendreher;
 4 – Kreuzschlitzschraubendreher;
 5 – Querschlitzschraubendreher;
 6 – Seitenschneider;
 7 – Kombizange;
 8 – Rohrzange;
 9 – Innensechskantschlüssel;
 10 – Flachmeißel;
 11 – Durchschlag;
 12 – Fühlerblattlehren;
 13 – Hammer;
 14 – Steckschlüssel;
 15 – Ringschlüssel, hoch gekröpft;
 16 – Gabel-/Ringschlüssel;
 17 – Elektrik-Prüflampe;
 18 – Gabelschlüssel.

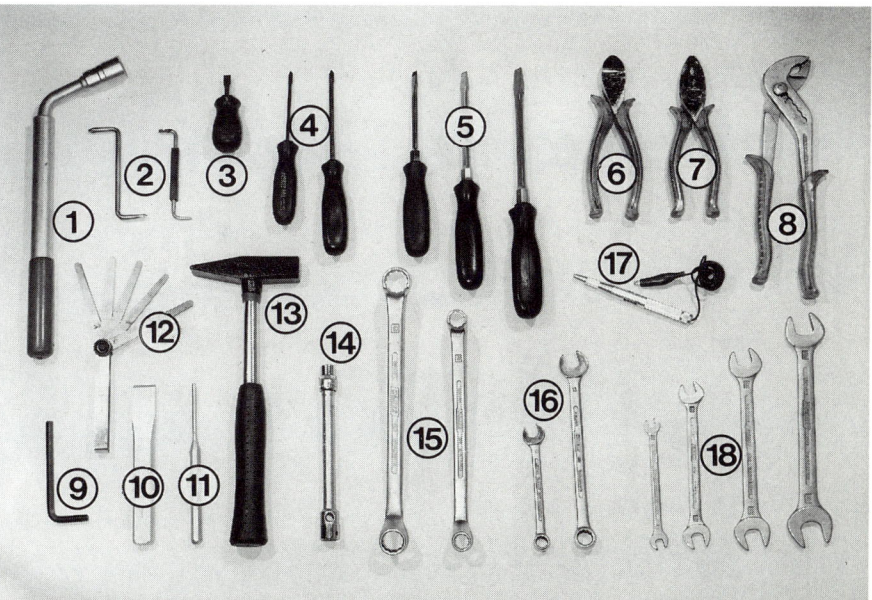

Sinnvolle Hilfsmittel

Stab-Handlampe: Sie gibt helles Licht, hat an der Rückseite einen Blendschutz und kann auch auf den Boden fallen, ohne Schaden zu nehmen.
Drahtbürste: Sie ist unentbehrlich zum Reinigen von verrosteten Schraubengewinden und Fahrwerksteilen.
Waschpinsel: Er leistet gute Dienste bie der Motorwäsche und der Reinigung ölverschmierter Fahrzeugteile. Ölhaltiger Schmutz darf nur an einem Waschplatz mit Ölabscheider abgewaschen werden!
Kabelbinder: Wenn ein Kabel oder ein Bowdenzug an der Karosserie befestigt werden soll, ist ein Kunststoff-Kabelbinder die ideale Verbindung. Das eine Ende des Kabelbinders wird durch die Öse an seinem anderen Ende gezogen. Eine Sperrklinke verhindert das Herausrutschen, so daß die Schlaufe erhalten bleibt.
Karosserie-Dichtmassse: Sie wird gebraucht, um etwa ein Bohrloch in der Karosserie abzudichten oder um ein Kabel zu entklappern. Sie eignet sich aber auch für allerhand Improvisationslösungen unterwegs.
Lüsterklemmen, wie sie der Elektriker verwendet, eignen sich nicht nur zum Verbinden von zwei Kabeln. Sie können genauso gut zum Flicken des Gaszugs oder der Heizungszüge verwendet werden.

Flüssige Hilfen

Rostlöser für festgerostete Verschraubungen gibt es genügend im Angebot. Besonders gut fanden wir die sofort wirkenden Schnellrostlöser. Herkömmliche Lösemittel brauchen eine gewisse Einwirkzeit.
Isoliersprays sind ebenfalls ausgesprochen kriechfähig. Vielfach sind die Rostlöser zugleich solche Isoliersprays, die bei Feuchtigkeit in der Autoelektrik den feinen Wasserfilm unterwandern und dadurch verhindern, daß Batteriestrom über den leitenden Wasserfilm als Kurzschluß oder Kriechstrom abwandert.
Kaltreiniger dient zum Säubern des ölverschmierten Motors und sonstiger fettiger Fahrzeugteile. Die Reinigungsflüssigkeit gibt es in Spraydosen oder – billiger – in Kanistern und Dosen.
Korrosionsschutzwachs nach der Motorwäsche angewandt verhindert im Motorraum Korrosionserscheinungen unter winterlicher Streusalzeinwirkung.
Schraubensicherungsmittel; z.B. »Loctite« wird dann verwendet, wenn sich eine Verschraubung keinesfalls lösen darf. Man trägt es zunächst flüssig auf das Gewinde auf. Im festgeschraubten Zustand findet eine chemische Reaktion statt, das Sicherungsmittel wird zähhart und füllt alle Gewinde-Zwischenräume aus.

Spezial-Schmierstoffe

Haushaltsöl in kleinen Spritzkännchen ist dünnflüssiges Universalöl, das man überall dort verwenden kann, wo keine besonderen Schmieransprüche gestellt werden.
Graphitöl enthält den »Festschmierstoff« Graphit, der die Schmierwirkung des Öles verbessert. Am günstigsten ist eine Sprühdose, die einen feinen, aber langen Strahl versprüht.
Kupferfett, auch Heißschrauben-Compound genannt, verhindert das Festrosten von Verschraubungen, die extrem hohen Temperaturen ausgesetzt sind. Im Auto sind das z.B. die Auspuffschrauben. Aber auch andere Schrauben und Muttern bleiben immer gängig, wenn sie mit diesem Schmierstoff behandelt wurden.
Schmierstoff-Suspensionen liegen an der Grenze zwischen Öl und Fett. Sie sind für seltener beanspruchte Gleitflächen, wie die Sitzschienen, vorteilhaft. Nach dem Auftragen bilden sie einen wachsähnlichen Schmierfilm, der erst bei Druckbeanspruchung flüssig wird und auch gegen Rost schützt.
Silikonpaste oder -spray eignet sich für viele Schmierstellen. Sie schmutzt nicht, ist hitzefest und stößt Feuchtigkeit vollkommen ab. Die Paste eignet sich außerdem zum Abdichten.
Säureschutzfett, auch Polfett genannt, ist ein gegen elektrische Ströme, Säure und Feuchtigkeit isolierender Schmierstoff für die Pflege der Batteriepole. Konkurrenzlos ist das Bosch-Säureschutzfett »Ft 40 v 1«.

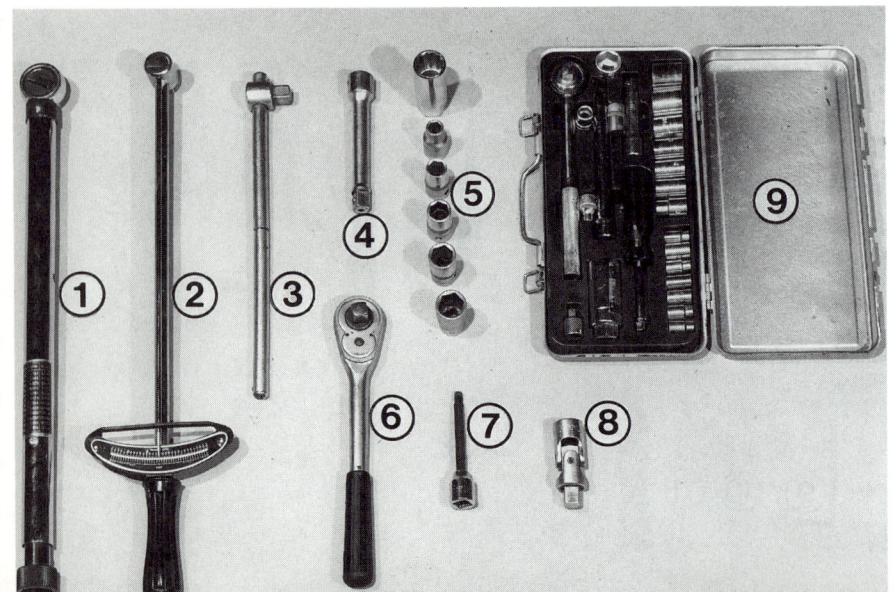

Stecknüsse und Zubehör:
1 – Drehmomentschlüssel einstellbar oder in Skalenausführung (2);
3 – Betätigungshebel;
4 – Verlängerung;
5 – Stecknüsse in allen benötigten Größen einschließlich Zündkerzen-Stecknuß SW 16;
6 – Rätsche;
7 – Steckeinsatz für TORX-Schrauben;
8 – Kardangelenk.
Alle diese Werkzeuge gibt es in ½"- und ¾"-Ausführung. Als Ergänzung empfiehlt sich ein Rätschenkasten in ¼" (9) für kleine Schlüsselweiten.

Schleppen und Abschleppen

An der Leine

Nicht nur das Reparieren eines defekten Wagens will gekonnt sein, sondern auch das Schleppen desselben. Was dazugehört, will dieses Kapitel vermitteln. Doch auch das Ziehen eines Anhängers ist hier angesprochen.

Abschleppseil

Der voll beladene C 280 kann etwas mehr als 1900 kg wiegen. Das verwendete Seil muß dieses Gewicht natürlich verkraften können, sonst reißt die Verbindung.

○ **Perlonseile** dehnen sich beim Abschleppen und verhüten so am besten, daß beim Anrucken an den beiden Fahrzeugen etwas verbogen wird. Dafür sind Perlonseile hitze- und scheuerempfindlich. Wenn sie an den heißen Auspuff kommen oder an einer Karosserie- bzw. Stoßfängerkante schaben, sind sie schnell hin. Ein Perlonseil braucht deshalb unbedingt verschiebbare Manschetten zum Schutz vor Auspuffwärme und Kanten.
○ **Hanfseile** sind besonders preiswert, aber dick und unelastisch.
○ **Stahlseile** sind bei der Handhabung ziemlich störrisch und wenig nachgiebig. Wollen Sie ein derartiges Seil kaufen, dann nur mit »Ruckdämpfer« – ein Gummistück oder eine Stahlfeder bildet aus der Seilmitte eine dehnfähige Schlinge.

Welche Ausführung?

Abschleppstange

Besonders für ein ungeübtes Schleppteam ist eine Abschleppstange sehr zu empfehlen. Denn bei stehendem Motor arbeitet natürlich auch der Bremskraftverstärker nicht, und dann muß um ein Vielfaches stärker als normal auf das Pedal getreten werden. Falls Sie beim Abschleppen mit Seil zu schwach oder einen Sekundenbruchteil zu spät auf das Bremspedal treten, kann der Abstand zum Schleppwagen schon gefährlich kurz sein. Mit der Schleppstange ist es unproblematisch, da muß allenfalls der Vorausfahrende Ihren Wagen mitbremsen. Achten Sie jedoch darauf, daß die Schleppstange beim Bremsen nicht zur Seite wegknickt.

**Fingerzeige: Vorn den Haken der Schleppstange immer von der Fahrzeugmitte aus in die Öse einhängen. So hat die Schleppstange mehr Spielraum und die Bugschürze wird nicht beschädigt.
Wird man abgeschleppt, Belüftung schließen, sonst atmet man die Abgase des abschleppenden Wagens ein.**

Im Schlepptau

Beim Abschleppen mit einem Seil besteht der wichtigste Punkt darin, daß das Schleppseil möglichst immer straff gespannt bleibt. Abrupte Reaktionen unbedingt vermeiden. Dann bleibt auch das Rucken aus, das beim Anfahren oder Schalten die Gefahr birgt, daß das Seil reißt oder die Kräfte an den Befestigungspunkten zu

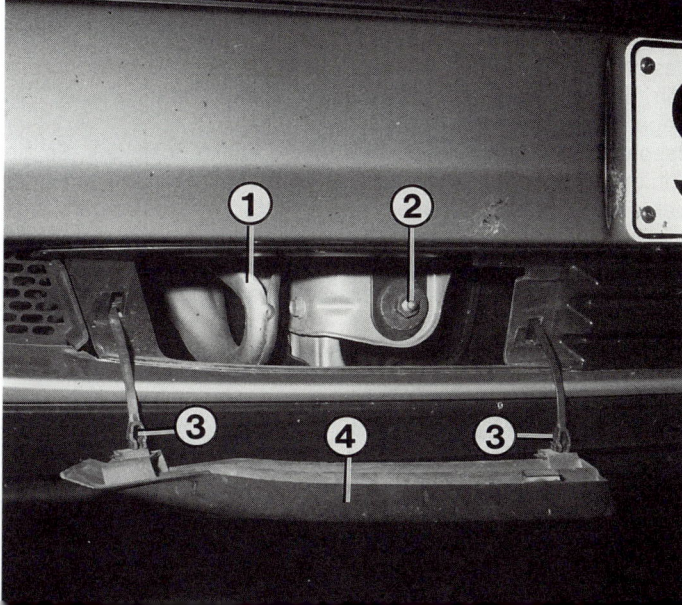

Rechts nebem dem Kennzeichen zu finden:
1 – Abschleppöse;
2 – Befestigungsschraube Stoßfänger vorn;
3 – Bänder;
4 – Klappe.

stark werden. Der Fahrer des Abschleppwagens muß viel mit der Kupplung arbeiten, um die Übergänge beim Anfahren und Schalten weich zu gestalten. Im geschleppten Wagen bleibt die Fußspitze des Fahrers stets in geringem Abstand über – nicht auf – dem Bremspedal. Er muß die Verkehrssituation vor seinem Zugwagen beobachten und beinahe vorausahnen, denn er muß eher bremsen als sein Helfer vorn; ihn also praktisch mitbremsen, damit das Seil straff bleibt.

Vereinbaren Sie vor der Schleppfahrt einige Zeichen der Verständigung untereinander. Und nicht vergessen: **Warnblinkanlage einschalten**, denn das ist laut StVO Vorschrift.

Schleppfahrt mit Automatik

Äußerst angenehm ist es, wenn der abschleppende Wagen eine Getriebeautomatik besitzt, denn damit geht die Schleppfahrt fast ruckfrei. Bei einem weniger leistungsstarken Zugwagen sollte man allerdings statt im Fahrbereich »D« in Stellung »3« fahren. Weiter ist nichts zu beachten.

Einige Probleme tauchen jedoch auf, wenn unser Mercedes mit Automatik abgeschleppt werden muß. Er darf nur in Wählhebelstellung »N« und nur mit einer Höchstgeschwindigkeit von 50 km/h allenfalls auf eine Entfernung von 50 km geschleppt werden. Längere Stecken sind für das Getriebe gefährlich, da dessen Ölpumpe nur bei laufendem Motor das Getriebe schmiert. Müssen weitere Entfernungen im Schlepp zurückgelegt werden, muß die Gelenkwelle ausgebaut werden.

Abschleppen nach Gesetz

Werfen wir kurz einen Blick auf die rechtliche Seite der Schlepperei: Nach den Gesetzen ist Abschleppen eine Notmaßnahme. Es darf nur dazu dienen, den aus eigener Kraft nicht fahrfähigen Wagen in die nächste zumutbare Werkstatt oder seinen nahegelegenen Heimatort zu bringen. Die Autobahn ist an der nächsten Ausfahrt zu verlassen. Für den Fahrer des abschleppenden Wagens genügt der Führerschein Klasse 3, und vom Lenker im gezogenen Auto wird gar kein Führerschein verlangt – er muß aber lenken und bremsen können. Wird allerdings ein Wagen mit leerer Batterie angeschleppt, braucht dessen Fahrer einen Führerschein; in diesem Fall gilt das Auto nämlich als fahrfähig.

Die Versicherung des Abschleppenden kommt für Schäden auf, die während der Schleppfahrt entstehen, sofern dem Lenker des abgeschleppten Autos nicht schuldhaftes Verhalten nachgewiesen werden kann. Das Anhängsel muß daher noch in verkehrssicherem Zustand sein und sein Fahrer damit umgehen können.

Soll ein Fahrzeug weiter als bis zur nächsten Werkstatt geschleppt werden, muß man sich bei der Zulassungsstelle eine Schleppgenehmigung besorgen, wozu man einige Auflagen erfüllen muß.

Fingerzeig: In zurückliegender Zeit mußte, wer einen abgemeldeten Wagen zum Schrottplatz schleppte, den Führerschein Klasse 2 und eine behördliche Schleppgenehmigung besitzen. So stimmt es nicht mehr, denn der Bundesgerichtshof hat diese Auslegung des Begriffes »Abschleppen« als zu eng aufgegeben (Az 4 StR 192/69). Danach ist nicht nur die Beseitigung eines ausgefallenen Fahrzeugs von der Straße ein »Abschleppen«, sondern auch der Abtransport eines betriebsunfähigen, abgemeldeten Wagens von seinem gewöhnlichen Standort zur Werkstatt oder zum Verschrottungsbetrieb. Allerdings muß das Abschleppen notwendig sein und darf nur über eine möglichst kurze Entfernung erfolgen.

Anhängekupplung

Wer mit seinem C-Modell einen Boots-, Last- oder Wohnanhänger ziehen will, braucht eine Anhängekupplung, die nach dem Einbau vom DEKRA bzw. TÜV begutachtet und in die Fahrzeugpapiere eingetragen wird. Solche Anhängevorrichtungen gibt es von verschiedenen Herstellern im Autozubehörhandel.

Selbsteinbau der Anhängevorrichtung

Das Nachrüsten einer Anhängerkupplung ist eine ungewöhnlich umfangreiche Arbeit, denn werksseitig ist für den Einbau nichts vorbereitet. So müssen verschiedene Löcher gebohrt und zusätzliche Versteifungen eingeschraubt werden.

Besondere Aufmerksamkeit verlangt die Fahrzeugelektrik. Es gibt Fahrzeuge, die benötigen eine Steuergerät-Anhängererkennung. Andere haben einen Mikroschalter in der Anhängersteckdose nötig. Bei Bewältigung der elektrischen Probleme hilft ein vorbereiteter Elektrosatz ganz wesentlich, und trotz des beachtlichen Preises ist seine Anschaffung unbedingt anzuraten. Wir meinen, daß der nachträgliche Einbau einer Anhängekupplung nur vom fortgeschritten Heimwerker bewerkstelligt werden kann. Eine ausführliche Einbauanweisung, wie z.B. die Fa. ORIS mitliefert, hilft hierbei. Nach dem Einbau ist die Einbauanweisung den Fahrzeugpapieren beizulegen.

Das Werk empfiehlt, den Einbau von einer Mercedes-Werkstatt ausführen zu lassen.

Wissenswertes rund um den Mercedes

Kaleidoskop

Ab 1996: Nach 40 Jahren wird das SL-Thema um eine neue Variante bereichert! Mit der SLK-Studie realisierten die Mercedes-Designer ihr Konzept eines puristischen, zugleich aber sicheren Roadsters mit neuen Erlebnis-Qualitäten. Der Entwurf SLK orientiert sich am markanten Auftritt des großen Bruders SL. Aus dem Zweisitzer-Coupé wird dank Vario-Dach ein echter Roadster. Auf einfachen Knopfdruck, elektrohydraulisch und damit auf komfortable Art. Absenken oder Aufstellen dauert dabei jeweils nur etwa 25 Sekunden.

Auf Basis der C-Klasse hat Mercedes-Benz eine Elektro-Limousine entwickelt, die über nahezu das gleiche Raumangebot und Sicherheitsniveau verfügt wie eine serienmäßige C-Klasse-Limousine. Im Innenraum bietet der Wagen fünf Passagieren Platz, der Kofferraum ist nur geringfügig eingeschränkt, und die Zuladung beträgt 370 Kilogramm. Die neue ZEBRA-Hochenergie-Batterie der Konzerntochter AEG, in Modulen in Motor- und Kofferraum installiert, wiegt rund 320 Kilogramm, speichert bis zu 27,5 Kilowattstunden Energie, ausreichend für etwa 120 Kilometer Fahrstrecke.

Mit der A-Klasse kreiert Mercedes-Benz eine neue, kompakte Fahrzeugklasse. Der Technologieträger unterscheidet sich von bisherigen Kompaktmodellen, weil er trotz Außenabmessungen eines Kleinwagens die Platzverhältnisse und die Sicherheit einer Limousine bietet. Ein zukunftsweisendes »Sandwich-Konzept« macht es möglich: Die Antriebsaggregate befinden sich unterhalb der Fahrgastzelle. Die moderne Technik und der hohe Fahrkomfort machen die A-Klasse zu einem vollwertigen Automobil mit allen traditionellen Mercedes-Qualitäten.

Oben: Die C-Klasse in der Deutschen Tourenwagen-Meisterschaft (DTM). Das Fahrzeug wird von einem 2,5-Liter-V6-Motor angetrieben, der vom Serien-V8-Motor der E-, S- und SL-Modellreihe abstammt. Das Fahrzeug verfügt über ein sequentielles Sechsgang-Getriebe, Antriebs-Schlupfregelung (ASR), ABS und Active Body-Control (ABC).

Rechts: Mercedes-Benz Auto-Pilot-System: Das Bedienteil befindet sich im Radio. Es unterscheidet sich durch ein großes Anzeigedisplay von herkömmlichen Autoradios. Auf dem Display erscheinen Leithinweise, Straßennamen und Senderinformationen. Im Kofferraum befindet sich der Navigationsrechner, der mit einer speziellen CD-Rom geladen wird. Auf der digitalen Landkarte sind insgesamt 650 000 deutsche Straßen- und Autobahnkilometer gespeichert. Durch GPS-Satellitenempfang wird der Standort des Fahrzeugs auf ca. 30 Meter genau erkannt.

Der Verbesserung des Insassenschutzes bei einer Seitenkollision dient der Sidebag. Er ist ein in die Türinnenverkleidung integrierter Airbag, der sich bei einem Seiten-Crash blitzschnell entfaltet und so die Insassen schützt. Der Sidebag mit einem Volumen von 16 Liter dient als Ergänzung der Struktur- und Polstermaßnahmen eines Modells. Nach dem Auslöseimpuls reißt der Airbag die Stoffverkleidung auf und schiebt sich zwischen Insasse und Tür. Auf diese Weise wird der direkte Kontakt des Insassen mit der Türinnenverkleidung verhindert.

 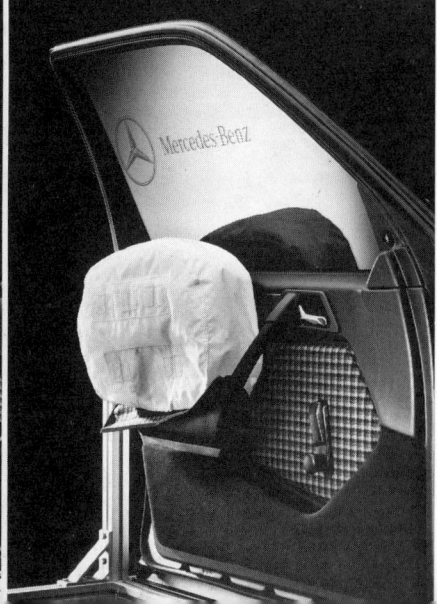

Neue Wege auch bei der Herstellung Ihres C-Klasse-Modells: Die Fahrzeuge werden in Gruppenarbeit montiert.

Das Armaturenbrett wird komplett außerhalb des Fahrzeugs vormontiert.

Die Karosserie wird größtenteils vollautomatisch hergestellt. Hier sind Schweißroboter an der Arbeit.

Abkürzungsverzeichnis

Wörterbuch

Jeder Auto-Verfertiger hat so seine eigene Haussprache. Neuerdings versuchen zwar Arbeitsgruppen, die mit Vertretern aller deutschen Hersteller besetzt sind, eine gemeinsame Sprache zu finden. Bis jedoch auch die Abkürzungen allgemein verständlich sind, wird noch viel Wasser den Rhein hinunterfließen. Die Tabelle nennt die »Hausabkürzungen« von Mercedes.

Bezeichnungen

AB	Airbag
ABS	Antiblockiersystem
ABW	Abstandswarner
ADA	Atmosphärendruckabhängiger Vollastanschlag
ADS	Adaptives Dämpfungssystem
AG	Automatisches Getriebe
AHV	Anhängevorrichtung
AKR	Antiklopfregelung
ALDA	Atmosphärische Ladedruckanpassung
ARA	Antiruckelaufschaltung
ARF	Abgasrückführung
ASD	Automatisches Sperrdifferential
ASR	Antriebs-Schlupfregelung
BAE	Basis-Auslöseeinheit
CAN	Control Area Network (Datenbus/CAN BUS)
EAG	Elektronische Steuerung für automatisches Getriebe (5-Gang)
EDR	Elektronische Dieselregelung
EDS	Elektronisches Dieselsystem
EDW	Elektronische Diebstahl-Warnanlage
EFP	Elektronisches Fahrpedal
ELR	Elektronische Leerlaufdrehzahlregelung
ERE	Elektronisches Reiheneinspritzsystem
ESL	Elektrische Spiegel-, Lenksäulenverstellung, Spiegelheizung
ESP	Electronic Stabilty Programm
ESV	Elektrische Sitzverstellung
ETS	Elektronisches Traktionssystem
EVE	Elektronisches Verteilereinspritzsystem
EZL	Elektronische Zündanlage mit Zündlinienverstellung
FAN	Fanfaren-Signalanlage
FBS	Fahrberechtigungssystem
FSA	Freisprechanlage
GES	Geschwindigkeitssignal
GUB	Gurtbringer
GUS	Gurtstraffer
HAU	Heizungsautomatik
HFM	Heißfilm-Motorsteuerung
HPF	Hydropneumatische Federung
IFZ	Infrarot-Fernbedienung für Zentralverriegelung
KAF	Kopfstützenabsenkung im Fond
KAT	Katalysator
KFB	Komfortbetätigung
KI	Kombi-Instrument
KLA	Klimatisierungsautomatik
KW	Kurbelwinkel
LL	Linkslenker
LLR	Leerlaufregelung
LS	Servo-Lenkgetriebe
MG	Mechanisches Getriebe
MRA	Motor-Restwärmeanlage
NV	Niederverdichtet
OSL	Orthopädische Sitzlehne
OT	Oberer Totpunkt
PLA	Pneumatische Leerlaufanhebung
PML	Parameterlenkung
PMS	Druck-Motorsteuerung
PSE	Pneumatische Steuereinheit
PSV	Partielle Saugrohrvorwärmung
RA	Reparaturanleitung
RAF	Ruß-Abbrennfilter
RFH	Rückfahrhilfe
RIV	Reglerimpulsverfahren
RL	Rechtslenker
RRE	Reiserechner
SA	Sonderausstattung
SHD	Schiebe/Hebedach
SHI	Schließhilfe
SIF	Sitzheizung Fond
SIH	Sitzheizung
SRA	Scheinwerfer-Reinigungsanlage
SRS	Rückhaltesystem
SRU	Saugrohrunterstützung
STH	Standheizung
TAU	Temperaturautomatik
TEL	Telefon
TD	Drehzahlsignal (Time Division)
TN	Drehzahlsignal
TPM	Tempomat
UT	Unterer Totpunkt
ZAE	Zentrale Auslöseeinheit
ZV	Zentralverriegelung

Farbkennzeichnungen

bl	blau	gr	grau	tr	transparent
br	braun	rs	rosa	vi	violett
ge	gelb	rt	rot	ws	weiß
gn	grün	sw	schwarz		

Jedes Kind braucht einen Namen: die Fahrzeug-Identnummer (Pfeil) Ihres Mercedes befindet sich unter einer Klappe (1) vor dem Beifahrersitz.

Technische Daten

Datendrang

Typen

Modell	C 180	C 200	C 220	C 280	C 36 AMG
Werksbezeichnung	202.018	202.020	202.022	202.028	202.036

Motor

Motortyp	111.920	111.941	111.961	104.941	104.949
Zylinder	4	4	4	6	6
Motorbauart	Viertakt-Reihenmotor mit Vierventil-Zylinderkopf				

Weitere Angaben siehe Kapiel »Die Motoren und ihr Innenleben«

Kraftübertragung

Kupplung	Einscheiben-Trockenkupplung				
Getriebe	5-Gang-Schaltgetriebe				
Übersetzungen					
1. Gang	3,91	3,91	3,91	3,86	–
2. Gang	2,17	2,17	2,17	2,18	–
3. Gang	1,37	1,37	1,37	1,38	–
4. Gang	1,00	1,00	1,00	1,00	–
5. Gang	0,81	0,81	0,81	0,80	–
Rückwärtsgang	4,27	4,27	4,27	4,22	–
Achsantrieb	3,91	3,67	3,67	3,67	–
Getriebe	4-Gang-Automatikgetriebe				
Übersetzungen					
1. Gang	4,25	4,25	4,25	4,25	3,87
2. Gang	2,41	2,41	2,41	2,41	2,25
3. Gang	1,49	1,49	1,49	1,49	1,44
4. Gang	1,00	1,00	1,00	1,00	1,00
Rückwärtsgang	5,67	5,67	5,67	5,67	5,67
Achsantrieb	3,23	3,07	3,07	2,87	2,85

Maße und Gewichte

Radstand	mm	2690	2690	2690	2690	2690
Spurweite vorn	mm	1505	1505	1505	1505	1505
Spurweite hinten	mm	1476	1476	1476	1476	1476
Gesamtlänge	mm	4487	4487	4487	4487	4487
Gesamtbreite	mm	1720	1720	1720	1720	1720
Gesamthöhe	mm	1414	1418	1424	1424	1414
Wendekreis	m	10,74	10,74	10,74	10,74	10,74
Gewicht fahrfertig	kg	1350	1365	1410	1490	1490
Nutzlast	kg	480	480	480	480	480
Zul. Gesamtgewicht	kg	1830	1845	1890	1970	1970
Zulässige Achslast vorn	kg	870	880	900	970	970
Zul. Achslast hinten	kg	990	995	1020	1030	1030
Zulässige Anhängelast						
gebremst	kg	1575	1575	1575	1575	–
ungebremst	kg	675	685	705	745	–
Dachlast	kg	100	100	100	100	100
Kofferraumvolumen	m^3	0,43	0,43	0,43	0,43	0,43
Leistungsgewicht	kg/kW	15,0	13,65	12,82	10,49	7,57

TESTEN SIE AUTO MOTOR UND SPORT.

auto motor und sport testet jedes Jahr über 400 Autos – vom Ford Fiesta mit 50 PS bis zum 420.000 Mark teuren Porsche 959 mit 450 PS. Moderne Meßmethoden zwei Millionen Testkilometer pro Jahr sowie eine Testmannschaft mit langjähriger Erfahrung und sicherem Beurteilungsvermögen bilden die Basis für die anerkannte Testkompetenz von Europas großem Automagazin. Für Ein- und Aufsteiger der mobilen Gesellschaft ist auto motor und sport <u>die</u> kompetente Informationsquelle. Testen Sie uns. Alle 14 Tage neu bei Ihrem Zeitschriftenhändler und an Ihrer Tankstelle.

Unabhängig. Kritisch. Engagiert.

auto motor sport

GUT IN FAHRT – MIT DIESEN BÜCHERN

Jan Trommelmans
Das Auto und seine Technik
Eindeutig wird die Funktion und Konstruktion der kompletten Fahrzeugtechnik erklärt: Wie funktioniert der Motor, das Getriebe, die Zündung? Auch auf Fragen zu Kolbenformen, Ventilanordnungen, zu Antrieb, Fahrgestell, Bremsen, Lenkung, Karosserie u.v.a. wird in diesem Buch aktuell eingegangen.
212 Seiten, 360 Abb., geb.
DM/sFr 49,– / öS 382,–
Bestell-Nr. 01288

de Boer / Dobbelaar / Mom
Das Auto und seine Elektrik
Dieses erstklassige Fachbuch bietet den vollständigen Überblick über das gesamte Gebiet der Kraftfahrzeug-Elektrik – Generator, Starter, Batterie, Zündung, Beleuchtung usw. – mit wertvollen Schaltplänen.
464 Seiten, 456 Abb. und Diagramme, 27 Tabellen, geb.
DM/sFr 59,– / öS 460,–
Bestell-Nr. 01363

Arkenbosch/Mom/Nieuwland
Das Auto und sein Fahrwerk
Band 1: Grundlagen, Reifen, Lenkung;
Band 2: Federung, Radaufhängung, Bremsen.
Daten, Fakten und Details zu dem wichtigsten Sicherheitsfaktor am Auto: dem Fahrwerk.
2 Bände mit 918 Seiten und über 800 Abbildungen, geb., zus. in Kassette:
DM/sFr 128,– / öS 999,–
Bestell-Nr. 01405

Detlef Jung
Die Autokarosserie
Dieser Sonderband 175 der Reihe »Jetzt helfe ich mir selbst« bietet zahlreiche Tips und Anleitungen zur Karosserie-Instandsetzung, zu Blecharbeiten, Ausbeulen, Schutzgas-Schweißen, zum Spachteln, Schleifen, Lackieren, zu Innenraum- und Außenhaut-Pflege – ideal für jeden Heimwerker.
272 Seiten, 300 Abb., brosch.
DM/sFr 36,– / öS 281,–
Bestell-Nr. 01620

K.P. Backfisch / Dieter Heinz
Das Reifenbuch
Von der Historie bis zum modernen High-Tech-Reifen: Aktuelles Wissen über Reifen-Technik, Normal- und Breitformate, Fahrphysik, Fahrpraxis, Reifendefekte und ihre Ursachen bis zur richtigen Pflege – mit Umrüsttabellen und wertvollen technischen Daten.
272 Seiten, 419 Abb., geb.
DM/sFr 49,80 / öS 389,–
Bestell-Nr. 01433

Rudolf Heitz / Thomas Neff
Alles über Mercedes-Tuning
Motor, Fahrwerk und Karosserie: Mercedes-Tuning liegt voll im Trend. Die Autoren Rudolf Heitz und Thomas Neff vermitteln alle aktuellen Möglichkeiten des optischen und mechanischen Umbaus zur Leistungssteigerung – mit wertvollen Hersteller- und Bezugsadressen der Zubehör-Branche.
216 Seiten, 180 Abbildungen, 20 farbig, gebunden
DM/sFr 48,– / öS 375,–
Bestell-Nr. 01149

Werner Oswald
Mercedes-Benz Personenwagen 1886–1986
Mit dieser einmalig umfassenden Dokumentation schuf der bekannte Automobilhistoriker Werner Oswald einen lückenlosen Überblick über alle von Daimler Benz und den Ursprungsfirmen in 100 Jahren hergestellten Personenwagen.
638 Seiten, 1200 Abb., geb.
DM/sFr 98,– / öS 765,–
Bestell-Nr. 01133

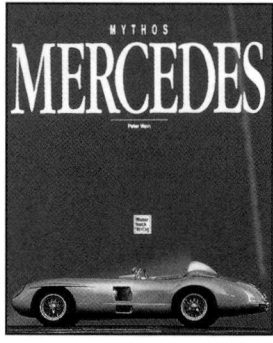

Peter Vann / Herbert Völker
Mythos Mercedes
»Mythos Mercedes« ist das ultimative Kultbuch für alle Freunde des Sterns: Dem bedeutenden europäischen Fotokünstler Peter Vann und dem namhaften Motorjournalisten Herbert Völker ist es mit diesem Buch gelungen, den Geist hinter dem Stern zu beschwören.
204 Seiten, 245 Farb-Abb., gebunden, im Schmuckschuber
DM/sFr 168,– / öS 1311,–
Bestell-Nr. 01639

Änderungen vorbehalten

Der Verlag für Auto-Bücher
Postfach 10 37 43 · 70032 Stuttgart
Telefon (07 11) 2 10 80-14/22 · Telefax (07 11) 2 36 04 15